“十三五”国家重点出版物出版规划项目

高分辨率对地观测前沿技术丛书

主编　王礼恒

高分辨率光学遥感卫星在轨成像质量设计与验证

李劲东　乔凯　杨冬　等著

国防工业出版社

·北京·

内 容 简 介

本书聚焦高分辨率光学遥感卫星在轨成像质量保障，从遥感卫星平台与载荷一体化系统构建、高分辨率可见-红外一体化卫星/高光谱卫星成像质量设计、高精度目标定位、海量数据处理与传输系统设计、高精高稳高敏捷动中成像控制、整星微振动分析及控制等卫星总体设计实现方面，以及在轨自主任务管理与高精度成像控制、高精度在轨任务仿真与高效能运用等卫星运行使用方面，结合工程实践，介绍了保证在轨成像质量的设计及验证方法。

本书内容详尽，科学严谨，涉及知识较广，既是一本遥感领域的技术参考书籍，也具备一定的科普性，适合卫星遥感技术相关的研究人员、工程技术人员、高校相关专业的研究生和广大航天爱好者阅读。

图书在版编目(CIP)数据

高分辨率光学遥感卫星在轨成像质量设计与验证/李劲东等著. —北京:国防工业出版社,2021.7
(高分辨率对地观测前沿技术丛书)
ISBN 978-7-118-12392-0

Ⅰ.①高… Ⅱ.①李… Ⅲ.①高分辨率—遥感卫星—卫星图像—图像处理—研究 Ⅳ.①TP75

中国版本图书馆 CIP 数据核字(2021)第 151924 号

※

国防工業出版社出版发行
(北京市海淀区紫竹院南路 23 号 邮政编码 100048)
雅迪云印(天津)科技有限公司印刷
新华书店经售
*
开本 710×1000 1/16 **插页** 16 **印张** 30¾ **字数** 500 千字
2021 年 7 月第 1 版第 1 次印刷 **印数** 1—2000 册 **定价** 188.00 元

(本书如有印装错误，我社负责调换)

国防书店:(010)88540777 书店传真:(010)88540776
发行业务:(010)88540717 发行传真:(010)88540762

丛书学术委员会

从书编审委员会

序 言

高分辨率对地观测系统工程是《国家中长期科学和技术发展规划纲要(2006—2020年)》部署的16个重大专项之一,它具有创新引领并形成工程能力的特征,2010年5月开始实施。高分辨率对地观测系统工程实施十年来,成绩斐然,我国已形成全天时、全天候、全球覆盖的对地观测能力,对于引领空间信息与应用技术发展,提升自主创新能力,强化行业应用效能,服务国民经济建设和社会发展,保障国家安全具有重要战略意义。

在高分辨率对地观测系统工程全面建成之际,高分辨率对地观测工程管理办公室、中国科学院高分重大专项管理办公室和国防工业出版社联合组织了《高分辨率对地观测前沿技术》丛书的编著出版工作。丛书见证了我国高分辨率对地观测系统建设发展的光辉历程,极大丰富并促进了我国该领域知识的积累与传承,必将有力推动高分辨率对地观测技术的创新发展。

丛书具有3个特点。一是系统性。丛书整体架构分为系统平台、数据获取、信息处理、运行管控及专项技术5大部分,各分册既体现整体性又各有侧重,有助于从各专业方向上准确理解高分辨率对地观测领域相关的理论方法和工程技术,同时又相互衔接,形成完整体系,有助于提高读者对高分辨率对地观测系统的认识,拓展读者的学术视野。二是创新性。丛书涉及国内外高分辨率对地观测领域基础研究、关键技术攻关和工程研制的全新成果及宝贵经验,吸纳了近年来该领域数百项国内外专利、上千篇学术论文成果,对后续理论研究、科研攻关和技术创新具有指导意义。三是实践性。丛书是在已有专项建设实践成果基础上的创新总结,分册作者均有主持或参与高分专项及其他相关国家重大科技项目的经历,科研功底深厚,实践经验丰富。

丛书5大部分具体内容如下:**系统平台部分**主要介绍了快响卫星、分布式卫星编队与组网、敏捷卫星、高轨微波成像系统、平流层飞艇等新型对地观测平台和系统的工作原理与设计方法,同时从系统总体角度阐述和归纳了我国卫星遥感的现状及其在6大典型领域的应用模式和方法。**数据获取部分**主要介绍了新型的星载/机载合成孔径雷达、面阵/线阵测绘相机、低照度可见光相机、成像光谱仪、合成孔径激光成像雷达等载荷的技术体系及发展方向。**信息处理部分**主要介绍了光学、微波等多源遥感数据处理、信息提取等方面的新技术以及地理空间大数据处理、分析与应用的体系架构和应用案例。**运行管控部分**主要介绍了系统需求统筹分析、星地任务协同、接收测控等运控技术及卫星智能化任务规划,并对异构多星多任务综合规划等前沿技术进行了深入探讨和展望。**专项技术部分**主要介绍了平流层飞艇所涉及的能源、囊体结构及材料、推进系统以及位置姿态测量系统等技术,高分辨率光学遥感卫星微振动抑制技术、高分辨率SAR有源阵列天线等技术。

丛书的出版作为建党100周年的一项献礼工程,凝聚了每一位科研和管理工作者的辛勤付出和劳动,见证了十年来专项建设的每一次进展、技术上的每一次突破、应用上的每一次创新。丛书涉及30余个单位,100多位参编人员,自始至终得到了军委机关、国家部委的关怀和支持。在这里,谨向所有关心和支持丛书出版的领导、专家、作者及相关单位表示衷心的感谢!

高分十年,逐梦十载,在全球变化监测、自然资源调查、生态环境保护、智慧城市建设、灾害应急响应、国防安全建设等方面硕果累累。我相信,随着高分辨率对地观测技术的不断进步,以及与其他学科的交叉融合发展,必将涌现出更广阔的应用前景。高分辨率对地观测系统工程将极大地改变人们的生活,为我们创造更加美好的未来!

王礼恒

2021年3月

前　言

高分辨率对地观测系统可及时把握全球资源、环境、经济、社会发展及军事斗争的态势，是建设我国“数字国土”“数字农业”“数据城市”“数字战场”等不可或缺的关键系统，对保障国家安全、增强综合国力具有重大战略意义。

高分辨率光学遥感卫星具有技术成熟、图像纹理信息丰富、图像判读与应用简单等特点，在全球高分辨率对地观测应用中扮演了重要角色，是天基对地观测系统的主要发展方向之一。历经 40 余年发展，我国高分辨率光学遥感卫星经过从返回型到传输型、从普查型到详查型的发展，地面像元分辨率已提高到亚米级。随着空间分辨率的提高，应用范围与应用领域逐步拓展和深入，各级各类用户对高分辨率光学遥感卫星的应用需求已从单一的高地面像元分辨率朝高定位精度、高图像质量、宽谱段覆盖等方向发展。

本书聚焦高分辨率光学遥感卫星在轨成像质量保障，从遥感卫星平台与载荷一体化系统构建、高分辨率可见-红外一体化卫星/高光谱卫星成像质量设计、高精度目标定位、海量数据处理与传输系统设计、高精高稳高敏捷动中成像控制、整星微振动分析及控制等卫星总体设计实现方面，以及在轨自主任务管理与高精度成像控制、高精度在轨任务仿真与高效能运用等卫星运行使用方面，结合工程实践，介绍了保证在轨成像质量的设计及验证方法。

本书共 16 章：第 1 章为概述，介绍国外光学遥感卫星的发展现状及发展趋势；第 2 章介绍高分辨率光学遥感卫星机理及影响成像质量的主要因素；第 3 章介绍典型目标、背景的光学特性和伪装隐身技术的发展现状；第 4 章介绍高分辨率光学遥感卫星的轨道设计与应用；第 5 章介绍光学遥感卫星平台-载荷一体化系统构建；第 6 章介绍高分辨率可见光-红外一体化卫星成像质量设计；第 7 章介绍高分辨率高光谱相机的系统成像质量设计方法；第 8 章介绍单线阵卫星高精度目标定位设计；第 9 章介绍海量高速数据处理与传输系统设计；第 10 章介绍高精高稳高敏捷动中成像控制技术；第 11 章介绍整星微振动分析及其隔振系统设计;第12章介绍卫星在轨自主任务管理与高精度成像控制技术;第13章介绍高分辨率光学遥感卫星成像质量的地面模拟及专项验证方法;第14章介绍高分辨率光学遥感卫星在轨任务仿真与高效能运用;第15章介绍高分辨率光学遥感卫星在轨探测能力评价及仿真分析;第16章介绍高分辨率光学遥感图像的地面处理方法与典型应用。

本书是在高分辨率对地观测系统重大专项办公室的组织下完成的,由李劲东、乔凯和杨冬负责本书策划、统稿和审校。第1章由金挺、黄石生、杨冬撰写;第2章由乔凯、高超、黄石生撰写;第3章由李享、高羽婷、孙鹤枝撰写;第4章由冯昊、汪大宝、李劲东撰写;第5章由刘彬、李劲东、乔凯撰写;第6章由李婷、李超、李劲东撰写;第7章由李贞、李劲东、杨冬撰写;第8章由李贞、李劲东、杨冬撰写;第9章由鲁帆、王中果、李劲东撰写;第10章由崔晓婷、李劲东、乔凯撰写;第11章由王光远、高超、杨冬撰写;第12章由李小娟、李劲东、乔凯撰写;第13章由王中果、李劲东、杨冬撰写;第14章由张晓、李劲东、乔凯撰写;第15章由鲁啸天、姜宇、乔凯撰写;第16章由倪辰、王思恒、李劲东、黄石生撰写。

本书编写历时两年多,得到了艾长春、樊士伟、文江平、徐福祥、曾澜、李道京、李林等专家的精心指导和鼎力支持。参加本书审稿工作的还有贾鹏、郑浩、刘伟、荀玉君、邓泳、刘滨涛、王慧林、潘洁、张萌等专家,他们均提出了大量的宝贵意见。国防工业出版社的王京涛、田秀岩编辑对本书的出版做了大量工作。在此,作者一并表示诚挚的谢意。

由于本书内容涉及的知识较广,限于作者水平有限,本书难免会有一些疏漏和不足之处,恳请广大读者和专家批评指正。

作者

2021年1月于北京

目 录

第1章 概 述

天基对地观测是依托卫星平台,利用太空的位置优势,不受领土、领空限制地对地球进行观测的活动,是全球变化监测、区域监视等方面的重要信息获取方式。自20世纪80年代中期美国提出并实施地球观测系统计划后,世界各国始终致力于发展高分辨率对地观测卫星系统,其数据与信息已经成为国家的基础性和战略性资源,不仅使土地利用、城市规划、环境建设等民用方面有了更便利、更详细的数据来源,对于军事目标侦察监视、战场环境监测也有着非常重要的作用。

高分辨率光学遥感卫星具有技术简单成熟、载荷质量轻、易于获取目标的几何特征,有助于目标识别等特点,可实现高空间分辨率、高时间分辨率、高光谱分辨率、高观测精度等能力,是天基对地观测系统的主要发展方向之一。

60余年来,国内外光学遥感卫星系统自返回型至传输型、自普查至详查,军民商各领域蓬勃发展,能力指标日趋提升,应用广度和深度不断延伸,服务能力和产业化水平显著提高。同时,在应用过程中衍生出的需求变化已成为未来新一代光学成像卫星系统转型发展和技术创新的主导推动力量。

高分辨率对地观测卫星现已进入一个全面发展和广泛应用的崭新时期,美国、法国代表了当前高分辨率光学遥感卫星发展的最先进水平,引领光学遥感卫星不断朝高空间分辨率、高光谱分辨率、高时间分辨率、多角度敏捷成像等方向发展。同时俄罗斯在光学遥感卫星方面发展较早,目前处于能力恢复阶段,正在加速发展高分辨率光学遥感卫星。

1.1 美国高分辨率卫星

美国是世界上第一个发射成像侦察卫星的国家,首星于1959年发射,按照"军方为主、民商为辅、盟国补充"的总体思路,美国发展了"地球眼"(GeoEye)、"世界观测"(WorldView)等商用光学敏捷成像卫星,以及"锁眼"(Key Hole,KH)系列军用高分辨率光学详查卫星。

1.1.1 美国民商高分辨率遥感卫星

美国民用、商用高分辨率卫星以GeoEye、WorldView系列为代表,具有高达约0.3m分辨率的成像能力,具有很高的研究、借鉴价值。

1.1.1.1 GeoEye系列卫星

GeoEye-1卫星于2008年9月6日发射,运行于轨道高度681km的太阳同步轨道,如图1-1所示。卫星有效载荷为"'地球眼'成像系统"推扫成像相机,口径1.1m,焦距13.3m,星下点地面像元分辨率为全色0.41m、多光谱1.64m,成像幅宽15.2km,整星质量1955kg。卫星采用精度优于0.4″(3σ)星敏,无控定位精度达到3.5m,有控定位精度优于1m。具备对地面上不相邻的多个点目标快速成像的能力,并具有单轨立体成像能力。

图1-1 GeoEye-1卫星

1.1.1.2 WorldView系列卫星

WorldView系列卫星代表了美国当前最高水平的高分辨率军民两用遥感卫星,为军民用户提供高分辨率卫星遥感影像,美国军事图像情报部门是其最大用户。WorldView 系列卫星采用太阳同步轨道,具有极高的敏捷性和灵活的成像方式,除了长条带推扫、感兴趣区域的单点扫描之外,还具有大区域多条带扫描和多条带立体扫描成像的功能。

1)WorldView -1 卫星和 WorldView -2 卫星

WorldView -1 卫星于 2007 年 9 月 18 日发射,运行于轨道高度 496km 的太阳同步轨道,如图 1 -2 所示。有效载荷为一台全色时间延迟积分电荷耦合器件(Time Delay and Integration Charge Coupled Devices,TDICCD)相机,星下点地面像元分辨率为全色 0.5m,成像幅宽 17.6km,整星质量 2500kg,无控定位精度达到 5m。

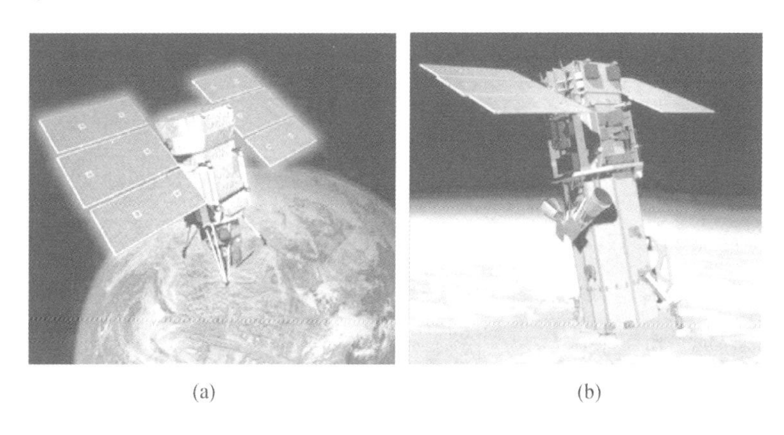

(a) (b)

图 1 -2 WorldView -1 卫星和 WorldView -2 卫星
(a)WorldView -1 卫星;(b)WorldView -2 卫星

WorldView -2 卫星于 2009 年 10 月 8 日发射,运行于轨道高度 770km 的太阳同步轨道,是首颗具有 8 个多光谱谱段的高分辨率商业遥感卫星。WorldView -2 卫星的性能较 WorldView -1 有了重大改进,在轨道高度提高近 270km 的情况下,仍能提供 0.46m 分辨率全色和 1.85m 分辨率的多光谱影像,平均重访周期也提高到 1.1 天。

同时,WorldView -1 卫星和 WorldView -2 卫星均具有偏离星下点 ±40°的快速姿态机动能力,姿态机动速度大于 3°/s,支持多目标快速探测、多条带拼接、目标多角度成像等多种工作模式。

2)WorldView -3 卫星和 WorldView -4 卫星

WorldView -3 卫星和 WorldView -4 卫星分别于 2014 年 8 月 13 日、2016 年 11 月 11 日发射,运行于轨道高度 617km 的太阳同步轨道,卫星外形如图 1 -3

和图1-4所示。卫星平台性能指标与WorldView-2卫星相近,载荷空间分辨率提高到全色0.31m、多光谱1.24m,成像幅宽13.1km,整星质量2800kg,无控定位精度达到3.5m。

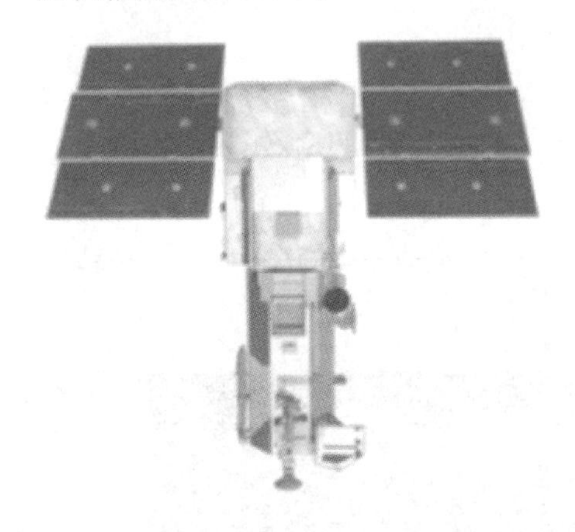
图1-3 WorldView-3卫星

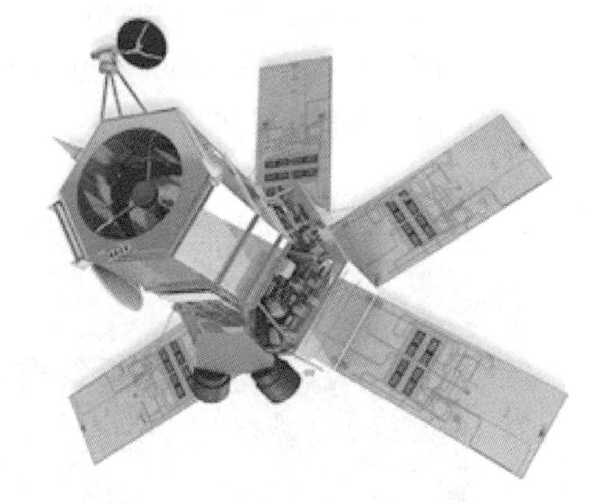
图1-4 WorldView-4卫星

3)美国民商高分辨率卫星能力特点

美国民商高分辨率卫星承担高分辨率观测任务,性能超越其他国家军用系统,其对地观测能力如表1-1所列。

表1-1 美国民商高分辨率卫星能力特点

卫星	质量/kg	相机口径/m	分辨率/m	轨道高度/km	降交点地方时	机动能力	无控定位精度/m	重访周期(北纬40°)/天
GeoEye-1	1955	1.1	0.41(全色),1.64(多光谱)	681	10:30	指向侧摆200km,耗时20s	4(CE90)	2.6
WorldView-1	2500	0.6	0.45(全色)	450	13:30	指向侧摆200km,耗时10s	4(CE90)	1.7
WorldView-2	2800	1.1	0.46(全色),1.8(多光谱)	770	10:30	指向侧摆200km,耗时10s	3.5(CE90)	1.1
WorldView-3	2800	1.1	0.31(全色),1.24(多光谱),3.7(短波红外)	617	10:30	指向侧摆200km,耗时12s	3.1(CE90)	<1(1m GSD)

续表

卫星	质量/kg	相机口径/m	分辨率/m	轨道高度/km	降交点地方时	机动能力	无控定位精度/m	重访周期(北纬40°)/天
WorldView-4	2600	1.1	0.31(全色),1.24(多光谱)	617	10:30	指向侧摆200km,耗时12s	5(CE90)	<1(1m GSD)
注:CE90——90%圆误差;GSD——地面像元分辨率								

1.1.2 美国军用光学详查卫星

KH系列卫星是美国于20世纪中期开始发展的军用光学成像侦察系列卫星,由美国国家侦察局负责发展和运行,主要为美国情报界提供战略侦察情报。该系列卫星位于整个国家卫星成像侦察体系的"塔尖",被美国国家情报总监称为"精致"系统,以满足情报界需求为主,数量较少,但功能强大。自1976年,美国开始部署传输型光学遥感卫星,由洛克希德·马丁公司研制,全面取代了以前的返回式成像侦察卫星,经过多代改进一直是美国成像侦察的主力型号,目前已发展KH-11、KH-12、KH-13等多个型号。40余年来KH系列卫星一直坚持大型、综合、长寿命、超高分辨率的技术路线,作为美国国家侦察体系中的顶尖系统,提供精细侦察能力。

1.1.2.1 KH-11系列卫星

KH-11 Block-1卫星,从1976年12月19日至1982年11月17日共发射了5颗,是"水晶"系列卫星的第一代,以前称为"凯南"(Kennen)卫星,于1982年更名为"水晶"(Crystal)卫星。主镜的口径为2.34m,分辨率最高达到0.15m。

KH-11 Block-2卫星,是"水晶"系列卫星的第二代,也称为KH-11B卫星。从1984年12月4日至1988年11月6日共发射了4颗,其中一次发射失败。这一代卫星开始具备红外成像能力。

1.1.2.2 KH-12系列卫星

KH-11 Block-3即"增强型水晶"(Enhanced Crystal)卫星,外部称为KH-12卫星。从1992年11月28日至2005年10月19日共发射了5颗,采用260km×1000km的椭圆轨道,如图1-5所示。这一代卫星改进了光学系统,全色最高分辨率提高到0.1m，成像幅宽进一步增大；改进了红外成像能力，成像分辨率达到4m，提高了姿控系统能力，可侧摆30°成像，图像定位精度也大幅提高，因而也兼顾精确测绘任务。

图1－5　KH－12卫星示意图

KH－11 Block－4卫星，即“增强成像系统”，外部仍称为KH－12卫星。设计思想和技术基本沿用“增强型水晶”卫星。分别于2011年1月20日和2013年8月28日发射，是目前美国光学成像侦察的主力卫星。

KH－12卫星直径4m，卫星长约15m，发射质量超过15000kg，可侧摆15°~30°进行成像。其中，有效载荷舱位于卫星前部，长约11m，舱内承载大型反射式望远镜和焦平面，根据国外研究显示，相机主镜的口径提高到3m左右，可见光通道焦距达到38m，红外通道的分辨率进一步提升达到0.6~1m。卫星服务舱和推进舱一体设计，位于卫星的尾部，长约4m，内部装有卫星的电子设备、燃料储箱和姿轨控发动机。

1.1.2.3　KH－13系列卫星

美国国家侦察局于2019年1月19日发射了任务代号NROL－71的光学成像侦察卫星，外媒推测该卫星是“锁眼”系列的新型卫星，型号为KH－13。KH－13卫星采用了410km、倾角74°的圆轨道，预计可见光地面分辨率可达0.1m。该卫星的发射进一步增强了美成像侦察能力，分析认为其将作为美国未来10~15年的主力光学成像侦察卫星。

1.1.2.4　KH系列卫星能力特点

美国KH系列卫星性能处于世界领先地位，具有规模大、轨道机动能力强、成像分辨率高的突出特点，其对地观测能力如表1－2所列。

表1-2 美国KH系列卫星能力

卫星	质量/t	相机口径/m	分辨率/m	轨道高度/km	轨道类型	重访周期/天
KH-11	13.5~17	2.34	0.15~0.2(可见光)	260~1000	太阳同步	0.5~1
KH-12	>15	3	0.1(可见光),1(红外)	260~1000	太阳同步	0.5~1
KH-13	—	—	0.1(可见光,预估)	410	倾角74°	3~4

1.2 法国高分辨率卫星

法国高分辨率卫星以Pleiades系列、“太阳神”系列和光学空间段(Composante Spatiale Optique,CSO)系列为代表。

1.2.1 Pleiades卫星

法国自2001年开始着手研制高分辨率的Pleiades军民两用光学成像卫星,由2颗完全相同的卫星Pleiades-1和Pleiades-2组成,分别于2011年12月17日、2012年12月1日发射,全色图像分辨率0.7m,多光谱图像分辨率2.8m。Pleiades卫星军事应用由法国国防部负责,民用和商业应用由斯波特图像(SPOT Image)公司负责。

卫星轨道为694km太阳同步近圆轨道,降交点地方时为10:30,2颗卫星时对全球任意地区的实现天重访。卫星质量约940kg,其中有效载荷195kg。卫星平台采用了阿斯特留姆公司的AstroSat-1000平台,呈六面体构型,3个太阳翼采取固定安装方式以120°均匀分布,如图1-6所示。相机采用Korsch望远镜,口径0.65m,焦距12.9m,时间延迟积分(Time Delay and Integration,TDI)模式成像,全色像元尺寸13μm,多光谱探测器像元尺寸52μm。卫星最大侧摆角可达50°,机动能力5°/6s,无控定位精度优于20m,在80km间隔的地面控制点校正下定位精度优于0.5m。

图 1-6　Pleiades 卫星

1.2.2　“太阳神”-2A 卫星和“太阳神”-2B 卫星

法国“太阳神”-2A(Helios-2A)卫星分辨率达到了 0.5m,采用轨道高度约 680km、倾角 98.1°的太阳同步轨道。卫星携带 2 台相机,能获取高分辨率可见光和红外图像,宽视场相机能获取宽视场中等分辨率图像,可用于测绘制图。高分辨率相机可同时获取 0.5m 分辨率可见光图像和 2.5m 分辨率红外图像。

“太阳神”-2A 卫星上装备的红外探测系统使法国军队首次具备了夜间从太空收集情报的能力,可以看清一列卡车车队的状态是停止还是行动,也可以看清一座核反应堆是否在运行。

2009 年 12 月 18 日,“太阳神”-2B 卫星发射。“太阳神”-2A 卫星和“太阳神”-2B 卫星如图 1-7 所示。

(a)　(b)

图 1-7　“太阳神”-2A 卫星和“太阳神”-2B 卫星

1.2.3 CSO卫星

CSO卫星星座包括3颗光学成像侦察卫星，以兼顾实现甚高分辨率详查和较快的重访能力。3颗卫星设计基本相似，但部署轨道有所差异，如图1-8所示。2018年12月19日，法国发射了CSO-1卫星，标志着法国新一代光学成像侦察卫星开始部署。CSO-1卫星运行在800km高度的轨道，分辨率达到0.35m，具有自主运行能力，可提供较宽区域覆盖能力，以及对战区的快速重访能力。CSO-2卫星运行在480km轨道，分辨率达到0.2m，更高的分辨率更适于对目标进行识别，特别适合为分析决策服务，计划于2021年发射。

图1-8 CSO卫星组网工作示意图

法国高分辨率卫星对地观测能力如表1-3所列。

表1-3 法国民商高分辨率卫星对地观测能力

卫星	质量/kg	相机口径/m	分辨率/m	轨道高度/km	降交点地方时
Pleiades	940	0.65	0.7(全色)，2.8(多光谱)	694	10:30
Helios-2A	4200	—	0.5(全色)，2.5(红外)	680	—
CSO-1	3655	1.5(预估)	0.35(全色)	800	—

1.3 俄罗斯高分辨率卫星

苏联从20世纪60年代开始发展成像侦察卫星，苏联/俄罗斯的遥感侦察卫星可大致划分为八代："天顶"(Zenit)系列构成了前三代；"琥珀"(Yantar)系列构成了第四、五代；"蔷薇辉石"(Orlets)系列构成了第六、七代；"阿尔康"(Arkon)和"角色"(Persona)卫星属于第八代。在这些卫星中，除了第五代和第八代卫星是数字传输型外，其余卫星均为胶卷回收型。

其中，"角色"卫星是俄罗斯最新一代传输型光学详查遥感卫星，代表了俄罗斯光学遥感卫星的最高水平，分别于2008年7月27日、2013年6月7日和2015年6月23日发射。卫星运行在高度714～732km的太阳同步近圆轨道，倾角98.3°。卫星发射质量6500kg，主体为长度7m、最大直径2.7m的圆柱体，如图1-9所示。相机光学系统采用改进型Korsch设计，主镜口径1.5m，焦距20m，像元尺寸9μm，星下点全色分辨率0.3m，是俄罗斯目前分辨率最高的传输型成像卫星。

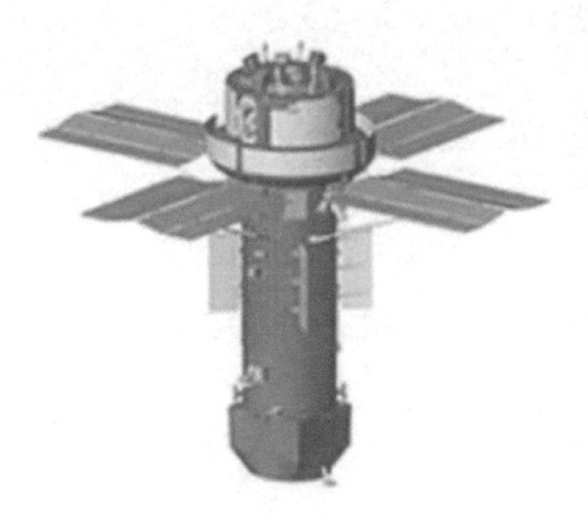

图1-9　Persona卫星示意图

1.4 高分辨率光学遥感卫星发展趋势

21世纪以来，高分辨率光学遥感卫星技术发展迅猛，突出朝"更高(空间分辨率达到0.1m)、更精(定位精度达到2～3m)、更全(谱段由可见光向可见、短波、中波、长波等全谱段覆盖)、更多(单次观测目标数量显著提升)的方向发展,如图1-10所示。卫星应用性能显著提升,应用领域显著拓展。

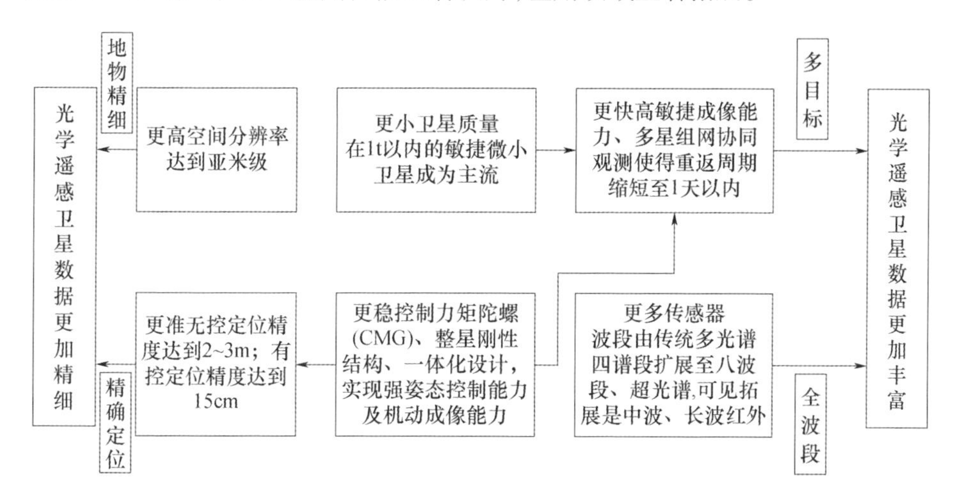

图1-10　高分辨率光学遥感卫星发展趋势

为了支撑"更高、更精、更多、更全"的设计目标,各国对卫星成像全链路的各环节开展了优化设计,采用大量新技术,实现了成像效能的跃升,主要措施包括:

(1)注重轨道优化设计。美军军用光学详查卫星突出特点是采用椭圆轨道设计,兼顾高分辨率和高侦察频次。相比圆轨道,椭圆轨道近地点分辨率高,远地点成像频次高,同样相机口径,卫星最高侦察分辨能力可提高1倍以上。美国民商高分辨率卫星不单纯追求空间分辨率的提高,统筹考虑整星机动范围、卫星时间分辨率、空间分辨率开展轨道优化设计,提高卫星的重访能力。

(2)采用自适应光学系统。随着分辨率提高至0.1m,大气、光学镜头的变形等成为影响成像质量的重要因素。国外大型载荷采用了自适应光学系统,在地面装调中可以定量补偿光学镜头重力变形和环境温度变形的影响,同时在轨还具备微调能力以修正光学镜头在轨畸变。

(3)采用高品质探测器。国外载荷大量选用先进的高品质探测器,选用工作频率高、噪声低、动态范围宽的探测器。根据卫星设计与使用要求,为提升立体观测能力并解决天基成像相对运动速度快的问题采用双向扫描探测器;为解决相机F数大、灵敏度不足以及弱光条件下成像的问题,采用像增强探测器。

(4)先进的电路降噪技术。国外载荷成像电路采用专用集成电路,电路噪声低、配置简单,一方面降低地面图像处理判读的难度,另一方面相机可以采用

小口径、大焦距的光学设计保证实现轻量化设计。

(5)快速姿态机动能力。国外卫星配置先进的控制力矩陀螺实现快速姿态机动，提高卫星单次过顶多目标观测能力，如 Pleiades 配置 4 个 15N·m·s 的控制力矩陀螺，可实现 5°/6s、60°/25s 姿态机动能力，一轨观测区域数量可由传统卫星的 5 个或 6 个提高到 30 个。

(6)采用减振定量化设计。随着分辨率提高至 0.1m，星上活动部件的运动成为影响成像质量的重要因素之一。卫星采用尽量避免使用活动部件、对活动部件进行隔振设计、安装高频角位移测量传感器通过地面处理降低振动的影响等措施，保证卫星成像质量。具体案例包括：GeoEeye -1 采用刚性太阳翼和超静动量轮总体设计，WorldView -1 和 WorldView -2 对 CMG 舱进行充分的隔振减振设计，GeoEeye -1 卫星安装高精度的高频角位移传感器等。

(7)提升卫星无控定位精度。采用高精度陀螺、星敏和全球卫星导航系统，通过星敏与相机一体化安装，实现无控制点条件下高图像定位精度。通过上述技术，WorldView -1 无控定位精度达到 7.6m、WorldView -2 达到 10m、GeoEye -1 达到 3m。

第 2 章
高分辨率光学遥感卫星体制与成像质量影响因素

随着光学遥感技术的不断发展,卫星在空间分辨率、光谱分辨率、辐射分辨率等各个方面都取得了巨大的进步。成像质量的好坏是判断一个光学遥感卫星设计是否合理和在轨运行是否正常的最主要依据。建立科学合理的成像质量评估指标体系对于遥感卫星的设计具有重要的指导意义。

本章介绍了遥感卫星系统的组成与成像的物理过程,重点从成像链路的角度分析了卫星平台、光学系统、探测器、大气传输、采样方式、系统噪声等因素对传输型光学遥感卫星成像质量的影响。

2.1 高分辨率光学遥感卫星组成与成像机理

2.1.1 系统组成

广义上说,天基光学遥感成像是一个遥感图像获取与记录的过程。从功能模块分类,天基光学遥感系统可分为光学有效载荷、卫星平台、地面处理系统三大部分。

2.1.1.1 光学有效载荷

光学有效载荷一般由光学系统、探测器、电子学系统等部分构成。其信号传输过程如图 2-1 所示,光学系统主要用于将来自目标的辐射会聚到探测器上;探测器将接收到的光信号转换成电荷包,经电荷耦合形式的模拟、寄存、移位,在输出电容处转变成电压形式的电信号;电子学系统的主要功能包括时钟产生、探测器驱动、信号采样保持以及信号放大和增益匹配，并经模/数(A/D)转换将模拟信号转变成数字信号。

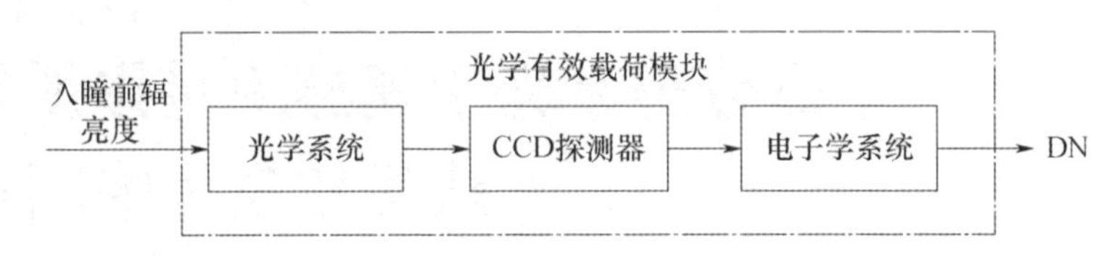

图2－1　光学有效载荷信号传输链路

1)光学系统

光学系统主要功能是收集地物目标反射的太阳辐射或自身辐射，并将光束汇聚到探测器上成像。目前，光学遥感系统通常采用同轴或离轴三反结构，如图2－2所示。该结构具有成像光路可折叠、镜体结构空间布局容易等优点。

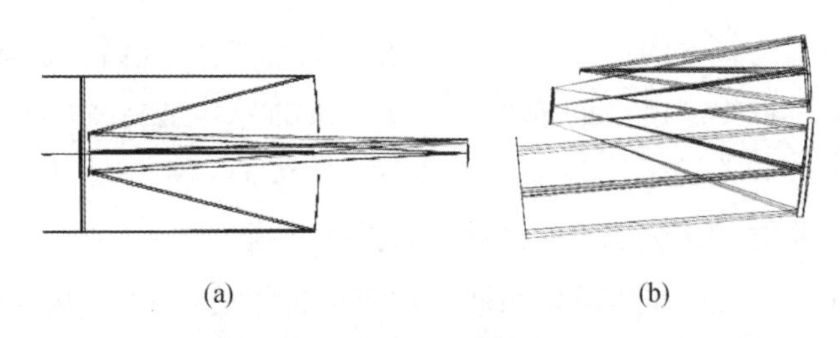

图2－2　三反式光学系统结构
(a)同轴三反系统；(b)离轴三反系统。

当分辨率较低、幅宽较大时，透射光学系统体积小、结构紧凑、技术成熟，仍然具有较高的实用性；当分辨率较高、幅宽较小时，为了减小系统体积，节约平台资源，实现星载一体化设计，可以采用同轴三反光学系统；当分辨率较高、幅宽较大时，离轴三反系统具有明显的性能优势，是最佳的空间遥感光学系统结构形式。因此，需要根据不同的应用环境选择最佳结构形式的遥感光学系统，对卫星平台资源进行合理的分配和组合，从而在有限的平台资源下实现更高的系统技术指标。

2)探测器

探测器是一种辐射能转换器，其主要功能是将光学系统成像的空间辐射分布数字化采样，并转换成电信号。低轨卫星(如GF－2)通常采用TDICCD扫描成像。TDICCD采用时间延迟积分的方法来增大系统的灵敏度，具体的工作原理如图2－3所示。高轨光学遥感卫星(如GF－4)一般采用面阵电荷耦合器件(Charge－Coupled Device，CCD)探测器凝视成像，具有较高时间分辨率。

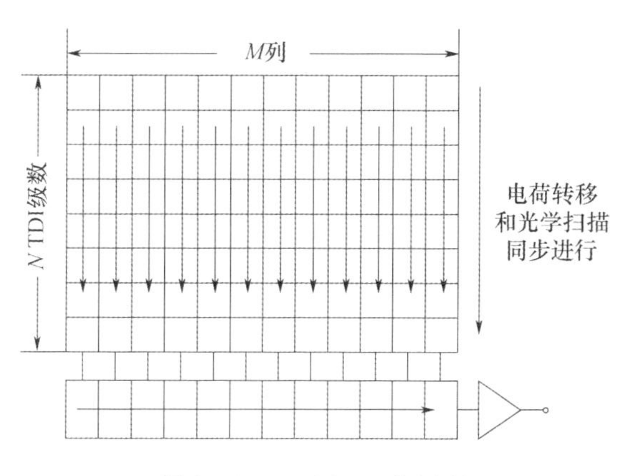

图 2-3　TDICCD 工作原理

TDICCD 总共有 $N \times M$ 个像元，M 代表垂直 TDI 方向上像元的个数，N 代表级数，M 明显大于 N。设 T 为行周期，从第 $0 \sim T$ 时间内对第一行景物积分，第 1 级积分完毕后，第 1 级积累的电荷迅速转移到第 2 级，同时 CCD 面阵的第 2 级移动到第 1 行景物的位置，开始对第 1 行景物积分，以此类推，直至第 N 个积分周期完毕，产生的所有电荷转移到读出寄存器中并读出得到第 1 行的图像。N 级像元积分实际上相当于同一行像元在 N 个行周期内对同一景物积分，因此相当于增加了有效的积分时间，由于积累的能量与积分时间成正比，TDICCD 收集的信号是普通线阵 CCD 的 N 倍。

3）电子学系统

电子学系统是各种电路的总成，用于实现相关的功能和性能。对于光学观测系统而言，其电子学系统的主要功能包括信号处理、机构控制以及管理控制等。与最终成像结果最直接相关的是信号处理电路，该电路用于对来自探测器的信号进行放大、钳位、降噪，然后进行采样和数字化，一般包括 CCD 时序信号电路、驱动信号形成电路、相关双采样、低通滤波器、积分时间控制电路、模/数转换和补偿电路。

2.1.1.2　卫星平台

卫星平台通常由一些子系统组成，以实现不同的星务功能和支持特定有效载荷工作：

（1）能源子系统：为整个卫星提供能源。

（2）推进子系统：为卫星定轨、保持轨道以及控制姿态提供动量。

（3）姿态轨道控制子系统：确保姿态指向和轨道定点误差在允许的范围内。

(4)测控子系统:负责和地面控制中心联系。

(5)温度控制子系统:保证卫星各种器件工作在合适的温度。

(6)数据管理子系统:采集、处理数据以及协同管理卫星各分系统工作。

(7)总体电路子系统:供配电、信号转接、火工装置管理和设备间电连接。

2.1.1.3 地面处理

在高分辨率光学遥感成像链路中,由于大气、卫星平台颤振(颤振是指航天器在轨运行期间星上转动部件高速转动以及大型可控构件驱动机构步进运动等使星体产生的一种幅值小、频率高的颤振响应)等因素的影响,图像会出现一定程度的质量退化,造成图像信息量的损失,严重影响图像信息的传递和解析。利用在轨成像硬件设施的优化来提高和改善图像质量,存在周期长、耗资大等问题,严重制约了卫星图像的应用。因此,利用地面处理对传输的图像进行质量提升具有重要的研究价值。

地面处理主要是接收天基平台传输的压缩后的对地观测图像,结合轨高、成像角度、成像波段等先验信息,解压缩后对图像进行几何和辐射校正、增强等操作,从而提取或解译出需要的图像应用信息。

2.1.2 成像机理

天基光学遥感系统成像是一个多环节综合作用的过程,按成像过程顺序将所有成像环节串在一起的物理链路一般称为天基光学遥感成像链路。成像链路以场景目标为始端,以图像为终端,场景目标反射的太阳光或自身辐射经过大气传输,进入光学系统成像在探测器上,经光电转换、量化、压缩后下传地面。

2.1.2.1 场景目标

地面上的任何物体(目标物),如大气、土地、水体、植被和人工构筑物等,在温度高于0K(-273.16℃)的条件下,它们都具有反射、吸收、透射及辐射电磁波的特性。当太阳光从宇宙空间经大气层照射到地球表面时,地面上的物体就会对太阳辐射产生反射和吸收。由于每一种物体的物理和化学特性以及入射光的波长不同,因此它们对入射光的反射率也不同,各种物体对入射光反射的规律称为物体的反射光谱,如图2-4所示,给出了常见地物的反射光谱。一方面,景物光谱反射率在很大程度上反映了地物的特性;另一方面,景物特性的其他表征量,如目标的形状、大小、色调、纹理、对比度、地物辐亮度方差和地物平均空间细节等,也都是由景物光谱反射率决定的。

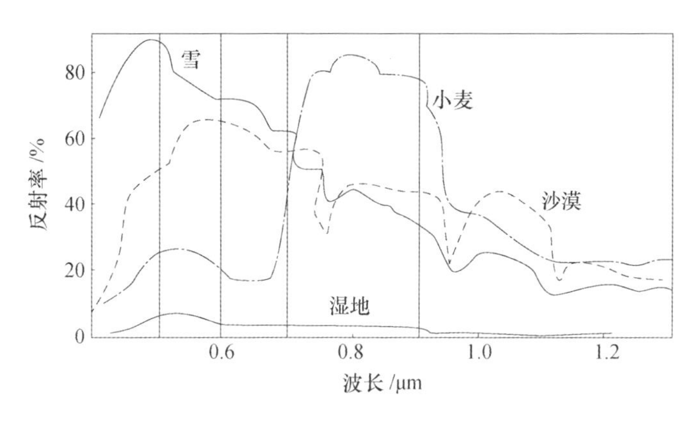

图 2－4　常见地物的反射光谱

2.1.2.2　大气传输

地面场景目标反射的太阳光或自身发出的电磁辐射在穿过大气层时，会受到大气层的吸收、散射影响，因而使透过大气层的光波能量受到衰减。

1）大气吸收作用

大气分子通过改变分子旋转、振动和电子状态来吸收太阳辐射，使得大气透射率下降，通常使用两个随机波段指数模型来计算大气透过率：一个是 Goody 的水汽模型；另一个是 Malkmus 的氧气、二氧化碳、氧化二氮和甲烷模型。透过率函数可以写为

$$t_{\Delta\nu}^{\mathrm{G}} = \exp\left\{-\frac{N_0 km}{\Delta\nu}\left[\left(1+\frac{km}{\pi\alpha_0}\right)^{-\frac{1}{2}}\right]\right\} \tag{2-1}$$

$$t_{\Delta\nu}^{\mathrm{M}} = \exp\left\{-\frac{2\pi\alpha_0 N_0}{\Delta\nu}\left[\left(1+\frac{km}{\pi\alpha_0}\right)^{-\frac{1}{2}}-1\right]\right\} \tag{2-2}$$

式中：m 为吸收总量；N_0 为频率间隔 $\Delta\nu$ 上的总线数；k 为强度的平均值；α_0 为洛伦兹半长的平均值，它可以通过每一条光谱线 j 上的半长 α_j 和强度 S_j 来得到。

2）大气散射作用

散射是指电磁辐射与结构不均匀的物体作用后，产生的次级辐射无干涉抵消，而是向各个方向传播的现象，它实质是反射、折射和衍射的综合反映，大气对太阳辐射的散射非常复杂，散射强度取决于大气中气体分子的悬浮质点颗粒的大小、形状和分布。散射现象可分为三类：

（1）瑞利散射：大小比波长小得多的粒子散射，其散射系数为

$$\beta_R(\lambda) = \frac{2\pi^2}{H\lambda^4}n(\lambda) - 1^2(1+\cos^2\theta) \tag{2-3}$$

瑞利散射的主要特点是散射强度与波长的4次方的倒数成正比,因此短波散射要比长波散射强得多。

(2)米氏散射:大小与波长相近的粒子散射,主要是指下层大气中稍大的悬浮质点的散射。它的主要特点是散射特性复杂,取决于质点的尺寸、性质、分布等,而且散射的方向性很强。米氏散射的散射系数为

$$T_{\theta,\lambda}(\lambda) = e^{-\beta\lambda^{-\theta m}} \tag{2-4}$$

由式(2-4)可知,米氏散射造成的大气透过率随波长变化不大。

(3)无选择性散射:尺寸比波长大得多的粒子散射,如云雾对可见光的散射,其散射强度与波长无关,是非选择性散射。大气中的液、固态水和固体杂质都大于可见光的波长,因此它们对可见光散射出的光呈白色。

2.1.2.3 光学系统成像

地物目标自身辐射以及反射太阳的辐射经过大气传输后,被光学系统收集并会聚到探测器上成像,该过程如图2-5所示。由于遥感成像过程中的光是非相干的,因而光学系统成像过程满足线性叠加的性质,则入射物辐亮度$L_{in}(x',y')$经过成像系统后形成像面辐亮度分布$L_{out}(x,y)$可用下面的积分形式表达:

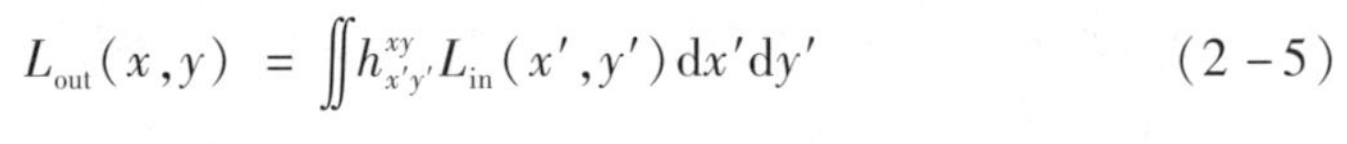

$$L_{out}(x,y) = \iint h_{x'y'}^{xy} L_{in}(x',y')\,dx'dy' \tag{2-5}$$

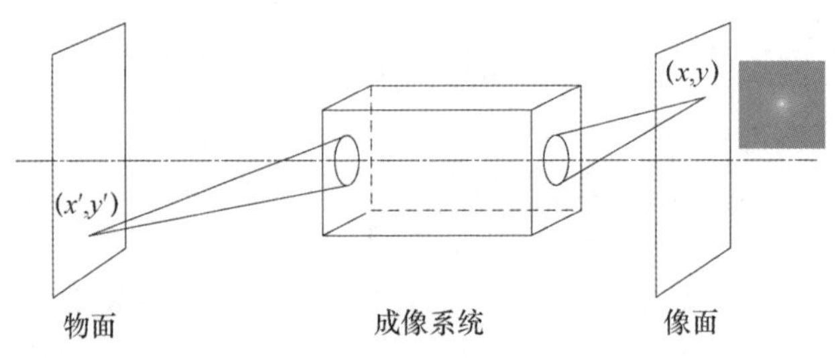

图2-5 光学系统成像

对于实际成像系统而言,脉冲响应函数$h_{x'y'}^{xy}$是随着物面点(x',y')变化的,例如光学系统的像差会使得点扩散函数随视场发生变化。但是,对于遥感光学系统而言,为了其保证成像质量,通常将各种误差控制在很小的范围内,即$h_{x'y'}^{xy}$变化不大。为了后续处理方便,假定遥感成像系统的脉冲响应函数$h_{x'y'}^{xy}$与物面坐标(x',y')无关,即成像过程满足空间不变性。此时,脉冲响应函数$h_{x'y'}^{xy}$可简化为$h(x-x',y-y')$,则光学系统成像过程可表示为卷积形式:

$$L_{\text{out}}(x,y) = \iint h(x-x',y-y')L_{\text{in}}(x',y')\mathrm{d}x'\mathrm{d}y' = h * L_{\text{in}} \tag{2-6}$$

2.1.2.4　探测器采样及光电转换

探测器像元对目标景物像的能量进行采样积分，并通过光电转换将积分光子转化为电子，当像元中电子累积到一定数量时转换为电流或电压。

到达探测器焦面的信号是连续的，由于 CCD 像元尺寸不可能无穷小，相邻像元之间存在一定的采样间距 p_x 和 p_y，采用数学公式表示空间离散采样效应：

$$g(m,n) = f(x,y) \cdot \frac{1}{p_x p_y}\text{comb}\left(\frac{x}{p_x}\right)\text{comb}\left(\frac{y}{p_y}\right) \tag{2-7}$$

探测器光电转换效率由器件的材料、结构、工艺等因素决定，通常用光谱响应来刻画，是指 CCD 对于不同波长光线的响应能力。在一个光谱范围内探测器的一个像元产生的电子数可按下式表示：

$$S_{\text{e}}(\lambda) = \int_{\lambda_2}^{\lambda_1} \frac{\pi A_{\text{d}}}{4F^2} \cdot \frac{\lambda}{hc} \cdot \eta(\lambda) \cdot \tau_0(\lambda) \cdot T_{\text{int}} \cdot L(\lambda)\mathrm{d}\lambda \tag{2-8}$$

式中：A_{d} 为探测器像元面积；$\tau_0(\lambda)$ 为光学系统的透过率（包括滤光片的透过率）；T_{int} 为探测器积分时间；h 为普朗克常数；c 为光速；$\eta(\lambda)$ 为器件的量子效率；λ 为窄带中心波长；$L(\lambda)$ 为探测器接收到的光谱辐亮度。

式(2-8)中，除了 $L(\lambda)$ 和 T_{int} 外的其他项是与目标无关的量，完全是由遥感器的光学系统、接收器件的性能参数决定，可以看作仪器在波长 λ 处的窄带 $\Delta\lambda$ 内的响应度：

$$R_{\text{T}}(\lambda) = \frac{\pi A_{\text{d}}}{4F^2} \cdot \frac{\lambda}{hc} \cdot \eta(\lambda) \cdot \tau_0(\lambda) \tag{2-9}$$

在带宽较窄的情况下，输出信号 $S_{\text{e}}(\lambda)$ 可以看作与目标的辐亮度成正比，而在一定的波长范围 $\lambda_1 \sim \lambda_2$ 内，探测器产生的电子数等于式(2-9)在 $\lambda_1 \sim \lambda_2$ 内的积分：

$$S_{\text{e}}(\lambda_1 \sim \lambda_2) = \int_{\lambda_2}^{\lambda_1} R_{\text{T}}(\lambda) \cdot T_{\text{int}} \cdot L(\lambda) \cdot \mathrm{d}\lambda \tag{2-10}$$

2.1.2.5　电子学量化处理

经过探测器采样的图像只是使其成为在空间上离散的像素，而每个像素的亮度值还是一个连续量，必须把它转化为有限个离散值才能成为数字图像。这种对信号的幅值进行离散化的过程称为量化。量化方式可以分为均匀量化和非均匀量化两大类。将像素的连续亮度值进行等间隔量化的方式称为均匀量化，而进行不等间隔量化的方式称为非均匀量化。电子学系统作用即是对来自探测器的信号进行放大、钳位、降噪,然后进行采样和数字化。

设 S_{sa} 为探测器阱深(以电子数记),n 为量化位数,LSB 为最小量化单位或量化间隔,如果 A/D 转换器与放大器的输出相匹配,输出最高电压对应探测器的阱深,对于均匀量化,LSB 如下式所示:

$$\mathrm{LSB} = \frac{S_{sa}}{2^n} \tag{2-11}$$

则量化结果为

$$S_N = \mathrm{LSB} \times \mathrm{Floor}\left(\frac{S_e}{\mathrm{LSB}}\right) \tag{2-12}$$

式中:Floor(·)表示取整运算。

2.1.2.6 压缩编码

数字压缩技术可分为信息保持编码和信息有损编码两类。信息保持编码即无损编码,包括变长编码、LZW 编码、位平面编码、无损预测编码等。有损编码是以在图像重构的准确度上做出让步而换取压缩能力增加的概率为基础的,包括有损预测编码、变换编码、小波编码等。

国际电报电话咨询委员会(CCITT)和国际标准化组织(ISO)已经定义了几种连续色调图像压缩标准用于处理单色和彩色图像压缩。这些标准为 CCITT 和 ISO 向很多公司、大学和研究实验室征求算法建议,并根据图像的品质和压缩的效果从提交的方案中选择最好的算法而形成,这样得到的标准体现了在连续色调图像压缩领域的现有水平。连续色调压缩标准包括基于离散余弦变换(Discrete Cosine Transform,DCT)的 JPEG 标准、基于小波的 JPEG2000 标准等。除以上标准算法外,其他用于星上压缩的算法还包括自适应差值脉冲编码调制算法、多级树集合分裂算法,以及空间数据系统咨询委员会的无损压缩算法等。由于具有标准化的算法和专业的技术支撑,JPEG 和 JPEG2000 在卫星上的应用相对来说更为广泛。

2.2 光学遥感卫星成像质量影响因素分析

2.2.1 遥感成像链路的物理过程

广义上的遥感成像链路包含如图 2-6 所示的遥感图像获取链路与处理链路。通常遥感成像链路具体指其中的图像获取链路,其始端是目标景物,终端是图像。下面按照能量的传输过程,详细说明遥感成像链路的各环节,给出完整的物理成像过程。

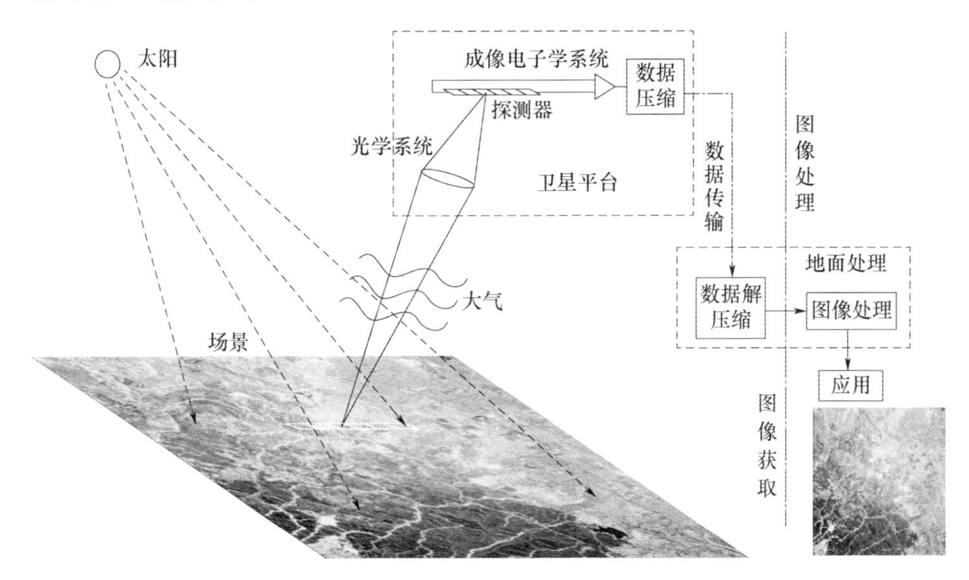

图2-6　遥感成像系统图像获取与处理链路

在光学遥感中,地物信息是指在特定谱段和特定观测角度内,目标地物所反射或自身辐射的能量。这些能量在空间上的分布构成了人们感兴趣的目标景物。目标景物的能量穿过大气,到达遥感相机的光学系统上,经过光学系统的成像,在像面处得到目标景物的像,由于大气和光学系统的影响,像面处得到的像是模糊的。

探测器像元对目标景物像的能量进行采样积分,并通过光电转换将积分光子转化为电子,当像元中电子累积到一定数量时转换为电流或电压,由探测器电路读出。读出信号通过后续电路的放大、扫描和量化,形成数字化的目标景物图像。由于卫星平台扰动造成了相机视线的抖动,因而在此过程中会引起目标景物像的模糊;另外,探测器的像元之间通常不是完全绝缘的,会有一些电子扩散到其附近的像元中,而且在读出过程中,电荷转移可能使得不同像元的电荷混合到一起,这些因素也会造成目标景物像的模糊。由于像元具有有限尺寸,像元积分过程也伴随着对目标景物像的采样,将连续信号转化为离散信号。此外,光电转换过程通常是非线性的,而且探测像元存在饱和的现象。

目标景物图像经过星上数据压缩、传输和地面解压缩后,被传输到地面系统中。在这个过程中,由于数据压缩一般是有损压缩,也会引起图像的退化,而且传输过程中的一些损耗同样会造成图像的退化。经过上面的复杂链路，最终在地面得到一幅模糊含噪的观测图像。图2-7归纳了上面所述的各成像环节的影响。

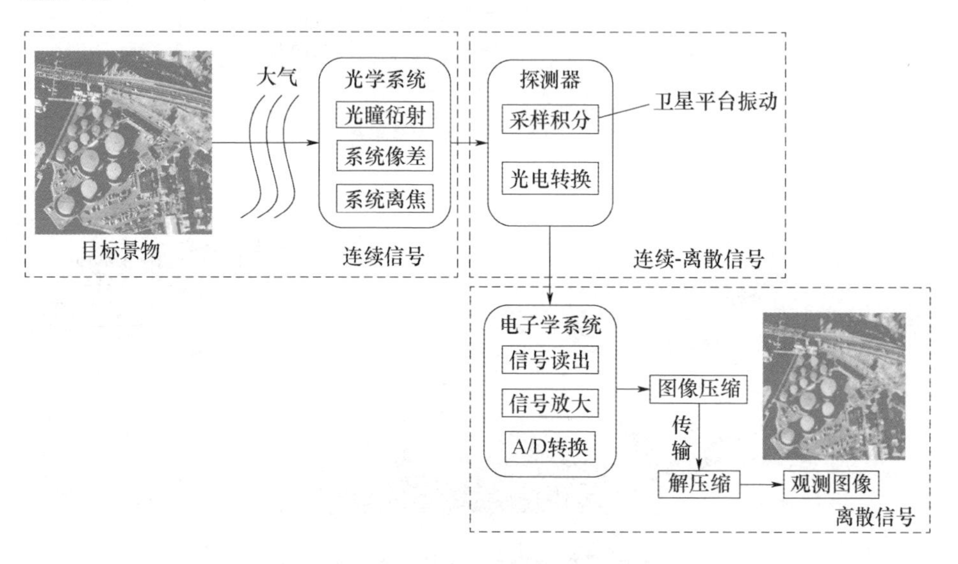

图2-7　遥感成像系统图像获取链路模型

根据上面对成像过程的描述，将成像链路的影响可分为图像模糊过程、采样过程、信号转换过程和噪声过程四个主要的部分。表2-1给出了成像链路各环节影响因素。

表2-1　成像链路各环节影响因素

成像环节	模糊过程	采样过程	信号转换过程	噪声过程
大气	大气湍流 大气散射	—	—	—
卫星平台	轨道摄动 卫星姿控 高频颤振	—	—	—
光学系统	衍射效应 系统像差	—	—	—
探测器	像元积分 电荷扩散 电荷转移	探测像元采样	光电转换	散粒噪声 暗电流噪声

续表

成像环节	模糊过程	采样过程	信号转换过程	噪声过程
成像电子学	放大器 电路滤波	—	信号增益 信号过饱和	读出噪声 量化噪声
图像压缩、传输、解压缩	—	—	—	数据压缩 数据传输

2.2.2　遥感成像链路影响因素分析

2.2.2.1　图像模糊过程分析

1)图像模糊的数学模型

图像模糊过程可抽象的物理模型如图 2－8 所示。物面上一点(x',y')所发出的能量经过成像系统后,到达像面上,(x,y)是(x',y')点的共轭点(理想成像点),理想情况下,由(x',y')点辐射的能量全部落在(x,y)上,即实现了点对点的完美成像。但在实际情况中,受成像环境和成像系统影响,通常在(x,y)周围会形成一个弥散斑,这个斑也称为脉冲响应函数,记为 $\mathrm{IR}_{x',y'}^{x,y}$。

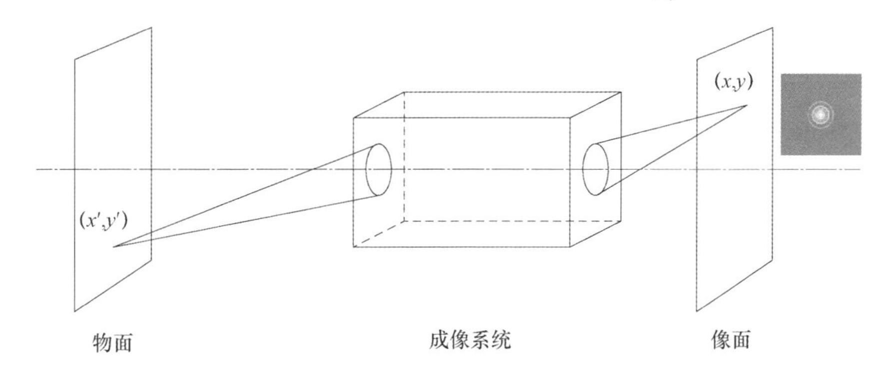

图 2－8　图像模糊过程的物理模型

由于遥感成像过程中的光是非相干的,因而成像过程满足线性叠加的性质,则物面上目标景物 $X(x',y')$经过成像系统后形成的模糊目标景物像 $Y(x,y)$可用下面的积分形式表达:

$$Y(x,y) = \iint \mathrm{IR}_{x',y'}^{x,y} X(x',y')\,\mathrm{d}x'\mathrm{d}y' \tag{2-13}$$

对于实际成像系统而言,脉冲响应函数 $\mathrm{IR}_{x',y'}^{x,y}$是随着物面点$(x',y')$变化的,如光学系统的像差会使得点扩散函数随视场发生变化。但是,对于光学遥感系统而言，为了其保证成像质量，通常将各种误差控制在很小的范围内，即 $\mathrm{IR}_{x',y'}^{x,y}$ 变化不大。为了后续处理方便，假定遥感成像系统的脉冲响应函数 $\mathrm{IR}_{x',y'}^{x,y}$ 与物面坐标 (x',y') 无关，即成像过程满足空间不变性，此时，脉冲响应函数 $\mathrm{IR}_{x',y'}^{x,y}$ 可简化为 $\mathrm{IR}(x-x',y-y')$，代入式(2-13)中，则可表示为下面的卷积形式：

$$Y(x,y) = \iint \mathrm{IR}(x-x',y-y')X(x',y')\mathrm{d}x'\mathrm{d}y' = (\mathrm{IR} \otimes X)_{x,y} \tag{2-14}$$

式中："$\otimes$"为卷积算子。

对式(2-14)两端进行傅里叶变换，则根据卷积定理，式(2-14)中的卷积形式可表述为频域乘积的形式：

$$\mathcal{F}[Y]_{U,V} = (\mathrm{TF})_{U,V} \times \mathcal{F}[X]_{U,V} \tag{2-15}$$

式中：$\mathcal{F}[\cdot]$ 为傅里叶变换算子；TF 为成像系统的传递函数（Transfer Function，TF），$\mathrm{TF}=\mathcal{F}[\mathrm{IR}]$；$(U,V)$ 是与 (x,y) 相对应的空间频率坐标，令 $\rho=\sqrt{U^2+V^2}$。

传递函数的幅值称为成像系统的调制传递函数（Modulation Transfer Function，MTF），即 $\mathrm{MTF}=|\mathrm{TF}|$，而传递函数的相位称为相位传递函数。在遥感成像系统中，脉冲响应函数通常是对称函数，因此相位传递函数通常可以忽略，即 $\mathrm{TF}=\mathrm{MTF}$。

根据前述分析，遥感图像获取链路中影响图像模糊程度的因素包括大气、光学系统、探测器、卫星平台和成像电子学系统等。在线性空间不变系统模型下，成像系统的 MTF 等于各影响因素 MTF 的乘积，即

$$\mathrm{MTF} = \mathrm{MTF}_{\mathrm{atm}} \times \mathrm{MTF}_{\mathrm{opt}} \times \mathrm{MTF}_{\mathrm{sen}} \times \mathrm{MTF}_{\mathrm{plat}} \times \mathrm{MTF}_{\mathrm{elc}} \tag{2-16}$$

式中：等号后面各项按顺序分别对应着大气、光学系统、探测器、卫星平台和成像电子学系统的 MTF，下面对这些 MTF 进行简单的说明。

2）遥感成像链路模糊因素分析

（1）大气作用。

大气对成像系统的干扰是一个复杂且重要的问题，大气中气溶胶引起的散射和大气湍流均会造成遥感成像系统的图像模糊。

大气气溶胶散射是大气中十分重要的图像模糊因素。大气气溶胶粒子对光线的小角度前向散射能够引起临近像元影响，Kopeika 将气溶胶这种影响表达为 MTF 形式：

$$\mathrm{MTF}_{\mathrm{aerosol}} = \begin{cases} \exp[-A_\alpha z - S_\alpha z\,(\rho/f_{\mathrm{c}})^2], & \rho < f_{\mathrm{c}} \\ \exp[-(A_\alpha + S_\alpha)z], & \rho \geqslant f_{\mathrm{c}} \end{cases} \tag{2-17}$$

式中：z 为路径长度；A_α、S_α 分别为大气的吸收和散射系数；f_c 为截止频率，$f_c=\alpha/\lambda$，α 为气溶胶粒子半径，λ 为波长。

大气湍流的起因是由于大气内部气压和温度的随机改变引起大气中折射率的变化，这些微小变化能够造成同一点发出的光线照射到像面的不同位置。Fried 提出大气湍流引起的 MTF 可表示为以下形式：

$$\mathrm{MTF_{turb}} \approx \exp\left[-3.44\left(\frac{\lambda}{1000 r_o}\rho\right)^{5/3}\right] \tag{2-18}$$

式中：r_o 为 Fried 大气相干直径，且有

$$r_o = 0.185\lambda^{6/5}\left[\int_0^R\left(\frac{\eta}{R}\right)^{5/3} C_n^2(\eta)\,\mathrm{d}\eta\right]^{-3/5} \tag{2-19}$$

其中：$C_n^2(\eta)$ 为折射率起伏折射常数。

大气的 MTF 可写为大气散射和大气湍流的 MTF 的乘积：

$$\mathrm{MTF_{atm}} = \mathrm{MTF_{aerosol}} \times \mathrm{MTF_{turb}} \tag{2-20}$$

（2）光学系统。

遥感器的光学系统是成像系统的重要部分，起到了收集目标景物光能量并抑制杂光等作用。理论上，光学系统的 MTF 是孔径自相关的模，表示为

$$\mathrm{MTF_{opt}} = |P(\xi,\eta) * P(\xi,\eta)| = \iint P(\xi,\eta)P(\xi-\lambda U\mathrm{fl},\eta-\lambda V\mathrm{fl})\,\mathrm{d}x\mathrm{d}y \tag{2-21}$$

式中：fl 为光学系统焦距；$P(\xi,\eta)$ 为光学系统的光瞳函数，(ξ,η) 为光瞳面坐标；“ * ”为相关算子。

对于圆形光瞳的光学系统而言，其衍射限 MTF 可表示为

$$\mathrm{MTF_{diff}} = \frac{2}{\pi}\left[\arccos\left(\frac{\rho}{\rho_c}\right) - \left(\frac{\rho}{\rho_c}\right)\sqrt{1-\left(\frac{\rho}{\rho_c}\right)^2}\right] \tag{2-22}$$

式中：ρ_c 为光学系统的截止频率，$\rho_c=D/\lambda\cdot\mathrm{fl}$ 其中，D 为相机镜头入瞳直径。

目前，空间遥感成像系统多采用折射式或折反式光学系统，这些系统中一般会存在一定的中心遮挡，造成光学系统 MTF 在中低频出现了下降。图 2-9 给出了不同遮拦比条件下光学系统的衍射限 MTF。

实际在轨光学系统并非理想的衍射受限系统，系统中存在一些像差，如离焦、球差、像散等。计算有像差光学系统 MTF 通常比较复杂，一般可通过光学设计软件计算得到。此外，Fiete 等提出对于像差较小光学系统，像差引起的 MTF 可近似写为

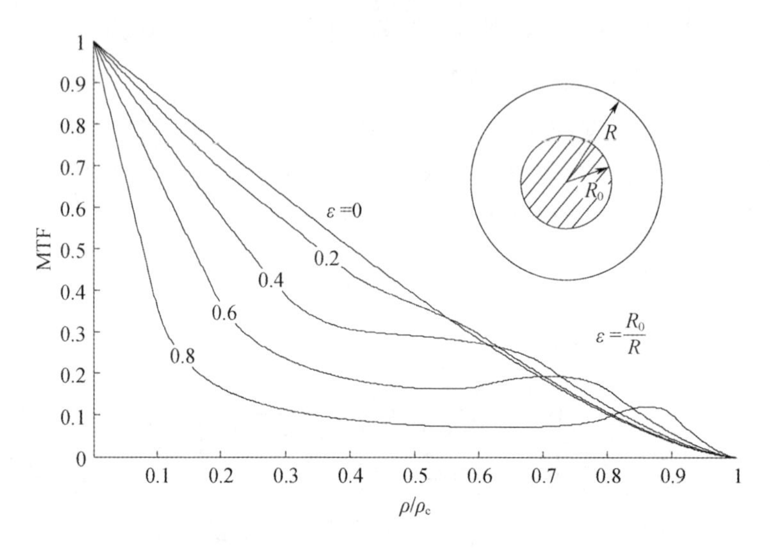

图 2-9 中心遮挡光学系统 MTF

$$MTF_{aber} = 1 - \left(\frac{WFE_{rms}}{0.18}\right)^2\left[1 - 4\left(\frac{\rho}{\rho_c} - \frac{1}{2}\right)^2\right] \tag{2-23}$$

式中：WFE_{rms}为波前误差（均方根）。

此时，光学系统的 MTF 可表示为衍射 MTF 和像差 MTF 的乘积，即

$$MTF_{opt} = MTF_{diff} \times MTF_{aber} \tag{2-24}$$

（3）探测器。

探测器是遥感成像系统的重要组成部分，它完成了将输入光信号转换为电信号的过程。目前，光学遥感成像系统，特别是高分辨率成像系统，多采用线阵探测器，通过卫星的轨道运动推扫形成二维图像。在推扫过程中，线阵探测器可通过多级累计的方式提高系统的信噪比，例如采用 TDICCD 探测器件。为了后续分析方便，不失一般性地假定 x 方向为沿轨方向（卫星飞行方向），y 方向为垂轨方向。

探测器引起的 MTF 下降主要包含以下三个部分：

①像元积分：光信号在探测器的像元内积分会引起图像模糊，通常，电荷转移速度与推扫像速度是相同的，即探测器在积分时间内的像移量恰好等于一个像元尺寸。假定探测器的像元尺寸为 $p_{ex} \times p_{ey}$，则此部分的 MTF 可表示为

$$MTF_{int} = \mathrm{sinc}(Up_{ex})\mathrm{sinc}(Vp_{ey}) \tag{2-25}$$

式中：$\mathrm{sinc}(x) = \sin(\pi x)/\pi x$。

推扫速度和电荷转移速度发生失配会引起图像模糊。对于 TDICCD 而言，

失配量会在后续 TDI 级数中累计,造成更大的图像模糊。假定失配量为 δ_x,则此时 TDICCD 的 MTF 可写为

$$\mathrm{MTF_{TDI}} = \mathrm{sinc}\left[\pi U\left(\frac{p_{ex}}{\varphi} + \frac{\delta_x}{N_{TDI}\varphi}\right)\right] \cdot \frac{\sin(\pi\delta_x U)}{N_{TDI}\varphi\sin[\pi(\delta_x / N_{TDI}\varphi)U]} \tag{2-26}$$

式中:φ 为 TDICCD 中的相数;N_{TDI} 为 TDI 级数。

②电荷扩散:探测器产生的光电子会经历一个三维随机游走过程直到被其他势阱所捕获,因此像点上激发出的电荷会有一部分落入邻近的势阱中,造成 MTF 的下降,称为电荷扩散 MTF。其可写为

$$\mathrm{MTF_{diffuse}}(V) = \frac{1 - \dfrac{\exp(-\alpha_{ABS}L_D)}{1 + \alpha_{ABS}L(V)}}{1 - \dfrac{\exp(-\alpha_{ABS}L_D)}{1 + \alpha_{ABS}L_{Diff}}} \tag{2-27}$$

式中:L_D 为损耗宽度;α_{ABS} 为光谱吸收系数;$L(V)$ 为与频率有关的扩散长度。

③电荷转移:CCD 工作时,电荷包由光敏区向存储区转移,又从存储区逐个转移到输出区中。在转移过程中,会有一部分电荷剩余在原势阱中,造成电荷损失。电荷每次转移后,到达下一个势阱中的电荷与原势阱中的电荷之比称为转移效率。对于线阵推扫型 CCD 而言,其输出一般是沿垂直于飞行的方向,因此电荷转移损失造成 MTF 下降可表示为

$$\mathrm{MTF_{trans}}(\nu) = \exp\left\{-N_{trans}(1-\gamma)\left[1 - \cos\left(\frac{\pi\nu}{\nu_c}\right)\right]\right\} \tag{2-28}$$

式中:γ 为电荷转移效率;ν_c 为成像系统的奈奎斯特频率;N_{trans} 为电荷转移次数,其为 CCD 的像元数乘以其相数。

探测器引起的 MTF 可写为

$$\mathrm{MTF_{sen}} = \mathrm{MTF_{TDI}} \times \mathrm{sinc}(\nu p_{ey}) \times \mathrm{MTF_{diffuse}} \times \mathrm{MTF_{trans}} \tag{2-29}$$

(4)卫星平台。

卫星平台为空间相机等有效载荷的正常工作提供了支持、控制、指向和管理保障等服务。然而在其运行过程中,卫星平台会产生一定的振动,对空间相机的成像质量造成了影响。卫星平台振动源主要分为三种:①卫星轨道摄动引起的轴向振动;②卫星在闭环姿态控制系统作用下的(带有外部扰动、离散控制)刚体运动引起的振动;③卫星和载荷部件操作引起的高频颤振。但是,由于每个空间相机与卫星之间的结构关系十分复杂,难以建立统一的数学模型,解析这些振动源十分困难,因此目前的研究中通常将卫星平台扰动简化为以下三种基本形式:

①线性运动：可以理解为在积分时间内目标景物与相机之间存在匀速直线运动，一般采用积分时间内的像移d_{smear}衡量。线性运动的 MTF 可写为

$$\mathrm{MTF}_{line} = \mathrm{sinc}[d_{smear}(U\cos\theta + V\sin\theta)] \tag{2-30}$$

式中：θ为振动方向与卫星运动方向的夹角。

②中低频振动：通常可分解为正弦振动形式，通过分析正弦振动分析其影响，正弦振动可表示为

$$\alpha_s = a_s\sin(\omega_s t_s) \tag{2-31}$$

式中：ω_s为正弦振动周期；a_s为正弦振动振幅。

若积分时间大于振动周期$2\pi/\omega_s$，则在积分时间内会出现若干个正弦振动，此时的 MTF 可表示为

$$\mathrm{MTF}_{sin} = \mathrm{J}_0[2a_s\pi(U\cos\theta + V\sin\theta)] \tag{2-32}$$

式中：J_0为零阶贝塞尔函数。

若积分时间小于振动周期，则 MTF 与初始积分时刻的振动位置有关，无法用确定的解析形式表达。

③高频颤振：对于高分辨率遥感卫星，颤振将严重影响空间相机的指向精度和稳定度，造成图像模糊。通常高频颤振包含许多频率，很难用正弦信号进行分析，因此在一般的研究过程中认为颤振过程是随机的，将随机颤振引起的 MTF 建模为高斯函数形式：

$$\mathrm{MTF}_{jitter} = \exp[-2(\pi\sigma_r\rho)^2] \tag{2-33}$$

式中：σ_r为随机偏移量的均方根。

(5)成像电子学系统。

成像电子学系统中的电路和信号放大器具有滤波效应，对系统 MTF 会产生影响，一些研究中将这种滤波近似为 RC 电路的形式。通常成像电子学的 MTF 高于 0.9。

2.2.2.2 采样过程分析

尽管遥感应用中常采用线阵型探测器，但为了保证其推扫得到图像的质量，在设计和应用过程中需保证像元积分时间、地面采样间隔和卫星飞行速度是匹配的，即积分时间内恰好飞过单位地面采样间隔。因此，在采样分析中，可将线阵推扫成像过程等效于面阵探测器成像过程。

数学上，信号采样过程可表示为入射信号乘以二维采样函数$S(x,y)$。令N_x、N_y表示采样网格点的数量，p_x、p_y表示相邻采样点的间隔，具体定义如图 2-10所示，此时采样函数$S(x,y)$可写为

$$S(x,y)=\sum_{i=0}^{N_x-1}\sum_{j=0}^{N_y-1}\delta(x-ip_x,y-jp_y)\tag{2-34}$$

式中：(i,j)为图像像素坐标$(i=0,1,\cdots,N_x-1;j=0,1,\cdots,N_y-1)$。

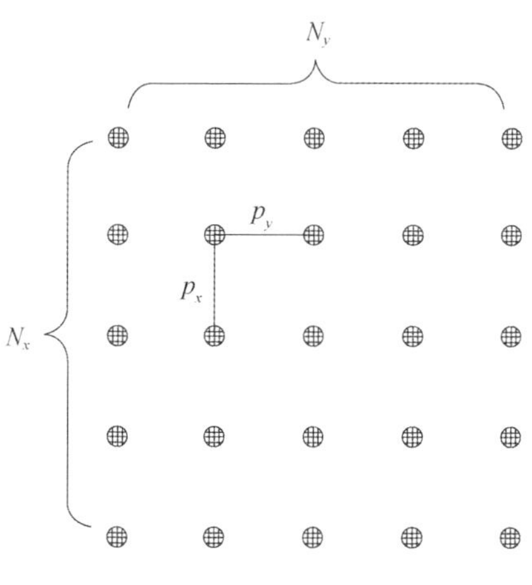

图2-10　采样点结构

因此，目标景物像$Y_{x,y}$经过采样后的图像$(Y_{\mathrm{sam}})_{x,y}$可表示为

$$\begin{aligned}(Y_{\mathrm{sam}})_{x,y}&=Y_{x,y}\times S(x,y)\\&=Y_{ip_x,jp_y}\sum_{i=1}^{N_x}\sum_{j=1}^{N_y}\delta(x-ip_x,y-jp_y)\end{aligned}\tag{2-35}$$

下面在频域中分析采样过程对成像的影响。根据傅里叶变换的知识可知，式(2-35)中的采样函数的傅里叶变换可写为

$$\begin{aligned}\mathcal{F}[S(x,y)]_{U,V}&=[\mathrm{sinc}(UN_xp_x)\mathrm{sinc}(VN_yp_y)]\\&\quad\otimes\sum_{k_U,l_V=-\infty}^{\infty}\delta(U-k_UR_U,V-l_VR_V)\end{aligned}\tag{2-36}$$

式中：R_U、R_V分别为p_x、p_y相对应的空间频率，满足$R_U=p_x^{-1}$，$R_V=p_y^{-1}$。

根据卷积定理，Y_{sam}的频域形式可写为下面卷积形式：

$$\begin{aligned}\mathcal{F}[Y_{\mathrm{sam}}]_{U,V}&=\mathcal{F}[\mathcal{Y}]_{U,V}\otimes\mathcal{F}[S(x,y)]_{U,V}\\&=\{\mathcal{F}[\mathcal{Y}]_{U,V}\otimes(\mathrm{sinc}(UN_xp_x)\mathrm{sinc}(VN_yp_y))\}\otimes\\&\quad\sum_{k_U,l_V=-\infty}^{\infty}\delta(U-k_UR_U,V-l_VR_V)\end{aligned}\tag{2-37}$$

由式(2-37)可看出，采样过程将信号进行了周期性的延拓。图2-11中给出了信号周期性延拓（这里忽略了有限采样的影响，认为N_x和N_y为无穷大），从图中可看出，在延拓过程中，一些低频的信息可能会反叠到高频成分中，引起频域混叠。

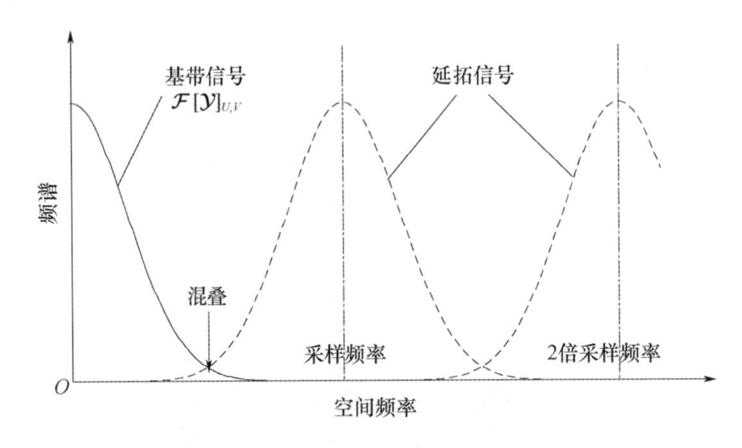

图 2－11　采样对信号周期性延拓

Shannon 指出,当采样率超过 2 倍信号截止频率时,采样过程不会引起频域混叠。此时,利用一个理想的低通滤波器保留中心的基带信号,滤除其余的延拓信号,则可无损失地重建信号,即采样不会对信号产生影响。此时低通滤波器可写为

$$L(U,V)=\begin{cases}1, & U\leqslant 1/(2p_x)\\ 0, & V\leqslant 1/(2p_y)\end{cases} \tag{2-38}$$

在实际中,探测器通常具有有限尺寸,利用其所获取的图像具有有限的支持域,根据傅里叶变换性质可知其频谱覆盖了整个频率域,因而对此频谱的任何采样都会引起频域混叠,即该频谱无法满足 Shannon 采样定理。

通过前述分析可知,成像链路不仅会衰减目标景物的频谱,而且会引入噪声。理论上,当信噪比小于 1 时,信号被噪声完全淹没,无法提取;只有当信噪比大于 1 时,对信号的探测和重建才是有意义的。因此,只有目标景物像的信号超过噪声的频谱范围才是有效频带,该有效频带可写为

$$|\mathcal{F}[X]|\times(\mathrm{MTF})>\sigma \tag{2-39}$$

式中:σ 为噪声的标准差。

图 2－12 给出了有效频带,图中最优采样频率为式(2－39)取等时所对应的空间频率。当采样间隔满足最优采样频率时,采样引起的频域混叠可以忽略,成像链路的成像能力得到了充分利用。

为了后面分析方便,将式(2－35)中采样过程写为离散形式:

$$(Y_d)_{i,j}=Y(ip_x,jp_y) \tag{2-40}$$

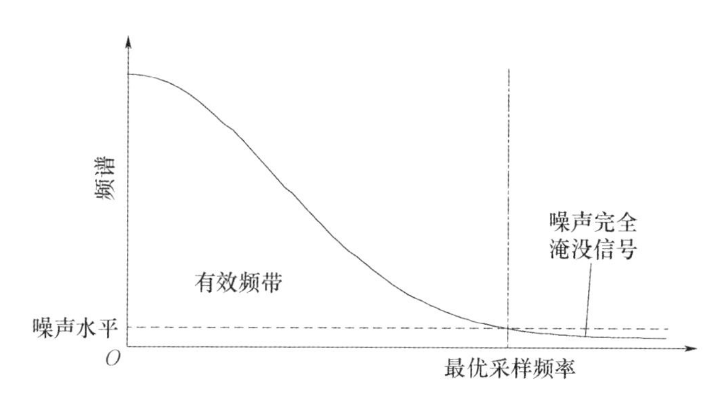

图 2－12　有效频带

假定图像$(Y_d)_{i,j}$是周期性延拓的，其延拓周期为图像尺寸$N_x \times N_y$。记$k = \{-N_x/2+1, \cdots, N_x/2\}$，$l = \{-N_y/2+1, \cdots, N_y/2\}$，归一化频域坐标可写为$u = k/N_x$，$v = l/N_y$。对式(2－40)两端进行傅里叶变换，则在频域内图像Y_{d}与目标景物像Y具有如下关系：

$$\mathcal{F}[Y_{\mathrm{d}}]_{u,v} = \mathcal{F}[Y]_{U_{\mathrm{d}},V_{\mathrm{d}}} \tag{2-41}$$

式中：$U_{\mathrm{d}} = u/p_x$；$V_{\mathrm{d}} = v/p_y$。

2.2.2.3　信号转换过程分析

在理想情况下，探测器内积累的电子随着积分光能是线性增长的；但在实际中，探测器的像元响应是非线性的，存在着过饱和现象，且像元间的响应也是非均匀的。下面利用一个单点作用的算子$T_{i,j}(\cdot)$来描述探测器的非线性和非均匀性：

$$T_{i,j}(t) = \mathrm{Sat}_{[0,2^n-1]}(a_{ij}t/Q + N_{\mathrm{dark}}) \tag{2-42}$$

式中：a_{ij}代表像元响应的非均匀性；N_{dark}为探测器的暗电流；Q为量化步长；$\mathrm{Sat}_{[0,b]}(\cdot)$反映像元的过饱和和不可逆过程，可写为

$$\mathrm{Sat}_{[0,b]}(x) = \begin{cases} 0, & x < 0 \\ x, & 0 \leqslant x \leqslant b \\ b, & x > b \end{cases} \tag{2-43}$$

因此，信号转换过程可写为

$$(Y_T)_{i,j} = T_{i,j}[(Y_d)_{i,j}] \tag{2-44}$$

2.2.2.4　噪声过程分析

上面讨论的模糊过程、采样过程和信号转换过程都是确定性的退化过程。然而在实际应用中，成像系统通常会受到随机性噪声的影响。对于光学遥感成

像链路，主要包括以下五种噪声。

1）光子散粒噪声

若将光注入 CCD 光敏区产生信号电荷的过程看作独立、均匀、连续发生的随机过程，则单位时间内产生的信号电荷数目并非绝对不变，而是在一个平均值上做微小的波动。这一微小的起伏便形成光子散粒噪声。光子散粒噪声的一个重要特性是与频率无关，在很宽的频率范围内都有均匀的功率分布，通常称为白噪声。光子散粒噪声服从泊松分布：

$$\mathcal{P}(\lambda) \sim \frac{\lambda^k e^{-\lambda}}{k!}, \quad k = 0,1,2,3,\cdots \tag{2-45}$$

式中：λ 为光电子数。

2）暗电流噪声

CCD 成像器件在既无光注入又无电注入情况下也会输出的信号，该信号称为暗电流。暗电流与信号电荷一样，在各光敏元中积分，形成暗信号，表现为叠加在信号上的噪声。暗电流引起的噪声可分为两部分：①热激发产生载流子，可以用泊松分布描述；②局部晶格缺陷或杂质的大量集中引起的暗电流尖峰。暗电流峰值会给图像背景造成很大涨落，影响 CCD 性能。随着制造工艺水平的提高，杂质与缺陷所造成的暗电流尖峰大量减少，使得载流子的热产生成为主要的暗电流噪声，这时暗电流噪声 N_{dark} 可用泊松分布描述。

3）读出噪声

在光电子信号的读出过程中，首先经过电容放大器转换为电量，而后通过读出装置将电量信号转化为电压信号，并将此模拟电压信号转换为数字电压的形式，最终输出离散电压所对应的数字量。在实际过程中，读出装置无法准确地测量电容中存储的电量，因此得到的输出电压中存在一些扰动，这些扰动被称为读出噪声。通常读出噪声可近似认为服从正态分布，$N_{\text{read}} \sim \mathcal{N}(0,\sigma_{\text{read}}^2)$。

4）量化噪声

模拟信号转化为数字信号的量化过程本质上是一个取整运算，取整运算必然存在取整误差，这些误差称为量化噪声。量化噪声可认为满足零均值的均匀分布，$n_{\text{quan}} \sim \mathcal{U}(-Q/2, Q/2)$，其中 Q 为量化的步长。该分布所对应的标准差 $\sigma_{\text{quan}} = Q/\sqrt{12}$，通常 σ_{quan} 远小于其他噪声的影响，因此这里可其近似为正态分布，$N_{\text{quan}} \sim \mathcal{N}(0,\sigma_{\text{quan}}^2)$。

5）压缩噪声和传输噪声

压缩噪声是由于数据压缩/解压缩算法产生的图像信息损失，压缩噪声通常是非稳态的、有色的。传输噪声主要是由数据传输过程中可能出现的数据丢失而引起的。在实际过程中这两个噪声的具体形式较为复杂，一般处理过程中假定传输过程是理想的，而压缩噪声可近似为高斯噪声形式，$N_{comp} \sim (\mathcal{N}0, \sigma^2_{comp})$。

由上面分析可看出，成像链路的噪声是一种高斯噪声与泊松噪声混合形式。当 $\lambda > 10$ 时，泊松分布可近似为正态分布，即 $\mathcal{P}(\lambda) = \mathcal{N}(\lambda, \lambda)$。对于一般遥感器而言，其光照条件比较充足，可认为光子散粒噪声满足正态分布，因此成像方程可写为

$$Y = Y_T + N \tag{2-46}$$

式中：$N \sim \mathcal{N}(0, \sigma^2_{photo} + \sigma^2_{dark} + \sigma^2_{read} + \sigma^2_{quan} + \sigma^2_{comp})$。

2.2.3　光学遥感卫星在轨成像质量影响因素分析

由 2.2.2 节分析可知，光学遥感卫星成像质量问题是系统问题，成像的质量由目标、大气路径、卫星和相机系统设计研制、在轨运行、数据压缩到地面处理和相应地面在轨保障再到人眼解译等全系统各环节共同决定，如图 2-13 所示。好的图像质量是全系统质量综合分析、匹配优化以及综合处理提升的完美体现。

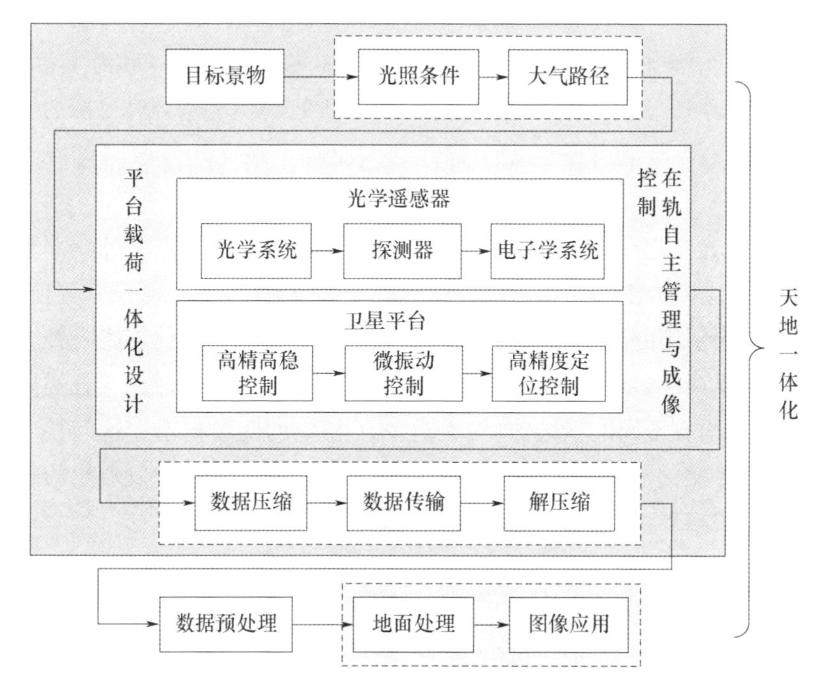

图 2-13　光学遥感卫星全系统成像质量影响因素分析

第3章

目标背景光学特性与伪装隐身技术

3.1 引言

目标的光学特性主要是指目标与光学波段的电磁波相互作用时所表现的各种性质,如目标对太阳光的吸收、反射和折射,以及目标自身的辐射等。准确的目标光学特性是光学遥感系统设计的前提和依据,在此基础上开展仿真试验,可在一定程上反映光学遥感系统对目标的探测能力。常见的典型目标包括陆地目标(如车辆、楼房、桥梁等)、空中目标(如飞机、飞艇等)和海上目标(如运输船、岛礁等)。除了目标本身特性外,目标所处的环境也会对目标的可探测性有较大影响,目标和背景的光学特性共同决定了在光学波段内可探测的物理量。

近年来,光学遥感技术得到迅速发展,特别是核心指标空间分辨率获得了巨大提升,高空间分辨率图像提供了目标更多的纹理结构、几何尺寸等信息,能够以一种更为精细的方式来观测地面。与此同时,相对应的伪装隐身技术也获得了很大的重视,遥感探测和伪装欺骗成为信息对抗的重要形式。各类固定设施、机动目标均有不同的伪装方案,并建立了相应的伪装体系。这门技术学科已经形成了多样化、规范化的发展模式。伪装隐身技术的快速发展也给卫星遥感探测的分辨率和机动能力等方面带来新的挑战。

3.2 探测依据

目标之所以能被探测到,其根本原因是与它所在的环境背景存在差异,这些差异包括形状上的差别,也包括其与环境光和热等物理特征上的差异,并且这些差异可以被人的感觉器官或者遥感系统所感知。换句话说,目标与环境的特征信息向外界传播时被探测器所接收,然后对接收到的信息进行处理,将其转化为图像或其他形式的数据,通过这些数据可以将目标和环境区分开,从而达到识别探测目标的目的。为了有效描述目标和背景辐射的差别,引入对比度的概念。

目标与背景的对比度为

$$C = \frac{L_T - L_B}{L_B} \tag{3-1}$$

式中:L_T、L_B 分别为目标和背景在 $\lambda_1 \sim \lambda_2$ 波长间隔内的辐射亮度,且有

$$L_T = \int_{\lambda_1}^{\lambda_2} L_\lambda(T_T)\mathrm{d}\lambda, L_B = \int_{\lambda_1}^{\lambda_2} L_\lambda(T_B)\mathrm{d}\lambda$$

在红外波段,目标和环境主要依靠热辐射,与自身温度密切相关,可由普朗克定律求得;在可见光波段,目标和背景辐射亮度主要来源于其表面对太阳直射、天空背景散射和地物阳光反射等辐射的反射。

3.3　典型地物背景的光学特征

地表平均温度在 300K 左右,在可见光波段,地物的辐射主要来自其表面对太阳光的反射。地物自身辐射能量基本在大于 3μm 的波长范围内,地表的红外辐射能量由地表温度和发射率两个因素决定。地表温度是地球、太阳、大气共同作用的结果。地表辐射不仅与地面物质种类有关,而且同一种地物的辐射受到它所处的地理位置、季节、昼夜时间和气象条件影响。

3.3.1　地物可见光近红外光谱反射特性

3.3.1.1　植被的光谱反射特性

影响植被光谱反射率特征的因素有植物的高度,叶片的形状、大小和含水量,以及植物的生长状态等。常见绿色植被的光谱反射率具有的特征如图 3-1 所示。叶片中的叶绿素在可见光波段有两个吸收带,分别位于蓝波段和红波段,而在中间位置 0.45μm 附近的绿波段有一个反射峰,这也是多数植被呈现绿色的原因。在红外波段的 1.4μm 和 1.9μm 附近有两个波谷,这是叶片中水的吸收带,反射率受植被含水量控制。

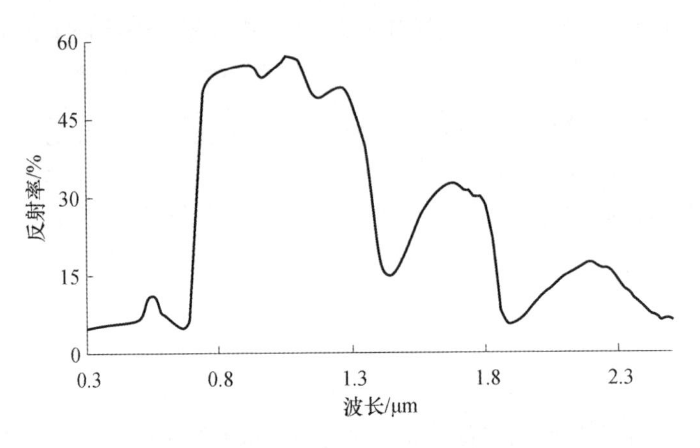

图 3-1　绿色植被的光谱反射率

3.3.1.2　土壤的光谱反射特性

土壤的光谱反射特性与土壤的类型、含水量、表面粗糙度、太阳高度角等有关。在沙漠地区，地面石英含量高，反射率相对较高。黑色土壤中含有大量有机质，反射率相比于沙土在全光谱范围全面降低，如图 3-2 所示。土壤中含水量增加，一般会使土壤表面的反射率有所下降。土壤表面粗糙度增加，会导致阴影效应和散射效应增强而使得反射率下降。

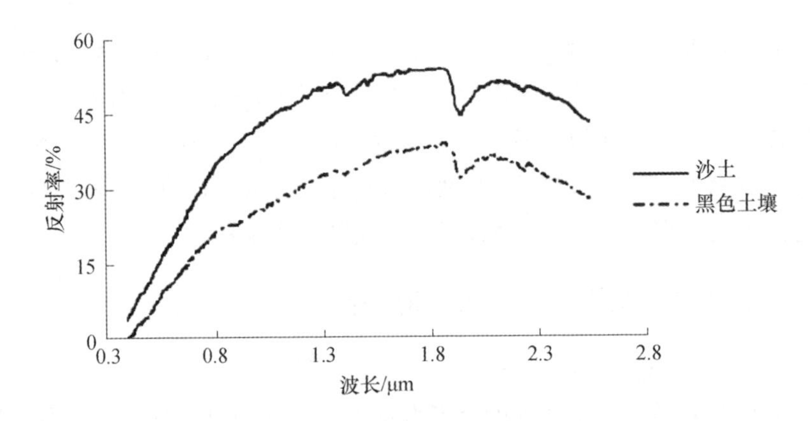

图 3-2　不同类型土壤的光谱反射率

3.3.1.3　水的光谱反射特性

水的反射特性主要与水的浑浊程度、水深、波浪、太阳高度角有关。图 3-3 为不同浑浊程度的水的光谱反射率。由图可以看到，清水除了在蓝、绿波段有稍强的反射率外，其他波段的反射率都很低，特别是在近红外波段。当水中含有泥沙时，能够提高水的反射率。但是，当太阳辐射入射角度很大时，水的反射率会大大提高，甚至出现全反射现象。

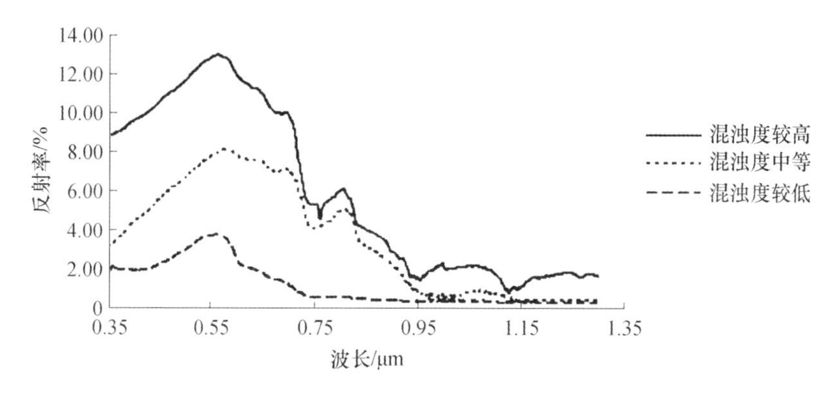

图 3－3　水的光谱反射率

3.3.1.4　冰雪的光谱反射特性

雪的光谱反射率如图 3－4 所示。从图中可以看出，在可见光波段（0.4～0.78μm），积雪的反射率保持在 0.8 以上，特别是新雪，几乎接近 100%，而地表常见地物（如植被、裸土、水体）的反射率通常在 0.5 以下，利用该差异可以区分积雪与其他地物。在近红外波段（0.78～1.5μm），积雪的反射率随着波长的增加总体上呈现稳步降低趋势，并在 1.03μm 附近形成第一个波谷，随后缓慢上升，在 1.10μm 处形成波峰，此后迅速下降，在 1.5μm 处，反射率降低到 0.1 以下；在短波红外波段（1.5～2.5μm），积雪反射率在 0～0.2 区间波动；在波长 1.6μm 和 2.1μm 附近，积雪存在两个吸收峰，使得这两处的反射率几乎接近于 0。

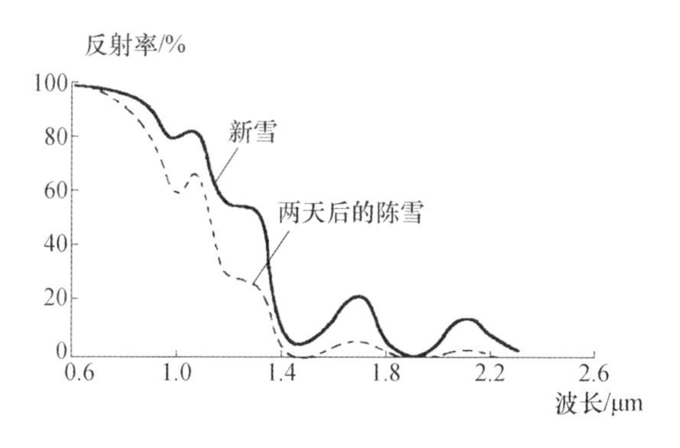

图 3－4　雪的光谱反射率

3.3.2 地物的红外辐射特性

当波长超过4μm时,地物的红外辐射主要来源于自身的热辐射。地物的热辐射与其温度和反射率有关,大多数地物具有高的反射率。

白天地物的温度与可见光吸收率、红外发射率,以及与空气的热接触、热传导和热容量有关。夜晚地物温度的冷却速度与热容量、热传导、周围空气对流、红外发射率以及大气湿度有关。

地物的发射率与地物的成分、结构、物理状态等因素(如地表土壤的含水量、表面粗糙度以及植被的生长状态)有关,还与地表温度和波长有关。常见地物的远红外光谱发射率如图3-5所示。由图可以看到,在8~14μm长波红外,多数地物的发射率很大。

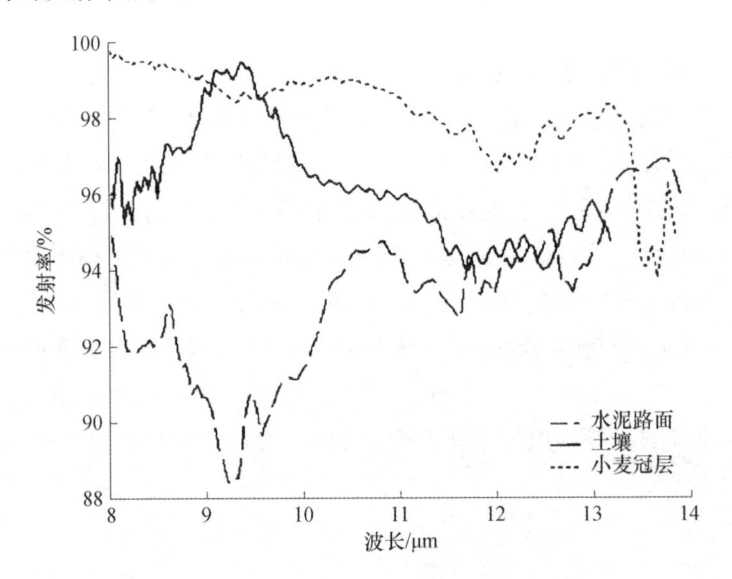

图3-5 常见地物的远红外光谱发射率

GF-1卫星在可见光波段区间内对典型地物实测的反射光谱曲线如图3-6所示。

3.3.3 典型灾害场景的具体观测需求

我国是世界上自然灾害最为严重的国家之一,灾害种类多(主要灾害形式有旱灾、台风、洪涝、滑坡、泥石流、地震、海啸等),分布地域广,发生频率高,造成损失重。

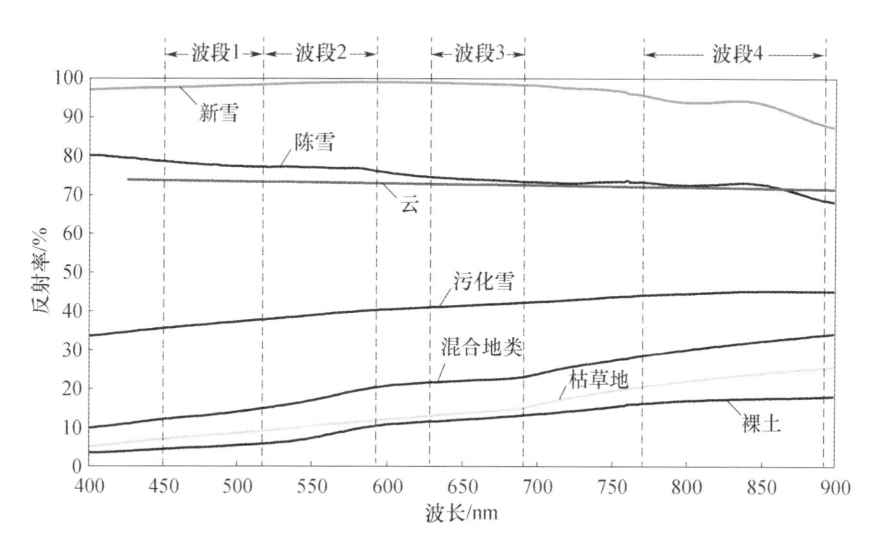

图 3-6　GF-1 卫星在可见光波段区间内对典型地物实测的反射光谱曲线

传统的自然灾害管理主要依靠灾害信息员上报地面调查和信息统计，这种方式具有灾情报送针对性强、内容可靠丰富等优点，但同时存在着发布信息不及时、调查覆盖面积较小、信息更新速度慢、人力耗费大、主观随意性强等缺点。在风险评估时，受限于个人的能力、经验等因素，风险识别、评估差异性较大。

航天遥感因其探测范围广、获取数据快、动态监测能力强、分辨率高、直观性强、可定期或连续观测等优点，易于获取致灾因子、孕灾环境、承灾体等地物丰富的图像信息。针对空间尺度大、灾情信息变化快、持续时间长、破坏性大、损失严重的灾害，在开展风险评估、灾害监测、灾害评估、恢复重建进度监测等方面独具优势。

针对洪涝、森林/草原火灾、露天矿山、尾矿库、地震、地质灾害、堰塞湖、危化品等典型灾害场景，从卫星遥感的空间分辨率、载荷类型、机动能力、过境时间、全天候监测要求等多个方面梳理和分析遥感卫星具体观测需求，如表 3-1 所列。

表 3-1　典型灾害场景的具体观测需求

典型场景	空间分辨率	载荷类型	机动能力	过境时间	全天候（云、雨、雾）
洪涝	可见光 2m 雷达 10m	可见光、雷达	中	上午、下午	是

续表

典型场景	空间分辨率	载荷类型	机动能力	过境时间	全天候（云、雨、雾）
森林/草原火灾	可见光 2m 红外 30m	可见光、红外	强	上午、下午、夜间	是
露天矿山	可见光 2m 红外 30m	可见光、红外	中	上午、下午	是
尾矿库	可见光 2m 雷达 2m	可见光、雷达	强	上午、下午、夜间	是
地震	可见光亚米级 雷达 1m	可见光、雷达、物理场	强	上午、下午、夜间	是
地质灾害	可见光亚米级 雷达 1m	可见光、雷达	强	上午、下午、夜间	是
堰塞湖	可见光亚米级 雷达 1m	可见光、雷达	强	上午、下午、夜间	是
危化品	可见光 0.5m 雷达 1m、红外 30m	可见光、雷达、红外	强	上午、下午、夜间	是

3.4 地面目标的辐射特性

地面目标包括主要包括汽车、坦克等机动目标，以及公路、桥梁、机场等固定目标，背景主要包括裸露地表、土壤、草地、沙漠及丛林等。

影响坦克这类机动目标红外辐射特性的因素可以分为外界因素和内在因素。外界因素主要有太阳辐射、低层大气热辐射和地面热辐射，内在因素主要有目标表面热物性、目标热负荷和目标热惯量等。

3.4.1 坦克外形

坦克的外形十分复杂，主要由炮塔、炮管、装甲板、翼板、裙板、车轮及履带等部分构成。此外，还包含天线、小口径机枪等一些相对于坦克整体尺寸而言很小的部件,这些部件对于辐射影响通常较小,在遥感图像上无法分辨。可将坦克简化成车体、炮塔和火炮等相对规则的斜面、平面、圆柱体组成的目标。世界上较为典型的主战坦克外形尺寸如表3-2所列。

表3-2 常见主战坦克尺寸

坦克型号	车体长度/m	全长(含炮管)/m	宽度/m	高度/m
M1A2	7.92	9.83	3.66	2.44
T90	6.86	9.53	3.46	2.26
“梅卡瓦”MK3	7.6	8.78	3.7	2.76
“挑战者”	8.32	11.55	3.71	2.53
T72	6.41	9.445	3.52	2.19

3.4.2 坦克辐射特性的影响因素

3.4.2.1 太阳辐射

太阳辐射是地表的主要外部热源,在地面目标的能量平衡中占据重要的份额,是影响目标表面温度及其红外辐射特性的最重要因素。坦克表面接收到的太阳辐射与当前时刻及其他所处的地理位置有关。不同季节,太阳辐射是不一样的,夏天的太阳辐射明显比冬天强烈,在同一天,正午时刻的太阳辐射也显然要比晨昏强烈。坦克所处位置和时间共同决定了太阳光线在坦克表面的入射角度,可以用太阳相对目标的高度角和方位角描述。

坦克不同部位的外表面与水平面夹角不同,坦克车体顶部和炮塔顶部水平,坦克的侧裙和尾部垂直于地面。入射到坦克顶面的太阳辐射照度与太阳方位角无关,对于与水平面有夹角的面,接收到的太阳辐射照度与坦克放置或行驶的方位有关,被直接照射到的表面温度会明显高于被车体遮挡的面。

3.4.2.2 坦克结构

坦克的结构,不同部件的安装位置,尤其是发动机和排气装置的布局,对坦克红外辐射能量在空间上的分布有重要作用。例如,苏制T58坦克排气装置在侧面,该侧温度与红外辐射明显高于其他表面;美国M48坦克将排气装置安装于车底,相对T58坦克的隐蔽性要好。

表3-3给出了T58坦克在水平方向不同方位角的表面平均辐射亮度的实测结果。由表可以看到,左侧为发动机排气方向,辐射亮度较大。

表 3-3 T58 坦克不同观测方位上的平均辐射亮度

观测方向	3 ~ 5μm 辐射亮度/(W · m^{-2} · sr^{-1})	8 ~ 14μm 辐射亮度/(W · m^{-2} · sr^{-1})
左侧面	3.81	50.2
右侧面	2.90	45.5
尾向	6.24	58.4
前向	2.90	47.5

3.4.2.3 坦克运动状态

坦克作为一种地面机动目标,其红外辐射特性与它的运动状态相关性很大。当坦克处于静止状态时,内部热源为零,坦克表面温度主要受环境影响,各部分的温度差别不大,较为均匀。当坦克处于运动状态时,坦克发动机会产生大量的热,部分热量由风扇排出车外,部分热量传递到车体,使得该侧壁面温度升高。坦克在不同速度和路况下运动时发动机的功率在不断变化,致使坦克的红外辐射特性也会不断变化。坦克行驶中,发动机排出的高温尾气,再混合履带卷起的大量尘土,会形成大片的热烟尘,从表 3-3 可以看出,由于这些热烟尘的作用,坦克尾向的红外辐射较大。

3.4.2.4 坦克热惯量

热惯量是度量物质热惰性大小的物理量,其定义为$(\kappa\rho c)^{0.5}$,其中 κ 为热导率,ρ 为密度,c 为比热容。热惯量大,物质不易受周围热扰动的影响;热惯量小,物质易受周围热扰动的影响。坦克质量的极不均匀分布,使得坦克各部位的热惯量差异悬殊,导致坦克各部位表面温度的变化速率极不一致。炮塔和首上装甲等特厚部位,热惯量大,表面温度变化相对稳定;油箱、翼子板、裙板等特薄部位,以及草、叶和土壤等地物背景,热惯量小,表面温度的变化相对较快。因此,当环境温度变化时,地形比装甲车加热或冷却快,会造成坦克目标与所处环境形成显著的温度对比度。

3.5 海面目标的光学特性

舰船主要由船体、甲板、上层建筑、烟囱、雷达等构成。船体是密封舱,左右对称,分为水上和水下两部分。上层建筑包括驾驶舱舱室、弹药舱和器材仓等。一般舰船具有轴对称流线型几何外形,前部尖峰状。舰船上层建筑位于甲板中部，占据甲板大部分面积。舰船的一些部件如天线、栏杆、旗杆等几何尺寸相对舰船整体尺寸很小，而且没有明显的红外特征，这样的部件可以忽略。典型舰船目标的结构尺寸和表面涂层见表3－4。

表3－4　典型舰船目标的结构尺寸和表面涂层

典型目标	尺寸	主要涂层	反射率/%
"尼米兹"级航空母舰	332.9m×76.8m	丙烯酸热反射面漆	59
"朱姆沃尔特"级驱逐舰	182.8m×24.1m	有机硅改性醇酸热反射船壳漆	27
"提康德罗加"级巡洋舰	172.5m×16.8m	丙烯酸热反射面漆	59
"阿利·伯克"级驱逐舰	155.3m×20.4m	海灰丙烯酸聚氨酯船壳漆	43
"自由"级濒海战斗舰	115.3m×13.2m	有机硅改性醇酸热反射船壳漆	27

3.5.1　舰船红外辐射的来源

舰船红外辐射的来源主要包含两部分：一部分是舰船动力系统产生的，包括高温废气和它所加热的烟囱等部分；另一部分是舰船表面同环境的相互作用，如船体同海水和空气的对流换热以及对环境辐射的吸收和反射。

3.5.1.1　动力系统热辐射

舰船发动机产生动力依赖于燃料燃烧，这一过程会产生大量的热量，其中一部分直接由产生的燃烧后的混合气体通过排气系统经烟囱排出；另一部分通过舰船的冷却水、润滑油系统带走。动力舱内发动机的位置、散热器的位置、通风设备、排气管道的排布都将直接影响舰船的温度分布。其中，烟囱管壁受到燃烧尾气的加热，并且其所处位置也高，较为容易被探测到。动力系统的高温排气羽流温度高达300～500℃，比周围环境高很多，在舰船红外辐射中占据重要份额。

CO_2、H_2O、CO等化学组分构成的高温混合气体经过烟囱排出时，由于其高速运动、黏性作用等，使得它在烟囱内及烟囱口气体的流动为湍流流动。气体排放到大气后，排气羽流的尺寸、形状、温度分布等除了受到推进系统的工作状态影响外，还会受到空气温度、风速、风向等大气环境条件的影响。此外，气体的辐射吸收有强烈的波长选择性，因此需要考虑排气羽流辐射随波长的变化。

烟羽辐射主要由其中所含H_2O和CO_2组成，2.63～3.33μm波段、5.0～9.1μm波段、13.3～20μm波段为H_2O引起的强辐射带，4.16～4.54μm波段为

CO_2引起的强辐射带,其他波段很少或者几乎不发生辐射。烟羽的光谱辐射亮度与温度变化成正相关,但是随光谱分布规律基本保持不变,在高温情况下,光谱辐射亮度剧烈增强,在4.16~4.54μm波段接近于黑体辐射。

3.5.1.2 外部环境因素

舰船与外部环境的热交换和反射辐射如舰船水下部分同海水的换热,水上部分同空气的热交换,以及水上部分对来自太阳、大气、海面辐射的反射等,是舰船目标外生辐射的主要来源。

1)舰船表面对流换热

舰船无论处于静止状态,还是以一定的速度行驶,舰船外表面与周围环境总是存在对流换热,包括水下部分与海水的对流换热和水上部分与周围空气的对流换热。在舰船运动时,由于船体和四周流体相对速度的增加,换热效果加强,使舰体趋于环境温度。处理对流换热边界条件的关键在于确定各部分的对流换热系数。舰船的结构相当复杂,表面形状各异,对流换热系数与表面状态密切相关。

2)舰船表面吸收和反射环境辐射

舰船表面主要是船体、甲板和上层建筑吸收和反射来自环境的辐射,如太阳、大气、海面。其中,太阳直接辐射的影响最大。通常,舰船表面的温度比烟囱管壁和排气烟羽的温度低得多,与所处背景的温差小,但它的有效辐射面积大,仍会产生明显的红外辐射特征,在太阳加热条件良好的情况下尤其如此。

舰船是一个结构复杂的立体目标,同一时刻,不同部位的表面与太阳光线夹角不同,因此受太阳直接辐射也是不同的。随时间变化,太阳照射的光线与舰船表面各部分夹角也不停地变化。舰船表面上受太阳照射部位的红外辐射强度将明显高于处于阴影的部位。

3.5.2 舰船红外辐射的估算

以某登陆艇为例对各辐射源进行估算,需对实际舰船的辐射情况进行合理简化,基于假设如下:

(1)舰船表面、排气烟羽、烟囱管壁的有效辐射面积分别为1700m^2、30m^2、5m^2;

(2)舰船表面、排气烟羽、烟囱管壁的平均有效辐射温度分别为25℃、450℃、450℃;

(3)舰船表面和烟囱管壁可视为灰体,有效发射率均取0.96;

(4)烟羽的主要成分为CO_2和H_2O,该部分辐射等效于相同温度下发射率为0.5的灰体在4.3~4.55μm内的辐射;

(5)背景温度均匀一致,取20℃。

根据以上假设条件,通过计算可得舰船的辐射亮度、辐射强度及每个辐射源的红外辐射在整舰中所占的比例份额,计算结果如表3-5所列。

表3-5 某登陆艇主要辐射源的红外辐射估算结果

辐射源	面积/m^2	温度/℃	辐射亮度/($W \cdot m^{-2} \cdot sr^{-1}$)		辐射强度/($W \cdot sr^{-1}$)		比例份额/%	
			3~5μm	8~14μm	3~5μm	8~14μm	3~5μm	8~14μm
舰船表面	1700	25	0.28	3.86	476	6562	4	60
排气烟羽	30	450	98.68	0	2960	0	28	0
烟囱管壁	5	450	1473	890	7365	4450	68	40

从表3-5中可以看到,虽然排气烟羽和烟囱管壁的投影面积很小,只占总面积的2%左右,但是由于温度很高,在3~5μm内的红外辐射占全船的96%,在8~14μm长波红外波段,由于舰船表面面积庞大,其红外辐射占全船辐射的60%。

3.6 伪装技术

伪装技术,总的来说就是隐蔽己方目标并迷惑敌方探测的隐真示假的技术。近年来,随着物理、材料等相关领域的突破,伪装技术发展很快,从最开始的静态伪装发展到现在的动态伪装,从最开始只针对单一可见光谱段的伪装到如今涵盖多谱段范围的伪装。作为光电探测技术的对抗技术,伪装技术的发展对光电探测技术的探测分辨率、探测谱段、探测范围、探测距离等指标提出了新的挑战。

3.6.1 伪装技术的主要措施

目标的伪装是指通过利用电磁学、光学、热学、声学等技术手段改变目标原有的特征信息,并充分利用地形、地物,对人员、装备和各种军事设施等目标所实施的隐真示假的技术措施。目标伪装可以降低探测效果,使敌方对己方的位置、企图、行动等产生错觉,造成其指挥失误,最大限度地保存自己。

3.6.1.1 迷彩伪装

迷彩是目前应用最多的伪装措施，迷彩技术的发展经过了保护色迷彩、变形迷彩和数码迷彩三个阶段。

保护色迷彩是一种单色迷彩，主要运用场景是目标处于较为单调的背景中，降低目标的显著性。迷彩的颜色由背景的颜色确定，保护色迷彩的伪装方式和色彩比较单一，因此该技术也仅仅出现在早期的军事战场上，现在已很少使用。

变形迷彩是指由几种形状不规则的斑点所组成的多色迷彩，其主要用于多色背景下的运动目标。变形迷彩的颜色需要与目标所处地域的颜色相似，能使活动目标的外形轮廓在预定活动地域的各种背景上受到不同程度的歪曲。在色彩信息复杂的背景上，采用变形迷彩的目标能够将直瞄火器的命中概率降低1/3。变形迷彩的颜色和图案需要根据目标所处地形设计，在常见绿色植被和积雪地区，一般采取绿色和白色的调配，要求涂料的近红外和紫外谱段的反射特性与绿色植物和积雪相近。根据国外相关实验研究表明，用主动式红外夜视仪拍摄，在同样成像条件下，未涂装变形迷彩的坦克的被识别概率为96%，而采用变形迷彩伪装的坦克的被识别概率降至54%。由此可见，变形迷彩可显著降低识别概率，增加遥感探测难度。

数码迷彩又称数字迷彩，是由“像素”组成的新式迷彩图案，传统迷彩采用的是不规则斑点图案，这类图案的边缘平滑，界限分明。它将背景图像中的颜色、纹理及其分布等信息进行像素化表达，并在装备表面上进行复制和再现，能够适应多种环境下的伪装需求，在不同的探测距离上均具有良好的背景融合性，克服了传统迷彩只能应对特定探测距离的不足，可应对高分辨率航空、航天光学遥感。数码迷彩比传统迷彩伪装效果更佳，现代各国装备的迷彩服也以数码迷彩为主。

3.6.1.2 遮障伪装

遮障伪装是利用伪装网、变形遮障和伪装覆盖层等器材作为遮蔽的屏障层，外加在目标之上或安置在目标附近，从而实现伪装效果。针对可见光、红外和雷达探测手段，可采用相应的遮障伪装技术。大多数未进行遮蔽伪装的武器装备表面较为光滑，易产生平面反射，增加其了被检测识别的概率。因此，常利用伪装网覆盖在武器装备上以减弱平面反射，使得阳光入射到目标表面时向四周散开，可有效消除目标的外形特征，进而增加地方探测识别难度，达到伪装的目的。

随着技术发展,新型伪装网的适用范围已经从可见光遥感扩展到了热红外和雷达遥感。瑞典最新的超轻型伪装网设计时采用超轻型结构,使用一种新型多功能涂料进行表面处理,可有效对抗可见－近红外探测、中远红外探测、雷达探测等探测方式。美国超轻型伪装网系统使用带切割图案的强韧性聚合物防钩挂纤维,对雷达探测和热红外探测均匀良好的隐身遮蔽效果。

目标外形特征是对可见光目标进行识别时的重要依据,变形遮障伪装的基本原理是通过在目标表面安装与背景相融合的变形器材,改变目标及其阴影区域的几何外形,降低目标和背景区域的差异程度,使观察者对目标区域产生误判,从而达到伪装的目的。变形遮障伪装一般由变形檐、冠、屏及附属设备等构成,使用方式较为灵活,可用于大型机动设备的伪装。其主要用于对抗天基、地基光学遥感探测手段。

3.6.1.3　假目标伪装

假目标伪装技术利用假飞机、假坦克等假目标去吸引敌人注意力,从而达到以假乱真,掩护真目标的目的,因此也称为示假伪装技术。

假目标伪装技术可有效分散敌方火力和注意力,降低真目标被发现、击中的概率,其伪装效果,主要取决于假目标的逼真程度。一般来讲,假目标需满足三点要求:①为对抗光学探测,假目标的尺寸、颜色涂装应与真目标相似;②为对抗雷达和红外探测,假目标需要具有明显的雷达、红外特征,比真目标更容易被识别;③从实际应用角度出发,假目标还需要具有质量轻、成本低、维修方便以及便于架设、撤收和运输的特点。

因为假目标实际使用效果良好,假目标伪装技术应用广泛。美国已经研制了包括假"霍克"防空导弹系统、假 M114 装甲车、假 M6 坦克在内的一系列假目标。目前,美军假目标研制已经从单一可见光谱段朝多谱段方向发展。例如,假 M1 坦克物理特征与真 M1 坦克完全一致。瑞典巴拉库达公司生产的假目标,支撑结构简单稳定,拆卸方便,并且可以模拟真实目标的雷达反射特征和热特征。

目前,假目标伪装多用于对抗可见－近红外探测和雷达探测,制作大型热红外成像假目标时仍存在诸多问题,热红外示假技术尚不成熟,是未来的主要研究方向。

3.6.2　目标伪装效果评价的主要方法

伪装效果评价是对伪装措施有效性的考核和检验,即通过多种探测和识别的方法来对目标的特征进行分析,考查目标本身的暴露征候在进行伪装后是否消除或降低,以及目标与背景的光学特征是否一致。

伪装效果评价涉及人眼、大脑的图像翻译过程。但是,作为观察者人的响应并不能直接测量,仅能用视觉心理实验来推论。观察者辨别的最低等级是分辨有无,最高等级是对特定目标的精确确认与描述,在这两个极限等级之间是辨别等级的连续区域。

3.6.2.1 实地检测和人工判别

目前,使用较多的方法是实地检测,该方法是将被检测目标根据使用要求设置在相应背景中,然后使用检测设备进行检测。检测设备性能和检测方法应尽量与敌侦察设备性能和侦察方法接近。随着现代侦察技术和精确制导武器在战场上的广泛应用,对伪装的要求也越来越高,伪装效果检测和评估技术应依据敌侦察手段、方式和侦察能力来进行规范。

利用机载光学成像系统可以方便经济地进行目标伪装效果的检测与评估。在不同季节、不同气象条件和昼夜不同时间,机载光学成像系统都可以对伪装前后的目标与背景测量获取可见光、红外、光谱成像图像。通过仿真软件,可以将机载光学成像系统获取的光学图像仿真生成由不同地面分辨率和灵敏度卫星传感器得到的仿真侦察图像。可见光和红外图像仿真软件应模拟飞机高度到卫星高度之间的大气传输效应,以及机载成像系统分辨率和灵敏度与卫星成像系统分辨率和灵敏度不同的效应。分析统计目标被探测识别的特征值(形状、纹理、辐射对比度)并针对敌侦察卫星的地面分辨率和灵敏度进行能力分析,分析评估对抗卫星侦察的伪装效果。

伪装目标与背景的亮度、颜色以及形状等差别数据只是客观地反映了目标伪装效果,其与背景的融合性能即综合伪装效果最终还需相关专业人员进行判别分析。目前,人员判别有现场实地判别和通过图像进行判别两种方法。现场实地判别是观察判别人员在距目标设置场地一定距离裸眼或用望远镜进行观察,观察人员数量和目标设置数量应符合相关要求。通过图像判别的步骤:首先根据要求获取目标设置地区的地面、空中或空间照片;然后组织判读人员进行判别,将判别结果进行统计,求出伪装目标发现概率和识别概率。

3.6.2.2 基于光谱反射特性的伪装性能评价

由于物体的反射光谱分布能够更加细致、准确地反映物体的表面情况和光谱吸收特性,因此有人从色度学角度出发,提出了基于反射光谱分布的三个特征参数作为评价伪装系统效能的参考指标。

根据色度学原理，呈现相同颜色的样本可能具有完全不同的光谱分布，即具有同色异谱现象。自然植物与人工伪装材料在可见光范围内的反射光谱体现了材料的本质特征，因此以反射光谱特性作为研究人工材料和自然植物的基础，控制人工材料反射光谱的分布变化使之接近或重合于自然植物的光谱将有助于伪装系统的开发研制。

为了能最有效地利用光谱仪测量的数据，提出如下3种不同的评价指标：①对整个光谱数据进行积分，计算出不同颜色空间的对应指数，以色差作为评价指标；②将光谱分n段后，根据每段的数据计算出n个颜色坐标，以n个坐标构成的曲线面积作为评价指标；③利用反射光谱的每个数据，通过光谱融合算法，以匹配系数作为评价指标。

1）整体特征——色差

色差可以用来表示同色异谱的程度，常用的色差公式有三组，对应三个不同的色空间，分别是CE1964均匀色空间、CIE1976$L^*u^*v^*$色空间和CIE1976$L^*a^*b^*$色空间。三种三维坐标系统的指数分别对应了样本在色空间的三维坐标，色差即为样本对应坐标点在色空间中的欧几里得距离。

2）分段特征——色坐标

根据色度学理论，每种颜色均可由RGB三刺激值按一定比率表示，并对应色品图上的相应坐标。人眼难以区分的三种具有相近颜色的样本，但在色品图上可以直观地看出之间的差异并通过各点的坐标值反映出来。三刺激值通过对整个可见光谱380~760nm范围内的积分计算得到。为了更直观、量化地表示不同样本光谱分布的相似性，考虑将可见光光谱分为n段进行积分，计算出每段的色品坐标，进而由这n个坐标点形成的曲线性质表示植物样本和人造物样本之间的差异。n分别取3、4、5、6对光谱做分段计算，发现：当$n>3$时，在色度学坐标上所得多边形的形状均近似于三角形，多余点对于计算面积差异的影响不大，而n取3将更便于计算。

3）细节特征——光谱融合

光谱融合是指遥感系统所呈现的结果为其视场范围内各种景物的光谱混合。对于某一时刻场景，包含目标、背景、干扰物等多个元素，单个元素的光谱分布是相互独立的，整个场景的光谱分布是这些元素以一定比例构成的。线性光谱融合假定场景的混合光谱分布可以看作由一系列构成场景元素光谱的线性组合，基于这种假定，通过测量场景中各种元素的独立光谱，而后对元素的光谱进行线性融合来匹配整个场景的观察光谱。采用该做法的目的在于确定合

适匹配系数 A、B，以使元素光谱融合的结果最大程度地近似于混合光谱。A、B 值反映了各个元素在整个场景中的贡献。伪装技术中使用涂料的原则就是要让其反射光谱分布以最大程度吻合植物背景的反射光谱分布。

改变各个匹配因子，计算场景光谱和拟合光谱的均方根误差，得到误差值最小的一组匹配因子，即可构成最佳匹配线性方程：

$$\mathrm{RMS}_{\mathrm{err}} = \sqrt{\frac{1}{N}\sum_{i=1}^{N}(X_i - \overline{X})^2} \tag{3-2}$$

式中：$\mathrm{RMS}_{\mathrm{err}}$ 为均方根误差；N 为分段光谱的数目，对应单个波长 i；X_i 为场景的反射率与拟合光谱的反射率之差，其差的均值为 $\overline{X}$。

3.7 隐身技术

隐身技术是指利用声学、光学、电子学手段来改变己方目标的可探测性信息特征，最大程度地降低被对方探测系统发现的概率。隐身技术是传统伪装技术的一种应用和延伸，它的出现使伪装技术由单纯的被动措施发展为主动技术，增强了目标的生存能力。隐身技术主要包括可见光隐身、红外隐身、激光隐身、雷达隐身和声波隐身技术等。不同的隐身技术具有不同的可探测特征，可见光隐身的探测特征是目标和背景之间的亮度、对比度和色差，红外隐身的探测特征是目标和背景之间的温度差、辐射功率对比度。

3.7.1 可见光隐身技术

可见光探测系统是根据目标与环境的反差信号特征来识别目标的，可见光隐身技术主要针对人眼可见的 380～780nm 光波段，通过采取各种措施，降低目标探测特征，使对方的可见光相机、电视摄像机和微光夜视仪等光学仪器设备不易探测到目标的可见光信号。

可见光隐身技术基本都是通过减少目标与背景之间的亮度、色度和运动的对比特征，达到对目标视觉信号的控制，以降低可见光探测系统发现目标的概率。

3.7.1.1 使目标的亮度和色度与背景相匹配

（1）喷涂迷彩：让武器装备披上伪装色是最简单易行的方法，“维斯比”在舰身通体喷涂迷彩。

（2）电致变色材料：这种材料在不同的电压下会发出不同颜色的光和深浅

不一的色调,使目标与背景色调相一致。

(3)复合材料蒙皮:蒙皮充电时可以散射雷达波,不充电时既可透光又能改变颜色和亮度,使目标与背景混为一体,被称为奇异的蒙皮。

(4)自动变色涂料:这种材料可随天气状况的变化而改变,使目标的颜色能与背景相融合而成为背景的一部分,难以被对方辨认。美国在机场跑道上喷涂这种特殊的涂料,随季节、天气变化而自动变色,成为一个隐身机场。

3.7.1.2　改变目标表面外形

图像中目标的识别往往是通过对目标中带有显著几何特点的关键部位的识别实现的,因此通过改变目标表面外形、控制目标轮廓尺寸、减少目标关键部位面积等手段可以有效地降低可见光图像中目标信号强度,使目标难以被识别、跟踪,从而达到隐身的目的。

可见光探测是一种被动探测方式,其探测效果取决于太阳光的强度和目标本身的反射特性,因此在对隐身目标进行表面设计时,可利用多面体替代目标本身的大曲面,改变光线反射路径,使得入射到目标表面的光线向四周分散,降低目标被检测到的概率。此种方法简单有效,因此被广泛应用。如美军贝尔AH－1S“眼镜蛇”直升机就采用了这样的设计,该直升机在早期设计时,座舱采用的是圆拱形的透明罩,后优化成 7 个平面组成的多面体型透明罩,有效地增加了直升机隐蔽性。

3.7.1.3　控制照明系统和烟迹信号

不同于受阳光照射产生的反射信号,目标照明系统产生的光信号和发动机产生的烟迹信号在可见光近红外谱段具有明显的可识别特征,有必要采用相应的限制措施。例如,可以在飞行器发动机的尾焰中掺杂金属化合物或含金属离子的树脂,在随气流喷出后,遇到冷空气雾化,形成气溶胶,将热尾流包裹在内,可屏蔽发动机的尾焰的红外辐射。

3.7.2　可见光波段隐身性能评估

对比度是体现图像目视效果的关键指标,因此,目标与背景在侦察图像中不同颜色通道下的灰度差异是决定可见光波段隐身性能的关键指标。针对可见光探测技术,可根据目标场景光谱辐射信息,计算 CIE1976$L^*a^*b^*$ 色差参量,对武器装备的可见光隐身性能进行评估。针对高分辨率侦察探测技术,可利用统计学方法衡量灰度图像中目标与背景间存在的差异,进而评估武器装备的隐身性能。

3.7.2.1 色差参量

色差是在可见光图像上将目标从背景中识别出来的重要参量。参照 CIE 1976 中标准色差参量建立相对色差参量,可作为人眼观测可见光目标场景图像的隐身性能评估指标。相对色差参量包括1个心理明度 L^* 和2个心理色度 a^*、b^*,成为 $L^*a^*b^*$ 体系。该体系可以由经典的 CIE - XYZ 坐标转换得到,如下式所示:

$$\begin{cases} L^* = 116\left(\frac{Y}{Y_0}\right)^{\frac{1}{3}} - 16 \\ a^* = 500\left[\left(\frac{X}{X_0}\right)^{\frac{1}{3}} - \left(\frac{Y}{Y_0}\right)^{\frac{1}{3}}\right] \\ b^* = 200\left[\left(\frac{Y}{Y_0}\right)^{\frac{1}{3}} - \left(\frac{Z}{Z_0}\right)^{\frac{1}{3}}\right] \end{cases} \tag{3-3}$$

式中:X、Y、Z 为物体的三刺激值;X_0、Y_0、Z_0 为 CIE 标准照明体的三刺激值。

物体的三刺激值可以由目标场景在可见光波段的光谱信息计算得到。在 $L^*a^*b^*$ 体系中,色差表达式为

$$\Delta E^* = [(\Delta L^*)^2 + (\Delta a^*)^2 + (\Delta b^*)^2]^{\frac{1}{2}} \tag{3-4}$$

式中:ΔL^* 为武器装备与背景的明度差,$\Delta L^* = L_1^* - L_2^*$;$\Delta a^*$、$\Delta b^*$ 为武器装备与背景的色度差,满足 $\Delta a^* = a_1^* - a_2^*$,$\Delta b^* = b_1^* - b_2^*$。

通过对比武器装备与背景的色差 ΔE^*,可以表征装备与背景在色彩上的差异。色差表征参量主要用于目视侦察探测的隐身性能表征,参照色彩复印质量标准,人眼对色差 ΔE^* 的敏感程度如表 3-6 所列。色差越大,武器装备目标越容易被识别出来。

表 3-6 人眼对色差 ΔE^* 的敏感程度

NBS 单位色差值	感觉色差程度
0.0 ~0.50(微小色差)	感觉极微
0.5 ~1.51(小色差)	感觉轻微
1.5 ~3(较小色差)	感觉明显
3 ~6(较大色差)	感觉很明显
6 以上(大色差)	感觉强烈

3.7.2.2　灰度图像特征参量

除彩色图像,可见光侦察手段也可获得高分辨率灰度图像,对于灰度图像,常用灰度分布直方图、灰度共生矩阵等描述图像性质,因此可以用目标图像与背景图像的灰度直方图相关系数S_g和灰度共生矩阵相关系数S_{gc}来衡量目标与背景图像差异,进而表征目标在场景中的隐身能力。

灰度直方图相关系数的表达式为

$$S_g = \frac{\sum_{i=0}^{l-1}[n_i - E(n)][m_i - E(m)]}{\sqrt{\sum_{i=0}^{l-1}[n_i - E(n)]^2} \cdot \sqrt{\sum_{i=0}^{l-1}[m_i - E(m)]^2}} \tag{3-5}$$

式中:n_i为武器装备图像中灰度级 i 的像素数;m_i为背景图像中灰度级 i 的像素数;$E(n)$为武器装备图像中像素的灰度值均值;$E(m)$为背景图像中像素的灰度值均值。

S_g用来表征两幅图像之间的相似程度:S_g较小,表明两幅图像灰度统计特性比较相似;S_g较大,表明两幅图像灰度统计特性差别较大。

武器装备图像与背景区域图像的共生矩阵相关系数的表达式为

$$S_{gc} = \frac{\sum_{i=0}^{N_\sigma}\sum_{j=0}^{N_\sigma}[P_A(i,j) - E(P_A)][P_B(i,j) - E(P_B)]}{\sqrt{\sum_{j=0}^{N_\sigma}[P_A(i,j) - E(P_A)]^2}\sqrt{\sum_{j=0}^{N_\sigma}[P_B(i,j) - E(P_B)]^2}} \tag{3-6}$$

式中:P_A、P_B 为矩阵,$P_A(i,j)$为武器装备图像灰度共生矩阵第 $i+1$ 行和第 $j+1$ 的元素;$P_B(i,j)$为背景图像灰度共生矩阵第 $i+1$ 行和第 $j+1$ 的元素;$E(P_A)$为武器装备图像灰度共生矩阵的均值;$E(P_B)$为背景图像的灰度共生矩阵的均值。

S_{gc}主要用来表示武器装备图像与背景图像在纹理上的差异程度:S_{gc}越大,表明两幅对比图像纹理差异越大,武器装备与背景越容易被区分。

采用基于计算机自动识别算法的隐身目标场景探测方法,包括 Camaeleon、CAMWVA 等,都可用灰度图像特征参量来进行评估。根据不同探测方法的灵敏度及具体探测设备获取的图像分辨率等,可确定最小区分的图像灰度特征参数$S_{g,\min}$和$S_{gc,\min}$:如果武器装备和背景图像的灰度特征参量大于这两个最小值,则目标场景可以被识别;如果武器装备和背景图像的灰度特征参量小于这两个最小值,则可以认为被发现的概率较低,隐身效果较好。

3.7.3 红外隐身技术

红外隐身技术是通过控制目标温度、发射率和辐射信号传输方向等方式控制目标可能被探测到的红外特征信号,从而降低目标被探测识别的概率。研究表明,如果目标的红外辐射强度下降 10dB(90%),则探测器作用距离下降 68%。

3.7.3.1 改变目标的红外辐射特性

1)改变红外辐射的空间分布

探测系统对目标进行远距离探测时,通常只能够接收到某一方向的辐射强度,对于卫星遥感而言,通常只能从目标上方进行观测。

目标在总体设计时,考虑红外隐身,通过结构上改变辐射的传输方向。例如:利用飞机垂尾、后体边条、腹鳍等,在某些方向上遮挡排气系统的高温壁面;可将坦克车辆排气装置安装在底部,有效抑制探测方向的红外辐射特征。

2)改变红外辐射频率特性

改变红外辐射频率特性通常有两种方法:一是使目标的红外辐射波段处于红外探测器的响应波段之外,如采用特定的高辐射率的涂料将其涂敷在飞行器的部件上,以改变飞行器红外辐射的相对值和光谱分布相对位置,或使飞行器的红外图像成为整个背景红外图像的一部分;二是使目标的红外辐射避开大气窗口而在大气层中被吸收和散射,采用的涂料在 3 ~ 5μm 和 8 ~ 14μm 这两个大气窗口波段发射率低,而在这两个波段外的中远红外有高的发射率,使所保护目标的红外辐射落在大气窗口以外而被大气吸收和散射掉。

3.7.3.2 降低目标红外辐射强度

降低目标红外辐射强度即降低目标与背景的热对比度,使敌方红外探测器接收不到足够的可探测特征,减少目标被发现、识别和跟踪的概率。其主要运用减热、隔热、散热和降热等原理,通过降低辐射体的温度和采用有效的涂料来降低目标的辐射功率。

根据斯忒藩 - 玻耳兹曼定律,目标辐射能量与温度的 4 次方成正比,因此控制目标温度对于缩减或控制红外辐射能量有巨大效果。采用红外隐身涂料,降低表面发射率,是减小红外辐射强度的另一种途径。

3.7.3.3 降低红外探测器至目标光路上的大气透过率

在有雾、霾、灰尘、雨雪等气象条件下,会显著降低大气的透过率,使得目标红外辐射在进入探测系统前大部分被吸收和散射,从而起到隐身的效果。同样，也可采用人工的方式，利用气溶胶、水雾等技术措施来降低目标周围空气的透过率。例如，舰船上可采用水雾遮蔽技术，即在舰艇周围喷射海水水雾，能够很快地将舰体笼罩在薄雾中，吸收舰体辐射的红外辐射，同时还有对舰体降温的效果。采用水雾遮蔽技术能够将舰船 8 ~ 14μm 内的辐射能量降低 80%。

3.7.4　红外波段隐身性能评估

目前，热红外成像仪是在红外波段用来进行探测的主要仪器，其工作原理是探测目标场景与背景的辐亮度，并通过对比目标与背景间的辐亮度差异来识别目标。黑体等效温度是用来描述物体红外辐射的基本参量，是决定目标场景红外辐射图像亮度的关键。因此，目标与环境之间的黑体等效温差可以用来表征红外光学隐身性能。

目标与背景的等效黑体温差的表达式为

$$\Delta T_e = T_t - T_b \tag{3-7}$$

式中：T_t为目标的等效黑体温度；T_b为背景的等效黑体温度。

ΔT_e越大，目标和背景之间的红外辐射能量差距越大，越容易被探测系统发现。此外，由于红外探测器空间分辨率的快速提高，采用目标背景区域的黑体等效均方根参数作为表征参量，表达式为

$$\Delta T_e = \frac{1}{N}\sqrt{T(T_t^1 - \bar{T})^2 + (T_t^2 - \bar{T})^2 + \cdots + (T_t^N - \bar{T})^2} \tag{3-8}$$

式中：N 为红外图像区域点数；T_t^i为各点的等效黑体温度。

评价红外成像系统综合性能的一个重要指标是最小可分辨温差（Minimum Resolvable Temperature Difference，MRTD）。MRTD 是用红外成像系统对准均匀背景中宽高比为 1 : 7 的四条带图案，令条带与背景温差从零开始增加，当观察者刚好能够分辨出四条带图案（50% 概率）时，温差即为该空间频率下的最小可分辨温差。调整条带的中心距，即空间频率，重复上述步骤，即可得到不同空间频率下的 MRTD，并绘制关系曲线。当目标与背景的黑体等效温差 ΔT_e经过大气传输衰减，落在探测器上的表观温差 $\Delta T_{apparent}$ 大于该空间频率下的最小可分辨温差时，认为目标可以被探测到。MRTD 将探测系统各子系统的 MTF 和探测器灵敏度结合起来，也包含有系统的空间分辨率特性，是综合评价红外成像系统温度分辨率和空间分辨率的重要参数。

第4章 高分辨率卫星轨道设计及应用

目前,国内外在轨运行的遥感卫星以成像遥感卫星为主,并且主要为光学成像遥感卫星和微波成像遥感卫星。成像遥感卫星为获取目标的高空间分辨率,主要运行在低地球轨道上。

成像遥感卫星发展的趋势是分辨率要求越来越高,重访时间要求越来越短,成像效能越来越高。因此,兼具高分辨率、快速重访、敏捷几大特点于一身的光学成像遥感卫星是当前世界上遥感卫星最先进水平的代表,本书主要针对高分辨率光学成像遥感卫星开展论述。

光学遥感卫星种类很多、应用范围很广,其轨道设计很大程度上取决于任务需求和应用要求。重点针对高分辨率光学遥感卫星的任务需求与轨道设计特点进行分析。

4.1 高分辨光学卫星任务特点分析

4.1.1 全球或区域覆盖光学遥感成像

卫星覆盖纬度范围主要取决于轨道倾角,姿态机动能力可进一步扩展成像范围,由于姿态机动能力可扩展的成像范围有限,因此全球覆盖一般需要极轨道或者近极轨道。遥感卫星一般以太阳同步轨道为主。

对于以某纬度线内区域覆盖为主的遥感卫星,且不限于可见光成像的卫星,可以选择一般倾角轨道,以获得更高的重访能力。

4.1.2 高分辨率、大幅宽和快速重访

轨道高度选择受分辨率要求约束,当卫星有效载荷光学相机的像元尺寸以

及焦距确定后,轨道高度越高,分辨率越低。高分辨率光学成像遥感卫星由于其要求地面像元分辨率高的特点,受相机与卫星规模约束,相机成像带宽一般比较窄,通常为几千米至十几千米。对于这种遥感卫星,要求对全球范围的目标进行重复星下点观测就会导致回归周期特别长,一般通过姿态机动实现快速重访。轨道高度加上姿态机动能力决定卫星重访特性,也决定卫星综合效能,例如:高度500km的卫星,姿态侧摆±35°可实现5天重访;高度680km的卫星,姿态侧摆±60°可实现1天重访。

4.1.3　成像光照条件

可见光为主的卫星一般关注成像光照条件。对地面目标进行光学成像工作时,其地面目标应满足一定的光照条件,即满足太阳高度角的要求。太阳高度角是指太阳光线相对于当地地平的仰角,是光学成像遥感的一个重要参数,通常要求为10°~70°。从这个角度来说,选择一条光照条件稳定的轨道对于光学成像遥感卫星是非常有利的。

4.1.4　轨道机动与维持需求

光学成像遥感卫星的设计寿命一般在3年以上,目前典型寿命为5~8年。低轨卫星受大气阻力影响,高度将不断降低,需要定期进行维持。轨道高度越低,轨道高度维持的燃料消耗越多。因此,选择轨道高度时,需要将卫星推进剂携带能力作为考虑因素之一。

4.1.5　大范围姿态机动实现高重访

对于高分辨率光学成像遥感卫星,主要通过大范围姿态机动增大可视覆盖区域实现快速重访。轨道高度直接决定了轨迹分布特性,当卫星姿态机动能力确定后,也就决定了重访效能。因此,当高度和重访周期确定后,所需的姿态机动能力也就随之确定;当重访周期和姿态机动能力确定后,所需的轨道高度也就随之确定。在轨道高度的选择上,国外更倾向于通过提高轨道高度和增强卫星姿态机动能力来提高重访能力,而国内则更倾向于提高分辨率。

4.1.6　敏捷姿态机动实现高效能

目前的高分辨率卫星通常具有很强的姿态机动能力,利用卫星的敏捷姿态机动能力,可对同一个地区的多目标连续成像,实现对多目标的高效观测能力。

具有良好机动能力的卫星,能够在空间分辨率、时间分辨率和覆盖宽度等参数上取得优异性能。通过加强姿态机动能力,以及配合多种成像模式,使遥感卫星的使用更灵活,效率更高,从而极大地提升了应用效能。目前,国外部分遥感卫星具备的姿态机动能力如表 4 - 1 所列。从国外卫星的发展趋势看,发展快速姿态机动能力是一个很重要的发展趋势。

表 4 - 1　国外部分遥感卫星的姿态机动能力

参数	WorldView - 2	WorldView - 4	GeoEye - 1	Pleiades
姿态指向范围/(°)	±45	±60	±60	±60
机动能力	机动时间:22°/9s	机动时间:22°/9s	加速度:0. 16°/s^2; 速率:2. 4°/s	机动时间: 10°/10s;60°/25s

4. 2　轨道设计要素分析

根据高分辨率光学成像遥感卫星的任务需求,其轨道设计主要关注的要素包括轨道类型选择、轨道高度与分辨率的综合权衡、任务需求与轨道高度的综合权衡、多任务轨道与多星组网等。

4. 2. 1　采用多种轨道类型

可见光卫星主要采用太阳同步轨道,如 KH - 12、WorldView、Pleiades 等卫星。太阳同步轨道是近极轨道,可实现全球覆盖,并且太阳同步轨道的最大优点是太阳射线与轨道平面之间的角度变化范围不大,正好同时满足光学遥感卫星的全球覆盖和遥感成像任务需求。此外,太阳射线与轨道平面之间的角度变化范围不大也有利于总体设计,特别是星上能源控制及热控系统。

工程上光学遥感卫星采用较多的是降交点地方时为白天的太阳同步轨道,是因为满足可见光成像光照条件的地区最广,一年中可成像天数最多,是影响全球覆盖和遥感成像任务的因素之一。对于多星组网的应用,同一降交点地方时轨道的多星组网将会限制重访效能的提高,因此适当牺牲可成像太阳高度角,增加降交点地方时部署是非常有必要的。一般来说,降交点地方时在 9 : 00 ~ 15 : 00 范围选择。

但是,具备红外、高光谱、微光等其他高分辨率光学成像载荷的卫星对成像光照条件的要求也在放开,可以选择低倾角轨道,如 KH－13 卫星采用 73.5°倾角轨道,以满足特定区域的高重访要求。

4.2.2 轨道高度与分辨率的综合权衡

对于光学相机,分辨率直接取决于轨道高度。高分辨率光学成像遥感卫星为获取目标的高空间分辨率,通常运行在低地球轨道上。为了满足卫星的分辨率和寿命要求,即限定了轨道高度的选择范围。若要求卫星实现更高分辨率,在相机性能基本保持不变的情况下,即在相机焦距、像元尺寸保持不变的情况下,可通过降低轨道高度实现。以 500km 实现 0.2m 分辨率的卫星为例,当轨道高度降低至 250km 时,分辨率可提高至 0.1m。但采用 250～300km 的低圆轨道,整个卫星系统的设计和运行都是很困难的,造成燃料消耗剧增、数传弧段缩短、积分时间减小等一系列的问题。因此,轨道设计时需根据具体飞行任务进行轨道高度与分辨率的综合权衡。解决分辨率与燃料消耗矛盾的最佳途径是选择椭圆轨道,在近地点实现高分辨率成像;同时,通过远地点的高度设置,降低大气密度和电磁环境影响。

4.2.3 任务需求与轨道高度的综合权衡

分辨率要求越高的光学成像遥感卫星,轨道高度要求越低,在同等机动能力条件下,重访能力降低,这对卫星的使用效能带来不利因素。因此,并非高度越低越好,轨道高度的选择还需要结合任务需求来权衡。以 KH－12 卫星为例,为了同时实现高分辨率和高重访能力,选择 300km×1000km 的椭圆轨道,既可在近地点实现极高的分辨率,又可利用远地点高度的优势实现大范围观测、高重访能力和对多目标高效能观测。Helios、WorldView、Pleiades 等卫星采用 700km 左右的高度,是为了实现 1～2 天的高重访能力。

4.2.4 采用多任务轨道与多星组网

提高高分辨率光学成像遥感卫星的适应能力与使用效能,需要让卫星具备适应多种时间分辨率或空间分辨率的能力。为适应这一任务需求,轨道设计摒弃了过去通常的设计思路,即为一颗卫星设计多条任务轨道。一般来说,任务轨道包括平时轨道和应急轨道,卫星可通过轨道机动实现平时和应急轨道转换。平常运行在平时轨道,必要时可迅速转入应急轨道,以提高空间分辨率或提高时间分辨率。

我国现有一些高分辨率光学成像遥感卫星通常采用500km左右太阳同步圆轨道作为平时轨道、568km天回归圆轨道作为应急轨道,这种应用可较好地满足成像指标、重访周期、重点目标成像等任务要求。

随着卫星姿态及轨道机动能力的增强,应急轨道也可以是椭圆轨道或者天重访轨道,卫星所能实现的指标与任务轨道的高度不再是强约束关系,卫星空间分辨率和时间分辨率适应能力得到大幅增强,实现了一颗卫星执行多种观测任务的目的。

(1)椭圆轨道在近地点实现更高分辨率成像,远地点实现广域覆盖成像,通过轨道机动时序的优化设计,可快速实现近地点对着目标区,解决了多任务、复杂应用需求难题。

(2)天重访轨道可实现全球任意目标一天至少一次可见光成像。如姿态机动能力提高到±60°,选择轨道高度大于680km的轨道,则可满足天重访轨道要求。

(3)除提高卫星轨道高度外,多星组网运行是在保证空间分辨率的前提下提高任务响应时间的另一种有效手段。卫星组网分为共面组网以及异面组网两种方式。当共面组网卫星数目能够确保系统重访能力优于1天之后,只有增加异面组网卫星才能使系统重访能力进一步提高。

4.3 椭圆轨道是实现高分辨率的有效途径

在光学成像卫星应用中,高分辨率是“王道”。超低轨圆轨道无法维持,而椭圆轨道高度衰减具有主要在远地点下降的特性,长期运行可利用近地点弧段获取高分辨率图像同时轨道保持所消耗的燃料较少,因此椭圆轨道是实现高分辨率的有效途径。

4.3.1 椭圆轨道特性

椭圆轨道卫星与一般近圆轨道卫星相比,其不仅可以在近地点附近的弧段实现极高分辨率的成像,而且在长时期的运行中轨道保持所消耗的燃料较少。此外,椭圆轨道还具有以下几个重要特性。

(1)椭圆轨道也可以同时具备太阳同步、回归特性。轨道倾角、半长轴、偏心率满足一定的关系即可同时具备太阳同步、回归特性。轨道回归特性主要依赖于平均半长轴,受偏心率影响较小。因此,在近地点高度确定后,可以通过调整远地点高度来改变轨道回归特性，易于满足对回归特性的要求。

(2)高度在远地点衰减相对较快，而近地点衰减很慢。由于在椭圆轨道的近地点大气密度远大于远地点，在卫星经过近地点附近时，受到的大气阻力摄动影响大于经过远地点时，因而在近地点减速效果大于远地点。根据轨道动力学分析，近地点的高度衰减速度远低于远地点，从而具有在远地点衰减相对较快，而近地点衰减很慢的特点。利用这个特点，椭圆轨道可通过对远地点高度维持确保近地点不会快速衰减，从而在近地点长期开展高分辨率成像工作。

(3)椭圆轨道重访特性可以与平均高度相同的圆轨道基本一致。在平均半长轴相同的情况下，圆轨道与椭圆轨道的地面轨迹分布特性基本相同，不考虑可视幅宽约束的情况下，轨道重访特性基本一致。但要实现同样的重访能力，不同高度处的可视幅宽必须相同。因此，轨道高度低的地方对侧摆能力要求高。

(4)椭圆轨道各处分辨率不同。椭圆轨道的特点决定了卫星运行在不同的相位时轨道高度不同，因此轨道上各处的分辨率各不相同。椭圆轨道可以实现近地点附近高分辨率成像、远地点相应低分辨率成像，同时高分辨率成像的机会和位置可以根据任务需求进行调整，较低分辨率成像具有广域观测、敏捷机动、大幅宽的特点。

(5)椭圆轨道近地点存在长期漂移现象。椭圆轨道近地点位置会在地球扁率的影响下于轨道面内逐渐漂移，无法维持在固定位置上，导致近地点指向不同的纬度带，从而实现以极高分辨率对全球遍历成像。为了获取指定区域的高分辨率图像，可以通过近地点幅角的调整和维持来实现，近地点幅角的维持需要消耗额外的燃料。图4-1是某椭圆轨道卫星入轨后近地点的纬度变化情况。

(6)不同降交点地方时光照条件差异较大。成像点太阳高度角是可见光卫星观测的重要指标。对于观测光照条件，越靠近早晨(或傍晚)降交点地方时的太阳同步轨道，可见光成像受到太阳高度角的影响就越大(通常以太阳高度角大于10°为可见光成像条件限制)。由于椭圆轨道高度范围变化较大，在姿态机动时，成像点范围变化较大，因此成像点的太阳高度角也需要统筹分析。

表4-2列出了8：30降交点地方时轨道与10：30轨道降交点地方时轨道可见光谱段一年可成像天数的对比情况，下午轨道(12：00以后)成像点太阳高度角与上午轨道相对于12：00基本呈现对称趋势，即8：30轨道与15：30轨道成像点光照条件基本一致。

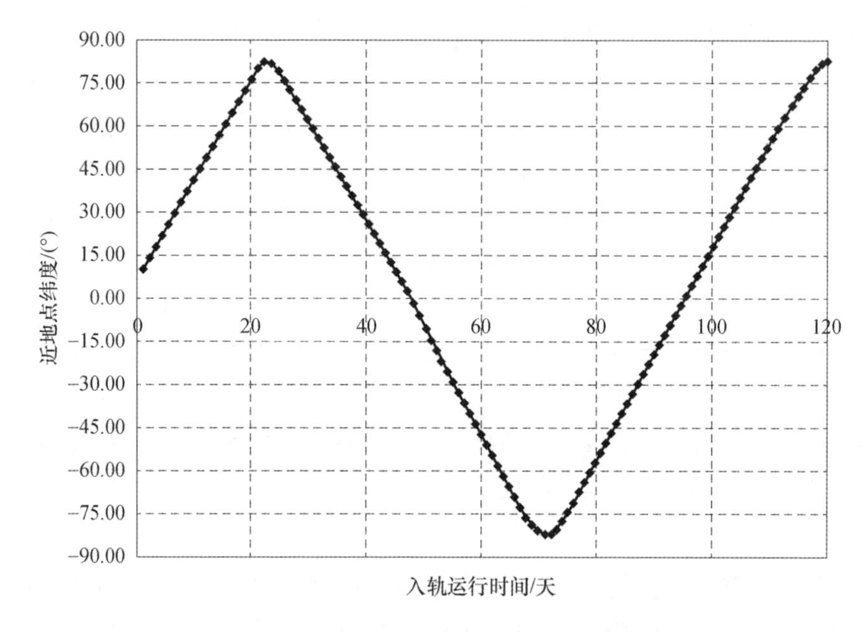

图 4-1　椭圆轨道近地点对应的纬度变化

表 4-2　两种降交点地方时轨道可见光谱段一年可成像天数统计

侧摆角度/(°)	降交点地方时	0°	20°N	40°N	60°N	80°N
0	8：30	365	365	365	262	186
	10：30	365	365	365	302	179
45	8：30	365	365	365	300	210
	10：30	365	365	365	331	192
-45	8：30	365	365	365	226	162
	10：30	365	365	365	283	163

图 4-2 以 8：30 轨道为例给出不同纬度成像点太阳高度角的对比情况。

4.3.2　椭圆轨道有效解决高分辨率的瓶颈问题

分辨率是决定卫星能力的关键指标,直接关系到发现与识别目标的种类和概率。长期以来的判读实践证明:分辨率越高,越有利于获取目标的细节信息。因此,提高分辨率一直是光学成像卫星追求的目标。表 4-3 列出了目标判读对地面分辨率的需求。

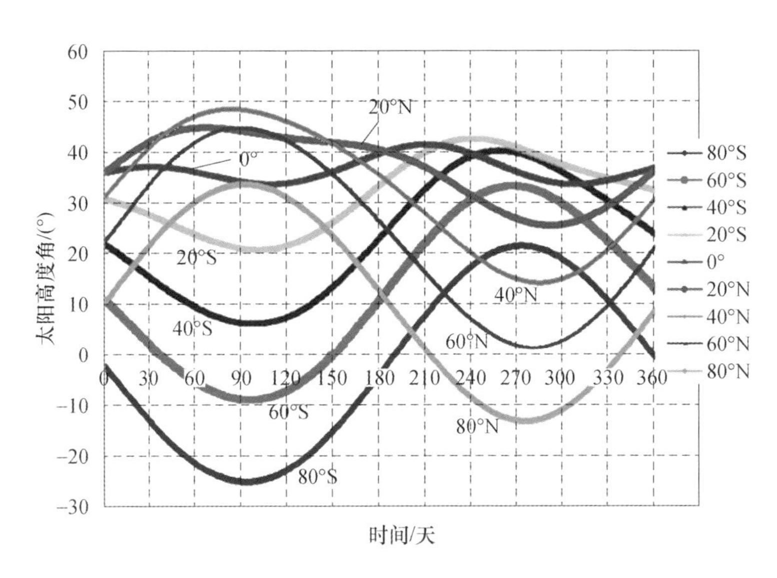

图4-2　8：30轨道星下点太阳高度角变化曲线(时间起点为春分点)

表4-3　目标判读对地面分辨率的需求　　单位:m

目标	分辨率需求			
	发现	识别	确认	技术分析
地形	100	91	3	0.76
都市区	61	15	3	0.76
港口、码头	31	6	1.5	0.38
机场设施	6	4.6	3	0.15
铁路、编组站	15	4.6	1.5	0.38
公路	6	4.6	1.5	0.38
桥梁	6	4.6	1.5	0.3
海岸和登陆滩头	15	4.6	0.6	0.15
水面舰只	15	4.6	0.15	0.04
浮出水面的潜艇	7.6	4.6	0.15	0.03
部队宿营地	6	2.1	0.6	0.15
陆上布雷区	3	1.5	0.3	0.08
飞机	4.6	1.5	0.15	0.04
导弹阵地	3	1.5	0.15	0.04
核武器构件	2.4	1.5	0.3	0.01

续表

目标	分辨率需求			
	发现	识别	确认	技术分析
控制、指挥机构	3	0.9	0.3	0.08
通信、雷达设施	3	0.9	0.3	0.01
仓库	3	0.6	0.15	0.03
车辆(坦克)	1.5	0.6	0.15	0.04
火箭与大炮	0.9	0.6	0.15	0.04

统计结果表明,对表中20类典型目标,0.1m分辨率图像可识别并确认全部,并且对目标进行技术分析的比率达55%。由此可见,为达到对目标的准确识别和确认,需要发展分辨率为0.1m甚至更高的卫星系统。

分辨率与轨道高度成反比。在提高光学系统分辨率遇到瓶颈时,降低轨道高度是提高分辨率的有效手段。上述500km高度分辨率为0.2m的卫星的例子中,降低到300km以下分辨率可优于0.12m,当轨道高度降低到250km以下分辨率可优于0.1m。可见,降低轨道高度对可见光遥感是特别有利的。

然而,这里有另一个工程约束问题,轨道高度太低难以长期维持。高度300km以下的圆轨道由于大气阻力影响所消耗的燃料非常可观,而且,由于轨道下降得很快,为保持轨迹位置需进行频繁的轨道机动,也会影响卫星使用。为了既能获得极高分辨率图像又规避轨道过低带来的问题,采用椭圆轨道,可以在近地点附近成像实现高分辨率,同时具有轨道高度在远地点衰减较快而近地点衰减很慢的特点,是解决高分辨率瓶颈问题的有效途径。美国的KH系列卫星正是这样做的,这种采用椭圆轨道方法的好处:在长时期的运行中可利用近地点弧段获取高分辨率图像,同时轨道保持所消耗的燃料较少。

4.4 国外高分辨率成像卫星的轨道设计特点

世界各国航天均将高分辨率遥感系统作为重点大力发展,制定了后续发展规划,开展了在轨卫星后继星的研制,确保高分辨率对观测业务的稳定和可持续发展。同时,各国高分辨率遥感卫星能力不断增强,卫星的空间分辨率和时间分辨率不断提高,观测手段更加多样化,观测要素更加全面,观测范围不断扩展,积极发展综合型对地观测卫星系统,实现快速、及时提供多种高分辨率观测数据,满足各领域对地观测需求。

4.4.1 国外高分辨率卫星轨道设计特点

国外在高分辨率成像卫星设计领域以美国和法国为代表。美国高分辨率光学卫星在技术与应用方面处于世界领先地位,KH－12 和 KH－13 卫星等主要用于军事目的,还有以 WorldView 系列为代表的高分辨率军民两用遥感卫星;此外,美国还发射了几颗高分辨率合成孔径雷达(Synthetic Aperture Radar, SAR)成像卫星。法国具有 CSO－1、Pleiades－1、Helios－2 等高分辨率光学成像卫星。

目前,美国、法国和以色列高分辨率成像遥感卫星主要轨道参数见表4－4～表4－6。

表4－4　美国高分辨率成像遥感卫星主要轨道参数

名称	类型	分辨率/m	发射时间/年	近地点高度/km	远地点高度/km	倾角/(°)	姿态机动能力/(°)	幅宽/km	载荷视场/(°)
FIA－1	雷达	0.3(SAR)	2010	1095	1112	123.002	—		
FIA－2	雷达	0.3(SAR)	2012	1094	1111	122.997	—	—	—
FIA－3	雷达	0.3(SAR)	2013	1094	1113	122.996	—	—	—
FIA－4	雷达	0.3(SAR)	2016	1095	1111	122.999	—	—	—
FIA－5	雷达	0.3(SAR)	2018	1070	1084	106.013	—	—	—
KH－12－5	光学	0.1(可见光),1(红外)	2005	249	432	96.854	±60	—	—
KH－12－6	光学	0.1(可见光),1(红外)	2011	256	1013	97.887	±60	—	—
KH－12－7	光学	0.1(可见光),1(红外)	2013	258	1013	97.925	±60	—	—
Lacrosse－5	雷达	0.3(SAR)	2005	711	726	57.011	—	—	—
WorldView－1	光学	0.5(可见光)	2007	481	497	97.386	±45	17.6	2.10
WorldView－2	光学	0.46(可见光)	2009	756	770	98.478	±45	16.4	1.24
WorldView－3	光学	0.31(全色),3.7(短波红外)	2014	601	619	97.847	±60	13.1	1.25

续表

名称	类型	分辨率/m	发射时间/年	近地点高度/km	远地点高度/km	倾角/(°)	姿态机动能力/(°)	幅宽/km	载荷视场/(°)
WorldView-4	光学	0.31(全色), 3.7(短波红外)	2016	601	618	97.919	±60	13.1	1.25
GeoEye-1	光学	0.41(可见光)	2008	661	691	98.142	±50	15.2	1.32

表4-5　法国高分辨率成像遥感卫星主要轨道参数

名称	类型	分辨率/m	发射时间/年	近地点高度/km	远地点高度/km	倾角/(°)	姿态机动能力/(°)	幅宽/km	载荷视场/(°)
Helios-2A	光学	0.35(可见光)	2004	669	686	98.106	—	—	—
Helios-2B	光学	0.35(可见光)	2009	669	686	98.155	—	—	—
Pleiades-1	光学	0.5(可见光)	2011	686	703	98.207	±47	20	1.67
Pleiades-1B	光学	0.5(可见光)	2012	686	703	98.172	±47	20	1.67

表4-6　以色列高分辨率成像遥感卫星主要轨道参数

名称	类型	分辨率/m	发射时间/年	近地点高度/km	远地点高度/km	倾角/(°)	姿态机动能力/(°)	幅宽/km	载荷视场/(°)
Ofeq-5	光学	0.5(可见光)	2002	519	543	143.446	±45	7	0.77
Ofeq-7	光学	0.5(可见光)	2007	488	503	141.719	±45	7	0.82
Ofeq-9	光学	0.5(可见光)	2010	494	500	141.739	±45	7	0.81
Ofeq-10	雷达	0.46(SAR)	2014	513	521	140.92	—	—	—
Ofeq-11	光学	0.5(可见光)	2016	382	491	141.963	±45	7	1.05

可以看出,国外主要的高分辨率光学成像遥感卫星的发展趋势如下:

(1)以全球覆盖成像遥感为主,主选太阳同步轨道,降交点地方时分布较广;

(2)以近地轨道高分辨率成像遥感为主,在轨道高度的选择上,在满足高分辨率要求前提下更倾向于提高轨道高度与姿态机动能力来提高重访能力和成像效能。

此外,美国在轨的成像观测卫星还有“长曲棍球”(Lacrosse)雷达成像卫星及“未来成像体系”(FIA),分别采用 700km 及 1100km 轨道,具备 0.3m 分辨率,与 KH 系列等高分辨率卫星一起组成光学雷达高分辨率混合星座,具备高重访能力。

4.4.2　国外高分辨率卫星观测能力分析

国外高分辨率遥感卫星能力不断增强,卫星的空间分辨率和时间分辨率不断提高,观测手段更加多样化,观测要素更加全面,观测范围不断扩展,积极发展综合型对地观测卫星系统,具备快速、及时提供多种高分辨率观测数据的能力,满足军民商各领域对地观测需求。下面以美国在轨高分辨率卫星、美国及其盟友商业成像卫星能力为例,从整体能力、仅光学卫星能力、白天成像分析能力、夜晚成像能力几个维度进行分析。

4.4.2.1　美国高分辨率卫星整体观测能力分析

美国在轨高分辨率卫星有 10 颗(KH 系列、“长曲棍球”、FIA),包含可见光、红外、SAR 手段观测能力,对任意目标具备对全球范围内可以实现一天 20 ~ 30 次高频次观测,平均 1h 左右观测一次的能力。图 4 - 3、图 4 - 4 和表 4 - 7 给出了美国在轨高分辨率卫星构型及典型重访能力。

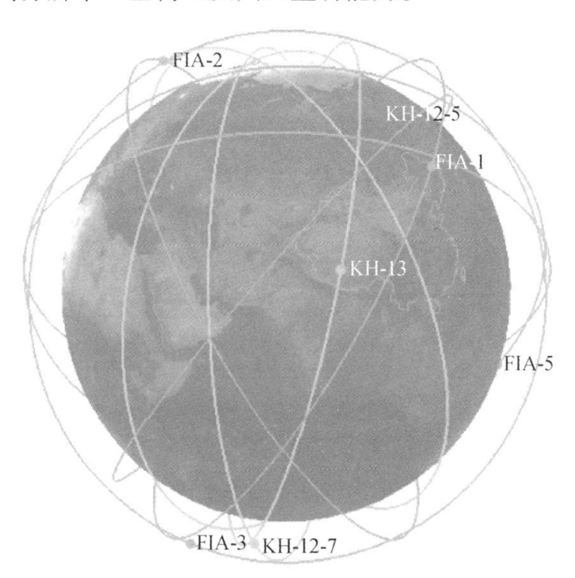

图 4 - 3　美国在轨高分辨率卫星系统构型

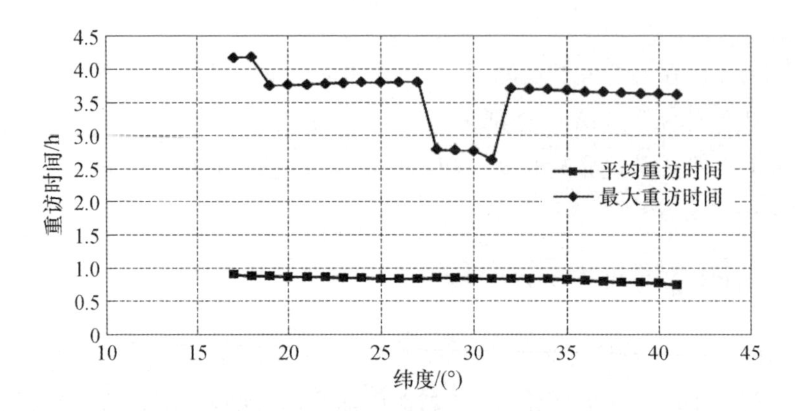

图4-4 美国在轨高分辨率卫星系统重访能力曲线

表4-7 美国在轨高分辨率卫星系统典型观测能力估计

观测目标	系统日均观测次数	平均重访时间间隔/h	最长访问时间间隔/h
白令海峡	32	0.7	4.0
莫斯科	33	0.6	2.7
北京	28	0.8	3.6
上海	2	0.9	3.5
三亚	21	1.0	5.0
永暑礁	20	1.1	4.9

4.4.2.2 美国高分辨率光学卫星观测能力分析

美国光学高分辨率卫星具备红外观测手段,可以全天观测。最大重访周期为12~14h,平均重访周期在3.5h以内。这表明,其对任意目标具备最长间隔14h、平均间隔3.5h的观测能力。美国光学成像卫星重访能力曲线如图4-5所示。

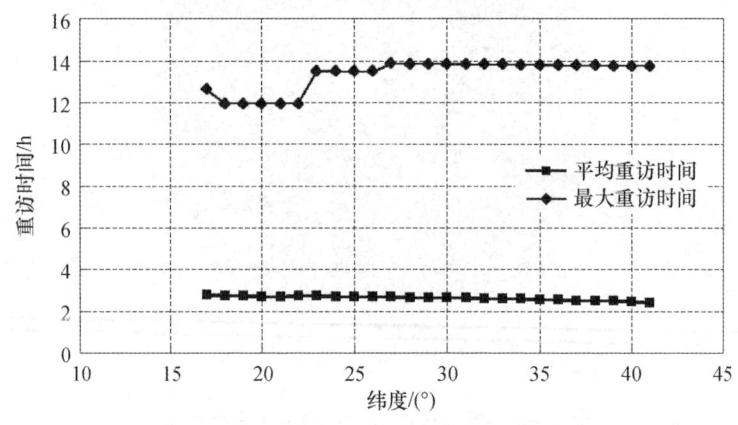

图4-5 美国光学成像卫星重访能力曲线

4.4.2.3　美国高分辨率卫星白天观测能力分析

美国光学及雷达成像卫星均具备全时段观测能力，这里分为白天时段和夜晚时段对其能力分别进行分析，可对其全天时能力有更清楚的认识。

在白天时段，最大重访周期为 2.1 ~5.1h，平均重访周期在 1.2h 以内。这表明，其对任意目标具备最长间隔 5.1h、平均间隔 1.2h 的观测能力。重访能力曲线如图 4 -6 所示。

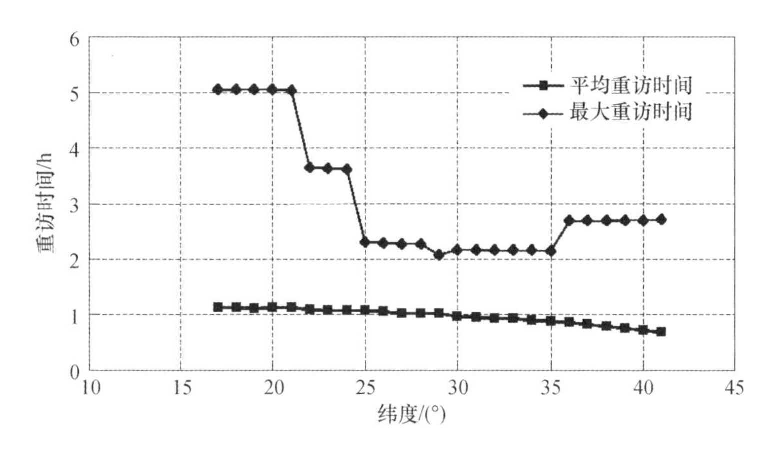

图 4 -6　美国军用光学及雷达成像卫星白天重访能力曲线

4.4.2.4　美国高分辨率卫星夜晚观测能力分析

在夜晚时段，最大重访周期为 2.4 ~5.3h，平均重访周期在 2h 以内。这表明，其具备最长间隔 5.3h、平均间隔 2h 的观测能力，与白天时段的观测能力基本一致，说明美国高分辨率卫星具备较为平衡的全天时观测能力。重访能力曲线如图 4 -7 所示。

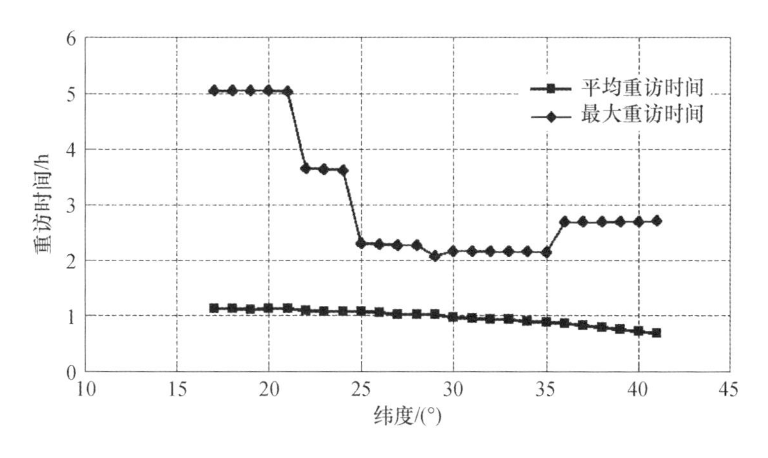

图 4 -7　美国军用光学及雷达成像卫星夜晚重访能力曲线

4.4.2.5 美国及其盟友商业成像卫星能力分析

美国及其盟友商业成像卫星如表4-4~表4-6所列，这些卫星组合起来对全球目标具备很强的观测能力。最大重访周期为3~4h，平均重访周期约为0.5h。这表明，其具备最长间隔4h左右、平均间隔0.5h的观测能力。重访能力曲线如图4-8所示。

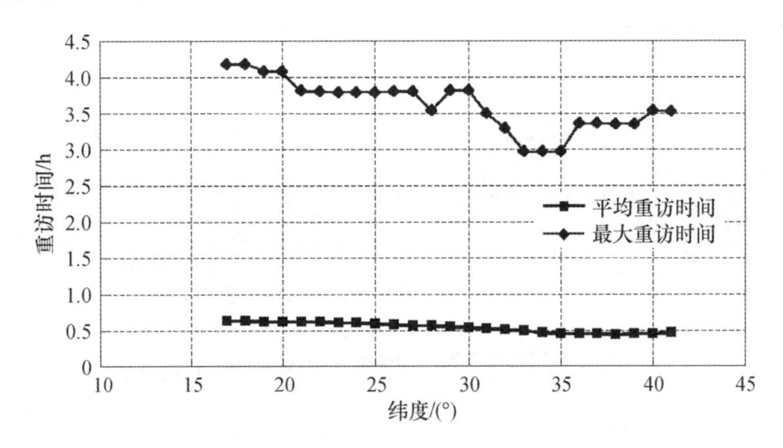

图4-8 美国及其盟友商业成像卫星重访能力曲线

4.5 高分辨率卫星组网设计及应用

4.5.1 卫星轨道高度、侧摆与重访关系

卫星的重访能力本质上与卫星载荷的可视幅宽(侧摆后的幅宽)有关。从几何上很容易知道，可视幅宽与卫星轨道高度及侧摆角度均有关系。简单来说，卫星轨道高度越高，侧摆角度越大，重访能力越强。然而，卫星轨道高度越高，分辨率越低，对于高分辨率卫星，轨道高度与分辨率不能同时兼顾，需要寻找一个平衡点；卫星侧摆角度增大，对分辨率也有影响，还影响成像质量。在考虑工程约束条件下，确定卫星轨道高度、侧摆角度范围后，也就确定了卫星重访能力。然而，单星的重访能力有限，为了增强重访能力，必须采用多星组网的方式。

低轨卫星1天运行10多圈，在地球自转的影响下，仅考虑降轨或升轨时每天对一个目标的访问最多一次，因此，1颗低轨卫星的可视范围达到最近2圈距离时才能实现天重访。通常，卫星轨道高度越高，侧摆角度越大，可视范围就越大。下面以太阳同步轨道为例,给出侧摆角度为30°、45°、60°时重访天数比较情况:侧摆角度为30°时,在卫星轨道高度1100km以内,无法实现天重访,1000km以上可以达到3天重访,如表4-8所列。侧摆角度为45°时,在卫星轨道高度1100km以内,同样无法实现天重访,1000km以上可以达到2天重访,如表4-9所列;侧摆角度为60°时,在卫星轨道高度700km以上,即可实现天重访,如表4-10所列。

表4-8　卫星侧摆角度30°时不同高度重访能力

轨道高度/km	可视幅宽/km	两轨间距/km	重访天数/天
400	467	2575	9
500	586	2633	5
600	705	2690	9
700	825	2748	5
800	946	2806	4
900	1067	2865	49
1000	1190	2924	3
1100	1313	2984	3

表4-9　卫星侧摆角度45°时不同高度重访能力

轨道高度/km	可视幅宽/km	两轨间距/km	重访天数/天
400	828	2575	5
500	1045	2633	4
600	1266	2690	7
700	1492	2748	3
800	1723	2806	3
900	1960	2865	25
1000	2203	2924	2
1100	2453	2984	2

表 4-10　卫星侧摆角度 60°时不同高度重访能力

轨道高度/km	可视幅宽/km	两轨间距/km	重访天数/天
400	1555	2575	2
500	2018	2633	3
600	2531	2690	2
700	3113	2748	1
800	3808	2806	1
900	4731	2865	1
1000	6722	2924	1
1100	7010	2984	1

4.5.2　基于椭圆轨道的高分辨率高重访组网设计

4.5.2.1　椭圆轨道组网构型与特性分析

对于太阳同步轨道，椭圆轨道具有五个特性：①高度在远地点衰减较快，而近地点衰减较慢；②椭圆轨道近地点存在长期漂移现象；③各处高度不同、分辨率不同；④不同降交点地方时光照条件差异较大；⑤单颗椭圆轨道重访特性可以与其平均轨道高度相同的圆轨道基本一致，但不同分辨率，重访能力相差较大。

为解决单颗椭圆卫星的近地点幅角漂移且周期较长，无法获取较稳定的高分辨率成像机会的问题，可以采取组网的方式。

1）常规应用组网构型——玫瑰形

玫瑰形组网的特点是近地点幅角呈对称分布，如图 4-9 所示。卫星在不同高度带可以等效为近圆轨道，实现不同高度的观测。在最低一层高度处，可以实现最高分辨率的观测，没有漫长的近地点等待时间，对同一地区的可以在几天时间内重访。

2）高分辨率、高重访能力组网构型——花瓣形

花瓣形组网是几颗组网的卫星通过近地点幅角机动到相近的位置，使得近地点、远地点相对集中，解决在近地点处由于可视幅宽不足引起的重访能力不足问题，如图 4-10 所示。在远地点处实现高重访、高效能观测多目标，每天可以实现数次重访，对群目标具备很强的观测能力，如图 4-11 所示。

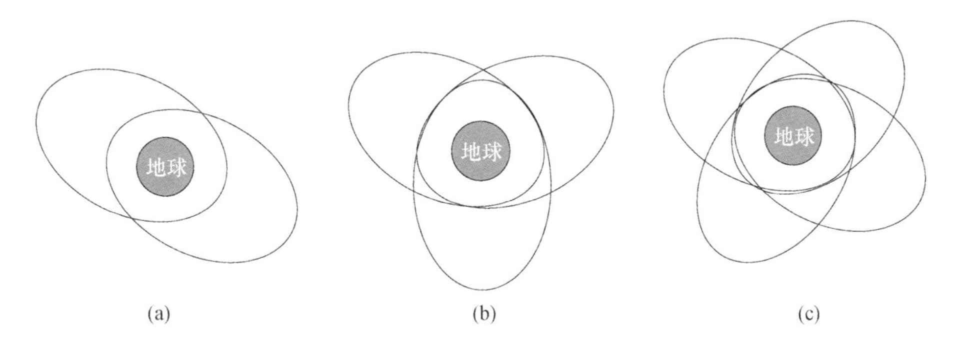

图 4－9　椭圆轨道双星、三星、四星玫瑰形组网

(a)双星玫瑰形组网;(b)三星玫瑰形组网;(c)四星玫瑰形组网。

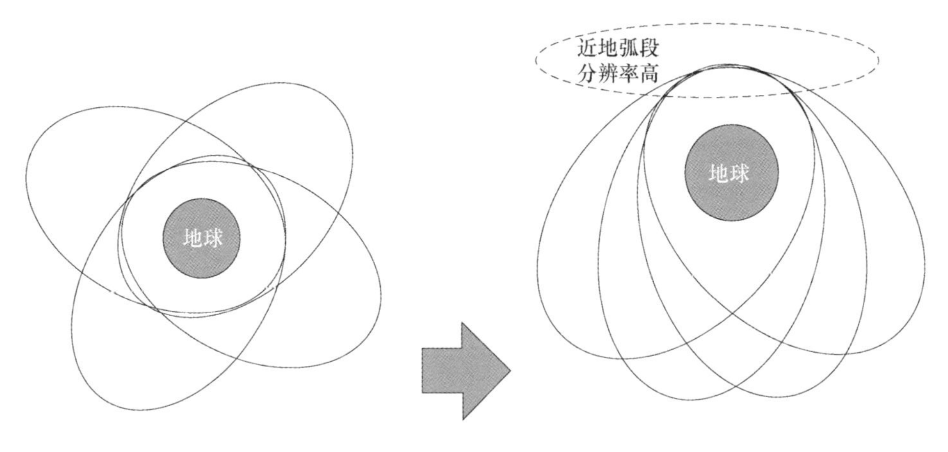

图 4－10　椭圆轨道高分辨率组网

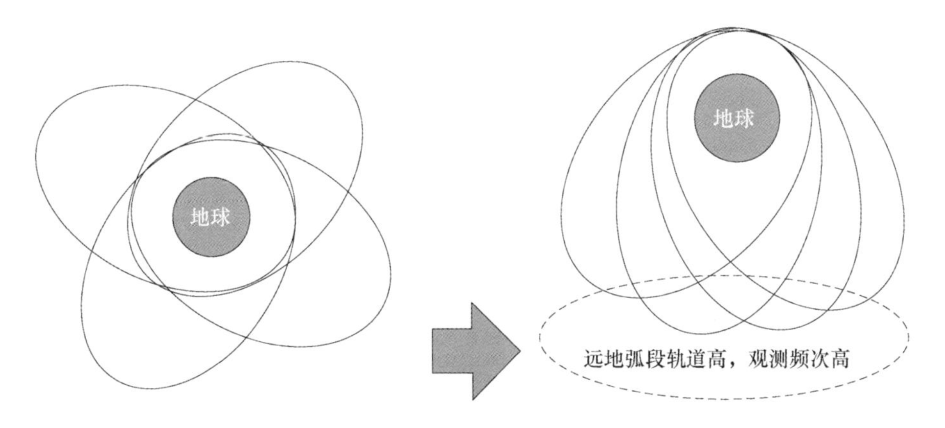

图 4－11　椭圆轨道高重访能力组网

4.5.2.2 圆轨道与椭圆轨道组网观测能力对比分析

下面以不同高度圆轨道、椭圆轨道四星组网为例对观测能力进行对比分析。三种轨道组网方案如表 4－11 所列。卫星在高度 500km 具有分辨率 0.2m，最大侧摆角度均为 60°，具备可见光、红外观测能力。

表 4－11 三种轨道组网方案

方案	轨道	组网
方案一	300km×1000km 太阳同步椭圆轨道	四星组网，近地点均布
方案二	650km 太阳同步圆轨道	四星组网
方案三	500km 太阳同步圆轨道	四星组网

表 4－12～表 4－14 给出了三种组网方案 1 个月内在不同的分辨率下对不同纬度目标的观测能力估计。

椭圆轨道可获得最高分辨率图像，分辨率越高时，重访能力越强。不限分辨率的情况下，平均重访能力与 650km 圆轨道的平均重访能力相当，相对于 500km 圆轨道，平均重访能力提升 20%～30%。

表 4－12 四星 300km×1000km 椭圆轨道组网观测能力

分辨率	80°N	55°N	40°N	30°N	20°N	10°N	0°N
<0.2m	132	15	10	9	10	11	6
<0.3m	266	40	28	26	25	24	21
<0.5m	360	107	82	65	61	61	59
>0.5m	370	318	229	208	192	178	181
不限	730	425	311	273	253	239	240

表 4－13 四星 650km 圆轨道组网观测能力

分辨率	80°N	55°N	40°N	30°N	20°N	10°N	0°N
<0.2m	0						
<0.3m	420	48	42	32	33	32	32
<0.5m	553	112	85	77	66	65	68
>0.5m	188	103	66	56	55	51	44
不限	741	215	151	133	121	116	112

表 4－14　四星 500km 圆轨道组网观测能力

分辨率	80°N	55°N	40°N	30°N	20°N	10°N	0°N
<0.2m	仅正过顶具备						
<0.3m	485	65	47	41	41	40	35
<0.5m	586	117	92	74	70	66	65
>0.5m	94	55	30	36	26	27	26
不限	680	172	122	110	96	93	91

4.5.3　面向应用的轨道机动与控制技术

4.5.3.1　多任务轨道高效机动分析

当椭圆轨道卫星具备较强的轨道机动能力时，通过霍曼转移，在近地点或远地点进行轨道机动，调整轨道高度，可以实现不同任务轨道之间的转移。某卫星不同轨道之间转移燃料需求见表 4－15。

表 4－15　不同轨道之间转移燃料需求

轨道	速度增量/(km/s)	燃料消耗/kg	点火时间/s
300km×500km 椭圆轨道→500km 圆轨道	0.0565	173.8	466
300km×1000km 椭圆轨道→400km×1000km 椭圆轨道	0.0279	86.4	231
400km×1000km 椭圆轨道→500km 圆轨道	0.1600	488.0	1303
500km 圆轨道→680km 圆轨道	0.0984	303.2	810

如 400km×1000km 椭圆轨道→500km 圆轨道之间转移（或反向），通过 3 次变轨 +2 次轨道精调，可以在 2.5 个轨道圈内（小于 4h）完成轨道转移，如图 4－12所示。

4.5.3.2　基于椭圆轨道组网构型的快速机动特性分析

椭圆轨道组网构型快速转换机动的关键是近地点幅角快速调整与保持。椭圆轨道的高度保持与近圆轨道类似，但是需要通过选取合适的变轨相位，分别考虑近地点高度和远地点高度的保持。根据任务需要，椭圆轨道可能进行近地点幅角保持。为了使近地点调整或保持到需要进行高分辨率成像的位置，应

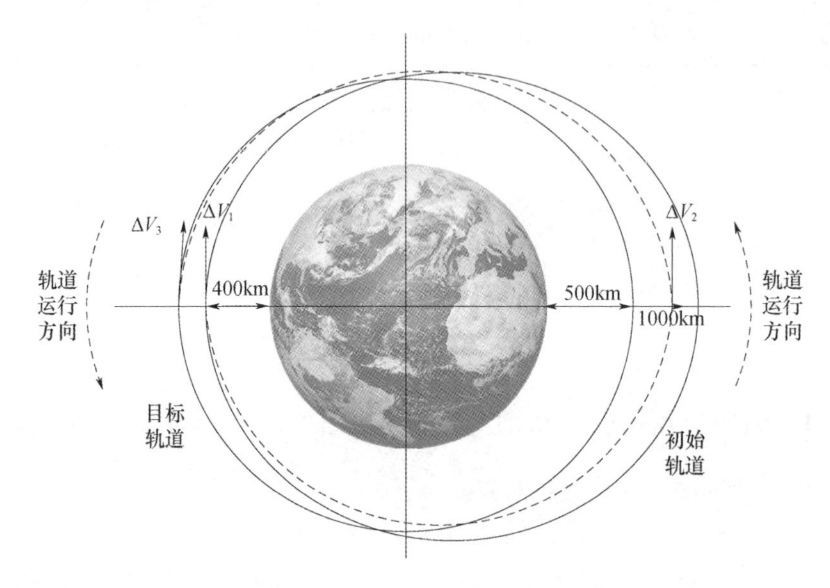

图 4 - 12 400km × 1000km 椭圆轨道→500km 圆轨道转移

将椭圆的拱线旋转一定的角度。例如,针对 300km × 1000km 椭圆轨道,近地点幅角调整 30°需速度增量 1000m/s,可在几小时内机动完成。

太阳同步的椭圆轨道在不进行机动的情况下,由于轨道的摄动,轨道的拱线将在惯性空间发生旋转,周期为 100 多天,这期间近地点的位置可以被动地在任一纬度上出现两次,因此可以充分利用这一特性对其他纬度的一些地区进行高分辨率成像。

卫星配备大推力发动机,携带足够推进剂,可具备高效、快速轨道机动能力。单星时,可根据不同任务需要通过近地点幅角调整、轨道转移或星下点轨迹调整快速转入特定轨道,实现对指定区域实施重点观测;多星组网时,可在玫瑰形组网与花瓣形组网之间快速转换。

卫星通过近地点幅角调整,可使得近地点对准指定区域提高观测空间分辨率,或远地点对准指定区域提高观测时间分辨率。在理想情况下,可通过两次相同的脉冲机动(双脉冲机动)完成近地点幅角调整,如图 4 - 13 所示。

考虑发动机推力和点火效率的约束,在实际执行过程中通常将两次脉冲机动拆分成若干组来执行,点火位置不变。

椭圆轨道近地点幅角的保持与机动策略相似,但机动量较小。以 300km × 1000km 椭圆轨道为例,漂移周期为约 115 天,即 3.13(°)/天。近地点幅角在 ±25°范围内每 16 天需维持 1 次。

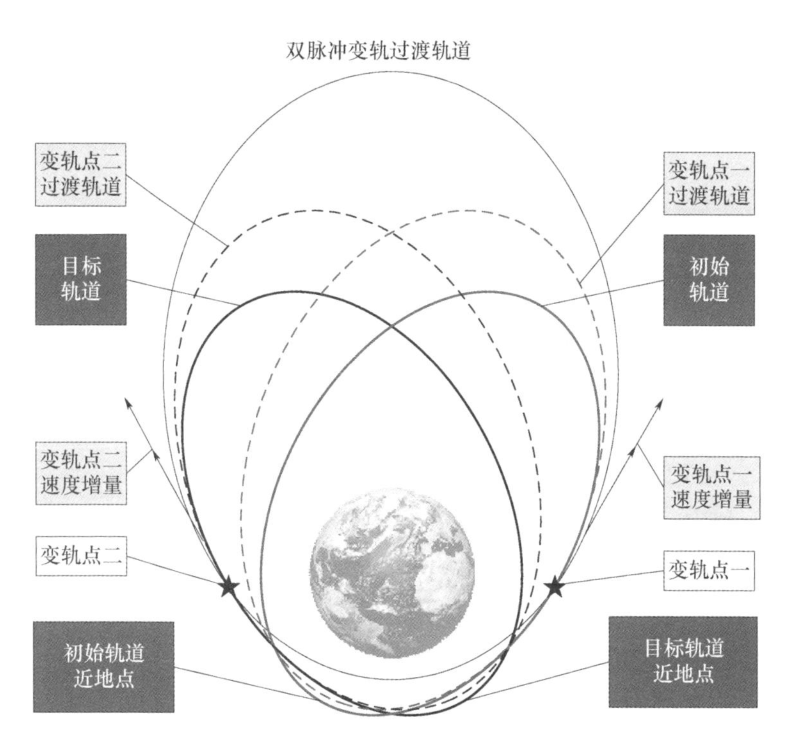

图4-13 椭圆轨道近地点双脉冲调整

4.5.3.3 星下点轨迹快速调整实现对特定目标快速观测

利用卫星的机动能力，通过快速改变轨道高度，其本质是快速调整在轨相位，使得星下点轨迹随时间累积不断漂移，从而实现指定区域星下点高分辨率观测，卫星相位快速调整如图4-14所示。例如，某卫星为了在第二天地面轨迹经过特定目标，需将轨道半长轴抬高100km，1天后星下点轨迹漂移900km，轨迹到位后将半长轴降低100km调回原轨道，可以实现对特定目标的快速高分辨率观测，如图4-15所示。

4.5.4 面向区域多目标观测的组网设计

轨道高度和轨道类型对区域群目标重访能力具有重要影响，这里以高分辨率卫星对目标密集分布的区域群目标观测能力为例进行分析。以典型的北纬30°、北纬40°的群目标为例，假设在500km×500km的区域内分布17个区域群目标。采用三种组网方案对群目标的观测能力进行对比分析。这里的重访是以群目标为一个整体，对所有目标的观测完成遍历一次作为一次重访。三种组网方案对群目标的重访能力如表4-16和表4-17所列。

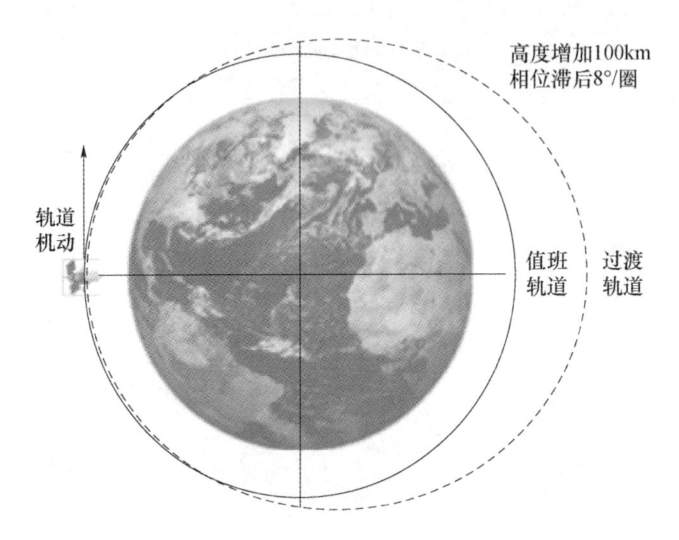

图 4-14 卫星相位快速调整

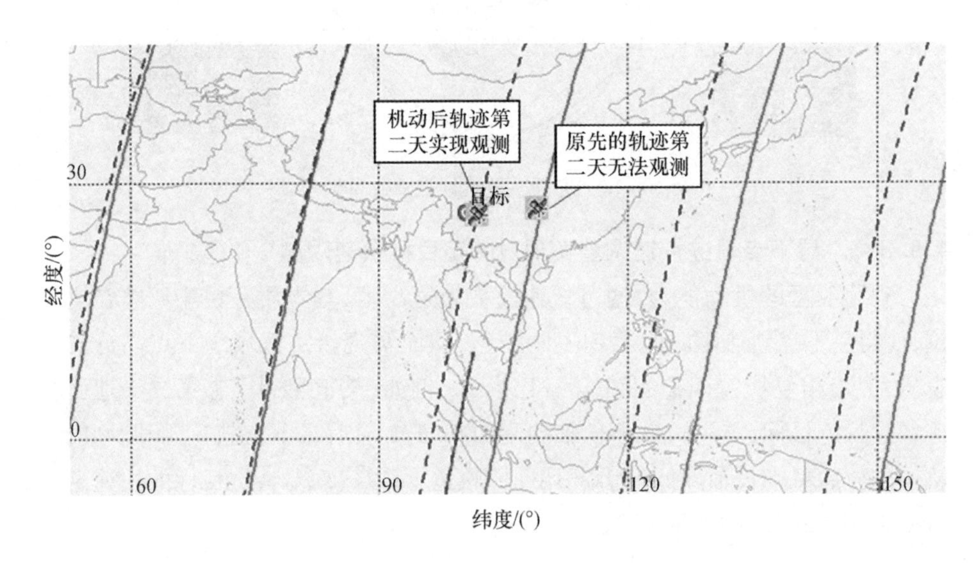

图 4-15 星下点轨迹快速调整

表 4-16 北纬 30°区域群目标重访能力

组网方案	最大间隔/天	平均间隔/天	日均观测次数/次
四星 300km × 1000km 椭圆轨道	0.94	0.54	1.73
四星 650km 圆轨道	0.95	0.77	1.20
四星 500km 圆轨道	1.91	1.51	0.67

表4－17　北纬40°区域群目标重访能力

组网方案	最大间隔/天	平均间隔/天	日均观测次数/次
四星300km×1000km椭圆轨道	0.99	0.68	1.36
四星650km圆轨道	1.0	0.96	1.03
四星500km圆轨道	2.1	1.8	0.59

由表可以看出，300km×1000km椭圆轨道对群目标的观测能力最佳，平均重访间隔优于平均轨道高度与其相同的650km圆轨道约41%，优于500km圆轨道160%。

由以上分析可见，轨道高度越高，区域群目标重访能力越强；在相同平均轨道高度下，椭圆轨道相对于圆轨道，对区域群目标的重访能力更强。

如果目标更多、分布更为密集，则可以进一步提高轨道高度，满足对群目标全覆盖、高重访的侦察需求。此外，针对目标分布更为集中的中低纬度区域目标和群目标，还可采用小倾角轨道提升对群目标和区域目标的观测能力，覆盖区域由全球覆盖变为中低纬度区域覆盖，可显著提升观测能力。

表4－18分别以倾角为38°，高度为1100km和1500km两种轨道为例对群目标的能力进行分析。1100km轨道卫星一次过境对区域群目标具有较强的观测能力，可对200km×200km区域内21个目标完成观测，一次过境可对300km×200km区域全覆盖观测。1500km轨道卫星对群目标及区域观测能力更强，一次过境可对200km×200km区域内33个目标完成观测，对420km×300km区域全覆盖观测。

表4－18　北纬30°区域群目标观测能力估计

方案	群目标观测能力	区域覆盖能力
1100km轨道	200km×200km区域内21个目标	300km×200km区域全覆盖
1500km轨道	200km×200km区域内33个目标	420km×300km区域全覆盖

如果形成四星至六星组网，则对区域及群目标观测具有更强的能力。对50个群目标的区域，每天可形成20次左右对群目标重访；对100个群目标的区域，每天可形成10次左右对群目标重访。

由以上分析可见，针对目标集中分布在中低纬度地区的情况，采用小倾角轨道，同时提升轨道高度，对区域目标和群目标的重访能力提升较大，具有较强的应用价值。

第 5 章
遥感卫星平台－载荷一体化系统构建

5.1 概述

随着高分辨率光学遥感卫星的发展和应用,传统的卫星平台搭载载荷设计理念很难满足用户的多种高标准要求。为提升系统使用效能,实现高性能、高稳定性在轨成像能力,一体化设计是现代高性能光学遥感卫星研制所必需的手段之一。

卫星敏捷性成像能力受卫星平台姿态机动能力制约,卫星平台姿态机动能力主要取决于执行部件能力和整星规模(转动惯量),因此在系统设计上通常是一方面提升执行部件输出能力,另一方面通过一体化设计实现最小的系统转动惯量。一体化设计要大幅提高卫星空间利用率,使整星布局集中紧凑,大质量尽量靠近质心布局,减小整星转动惯量,甚至可以将相机主结构作为卫星主结构,将平台设备分散安装。

卫星在轨辐射成像质量与卫星在轨热环境变化、结构力学特性变化及环境振动等因素有关,细微的变化会导致辐射成像质量下降,甚至完全不能满足成像要求。在卫星设计中必须统筹考虑载荷与平台特性,一体化采取热控、隔振、抑振及后处理技术,以减小或避免对成像质量的影响。

卫星目标定位精度由内方位元素和外方位元素决定。内方位元素由相机自身保证,通过采用高比刚度、低密度、线胀系数小的复合材料,以及主被动相结合的高精度自适应控温等技术,实现相机自身视轴的稳定性和确定性。外方位元素需要通过平台载荷一体化设计保证,将星敏感器、陀螺与相机一体化安装,最大限度缩短星敏感器、陀螺与相机之间的结构连接路径,减小结构热变形造成的影响,以确保两者之间相对指向的稳定性。此外,统筹考虑姿态测量频率和成像频率匹配协调,一体化设计相机平台时间同步方案和辅助数据。

卫星质量、尺寸越来越接近运载包络,需要高度集约化,大幅度降低单机质量和尺寸。采用一体化综合电子的手段,优化系统架构,整合功能模块。以星上综合电子为核心,整合遥控、遥测、时间管理、通信管理、任务规划等功能,同时对供配电、热控、载荷信息流等进行优化设计,最大限度地减少设备规模,实现综合电子高度集成化。

5.2　卫星系统构成及其拓扑结构

卫星由多个系统构成,以满足航天任务的任务要求。高分辨率光学遥感卫星系统构成如图5-1所示。

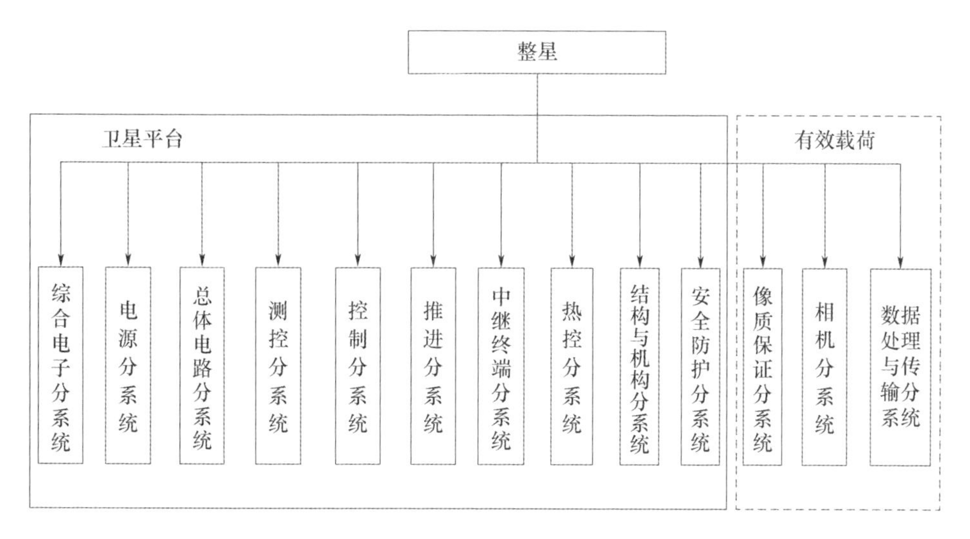

图5-1　高分辨率光学遥感卫星系统构成

这些系统可分为有效载荷和卫星平台两大类。有效载荷是指遥感卫星的光学相机和数据处理与传输系统等。除有效载荷外的设备组成了各个功能系统,用以支持有效载荷工作,统称为卫星平台。卫星平台主要由控制分系统、推进分系统、综合电子分系统、电源分系统、总体电路分系统、测控分系统、结构与机构分系统、热控分系统、安全防护分系统构成,形成一个有机整体,保障有效载荷工作和卫星正常运行。典型遥感卫星系统拓扑结构如图5-2所示。

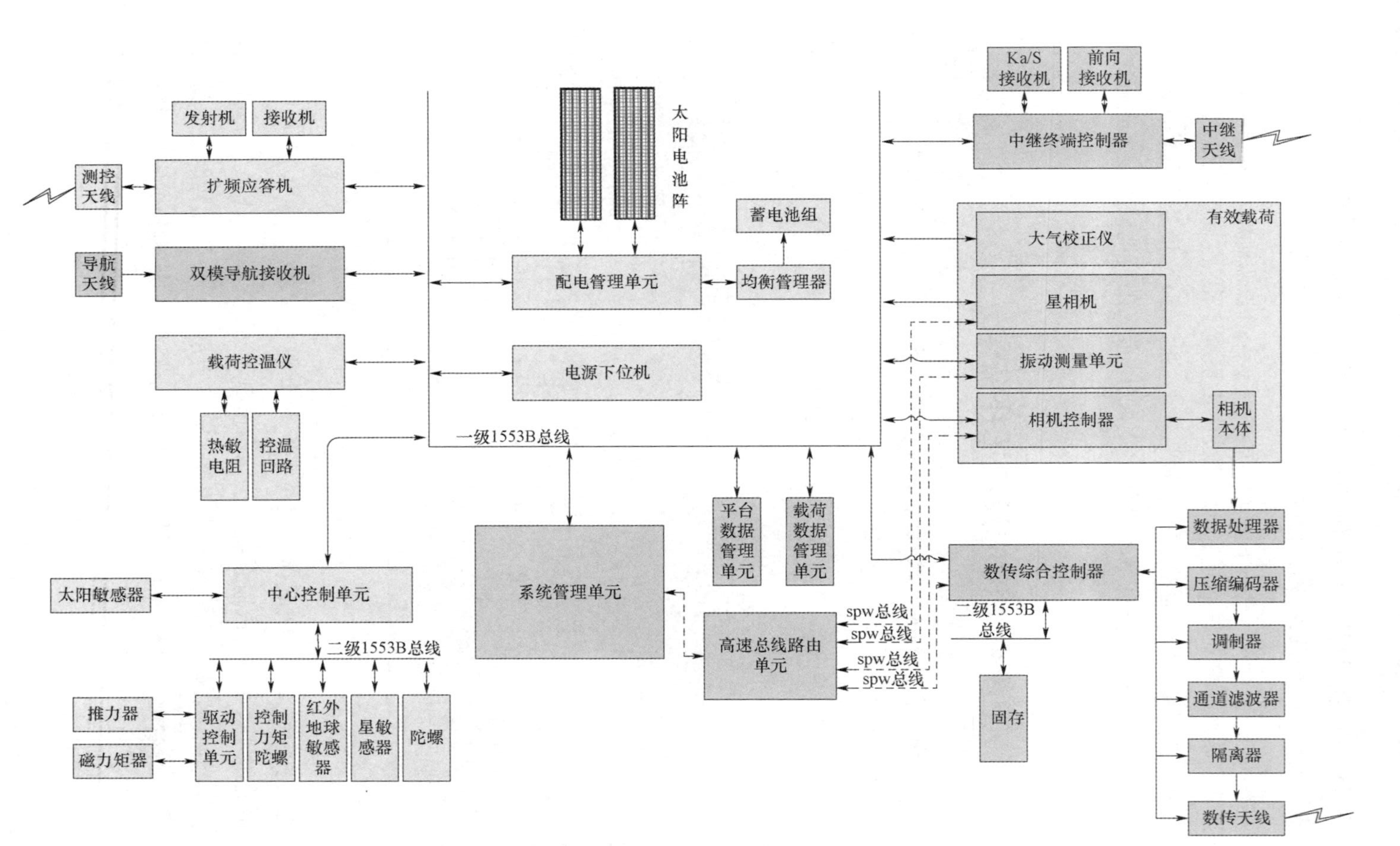

图5-2 典型遥感卫星系统拓扑结构

5.3 卫星有效载荷配置分析

卫星有效载荷配置需要满足卫星用户使用要求,制约有效载荷配置分析的因素主要有卫星轨道类型、图像空间分辨率、幅宽、定位精度、成像时长等指标。

5.3.1 成像载荷配置分析

高分辨率光学遥感卫星空间分辨率高,需配置一台大口径、长焦距相机。相机通常采用三反同轴/离轴光学系统,并在三镜和焦面间设计平面反射镜用以折转光路,压缩相机光学系统规模,并通过采用SiC、碳纤维等新型轻质材料进一步降低相机重量,保证卫星具备快速姿态机动能力和远地弧段立体成像能力。

高分辨率遥感卫星相机一般采用五谱合一(可见光全色+四谱段多光谱)TDICCD或时间延迟积分互补金属氧化物半导体(Time Delay and Integration Complementary Metal-Oxide-Semiconductor,TDICMOS)线阵探测器,实现日间成像。此外,在可见光相机焦平面配置面阵互补金属氧化物半导体(Complementary Metal-Oxide-Semiconductor,CMOS)图像传感器,实现卫星微振动检测,检测图像下传地面系统,用以提升成像质量。相机可配置红外探测器实现夜间成像,通过滤光机构实现谱段选择及切换。焦面由多片探测器视场拼接构成,实现星下点地面像元高分辨率,兼具大幅宽成像。

5.3.2 高速图像数据处理、存储与传输系统配置分析

低轨高分辨率光学遥感卫星兼具高地面像元分辨率和大幅宽的特点,成像数据量大,成像时数据率可达数十吉比特每秒。此外,卫星图像数据下传弧段有限,为实现成像数据的快速下传,需要卫星数据处理与传输通道具备快速数据处理(格式编排、压缩等)能力、大容量数据存储能力和对地/对星高速数据传输能力。

考虑地面站近年内接收能力扩展的可行性,以及星上设备的研制难度,高分辨率遥感卫星一般设置一个对地链路和一个中继链路,以提高数据传输效能。综合考虑地面站、中继卫星接收能力和卫星数据处理与传输分系统设备的研制水平,数据处理与传输分系统数据传输配置如下。

(1)配置2×1.5Gb/s对地数传通道,约90s可将10幅0.31m分辨率

13.1km×13.1km 区域成像数据下传至地面。

(2)数据处理与传输分系统具有极化复用模式,此模式下具有 4×1.5Gb/s 的对地传输能力,传输能力提升 1 倍,提高卫星成像任务数量。

(3)配置两个通道码速率为 450Mb/s 中继数传通道,可根据需求调整码速率,在地面站数传弧段不可见时,将成像数据传输至中继卫星下传地面;为了提高中继数传传输能力,采用低密度校验码(Low Density Parity Check Code, LDPC)编码方式,提高编码效率,在原通道码速率保持不变的条件下,将信息速率提升至 2×600Mb/s。

(4)星上配有 4TB 固态存储器,可记录约 180 幅 0.31m 分辨率 13.1km×13.1km 区域成像数据,配合数据处理与传输分系统完成固存记录、固存回放、对地边记边放和中继边记边放等数据下传模式。

5.3.3 有效载荷工作模式设计

5.3.3.1 相机工作模式

在卫星全寿命周期不同时期,相机处于不同工作状态。在轨初期,由于火箭发射段振动等原因,可能使相机次镜偏离预定位置,相机在正式成像前,需要开展调焦工作。在正常轨道运行阶段,相机按照指令对目标成像,由于受卫星能源平衡和使用寿命限制,相机成像后要关闭部分电子学电路,在下次成像前再打开。为方便地面测试及在轨检测自身状态,需要相机具备自检功能。因此,高分辨率光学卫星相机一般设计有以下四种工作模式。

(1)等待模式:只有相机的遥测电路、热控处于长期工作状态,其他设备均处于关机状态;如相机配置红外成像通道,制冷机也处于长期工作状态。

(2)成像模式:相机在初始轨道和应急轨道下,对一定角度圆锥视场内的地面景物成像。成像过程中,相机分系统接收综合电子分系统发出的成像相关指令(含成像起始时刻、成像结束时刻信息)后,在规定的时间窗口内向数据处理与传输分系统输出图像数据。图像数据输出可通过指令(使能或禁止)实现向数据处理与传输分系统同时输出全色、多光谱、红外数据,或只输出全色、红外数据。相机从加电到数据稳定具备快速的分钟级响应时间,全部设备关机的时间在 10s 以内。

(3)调焦模式:相机通过调焦机构进行焦面位置调整,根据调焦前后成像质量确定焦面所应调整步数和调整方向,并在调焦完成后将调焦信息打入相机辅助数据。调焦工作既可单独进行,也可在成像图像输出期间进行。由地面站发送遥控指令,直至探测器位于最佳焦面,调焦结束。

(4)自检模式:用于相机对系统功能进行检测。自检模式包括定标模式和自校图形模式。定标模式是卫星处于地球光照阴影区时,相机焦平面对星上内定标灯感光,获得相对定标图像数据,同时提供相关工程参数信息。自校图形模式是相机将预先存储的自校图形数据输出给数传分系统,同时提供相关工程信息。

5.3.3.2 数据处理与传输载荷工作模式

数据处理与传输载荷工作模式是通过数传综合控制器和数据处理器协同实现的,数传综合控制器负责分系统控制流的传递、译码和实现,数据处理器负责数据流的实现。数传综合控制器在接收工作模式指令后,设置好分系统相关分机的状态(含开关机控制),并将译码后的控制指令通过二级总线发送给数据处理器的控制板,控制板根据指令设置内部单元工作配置状态,从而使得数据处理其内部各单元按照设定数据处理和数据流向进行协同工作。高分辨率光学卫星数据处理与传输载荷有以下六种工作模式。

(1)成像记录模式:可见光相机获取的图像数据经压缩编码器和数据处理器实时处理后,存储在固态存储器内。该模式下数据处理器实时接收相机原始数据并缓存,一次成像结束后,将高速缓存中的数据以固存可接受速率写入固态存储器。

(2)数据对地回放模式:卫星在飞经地面数据接收站数据接收范围时,存储在固态存储器中的数据通过对地数传通道传输到地面数据接收站。在此模式下,固态存储器将记录的数据,经数据处理器完成高级在轨系统(AOS)格式编排,并在进行加密、信道编码和加扰后送数传通道,数传通道完成调制功放后经对地数传天线传输到卫星地面接收站。

(3)数据中继回放模式:卫星在飞经中继卫星数据接收范围时,存储在固态存储器中的数据通过中继数传通道传输到数据中继卫星。此模式与数据对地回放模式不同之处是,数据调制后经中继终端分系统传输至中继卫星转发到地面。

(4)对地边记边放模式:卫星飞经地面图像数据接收站数据接收范围时,相机开机成像,图像数据经压缩编码器和数据处理器处理后以较快的速度存储在固态存储器中,同时由固态存储器以相对较慢的速度通过对地天线回放至地面。

(5)中继边记边放模式:卫星在飞经中继卫星数据接收范围内时,相机开机成像,图像数据经压缩编码器和数据处理器处理后以较快的速度存储在固态存储器中,同时由固态存储器以相对较慢的速度通过中继天线回放至地面。

(6)平台数据回放模式:卫星在飞经地面数据接收站数据接收范围时,存储在综合电子分系统中的平台数据通过对地数传通道传输到地面数据接收站。

5.4 一体化在轨成像模式设计

随着卫星姿态机动能力的提升,卫星具备大角度俯仰 + 滚动、联合姿态机动能力,可进一步扩大成像可视范围,显著地提升了卫星的成像能力。

5.4.1 被动推扫成像模式

被动推扫成像模式是卫星以高姿态稳定度和高姿态测量精度对星下点或以一定俯仰角连续对地面目标进行成像的模式。其成像模式如图 5 - 3 所示,主要用于条带成像。

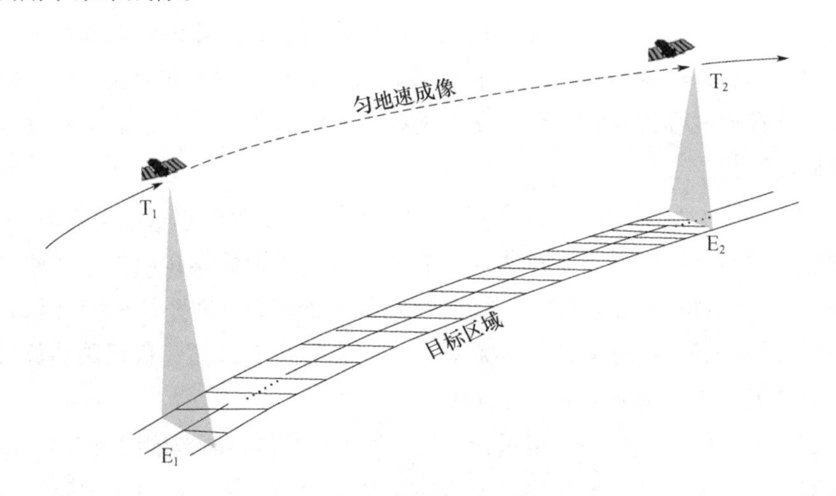

图 5 - 3　被动推扫成像模式

5.4.2 主动回扫成像模式

主动回扫成像模式主要用于椭圆轨道近地弧段对地成像,如图 5 - 4 所示。卫星在近地弧段星地速较高,同时具备更高的空间分辨率,这导致曝光时间更短,曝光能量不足。此外,卫星对光照条件不好的区域成像时,为获得更高的图像信噪比,也需降低星地速,提升曝光时间。主动回扫成像模式利用卫星在俯仰方向进行回扫姿态机动，使得相机光轴在地面相对于飞行方向具有“向后”的补偿地速，抵消一部分卫星飞行产生的向前的地速，利用减小后的合成地速进行推扫成像，可增加相机曝光时间，从而提高图像信噪比。回扫成像具有成像曝光时间长、任务转换速度快的优点，可以提升图像信噪比和在轨情报获取能力。缺点：卫星三轴姿态稳定度变差，一般仅能达到 2×10^{-3}/s；星敏定姿能力降低，星敏感器光轴测量精度在姿态角速度 0.1 ~ 0.2(°)/s 时由 1″(3σ)降低到 3″(3σ)，在姿态角速度 0.2 ~ 1(°)/s 时由 1″(3σ)降低到 10″(3σ)，在姿态角速度 1 ~ 2(°)/s 时由 1″(3σ)降低到 25″(3σ)。此外，卫星惯性空间姿态测量精度由 0.001°(3σ)降低到 0.01°(3σ)，降低在轨 MTF 和定位精度。

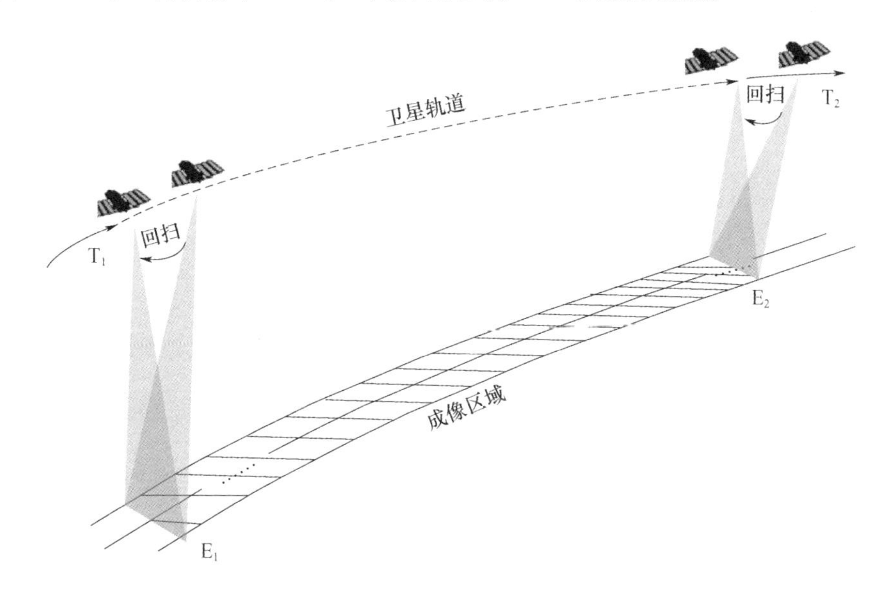

图 5 - 4　主动回扫成像模式

除了以上两种基本成像模式外，随着卫星敏捷机动能力的进一步提升，卫星还可具备在轨成像增量模式，包括单轨多目标成像模式、区域群目标成像模式、非沿迹成像模式、单轨多条带拼接成像模式、目标多角度成像模式、单轨立体测绘成像模式。

5.4.3　单轨多目标成像模式

在卫星沿迹方向附近有多个散布的目标需要快速成像时，采用单轨多目标成像模式。例如，一岛链从日本北部延伸至菲律宾，地域广，卫星一轨可以对多个目标成像，提高成像效率。

此模式除了要求卫星在滚动方向快速侧摆机动能力以外，还要求卫星同时进行快速俯仰机动，以保证多个点目标成像任务的快速完成。利用卫星敏捷机动能力，通过快速侧摆和俯仰机动调整相机指向，实现对一轨可视范围内散布的多个点目标进行成像，如图 5－5 所示。

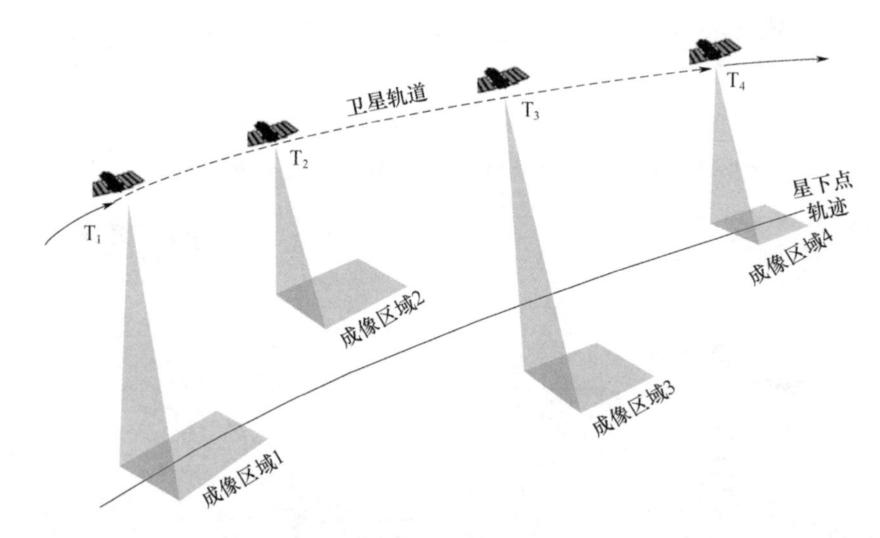

图 5－5　单轨多目标成像模式

5.4.4　区域群目标成像模式

将分布在一定区域范围（如 200km×200km、300km×300km 等）内的多个点目标定义为区域群目标，如南海岛礁群。高分辨率光学遥感卫星成像幅宽一般在 10km 量级，如果卫星采用常规推扫模式成像，则一轨覆盖目标数量少，时效性差。区域群目标成像模式主要解决一定区域范围内相对密集的多个目标快速成像问题。

卫星区域群目标成像能力与卫星轨道高度和卫星姿态机动能力有关。轨道高度越高、姿态机动能力越强，区域群目标覆盖区域就越大。此外，卫星要具备快速自主任务规划能力，合理规划姿态机动和成像路径，对较小区域内的离散目标群进行连续快速全覆盖成像，并获取该区域内尽可能多的点目标。卫星区域群目标成像可以理解为单轨多目标成像的一种特例，如图 5－6 所示。

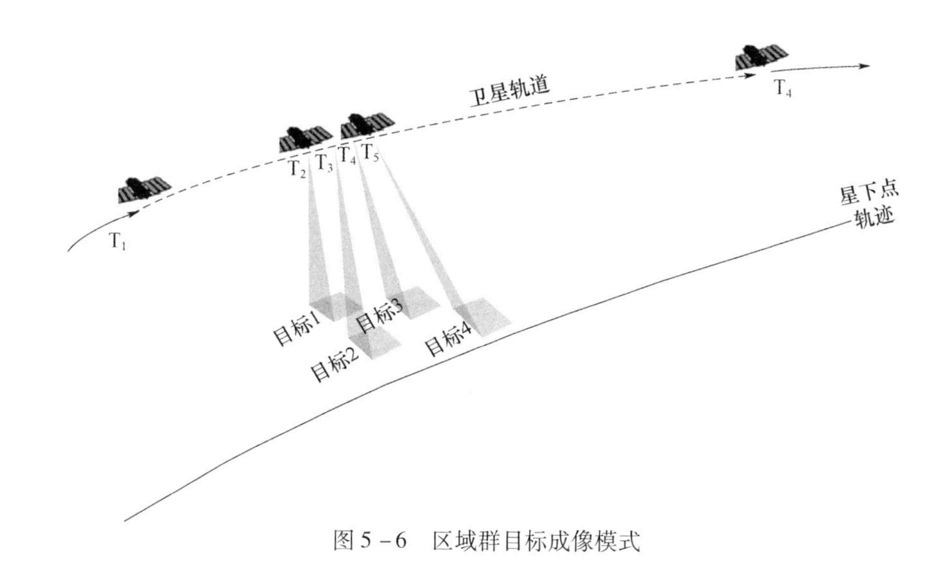

图 5 - 6　区域群目标成像模式

5.4.5　非沿迹成像模式

对于形状不规则、狭长的条带区域目标如海岸、边境等快速成像，采用非沿迹成像模式。该模式用于快速连续获取某一方向的条带区域图像，提高卫星对关注目标的成像效率。

可获取的条带长度与姿态机动能力、相机成像质量等因素密切相关。非沿迹成像可以理解为“单轨多点目标成像模式”的一个衍生版本，将点目标成像时长进一步拉长，即可认为是“条带目标”，如图 5 - 7 所示。

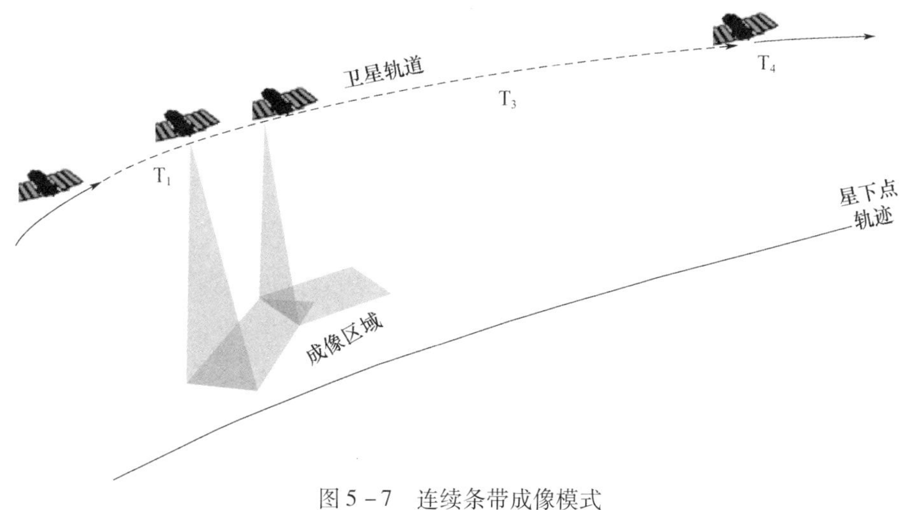

图 5 - 7　连续条带成像模式

5.4.6 单轨多条带拼接成像模式

单轨多条带拼接成像模式适用于单轨对较大范围难以一次推扫覆盖的目标如大型城市、大型湖泊、近海等进行快速成像。

单轨多条带拼接成像模式是利用卫星敏捷机动能力，通过快速侧摆和俯仰机动调整相机指向，对区域目标采用连续多次条带成像拼接以达到完全覆盖，如图 5－8 所示。卫星的姿态机动能力、俯仰和滚动预置角度、轨道高度等因素直接决定了条带拼幅数量和单条带推扫长度。各条带的推扫方向在与卫星飞行方向在同向和与卫星飞行方向反向之间不断交替，同向时既可主动推扫成像又可被动推扫成像，反向时为主动推扫成像。

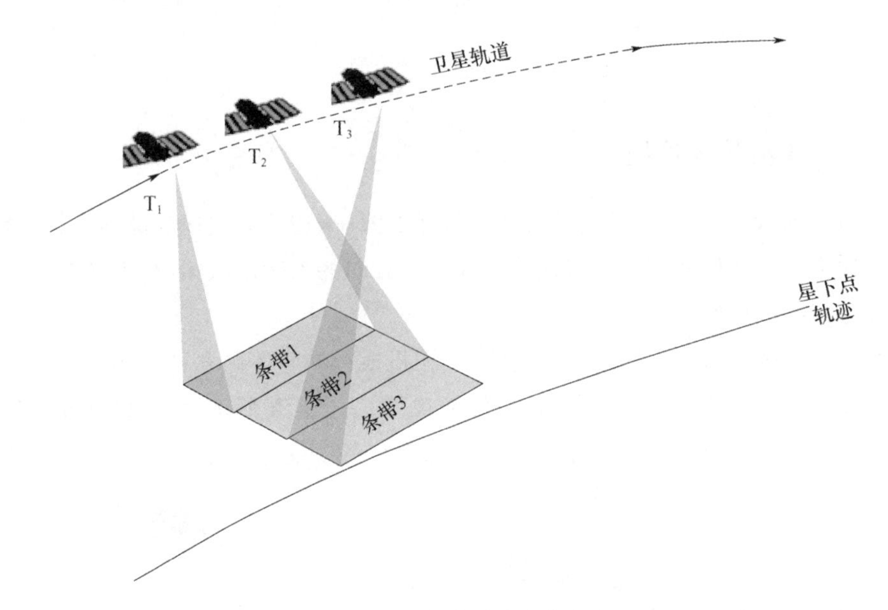

图 5－8 多条带拼接成像模式

5.4.7 目标多角度成像模式

卫星在飞行过程中以不同俯仰角对地面同一目标进行连续跟踪推扫，经过若干次推扫后，可以获得同一地物目标多个不同立体面的影像信息，以提高对目标的识别度。用户可以指定对于每幅图像的观测角度。一种典型的应用是“动态三维成像”，即通过多次观测，获取目标的三维动态影像。

目标多角度成像模式是利用卫星敏捷机动能力，通过快速侧摆和俯仰机动调整相机指向，实现对点目标或条带目标连续进行多次不同角度的成像，如图5－9所示。该模式可理解为"单轨多条带拼接成像"的一种特例，即对多条带成像改为对同一条带多次成像。

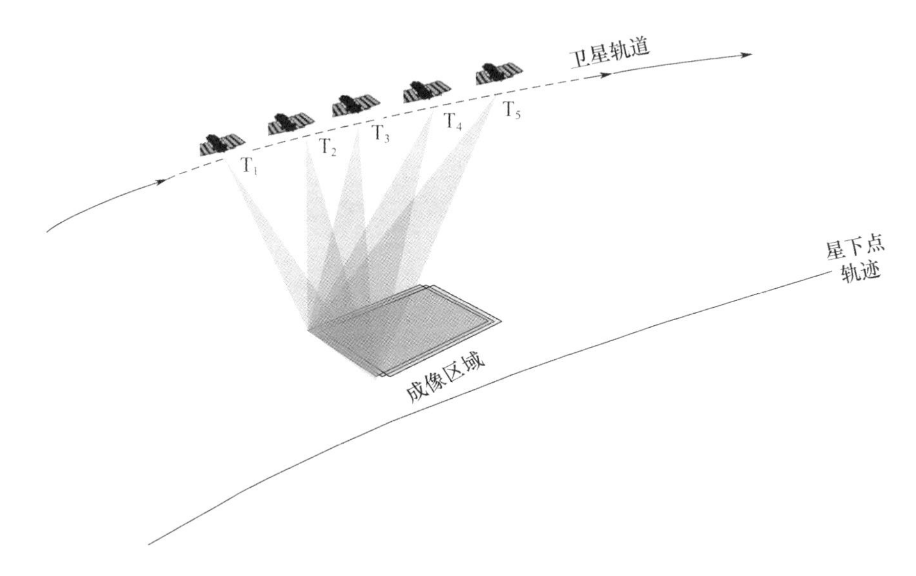

图5－9　目标多角度成像模式

5.4.8　单轨立体测绘成像模式

利用卫星敏捷机动能力，通过快速侧摆和俯仰机动调整相机指向，实现对点目标或条带目标连续进行多次不同角度的成像，通过不少于两次成像的数据，获得同一地物目标的立体像对，实现对地物目标位置和高程的高精度反演，采用地面处理即可形成该目标的三维立体影像，如图5－10所示。单轨立体测绘成像模式可理解为"目标多角度成像"的一种特例。

该模式需要考虑观测角度组合应获取高质量的图像处理立体效果，且应满足无控、有控测绘需求。单轨立体测绘成像模式重点考虑前视、正视、后视"三视"成像方式，获取与三线阵体制专用测绘卫星相似的高质量三维立体影像，且在每个视角成像过程中采用被动推扫成像方式，确保卫星的高姿态稳定度。正视过程中，卫星可利用激光测距提高高程定位精度，满足测绘需求。

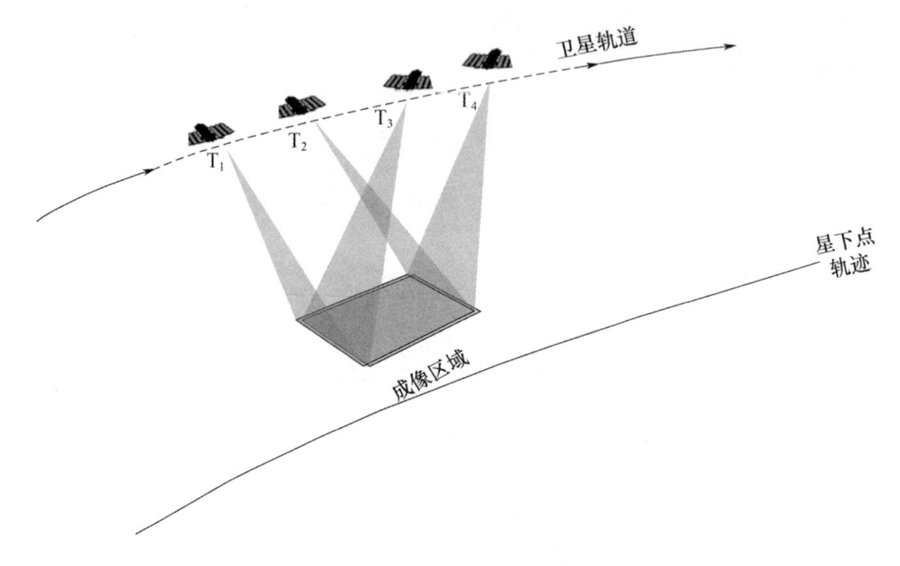

图 5-10　立体测绘成像模式

5.5　面向卫星全成像链路的一体化设计方法

高分辨率遥感卫星整星和载荷的规模都在逐渐增大，卫星质量在 5t 以上，相机口径在 1m 以上，卫星高分辨率成像导致卫星构型布局、结构力热稳定性、微振动抑制以及在轨动态成像等方面都存在着较多的耦合设计，这给工程设计带来巨大难度。精细化、集约化的平台载荷一体化设计是解决大型遥感卫星研制的重要手段。卫星一体化设计包括相机平台一体化构型布局设计、相机数传一体化信息流设计、面向成像质量提升处理的工程辅助数据设计等。

5.5.1　相机平台一体化构型布局设计

高分辨率光学遥感卫星相机平台一体化构型布局设计满足以下要求。

（1）除了考虑大力矩执行机构的安装、减（隔）振外，还要尽量减少整星转动惯量，提高整星刚度。

（2）为保证卫星的成像质量，构型布局设计要保证相机光机结构的高稳定性，以及相机光轴和星敏感器光轴之间的结构稳定性。

（3）光学相机与平台的结构连接设计、光学相机与星敏感器的结构连接设计需要采用一体化设计理念完成,即在整星统一的空间规划、动力学预算、刚度分配等的基础上,完成满足局部和整体要求的且易于实现的方案设计。

5.5.1.1　设计约束分析

相机平台一体化构型布局设计约束因素主要有以下3种。

(1)工作模式约束:对于敏捷成像卫星,整星布局应更紧凑,降低整星惯量;此外,卫星机动执行机构的布局应便于操纵控制、故障诊断与安全处置、动态重构等。

(2)载荷配置约束:相机视场、相机散热、对地/中继天线波束覆盖等需要在构型设计时考虑。

(3)卫星特殊部件安装约束:卫星特殊安装要求的部件有敏感器、推力器等。敏感器布局要满足视场要求,同时实现敏感器与载荷共基准安装,减少精度传递环节,以保证姿态测量系统坐标基准的稳定性,减少姿态测量误差,提高姿控精度。推力器布局应尽可能远离敏感器等设备,开展羽流、污染和干扰力矩等分析。

5.5.1.2　构型布局设计思路

卫星构型布局设计思路如下。

(1)针对相机规模大的特点,将相机与平台一体化构型设计,围绕载荷布局开展整星布局设计,减轻卫星质量和惯量,采用高刚度太阳翼,降低太阳翼对整星控制稳定度的影响,提高卫星刚度;统筹考虑载荷和平台进行整星结构参数优化设计,使系统整体的性能最优。

(2)重点关注活动机构与载荷之间的减振、隔振设计,控制执行机构采用独立模块化设计,并对整个模块采取充分的隔振设计,避免机构工作频率与载荷基频耦合,优化传力路径,避免执行机构的振动传递到载荷上,导致图像质量下降。

(3)相机结构上安装高频角位移测量装置,实时测量卫星在轨飞行高频颤振特性;同时,将敏感器与相机一体化安装,实现姿态测量与相机的一体化、等温化设计。

(4)采用模块化设计思路,设计推进模块、CMG模块、设备舱模块,将功能相对独立的系统模块化设计,可实现卫星各模块并行研制,便于卫星总装操作和测试,缩短研制周期。

5.5.1.3　卫星构型布局设计

高分辨率光学遥感卫星平台选型应考虑平台承载能力、隔振性能、机动性能、功耗等需求，优先选择成熟卫星平台。一般采用模块化设计，将功能相对独立的系统模块化。此外，针对高分辨率光学遥感卫星，卫星布局还需考虑整星微振动的影响。卫星主要振动源应尽量远离光学相机，并采取单机筛选、电机平滑驱动、隔振器、扰源频率控制等手段，有效控制微振动影响。典型高分辨率光学遥感卫星构型如图 5－11 所示。

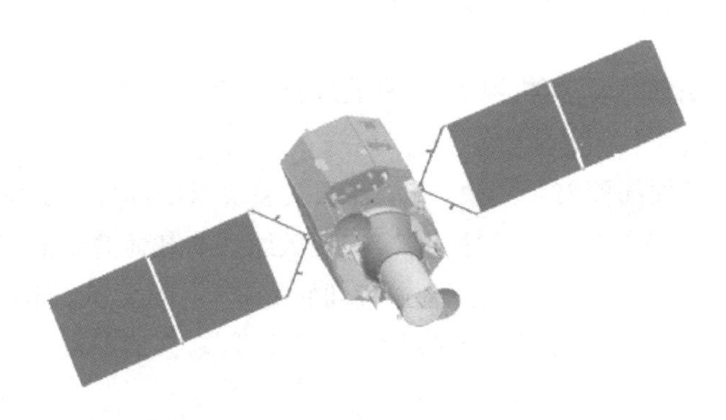

图 5－11　典型高分辨率光学遥感卫星构型

5.5.2　相机数传一体化信息流设计

卫星围绕相机成像，完成图像数据接收、处理、检测、传输的一体化信息流设计，实现高速图像处理传输。基于大容量数据库和高速、低时延、可重构数据总线网络，提升动态成像的数据服务质量，提升系统成像效能的手段包括：

（1）控制分系统为相机分系统提供低时延、高频度的卫星姿态数据。

（2）控制分系统为综合电子分系统提供控制过程数据、高精度星敏/陀螺原始数据等。

（3）像质保证分系统将业务数据快速传送给综合电子分系统存储模块。

（4）安全防护分系统将安全防护信息发送给综合电子分系统存储模块。

（5）为星上各分系统的软件维护和系统重构提供数据通路，并将注入的大容量数据存入综合电子分系统中存储。

（6）为综合电子分系统存储模块数据传送到数传分系统固存提供数据通道。

典型高分辨率光学遥感卫星一体化信息流设计如图 5－12 所示。

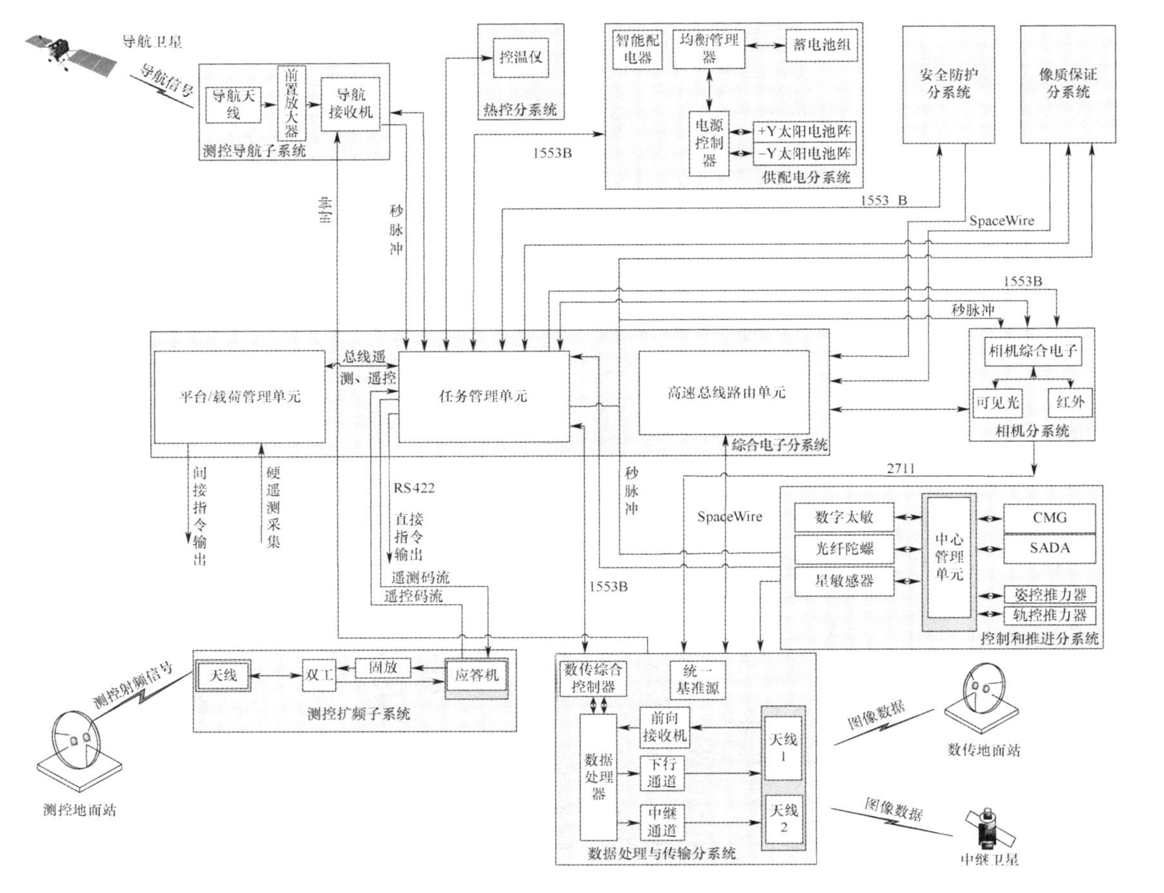

图5-12 典型高分辨率光学遥感卫星一体化信息流设计

5.5.3 面向成像质量提升处理的工程辅助数据设计

卫星在轨获取的高分辨率遥感图像数据，经过用户地面应用系统处理后，成为各级图像产品。卫星工程数据是地面应用系统数据处理的依据，因此卫星工程数据设计直接影响遥感图像产品的质量。

卫星工程数据主要包括三类：①用于图像实时快速处理，同原始图像一并组包下传的图像辅助数据；②用于图像事后精密处理，与卫星成像相关的敏感器和设备原始工程数据；③为了保障和提升图像质量，卫星配置的成像质量保障载荷的工程数据。

5.5.3.1 图像辅助数据设计

图像辅助数据主要是帮助地面系统进行实时高效的应用处理，为了提升图像辐射质量和几何精度，在图像辅助数据设计时，需要针对几何精度和辐射质量开展针对性设计。

1）提升图像几何精度的辅助数据构成

影响图像几何精度处理的要素主要包括卫星姿态数据、轨道数据、图像行曝光时间等，辅助数据中该类数据的帧频和精度直接影响地面处理定位精度的高低。为了保证图像几何精度，实现高定位精度，辅助数据中需要包含的内容和设计建议主要有：

（1）定位数据。包括卫星位置数据、速度数据和对应的时标信息等。卫星将导航子系统在成像期间实时测量的定位数据信息编排入辅助数据。

（2）姿态数据。包括定姿模式数据、星敏工作状态标识、卫星控制计算机使用的星敏使用标识和陀螺使用标识、姿态数据生成时刻数据以及控制计算机计算的卫星姿态数据等。卫星将控制计算机在成像期间实时测量的卫星姿态数据信息编排入辅助数据。

（3）成像时刻信息。包括相机时间同步信息、每行图像起止时刻信息以及积分时间信息等。卫星将相机在成像期间的成像时刻信息编排入辅助数据。

（4）工作模式信息。遥感卫星的在轨使用模式越来越丰富，不同工作模式对地面图像处理要求不同，需要将每次任务的工作模式信息编排入辅助数据。

（5）焦面码值信息。随着遥感卫星分辨率提升，相机焦距随之增加，同时卫星需要适应不同轨道高度，卫星有在轨频繁调焦的需求，因而有必要将每次成像任务的焦面码值信息编排入辅助数据，供地面几何定标处理参考。

2) 提升图像辐射质量的辅助数据构成

辅助数据中除包括与处理定位精度相关的数据外，还包括与相机成像相关的状态参数，用于表征相机此次成像的工作状态和成像参数，同时也为地面图像辐射质量处理提供依据。

辅助数据中需要包含的与辐射质量相关的内容和设计建议主要有：

(1) 相机成像参数信息：包括积分级数、增益、偏置等参数，主要用于表征相机成像时的工作状态。卫星将每次任务对应的相机成像参数信息编排入辅助数据，作为地面辐射处理的依据。

(2) 相机图像处理参数：为了保证图像辐射质量，相机自身具备一定的图像处理能力，相机图像处理参数主要包括图像拉伸系数和本底扣除系数等。卫星将每次任务对应的相机图像处理参数编排入辅助数据，供地面辐射处理参考。

(3) 图像预处理状态：为了提升原始图像质量，遥感卫星具备一定的图像预处理能力，主要包括绝对辐射校正和相对辐射校正等。卫星将每次任务对应的图像预处理状态编排入辅助数据，供地面辐射处理参考。

3) 图像辅助数据内容及格式编排设计

图像辅助数据内容主要包括：

(1) 卫星服务系统辅助数据：卫星服务系统辅助数据标识字、卫星时间数据、卫星姿态数据、卫星定位数据、焦面码值、任务代号、成像任务信息、数传工作状态、任务对应小固存文件号、任务优先级和姿态稳定度挡位。

(2) 相机辅助数据：相机标识、CCD 标识、行计数、行周期计数、积分级数、增益/偏置参数、图像拉伸系数、调焦状态，以及摄像时刻辅助数据、微秒计数器累加和等。

目前，根据成像体制主要有推扫型卫星图像辅助数据编排和面阵凝视型卫星图像辅助数据编排两种方式，两类卫星辅助数据编排方式存在一定的差异。推扫型卫星图像辅助数据编排方式见表 5 – 1，面阵凝视型卫星图像辅助数据编排方式如表 5 – 2 所列。

表 5-1　推扫型卫星图像辅助数据编排方式

相机标识字	CCD标识字	行计数	行周期计数	服务系统辅助数据标识头	卫星时间数据	卫星姿态数据信息
相机标识字	CCD标识字	行计数	行周期计数	卫星姿态数据信息		
相机标识字	CCD标识字	行计数	行周期计数	卫星姿态数据信息		
相机标识字	CCD标识字	行计数	行周期计数	卫星姿态数据信息		
相机标识字	CCD标识字	行计数	行周期计数	卫星定位数据信息		
相机标识字	CCD标识字	行计数	行周期计数	卫星定位数据信息		
相机标识字	CCD标识字	行计数	行周期计数	焦面码值	卫星工作模式	成像参数信息
相机标识字	CCD标识字	行计数	行周期计数	成像参数信息		
相机标识字	CCD标识字	行计数	行周期计数	成像参数信息		
相机标识字	CCD标识字	行计数	行周期计数	成像参数信息		
相机标识字	CCD标识字	行计数	行周期计数	成像时刻信息		
相机标识字	CCD标识字	行计数	行周期计数	成像时刻信息		

表5－2　面阵凝视型卫星图像辅助数据编排方式

相机标识字	CMOS标识字	帧号	行号	卫星服务系统辅助数据	相机成像参数信息	相机成像时刻信息
相机标识字	CMOS标识字	帧号	行号	CMOS 图像数据		
相机标识字	CMOS标识字	帧号	行号	CMOS 图像数据		
相机标识字	CMOS标识字	帧号	行号	CMOS 图像数据		
⋮	⋮	⋮	⋮	CMOS 图像数据		
相机标识字	CMOS标识字	帧号	行号	CMOS 图像数据		

5.5.3.2　面向图像处理的相关原始工程数据构成

卫星图像辅助数据用于地面应用系统高效实时的图像处理，受编排容量限制，难以包含所有与成像任务相关的各设备和敏感部件原始工程数据。

为了进一步提高图像处理精度，同时考虑地面接收数据的便利性，可以将高精度、高频率的原始工程数据存入综合电子分系统，转存入卫星固存后，通过数传通道随图像数据下传至地面。

图像处理相关的原始工程数据主要包括卫星星敏陀螺原始数据、定位/定轨原始数据、角位移测量数据、星相机数据、大气校正仪数据等。

1）星敏陀螺原始数据

星敏陀螺原始数据主要包括卫星星上星敏感器、三浮陀螺、光纤陀螺的原始测量信息（数据频率为原始输出频率），即星敏的惯性坐标系下的四元数、陀螺测量的角度增量以及对应的时刻信息。

卫星姿态控制系统通过星敏陀螺定姿计算的姿态数据随辅助数据下传，同时通过平台存储并下传的星敏陀螺原始数据，经过地面处理进一步提升卫星姿态解算精度，从而提高卫星图像的几何精度。

2)定位/定轨原始数据

定位/定轨原始数据是由卫星导航子系统实时解算产生并发送至卫星综合电子系统,主要包括卫星当前时刻、卫星位置坐标、卫星实时速度、卫星定位状态、卫星定位可用星数、定位定轨模式、卫星轨道数据等信息。

卫星综合电子分系统在定位定轨原始数据中,提取出位置和轨道信息打包进辅助数据中,同时通过平台存储并下传的定位/定轨原始数据,经过地面处理进一步提升卫星轨道位置解算精度,从而提高卫星图像的几何精度。

3)角位移测量数据

角位移与相机一体化安装,可提供高频、高精度相对角位移测量数据。角位移测量数据中记录了陀螺仪开机状态、秒脉冲时标信息及各轴测量数据。

地面接收到下传的角位移测量数据后,可根据辅助数据中成像模式标识的不同(主动回扫/被动推扫)分别对角位移数据处理:被动推扫模式下,角位移数据可以联合星敏数据做高精度姿态内插处理;由于主动推扫模式下星敏数据出现精度下降,需要采用星敏+角位移数据外推方式进行定姿,在该模式下,角位移数据在卫星姿态机动前开始记录,并在卫星姿态回摆机动停止后停止记录,首、尾段角位移数据可与星敏数据进行联合标定。角位测量数据通过秒脉冲时标数据与星敏配合处理,传感器的时标数据随测量数据一起储存在存储复接模块中,随图像下传至地面。

4)星相机数据

星相机以卫星预设的帧频获取星空图像。星相机工程数据包括星图辅助数据和星图数据两部分:星图辅助数据为星图处理需要的辅助信息,包括帧序、帧时标、成像参数等数据;星图数据包括星点的位置信息。用户在接收到星相机工程数据后,需要将每帧星图的辅助数据提取出来,并与星图数据进行对应存储。

星相机的时标数据作为星图辅助数据的一部分随星图数据一起存储在综合电子分系统,并转入固存,需要时可随任务图像数据下传至地面。

5)大气校正仪数据

大气校正仪负责在卫星相机工作时,以卫星预设的频率实时获取成像区域的同步大气特征参数,并下传至地面,作为高分辨率对地观测获取的遥感图像进行大气校正的参考数据。

第 6 章

高分辨率可见 - 红外一体化卫星成像质量设计

可见光 - 红外一体化设计是近年来光学遥感卫星发展的重要方向之一，可见光通道与红外通道通过共用主光路的方式，可以在有效控制卫星相机载荷重量、体积的情况下，使光学遥感卫星具备全天时、高分辨率的成像能力，一方面可以有效提升卫星的时间分辨率，另一方面能够获取更丰富的地物目标辐射信息。美国的 KH - 12、法国的“太阳神” - 2 等卫星均采用了可见光 - 红外共口径一体化设计，其中 KH - 12 卫星可见光谱段的空间分辨率达到 0.1m 量级、红外谱段的空间分辨率达到 1m 量级。

开展高分辨可见 - 红外一体化卫星的成像质量提升设计，需要充分识别高分辨率遥感卫星的成像质量影响因素，与指标评价体系相结合，将成像质量分解到相关评价指标，并在设计与研制的过程中，对相关评价指标做好过程控制和质量保障。

(1)结合卫星应用需求，识别成像质量关键要素，梳理、分解卫星成像质量影响因素。

(2)分析总结国内卫星成像质量问题和设计缺陷，识别成像质量提升需求，并开展顶层设计。

(3)根据分解得到的高分辨率成像质量影响因素，提出提高图像质量的关键技术和设计措施。

(4)根据综合措施方案，完成成像质量指标符合性分析，给出图像辐射质量和几何质量预估结果。

6.1 概述

6.1.1 可见光、红外成像质量关键指标及影响要素识别

对于可见光、红外卫星的图像质量，目前国内已形成了业内较为认可的指标体系，可以用于卫星的系统设计和图像数据的客观评价，其中的关键指标主要包括空间分辨率、动态调制传递函数、信噪比（可见光谱段）、温度分辨率（红外谱段）、辐射定标精度等。卫星成像链路复杂，影响图像质量的因素很多，为保证卫星图像质量，需对图像质量与客观指标的关联性进行全面分析。

6.1.1.1 在轨动态调制传递函数

在轨动态调制传递函数是图像调制度与目标调制度比值的函数，表示了卫星在不同空间频率下目标对比度的传输能力，该指标主要影响遥感图像的清晰度。其主要影响因素包括：

（1）大气条件：大气吸收、散射、湍流等。

（2）相机性能：相机静态 MTF，影响要素包括光学系统设计、加工装调、焦面探测器、电子学设计等。

（3）卫星在轨影响：包括离焦、杂散光、姿态稳定度、偏流角修正误差、星上微振动等。

对于可见光－红外一体化卫星系统，需要对可见光通道、红外通道分别进行影响要素的定量分析及评估。卫星在轨成像动态 MTF 可以用成像系统中各环节 MTF 乘积表示：

$$\mathrm{MTF_s} = \prod_{i=1}^{n} \mathrm{MTF}_i \tag{6-1}$$

6.1.1.2 在轨信噪比

信噪比是指卫星输出图像中信号和噪声的比值，是表征可见光遥感卫星辐射特性的重要参数。其主要与光照条件、目标光谱反射率、系统的相对孔径、光学效率、系统接收元件的光电特性、探测器及电子线路的噪声特性等要素有关。

6.1.1.3 温度分辨率

温度分辨率是表征红外遥感卫星温度分辨能力的重要指标，能够反映系统的灵敏度。其主要影响要素包括大气透过率，光学系统口径、焦距，光学系统透过率，探测器及电子学噪声等。

6.1.1.4　在轨动态范围

在轨动态范围是指可见光遥感卫星在轨能够适应的最大、最小输入信号范围。它描述了可见光遥感卫星对输入光照条件、信号条件的适应能力。动态范围设计是否合理直接关系到卫星图像的层次、亮度和对比度,最终影响成像质量。动态范围越大,表征图像可分辨的层次越多,信息量越大,图像的目视效果越好。如果设计不合理,在图像中就会出现高端饱和、信息丢失或高端闲置、信息压缩在低端的情况。

动态范围主要受外界成像条件、探测器特性、电路特性和系统参数设置影响。在设计中除采取定制器件、电路优化设计等保证措施外,主要通过合理设置在轨使用参数来保证动态范围适应不同成像条件。

6.1.2　高分辨率可见光、红外卫星成像质量提升需求分析

遥感图像不同于普通照片或计算机显示图片,遥感图像以提取目标信息为目的,不关心图像是否逼真、色调是否柔和、构图是否理想,唯一的要求是目标信息特征能被观测到或反演出来并准确做出判断。在对地观测、测绘等遥感图像应用中,成像质量如空间分辨率、辐射特性、清晰度、动态范围等信息,直接影响图像判读的准确性。因此,光学遥感图像应用希望获得高分辨率的清晰图像,以增加观测数据的信息量和目标识别的准确度等。可以说,成像质量直接影响光学遥感数据的应用效果,如何提升成像质量已成为高分辨对地观测成像系统中一个迫在眉睫的问题。

随着我国光学遥感卫星分辨率要求的提高,在卫星方案设计时对成像质量提出了相应的技术指标要求,在卫星研制过程中对光机材料、高速低噪声成像电路设计、探测器成像品质、相机热控、积分时间设置精度、整星姿态稳定度等方面采取了相应措施,但卫星成像质量整体水平与国外相比还存在差距。

6.1.2.1　图像主观评价提升需求

近年来,我国光学遥感卫星在轨图像质量有明显提高,但与国外同等分辨的图像相比在辐射质量、在轨质量、地面处理手段等方面均存在一定差距。在辐射质量方面,图像像元输出不一致,实际使用动态范围较窄,边缘视场 MTF 与中心视场 MTF 相比偏低。在几何质量方面,目前星敏与相机光轴夹角的低频慢周期误差项不能完全消除,并且图像内畸变较大,存在不稳定现象。在地面处理手段上,辐射修正方法单一且水平有限,地面控制点精度差,使得图像几何校正残差较大,并且对低频漂移缺少精确数学修正模型进行消除。

1)图像像元输出不一致

国产光学遥感卫星在轨“0级”图像在均匀的暗背景区域内,当地物目标比较均匀且动态范围较窄时,对图像进行大比例灰度拉伸处理后,“十字/米粒”状现象产生概率较大,且可通过目视发现,如图6-1所示。当地物目标比较复杂,动态范围比较宽时,图像拉伸比例较小,该现象发生概率较小,且难以通过目视发现。图像像元输出不一致性与压缩算法耦合后,会进一步造成“图像竖纹”“点画线”等现象,如图6-2所示。

图6-1　在轨图像的“十字/米粒”现象

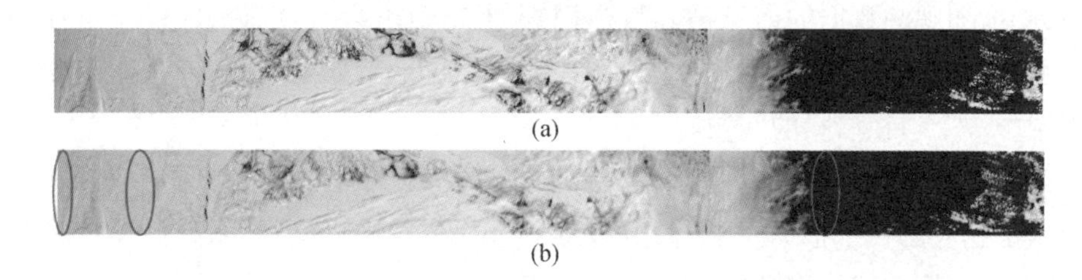

图6-2　像元输出不一致性经压缩后导致的条纹

(a)压缩前图像;(b)压缩后图像。

遥感卫星在研制中需通过图像像元输出一致性校正、减小电荷耦合器件固有噪声以及调整星上压缩算法参数的方法,将该问题彻底消除。在轨使用中,也可通过调整相机成像参数,增加积分级数的方法消除图像噪声,降低该现象出现的概率。

2)图像细节分辨能力较弱

地面像元分辨率与图像是否清晰、信息是否丰富不完全对应,同样地面采样间距的卫星图像,国内卫星图像分辨率与国外相比还有差距,如图6-3所示示。在轨图像边缘视场的动态MTF低于中心视场的动态MTF，从目视上表现为中心视场的地物细节比边缘更清晰。

(a)　　(b)

图6-3　2m分辨率卫星图像成像细节比对
(a)国内卫星；(b)国外卫星。

决定图像分辨能力的重要指标为调制传递函数和信噪比，调制传递函数与信噪比的高低直接影响了图像调制度的强弱和图像分辨率的优劣。为提高卫星图像的清晰程度，丰富图像细节表达能力，必须保证卫星在轨动态调制传递函数和信噪比。提高卫星在轨动态调制传递函数的三个主要方向为提升相机静态调制传递函数、优化卫星平台成像条件和提高地面图像处理能力，提高信噪比的两个主要方法为选用高品质探测器和降低成像电路噪声。

3)在轨图像几何扭曲

目前，国内光学遥感卫星采用CMG对整星进行控制，根据多个型号在轨和地面微振动测试数据，CMG的扰动力远高于其他扰动源，天线的扰动幅值约相当于CMG扰动的1/30，其他扰动源均低于CMG两个量级以上。因此，CMG为星上的主要扰动源，容易在成像期间产生特定频率的姿态抖动，导致图像产生几何扭曲，如图6-4所示。

为了消除在轨图像几何扭曲，应尽量抑制卫星上各种振动源，不引起大幅度的振动；在相机与卫星平台之间设计有效的隔振措施，使卫星振动不传递到相机上；采用高精度的星上测量设备，通过测量、控制以及后期处理的方法，尽可能减小振动带来的影响。

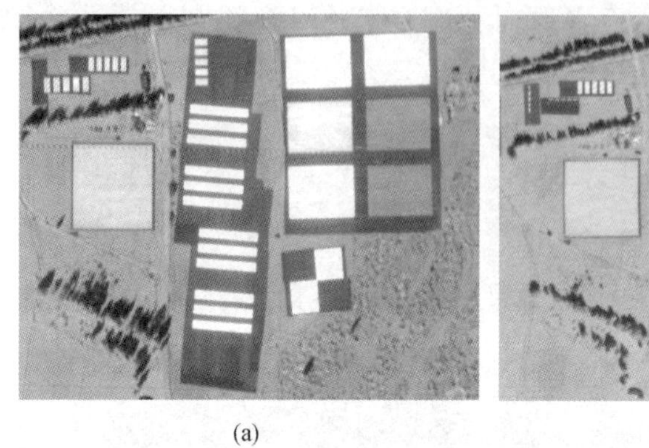

(a) (b)

图 6-4 卫星在轨靶标图像
(a)直的边缘;(b)弯曲的边缘。

4)高反目标图像有溢出拖尾现象

国内星载 TDICCD 相机对高反目标成像时,探测器会出现溢出拖尾现象,像元的灰度值未达到满量程时拖尾现象影响较小,出现大面积溢出时拖尾现象严重。

对于 TDICCD 和无防弥散设计的 CCD,当景物亮度使探测器达到深度饱和时,势垒电压无法捕获所有光生电荷,导致大量电荷向临近势阱溢出,便会出现拖尾现象,而且探测器像元尺寸越小,越容易出现饱和拖尾现象。当相机探测器的动态范围小于焦面电路的动态范围时,若采用较高积分级数,对于反射率较高的物体,输入电压值可能会先达到饱和;但焦面电路未达满量程,会造成灰度值未饱和而图像溢出的情况。

为消除高反目标图像溢出拖尾现象,需选用带有防渐晕功能的探测器;在探测器选型受限制条件下,也可以通过选用合理的增益和级数挡位设置尽量避免探测器出现饱和。

5)相机有离焦现象

在卫星入轨初期和长期稳定运行过程中,随着时间推移和轨道慢变,相机将逐步发生离焦现象,造成成像逐渐模糊、分辨率下降、传递函数降低。造成相机离焦的主要原因是相机光机主结构变形引起的各光学部件间距变化。入轨初期离焦主要原因是发射振动冲击和相机失重,在轨长期缓变离焦主要原因是相机温度场变化和相机应力释放。

相机失重造成的初期离焦可以根据仿真,在地面进行焦面预置;对缓变离焦现象建立在轨实时监控机制，根据成像质量变化对高分辨率相机的焦面进行定期调整。图 6－5 为 IKONOS 卫星在轨调焦历程，国内高分辨率光学遥感卫星在轨也同样经历了多次调焦后才达到最佳成像效果。

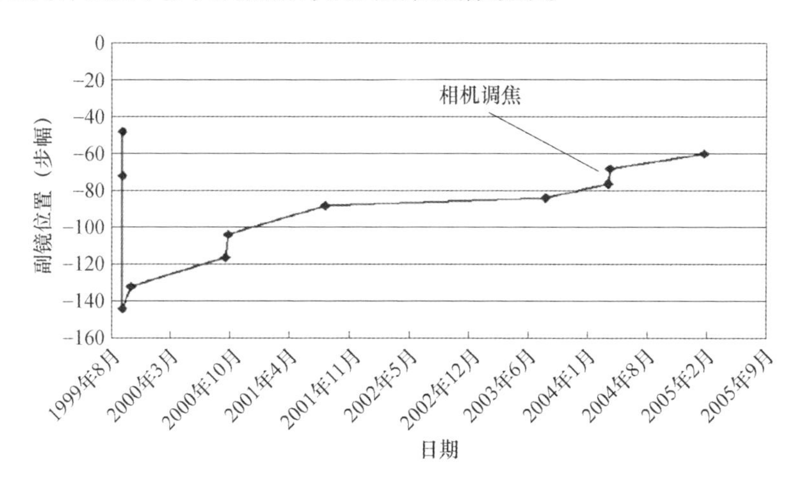

图 6－5　IKONOS 卫星 1999—2005 年的调焦历程

6）图像动态范围分布偏窄

国内遥感图像动态范围较窄，灰度层次级别少，纹理平坦，目视效果不细腻，在视觉效果上有一个比较亮的背景，像是蒙上了一层薄雾，即存在较高的本底灰度，如图 6－6 所示。

图 6－6　本底灰度较高的图像

虽然国内卫星载荷量化等级常为 8～10bit，但在成像过程中受大气散射、地物目标特性变化、杂散光和成像电路暗电平等因素影响，使得图像暗背景较高，图像实际量化位数较少。

根据成像条件选用合理的增益和级数挡位设置，尽量降低暗电平占图像信号的相对水平；提高相机杂散光抑制水平；相机电路实现暗电平模拟量钳位和数字图像钳位功能；通过同步大气探测，去除大气散射对图像的影响。

7)CCD 拼接漏缝

国内部分卫星采用 CCD 视场拼接技术，以满足大幅宽的成像要求，若 CCD 两两首尾之间搭接像元数不足，图像会出现漏缝现象，如图 6－7 所示。

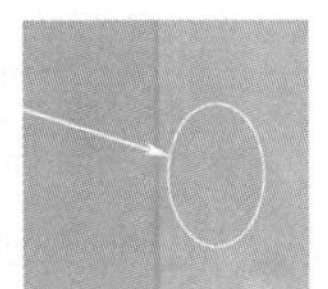

图 6－7　国内光学遥感卫星图像拼接漏缝现象

造成图像漏缝的原因：相机几何畸变严重，若地面畸变修正残差较大，将导致各片 CCD 搭接处同名点无法匹配；CCD 拼接为“品”字排列，CCD 搭接部分在飞行方向存在间隙，所以当卫星偏流角修正误差过大或者 CCD 为多级数成像时，导致搭接处图像无法匹配。因此，需增加 CCD 首尾搭接像元数，提高相机畸变测量精度，保证地面畸变修正精度，控制整星偏流角修正误差。

6.1.2.2　图像客观指标提升需求

评价光学遥感卫星图像质量的主要指标有地面像元分辨率、信噪比/温度分辨率、光学传递函数、光谱范围、量化位数、成像幅宽、焦距、相对孔径、姿态机动成像能力及目标定位精度等。通过比较可知，目前我国卫星总体技术水平和与成像质量相关联的主要技术指标同国外卫星相比尚有较大差距，由此带来成像质量的差距，具体体现在以下几个方面。

(1)国内卫星多谱段综合遥感能力较弱，特别是高分辨红外成像能力亟待发展。

(2)可见光谱段地面像元分辨率达到亚米级，红外谱段地面像元分辨率在

10m量级，与国外先进水平相比，具备进一步提升空间。

（3）大气对图像质量影响明显，需要有针对性地进行优化设计。

（4）图像细节分辨能力差，实际使用动态范围有待提升。

（5）探测器件制造工艺水平、电路抑制噪声技术均需要提升。

（6）红外相机定标时间长，导致成像任务间隔大，影响使用效率。

（7）卫星成像过程中姿态控制精度、微振动抑制能力均需要进一步提升。

6.1.3　高分辨率可见光-红外一体化卫星成像质量提升总体思路

根据成像质量关键指标要素分析及提升需求分析情况，对我国高分辨率可见光-红外一体化卫星成像质量的提升思路进行顶层梳理，给出图像质量提升的主要措施，如表6-1～表6-4所列。

表6-1　提高多谱段成像能力措施

解决措施	实施方案
采用可见光-红外一体化相机设计	充分利用主镜口径，通过多通道共用主光学系统、采用分色片分光、加入红外后光路等方式，实现高分辨多通道成像能力

表6-2　保证在轨动态传递函数措施

解决措施		实施方案
静态传递函数	光学加工	改进光学加工工艺
	光学装调	高精度装调
	相机电子学设计	电路带宽抑制与行频的匹配设计
平台成像条件	大气影响	成像区域同步大气探测及校正
	杂散光抑制	合理设计遮光罩尺寸，设置孔径光阑，相机内部喷涂高吸收率黑漆
	微振动抑制	微振动抑制需求量化分析及减（隔）振方案设计
	积分时间设置	高精度像移匹配技术
	姿态稳定度控制	高精度姿态控制技术
	偏流角修正精度	高精度姿态控制技术
	热/力学稳定性	高精度焦面位置匹配技术，在轨次镜调整技术
动态传递函数预估		全链路估算在轨动态传递函数

表 6－3 保证在轨信噪比/温度分辨率措施

解决措施		实施方案
增强信号		使用高品质和高动态范围背照式探测器，基于主动地速补偿的像质提升技术，图像数据高保真压缩设计
抑制噪声	元器件选型	低噪声探测器和信号处理芯片的选用
	制冷	红外探测器高精度制冷技术
在轨信噪比预估		全链路估算在轨信噪比、温度分辨率

表 6－4 保证在轨动态范围措施

解决措施		实施方案
成像条件	大气影响	成像区域同步大气探测及校正
	相机设置	星上成像参数自主设置技术
电子学设计	暗电平钳位功能	模拟量暗电平钳位
	数字灰度图处理	数字图像暗电平钳位，数字直方图拉伸

此外，针对图像辐射质量的应用处理提升措施主要有一体化定标、调制传递函数补偿、图像增强、谱段融合等。

6.2 高分辨率高像质可见光－红外一体化相机设计

高分辨率可见光－红外一体化相机采用可见光、红外共孔径技术，主光学系统采用三反形式，相机采用推扫方式成像，通过光学系统收集光信号并转换成电信号，视频信号处理电路对电信号进行处理后，按固定格式送给数传分系统。

6.2.1 可见光－红外一体化相机功能定义

可见光－红外一体化相机的主要功能是在轨获取具有高几何分辨率和高辐射分辨率的地表景物图像。具体功能包括：

（1）接收卫星指令（含精确成像开始时间、成像结束时间等信息），获取目标的多谱段图像数据，在规定的时间窗口内向数传分系统输出有效数据。

(2)为提升积分时间设置精度,具有在轨分视场调整积分时间的功能。

(3)遥感卫星在轨入瞳辐亮度与场景地表辐亮度相关,并受到环境要素的影响,因此,在轨不同任务间入瞳能量差别较大,需要具备在轨调整积分级数、增益的功能。

(4)为降低在轨离焦问题的影响,需具备在轨调焦功能。

(5)对于大口径空间相机,为消除在轨像差,需要具有在轨次镜调整功能。

(6)为保证在轨成像质量,应具有高精度热控功能;对于红外通道,需要具备探测器制冷功能。

(7)具备红外通道在轨辐射定标功能。

(8)作为地面图像处理的重要数据,图像辅助数据需要在星上存储、处理、下传。因此,需要相机具有辅助数据的接收、处理、发送功能,用于接收星载计算机发送的辅助数据与自身辅助数据,然后统一编排并向外发送。

6.2.2　相机系统配置及拓扑结果

可见光 - 红外一体化相机通常由相机本体及电子学单机构成。如图 6 - 8 所示,相机本体的可见光通道由光学镜头组件和焦平面组件构成,光学系统用于完成地物信息到光学信息的转变,焦平面组件实现光学信息到电子学信息的转变,焦平面组件中还包含定标单元。相机本体的红外通道主要由分色片组件、折叠镜组件、黑体切换机构组件、红外后光路组件、红外焦平面组件、红外辐冷板组件和接口组件等组成。电子学单机主要负责为相机电子系统供电,通过总线接收指令和相关参数信息,控制相机工作。

6.2.3　相机工作模式设计

1)等待模式

在等待模式下,只有相机的热控、部分遥测电路、红外焦面探测器及其相关电路、探测器制冷机等处于长期工作状态,其他设备均处于关机状态。

2)成像模式

相机精确地根据成像时刻要求对地面景物成像。可见光通道根据积分时间是否分视场设置,可分为同速成像模式和异速成像模式。其中,同速成像模式各 CCD 积分时间相同,异速成像模式各 CCD 积分时间不同。积分时间可根据需求在小于行周期的范围内选取,因此可采用同速成像模式,各 CCD 采用同一周期即可。

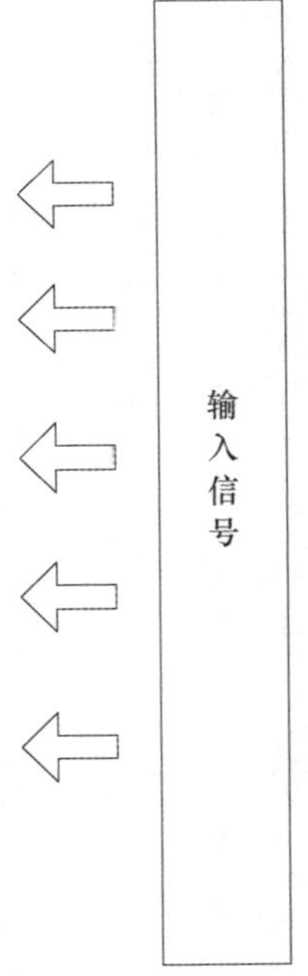
输入信号

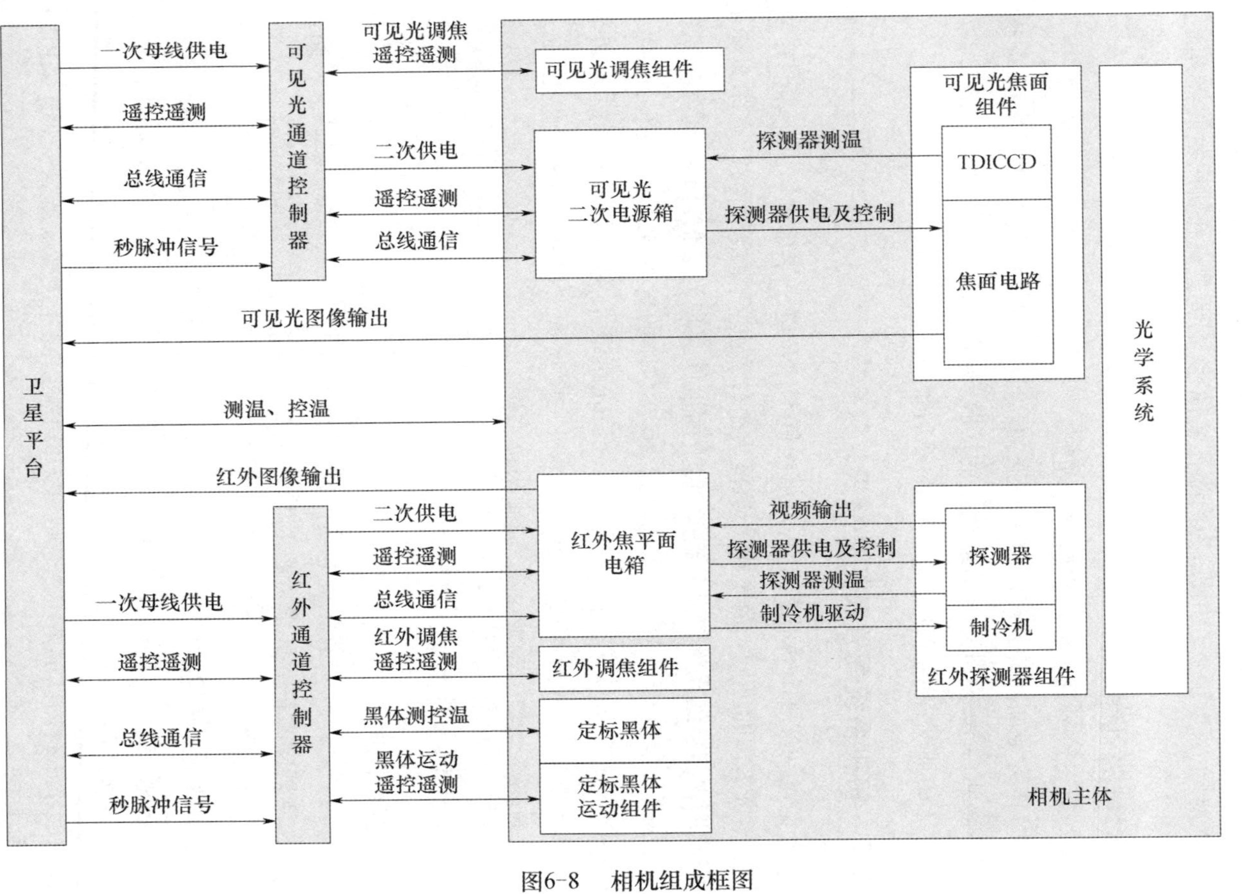
卫星平台
一次母线供电
遥控遥测
总线通信
秒脉冲信号
可见光通道控制器
可见光调焦遥控遥测
二次供电
遥控遥测
总线通信
可见光调焦组件
可见光二次电源箱
探测器测温
探测器供电及控制
可见光焦面组件
TDICCD
焦面电路
光学系统
可见光图像输出
测温、控温
红外图像输出
一次母线供电
遥控遥测
总线通信
秒脉冲信号
红外通道控制器
二次供电
遥控遥测
总线通信
红外调焦遥控遥测
黑体测控温
黑体运动遥控遥测
红外焦平面电箱
红外调焦组件
定标黑体
定标黑体运动组件
视频输出
探测器供电及控制
探测器测温
制冷机驱动
探测器
制冷机
红外探测器组件
相机主体

图6-8 相机组成框图

3）调焦/次镜调整模式

在调焦/次镜调整模式下，相机通过调焦机构/次镜调整进行焦面位置/次镜位置调整，根据调整前后成像质量确定焦面所应调整方向和步数。调焦工作可单独进行，也可在成像过程中进行；次镜调整工作仅可在非成像期间进行。

4）自检模式

自检模式可分为定标模式和自校图形模式。可见光通道的定标模式在夜间进行，卫星处于地球阴影区，相机对星内定标灯成像，获得相对定标图像数据；红外定标模式在无常规成像任务时进行，红外定标机构将达到预定温度的定标黑体切入红外光路，获取特定积分时间和增益的定标图像，然后将定标机构切回正常成像状态。利用定标图像数据计算像元级的相对和绝对定标系数，分别用于红外图像的相对辐射校正和温度图像反演。自校图形模式下，CCD不上电，将预存自校图形数据输出给数传分系统。

6.2.4　光谱范围设计

对于高分辨率光学遥感卫星，相机成像的谱段范围是一项至关重要的性能指标，光谱范围设计贯穿了相机从论证、研制到在轨应用的全过程。高分辨率可见光相机的谱段一般选择在可见光到近红外谱段范围（0.4～1.5μm）内，选取一个全色谱段及多个多光谱谱段。高分辨率遥感卫星的谱段配置如表6-5所列。

表6-5　高分辨率遥感卫星的谱段配置

卫星	全色谱段		多光谱谱段	
	谱段数	谱段范围/μm	谱段数	谱段范围/μm
Pleiades	1	0.48～0.83	4	0.43～0.55（蓝），0.49～0.61（绿）0.60～0.72（红），0.75～0.95（NIR）
GeoEye-1	1	0.45～0.80	4	0.450～0.520（蓝），0.52～0.60（绿）0.625～0.695（红），0.76～0.90（NIR）
WorldView-1	1	0.40～0.90	0	—

续表

卫星	全色谱段		多光谱谱段	
	谱段数	谱段范围/μm	谱段数	谱段范围/μm
WorldView－2	1	0.45～0.80	8	0.40～0.45(紫), 0.45～0.51(蓝) 0.51～0.58(绿), 0.585～0.625(黄) 0.60～0.69(红), 0.705～0.745(红边) 0.77～0.895(NIR1), 0.86～1.04(NIR2)
WorldView－3	1	0.45～0.80	16	0.400～0.452(海岸色带), 0.448～0.510(蓝) 0.518～0.586(绿), 0.590～0.630(黄) 0.632～0.692(红), 0.706～0.746(红边) 1.772～1.890(NIR1), 2.866～2.954(NIR2) 1.195～1.225(SWIR1), 1.55～1.59(SWIR2) 1.640～1.680(SWIR3), 1.71～1.75(SWIR4) 2.145～2.185(SWIR5), 2.185～2.225(SWIR6) 2.235～2.285(SWIR7), 2.295～2.365(SWIR8)
GF－2	1	0.45～0.90	4	0.45～0.52(蓝), 0.52～0.59(绿) 0.63～0.69(红), 0.77～0.89(NIR)

6.2.4.1 全色谱段选择

高分辨率可见光遥感卫星配置全色谱段,能够充分利用TDICCD探测器的光谱响应特性优势(响应峰值位于0.7～0.8μm),实现高分辨率成像,可提供高清晰度的遥感图像和高精度的几何特性。目前,国内外已发射的高分辨率遥感卫星的全色谱段范围通常为0.45～0.8μm或0.45～0.9μm。

6.2.4.2　多光谱谱段选择

多光谱成像可揭示地物表面物理细节和光谱特征,通过图像融合、反演等手段增强遥感图像地物分辨能力。多光谱图像与全色图像融合后信息丰富,有利于遥感图像的地物分类以及目视判读,可以进一步推动高分辨率遥感的精细化应用。表6－6给出了遥感卫星可见光主要谱段观测特性。

表6－6　遥感卫星可见光主要谱段观测特性

谱段/μm	观测特性	主要应用
450～520（蓝波段）	该波段对水的穿透能力强,对于短草草原中的叶绿素波长,0.45μm比0.55μm更敏感	该谱段有助于判别水体、应用于内陆水体和海岸水堰制图;用于地表与植被等的识别
520～590（绿波段）	该波段,可用分光光度测量法迅速测定农作物含氮状况,减少含氮量会降低色素的浓度,增加反射率	用于探测植物的反射率,区分植被有关类型;对土壤进行分析
630～690（红波段）	该波段,不同土壤和不同农业植被的农业景色的相对辐射谱有很大差别。如森林和农作物的叶绿素含量差异很大,森林的影像是深色调,病树反射率高,故色调浅。在0.68μm附近,叶绿素吸收光线中70%～90%的红色光,而土壤在这波段中反射率较大,所以长有农作物的土壤反射率要比裸露土壤低	用于干岩性、地貌、土壤及水中泥沙的分辨
760～890（近红外波段）	该波段,健康的作物呈浅色调,有病的作物呈深色调。小麦的锈病使小麦田在0.75～1.0μm波段凸起的反射率曲线平缓,对绿色植物类别差异敏感	用于区别裸露土壤和有植被覆盖地区;研究土壤湿度,水系形态调查

目前,国内外的可见光遥感卫星一般同时配置全色谱段和多光谱谱段。全色与多光谱谱段的地面像元分辨率多为1∶4。我国高分辨率可见光遥感卫星常用的多光谱谱段一般为0.45～0.52μm、0.52～0.60μm、0.63～0.69μm、0.76～0.90μm。

6.2.4.3　红外谱段选择

红外成像以其特殊的成像谱段优势,不仅可以获取目标的外形轮廓信息,还可获取目标的温度信息,从而对目标状态进行识别。由于其是对景物的温度信息进行成像，因此成像不受时间条件的限制，也可在无光照条件下工作，这两点是可见光相机无法比拟的。

红外谱段中，中波（3～5μm）和长波（8～12μm）两个红外谱段的图像都能反映出目标的热辐射，均具有全天时成像的能力；但观测特性存在不同之处，如表6-7所列。

表6-7　中波和长波红外谱段观测特性比较

指　标	中波红外	长波红外
谱段	3～5μm	8～12μm或8～10μm
辐亮度随温度变化	1.7%/K	0.8%/K
能量分布	目标热启动状态峰值	常温状态峰值
大气透过情况	弱	强
穿透薄云薄雾能力	弱	强
受太阳反射影响	强	弱
主观判读	噪声明显	噪声较弱

从表6-7可以看出，两者结合可以更多地揭示地物热辐射信息。而根据成像需求，观测对象既有常温物体也有大量的发热目标。一般情况下，对于高温物体，其辐射峰值在中波区；对常温物体，其辐射峰值向长波移动。在综合考虑设计、实施成本后，若仅选取一个红外谱段配置，则通常选取长波红外谱段，可以更好地分离反射能量。

6.2.5　相机光学系统设计描述

目前，星载相机采用的光学系统主要是折射式和反射式，主要根据地面像元分辨率、光学调制传递函数、幅宽、外形尺寸、重量等要求进行光学系统选型。由于相机的焦距长，折射式光学系统受卫星平台对外形尺寸和重量的限制难以实现。目前，国外传输型高分辨率光学对地遥感卫星多选择三反系统，该系统优点如下：

（1）像质好，可以达到衍射极限，适应大口径、长焦距要求。

（2）系统增加了三个自由度，用来消除像散和场曲，可以有效地增加视场。

（3）结构紧凑，使系统的体积大大缩小。

可见-红外共孔径相机光学系统可以看成由可见通道和红外通道两部分组成，两个通道的光学元件有共用部分，也有各自使用的部分，因此两个通道的焦距等光学参数不同。一般来说,入瞳、主镜、次镜、三镜等对于可见、红外两通道共用。

在光学系统总体设计方面,采用无遮拦三反设计方案,可以有效提高可见、红外波段的系统传递函数和能量集中度。可见 - 红外共孔径相机光学系统设计采用可见一次成像、反可见透红外的设计方法,红外波段透射分光后采用透镜组二次成像。

红外通道采用折反式结构进行设计优化,满足红外通道的像质要求。针对红外光学仪器背景辐射对探测灵敏度的影响,采用系统出瞳与杜瓦的冷阑匹配的设计方案。此外,红外通道采用高次非球面设计,可以降低系统的设计残差,有效减小系统透镜的使用片数,减弱系统的背景辐射影响。可见光 - 红外一体化相机光学系统如图 6 - 9 所示,其光学设计方案如表 6 - 8 所列。

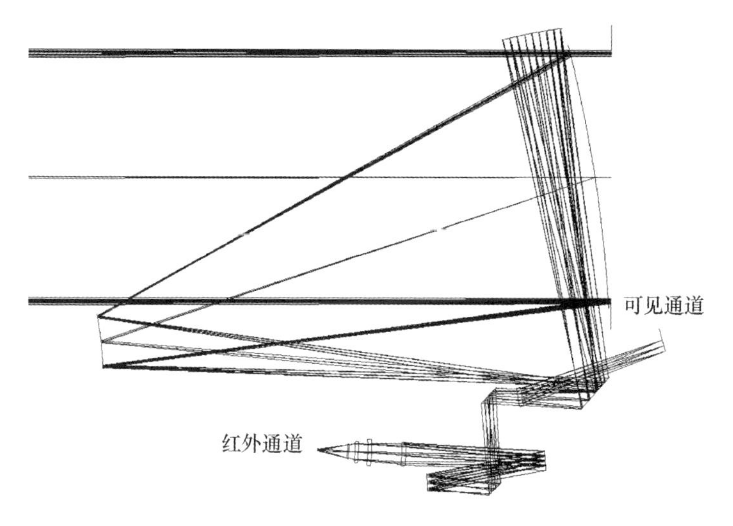

图 6 - 9　可见光 - 红外一体化相机光学系统结构

表 6 - 8　可见光 - 红外一体化相机光学设计方案

	可见光通道	红外通道
谱段/μm	全色 PAN:0.45 ~ 0.8 多光谱(B1):0.45 ~ 0.52 多光谱(B2):0.52 ~ 0.6 多光谱(B3):0.63 ~ 0.69 多光谱(B4):0.76 ~ 0.9	8 ~ 10
焦距/m	17.5	3.35

续表

	可见光通道	红外通道
相对孔径	1/12.5	1/2.39
视场角/(°)	1.4	1.4
设计传递函数	奈奎斯特频率0.323(视场平均值) 1/4奈奎斯特频率0.6(视场平均值)	奈奎斯特频率0.315

6.2.5.1 光学系统畸变控制及分析

在进行高分辨率可见光相机光学设计时,需要控制有效视场内的畸变,一般要求有效视场内光学系统畸变不大于1.5%,如图6-10所示。相机光学系统加工装调和相机焦面安装完成后,应对相机的畸变进行测试和标定,控制畸变量;为提高卫星图像的几何定位精度,需要采取高精度控温来保证相机在轨畸变的稳定性;通过在轨利用地面高精度定标场对每个像元的指向进行精确标定,以保证图像高几何精度。

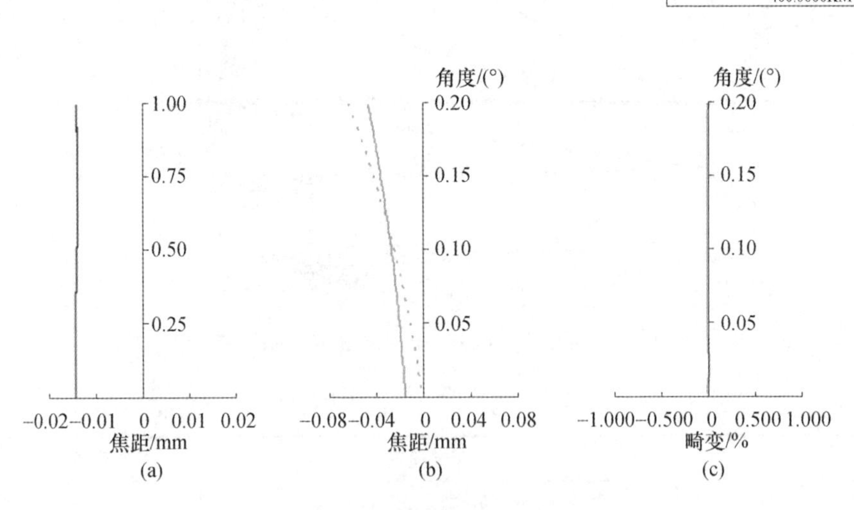

图6-10 可见光通道畸变设计结果示例(见彩图)

(a)归一化纵向球差;(b)像散场曲线;(c)畸变。

6.2.5.2 杂光抑制设计

相机的杂散光基本上有三种:第一种杂散光称一次杂光,它是由视场外光线没有经过成像光路直接进入像面形成的;第二种杂光是由于视场外光学经过镜面与镜筒等机构表面散射进入像面导致的;第三种杂光是由视场内的光线,由于成像光学元件镜面不完善而产生的杂散光。在结构设计时,必须分别采取措施抑制这三种杂光进入像面。一次杂光危害最大,必须全部抑制。星载相机在遮光罩设计时就考虑了一次杂光问题。第二种杂光的抑制方法是在光学镜筒内壁涂覆反射率低的涂层和内置挡光环结构。第三种杂光的抑制方法是减小光路中反射镜表面的粗糙度,将反射镜镜面的表面粗糙度 Ra 控制在 3nm 以内。

一般使用 TracePro 等专业仿真软件分析不同角度杂散光对像面的影响,确定杂散光抑制效果。一般采用点源透射比(Point Source Transmittance,PST)作为评价杂光影响的量度,即到达像面的单位面积光能量与垂直于光入射方向输入孔径的单位面积光能量的比值。

选择相机不同的视场角,各视场均追迹不小于100万根光线,PST与杂光系数的关系满足

$$V = \frac{8F^2}{\tau}\int_{\omega}^{\pi/2} \mathrm{PST}(\varphi)\cdot\sin\varphi\cdot\mathrm{d}\varphi \tag{6-2}$$

式中:τ 为光学系统的透过率;F 为光学系统的 F 数;ω 和 φ 分别为

$$\omega = \arctan\sqrt{\tan^2|\alpha|_{\min} - \tan|\beta|_{\min}},\varphi = \arctan\sqrt{\tan^2\alpha - \tan\beta}$$

其中:α 为光学系统的离轴角;β 为光学系统的视场角。

将光学系统在各个视场角上的各离轴角度 PST 的平均值作为系统最终 PST 值。可见光通道、红外通道的杂光分析模型示例如图6-11和图6-12所示。一般要求杂光系数不大于5%。

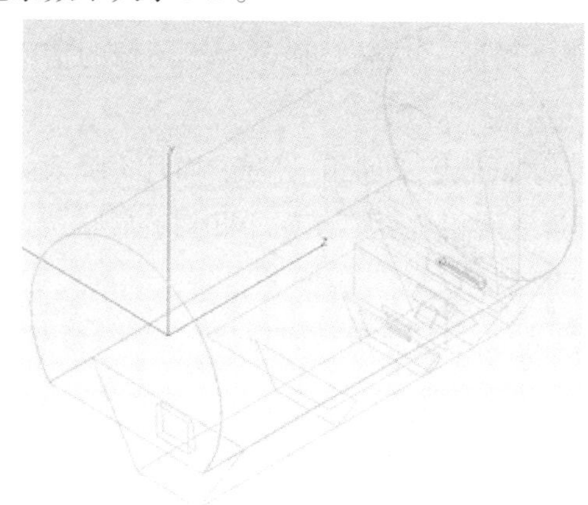

图6-11　可见光通道杂光分析模型

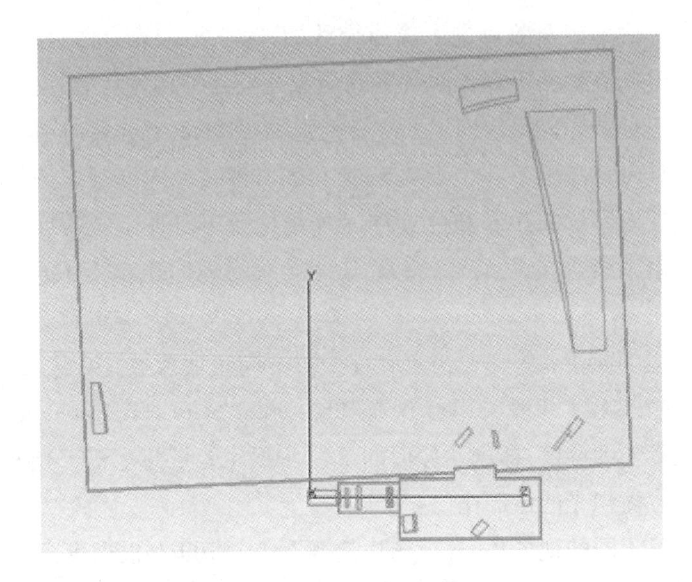

图 6-12　红外通道杂光分析模型

6.2.6　探测器选型及拼接

6.2.6.1　可见光通道探测器选型

为了确保高分辨率成像要求，降低相机的研制难度，可以采用小相对孔径结合 TDICCD 成像方式，解决系统的能量问题，并能减少相机的体积和重量。根据近几年的研究并借鉴国外的经验，航天相机轻小型化的主要关键技术途径是采用 TDICCD 器件。TDICCD 具有以下优点。

(1)推扫式成像时多行 CCD 对同一景物多次曝光，曝光时间增长 M 倍(M 为积分级数)，器件噪声增加 $\sqrt{M}$ 倍，从而改善了图像的信噪比(这是最突出的优点)。

(2)TDICCD 改善了低照度下的相机性能，而且不降低像元分辨率。

(3)长焦距高分辨率的相机可以使用小相对孔径的光学系统，从而使相机的体积与重量大幅度减小。

(4)TDICCD 相机成像时为推扫式成像，可以连续成像，无凝视摄影，无需运动部件，提高了相机的可靠性。

焦面探测器的性能直接影响相机的成像质量，是相机的核心器件，对于采用大口径、视场无遮拦、高调制传递函数的三反离轴光学相机，可选用像元尺寸相对较小的 TDI 探测器，其主要参数包括：

(1)行像元数:主要影响实现有效像元数指标及幅宽指标所需的探测器拼接片数,同时对相机与数传的接口设计产生约束。

(2)像元尺寸:主要影响相机在某一轨道高度上能够实现的地面像元分辨率。

(3)积分级数:一般具有多挡可供在轨动态选用,对不同的地物目标及光照条件,通过优化选择 TDICCD 的积分级数设置,可获得更好的信噪比及动态范围。

(4)光谱范围:各个谱段采集光信号的谱段范围,对图像应用有较大影响。

(5)行速率:与成像行频具有对应关系,也进一步影响相机在某一轨道高度上最高可实现的分辨率。

(6)电荷转换效率:CCD 应用中最直接影响相机信噪比等性能的参数之一,表示每个像元上输入的光能量,与光电转换效率有关。

PINNACLE 型 TDICCD 的主要技术指标如表 6－9 所列。

表 6－9 PINNACLE 型 TDICCD 的主要技术指标

参数	技术指标
图像模式	双向推扫,单片分左右(工作在不同行频和积分级数下,相当于两片独立的 TDICCD)
行像元数	全色:4096;多光谱:1024/谱段
像元尺寸	全色:7μm×7μm;多光谱:28μm×28μm
积分级数	全色 PAN:8、24、48、72、96(可选); 多光谱 B1:2、4、11、18、22(可选); 多光谱 B2 和 B4:2、4、10、16、20(可选); 多光谱 B3:2、4、13、22、26(可选)
光谱响应范围/μm	全色 PAN:0.45～0.80;多光谱 B1:0.43～0.52; 多光谱 B2:0.52～0.60;多光谱 B3:0.63～0.69; 多光谱 B4:0.77～0.89
行速率(最大)	全色:80kHz;多光谱:20kHz
电荷转换效率	全色:11.5μV/e;多光谱:3.5μV/e

6.2.6.2 红外通道探测器及其制冷组件选型

红外焦面探测器的性能直接影响到红外相机的成像质量，是相机的核心部(组)件，也是影响红外相机整机可靠性的关键部(组)件。某国产长波红外5000×6焦平面组件如图6-13所示。对于推扫成像的高分辨率红外相机的焦平面，主要采用长线列拼接方式实现幅宽要求。为了保证部(组)件的性能和可靠性，探测器及其焦面平制冷通常采用一体化联合设计，通过合理优化设计组件的工作温度、制冷时间、回温速率、开关机次数、寿命等指标，以避免产生两者结构和热形变不匹配造成的盲元率高、性能下降等一系列后果。

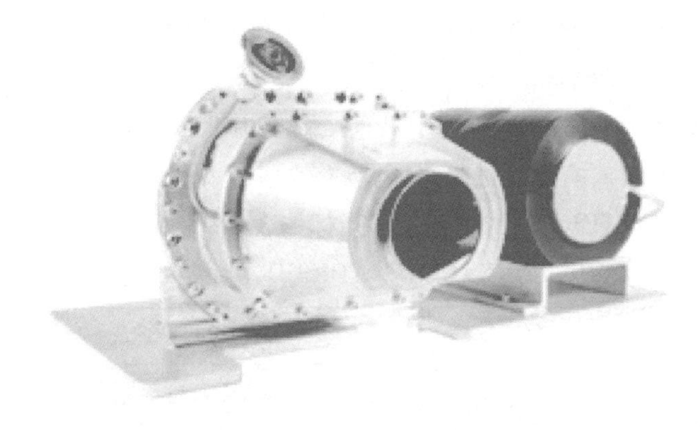

图6-13 国产长波红外5000×6焦平面组件

空间低温制冷机有主动式热泵循环制冷和被动式制冷两种工作方式。通过制冷机做功把热量从低温端向高温端输运，并向冷空间排放，获得有效制冷量的方式称为主动式热泵循环制冷。通过辐射换热或者存储的低温制冷剂的相变换热，给被冷却对象提供有效冷源的方式称为被动式制冷。表6-10比较了目前适用于航天器应用的空间常用制冷方式的制冷原理，优、缺点，以及在轨寿命。

表6-10 几种空间常用的制冷方式

制冷方式	制冷原理	优点	缺点	在轨寿命
辐射制冷	向空间高真空、深低温冷背景辐射自身热量	无运动部件，无振动和电磁干扰，功耗小、寿命长，技术成熟	体积大，制冷温度高、冷量小，对轨道及卫星姿态要求严格，易污染	数年

续表

制冷方式	制冷原理	优点	缺点	在轨寿命
储存(固液)式制冷	利用固态或液态进行相变制冷	无振动,工作温度低,对轨道无要求,技术成熟	重量大,体积大,寿命短,对卫星姿态有影响	数月
机械制冷	利用封闭式制冷机进行循环制冷	结构紧凑,制冷量大,温度范围广,对轨道及卫星姿态要求低,安装灵活	功耗大,有散热问题,有振动及电磁干扰,技术成熟度低	相对辐射制冷时间短,相对固体时间长
热电制冷	珀耳帖效应	结构简单、可靠、紧凑,工作时无噪声	制冷器效率低、耗电大,制冷温度高	较长

表6－11给出了两款典型的国产长波红外探测器制冷机组件关键参数。

表6－11　两款典型的国产长波红外探测器制冷机组件关键参数

	1024×6长波红外探测器制冷机组件	5000×6长波红外探测器制冷机组件
探测器阵列/像元	1024	5000
TDI级数	6	6
光谱响应范围/μm	8～10	8～10
像元尺寸	24μm(线列方向)×20μm(TDI方向)	20μm(线列方向)×20μm(TDI方向)
平均峰值 D^*	$2.3\times10^{11}\,\mathrm{cm}\cdot\sqrt{\mathrm{Hz}}/\mathrm{W}$	$2.0\times10^{11}\,\mathrm{cm}\cdot\sqrt{\mathrm{Hz}}/\mathrm{W}$
响应率不均匀性	≤7%	≤15%
制冷形式	斯特林制冷	斯特林制冷
工作温度/K	80±0.5	80±0.3
寿命/h	30000	50000

6.2.6.3　探测器拼接

1)拼接方式

目前,我国常用的焦面探测器拼接方式有以下三种。

(1)视场拼接:一般以台阶方式进行视场拼接,首先将多个探测器分成两组,以上下交互的方式安装于焦面基体上,两组探测器采取异步成像方式,探测

器成像时间间隔较大,在轨应用时需要考虑拼接漏缝问题,目前国产长线阵红外探测器组件多采用视场拼接的方式,如图 6 – 14 所示。

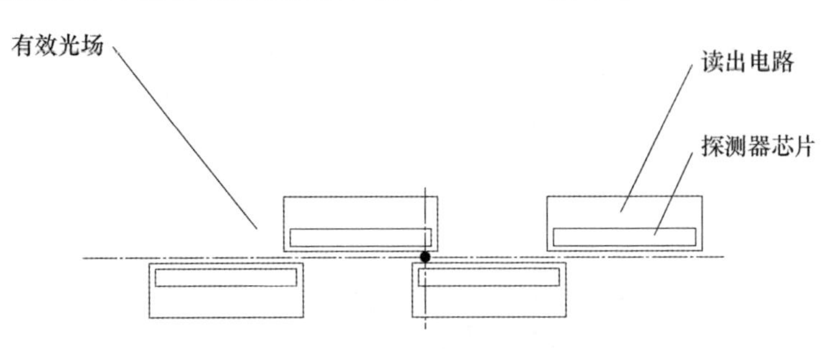

图 6 – 14　红外探测器组件视场拼接

(2)反射镜拼接:通过两排交错布置的反射镜将相机像平面分割并投射至垂直于原像平面的两个小的像平面,一方面与普通视场拼接相比,不再受制于探测器外形尺寸,可以减少两行探测器的间隔,从而降低搭接像元数量的影响,另一方面避免了光学拼接中相邻两个探测器拼接区产生渐晕的问题。法国的 Pleiades 卫星即采用了这种拼接方式,我国的高分辨光学卫星的可见光通道也开始采用这种拼接方式,如图 6 – 15 所示。

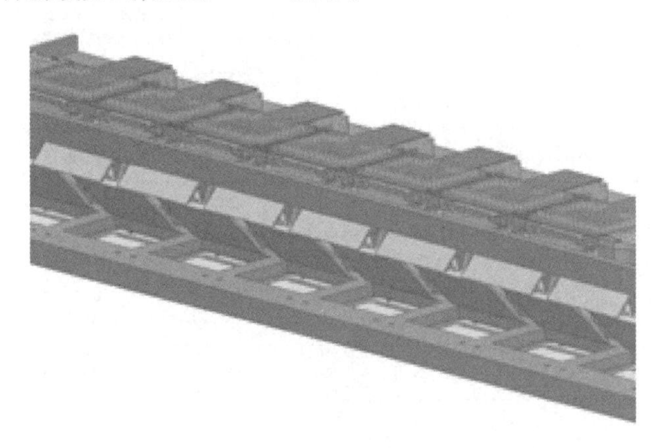

图 6 – 15　可见光通道探测器组件反射镜拼接

(3)光学拼接:探测器依次安装在 45°斜面上镀反射膜的立方棱镜两侧,从棱镜进光方向看,探测器形成连续长线阵。光学拼接又分为半反半透法和全反全透法。目前应用较多的是全反全透法。全反全透法反射面镀全反膜,在透射面不镀膜,能量损失较小,常应用于相对孔径较小、光能量较低的高分辨率可见光相机。为了最小化的降低挡光区域的信息损失,相邻探测器间需要重叠,在地面图像处理过程中可将挡光区像元能量相加，补偿信号损失。我国 ZY－3、GF－2 等卫星均采用光学拼接方式。

2）拼接精度

多片探测器的拼接精度将对成像质量造成影响，评价多片探测器拼接精度的主要指标包括探测器两两间的拼接精度、各行探测器拼接后的直线度、平行度以及探测器像元共面度偏差等。一般情况下，精度要求优于 0.1 个像元。对于高分辨率可见光相机，若全色探测器像元尺寸为 7～10μm，则一般要求两片 CCD 间搭接精度偏差不大于 3μm，每行 CCD 拼接后的共线度偏差不大于 4μm，两行 CCD 平行度偏差不大于 5μm，各 TDICCD 像元共面度偏差不大于 10μm。

对于高分辨率红外相机，若探测器像元尺寸为 20～25μm，则一般要求两片探测器间垂直线阵方向像元位置偏差不大于 10μm，沿线阵方向像元位置最大偏差不大于 10μm，直线度及平行度不大于 15μm。

3）拼接像元数

由于相机光学系统存在畸变，相机在轨成像时，需综合考虑相机与卫星安装方向误差、卫星姿态控制误差和地球自转速度等因素，探测器线阵方向与卫星飞行方向不垂直，将导致在部分成像条件下各片探测器图像拼接时漏缝。图 6－16 为视场拼接/反射镜拼接（等效）重叠像元，为避免拼接漏缝情况的发生，相邻两片探测器间的最小重叠像元数由下式计算：

$$N = \frac{D\tan\theta}{d} \tag{6-3}$$

式中：D 为两排探测器线阵之间的距离；d 为探测器像元尺寸；θ 为预估的线阵与飞行方向不垂直的最大误差角。

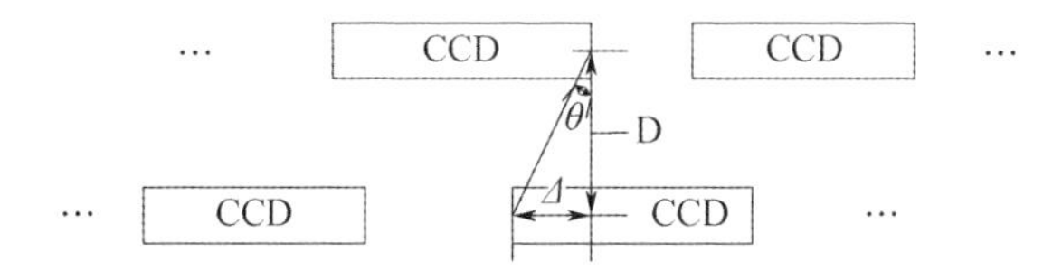

图 6－16　视场拼接/反射镜拼接（等效）重叠像元

6.2.7　A/D 量化位数选用

A/D 量化就是将视频信号变换为数字信号以便传输。A/D 量化位数可以在一定程度上影响成像质量。一般来说，量化位数越高，量化噪声越低。此外，量化位数与图像动态范围成正比。在视频信号信噪比较高的前提下，高量化位数可以反映更丰富的景物信息。图 6－17 为不同量化位数下图像质量比对。

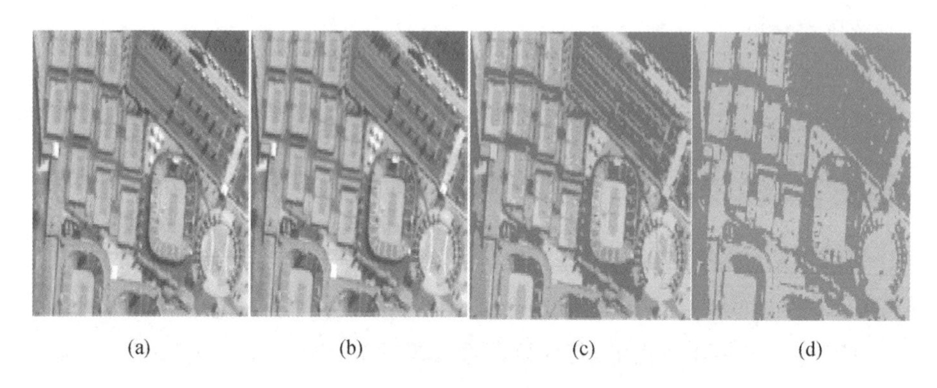

图 6－17　不同量化位数下图像质量比对

(a)8bit 量化;(b)4bit 量化;(c)2bit 量化;(d)1bit 量化。

量化位数的选择主要由相机噪声水平、动态范围、数据量等设计因素决定，不能盲目追求更高的量化位数。国外典型高分辨率可见光遥感卫星的图像量化位数多为 11bit,如 IKONOS－2、Worldview 系列、GeoEye 系列等;此外,还有部分卫星采用 12bit 量化,如 Pleiades 等。相机输出量化位数选择的分析案例如下。

(1)相机电路的暗背景噪声电压为 2mV,饱和电压为 2V,对应 12bit 的量化时噪声电压占 4 个 DN 值,即 12bit 信号中最低的 2bit 信号被噪声淹没,为无效数据,且如光子散粒噪声等电路噪声随光照强度增加而增加,因此相机输出时量化位数可小于 10bit。

(2)相机在太阳高度角为 20°、地物反射率为 0.05 的最小辐亮度输入条件下,采用默认积分级数和增益设置,相机电路噪声电压为 2.75mV,对应 12bit 的量化时噪声电压占 5.5 个 DN 值(小于 3bit),为保留图像有效信号,相机输出量化位数需大于 9bit。

(3)根据信噪比量化噪声公式 $N_{\mathrm{AD}}=\dfrac{q}{\sqrt{12}}$($q$ 为分层代表的电压值),当量化为 12bit 时,量化噪声电压为 0.14mV,噪声贡献较小。可以看出,增加量化位数可减小量化噪声,但增加量化位数的前提是相机本身输出噪声低,在设计相机量化位数时,需要二者匹配。在上述假设条件下,选用 10bit 作为相机量化位数较为合理,可作为开展相机分系统与数传分系统的接口匹配性设计的依据。

6.2.8　调焦系统设计

高分辨率可见光 - 红外一体化卫星相机在轨飞行时，环境温度或力学条件变化会造成相机焦面位置变化，引起系统调制传递函数下降。此外，物距变化也会带来理想焦面位置的变化。一般来说，当相机的离焦量超过 1/2 焦深时，就会使相机成像质量产生较严重的退化。因此，高分辨率相机一般需设计调焦机构，为了尽量减小离焦对系统调制传递函数的影响，一般要求相机调焦控制精度优于 1/20 焦深。

调焦镜组件主要包括调焦镜和镜框。由于可见光 - 红外相机工作在空间环境中且有较高的调焦精度要求，因此凸轮曲线调焦方式是较优的调焦实现方式。该方式的调焦精度高，结构紧凑，其运动件（齿轮、凸轮、蜗轮、蜗杆）经过防冷焊处理后不会产生冷焊、卡滞现象。

如图 6 - 18 所示，该机构是通过步进电机驱动齿轮副、蜗轮蜗杆副带动凸轮机构转动，从而实现调焦镜的运动。装有绝对式光电轴角编码器的检测组件可以检测凸轮机构的转动角度，通过编码器的角度量输出值，即可计算出调焦镜运动的实际线量位移，即调焦量。

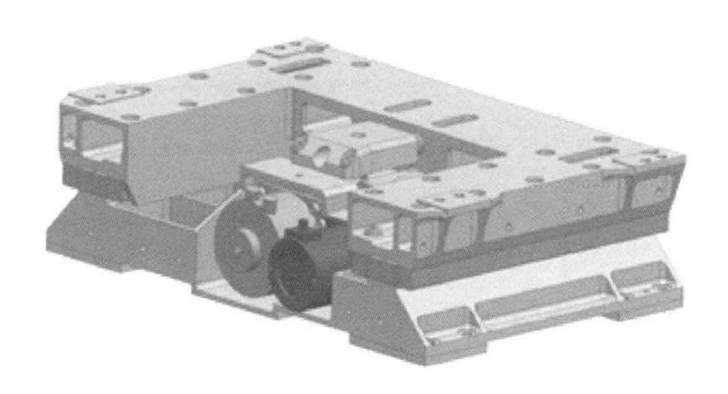

图 6 - 18　调焦机构

6.3　在轨成像参数高精度匹配成像质量提升技术

高分辨率光学成像卫星在轨成像模式灵活多样，包括同轨多目标、同轨多条带拼接成像、同轨立体成像、非沿迹主动推扫等多种敏捷主/被动成像模式。在考虑圆轨道、椭圆轨道成像的情况下，各成像任务间的成像参数将出现较大差异，需要对各任务的焦面位置、积分时间、积分级数、增益等参数进行高精度匹配和设置，才能达到较好的成像质量。主要采取如下措施。

(1)高精度焦面位置匹配:对于采用椭圆轨道及大口径长焦距相机的低轨光学卫星,不同的轨道高度和姿态侧摆角度情况下,任务间的成像物距可能存在极大差异,导致相机的最佳焦面位置不同。为保证较好的成像质量,需要进行焦面位置的精确匹配,防止离焦成像。

(2)高精度像移匹配:低轨光学卫星平台飞行姿态的变化(俯仰、翻滚、偏航),轨道速高比的变化、地球的自转、星上活动部件的颤振等都会导致相机在积分成像过程中产生像移,破坏其与光生电荷包运动的同步性。虽然这种附加像移量很小,但是随着相机焦距和积分级数的增加,它在像面上所引起的附加像移将明显增大,从而降低相机的传递函数,使图像质量恶化。为了保证较好的成像质量,需要进行高精度的积分时间计算及设置,实现高精度像移匹配。

(3)增益、积分级数精确设置:一方面,对于某一成像场景,卫星的积分级数、增益参数设置直接影响信号量化分层的细致程度,也决定图像的灰度值动态范围;另一方面,对于具备动中成像等敏捷成像模式的卫星,动中成像模式的扫描角速度可在一定范围内任意选取,不同的扫描角速度将使得低轨推扫卫星的积分时间变为可调因素,因此增益、积分级数等参数也需要随之调整,才能保证较好的成像效果。

6.3.1 高精度焦面位置匹配技术

高分辨率光学成像卫星入轨后离焦主要由以下两方面引起。

(1)空间力和热环境影响:一般在相机产品研制过程中,地面实验室中均针对相机在轨空间环境适应性进行主动段力学环境试验验证、在轨空间热环境验证和整机翻转180°的在轨失重环境验证,这些措施可以一定程度上验证相机系统成像性能,但地面试验环境与实际空间环境相比仍存在一定差异,因此,大型光学相机入轨后一般会出现一定程度的离焦。

(2)成像任务间物距的剧烈变化:大口径、长焦距相机具有焦深较小的特点,最佳焦面位置对物距变化敏感。对于圆轨道,在大角度姿态机动情况下,与星下点成像相比,物距变化可能超出相机接受的离焦范围;对于椭圆轨道卫星,物距变化将更加明显,除了姿态机动因素外,轨道高度的变化也将导致不同任务间物距的剧烈变化,使离焦情况更加恶劣。

在光学系统离焦时,由于离焦引起的传递函数为

$$\mathrm{MTF}_{离焦} = 2\mathrm{J}_1(X)/X \tag{6-4}$$

式中:J_1 为一阶贝塞尔函数;$X = \pi d/v_{\mathrm{n}}$,d 为离焦引起的弥散圆直径,$d = \Delta l/F^{\#}$

（Δl 为离焦量，$F^{\#}$ 为相对孔径的倒数），v_n 为特征频率。

因此，必须根据卫星入轨后的成像情况及物距变化情况进行焦面位置调整，以降低离焦对 MTF 带来的影响。通常，在成像质量指标分配中，为离焦分配的因子为 0.95。为了保证离焦导致的 MTF 下降因子不低于 0.95，按照相机在轨离焦传递函数下降量影响不超过 5% 进行调焦策略规划，即当累计离焦量达到 $\pm\delta/3$（δ 为焦深）时，必须调整相机焦面。

综上所述，卫星入轨后成像物距大幅变化将导致各次成像任务之间的最佳焦面位置相差很大，必须根据卫星入轨后的成像情况及各次任务间物距的变化情况进行焦面位置调整，以降低离焦对 MTF 带来的影响。

6.3.1.1　入轨初期焦面调整

卫星入轨初期，需要首先消除由在轨力热环境带来的离焦。由地面运控系统上注指令，使卫星在不超过 10°的小角度姿态机动情况下多次成像，对各次成像设置不同的焦面位置。卫星存储并下传图像，地面应用系统进行图像接收、存储。利用传递函数分析工具对各焦面位置处拍摄的图像进行评价，选取图像中的刃边地物，利用刃边法评价图像 MTF，选取图像目视效果最清晰、MTF 值较高的图像对应的焦面位置为相机在轨最佳焦面位置。

6.3.1.2　焦面位置星上自主高精度匹配

在进行焦面位置自主匹配设计时，需要考虑三个方面。

（1）能接受的离焦阈值是多少：不同的物距对应的最佳焦面位置均存在差异，从理论上来考虑，它是一个连续变化的过程。但在工程实现上，需要考虑调焦机构作为活动机构存在精度、使用寿命及可靠性的限制，采用设置可接受的离焦阈值的方式，当离焦达到一定程度后再进行焦面调整。

（2）如何获取用于计算调焦量的信息：卫星在轨运行后，轨道位置随飞行状态实时变化，成像姿态与任务设定紧密相关，地球上不同的成像位置的高程也有较大差异，这些要素都会影响成像斜距。为了保证焦面位置的精确匹配，需要采用在轨预估/实测的轨道、姿态数据进行斜距计算和调焦评估。

（3）相邻的任务间焦面位置是否可以合并：相邻多个任务间，像质可接受的焦面位置区间可能存在交集，将焦面位置设为这个交集中，则可以降低调焦机构的动作次数，有利于保证卫星的使用寿命。

综上所述，为了能够确保各次任务的成像质量的同时，降低用户操控复杂程度，应该设计并实现星上自主调焦技术，以实现高精度的焦面位置匹配。星上自主调焦流程设计如图 6 - 19 所示。

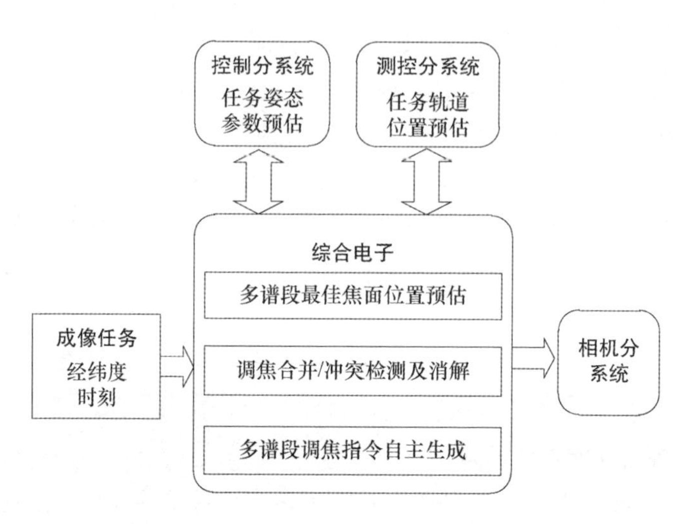

图6-19　星上自主调焦流程设计

具体流程如下：

(1)计算可接收离焦阈值。对于光学相机，焦深的计算公式为

$$\delta = \pm 2\lambda (F^{\#})^2 \tag{6-5}$$

式中：λ 为相机的中心波长；$F^{\#}$ 为相机相对孔径的倒数。

若某相机中心波长625nm，$F^{\#}=12.5$，则根据式(6-5)计算相机焦深 $\delta=\pm0.195$mm。按照离焦 MTF 因子为0.95预计，则可接受的离焦阈值为 $\pm\delta$ (±0.07mm)。即卫星在轨进行调焦策略规划时，当累计离焦量达到±0.07mm时，必须调整相机焦面。

(2)根据物像对应关系，计算查找表。利用光学设计软件对卫星相机的光学系统进行分析计算，以在轨常用轨道高度对应的焦面位置为原点，向轨道高度增加、减少两个方向分别将焦面位置变化0.07mm的整数倍序列计算对应的物距序列，形成物距-焦面位置查找表，示例见表6-12。

表6-12　物距-焦面位置查找表

物距/km	离焦量分析与调焦策略	
	离焦量分析/mm	调焦/mm
244	0.63	0.07×9
258	0.56	0.07×8
275	0.49	0.07×7
293	0.42	0.07×6

续表

物距/km	离焦量分析与调焦策略	
	离焦量分析/mm	调焦/mm
314	0.35	0.07×5
338	0.28	0.07×4
367	0.21	0.07×3
400	0.14	0.07×2
441	0.07	0.07×1
495	0	0
552	－0.07	0.07×1
631	－0.14	0.07×2
738	－0.21	0.07×3
888	－0.28	0.07×4
1114	－0.35	0.07×5

（3）星上斜距计算。星上计算各任务斜距，需要采用高精度的在轨实时测轨数据进行轨道外推，并结合高精度高程图才能保证斜距计算的准确性。计算步骤如下：

①根据卫星的轨道信息及各成像任务成像起止时刻，星上预估计算各次成像任务期间卫星在轨道坐标系的位置，建议的时间采样频度为1s，形成各成像任务的轨道预估数据包。

②利用各成像任务的轨道预估数据、各成像任务地面目标起止点经纬度计算各次任务成像过程中的姿态数据，形成各成像任务的姿态预估数据包。

③利用轨道预估数据、姿态预估数据、成像任务地面经纬度、高精度高程图计算成像斜距。

（4）对成像任务集进行调焦规划。在某任务开始前，将时间最近的2～3个任务为一组进行调焦规划。根据计算出各次成像的斜距，并识别可进行合并优化设置焦面位置的任务，进行焦面位置取优。综合电子分系统自主生成带有高精度时标的调焦指令，在各任务前完成焦面调整。

6.3.1.3　星上自主调焦对卫星好用易用的提升意义

卫星采用星上自主调焦方案设计后，有利于提升卫星的好用易用性，具体如下：

(1)采用综合考虑成像质量、卫星轨道、成像姿态影响的成像最佳焦面范围的计算方法,确保了椭圆轨道点目标成像的成像质量。

(2)形成卫星自主计算点目标最佳焦面位置,并自主完成相机焦面预置的信息流设计方案,显著降低了用户的操控负担。

(3)在满足成像质量需求的前提下,给出了多个相邻任务最优焦面位置区间的优化方法,一方面通过大大降低调焦次数提高了卫星的可靠性;另一方面尽量避免了调焦时间占用成像时段,降低了相邻任务时间间隔约束,从而显著提高了卫星的使用效能。

6.3.2 高精度像移匹配技术

多级时间延迟积分探测器正常工作的前提条件较为严格,需要光生电荷的转移与焦面图像运动保持同步,即在卫星飞行过程中,相机在一个积分时间内通过的地面景物距离与相机的地面像元分辨率相同。在实际运行过程中,因轨道摄动、地球椭率、地面地形起伏等干扰因素,卫星与地面物点的距离将发生改变,引起成像距离和卫星相对地面速度的变化,最终导致相机积分时间的改变。因此,需要根据卫星实际轨道和速度变化情况,实时计算相机积分时间,减小景物失配造成的图像质量下降。

6.3.2.1 高精度积分时间计算技术

时间延迟积分成像要求地物运动与像移匹配,影响积分时间控制精度的参数包括相机焦距测试精度、卫星速高比计算精度(含导航接收机误差、姿态测量误差、数字高程图误差)、积分时间设置延时误差和积分时间量化误差等。对于具有动中成像的工作模式的卫星,动中成像积分时间在一次成像期间变化量较大,需要采取高频度、高精度的积分时间设置方案。

1)卫星积分时间计算坐标系定义

对卫星积分时间计算的坐标系做如下定义。

(1)J2000 惯性坐标系 S_i:原点 O_i 在地心,O_iZ_i 轴沿 2000 年地球自转轴指向的北极,O_iX_i 轴在 2000 年赤道面内指向春分点,$O_iX_iY_iZ_i$ 构成右手直角坐标系。

(2)轨道坐标系 S_o:原点 O 在卫星在轨时质心的位置,OZ 轴指向地心,OX 轴在轨道平面内垂直于 OZ 轴指向前(与速度方向夹角小于 90°),$OXYZ$ 构成右手直角坐标系(前 - 右 - 下)。此坐标系随卫星运动而活动,具有轨道角速度 ω_n。

(3)卫星本体坐标系 S_b:原点 O_b 在卫星在轨时质心的位置,当卫星在轨无姿态机动时，卫星本体坐标系与卫星轨道坐标系重合，即 O_bX_b 轴朝前，O_bZ_b 轴指地，O_bY_b 轴由右手螺旋定则确定。

（4）相机本体坐标系 S_c：视相机与星体的安装对准关系而定，当星上相机本体坐标系与卫星的本体坐标系重合时，即卫星入轨后姿控系统使得相机本体坐标系和轨道坐标系 S_o 重合，即 O_cX_c 轴朝前，O_cZ_c 轴指地。

在计算相机积分时间时，四个坐标系之间的转化关系如图 6－20 所示。

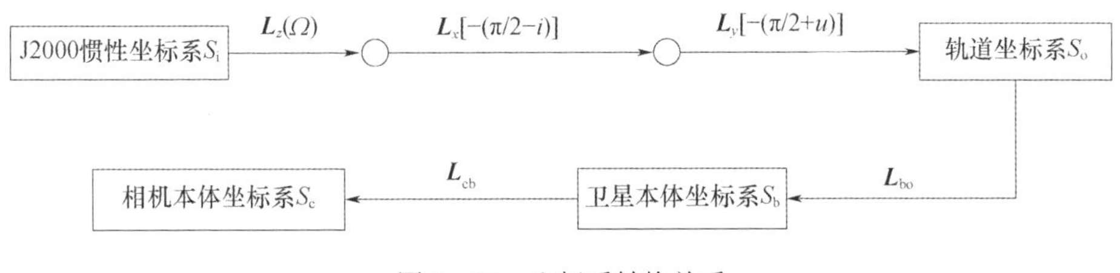

图 6－20　坐标系转换关系

从 S_i 到 S_o 要经过三次旋转，首先绕 S_i 的 Z 轴转 Ω，接着绕此时的 X 轴转 $-(\pi/2-i)$，再绕此时的 Y 轴转 $-(\pi/2+u)$，其中，Ω 为升交点赤经，i 为轨道倾角，u 为纬度幅角（$u=\omega+f$，ω 为近地点幅角，f 为真近点角）。从轨道坐标系到任意姿态的卫星本体坐标系是先绕轨道坐标系的 X 轴转 φ，再绕此时的 Y 轴转 θ，最后绕此时的 Z 轴转 Ψ，其中，φ 为侧摆角，θ 为俯仰角，Ψ 为偏航角。从卫星本体坐标系到相机本体坐标系要经过两个坐标系之间的转换矩阵得到。

2）目标点相对相机的速度

设目标点为随地球运动的地球表面一点。图 6－21 给出了星下点摄影和任意姿态下摄影几何关系图，卫星 S 的本体坐标系 O_bX_b 轴垂直于纸面向内，垂

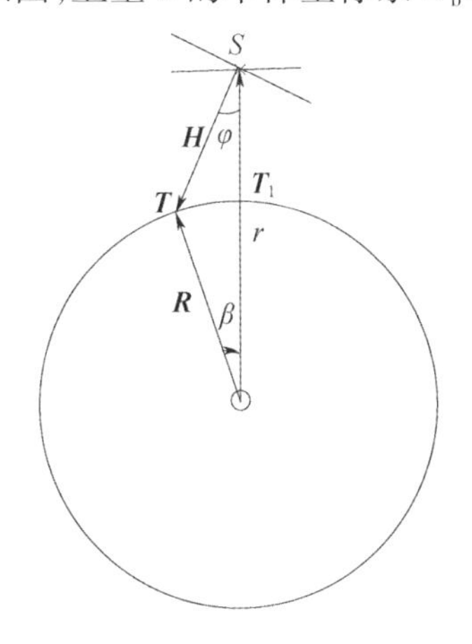

图 6－21　卫星相机摄影几何关系

直摄影时目标点为 T_1，像平面垂直于 ST_1；经过一般姿态机动后，卫星相机视轴与星地连线的夹角为 φ，目标点为 T，像平面垂直于 ST，ST 方向就是本体坐标系 O_bZ_b 轴的方向。

根据理论力学原理，相对速度等于绝对速度减去牵连速度，对于一般情况，目标点 T 相对于相机镜头（本体坐标系）的速度为

$$v = \boldsymbol{\omega}_e \times \boldsymbol{R} - (v_u + v_r + \boldsymbol{\omega}_b \times \boldsymbol{H}) \tag{6-6}$$

式中：$\boldsymbol{\omega}_e$ 为地球角速度矢量；$\boldsymbol{R}$ 为地心到目标点的矢量；v_u 为卫星绝对速度的前向分量；v_r 为卫星绝对速度的径向分量；$\boldsymbol{\omega}_b$ 为本体坐标系具有的角速度矢量；$\boldsymbol{H}$ 为卫星到目标点的距离矢量。

3）速高比的计算公式

把上述矢量式投影在相机本体坐标系 S_b 上矢量表示为 $(\boldsymbol{v})_b$。$(\boldsymbol{v})_b$ 是成像点相对于相机本体系的速度在本体系中的矢量形式，在像平面内的两个速度分量为 $\boldsymbol{v}_x$ 和 $\boldsymbol{v}_y$，二者的合速度为

$$\boldsymbol{v} = \sqrt{\boldsymbol{v}_x^{\ 2} + \boldsymbol{v}_y^{\ 2}} \tag{6-7}$$

$\boldsymbol{v}$ 即为地速。

速高比为

$$B = \frac{\boldsymbol{v}}{H} \tag{6-8}$$

式中：H 可由余弦定理求出。

4）考虑姿态角速度的目标点相对相机的速度

若考虑由于卫星进行偏流角修正以及姿态机动带来的卫星姿态角速度对目标点相对相机速度带来的影响，则式（6-6）中的 ω_b 不等于卫星的轨道角速度矢量，具体表达式为

$$\omega_b = \omega_n + \omega_s \tag{6-9}$$

式中：ω_s 为卫星的姿态角速度。

在计算速高比时，仍然将式中的各个矢量投影到相机本体坐标系中，得到相对速度在相机本体坐标系中的矢量形式，求得成像平面上的两个速度分量 v_x 和 v_y。

6.3.2.2 细分视场积分时间设置技术

为了实现较大的成像视场，高分辨率光学卫星设计时通常采用多片探测器拼接的方式。根据顶层设计需求，一般视场角范围为 1.4～3.5°。由于相机各像元相对视场中心的像元在地面的投影尺寸不一致，因此导致不同像元位置对

应的像移速度不一致。若各片探测器仍统一按中心点积分时间设置，则会导致边缘视场图像因像移速度不匹配而带来传递函数下降，尤其在大角度滚动机动后更为严重。

一般来说，为像速匹配的 MTF 误差分配值大于 0.95，对应的积分时间误差值应低于 0.347%。

采用视场细分设置积分时间/曝光时间的方案，沿探测器线阵方向进行分片计算积分时间计算及设置，可以提高各探测器积分时间计算结果的准确性与精度，提高卫星成像质量。星上相机不同探测器视轴指向差异如图 6 - 22 所示。

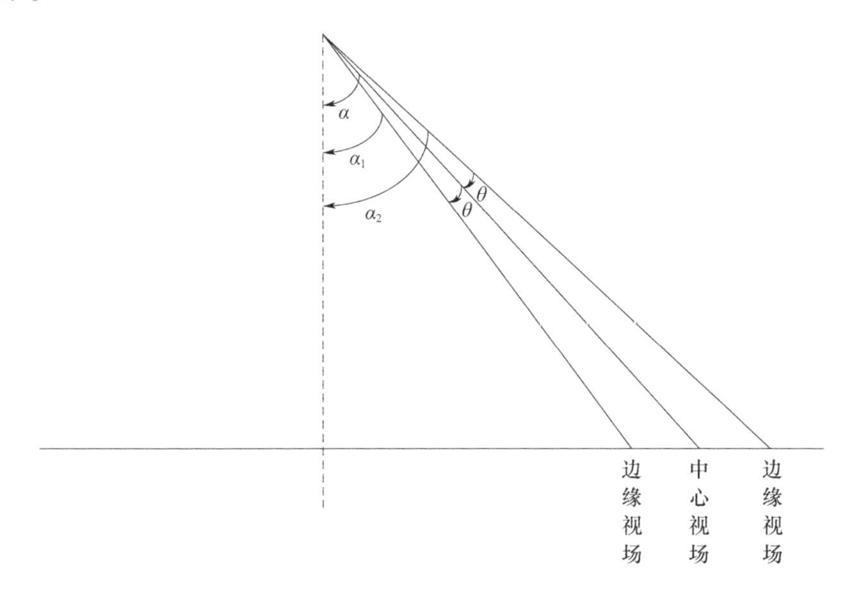

图 6 - 22　相机不同 TDICCD 器件视轴指向差异

在计算相机积分时间时，式(6 - 8)中的 $\boldsymbol{H}$ 表示相机视轴到地面目标点的距离矢量。在单独计算各个探测器分区的积分时间时，只需将每个探测器分区等效当作单独的相机，按照上述的计算方法重复计算积分时间即可。每个探测器分区之间的视轴指向并不重合，因此应根据每个探测器分区与卫星本体系三轴的夹角计算各自的摄影点位置。

在仿真计算全视场统一设置积分时间和视场细分设置积分时间情况下，不同轨道、最大姿态机动角、被动推扫情况下各分区内边缘点与分区中心点的积分时间差异，如表 6 - 13 和表 6 - 14 所列。

表 6-13　全视场统一设置积分时间时中心与边缘视场 MTF 下降情况

俯仰/(°) \ 滚动/(°)	0	10	20	30	45
45	0.899	0.907	0.601	0.170	-0.081
30	0.978	0.954	0.812	0.545	-0.096
20	0.991	0.965	0.847	0.625	0.037
10	0.997	0.964	0.858	0.662	0.127
0	0.999	0.962	0.854	0.665	0.142
注:突出显示部分为 MTF>0.95 的数值					

表 6-14　视场细分设置积分时间时中心与边缘视场 MTF 改善情况

俯仰/(°) \ 滚动/(°)	0	10	20	30	45
45	0.99	0.98	0.966	0.952	0.861
30	0.999	0.995	0.989	0.983	0.956
20	0.998	0.999	0.993	0.988	0.966
10	0.998	0.997	0.994	0.990	0.976
0	0.991	0.983	0.966	0.952	0.861
注:突出显示部分为 MTF>0.95 的数值					

由上述可知,由于采用了分片积分时间技术,在椭圆轨道、圆轨道的极端姿态机动情况下,都大幅减小了各片探测器(特别是边缘视场)积分时间的误差,使得卫星能够在较大的姿态机动范围内都具有较好的成像质量。

6.3.2.3　相机积分时间计算流程

J2000 惯性坐标系与卫星轨道坐标系如图 6-23 所示,星上相机积分时间的计算步骤如下。

(1)根据星上相机坐标系与卫星本体坐标系的关系计算相机 TDICCD 器件视轴在卫星本体坐标系中的位置。

(2)根据相机视轴矢量在卫星本体坐标系中的分量计算相机视轴矢量在地固坐标系中的分量,用于计算相机视轴矢量与地球表面的交点。在计算时,需要通过卫星本体坐标系到卫星轨道坐标系、卫星轨道坐标系到 J2000 惯性坐标系、J2000 惯性坐标系到地固坐标系三次坐标转换得到视轴矢量在地固坐标系中的分量。

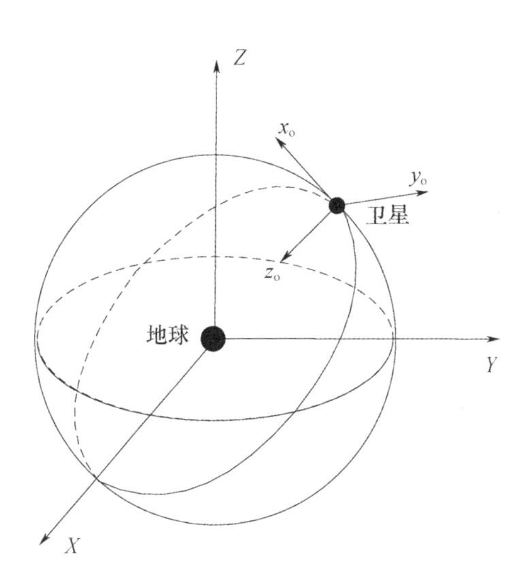

图6－23　J2000惯性坐标系与卫星轨道坐标系

(3)根据计算时刻的卫星轨道参数、姿态数据，以及星上相机视轴在地固坐标系中的矢量表达形式，可以计算该时刻相机视轴与地球表面的交点，即相机视轴对应的地面摄影点。同时，在计算过程中，地球模型采用高精度的自转模型，其中考虑了岁差对地球自转模型的影响。

(4)根据步骤(3)中得到的视轴对应的摄影点位置和该摄影点地理高程数据计算卫星到摄影点的距离矢量，即摄影点斜距 h。

(5)计算在J2000惯性坐标系中摄影点相对于星上相机的相对速度矢量，即地速矢量 v。

(6)根据步骤(5)得到的地速 $\boldsymbol{v}$，以及J2000惯性坐标系到卫星轨道坐标系的转换矩阵 L_{oi} 转换得到该地速在卫星轨道坐标系中的矢量 $\boldsymbol{v}_o$。

(7)根据卫星姿态数据和卫星轨道坐标系到卫星本体坐标系的转换矩阵 $\boldsymbol{L}_{bo}$ 计算地速在卫星本体坐标系中的矢量 $\boldsymbol{v}_b$，计算公式为

$$\boldsymbol{v}_b = \boldsymbol{L}_{bo}\boldsymbol{v}_o \tag{6-10}$$

(8)根据卫星本体系到相机本体坐标系的转换矩阵 L_{cb} 计算地速在相机本体坐标系中的矢量投影 $\boldsymbol{v}_c$，计算公式为

$$\boldsymbol{v}_c = \boldsymbol{L}_{cb}\boldsymbol{v}_b \tag{6-11}$$

(9)根据地速在相机本体坐标系中的矢量计算速高比。由矢量 $\boldsymbol{v}_c$ 沿相机上TDICCD器件推扫方向的分量 v_{cx} 以及之前得到的摄影点斜距 h 可以计算速高比，计算公式为

$$B = \frac{v_{cx}}{h} \tag{6-12}$$

（10）根据速高比和相机的焦距、像元尺寸计算相机 TDICCD 器件对应的积分时间，计算公式为

$$t = \frac{d}{v_x} = \frac{d}{f} \cdot \frac{1}{B} = \frac{d}{f} \cdot \frac{h}{v_{cx}} \tag{6-13}$$

式中：f 为相机的焦距；d 为相机的 TDICCD 器件的像元尺寸。

6.3.3 星上成像参数自主设置技术

相机的增益、积分级数是每次成像任务的基本成像参数组成部分。对于相同的输入信号，图像的 DN 值及灰度特性随增益和积分级数的变化而变化。面对当前光学遥感卫星越来越精细化的高分辨率光学卫星使用要求，以及越来越敏捷快速的成像任务执行能力，在降低操控复杂度的情况下确保图像增益、积分级数设置合理，是保证遥感卫星成像质量的一项重要因素。

在不同太阳高度角情况下，采用相同的积分级数、增益的成像效果进行仿真，如图 6－24 所示。由图可以看出，在太阳高度角较低、入射能量较小时，需要采用更高的积分级数和增益才能获得较好的图像动态范围。

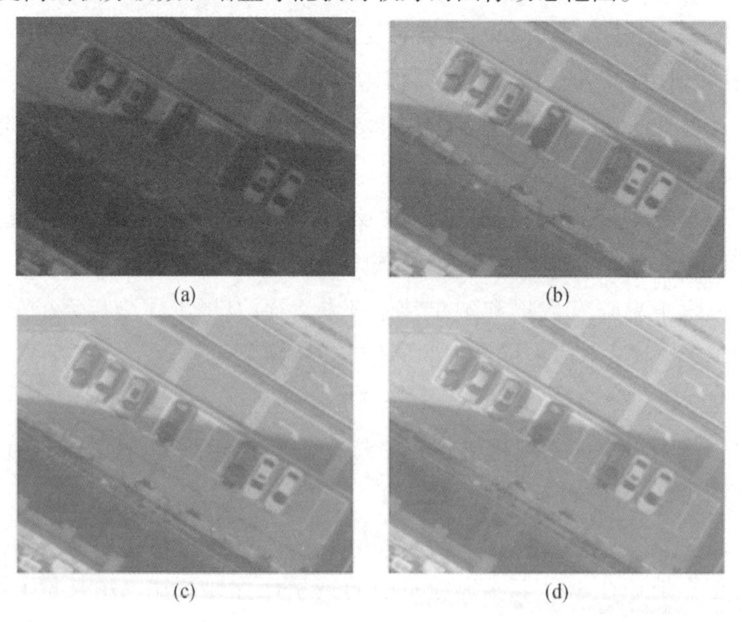

图 6－24 采用相同级数、增益条件下不同太阳高度角的成像效果

（a）太阳高度角 10°；（b）太阳高度角 30°；（c）太阳高度角 40°；（d）太阳高度角 50°。

自某卫星开始，国内多颗高分辨率光学卫星均采用增益、级数自主设置技术。在大量图像统计得到的地物反射率分布范围的基础上，结合相机辐射成像特性模型，反推得到不同的太阳高度角、积分时间下，图像DN值灰度分布范围不小于$0 \sim 2^{N-1}$（N为系统量化位数），并且最高反射率不饱和所对应的最优积分级数＋增益参数组合。基于在轨的太阳高度角范围、积分时间范围形成二维查找表。查找表的两个维度分别为"太阳高度角""积分时间"，查找表每个单元格内为一组相机成像参数（包含各个谱段的积分级数及增益）。卫星在轨根据控制分系统实时获取的太阳高度角、综合电子分系统计算的积分时间，进行增益、积分级数的查找及指令设置。

卫星具有相机参数自主模式设置使能和相机参数自主模式设置禁止两种相机参数设置状态，可根据用户的需求进行自由切换。对于星上自主设置状态，具体流程如图6－25所示。

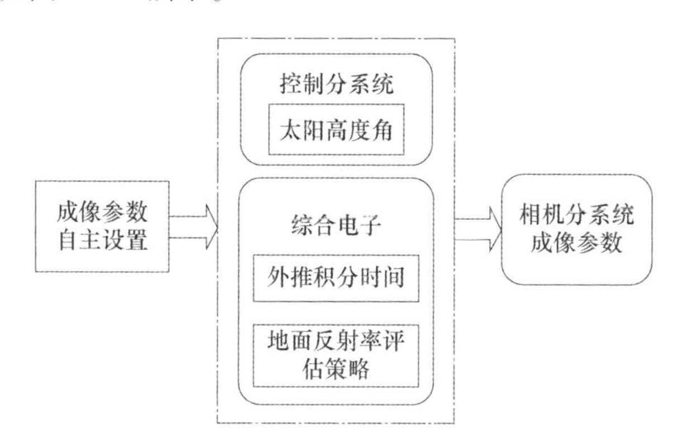

图6－25　卫星相机成像参数设置流程

针对不同的成像地物辐亮度动态范围，推荐星上存储两个二维查找表，分别对应高辐亮度动态范围表（参数设置策略为高端0.7或0.8反射率输入时，输出接近饱和）、低辐亮度动态范围表（参数设置策略为反射率为0.2输入时，对应图像DN值为最大量化范围的40%～50%），并为用户提供切换指令，从而适应不同的应用场景需求。

6.4　基于主动地速补偿的像质提升技术

高分辨率可见光－红外一体化卫星需要兼顾圆轨道和椭圆轨道的使用场景。对于椭圆轨道的近地弧段，卫星飞行速度快，地物目标相对卫星的速度快，导致卫星积分时间(可见光)/行周期(红外)较短,成像输入能量的下降。某椭圆轨道不同姿态机动角情况下积分时间相对于500km轨道高度星下点积分时间倍率计算结果,如图6-26所示。

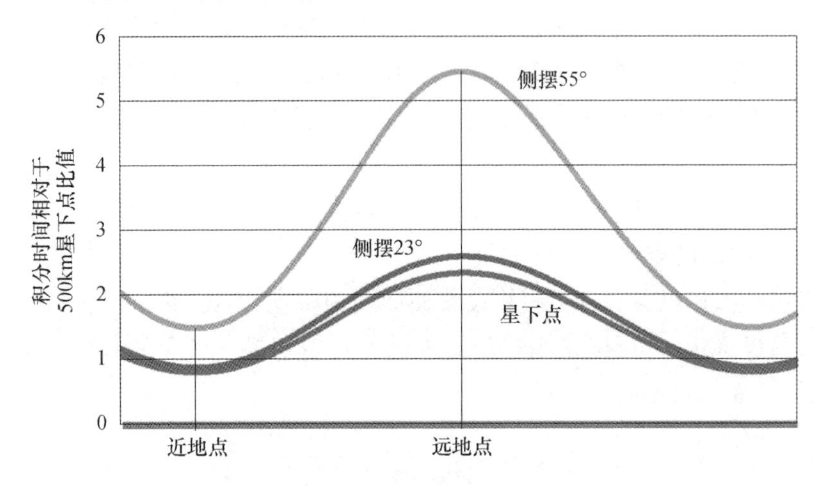

图6-26　椭圆轨道不同姿态机动角积分时间相对于500km轨道高度星下点积分时间倍率

在一些降交点地方时偏流正午较多的轨道情况下,成像时目标位置的太阳高度角较低,使得可见光谱段的光照条件差,成像输入能量下降。在成像输入能量不足的情况下,为达到信噪比、温度分辨率指标,需要尽量提升卫星对地物的成像驻留时间。对某地区春分日一天中太阳高度角进行分析(图6-27)可以看出,不同的成像时间光照条件差别很大。

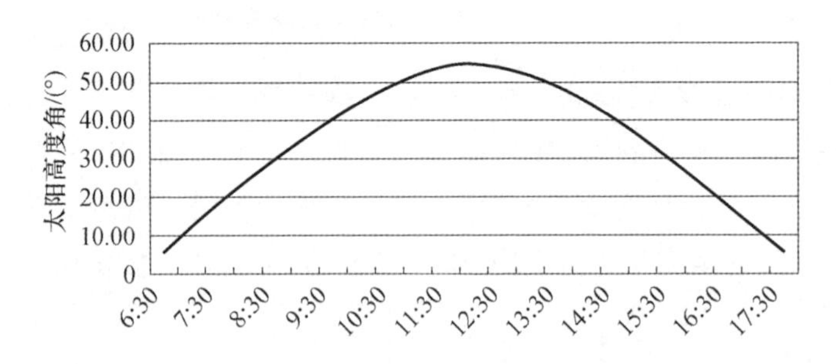

图6-27　某地春分日不同当地时间太阳高度角变化

高分辨率可见光-红外一体化卫星的成像模式灵活多样,在增大积分级数提升输入能量的可选措施基础上,主动回扫工作模式提供了改变推扫地速、提升积分时间的输入能量提升可选措施。

(1)对于被动推扫成像模式,扫描地速由飞行速度、地球自转速度两个速度矢量合成,在卫星成像轨道高度等轨道参数、成像姿态角等姿态参数、摄影点经纬度确定的情况下,被动推扫成像的合地速是不可调的,只能通过增加积分级数提升成像能量。

(2)对于动中成像模式,推扫合地速在被动推扫的卫星飞行速度、地球自转速度两个速度矢量基础上又增加了卫星姿态实时变化带来的第三项速度矢量,使得成像任务的推扫合地速变为可调节的(随姿态角速度变化而变化)。利用卫星平台边成像边调整姿态的方式可以改变摄影点扫描地速,从而提升积分时间,达到提升输入能量的目的。

主动地速补偿动中成像模式如图6－28所示,采用主动回扫工作模式提高积分时间。根据信噪比计算公式估算,在相同的场景及成像参数设置下,地速降低为原来的1/4,信噪比可提升约2倍,图6－29是主动推扫和被动推扫的成像效果仿真图。

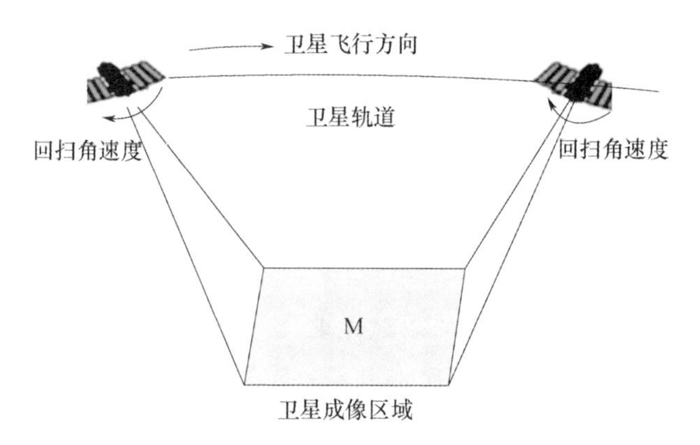

图6－28　主动地速补偿动中成像模式

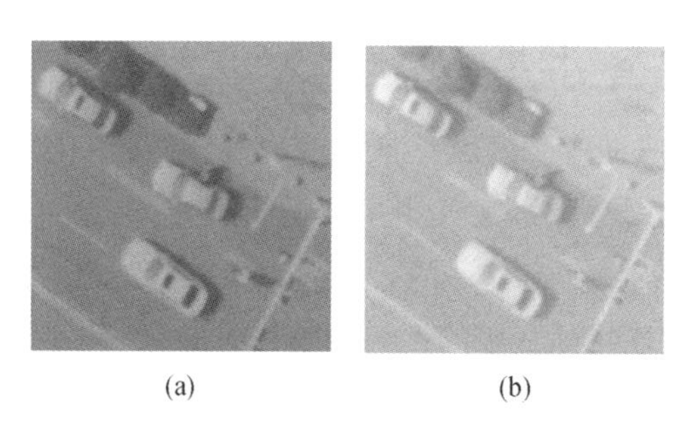

图6－29　卫星平台主动地速补偿信噪比提升仿真图

(a)被动推扫成像效果(SNR＝34dB);(b)主动回扫成像效果(SNR＝39dB)。

由于轨道参数、姿态参数、相机设计参数、像质预期目标等多种要素关联耦合性强(表6-15),因此对于某一任务很难直接选取到图像各项指标均为最高的"最优解"。在任务制定过程中,需要针对不同的使用需求,分辨任务特性的侧重点,确定最优任务参数。

表6-15 主动地速补偿模式任务特性参数变化规律分析

任务设定	任务特性参数	变化规律
(1)在某轨道高度处; (2)实现某固定成像时间长度的任务; (3)信噪比相同; (4)采用高积分级数	MTF	低
	地速	高
	条带长度	长
	数据率	高
	开始及结束俯仰角	小
	所需的任务总时间	短
	成像期间积分时间变化幅度	小
	成像期间分辨率变化幅度	小
	成像期间焦面位置变化幅度	小

6.5 成像区域同步大气校正像质提升技术

遥感器在对地观测过程中不可避免地受到大气分子、气溶胶、水汽和云等大气成分的吸收与散射的影响,使得大多数光学遥感图像的可利用性下降,因此,需要对遥感图像进行大气影响校正,提升图像质量和定量化水平,得到高精度的地表图像信息。

6.5.1 成像区域大气校正原理

地球大气的组成在各个区域是不同的,且随时在变化,特别是水汽和气溶胶随时间和空间变化较大,是大气中主要的不确定因素。因此,不可能以固定的大气模式或分布参数实施统一的校正处理,为实现较高的大气校正精度水平,必须是以同步获取目标区域的大气参数为前提。

高精度的大气校正必须依靠同步获取的大气特性参数。高分辨率对地观测卫星由于应用目标的需要,在波段设计、观测模式等方面往往针对的是获取地面信息,而获取大气信息的能力较弱。因此,高分辨率对地观测卫星往往缺少高精度大气自校正的能力，需要外部仪器获取大气特征参数，再对高分辨遥感图像进行大气影响校正。

多波段多角度探测可以获得大气散射辐射信息，并初步解决地面反射率变化的影响问题，再结合偏振探测将可以提高大气散射辐射参数反演精度，也可以获得大气吸收特征信息，使得遥感图像的大气校正更为准确和充分。因此，通过大气校正仪与主载荷共同搭载在同一颗卫星上，利用大气校正仪观测的多波段偏振辐射遥感数据，同步获取较高精度的大气参数信息，实现主载荷高分辨图像的同步大气校正。

图 6 - 30 为高分辨遥感图像大气校正原理框图。高分辨率光学卫星的主载荷是光学相机，大气校正仪作为副载荷与主载荷同时观测同一地表区域，通过对大气同步校正仪数据的处理和反演获取成像区域上空的大气参数。以实测的大气参数为输入，通过基于辐射传输的大气校正模型开展对主载荷高分辨率图像的校正，得到更为清晰的地表图像。

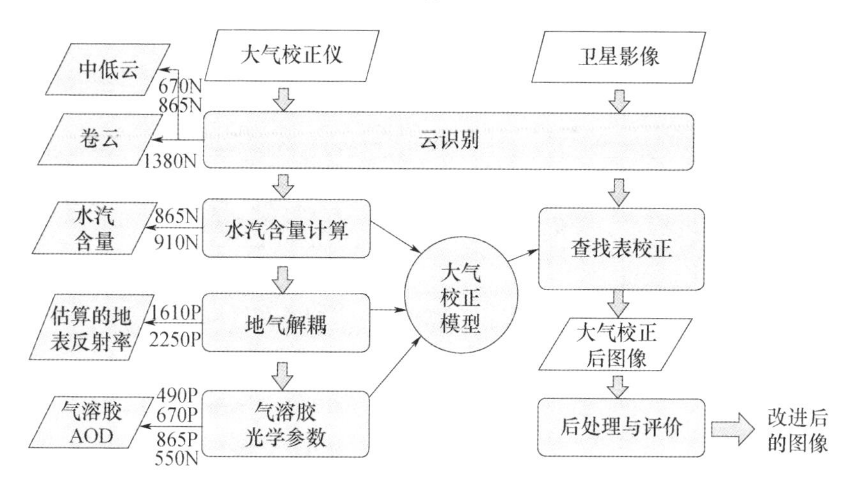

图 6 - 30　高分辨遥感图像大气校正原理框图

6.5.2　成像区域大气参数同步获取技术

6.5.2.1　成像区域大气校正仪设计

大气校正仪装载于卫星平台，为了达到探测观测区域内大气中的气溶胶、水汽和云的目的，与主光学载荷同视场同步工作，获取地气系统多谱段偏振辐射信息，用于得到大气校正参数。

大气校正仪是一个独立的单机，从结构上可以分为光机头部和电控箱两个单元。其中:光机头部用于多光谱偏振信号的探测和获取,由探测器及其放大电路将光电信号转换为探测器模拟信号传输至电控箱,同时电控箱对短波红外探测器进行高精度温控以保证其工作性能;电控箱由模拟信号处理模块、主控模块、探测器温控模块和电源配电模块组成,用于探测器模拟信号的处理、短波红外探测器精确温控、系统管理,并负责与卫星数管接口对接。成像区域大气校正仪原理、数据流及外部接口如图 6 - 31 所示。

6.5.2.2 大气校正仪探测谱段选择

成像区域大气校正仪覆盖 0.38 ~2.15μm 的光谱范围内的 8 个大气探测波段,如表 6 - 16 所列,设置 490nm、670nm、870nm、1610nm、2130nm 为偏振探测波段,利用大气气溶胶对偏振敏感的特性进行高精度气溶胶反演;设置 0.91μm 波段,获取昼夜的水汽廓线探测结果;结合前期地基和卫星平台积累的多光谱偏振大气反演算法,可有效解决地气解耦难题,摆脱大气反演对地表辐射反射率的依赖,通过同步获取大气信息来精确估算影响图像质量的气溶胶光学厚度、水汽分布等因素,用于开展大气反演。

表 6 - 16 成像区域大气校正仪可见 - 近红外单元探测波段

中心波长/nm	带宽/nm	偏振	用途
490	20	是	探测 AOD 及气溶胶模型参数反演
550	20	是	参考波长
670	20	是	探测 AOD 及气溶胶模型参数反演
870	40	是	探测 AOD 及气溶胶模型参数反演、水汽含量约束
910	20	—	水汽含量反演
1380	40	—	识别卷云,探测 AOD
1610	40	是	地表特性获取、驱动偏振地表模型,实现偏振地气解耦合
2130	40	是	地表特性获取、驱动偏振地表模型,实现偏振地气解耦合

1) 多光谱偏振探测的技术特点

大气校正仪具有可见光到短波红外(0.49 ~2.25μm)范围内的 8 个探测波段,其中 5 个波段具备偏振探测能力;偏振探测视场的高精度配准是决定偏振探测载荷有效性的关键问题。为适应卫星高空间分辨,以及轨道高度、姿态变化的要求,大气校正仪采用二元探测器分视场探测的方法提升空间分辨率,同时大气校正仪的分孔径光谱/偏振通道技术方案,使得不同探测通道的视场像元重合率达到90%以上,从而保证线偏振度等参数的计算精度。

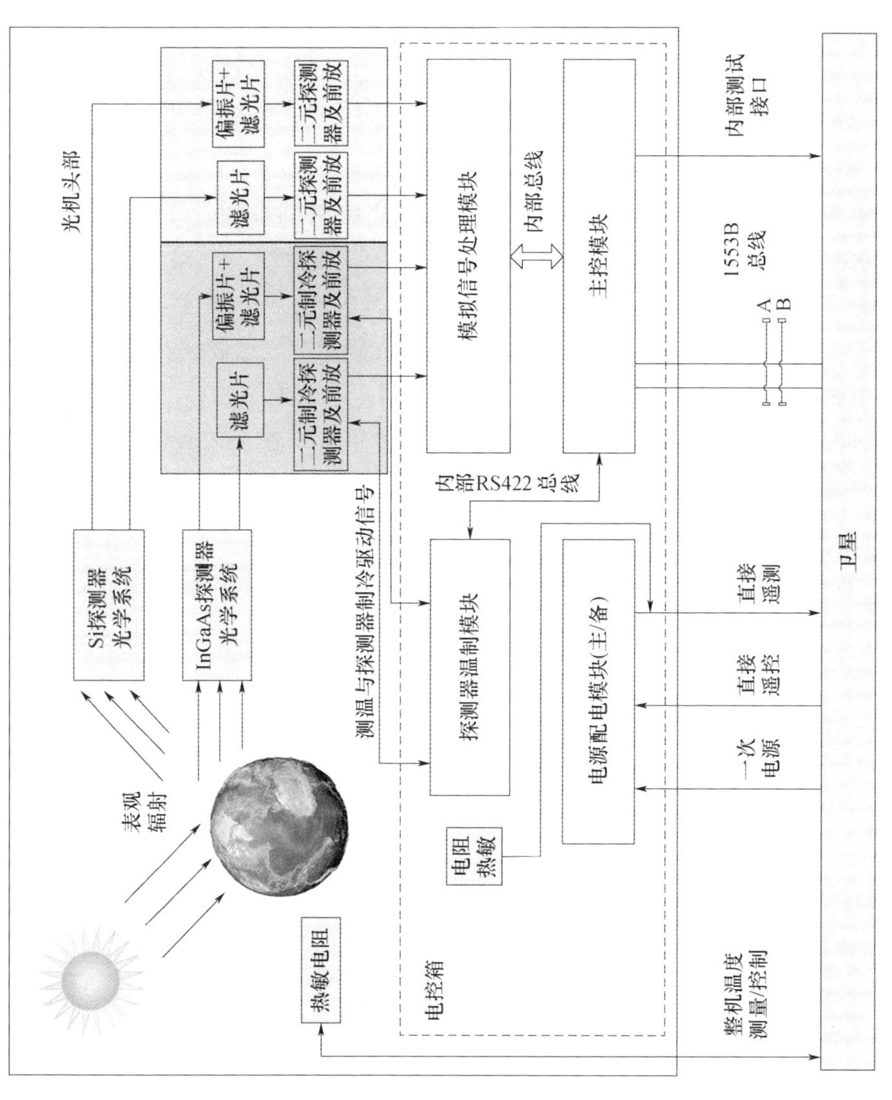

图6-31　成像区域大气校正仪原理、数据流及外部接口

2)短波红外探测的技术特点

短波红外探测器暗电流是影响其探测性能的重要因素,严重影响其辐射和偏振参数的测量精度。大气气溶胶反演的难点之一是如何消除地面辐射的影响。短波红外波段具有受气溶胶影响小、地表偏振反射率光谱独立的特点,因此大气校正仪采用短波红外偏振探测用于气溶胶反演中地表特性的准确校正。大气校正仪一方面降低探测器工作温度以降低暗电流绝对数值,并采用短波红外波段高精度温度控制技术减小暗电流随温度波动对探测数据的影响;另一方面使用在轨探测器暗电流标定技术,进一步降低探测器暗电流随时间波动产生的暗电流的测量不确定度,保证计算的偏振度等参数的精度。目前,采用对地阴影区探测方式实现暗电流标定。

综上所述,对于遥感图像的大气校正,实时同步获取成像区域的大气校正参数至关重要。按照上述大气校正原理和方法,以示范区域同步获取的大气校正参数进行遥感图像大气校正研究。通过在卫星过顶时开展航飞试验和地面试验,同步获取大气参数,根据试验结果,大气校正后 MTF 提升优于 10%,有效提升了高分辨遥感图像质量。

6.6 可见光-红外一体化卫星成像质量预估技术

6.6.1 在轨动态 MTF

卫星在轨动态成像过程中,由于卫星运动等因素,相机成像性能在沿轨和垂轨方向上存在较大的差别。影响卫星在轨动态 MTF 的主要因素包括大气、相机静态传递函数、相机推扫、积分时间精度、偏流角修正精度、颤振影响、空间环境影响、杂光影响、调焦影响等。将整个成像链路系统看作空间频率的线性系统,这些影响单元对调制传递函数进行级联相乘即可确定整个系统的综合调制度响应,系统的总体响应可表示成各个环节传函的乘积。一般对奈奎斯特频率处的 MTF 进行定量评价。

6.6.1.1 大气对在轨动态 MTF 的影响

地球大气层会影响地物反射辐射,使得地物目标的光谱分布及辐射强度发生变化,进而降低卫星在轨成像 MTF。大气层对 MTF 的影响可以用大气传递函数来描述,太阳高度角、探测波长、大气能见度等是影响大气传递函数的主要因素。

对于可见光谱段,大气对 MTF 的影响主要需要考虑大气湍流、大气吸收、大气散射等要素影响。

1)大气湍流 MTF

大气相干长度 r_0是评价大气湍流是否影响光学系统成像分辨率及其程度的主要参数。运用 GreenWood 湍流垂直廓线模式,可以估计不同轨道高度处的各特征波长的大气相关长度。在平稳和各态历经条件下,假设成像系统具有圆对称的传递函数,则湍流调制传递函数是大气相干长度 r_0的函数:

$$\mathrm{MTF}_{\mathrm{t}}^{\mathrm{LE}} = \exp[-3.44\,(D/r_0)^{5/3}u^{5/3}] \tag{6-14}$$

式中:u 为归一化空间角频率,$u=\Omega\lambda/D$,Ω 为空间角频率,$\Omega=\kappa\times f$(κ 为空间频率,f 为相机焦距),λ 为入射光的波长,D 为相机口径。

理想相机系统的调制传递函数 MTF_0满足

$$\mathrm{MTF}_0 = \frac{2}{\pi}(\arccos u - u\sqrt{1-u^2}) \tag{6-15}$$

2)大气吸收散射 MTF

大气分子和气溶胶的散射退化作用表现为遥感图像中不同反射率地物之间差异程度的降低,且这种差异降低的程度随光学厚度(影响大气能见度)的增加而增加。此外,大气前向散射在目标与背景之间造成交叉辐射,使得图像中地物边缘锐度降低,最终造成图像模糊。根据光散射小角近似方法,计算得到的某高分辨光学相机奈奎斯特频率处大气 MTF,如表 6-17 所列。

表 6-17　大气吸收散射对可见光 MTF 影响分析

能见度/km	0.45~0.8/μm	0.45~0.52/μm	0.52~0.59/μm	0.63~0.69/μm	0.76~0.89/μm
4	0.198	0.180	0.202	0.226	0.258
6	0.428	0.414	0.429	0.446	0.469
10	0.612	0.602	0.612	0.623	0.637
16	0.714	0.708	0.715	0.722	0.732
23	0.766	0.761	0.767	0.773	0.781

我国常用的在轨动态 MTF 测试、评估方法中,一般会将大气对可见光谱段的影响统一归一化为 0.8,因此,在开展卫星系统总体设计及在轨动态传函预估时,将可见光谱段的大气影响参数统一按 0.8 进行计算。

近年来,成像区域同步大气校正技术越来越多地用于高分辨率成像卫星。采用星上装载的成像区域大气观测设备,同步测量高分辨率相机成像区域的水汽、大气光学厚度等参数，在地面图像处理中可以实现更加精确的大气校正，有效提升可见光谱段 MTF 达到 10% 以上。

6.6.1.2 相机静态 MTF

相机的实验室静态 MTF 主要是由光学镜头的 MTF、镜头加工装调 MTF、电子学系统的 MTF 和 CCD 器件的 MTF 共同所决定的。相机的最终 MTF 评估的近似公式为

$$\mathrm{MTF}_{静态} = \mathrm{MTF}_{光学系统} \times \mathrm{MTF}_{加工装调} \times \mathrm{MTF}_{\mathrm{CCD}} \times \mathrm{MTF}_{电子学线路} \tag{6-16}$$

1）光学系统 MTF

相机的光学系统 MTF 涉及要素较多，在开展相机分系统方案设计的过程中需要考虑光学系统 MTF 与相对孔径的关系、衍射极限传函与探测器采样频率之间的关系等，结合用户提出的设计需求指标进行多要素的协同优化。

（1）光学系统 MTF 与相对孔径关系。

忽略光学像差影响，不同空间频率下光学系统理想 MTF 计算公式为

$$\mathrm{MTF} = \frac{2}{\pi}\left[\arccos\left(\frac{v}{v_{\mathrm{oc}}} - \frac{v}{v_{\mathrm{oc}}}\sqrt{1-\left(\frac{v}{v_{\mathrm{oc}}}\right)^2}\right)\right] \tag{6-17}$$

式中：v 为空间频率（lp/mm）；v_{oc} 为光学空间截止频率，与平均入射波长和光学系统口径和焦距有关，即

$$v_{\mathrm{oc}} = \frac{D}{\lambda f'} \tag{6-18}$$

其中：λ 为平均入射波长；D 为光学相机口径；f' 为相机焦距；D/f' 为相机的相对孔径。

由（式 6-18）可以看出，在入射波长固定的情况下，相机理想 MTF 与相机的相对孔径有关。相对孔径越大，相机空间截止频率越高，同一个空间频率下的 MTF 也越高。但是，相机的相对孔径受到镜头像差、加工难度、运载能力限制不能无限提高。

（2）镜头空间截止频率与探测器采样频率匹配设计。

由于衍射效应影响，光学系统难以完善成像，会形成弥散圆环，即艾里斑。艾里斑直径与光学系统 F 数和入射光波波长有关，计算公式为

$$d_{\mathrm{Airy}} = 2.44\lambda F \tag{6-19}$$

根据香农采样原理，为使探测器对焦面光学信号充分采样，探测器的采样频率至少需为光学信号截止频率的 2 倍，即

$$v > 2v_{\mathrm{c}} \Rightarrow \frac{v}{2v_{\mathrm{c}}} = \frac{\lambda F}{2p} > 1 \tag{6-20}$$

式中：v 为探测器空间频率，p 为像元尺寸，$v=\frac{1}{p}$；v_c 为镜头空间截止频率；λ 为工作谱段的中心波长；F 为光学系统 F 数，为光学相机口径与相机焦距的比值。

相机光学系统的设计需要综合考虑探测器与光学系统之间的参数匹配，并进行优化设计，以降低离散空间采样带来的混叠影响。近年来，随着背照式 TDICCD 的广泛应用，以及在高速、低噪声成像电路方面所取得的技术进步，在保障系统成像质量符合应用要求的前提下，多采用大 F 数、小像元的系统设计方案。如 GeoEye、WorldView 系列卫星，在入瞳直径相同的前提下，有效地提高了系统焦距和瞬时视场，在提高地面像元分辨率的同时减小了相机系统规模。

（3）光学系统 MTF 评估。

在相机的焦距、口径、探测器像元尺寸等指标确定后，开展光学系统设计，并可以利用光学系统设计软件进行光学系统 MTF 最终设计结果评估。某高分辨相机光学系统的传递函数设计结果如图 6－32 所示，奈奎斯特频率处传递函数分析结果为$MTF_{光学系统}=0.323$。

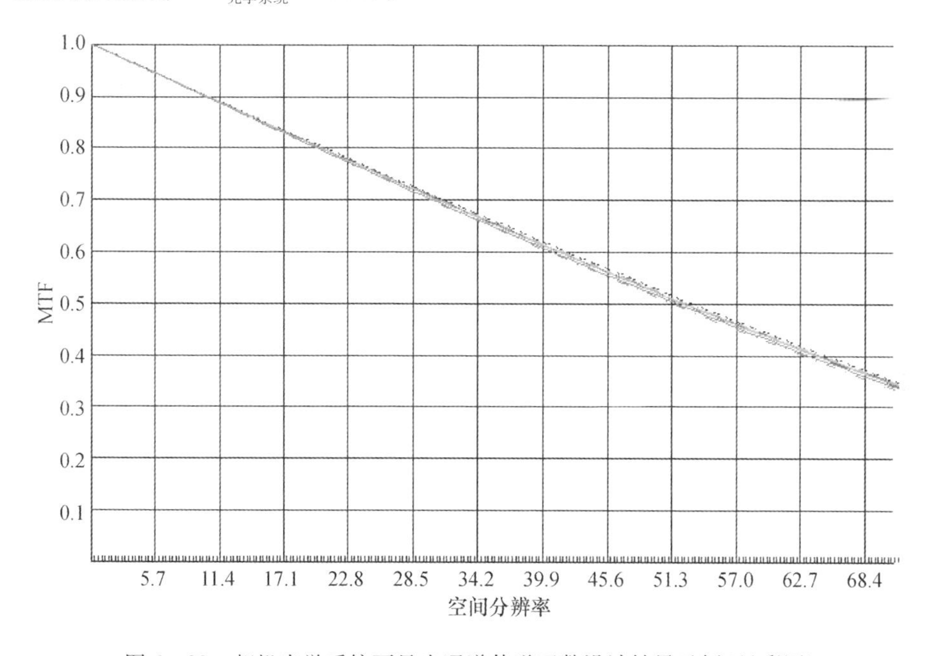

图 6－32　相机光学系统可见光通道传递函数设计结果示例（见彩图）

2）光学加工及系统装调 MTF

为保证光学系统 MTF 的设计效果，光学加工、装调过程需要严格控制，大面型光学镜头对面形及装调误差的敏感度更高，因此，需要采用高精度加工和装调方案，其关键点包括：

(1)采用大口径反射镜高精度面型加工技术、高精度反射镜面型检测技术，保证相机反射镜加工水平达到 $\lambda/50$ 精度量级，接近衍射极限。

(2)装调过程中保证热和振动环境的要求，并随时定量监测敏感组件的角度及位置精度变化情况。

(3)对反射镜组件及主承力结构均进行应力及热变形的卸载设计，实现无应力安装。

(4)装调完成后，对相机光学镜头在装调 0°方向、装调翻转 180°两个方向分别检测传递函数，以保证地面发射状态到在轨无重力情况下传函的可恢复性。

采用高精度加工装调方案后，高分辨率光学相机的装调 MTF 影响因子约为 0.85。

3)探测器 MTF

TDICCD 的传递函数由 CCD 像元的几何尺寸、转移效率、各谱段光在 TDICCD 感光表面的扩散情况等各方面的综合影响构成，通常由器件生产厂家保证。对于具有较高量子效率与电荷转移效率的探测器件，MTF_{CCD} 在所用谱段范围内可以达到优于 0.5 的水平。

4)电子线路 MTF

相机电子线路中图像数据信号受各种噪声影响，为保证信噪比必须限制放大器带宽，也会使传递函数一定程度的下降，根据我国高分辨率相机研制经验，电子学线路对传递函数的影响因子约为 0.98。

6.6.1.3 推扫运动对在轨动态 MTF 的影响

与普通线阵探测器一样，卫星推扫可以引起在轨动态 MTF 下降。卫星推扫运动造成的 MTF 下降可由下式计算：

$$MTF_{推扫} = \frac{\sin(\pi v_n d)}{\pi v_n d} = 0.636 \tag{6-21}$$

式中：v_n 为采样频率，$v_n = 1/2p$（p 为像元尺寸）；d 为一个积分时间内像移距离。

不同成像占空比对应的推扫 MTF 如图 6-33 所示。

近年来，我国高分辨率相机常采用沿轨传递函数提升技术，通过一个行周期内高频次电荷转移的方法，降低一个积分时间内的像移 d，从而降低推扫运动对 MTF 的影响。图 6-34(a)为航拍图像的真实地物；图 6-34(b)为某采用沿轨传函提升技术的图像，目标沿轨信息损失较小；图 6-34(c)为未采用沿轨传

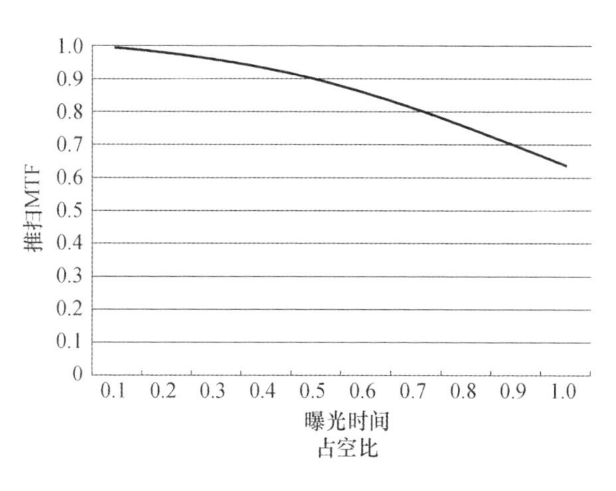

图 6 - 33　不同成像占空比对应的推扫 MTF

递函数提升技术的其他遥感卫星图像,沿轨方向细节损失严重。经测试验证,采用沿轨传函提升技术后,沿轨方向的 MTF 影响因子可由传统卫星的 0.637 提升至 0.9,从而大幅提升卫星的在轨动态传函。

(a)　　(b)　　(c)

图 6 - 34　推扫方向传函提升技术在轨验证图像

(a)谷歌航拍图片;(b)采用沿轨传函提升技术;(c)未采用沿轨传函提升技术。

6.6.1.4　积分时间控制精度对在轨动态 MTF 的影响

高分辨率可见光相机在速高比计算、焦距测量、积分时间设置延时等环节均会产生积分时间设置误差。对于 TDICCD 相机,积分时间设置误差将对成像质量造成影响。积分时间设置误差导致的 MTF 下降可用下式计算:

$$\Delta d = m \cdot c \cdot \Delta t_{\mathrm{i}} \tag{6-22}$$

$$\mathrm{MTF}(N) = \mathrm{sinc}(\pi v_{\mathrm{n}} \Delta d) \tag{6-23}$$

式中:m 为积分级数;Δt_{i} 为积分时间设置误差;v_{n} 为采样频率,$v_{\mathrm{n}} = 1/2p$(p 为像元尺寸);Δd 为由积分时间设置误差造成的像移。

表6－18给出了积分时间设置误差对MTF的影响。

表6－18　不同级数、不同设置精度误差与MTF的关系

MTF		积分级数				
		16	32	48	64	96
积分时间不同步误差	0.003	0.9995	0.9952	0.9915	0.9809	0.9662
	0.004	0.9991	0.9915	0.9849	0.9662	0.9405
	0.005	0.9985	0.9867	0.9765	0.9476	0.9079

计算结果表明：48级积分级数下，积分时间设置精度小于0.5%时，MTF下降2.3%，对成像质量影响较小。然而，当积分时间设置精度为0.5%时，积分级数提高到96级，MTF下降9.21%，对成像质量的影响不可接受。

影响积分时间设置精度的参数包括探测器像元尺寸测试精度、相机焦距测试精度、卫星速高比计算精度、积分时间设置延时误差和积分时间量化误差等，在积分时间设置精度小于0.3%的误差要求下，需对各项的影响进行指标分配：采用高精度的自准直和精光测距法，保证焦距测量精度优于0.1%；TDICCD尺寸测量误差由探测器厂家给出，一般可以忽略；速高比计算精度的影响因素主要包括卫星测速误差、星上所用数字高程误差、卫星定位误差、姿态测量误差等。假设卫星轨道高度 $H_e=500\text{km}$，误差分析方法如下。

（1）在测速误差 $\Delta V_G \leqslant 0.1\text{m/s}$ 时，对速高比计算造成的误差为

$$\left|\frac{\Delta V_G}{V_G}\right| < \frac{0.1}{7136} = 0.014 \times 10^{-3} \tag{6-24}$$

（2）在整个数字高程图范围内的高程误差 ΔH_1 最大不超过250m时，其对速高比计算造成的误差为

$$\left|\frac{\Delta H_1}{H_e}\right| \leqslant 0.5 \times 10^{-3} \tag{6-25}$$

（3）卫星在沿轨道高度方向上的定位误差分量 ΔH_2 不超过10m时，其对速高比计算造成的误差为

$$\left|\frac{\Delta H_2}{H_e}\right| \leqslant 2 \times 10^{-5} \tag{6-26}$$

（4）在相机最大侧摆角60°、侧摆角误差为0.005°（姿控指向误差）的情况下，引入的摄影距离误差 $\Delta H_3 \approx 255\text{m}$，因而其对速高比计算造成的误差为

$$\left|\frac{\Delta H_3}{H_e}\right| \leqslant 0.52 \times 10^{-3} \tag{6-27}$$

(5)假定将速高比数据转化为积分时间代码所用的量化时钟频率为100MHz,则其对应的量化误差最大为一个分层 1×10^{-8}s,当积分时间为 15μs 时,误差量最大值为 0.67×10^{-3}。

(6)星上电子系统需要根据测姿系统的姿态数据及定位系统的轨道数据计算积分时间,各设备数据的组织、设备间数据的发送及积分时间的最终计算均需要一定的时间,对于某一具体时刻,无法实时获得积分时间,而是存在一定的延时,一般来讲积分时间计算链路延迟误差不大于 0.1%。

积分时间误差可由以上各项误差综合计算。

6.6.1.5　偏流角修正精度对在轨动态 MTF 的影响

低轨可见光相机多采用时间延迟积分的成像方式,因此需要在成像时补偿地球自转造成的横向偏移。相机对地成像期间,卫星需对偏流角进行控制。偏流角修正如图 6 - 35 所示,对偏流角修正时存在误差会导致像移,引起 MTF 下降,影响遥感成像质量。

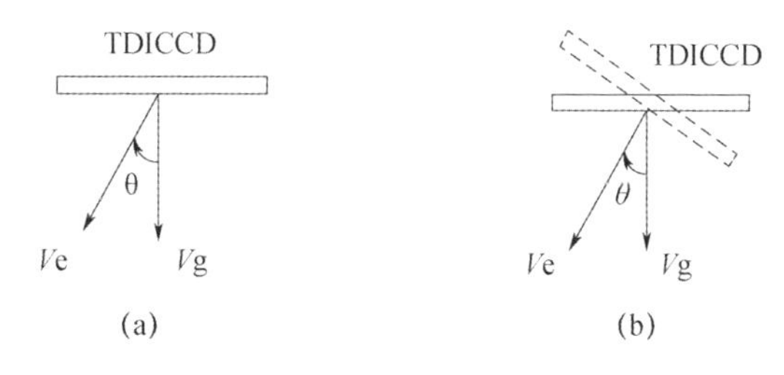

图 6 - 35　偏流角修正

(a)修正前;(b)修正后。

理想的偏流角修正是通过姿态调整保证 CCD 线阵方向与卫星相对地面景物的运动方向垂直。但偏流角修正误差不仅包含姿控系统的修正偏差,还包含载荷安装测量误差和无法消除的系统偏差(简称安装误差),如图 6 - 36 所示。

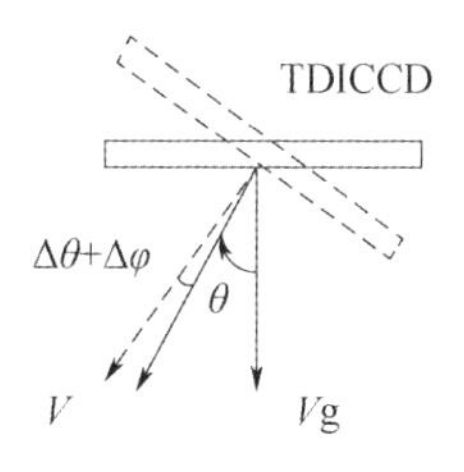

图 6 - 36　安装误差

图中,θ 为偏流角,$\Delta\theta$ 为姿态偏流角修正误差,$\Delta\varphi$ 安装误差。综上所述,偏

流角修正精度、安装误差等综合构成了偏流角修正误差，其引起的像移为

$$\Delta d = m \cdot c \cdot \tan\theta \tag{6-28}$$

式中：m 为级数；θ 为偏流角修正精度。

则

$$\mathrm{MTF}_{偏流角} = \mathrm{sinc}(\pi v_n \Delta d) \tag{6-29}$$

不同偏流角修正误差对卫星在轨成像 MTF 的影响见表 6-19。目前遥感卫星偏流角修正精度优于 0.02°，安装误差可以控制在 1′以内，综合引起的偏流角修正误差不超过 0.03°，在轨成像质量下降因子 $\mathrm{MTF}_{偏流角} > 0.99$。

表 6-19 偏流角修正精度（$\Delta\theta$）与 MTF 的关系

MTF		积分级数				
		16	32	48	64	96
$\Delta\theta$	0.03°	1.000	1.000	0.999	0.9982	0.9958
	0.05°	1.000	0.999	0.999	0.9982	0.9958
	0.1°	1.000	0.997	0.9942	0.995	0.989

6.6.1.6 姿态稳定度对在轨动态 MTF 的影响

姿态稳定度对相机的 MTF 影响主要是在 TDICCD 多级积分时所产生的像移量，像移为

$$\Delta d = \overline{\omega} \times f \times m \times t_i \tag{6-30}$$

式中：$\overline{\omega}$ 为姿态漂移角速度（(°)/s）；f 为焦距；m 为积分级数；t_i 为积分时间。

因此，控制系统低频线性运动对 MTF 的影响由下式确定：

$$\mathrm{MTF}_{姿态稳定度} = \mathrm{sinc}(\pi v_n \Delta d) \tag{6-31}$$

卫星姿态稳定度对系统 MTF 的影响见表 6-20。

表 6-20 卫星姿态稳定度对系统 MTF 的影响因子

姿态稳定度 /((°)/s)	不同 TDICCD 积分级数下的 MTF 影响因子			
	$N=24$	$N=36$	$N=48$	$N=96$
5×10^{-4}	0.9999	0.9998	0.9996	0.9984
1×10^{-3}	0.9996	0.9991	0.9984	0.9938
1.5×10^{-3}	0.9991	0.9980	0.9964	0.9860
2×10^{-3}	0.9984	0.9964	0.9938	0.9751

6.6.1.7 颤振对在轨动态 MTF 的影响

颤振定义为卫星在轨运行期间整体或局部出现的小幅宽频振动。颤振将导致在一个积分时间内光学相机与地物之间产生一定程度的像移，即相机在成像时间内并非对同一地物成像，进而引起相机成像质量下降。根据颤振频率和相机成像频率的比值大小，可将颤振分为高频颤振和低频颤振，不同频率的颤振对图像质量的影响程度不同。

1）低频颤振对在轨动态 MTF 的影响

如图 6－37 所示，对单个频率的低频正弦振动，T 为 N 级的积分时间 $T=N\cdot t_i$，T_0 为振动周期，L 为振幅，t_x 为 TDICCD 积分开始时刻。最大的像移值为

$$d_{\max} = 2L\sin\left[\left(\frac{2\pi}{T_0}\right)\left(\frac{T}{2}\right)\right] = 2L\sin(\pi v_0 T) \tag{6-32}$$

式中：v_0 为振动频率，$v_0=1/T_0$。

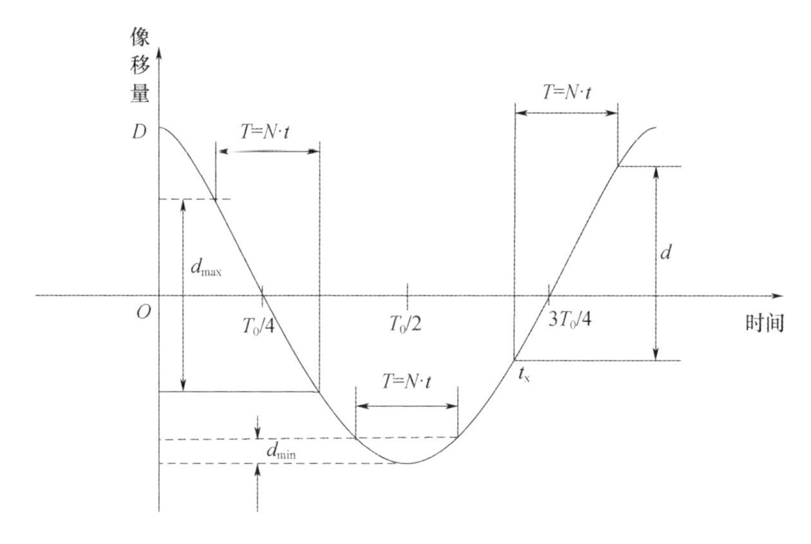

图 6－37 低频振动

低频振动像移对图像 MTF 的影响计算公式为

$$\mathrm{MTF}_{低频振动} = \mathrm{sinc}(\pi v_n d_{\max}) \tag{6-33}$$

由此可得不同的像移对图像传递函数的影响如表 6－21 所列。对于高分辨率光学遥感卫星，一般要求保证低频颤振最大像移量 $d_{\max}$ 小于 0.2 个像元，此时 $\mathrm{MTF}_{低频}=0.984$。

表 6－21　低频振动对图像 MTF 影响

对应像元数	0.1	0.2	0.3	0.4	0.5
MTF	0.996	0.984	0.963	0.935	0.900

2）高频颤振对在轨动态成像 MTF 的影响

高频颤振的判断标准为卫星颤振频率 f_0 大于相机成像频率 1/2，高频颤振造成的 MTF 下降计算公式为

$$\mathrm{MTF}_{高频颤振} = \mathrm{J}_0(2\pi v_n L) \tag{6-34}$$

其中：J_0 为 0 阶贝塞尔函数；v_n 为采样频率，$v_n = 1/2p$（p 为像元尺寸）；L 为振幅幅值。

由此计算出的高频颤振对传函的影响如表 6－22 所列。高频颤振对系统成像质量影响很大，为保证相机在轨成像质量，一般对高频颤振要求为颤振传递至像面引起的相对振幅小于 0.1 个像元尺寸。振幅为 0.1 个像元尺寸对应的 MTF 下降因子为 0.975，当振幅增大至 0.2 个像元尺寸时，MTF 下降因子降低到 0.903，难以满足需求。在振幅相同的情况下，单位积分时间内产生的高频颤振，明显比低频颤振对系统成像 MTF 影响要大得多。因此，卫星高频颤振特性的测量、抑制和验证是高分辨率遥感卫星系统设计面临的一项巨大挑战。

表 6－22　高频振动对图像 MTF 影响

对应像元数	0.1	0.2	0.3	0.4	0.5
MTF	0.975	0.903	0.79	0.646	0.471

6.6.1.8　杂散光对在轨动态 MTF 的影响

杂光对 MTF 的影响用下式计算：

$$\mathrm{MTF}_{杂光} = \frac{1}{1+V} \tag{6-35}$$

式中：V 是相机的杂光系数。

相机的杂光系数指标要求一般低于 5%，对应的由杂光产生的 $\mathrm{MTF}_{杂光} = 0.95$。

6.6.1.9　离焦 MTF 的影响

虽然主动段力学环境试验、空间真空热环境成像试验以及相机 180°翻转模拟在轨失重环境试验等地面试验可在一定程度上验证相机系统在轨工作时的成像性能，但是地面试验与实际在轨飞行环境仍具有较大差异，卫星入轨后仍

需进行焦面位置匹配，将焦面调整至理想位置。同时考虑椭圆轨道遥感卫星在轨飞行中物距持续变化，成像任务的焦面位置与理想焦面存在一定误差，即存在离焦现象。离焦对相机 MTF 影响可用下式计算：

$$\mathrm{MTF}_{离焦} = 2\mathrm{J}_1(X)/X \tag{6-36}$$

式中：J_1 为一阶贝塞尔函数；$X = \pi d v_n$，d 为离焦引起的弥散圆直径，$d = \Delta l / f$（Δl 为离焦量，f 为相对孔径的倒数），ν_n 为特征频率，即奈奎斯特频率对应的空间频率。

当相机具有远高于焦深的调焦精度时，可认为调焦环节的$\mathrm{MTF}_{离焦}=0.99$。

6.6.1.10 在轨动态 MTF 综合分析

卫星总体设计和工程研制过程，需根据卫星全系统设计结果及产品实现情况，结合卫星在轨动态成像建模分析结果，综合考虑，确保卫星成像质量符合应用要求。在对卫星在轨动态成像过程进行全链路、全要素建模分析评价时，多以奈奎斯特频率处的 MTF 为评价指标。卫星在轨动态 MTF 与各环节 MTF 影响因子的计算关系如下：

对于飞行方向的 MTF，有

$$\begin{aligned}\mathrm{MTF}_{总飞行}(f) = {} & \mathrm{MTF}_{大气} \times \mathrm{MTF}_{相机}(f) \times \mathrm{MTF}_{推扫} \times \mathrm{MTF}_{离焦} \times \mathrm{MTF}_{杂光} \\ & \times \mathrm{MTF}_{积分时间} \times \mathrm{MTF}_{姿态稳定度} \times \mathrm{MTF}_{颤振}\end{aligned} \tag{6-37}$$

式中：f 为空间采样频率（lp/mm）。

对于垂直于飞行方向的 MTF，有

$$\begin{aligned}\mathrm{MTF}_{总垂直}(f) = {} & \mathrm{MTF}_{大气} \times \mathrm{MTF}_{相机}(f) \times \mathrm{MTF}_{离焦} \times \mathrm{MTF}_{杂光} \times \mathrm{MTF}_{偏流角} \\ & \times \mathrm{MTF}_{姿态稳定度} \times \mathrm{MTF}_{颤振}\end{aligned} \tag{6-38}$$

卫星在轨 MTF 统计结果为

$$\mathrm{MTF}_{在轨}(f) = \sqrt{\mathrm{MTF}_{总飞行}(f) \times \mathrm{MTF}_{总垂直}(f)} \tag{6-39}$$

目前，我国在卫星设计时一般要求为可见光、近红外谱段在奈奎斯特频率处的 MTF 不小于0.1，多光谱谱段在奈奎斯特频率处的 MTF 不小于0.15。

6.6.2 在轨信噪比分析

信号功率水平和噪声功率水平的高低共同决定遥感图像的信噪比。可见光图像的信号功率主要与光照条件、目标光谱反射率等成像条件以及相机的相对孔径、光学透过率、TDICCD的光电转化效率等因素有关,红外图像的信号功率主要与目标发射率、大气吸收、相机相对孔径、光学系统透过率、接收器电子性能等因素有关,噪声功率主要与探测器电子元件的噪声特性有关。

相机在轨信噪比估算方法:首先利用"6S"、MODTRAN等常用软件分析相机在特定条件下的入瞳辐亮度;其次利用探测器响应度曲线计算相机响应谱段内地物光谱的等效辐亮度;最后根据光学系统设计结果和相机电子系统设计参数计算信号以及噪声对应的DN值,并根据信号及噪声DN值估算信噪比。

6.6.2.1 入瞳辐亮度计算

利用MODTRAN软件计算出不同太阳天顶角、不同地物反射率情况下的相机入瞳辐亮度,如表6-23所列。仿真使用的谱段范围为0.45~0.8μm,轨道高度为500km;太阳方位角、卫星天顶角、卫星方位角均假定为0°。

表6-23 谱段0.45~0.80μm入瞳处的辐亮度(W/(m^2·sr))

太阳天顶角/(°)	地面景物反射率/%								
	5	10	20	30	40	50	60	65	70
10	4.63	5.25	6.53	7.84	9.18	10.56	11.97	13.42	14.92
15	6.06	7.26	9.72	12.24	14.82	17.46	20.17	22.94	25.79
20	7.20	9.04	12.80	16.64	20.56	24.57	28.67	32.86	37.14
30	9.10	12.27	18.68	25.21	31.84	38.58	45.44	52.40	59.48
40	10.84	15.24	24.13	33.13	42.25	51.49	60.85	70.32	79.92
50	12.43	17.90	28.94	40.09	51.36	62.75	74.25	85.88	97.63
60	13.86	20.20	32.97	45.86	58.87	72.00	85.24	98.60	112.09
70	15.03	22.01	36.06	50.23	64.52	78.92	93.44	108.08	122.83
80	4.63	5.25	6.53	7.84	9.18	10.56	11.97	13.42	14.92

6.6.2.2 等效入瞳辐亮度计算

响应谱段内的地物光谱等效辐亮度计算公式为

$$L = \frac{\int_{\lambda 1}^{\lambda 2} L(\lambda) R(\lambda) \mathrm{d}\lambda}{\int_{\lambda 1}^{\lambda 2} R(\lambda) \mathrm{d}\lambda} \tag{6-40}$$

式中:L 为谱段范围 $\lambda_1 \sim \lambda_2$ 内的等效光谱辐亮度;$L(\lambda)$ 为谱段范围内的光谱辐亮度;$R(\lambda)$ 为谱段范围内相机的归一化光谱响应度。

6.6.2.3　TDICCD 输出电压和 A/D 量化输出分层计算

得到入射辐亮度后,可根据 TDICCD 光谱响应曲线计算传感器输出电压,再根据 A/D 转换器参数及相机电子增益放大系数计算输出 DN 值:

$$V_{\text{ccd}} = mt\frac{\pi}{4}\left(\frac{D}{f}\right)^2(1-\beta)T_{\text{e}}\int_{\lambda_1}^{\lambda_2}L(\lambda)R(\lambda)\,\mathrm{d}\lambda \tag{6-41}$$

$$\text{DN} = V_{\text{ccd}}G\eta_{\text{AD}} \tag{6-42}$$

式中:m 为 CCD 的可选积分级数;t 为一次积分过程中的曝光时间;D/f 为光学系统的相对孔径;β 为相机的面遮拦系数;T_{e} 为光学系统的等效光谱透过率;$L(\lambda)$ 为入瞳前光谱辐亮度;$R(\lambda)$ 为 CCD 的归一化光谱响应度;G 为 CCD 电路的基础增益放大倍数;$\eta_{\text{A/D}}$ 为 A/D 转换系数。

6.6.2.4　噪声分析与抑制技术

相机的噪声模型如 6 - 38 所示,从入射光进入相机光学系统开始到最终输出数字图像信号之间的各个环节都会产生噪声,并对最终输出信号产生影响。因此,在最终的图像信号中每个像素值都既有有效信号分量又有无用噪声分量。根据噪声类型及来源不同,可将相机噪声分为以下噪声:

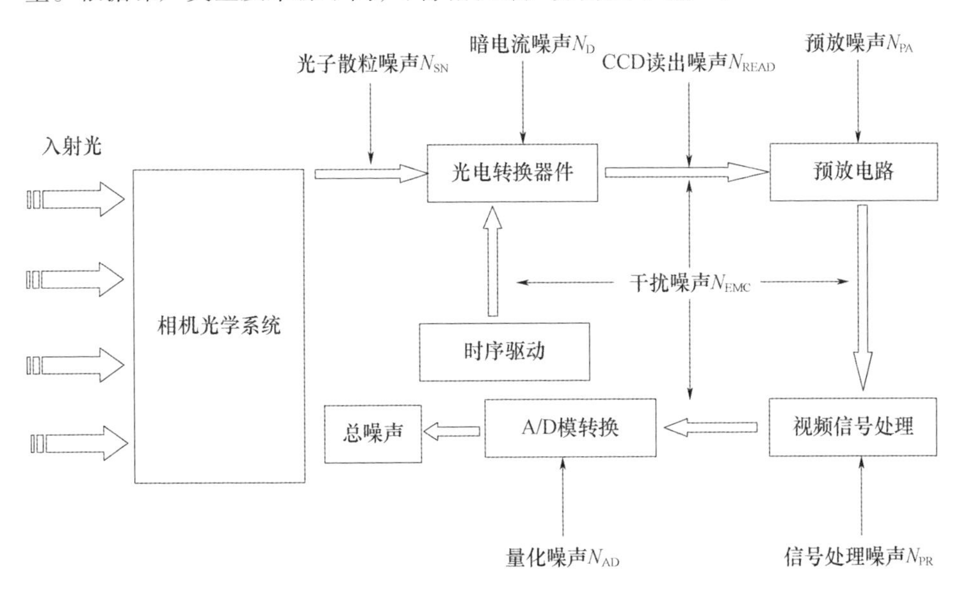

图 6 - 38　相机的噪声模型

(1)光子散粒噪声。TDICCD 器件的固有噪声,主要是由于达到焦面的光子数量存在随机波动引起的。研究表明,光子散粒噪声水平正比于探测器累积电荷数的平方。片外处理电路难以抑制此类噪声。

(2)暗电流噪声。受 TDICCD 影响温度影响较大,一般情况下,温度每升高7℃,暗电流噪声就增大 1 倍。某探测器工作温度和暗电流噪声的对应关系如表 6-24 所列。

表 6-24 探测器工作温度对应暗电流噪声的对应关系

探测器工作温度/℃	18	25	32	39
探测器暗电流噪声/mV	0.08	0.12	0.17	0.25

(3)CCD 读出噪声。探测器自身的固有噪声,反映了探测器本身的噪声水平,难以使用片外处理电路抑制此噪声。在选用传感器时多采用低噪声的 TDICCD 器件,读出噪声一般为 0.56mV 左右。

(4)运放噪声。主要来自处理电路的运算放大器。降低运放电路噪声的主要措施是选用低噪声的运算放大器。

(5)量化噪声。与量化位数直接相关,对于采用 12bit 量化的相机,量化噪声值为 0.14mV。

(6)信号处理器噪声。采用集成化信号处理芯片可以统一在处理芯片内解决相机的相关双采样、量化、放大功能,减少外部接口以降低信号处理器噪声。

(7)电路干扰噪声。电源、驱动时序及其他高频信号容易对图像信号产生干扰。此种噪声称为电路干扰噪声。电路干扰噪声多发生在图像信号产生和传输过程中。为抑制电路干扰噪声,可采用的措施:设计电路时将驱动电路和信号处理电路前置,以降低较强的驱动信号对较弱的图像模拟信号的干扰;设计传感器供电系统时,采用分布式独立供电系统,避免信号传输时产生串扰,在同一片探测器内部也采用独立电源为抽头处理电路、驱动、模拟电路、数字电路等部分供电以降低电路信号的耦合。

6.6.2.5 信噪比计算

根据相机信号及噪声估算结果计算信噪比,即

$$\mathrm{SNR} = 10\lg \frac{S}{N} \tag{6-43}$$

式中:S 为信号 DN 值;N 为噪声 DN 值。

6.6.3　在轨动态范围分析

相机在轨动态范围的一般定义为卫星成像系统对于输入信号的最大响应幅值（响应不饱和情况下）和可分辨的最小信号幅度。相机在轨动态范围在一定程度上影响最终成像质量，若动态范围较低，则图像可分辨的层次较少，信息量也变少，最终输出的图像质量较差。但动态范围也不能无限制的增加，因此动态范围需要合理设计，其设计结果将影响遥感图像的亮度、对比度等信息，进而影响成像质量。

6.6.3.1　可见光动态范围

影响相机在轨动态范围的主要因素有：卫星在轨成像条件、TDICCD 响应特性、信号放大器倍数及其他系统设计参数等。为实现良好的相机动态范围，一方面需要选择高品质 TDICCD 并采取高速成像电路噪声抑制措施以降低相机本身噪声干扰，另一方面结合在轨条件、目标光照特性及大气传输特性等外界因素合理设置在轨成像参数。

为将成像情况与实际成像场景联系起来，一般以入射光谱辐亮度范围对应的太阳高度角和地面反射率等共同构成的组合条件来表示成像系统的输入动态范围。根据工程实践经验，一般要求相机的地面输入条件范围：对应最大输入的条件为太阳高度角为 70°，地物反射率为 0.5；对应最小输入的条件为太阳高度角为 20°，地物反射率为 0.05。

输入动态范围具有以下特点：

（1）输入动态范围与太阳高度角和目标反射率有关，与卫星轨道高度无关。

（2）相同降交点地方时的轨道，同一季节同一纬度的输入动态范围基本相同。

输出动态范围一般用单调变化的响应电压范围或者响应灰度值范围表示。输出动态范围的基本要求：在同一成像工况下，最大输入辐亮度对应的输出灰度值接近饱和，最小输入辐亮度对应的图像灰度值尽量低，以此来提高遥感图像的层次和对比度。总的来说，保证输出动态范围的主要措施如下：

（1）在探测器选择时，要充分发挥硬件能力，尽可能选择具有高动态范围的探测器。

（2）量化位数选择要合理，选择高的量化位数有助于提升输出动态范围，但选取量化位数时也要考虑到噪声的影响。目前，可见光遥感相机一般选择 10bit 或者 12bit 量化位数，对应输出 DN 值范围分别为 0 ~ 1023 和 0 ~ 4095。

(3)利用数字图像背景扣除技术与灰度值拉伸处理技术去除由电路本底电平和杂散光等因素造成的图像本底,并优化输出图像灰度值范围。

(4)合理配置增益以及积分级数从而降低大气背景影响,大气背景对卫星图像的影响较为直观,会在遥感图像上形成与目标无关的图像背景。一般来说,地物反射率和太阳角度越低,大气背景对图像影响越大,占用输出动态范围越大,留给有效信息的输出动态范围就越小。可以通过在轨优化调整相机积分级数、积分时间和增益的方法,提高目标信号强度,降低大气背景影响。

6.6.3.2 红外动态范围

与可见光动态范围定义类似,红外遥感卫星的动态范围定义为红外遥感相机可以有效响应的最大、最小输入信号范围。红外动态范围决定了卫星对观测目标定量反演的温度范围,红外动态范围越大,可观测的目标温度范围越大,因此红外动态范围在一定程度上反映了红外遥感卫星对目标的观测能力。影响红外动态范围的主要因素包括外界成像条件、红外探测器响应特性、红外成像电路设置参数等。

6.6.4 在轨温度分辨率分析

6.6.4.1 红外通道噪声等效温差分析

影响红外谱段噪声等效温差(Noise Equivalent Temperature Difference, NETD)的主要因素包括温差信号和系统噪声。在提升温差信号方面可采取的措施包括增大探测器感光面积、减小光学系统 F 数、提升镜头效率(透过率)、提升探测器量子效率、增大探测器积分级数以增加积分时间等,在降低系统噪声方面包括通过制冷减小探测器读出噪声、减小处理电路噪声、通过光机降温降低背景噪声等。红外相机的 NETD 可由下式来估算:

$$\mathrm{NETD} = \frac{4\sqrt{A_{\mathrm{d}}\Delta f}}{\left(\dfrac{\mathrm{d}M}{\mathrm{d}T}\right)_{T=300\mathrm{K}} \Omega D_0^2 \tau_0 D^* \delta} \tag{6-44}$$

式中:A_{d} 为探测器面积;Δf 为等效噪声带宽;Ω 为瞬时视场立体角;D_0 为光学系统口径;τ_0 为光学系统效率;D^* 为探测器探测率;δ 为过程因子;$\left(\dfrac{\mathrm{d}M}{\mathrm{d}T}\right)_{T=300\mathrm{K}}$ 为对于 300K 的黑体,单位温度变化引起的辐出度变化,且有

$$\left(\frac{\mathrm{d}M}{\mathrm{d}T}\right)_{T=300\mathrm{K}} = \frac{c_2}{\lambda_{\mathrm{m}} T^2}\int_{\lambda_1}^{\lambda_2} M(\lambda, T)\,\mathrm{d}\lambda$$

其中：$M(\lambda,T)$为光谱辐出度；λ为波长；T为黑体温度；λ_m为平均波长；λ_1、λ_2分别为谱段的下限和上限；c_2为第二辐射常数，$c_2 = 1.438 \times 10^{-2}\text{m} \cdot \text{K}$。

6.6.4.2 大气透过率计算

大气传输过程复杂，不同气象条件下大气透过率变化较大，利用MODTRAN可仿真计算不同气象条件下的大气透过率。MODTRAN建模参数：①大气模型分别选择中纬度区域夏季、冬季标准大气，近北极区域夏季、冬季标准大气等；②能见度分别设置为5km和23km；③大气散射类型设置为多次散射模式。经计算得到各种大气条件下大气透过率见表6-25。

表6-25 各种大气条件下大气透过率

大气模型	大气透过率	
	能见度23km	能见度5km
中纬度夏季	0.494	0.420
中纬度冬季	0.646	0.600
近北极夏季	0.560	0.525
近北极冬季	0.700	0.646
1976美国标准大气	0.600	0.560

6.6.4.3 在轨温度分辨率综合分析

对于在轨温度分辨率，假设相机入轨后噪声特性没有明显变化，则在轨温度分辨率主要由红外相机发射前的噪声等效温差和大气的透过率共同决定。假设地面上的目标和背景的温差为ΔT，则到达红外相机入瞳处的表观温差$\Delta T_{\text{app}} = \tau^{\text{R}}_{\text{atm-ave}}\Delta T$，式中$\Delta T_{\text{app}}$为表观温差，$\tau^{\text{R}}_{\text{atm-ave}}$为大气透过率。因此，温度分辨率可以用下式计算：

$$\text{在轨温度分辨率} = \text{NETD}/\tau^{\text{R}}_{\text{atm-ave}} \tag{6-45}$$

6.7 全链路成像质量仿真技术

光学遥感卫星成像仿真系统用于模拟在轨卫星对地面目标成像时产生的图像退化过程。根据辐射传输路径与信号转换方式对退化过程进行多环节划分。依据退化先后关系仿真地面目标在传输过程中各环节的图像退化结果。基于当前设计方案的图像仿真，能够为设计方案提供辅助验证手段及方案优化的参考依据。

图像仿真系统模型分为大气辐射传输成像仿真技术模块和有效载荷辐射成像仿真技术模块。

6.7.1 大气辐射传输成像仿真技术

地表出射的辐照度图像经过大气传输到达星载光学相机入瞳处,在此过程中会受大气吸收和散射影响,以及大气程辐射和目标邻近像元的交叉辐射影响。

在分析大气辐射传输定律和邻近像元效应的基础上,基于 MODTRAN 的辐射传输计算进行大气传输建模,得到大气程辐射、地面反射辐射等数据,再结合辐射定律计算地面的自发辐射,综合两者得到完整的星上辐亮度图像。

6.7.1.1 可见光 - 近红外谱段

可见光 - 近红外大气传输仿真处理流程如图 6 - 39 所示。在可见光 - 近红外波段,重点考虑太阳光谱反射,遥感器接收到的辐射由三部分组成:

(1)大气程辐射:入射的太阳光未到达地面就被大气散射到遥感器视场内的辐射。

(2)来自邻近像元的辐射:经大气散射而进入遥感器观测立体角内的周围环境的漫反射。

(3)来自目标像元的辐射:包括目标对太阳直射光的反射和目标对天空漫射光的反射。

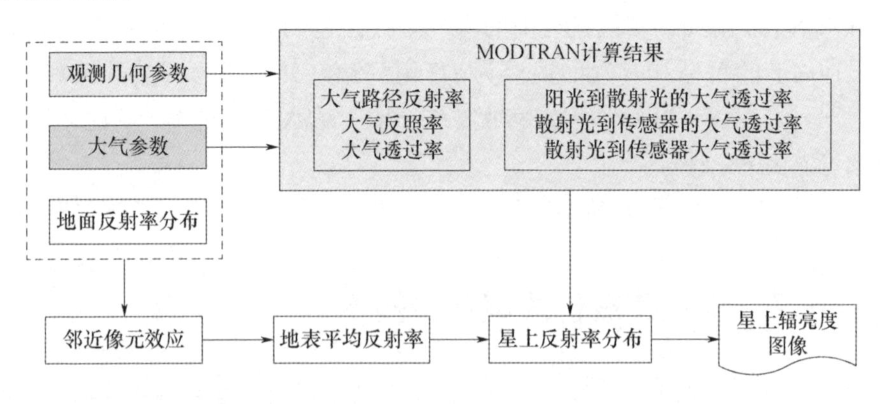

图 6 - 39 可见光 - 近红外大气传输仿真处理流程

6.7.1.2 中波红外区

中波红外遥感辐射中既包含目标自身发射的热辐射,又包含目标对太阳中中波红外波段的反射辐射。在晚上,虽无太阳辐射的干扰,但对常温地表,中波红外已远离地表热辐射的峰值区，它的辐射功率比峰值小 1 个数量级，所以中波红外遥感对地表目标探测灵敏度不如长波红外遥感。图 6 - 40 为中波红外大气传输仿真处理流程。在中波红外区域，遥感器接收到的辐射主要包括：

(1) 大气程辐射：入射的太阳光未到达地面就被大气散射到遥感器视场内的辐射。

(2) 来自目标像元的辐射：包括目标对太阳直射光的反射和目标自身的热辐射。

(3) 来自邻近像元的辐射：在地面是邻近像元的辐射和反射辐射能够进入探测器视场的部分，经大气衰减到达相机入瞳处的辐射。

其中：大气程辐射可直接由辐射传输模型获得；与目标直接相关的辐射有反射和辐射两部分，反射部分由太阳辐射和地面反射率确定，而目标自身的热辐射取决于它的温度和发射率，然后按照辐射定律计算。

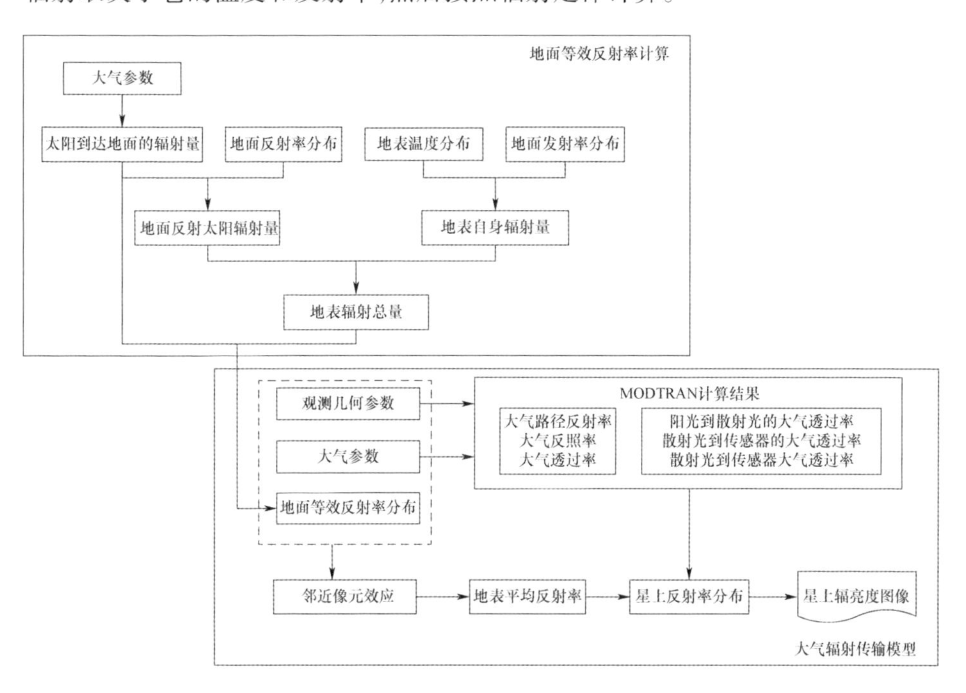

图 6 - 40　中波红外大气传输仿真处理流程

6.7.1.3　长波红外区

对于长波红外，可由地面发射率结合地面温度分布计算得到长波红外地表辐射，大气程辐射从 MODTRAN 计算结果中提取，其计算流程如图 6 - 41 所示。

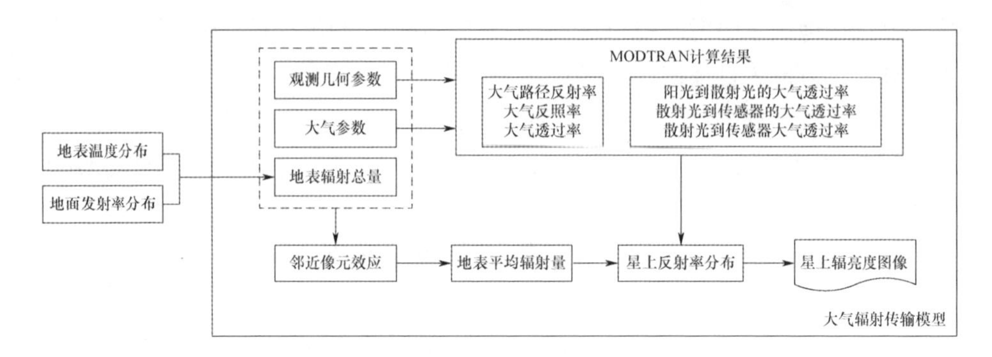

图 6-41 长波红外大气传输仿真处理流程

6.7.2 有效载荷辐射成像仿真技术

有效载荷辐射成像仿真主要包括光学系统和探测器及电子线路成像仿真两个部分。相机入瞳处的入射图像经过光学系统退化,在像面会产生畸变、像差、色差和照度衰减。在可见光-近红外和中波红外共用一套前端光系统,后面以分光镜与滤波片进行分光分别成像到不同像面。物点不同,波长入射光在像面像斑的弥散情况不同,造成色差。

探测器接收光学系统输出的辐照度图像,依据器件参数进行采样、量化,输出转换电压。在此过程中,传感器对不同波段辐射有不同响应,然后叠加到输出电压,由输出电压范围映射到灰度图。由像元尺寸和系统分辨率决定采样后的图像缩放比例。

有效载荷辐射成像仿真过程如图 6-42 所示。其中光学系统建模部分由于需要调用第三方软件(ZEMAX,建模过程复杂,因此采用先建模后仿真的方式进行)。图中的紫色部分为软件的数据流,即图像的传输路径;绿色部分为通过文件传输的模型计算参数;黑色箭头为软件内部的参数传递。共 8 个模块,包括相机畸变仿真、弥散斑仿真、光学系统成像退化、光谱响应仿真、TDICMOS(或 TDICCD)成像仿真、模拟电路仿真、模数量化仿真和相机噪声仿真。

6.7.3 光学遥感卫星成像仿真示例

应用全链路光学遥感卫星仿真方法,对不同大气能见度、不同全链路 MTF 的成像效果等进行仿真,结果如图 6-43 ~ 图 6-47 所示。仿真结果可以很直观地呈现不同输入场景、在不同的成像系统设计情况下的图像数据效果,对系统设计的优化具有一定的借鉴意义。

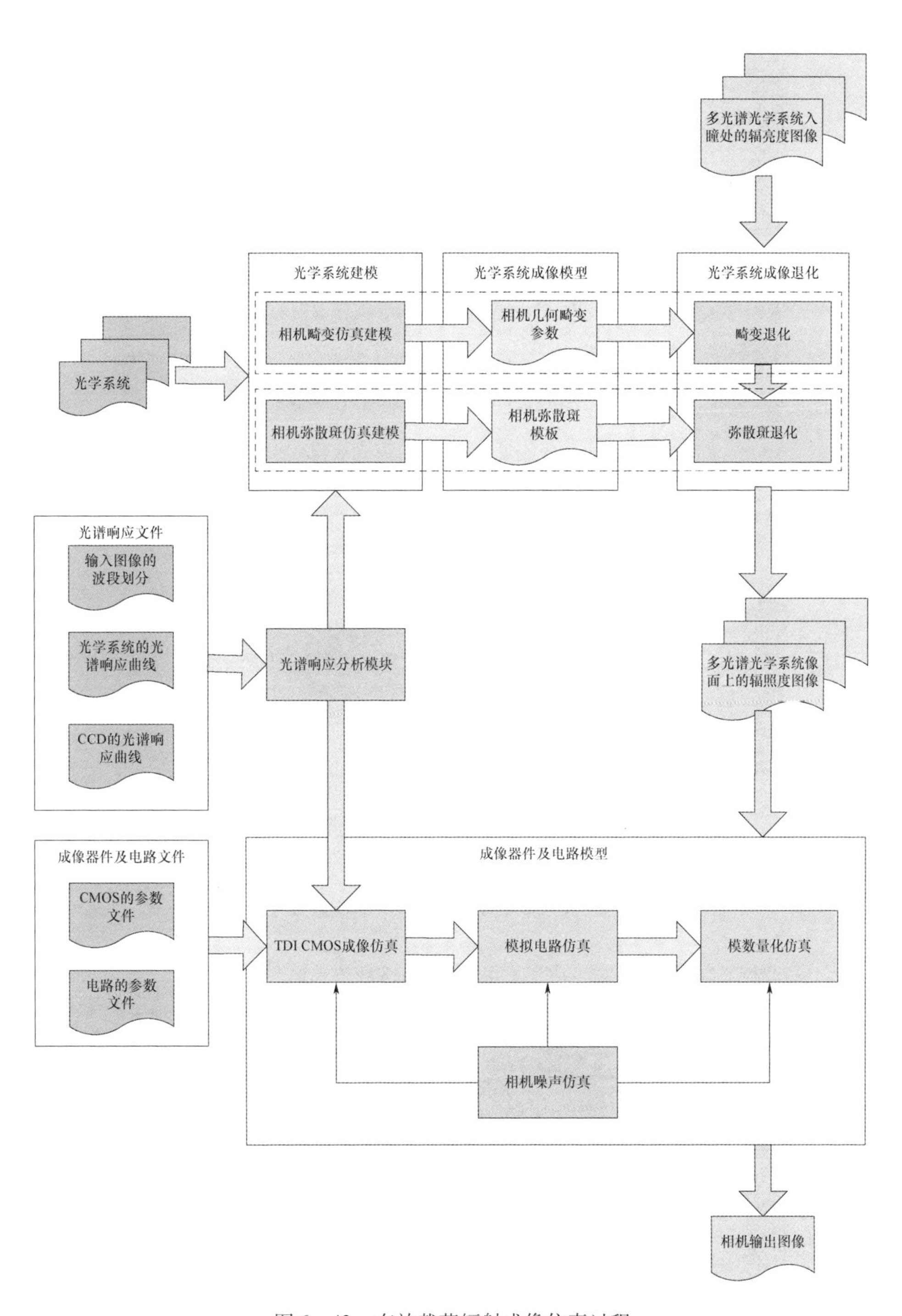

图 6－42　有效载荷辐射成像仿真过程

图6-43　大气能见度10km可见光成像效果仿真

图6-44　大气能见度23km可见光成像效果仿真

图6-45　系统参数优化前(MTF=0.1)可见光成像效果仿真

图6－46　系统参数优化后(MTF＝0.12)可见光成像效果仿真图像

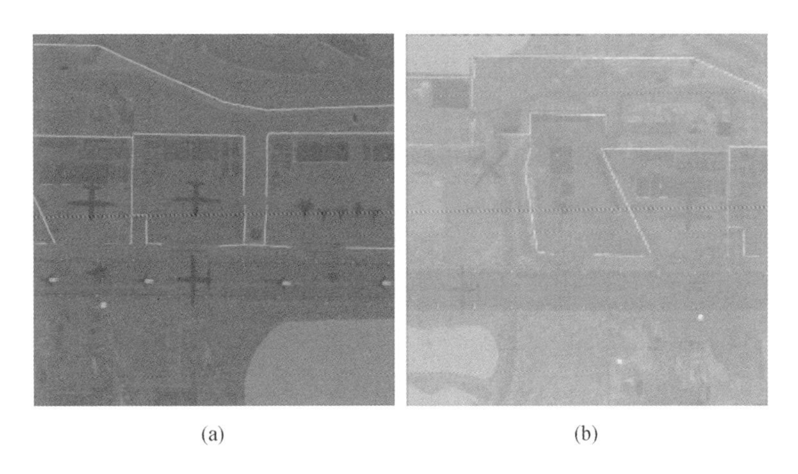

(a)　　　　(b)

图6－47　红外仿真图像

(a)时间00：00;(b)时间14：00。

第7章 高分辨率高光谱卫星系统成像质量设计

7.1 概述

高光谱成像技术作为遥感发展新阶段的重要标志近20年来得到了飞速发展，如今高光谱遥感数据也越来越普及并被人们广泛使用。依据高光谱遥感成像技术，高光谱图像数据具有高光谱分辨率、图谱合一的特点，但是由于成像光谱仪设计和制造方面的技术瓶颈，高光谱数据在信噪比、空间分辨率、成像幅宽等性能方面受到一定的制约，高光谱数据这些鲜明的“优势”和“约束”使其系统设计与成像质量保证相比全色、多光谱成像手段具有更大的难度。

国外，从30m分辨率的Hyperion（EO-1卫星）到4m分辨率的ARTEMIS（TacSat-3卫星），航天高光谱遥感一直在朝着更高分辨率的方向发展。更高的空间分辨率的高光谱成像也意味着高光谱成像仪规模的不断增大，并朝多通道共口径一体化方向发展。

我国在“十二五”至“十三五”期间，高分辨率高光谱卫星系统的研制和应用取得了突破性成果，如“天宫”一号搭载了我国首台高分辨率高光谱成像仪。在国家高分辨率对地观测系统科技重大专项的支持下，航天高光谱成像技术的发展呈现出一些新的趋势。

（1）突破高空间分辨率、高光谱分辨率及高信噪比的瓶颈，通过平台补偿技术实现高性能光谱成像。

（2）谱段范围从可见光-近红外、短波红外拓展至中波、长波红外高光谱，以高集成度探测器为基础实现单载荷多谱段成像能力，通过共用主光学系统实现全色、短波/中波/长波红外等多种成像手段。

(3)卫星轨道升高,幅宽不断扩大,姿态敏捷机动能力大幅提高,成像工作模式更为多样,每轨成像面积和成像目标数量显著增加。

这些新的技术特点给高分辨率高光谱卫星系统成像质量保证带来更大的挑战。

7.2　高分辨率高光谱卫星系统总体方案

高分辨率高光谱卫星系统设计的难点在于:一是高分辨率高光谱载荷成像质量保证与提升;二是高精度运动补偿控制与姿态测量;三是高保真数据压缩、预处理与传输。

对于高分辨率高光谱卫星系统总体设计,需要以精细光谱探测与定位能力、高稳敏捷平台能力、多源数据高保真压缩与传输能力为核心,围绕以下方面能力的提升进行有针对性的设计。

"精细光谱探测与定位能力"主要与目标背景特性、探测载荷灵敏度(信噪比、MTF)、探测体制(光谱分光设计、运动补偿倍数、定标模式、动态范围)、运动补偿过程中平台稳定性、时空数据测量精度(轨道位置、平台姿态、光轴指向、内方位元素等)、测量系统在轨标定精度以及图像处理算法相关。

"高稳敏捷平台能力"主要面向平台服务于高精度运动补偿、动态高稳定性微振动抑制、动态高精度载荷指向测量等技术研究。

"多源数据高保真压缩与传输能力"主要在高光谱载荷高质量成像数据的基础上,通过多源/多谱段数据高保真压缩技术、在轨谱段编程技术、高速传输技术等进一步保证星上数据传输到地面不损失精度。

7.2.1　在轨应用模式分析

7.2.1.1　成像谱段使用

对应实际应用需求,高分辨率高光谱卫星成像谱段使用如表 7-1 所列。

表 7-1　高分辨率高光谱卫星成像谱段使用

成像谱段	谱段/μm	谱段分辨率/nm	典型应用需求
全色	0.40~0.76	—	高分辨率可见光成像,融合处理配合光谱解混

续表

成像谱段	谱段/μm	谱段分辨率/nm	典型应用需求
可见－近红外	0.4～0.95	5	区域光源检测,区分港口用途类型和建筑材料,北极冰川范围线确认,浅海水深测绘,滩涂含水量探测
短波红外	0.9～2.5	10	
中波红外	3～5	40	夜间探测,车辆行驶停放状态判别
长波红外	8～12	80	高精度温度反演,夜间探测,建筑材料识别

在执行观测任务时,可根据观测目标类型并结合光谱特性数据库来选择下传指定的谱段,也可以进行光谱的合并,以满足不同的观测需求。

7.2.1.2 成像模式设计

对于高分辨率高光谱卫星而言,实现高成像质量和高成像效率存在一定矛盾,为了保证高信噪比指标,积分时间至少需要进行4～8倍的补偿,因而卫星应尽可能具备快速敏捷机动能力,应对不同的使用需求。

五种成像模式分别为点目标成像、非沿迹条带成像、多角度成像、条带拼接成像和区域目标成像。

在执行观测任务时,可根据不同的应用场景设置不同的补偿倍数,同时载荷具备像元合并和光谱谱段合并的功能,以实现特殊区域的快速、高信噪比需求。

7.2.1.3 应用模式分类

高分辨率高光谱卫星的应用模式依据需求分析和面向应用的场景可分为光谱特性获取模式、光谱变化检测模式、精细光谱识别模式、浅海环境探测模式,表7－2给出了这几种应用模式下主要用途、成像模式及数据质量要求。

表7－2 高分辨率高光谱卫星应用模式设计

应用模式	主要用途	成像模式	数据质量要求
光谱特性获取模式	积累宽谱段高光谱数据,供地面利用高光谱数据进行光谱特性反演、水深反演等应用	点目标成像,条带拼接成像,区域拼接成像	具有宽谱段特性
光谱变化检测模式	在卫星可获取弧段内检查是否存在光谱变化和异常	点目标成像	光谱稳定性好

续表

应用模式	主要用途	成像模式	数据质量要求
精细光谱识别模式	获取材质特性,并实现不同时间内的特性变化定量化评估	多角度成像 拼幅成像	光谱辐射精度高
浅海环境探测模式	对沿海浅海条带区域进行非回扫成像,获取海岸带光谱信息,对水深、海滩材质情况、海水水文等进行定量反演	非沿迹条带成像	数据具有较高的信噪比

7.2.2　可见－近红外、短波、中波、长波红外一体化高光谱载荷设计分析

7.2.2.1　高分辨率高效能分光设计

分辨率的提升会导致同等观测条件下能量降低、信噪比不足,这也是目前高光谱难以实现米级分辨率的关键。为了满足应用需求,针对如何提升分光效能,可从两个方面开展优化:一是通过多通道采样技术,提高能量的利用率,有效降低探测噪声。最新研究进展表明,基于编码光谱成像技术作为一种新型光谱成像技术,是在色散型光谱成像仪的基础上,通过空间光调制器对图谱数据进行调制后采集,然后重构获得原始图谱,相对传统采样具有极大的能量优势,可以有效地解决高分辨率高光谱入射能量欠缺、单帧曝光时间不足的现实问题。二是采用棱镜色散的非均匀性校正、光谱弯曲和光谱畸变在设计装调阶段的优化控制等技术手段,实现基于低畸变高效能分光设计。

7.2.2.2　多通道集成光路及配准一致性设计

高分辨率高光谱卫星具有全色、可见－近红外、短波红外、中波红外及长波红外多个谱段,为了获取地物的不同特征信息,需对不同波段通道不同尺寸的载荷成像数据进行融合处理,这就需要同一时刻各谱段应当对同一景物目标进行成像,即实现像素级严格对准。因此,多通道多空间尺度的设计给配准带来很大难度。

7.2.2.3　制冷机在轨长期工作及隔振设计

高分辨率光谱卫星采用中波、长波红外谱段,在轨需要利用制冷机实现低温光学成像。为满足卫星高效成像需求,制冷机应具备在轨长期工作的能力。

要求微振动不超过 0.1 个像元,对于因中波红外、长波红外制冷机引起的星上颤振,要求载荷进行被动隔振动设计,以保证在高频和低频的颤振传递至

相机安装面的相对幅度不大于0.1个像元尺寸的前提下,载荷制冷机不引起额外的星上微振动。

7.2.2.4 多传感器安装及内方位元素稳定性设计

为实现成像幅宽,相机探测器不可避免地需要进行垂直飞行方向的拼接设计;此外,对于具有全色、可见-近红外、短波、中波和长波五种探测器,为了保证地面对各个光谱内的拼接以及各光谱间的配准精度,应尽可能减小拼接间距以及离轴夹角,同时增加搭接数。

提高几何内方位元素的稳定性主要是为了提高对目标的几何定位精度。根据在轨多颗高分辨率遥感卫星经验,相机应保证内方位元素在轨半年内稳定性不超过1/3个全色像元。

7.2.2.5 一体化热设计

对于一般红外光学系统,由于其自身存在的热辐射产生严重的探测背景噪声,从而影响相机的探测能力,使系统灵敏度大幅降低。采用低温光学技术,可以降低光学系统自身杂散辐射影响,提高系统探测灵敏度。制冷机热密度较高,需低温冷板接口将热散出去。整星可通过借用载荷镜筒表面实现低温边界。

7.2.2.6 在轨光谱复原及光谱编程功能

根据载荷采用的分光体制不同,经高光谱探测所得到的数据含义不同。为了保证平台进行统一的高保真压缩设计,同时进行面向用户需求的在轨谱段选取设计,要求载荷具备在轨的光谱复原及在轨编程功能。

7.2.2.7 高精度定标设计

为了实现高质量光谱探测,要求载荷进行在轨定标设计,整星可以通过大角度姿态机动实现对月定标。

7.2.3 高分辨率高光谱能量补偿途径分析

在口径无法进一步增大的情况下,需要考虑信噪比增强措施,即通过增加积分时间来保证信噪比,除了采用多重采样技术(如干涉光谱成像及编码光谱成像),还可以采用运动补偿增加曝光时间。运动补偿有两种方案。

(1)载荷摆镜补偿。"天宫"一号卫星采用载荷镜头前的摆镜实现了400km轨道高度下10m成像,解决了高空间分辨率和信噪比不足的矛盾。但是载荷摆镜往往无法适用于更大口径的更高分辨率高光谱成像仪,如采用米级通光口径设计,若在主镜前设置摆镜,则对热控和控制要求过高,采用后光路扫描设置摆镜的方式，则将导致载荷体量过大，且不利于高光谱光机结构的稳定性设计。

(2)整星运动补偿。利用整星姿态机动能力，通过卫星平台的姿态摆动实现运动补偿。这种方式可保证载荷光机稳定性好；但对整星姿态机动能力、稳定度、姿态指向控制精度、姿态测量精度有很高的要求。当前，高分辨率遥感卫星设计均考虑高灵敏、高机动能力设计，为整星运动补偿体制提供了充分的技术基础。为适应不同成像条件，要求卫星可实现2～8倍的运动补偿。

7.2.4　姿态测量与控制设计分析

在姿态控制的性能指标中，除了动态过程的指标(如机动并稳定速度)之外，保证在轨动态成像质量最重要的是控制精度指标，如姿态稳定度、姿态确定精度(相机光轴指向确定精度)、姿态指向精度，而这些指标主要服务于图像在轨MTF、谱段配准精度、几何内精度保证等。

7.2.4.1　姿态稳定度

姿态稳定度主要服务于成像时的探测器能量获取过程(采样过程)、一帧图像内的几何精度要求。按照最大8倍运动补偿考虑，对应全色积分时间为584μs，按成像期间星体不稳造成0.1个像元偏移量(按8级TDI累积)计算，即短期内要求实现0.05″/4ms，稳定度优于$8\times10^{-4}(°)/s$。

考虑兼容分时获取光谱和同时获取光谱两种探测体制，对于需要推扫完成光谱信息收集的体制，为保证帧内各行之间的谱段相对位置偏差小于1/3个像元，按照最大8倍运动补偿考虑，姿态稳定度要求不超过$1\times10^{-4}°/s$。

对于保证几何内精度，姿态输出频率、姿态稳定度需要共同考虑。目前，星上星敏姿态测量数据输出频率约8Hz，当要求景内最大相对像移不大于2个全色像元时，即短期内要求实现0.29″/125ms，则稳定度需达到$6.5\times10^{-4}°/s$。

综合来看，从积分成像、景内相对精度几个方面，$5\times10^{-4}°/s$姿态稳定度指标可以满足使用需求，谱段偏移误差则需要姿态稳定度实现$1\times10^{-4}°/s$。

7.2.4.2　星体姿态确定精度和光轴指向确定精度

星体姿态确定精度、光轴指向确定精度主要服务于几何定位精度。

光轴指向确定精度是决定目标方位确定精度的直接因素。光轴指向不仅与卫星姿态确定、相机内方位元素、各光轴间夹角稳定性等精度有关，还与各个传感器安装精度、在轨热和力学环境引起的传递误差等因素有关。传递误差采用在轨标定来降低，并要求陀螺和星敏感器等尽量靠近载荷光轴安装，以减少传递误差；相机内方位元素精度和稳定性由载荷决定；与控制分系统有关的主要是卫星姿态确定精度。

考虑目前技术手段与敏感器精度水平和继承性，卫星姿态确定精度 3″(3σ)。按内方位元素稳定性 1/3 个像元、焦距稳定性 100μm、定轨精度 1m、时间同步精度 50μs 计算，3″的光轴指向确定精度对应的目标定位精度为优于 30m(700km 距离)，为卫星实现高精度地理信息位置获取提供条件。

7.2.4.3 姿态指向控制精度

高分辨率高光谱卫星的姿态指向精度应满足对特定目标点进行精确指向时的控制需求，要求精确使某个探测器通道低速扫过目标(预置偏差不超过 500m)，该过程要求卫星姿态指向精度并保持高精度的偏流角校正。姿态指向控制精度应达到 0.01°(3σ)，能够满足对地观测任务、定标任务等对于指向精度(偏流角修正)的要求。

当采用月球对探测器焦面进行绝对辐射定标时，月球直径为 3476.4km，约占载荷 0.5°视场，0.01°(3σ)可满足精确对月指向。

7.2.4.4 姿态机动并稳定速度

卫星具有俯仰/滚动 ±60°，高分辨率高光谱卫星在轨进行对地成像时，以 8 倍运动补偿速率分析，若对点目标进行 20s 成像，需要提前星体俯仰向机动约 30°，稳定时间不大于 20s。

载荷对月辐射定标时，需要控制星体转动 180°，应对该模式进行详细设计，要求卫星具备以任意设定的偏航角飞行的姿态控制能力。

高分辨率高光谱卫星姿态测量与控制要求见表 7－3。

表 7－3 高分辨率高光谱卫星姿态测量与控制要求

项目	需求来源	指标
姿态指向精度	精确短时成像要求，对目标区域成像时的指向要求，多景拼接成像时拼接效率的要求，对月定标要求	0.01°
姿态确定精度	用于无地面控制点条件下的目标定位	≤3″(系统级指标)
姿态稳定度	MTF 保证要求，谱段间配准要求，几何内精度要求	1×10^{-4}(°)/s(三轴、3σ)
姿态机动范围	最大可成像区域范围的要求	俯仰/滚动 ±60°(具备对月指向功能，可惯性空间内任意指向)
姿态机动速度	区域成像时，小角度快速机动并稳定；巡视成像时，快速在多个目标区域之间切换	俯仰/滚动 30°/20s

7.2.5　对数据高保真压缩及传输设计分析

7.2.5.1　原始图像数据率

以实现700km轨道下12km幅宽成像为例,全色单个谱段约需要24000元探测器阵列;可见－近红外约需6000元探测器阵列,共110个谱段;短波红外约需3000元探测器阵列,共160个谱段;中波红外约需3000元探测器阵列,共50个谱段;长波红外约需1500元探测器阵列,共50个谱段。星上原始数据率为(12bit量化)正常推扫情况下共约42.6Gb/s,8倍运动补偿情况下为5.3Gb/s,6倍运动补偿情况下为7.1Gb/s,4倍运动补偿情况下为10.65Gb/s。若进一步谱段细分,数据率将成倍增长。采用高速数传方案可保证数据传输实现。采用在轨谱段编程(选择指定谱段下传)的情况下,可进一步减小数据率。

7.2.5.2　星上高保真压缩及数据传输能力要求

星上进行必要的预处理,减小无效数据对系统传输、处理的压力。

1)采用高保真图像压缩技术,减少数传数据率

无损压缩数据率降低多少取决于背景杂波的复杂程度和相机噪声水平,即相机获取数据的信息熵。如果相机噪声水平较高,无损压缩等效于将相机噪声无损保留并传输,没有任何实际意义。因此,要求相机载荷研制单位保持较低的噪声水平。另外,采用高保真图像压缩技术,将高光谱数据格式转换为相似度较高的图像后进行一维＋二维的压缩,与一般的遥感图像无损数据压缩相比,无损压缩数据率降低至少50%,即将原始数据率降为5.3Gb/s。

考虑数传实现能力和继承性,具备对地2×1.5Gb/s。

2)采用星上谱段复原和谱段编程,大幅减少数传数据率

高分辨率高光谱载荷具有在轨光谱复原和谱段编程功能,可以根据目标光谱特性选择需要的谱段下传,从而大幅减少数据传输的压力。根据前期研究,数据率降低为原来的1/20或更小。考虑一定余量,要求星上数据下传速率为30～100Mb/s。

7.2.6　任务与系统设计要求

7.2.6.1　任务与轨道选择设计结果

根据高光谱成像仪指标、卫星姿态控制能力和燃料携带量,高任务响应轨道采用700km太阳同步圆轨道,降交点地方时9:00～15:00(可选)。

对于700km的太阳同步圆轨道,两轨间距约2748km,卫星的可视幅宽可达

3274km。可见光降轨成像,在±80°纬度范围内侧摆±58°可以实现全域可视覆盖,可以实现一天一次重访观测;考虑到红外夜间升轨成像能力,可以实现一天两次重访。

7.2.6.2 载荷体制与载荷设计要求

在实际设计时采用的载荷体制及其设计要求如表7-4所列。

表7-4 载荷体制及其设计要求

项目	中分辨率高光谱卫星	高分辨率高光谱卫星	设计要求
成像谱段	可见光相机+可见-近红外、短波红外+红外相机	全色、可见-近红外、短波红外、中波红外、长波红外	增加中波和长波红外高光谱谱段,能够获取更真实的物体表面温度,同时配置0.5m全色谱段实现融合应用及谱段解混。 低温冷光学的设计及红外谱段的数据质量保证是重点
成像空间分辨及幅宽	10~20m,幅宽10km	5~10m,幅宽10km	数据量大大增加,需要在轨实现谱段复原和挑选功能。 信噪比保证更加困难,不得不采用运动补偿模式
可见、红外实现方式	可见光谱仪、红外光谱仪两台相机,配准较难	采用共孔径相机	光学系统设计需要兼顾可见光通道、长波红外通道、中波红外通道对于能量、像质等的要求。 进一步提高谱段间配准精度
光学系统	里奇-克莱琴(RC)系统,视场角小,体积重量有一定限制	视场角非常小,体积重量有很大限制	同轴三反、离轴三反均可选

7.2.6.3　平台姿态控制及运动补偿设计结果

为解决大角度快速大角度运动补偿关键技术，同时保证高姿态稳定度和姿态指向、测量精度，针对大口径载荷进行整星姿态回扫，实现运动补偿成像。平台姿态控制及运动补偿设计要求如表7－5所列，曝光时间可通过整星运动补偿倍率灵活调整，理论上可以任意设置，考虑控制、扰振抑制难度，要求姿态稳定保证MTF要求，有利于实现大的动态范围，提高低成像条件下的图像信噪比。

表7－5　平台姿态控制及运动补偿设计要求

项目	中分辨率高光谱卫星	高分辨率高光谱卫星	设计要求
星敏测量精度	对光轴指向确定精度有影响	对光轴指向确定精度有影响	采用高精度星敏＋陀螺联合定姿，随机误差不超过3″(3σ)(动态条件下)
姿态指向精度	对目标区域成像时的指向及多景拼接成像时拼接效率影响较大	对目标区域成像时的指向及多景拼接成像时拼接效率影响非常大	0.01°(3σ)(三轴)
姿态稳定度	与角分辨率、积分时间有关	与角分辨率、积分时间有关	由于该项目需要进行动中成像，对稳定度的要求更高，1×10^{-4}(°)/s
姿态机动速度	姿态机动速度不高，影响卫星执行任务的效率	提高姿态机动速度，可提高卫星响应速度、执行任务的效率，并有助于提高相对拼接精度	继承中型敏捷平台的快速姿态机动控制技术，以满足军事应用需求
姿态机动范围	影响重访周期	影响最大可成像区域范围的	按最大可成像区域范围要求滚动/俯仰±60°

7.2.6.4　数据传输设计设计结果

对于370个谱段，4倍运动补偿原始数据率为10Gb/s，采用智能压缩技术实现2倍左右高保真数据压缩，同时采用在轨光谱数据可编程缓解数传压力。考虑数传实现能力和继承性，具备对地2×1.5Gb/s，实现无损压缩下的边记边放，采用2∶1、4∶1压缩可进一步减少数传数据压力。

7.3 高分辨率高光谱卫星系统成像质量保证关键技术

7.3.1 难点分析及总体思路

高光谱成像质量面向应用时主要面临两大难题:一是要求辐射、几何及谱段的信息稳定性好,可以直接用于在轨的谱段挑选、配准和融合应用;二是针对长期多次对同一目标探测数据之间的光谱关联问题。根据这两大要求,梳理面向应用的全链路在轨光谱成像质量保证的关键难题,针对性地开展成像质量保证设计。

高分辨率高光谱卫星在700km轨道高度下,同时获取高几何分辨率、高光谱分辨率的高质量图像。其载荷焦距长、尺寸大,光学系统光路多,结构设计复杂,全色及高光谱可见至长波红外宽谱段共孔径一体化光学系统设计及优化,高效能分光元件的设计、加工工艺、检测,红外谱段低温冷光学系统设计、高度集成化载荷光机主体的装调、力热试验分析;探测器焦面技术等一系列关键技术需要开展攻关。

高分辨率高光谱卫星有效载荷配置及其在轨成像质量提升是一项重要内容,需要围绕高分辨率高光谱任务需求、卫星运动补偿的特殊特性,对进一步提升高光谱成像质量进行系统设计,对配置载荷的功能、性能、指标、探测体制约束等进行分析研究,并提出相应要求。

卫星通过高精度运动补偿能量不足实现高信噪比,同时具备条带拼接、非沿迹主动推扫等多种敏捷主/被动成像模式,为保证卫星在不同的工作模式下均能获取高成像质量的图像,需开展敏捷成像对图像质量的影响分析,优化并确定不同工作模式下的成像流程控制,保证综合电子、控制、测控、相机、数传等分系统协同工作,更好地满足成像任务要求。

主要实现的关键技术攻关与突破如下:

(1)高分辨率高光谱卫星共口径一体化光学系统设计。

(2)基于编码孔径的新型光谱成像技术。

(3)大尺寸长寿命红外探测器技术。

(4)基于大角度运动补偿的高光谱信噪比提升设计。

(5)基于高频角位移实现高光谱谱段间高精度配准。

(6)高分辨率高光谱图像高保真压缩技术。

(7)全链路成像质量提升设计与仿真验证。

7.3.2 高分辨率高光谱卫星共口径一体化光学系统设计

针对高分辨率高光谱应用需求,采用共用 1.2m 口径前置光学系统和高效能光谱分光系统相结合的创新技术方案,如图 7 - 1 所示,谱段覆盖了可见光 - 近红外、短波红外、中波红外到长波红外宽波段范围,完成了星载高分辨率高光谱多波段、多尺度载荷一体化设计。该技术方案,将高光谱遥感设备的空间分辨率水平提高了 1 倍,谱段数达到 370 个,同时达到了非常高的图像质量和信噪比水平,将有效覆盖小尺度地物目标侦测,综合性能指标有望在未来 10 年内保持世界领先。

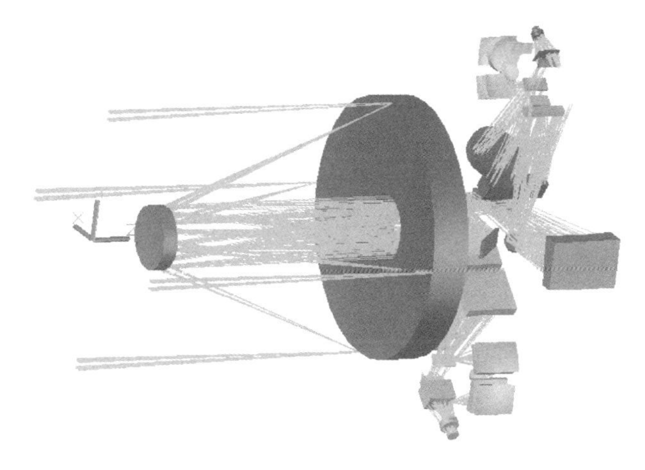

图 7 - 1　高分辨率高光谱卫星共口径一体化光学系统设计

7.3.3 基于编码孔径的新型光谱成像技术

高分辨率高光谱成像仪将在空间分辨率、谱段覆盖和信息实时处理能力方面进一步发展。TG - 1 卫星实现 10m 以下空间分辨率的高光谱成像已十分困难,需要整星运动补偿。编码孔径思想是为了在不降低分辨率情况下增加系统的通光量而提出的,克服了小孔成像通光量低、成像质量差的缺陷。

编码孔径光谱成像技术与传统的光谱成像技术不同;由于探测器是二维的,传统光谱成像技术,无论是色散型的还是干涉型的,在探测器一次曝光时间内只能获得数据立方体的一个切面,要获取完整的三维的数据立方体,均需要不同程度的扫描,而层析型光谱成像技术虽然是静态成像,只需探测器的一次曝光可获得数据立方体的多个方向的投影,由投影去重构数据立方体,但其存在着信息失丢锥体问题。而编码孔径光谱成像技术可有效解决这些问题。

编码型光谱成像技术是近年来发展的一种新型光谱成像技术,其原理如图7-2所示,它是在色散型光谱成像仪的基础上,通过空间光调制器对图谱数据进行调制后采集,然后重构获得原始图谱,相对传统采样具有极大的能量优势。

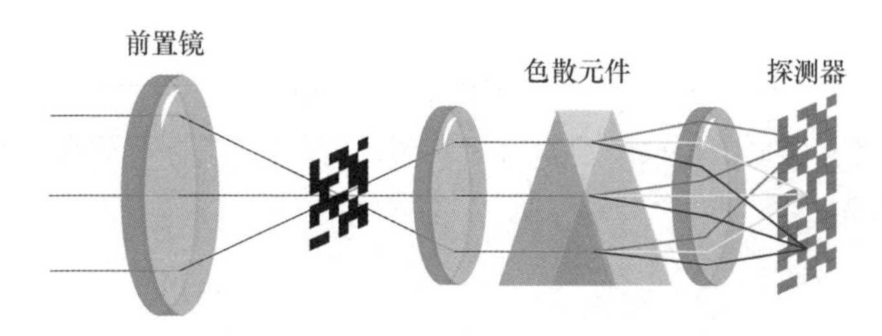

图7-2　基于编码孔径成像的高分辨率光谱成像技术

从仪器的构成而言,编码光谱成像仪结构并不复杂,仅仅是将传统色散型光谱成像仪的狭缝换成了编码模板,探测器获得的是不同谱段叠加的数据,去掉了狭缝,能量利用率得到了显著提升。

7.3.3.1　编码过程

编码成像过程如图7-3所示。推扫成像数学模型,设目标光谱分布函数$f_0=f(x,y,\lambda)$,(x,y,λ)分别表示两维空间和一维光谱。对于理想成像系统,满足线性不变条件。因此,当设备沿x方向推扫时,在一次像面处得到的分布函数相对于输入函数仅存在一个随时间t变化的位移量,即

$$f(x,y,\lambda,t)=f_0\cdot\delta(x+t)=f(x+t,y,\lambda) \tag{7-1}$$

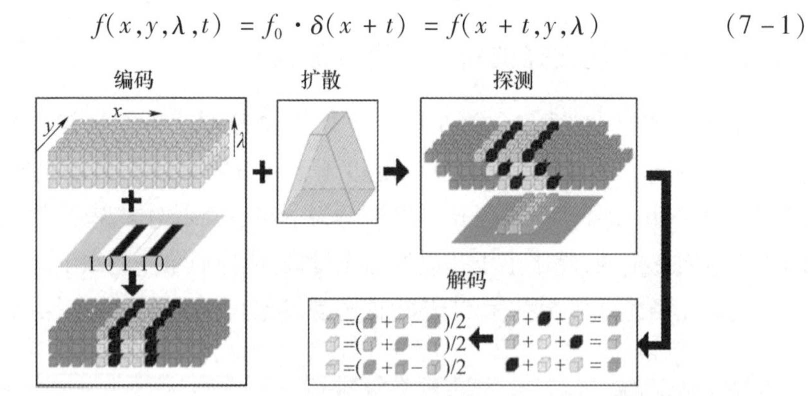

图7-3　编码成像过程

7.3.3.2　信噪比优势

编码型光谱成像仪和单狭缝光谱成像仪的相对信噪比为

$$\Gamma = \frac{\mathrm{SNR_{code}}}{\mathrm{SNR_{slit}}} = \frac{\sqrt{\sigma_d^2 + \sigma_p^2}}{\sqrt{\frac{4N}{(N+1)^2}(\sigma_d^2 + n\sigma_p^2/2)}} = \frac{\sqrt{\sigma_d^2 + \sigma_p^2}}{\sqrt{\frac{4}{N}(\sigma_d^2 + n\sigma_p^2)}} \tag{7-2}$$

令 $\gamma = \frac{\sigma_d^2}{\sigma_p^2}$，并代入式(7－2)，可得

$$\Gamma = \frac{\mathrm{SNR_{code}}}{\mathrm{SNR_{slit}}} = \frac{\sqrt{(N+1)^2(\gamma+1)}}{\sqrt{4N(\gamma+n)}} \tag{7-3}$$

式中：$n = \frac{N_\lambda + 1}{2}$。

当 $\Gamma > 1$ 时，说明编码光谱仪的信噪比优于单狭缝色散光谱仪。

下面分两种情况讨论：

(1)当 $N = N_\lambda$ 时，对于采用循环矩阵 $\boldsymbol{S}$ 的编码光谱仪，求解 $\Gamma > 1$，可得

$$\gamma > \frac{N+1}{N-1} \approx 1(N \gg 1) \tag{7-4}$$

即当光子噪声小于探测器噪声的情况下，编码变换光谱仪信噪比更高，即具有多通道优势。

(2)当 $N > N_\lambda$ 时，编码通道数量大于光谱通道数量，根据上面的讨论可知存在唯一解。此时相对信噪比公式中 $n = (N_\lambda + 1)/2$ 随着编码阶数的增加，信噪比基本与 $\sqrt{N \cdot N_\lambda}$ 成正比，相对狭缝型光谱成像仪有显著改善。

在 8 倍运动补偿－30°太阳高度角、0.2 地表反射率情况下，可见光高光谱单通道平均光子噪声约为探测器噪声的 2/5，短波红外和中波红外波段单通道光子噪声约为探测器噪声的 1/4，是典型的非光子噪声受限的成像系统，通过编码多通道采样可以显著提升能量利用率。

7.3.4　大尺寸长寿命红外探测器技术

针对航天探测系统的应用要求，基于工程化和可生产性，对探测器材料、器件、读出电路、杜瓦、制冷机进行综合考虑和统一设计，使其达到良好的光、电、机、热学、真空等要素的匹配。采用 3000×256 像元短波焦平面探测器、3000×128 像元中波焦平面探测器、1500×128 像元长波焦平面探测器作为超光谱成像系统的核心敏感元件，实现将目标红外信号转换为电信号。

其核心部件红外焦平面探测器芯片，采用碲镉汞材料制成。探测器芯片与相同规模的读出电路芯片通过铟柱倒装互连的方法连接，构成了在芯片上实现光电转换和信号处理的焦平面探测器芯片组，通过高真空技术将探测器芯片组封装在杜瓦内，杜瓦由玻璃－金属引线环、外管部件、法兰组、内管部件、冷头部件以及冷屏部件等组成，玻璃－金属引线环为探测器组件提供电学接口，外管部件为探测器杜瓦组件提供机械接口，内管部件为探测器杜瓦组件提供与制冷机的机械接口，供配接斯特林制冷机，构成 3000×256 像元短波焦平面探测器、3000×128 像元中波焦平面探测器、1500×128 像元短波焦平面组件。

7.3.4.1 短波、中波探测器

短波、中波红外探测器总体方案类似，均由 3 片 1024×256 像素碲镉汞探测器拼接而成，采用线性分置式斯特林制冷机制冷。

短波、中波焦平面探测器组件由分子束外延碲镉汞薄膜材料、读出电路、探测器芯片、大面阵焦平面杜瓦和斯特林型同轴脉管制冷机组成。焦面组件设计如图 7－4 所示。

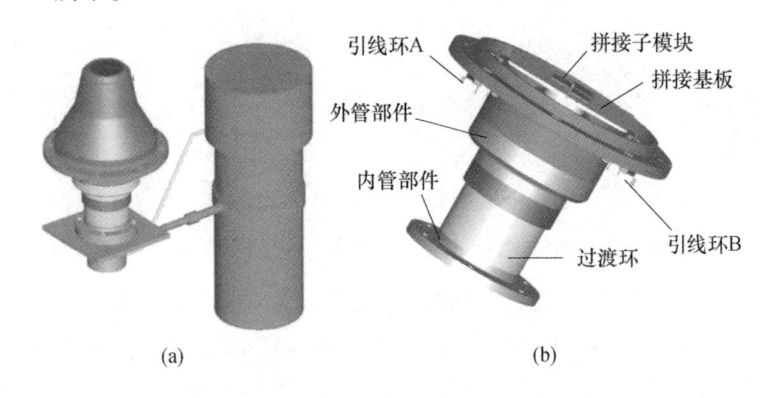

图 7－4 短波、中波平面探测器组件外形

考虑星载应用对探测器像元微振动位移控制的严格要求（不大于 1μm），采用分置式杜瓦结构限制制冷机冷指振动的传递。杜瓦大装载面满足探测器芯片封装要求。制冷机设计制冷量 3W，针对星载应用对长寿命、高可靠性和振动控制的要求，采用斯特林型同轴脉管制冷机。其具体技术途径如下。

（1）复合衬底大面积高均匀性多层碲镉汞外延及表征。复合衬底大面积高均匀性多层碲镉汞外延及表征技术研究将针对大面积高均匀多层碲镉汞外延的特点，重点开展复合衬底设计与制备、大面积碲镉汞薄膜均匀性控制、多层异质碲镉汞薄膜表征研究。

(2)短波、中波碲镉汞器件制备技术。3000×256像元短波、3000×128像元中波碲镉汞器件研究主要包括器件制备技术、大面阵焦平面器件均匀性控制技术、大面阵焦平面芯片背减薄技术和焦平面芯片抗辐射加固技术四个模块，四个模块均为已有模块。

7.3.4.2　长波探测器

根据任务需求分析需要长波红外探测器1500×128像素，拟采取2个750×128像素碲镉汞长波红外探测器拼接的方式来实现。

长波红外焦平面组件主要由杜瓦组件和制冷机组成。其中杜瓦组件主要由三部分组成：红外焦平面探测芯片，采用碲镉汞光伏二极管探测器；读出电路芯片，采用亚微米CMOS集成电路工艺制造；集成式焦平面杜瓦。杜瓦组件如图7-5所示。

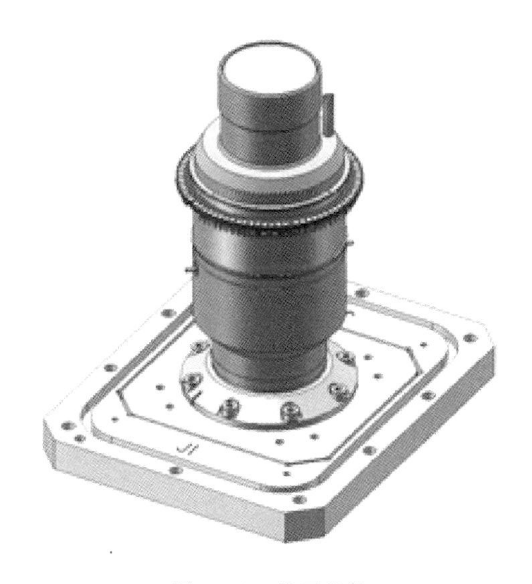

图7-5　杜瓦组件

该长波红外探测器采取顶层—部件—单项技术的研制思路，开展各部件和单项技术的并行研究。在碲锌镉衬底上外延生长的碲镉汞薄膜材料，经离子注入成结，铟柱倒装互连，形成混成式结构。光伏碲镉汞探测器芯片完成光电转换，硅CMOS读出电路实现信号处理与输出。采取背填充和背减薄工艺提高探测器芯片的可靠性。探测器组件采用集成式大装载面杜瓦封装。长波红外焦平面组件工艺流程如图7-6所示。

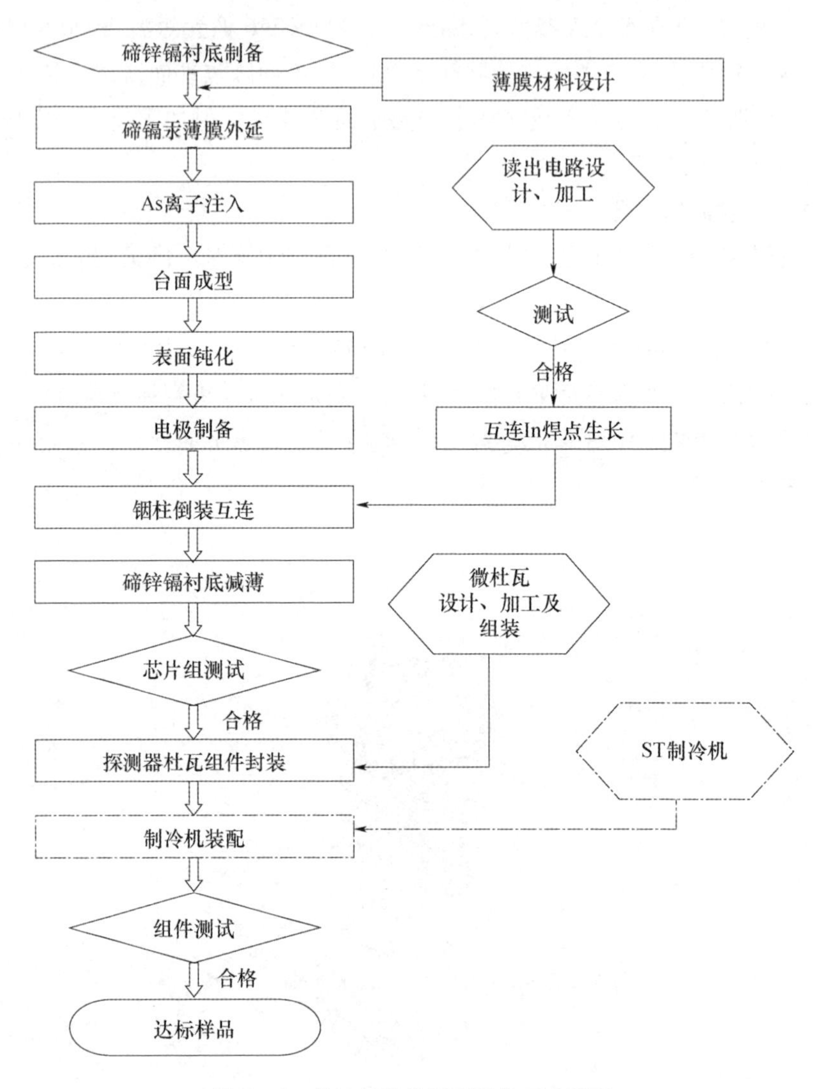

图 7 – 6　长波红外焦平面组件工艺流程

7.3.5　基于大角度运动补偿的高光谱信噪比提升设计

运动补偿是通过逆飞行方向旋转光学遥感设备的视轴以延长积分时间、增加信噪比的措施，但同时减少了地面的观测范围，存在漏扫，补偿倍率越高，漏扫越严重，单次成像区域也越小。为了保证一景图像中的分辨率基本一致，前后视角度应小于10°，考虑50%的长度冗余，补偿倍率应在8倍以内。为适应不同光照条件，补偿倍率定为4 ~ 8倍。

卫星运动补偿是通过卫星俯仰姿态的回扫实现的,整星运动补偿如图 7－7 所示,回扫角速度产生了补偿地速,回扫角速度与补偿地速的关系如图 7－8 所示。在星下点进行地速补偿时,回扫角速度按下式计算:

$$\theta_1 = \frac{V_{g\_comp}}{H} \cdot \frac{180}{\pi} \tag{7-5}$$

式中:V_{g_comp} 为卫星俯仰回扫角速度产生的补偿地速;H 为轨道高度。

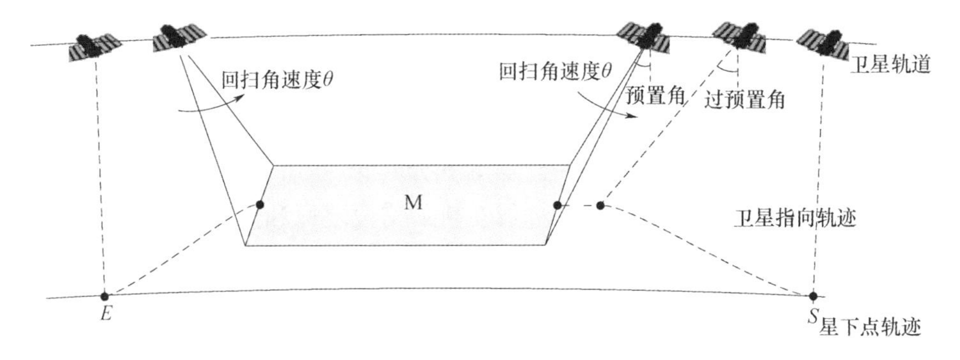

图 7－7　整星运动补偿

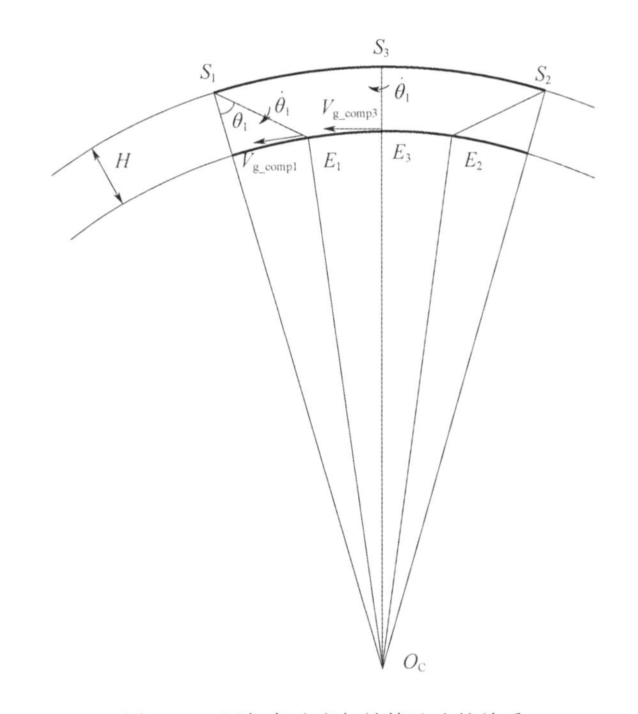

图 7－8　回扫角速度与补偿地速的关系

图中：E_1E_2 为卫星成像的地面弧长，E_1 为成像起点，E_2 为成像终点，E_1 和 E_2 以中点 E_3 点对称；S_1S_2 为卫星成像过程对应的轨道弧长，S_1 为起点，E_2 为终点，S_1 和 S_2 以中点 S_3 点对称，起点 S_1 对应的俯仰角即为预置角为 θ_1，回扫角速度为 θ_1，补偿地速为 $V_{\mathrm{g\_comp1}}$，中点 S_3 对应的俯仰角为0，回扫角速度为 θ_1，补偿地速为 $V_{\mathrm{g\_comp3}}$。

为了获得持续的补偿地速，卫星在成像过程中保持持续的回扫角速度，因此卫星在成像过程中的俯仰角是不断变化的，而变化的俯仰角会引起回扫角速度与补偿地速之间的非线性关系，如图 7－8 所示。

根据卫星控制能力，运动补偿成像有以下 3 种成像方式。

（1）匀积分时间主动推扫：摄影点在目标条带上的运动方式，采用实时角速度调整，以使得“积分时间保持不变”。匀积分时间主动推扫可保证载荷以固定的积分时间/帧频成像，对于载荷进行在轨的谱段复原和选择下传更为有利。但是，这种工作模式对控制实时性计算及姿态指向要求严格，工程实现较难。

（2）匀角速度主动推扫：摄影点在目标条带上的运动方式，采用某种规律，使得星体“俯仰角匀速变化”。在该过程中，地速和滚动角是非线性变化的。这是因为，假如滚动角不变或匀速变化，由于地球的自转等因素，摄影点将沿偏离目标条带。

在轨道高度 700km 情况下，取恒定回扫角速度，与0°俯仰角对比，不同的俯仰角对应的补偿地速的变化如图 7－9 所示。在中间弧段对俯仰角约束在 15°以下，可以保证由俯仰角变化引起的补偿地速变化约为 0.3%，忽略俯仰角对补偿地速的影响。采取恒定回扫角速度的控制策略，在一定的误差范围内大大简化了控制系统设计，且保证成像要求的稳定度；但是偏流角变化较为剧烈。

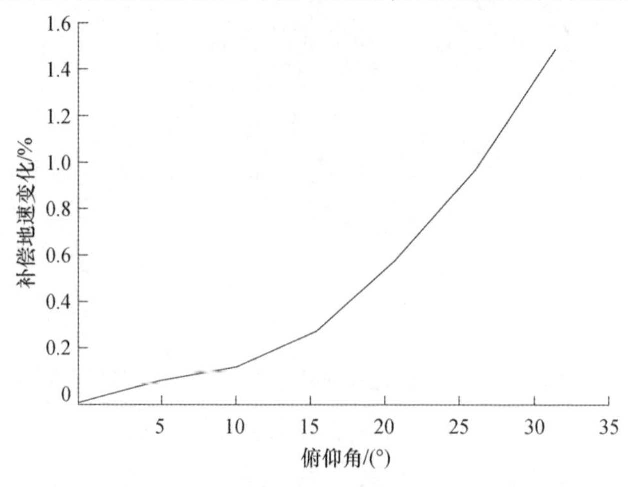

图 7－9　不同俯仰角对应的补偿地速变化

(3)匀地速主动推扫:摄影点在目标条带上的运动方式,采用“均匀地速”方式。其准确的定义:摄影点沿连接目标起点和终点的大圆弧运动,其绕地心的运动角速度恒定。利用回扫建立的补偿地速与飞行地速合成的推扫地速进行成像,根据仿真结果,匀地速情况下与积分时间比较接近恒定,工程上可以实现,也更有利于获得高几何质量的图像及后期处理。

7.3.6　基于高频角位移实现高光谱谱段间高精度配准

高分辨率高光谱卫星系统具有获取目标宽谱段光学特征的能力,为了获得同一景物的宽谱段特征信息,并为后续开展多谱段信息融合、地物材质分类、目标识别检测等相关应用打下基础,需要开展针对宽谱段光谱配准技术研究,提高目标图像的信息含量和准确度。宽谱段光谱配准要求各个波段成像系统在同一时刻对同一景物目标成像,即设计成像系统时,各谱段的成像区域严格重合,在光学上,实现严格空间对准。虽然各个谱段所对应幅宽一致,但由于需对应宽谱段成像,所使用的探测器、光学材料等均具有各自的特性及误差畸变,如探测器分辨率及像元大小不同带来的误差、对应不同谱段的光学材料及成像机理而引入的误差等,均会极大地增加宽谱段光谱配准的难度,故需要开展针对宽谱段成像系统的光谱配准技术研究。

对于高分辨率光学影像,星上微小振动也会引起视轴扰动,导致图像内精度变差或几何扭曲等,全色形变如图 7 – 10 所示。

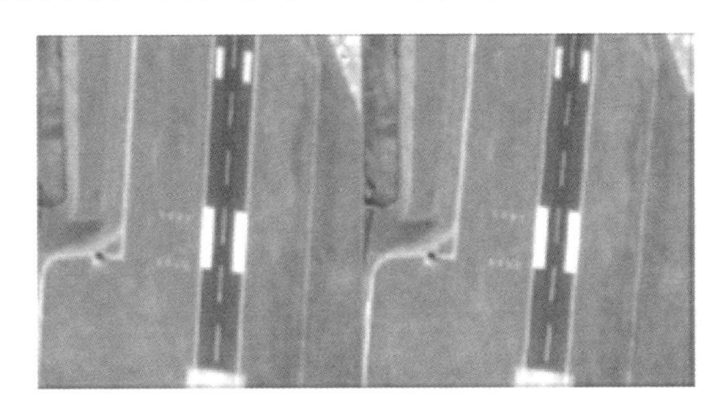

图 7 – 10　视轴扰动引起的几何扭曲

对于同时具有全色、可见 – 近红外、短波红外、中波红外和长波红外的共光路一体化载荷,由于卫星推扫各谱段对同一目标的成像是分时的,若产生视轴的扰动,将使得谱段间的失配置,如图 7 – 11 所示。拟采用高频、高精度的角位移测量设备与载荷一体化安装,以 10kHz 采样频率实现 0.06″(3σ)精度对视轴相对姿态变化的测量,利用角位移测量数据可以实现各谱段每帧图像真实指向的反演,对失配的谱段进行复原。预计可实现 1 个全色像元的配准精度。

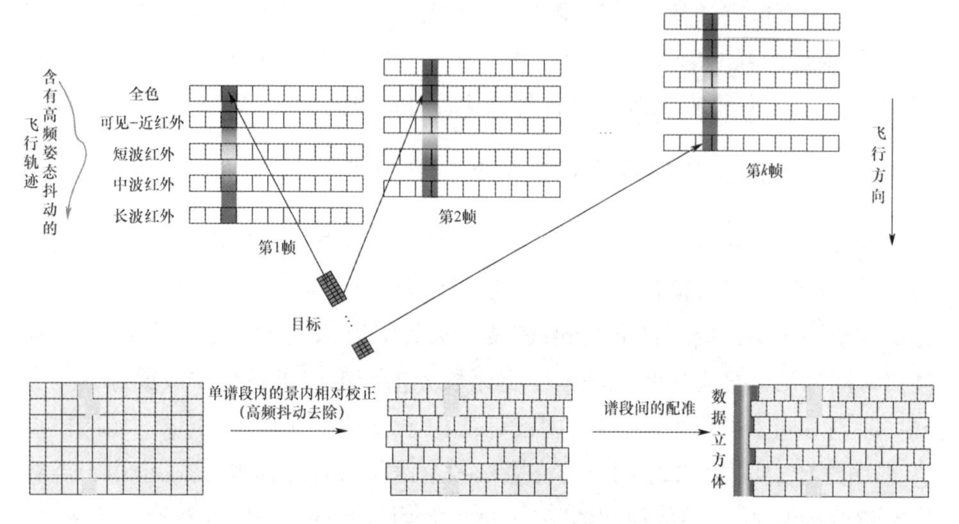

图 7-11　姿态抖动引起的谱段间失配与校正(见彩图)

超高精度光学抖动测量与图像补偿技术,通过星上高精度测量设备并与载荷一体化安装,获取高精度光学抖动测量,对图像进行补偿。

高光谱卫星载荷虽为面阵探测器,但其各个谱段的成像原理符合线阵推扫成像,其几何定标模型可参照。当成像几何参数(包括测量的轨道、姿态和相机内方位元素)准确无误,且地物点 S 高程已知,可根据几何定位模型计算不同谱段同名点。但由于运动补偿、微振动等星上动态误差的存在,难以满足交会一致性约束条件。姿态抖动可以建模如下:

$$\theta_k(t) = \sum_i^n A_i^k \sin(2\pi f_i t + \varphi_t) \tag{7-6}$$

则姿态解算方程可写成为

$$\begin{cases} \begin{bmatrix} X \\ Y \\ Z \end{bmatrix} = \left(\begin{bmatrix} X_S \\ Y_S \\ Z_S \end{bmatrix} \right)_p + m_p \boldsymbol{R}_{\mathrm{J2000}}^{\mathrm{WGS84}} \boldsymbol{R}_{\mathrm{body}}^{\mathrm{J2000}} \boldsymbol{R}_{\theta_k(t)} \boldsymbol{R}_{\mathrm{camera}}^{\mathrm{body}} \left(\begin{bmatrix} \tan\psi_x \\ \tan\psi_y \\ 1 \end{bmatrix} \right)_p \\ \begin{bmatrix} X \\ Y \\ Z \end{bmatrix} = \left(\begin{bmatrix} X_S \\ Y_S \\ Z_S \end{bmatrix} \right)_q + m_q \boldsymbol{R}_{\mathrm{J2000}}^{\mathrm{WGS84}} \boldsymbol{R}_{\mathrm{body}}^{\mathrm{J2000}} \boldsymbol{R}_{\theta_k(t)} \boldsymbol{R}_{\mathrm{camera}}^{\mathrm{body}} \left(\begin{bmatrix} \tan\psi_x \\ \tan\psi_y \\ 1 \end{bmatrix} \right)_q \end{cases} \tag{7-7}$$

$$V = At + BX - L \tag{7-8}$$

式中：$t=[\mathrm{d}A_i^k,\mathrm{d}\varphi_t]X=[\mathrm{d}X_1,\mathrm{d}Y_1,\mathrm{d}Z_1,\mathrm{d}X_2,\mathrm{d}Y_2,\mathrm{d}Z_2,\cdots,\mathrm{d}X_N,\mathrm{d}Y_N,\mathrm{d}Z_N]$；$(X,Y,Z)^{\mathrm{T}}$ 为 S 点的地面坐标；$(X_s,Y_s,Z_s)_p^{\mathrm{T}}$、$(X_s,Y_s,Z_s)_q^{\mathrm{T}}$ 为全球定位系统（Global Positioning System, GPS）测量的 WGS84 坐标系下的位置矢量；$\boldsymbol{R}_{\mathrm{camera}}^{\mathrm{body}}$ 为相机坐标系与卫星本体坐标系的转换矩阵；$\boldsymbol{R}_{\mathrm{body}}^{\mathrm{J2000}}$ 为卫星本体坐标系与 J2000 坐标系的转换矩阵；$\boldsymbol{R}_{\mathrm{J2000}}^{\mathrm{WGS84}}$ 为 J2000 坐标系与 WGS84 坐标系的转换矩阵；m_p、m_q 为成像比例；ψ_x、ψ_y 为探元指向角，是相机内方位元素的综合表示。

可以看出，俯仰姿态中的频率不做求解，可直接获取自高频角位移的频谱结果，仅对振幅、相位进行求解。

如图 7－12 所示，虚拟 CCD 安置在多个谱段真实 CCD 沿轨方向的中间位置，利用虚拟 CCD 生成多光谱四个谱段的重成像影像。虚拟 CCD 形成的影像消除了真实 CCD 各谱段影像中的重叠像素，且其在垂直轨道方向为理想无畸变影像，沿轨方向无积分时间跳变。从多光谱虚拟 CCD 重成像的过程可以看到，由于各谱段重成像到同一虚拟 CCD，由此生成的虚拟多光谱影像具备特点是不同谱段的同一像素对应相同的地理位置，即重成像后的多光谱各谱段影像直接实现了谱段间配准。

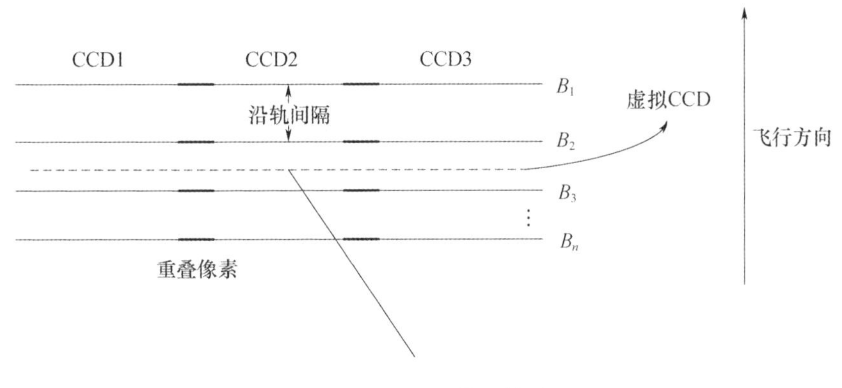

图 7－12　焦面位置关系

7.3.7　高分辨率高光谱图像高保真压缩技术

高分辨率高光谱卫星具有近 400 谱段数据，光谱信息丰富，压缩算法对高光谱数据的光谱质量保真具有重要影响。针对单谱段 JPEG－LS 算法和谱段联合压缩的差分 JPEG－LS 算法可以同时支持无损和有损压缩，而且压缩性能基本满足项目指标要求。这两种算法各有所长，差分 JPEG－LS 在无损和有损压缩时的压缩性能均优于单谱段 JPEG - LS,但在发生误码情况下会导致误码扩散,在容错性和稳定性上不如单谱段 JPEG - LS。

考虑高光谱图像具有很强的谱间相关性,在压缩时还应充分利用这一相关性,以提高压缩性能。而对于差分 JPEG - LS 所具有的误码扩散问题,可以通过对谱段分组进行谱间预测,从而将误差限定在有限的若干谱段之内。同时,差分 JPEG - LS 算法的核心编码算法是 JPEG - LS 算法,该算法复杂度低,压缩性能满足要求,并成功应用于多颗卫星,总体上技术成熟度高。因此,采用差分 JPEG - LS 算法对高光谱数据进行压缩。

针对影响选定压缩算法性能的核心因素,如比特深度、谱段分组、误码、谱段匹配、辐射矫正、空间分辨率等,分析了它们对算法性能的影响程度,评估了压缩算法的不确定性,形成了以下主要结论。

7.3.7.1 比特深度对压缩性能的影响

在无损压缩时,无论采用哪一种压缩方法,12bit 图像的无损压缩比均高于 16bit 图像。

在有损压缩时,无论采用哪一种压缩方法,12bit 图像的 MSE 均低于 16bit 图像,但从峰值信噪比(Peak Singal to Noise Ratio,PSNR)的指标来看,16bit 图像的 PSNR 却高于 12bit 图像。

说明从 16bit 转换为 12bit 时,会丢失部分图像信息,在不同程度上降低了图像的复杂度,使图像更容易压缩。

7.3.7.2 谱段分组对压缩性能的影响

随着分组长度的增加,无损和有损压缩性能均不断提高,当分组长度为 16,即 16 个波段分为一组时的压缩性能最好,与原始不分组情况下的差分 JPEG - LS 的压缩性能最为接近。考虑应首先保证压缩性能,所以采用 16 个波段为一组的分组策略。后续实验均采用 group16 差分 JPEG - LS 压缩算法。

7.3.7.3 误码对压缩性能的影响

误码率越大,对压缩性能的影响越大,但不会增加误码的扩散程度。对于差分 JPEG - LS 算法,分组策略可以更好地防止误码扩散,将错误谱段限制在组内,不会传播到下一组;而不分组时,解码错误将扩散到后续所有波段。因此,分组策略可以增加算法的抗误码性能。

7.3.7.4 谱段配准对压缩性能的影响

配准是提高高光谱图像压缩性能的重要一步,可以极大地提高高光谱图像的谱间相关性,从而提高压缩算法的性能。像素偏移程度越大,压缩性能越差。

例如,按已配准、1/4 偏移、1/2 偏移、整像素偏移的顺序,压缩性能逐渐变差,码率增大,PSNR 减小。

7.3.7.5　辐射校正对压缩性能的影响

辐射校正可以有效减小码率,提升 PSNR,光谱角距离稍有降低。辐射校正可以有效地消除高光谱图像成像过程中的畸变辐射畸变误差,是高光谱图像压缩前的重要步骤。

7.3.7.6　不同分辨率对压缩性能的影响

图像分辨率越低,相邻像素点对应到地面的位置之间的相关性变差,压缩性能越差。从原始图像到下采样因子分别为 1/2、1/3 和 1/4,地面分辨率依次降低,码率依次增大,PSNR 逐渐减小。

高光谱图像压缩基本流程(图 7 - 13):首先通过高光谱相机获得高光谱图像数据,通常会对数据进行分块处理,把大幅图像分割成一些利于处理的小块图像;然后进行辐射校正、配准、分类和谱带重组等预处理,以提高多光谱图像数据的相关性。

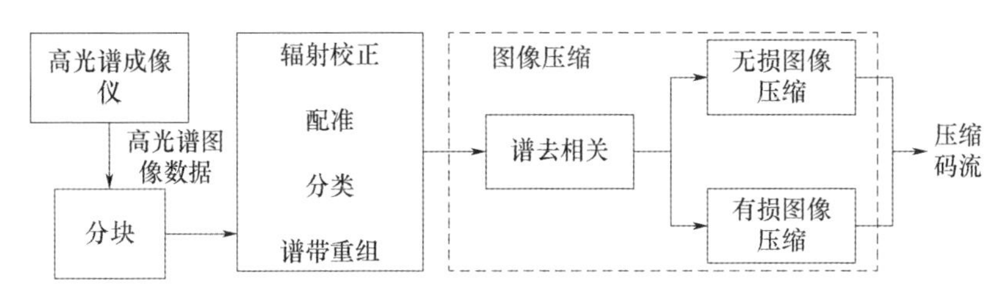

图 7 - 13　高光谱图像压缩基本流程

7.3.8　成像光谱仪数据标准化、定量化技术

成像光谱仪可定量地获知目标的空间信息和光谱信息,因为获知的信息应准确地反映目标的客观属性,首先要求成像光谱仪本身具有客观性,所以成像光谱仪的光谱和辐射定标与数据的定量化反演变得至关重要。定标的目的是根据成像光谱仪的输出数据来客观地确定出所观察目标的光谱特性与辐射特性,即把光学遥感器电子学输出数据(一般为电压)与被探测的物理量(如目标的辐射亮度、反射光谱强度等)在一定精度范围内直接联系起来,使其直接反映被探测目标的状况。其手段是测定成像光谱仪对一个已知辐射特性目标的相应,应分为光谱定标、辐射定标、绝对定标和相对定标。

成像光谱仪的定量化技术包括:

（1）地面绝对定标：主要是建立光学遥感器输出与被探测物理量间的相对关系。其包括：实验室绝对光谱定标，以确定遥感器整机系统各个谱段的谱线位置及半高宽；实验室绝对辐射定标，以确定遥感器对各谱段光谱辐射量的响应能力。

（2）星上相对定标：通过安置在星上的相对定标系统而进行的修正，主要是对原来在地面绝对定标好的光学遥感器输出与被探测物理量之间的严格（要求精度内）定量关系受到各种因素破坏进行校正，包括：在轨实时光谱校正，以确定使用波段的漂移；在轨实时光谱辐射定标，以确定系统光谱相应率的变化。在实际应用中，还要考虑到大气对地位之的影响等，并予以纠正。

成像光谱仪要得到的最终的高光谱图像及合成数据立方体图，需经过一个繁杂的处理过程，涉及算法优化、处理速度等问题。高光谱成像仪的定量数据有大、多、快的特点。因而，信息处理技术对于高光谱成像仪的研制和应用都占据着极其重要的地位。

高光谱数据的标准化、定量化技术应重点解决的关键问题如下：

（1）高精度定标。

（2）海量数据的非失真高比例压缩技术（这对信噪比也至关重要）。

（3）数据高速化处理技术。

（4）光谱、辐射量的定量化，归一化处理技术。

（5）数据图像特征提取及三维光谱图像数据的可视化技术。

（6）地物光谱模型与识别技术及成像光谱仪数据在陆地表层、大气、海洋中应用模型的建立。

7.4 全链路成像质量提升设计与仿真验证

7.4.1 高分辨率高光谱卫星全链路约束环节分析

为了保证在轨高光谱成像质量，需对成像目标特性和大气影响、静态成像质量、相机内方位元素及相机力/热稳定性，卫星姿态控制精度、卫星姿态稳定度、高频颤振抑制，图像数据压缩解压处理，以及地面图像处理等环节进行全链路系统分析和控制。通过对各个影响因素及其影响关系的分析，进行优化设计，如图 7－14 所示。

因此，针对高分辨率高光谱卫星成像任务，需要开展星地全链路成像建模

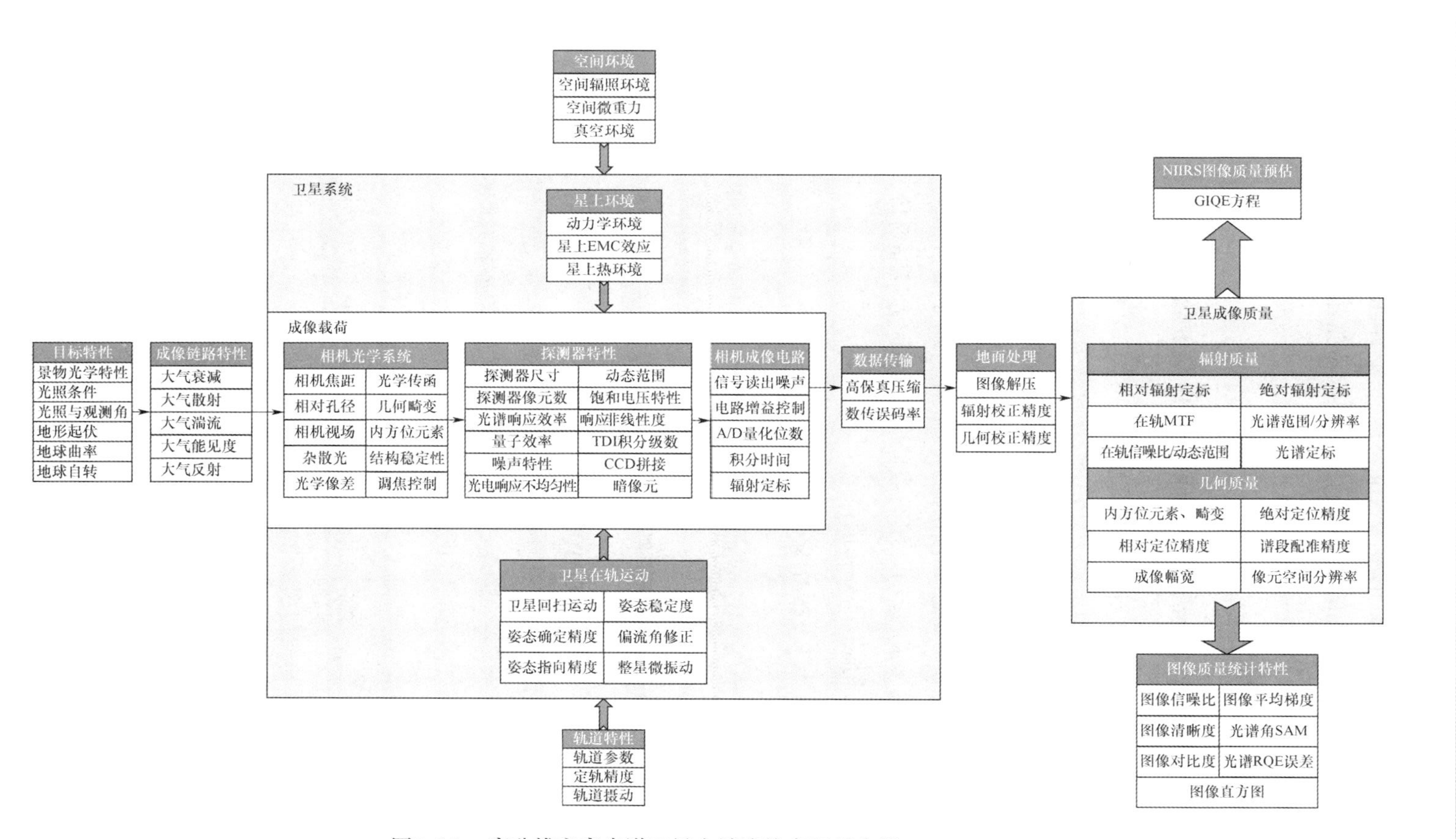

图7-14　高分辨率高光谱卫星全链路约束环节分析

研究,梳理各环节影响因素的影响程度,对光谱成像能力进行定量分析,一方面根据系统设计参数对实际的光谱探测能力进行客观有效的评估,另一方面合理设计参数,平衡各项技术指标间的技术难度,力求达到指标设计既能实现又能满足工程的精度要求。

7.4.2 高分辨率高光谱全链路成像仿真验证软件

高分辨率高光谱全链路成像仿真验证软件,是本书作者团队与北京航空航天大学合作研制的一套拥有自主知识产权,具有自动化程度高、简单易用、符合高光谱遥感用户需求的遥感工程化和研究型应用系统,旨在为高光谱数据地面仿真处理、用户部门的高光谱数据应用等工作提供技术支持。

高分辨率高光谱全链路成像仿真验证软件功能如图 7－15 所示,具有高分辨率目标观测场景生成、运动补偿与成像定位仿真、大气辐射传输仿真、载荷性能仿真、应用能力评估五部分功能。

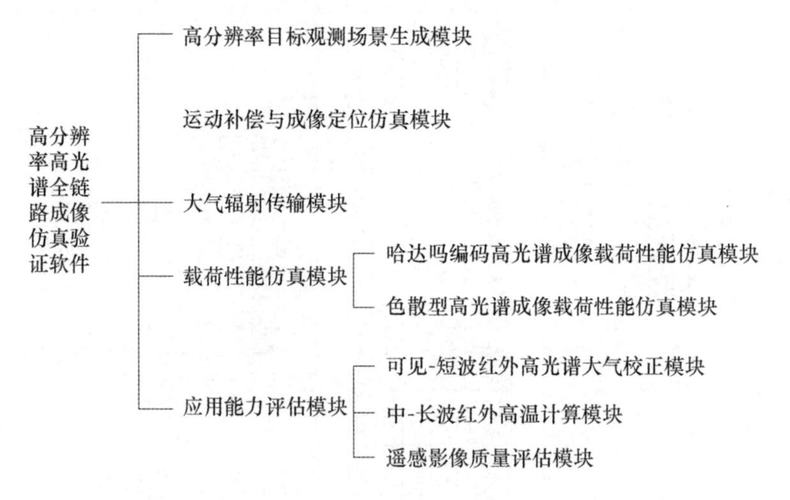

图 7－15　高分辨率高光谱全链路成像仿真验证软件功能

仿真验证软件包括以下八个模块:

(1)高分辨率事目标观测场景生成模块:实现包括场景目标地物特征添加、场景仿真等功能,获得地面场景的反射率数据。

(2)运动补偿与成像定位仿真模块:在已知运动补偿模式下,卫星星下点位置数据的情况下,生成成像区域各像元中心坐标,并对遥感数据进行空间定位重采样,得到卫星观测视角下的地面场景或入瞳辐亮度数据,支持多种补偿倍率,匀地速、匀积分时间和匀角速度三种运动补偿模式。

(3)大气辐射传输仿真模:实现包括可见－近红外－短波－中长波－红外波段大气辐射传输模拟的功能,由地面场景的反射率数据获得载荷入瞳处的辐亮度数据。

(4)哈达玛编码高光谱成像载荷性能仿真模块:实现包括从可见光到短波红外波段的高光谱成像载荷特性仿真,获得仿真辐亮度数据。

(5)色散型光谱成像载荷性能仿真模块:实现包括从可见－近红外到中长波－红外波段的色散型光谱成像载荷特性仿真,获得仿真辐亮度数据。该模块可用于高光谱、多光谱、全色等多种类型载荷特性仿真。

(6)可见－短波红外高光谱大气校正模块:实现可见光到短波红外谱段高光谱遥感数据的大气校正计算,可反演得到大气能见度、水汽含量、地物反射率等数据,为指定载荷特性参数条件下含有地面目标的仿真遥感数据应用能力分析(目标检测识别)提供数据反演功能支持。

(7)中－长波红外亮温计算模块:根据普朗克黑体辐射原理实现中－长波红外成像辐亮度数据到亮温数据的转换功能,输出的亮温数据可用于遥感数据应用能力分析。

(8)遥感影像评估模块:实现遥感影像均值、方差、信息熵、信噪比等统计参数,以及影像间相关系数的统计,并生成报告。

高分辨率高光谱全链路成像仿真验证软件主界面如图7－16所示。

图7－16　高分辨率高光谱全链路成像仿真验证软件主界面

7.4.3　在轨系统传递函数分析

在轨成像系统传递函数是反映卫星在轨成像时整个成像链路中各个影响环节的综合评价结果。针对高分辨率高光谱卫星在轨传递函数优于0.1的目标作为成像链路预估分配的要求。

为了实现在轨系统传递函数优于0.1的要求,当外部影响因素(如大气)条件相同且卫星平台为相机成像提供的环境满足成像要求时,相机静态传递函数实现值的高低是起决定性作用的指标,将直接影响在轨传递函数的实现与否。

在轨成像系统MTF是各个影响成像环节的调制传递函数之积:

$$\mathrm{MTF}_{总推扫} = \mathrm{MTF}_{大气} \times \mathrm{MTF}_{相机} \times \mathrm{MTF}_{运动} \times \mathrm{MTF}_{像移} \times \mathrm{MTF}_{振动} \times \mathrm{MTF}_{热控} \tag{7-9}$$

$$\mathrm{MTF}_{总垂直} = \mathrm{MTF}_{大气} \times \mathrm{MTF}_{相机} \times \mathrm{MTF}_{偏流} \times \mathrm{MTF}_{振动} \times \mathrm{MTF}_{热控} \tag{7-10}$$

7.4.3.1 相机静态 MTF

静态 MTF 是各个成像环节的调制传递函数之积：

$$\mathrm{MTF}_{静态} = \mathrm{MTF}_{光学} \times \mathrm{MTF}_{加工装配} \times \mathrm{MTF}_{探测器}$$

式中：$\mathrm{MTF}_{光学}$为光学系统设计 MTF，预估值根据设计难度可按照衍射极限乘以一个设计实现系数获得；$\mathrm{MTF}_{加工装配}$为加工装配影响因子，根据加工装配精度及以往的经验，影响因子取 0.85，即在 80% 的概率情况下保证系统装调完成后传递函数降低不超过 15%；$\mathrm{MTF}_{探测器}$为探测器和成像电路影响因子，探测器采样为 0.636，成像电路通常为 0.9，合计为 0.57。静态分析如表 7－6 所列。

表 7－6　静态分析

环节	全色	可见高光谱	短波高光谱	中波高光谱	长波高光谱
衍射极限	0.48	0.82～0.92	0.77～0.91	0.53～0.71	0.45～0.61
设计实现	0.98	0.8	0.8	0.9	0.9
加工装调	0.85	0.85	0.85	0.85	0.85
探测器	0.57	0.57	0.57	0.57	0.57
静态 MTF	0.21	0.31～0.35	0.3～0.35	0.23～0.31	0.2～0.27

7.4.3.2 大气 MTF

$\mathrm{MTF}_{大气}$为大气的调制传递函数，与大气的条件有关，一般考虑大气对调制传递函数的影响为 0.8。

7.4.3.3 运动 MTF

$$\mathrm{MTF}_{运动} = \mathrm{sinc}(\pi SN)$$

式中：S 为积分时间内卫星运动引起的像移；N 为奈奎斯特频率，$S = V \times \Delta R / V_g$，$V$ 为卫星飞行速度，$V = V_g \times f/H$（V_g 为星下点速度，f 为焦距，H 为卫星轨道高度），ΔR 为积分时间内卫星运动的距离。按单位积分时间内像移与电荷转移完全匹配计算，$\mathrm{MTF}_{运动} = 0.636$。

7.4.3.4 MTF 像移

TDI 要求地物运动与像移同步，但随着 TDI 级数增大，同步等因素对成像质量的影响也越大，水平方向的速度误差对 MTF 的衰减影响可用下式表示：

$$\mathrm{MTF}_{像移} = \frac{\sin(n\pi \mathrm{Ntdi} \cdot d_{\mathrm{error}})}{\mathrm{Ntdi} \cdot \sin(n\pi d_{\mathrm{error}})} \tag{7-11}$$

式中：d_{error}为相邻两次曝光的位置误差，$d_{\mathrm{error}} = \Delta \frac{v}{H} \cdot d$；Ntdi 为级数，$n$ 为奈奎斯特频率。当速高比精度为0.1%时，相机的 MTF≈1。

7.4.3.5　MTF 偏流

卫星成像时由于地球自转，导致每行 CCD 地对应的地物发生偏移，星上采取偏流修正：

$$\mathrm{MTF}_{像移} = \frac{\sin(n\pi \mathrm{Ntdi} \cdot \tan\theta)}{\mathrm{Ntdi} \cdot \sin(n\pi \tan\theta)} \tag{7-12}$$

全色谱段采用8级积分时，相机的 MTF≈1。

7.4.3.6　MTF 振动

由于控制系统稳定度，即低频运动对图像 MTF 存在一定影响时，如果星体活动部件可能传递至相机像面的高频振动也叠加其上且无法抑制，高频颤振相对低频运动的影响将更加严重，因此必须严格控制星体在相机单位积分时间内产生的高频颤振幅度，按0.1相对像元要求时，其对 MTF 下降程度达到了约0.97。

因此，当低频和高频振动同时存在，其对图像传函的影响：低频线性运动 MTF 下降因子0.99。高频随机振动 MTF 下降因子0.97。合计0.96。

7.4.3.7　MTF 热控

由于热控误差引起的 MTF 下降取0.95。

7.4.3.8　综合 MTF

相机沿推扫方向和垂直方向的在轨 MTF 分析如表7-7和表7-8所列。

表7-7　在轨 MTF 分析（推扫）

环节	全色	可见高光谱	短波高光谱	中波高光谱	长波高光谱
静态 MTF	0.21	0.31～0.35	0.3～0.35	0.23～0.31	0.2～0.27
大气	0.8	0.8	0.8	0.8	0.8
运动	0.636	0.636	0.636	0.636	0.636
像移	1	1	1	1	1
振动	0.96	0.96	0.96	0.96	0.96
热控	0.95	0.95	0.95	0.95	0.95
系统 MTF	0.097	0.144～0.162	0.139～0.162	0.107～0.144	0.093～0.125

表 7-8 在轨 MTF 分析(垂直)

环节	全色	可见高光谱	短波高光谱	中波高光谱	长波高光谱
静态 MTF	0.21	0.31~0.35	0.3~0.35	0.23~0.31	0.2~0.27
大气	0.8	0.8	0.8	0.8	0.8
像移	1	1	1	1	1
振动	0.96	0.96	0.96	0.96	0.96
热控	0.95	0.95	0.95	0.95	0.95
系统 MTF	0.153	0.226~0.255	0.219~0.255	0.168~0.226	0.146~0.197

由$\mathrm{MTF}_{图像}=\sqrt{\mathrm{MTF}_{总推扫}\times\mathrm{MTF}_{总垂直}}$可得表 7-9 所列数据。

表 7-9 在轨 MTF 分析(综合)

环节	全色	可见高光谱	短波高光谱	中波高光谱	长波高光谱
系统 MTF	0.122	0.18~0.203	0.174~0.203	0.134~0.180	0.117~0.157

7.4.4 在轨系统信噪比/NETD 分析

采用 12bit 量化输出的图像信号具有非常精细的量化分层,可以将目标刻画得更加精准,有利于地面图像的判读及后续处理,使最终的图像产品满足主观评价要求。因此,对于 12bit 图像在轨图像信噪比要求应高于对 8bit 图像要求。

影响在轨图像信噪比的主要因素是相机系统输出的信噪比,根据研制技术水平可以实现表 7-10 给出的指标。

表 7-10 多通道采样信噪比增益

项目	全色	可见光	短波红外	中波红外	长波红外
光谱通道数(N_λ)	1	110	160	50	50
TDI 级数	4	—	—	—	—
N 编码	—	320	160	—	—
狭缝数	—	—	—	4	1
信噪比增益/dB	6	8	7.9	—	—
NETD 增益/倍	—	—	—	2	1
总信噪比/dB	42.1	40.6	41	—	—
NETD/K	—	—	—	0.29	0.2

另外，当相机处于较小太阳高度角和地面反射率成像时，为了保证图像信噪比，可通过增大积分级数和增益来增加相机系统信噪比。但是在增加积分级数同时可能影响系统传递函数，因此针对不同输入条件下的实际在轨信噪比要求，需根据目标特性、相机响应特性、数据压缩及传输特性，并与在轨传递函数综合考虑，在相机电路设计中尽可能抑制噪声量级，并通过在轨合理调整积分级数和增益的方法来实现满足图像质量的信噪比要求。

7.4.5　在轨姿态/偏流角对光谱重构影响分析

对于任何成像载荷来说，其成像图像质量不可避免地会受到卫星姿态稳定度和偏流角的影响。特别是，对于编码型高光谱成像仪来说，由于其采用时空联合编码成像方案，要获得目标的完整光谱图像，就必须对目标进行连续推扫，并取其连续帧数据中相同地元的完备编码数据，通过数据复原算法重构得到光谱数据。而卫星姿态稳定度和偏流角的影响，必然使得高光谱成像仪在连续推扫成像过程中对应的地物编码方向发生偏移，使得编码映射关系产生错位误差，造成复原光谱产生偏差。而姿态稳定度和偏流角真实的影响有多少，则需要通过仿真试验来进行分析。

7.4.5.1　姿态/偏流角影响分析

姿态稳定度引起的单帧平均偏移量为 0.0014 像元/帧，因此，每帧原始光谱数据在光谱和空间两个方向上的单帧姿态偏移量均为 0.0014 个像元/帧，并以此计算出编码图像在两个方向上的累计偏移量最大各为 0.18 个像元，此外，按单帧偏移量 0.00001745 个像元/帧作为单帧偏流角偏移量，计算相应的偏流角累计偏移量 0.02 个像元。然后，计算受姿态和偏流角偏移影响的编码成像数据，并进行光谱复原，得到对应的光谱数据立方体；同时，计算仿真的复原光谱数据与原始光谱数据立方体的误差评价指标。

具体仿真试验分析统计结果（表 7 – 11）如下：

（1）情况 1。有姿态稳定度误差（随机方向空间偏移 + 随机方向推扫偏移），有偏流角偏移，偏流角偏移累计 0.02 个像元。

（2）情况 2。有姿态稳定度误差（固定方向空间偏移 + 固定方向推扫偏移），且空间偏移方向和偏流角偏移方向相同，全周期姿态空间/推扫偏移各累计 0.18 个像元，偏流角偏移累计 0.02 个像元。

（3）情况 3。有姿态稳定度误差（固定方向空间偏移 + 固定方向推扫偏移），且空间偏移方向和偏流角偏移方向相反，全周期姿态空间/推扫偏移各累计0.18个像元,偏流角偏移累计0.02个像元。

表7-11 真实姿态/偏流角偏移误差下的复原结果指标

情况	峰值信噪比	光谱相似角	光谱相关系数	相对平均偏差	相对二次偏差
情况1	65.93	0.9959	0.9994	0.0341	1.26
情况2	45.56	0.939	0.988	0.235	104.54
情况3	46.63	0.9506	0.9909	0.206	81.5

可以看出,在0.0001(°)/s的姿态稳定度和0.01°偏流角下,127帧全周期空间方向累计偏移最大为(0.18+0.02)个像元,推扫方向累计偏移最大为0.18个像元。如表7-12所列,情况2为真实情况,相比理想情况,其不同指标的数值有所衰减,但信噪比仍良好,光谱相似度误差小于2%,光谱绝对误差小于0.25。

7.4.5.2 空间/推扫偏移容限分析

考虑偏流角与姿态稳定度在空间方向的偏移性质一样,只是数值不同,为了进一步分析偏移量对重构的影响,下面按127帧全周期空间/光谱偏移1倍累计误差0.18个像元、1.5倍累计误差0.27个像元、2倍累计误差0.36个像元进行试验,复原结果如表7-12所列。

表7-12 不同空间/推扫偏移情况下的复原结果指标

序号	空间累计偏移	推扫累计偏移	峰值信噪比/dB	光谱相似角	光谱相关系数	相对平均偏差	相对二次偏差
1	0.18个像元	0	48.46	0.964	0.9932	0.1626	53.93
2	0	0.18个像元	48.90	0.966	0.9942	0.1433	0.4905
3	0.18个像元	0.18个像元	46.10	0.945	0.989	0.220	92.27
4	0.27个像元	0	44.96	0.927	0.9856	0.2402	120.51
5	0	0.27个像元	45.41	0.932	0.987	0.211	109.58
6	0.27个像元	0.27个像元	42.65	0.8899	0.9765	0.3264	208.15
7	0.36个像元	0	42.47	0.8811	0.972	0.318	213.7
8	0	0.36个像元	42.92	0.8887	0.9733	0.2795	194.3
9	0.36个像元	0.36个像元	39.89	0.8178	0.948	0.445	403.1

由表7-13可以看出:全周期偏移小于0.18个像元时,重构图像信噪比高于45dB,光谱相似度高于0.95;当全周期偏移大于0.36个像元时,重构图像信

噪比低于 40dB，光谱相似度低于 0.85。

7.4.5.3　模板与像元失配情况

考虑编码模板主要完成光谱编码，即色散方向上的编码，由于光栅或棱镜色散的不一致性，实际编码过程中在真实色散方向上存在模板缩比/放大误差的情况，表 7－13 列出了复原结果指标。

表 7－13　模板缩比/放大误差情况下的复原结果指标

序号	不同误差情况	峰值信噪比	光谱角	光谱相关系数	相对平均偏差	相对二次偏差
1	模板累计失配 －1 个像元	49.81	0.949	0.991	0.189	42.79
2	模板累计失配 +1 个像元	49.85	0.949	0.991	0.188	42.44

由表 7－14 可以看出，实际编码过程中在真实色散方向上存在模板放大和模板缩比时，重构图像信噪比和光谱复原相似度均有不同程度下降。

需要说明的是，上述带误差的编码成像与重构仿真都是以误差存在为事实，而在重构时仍使用无误差重构方法进行图谱复原的。因此，在误差偏大时其重构质量大幅下降。但是，如果在重构时利用误差分布和变化关系对重构算法进行修正，那么在理论上可改善重构质量。

第 8 章
单线阵卫星高精度目标定位设计

8.1 概述

目标定位是高分辨率影像的基本属性之一，在“看得清”的基础上，如何使其“定得准”，是决定我国高分辨率光学遥感卫星能否满足用户应用的瓶颈。目标定位精度是评价几何质量的重要指标，也是评判遥感影像应用范围的主要依据。在不断提高我国光学遥感卫星空间分辨率的同时，如何提升其几何精度也越来越受到关注。

近年来，我国陆续发射了多颗高分辨率光学卫星，影像分辨率逐渐从米级提升到亚米级；同时，借助整星大范围、敏捷机动能力，能通过沿轨道方向前后摆动获取同轨立体像对，具备了实现大比例尺测绘的必要条件。相比国外高几何精度的商业遥感卫星，过去国产遥感卫星所能实现的几何精度仍在几十米量级，利用国产高分辨率遥感卫星进行立体成像测绘也处于尝试阶段。从原理上说，无地面控制点卫星高精度几何定位是完全可行的。但是，在工程实现方面，我国卫星，尤其是敏捷卫星要实现 10m 以内定位精度要求并不容易，关键问题在于以下三点。

(1) 由传统多/双线阵到大型敏捷卫星单线阵多角度立体，采用大型敏捷卫星单线阵实现多角度成像获取高精度平面和高程信息，目标定位精度指标分析论证难度高。传统的多/双线阵测绘卫星，依靠严格的安装角构成固定交会角，姿态数据具有良好的关联性，其引起的定位误差只与固定的摄影比例尺、交会角、相机焦距有关。高分辨率光学侦察卫星只装载一台大口径、长焦距光学相机，通过卫星强大的姿态机动能力对目标或区域进行立体成像来获取目标的平面和高程信息。

单线阵推扫成像体制的几何关系如图8－1所示。大型敏捷光学卫星采用单线阵多角度观测（多基线成像）提高平面精度，如图8－2所示。由于单线阵卫星频繁的大角度姿态机动使得姿态数据不关联，在轨姿态频繁机动容易导致相机与星敏夹角热稳定性问题，单线阵立体成像交会角可变，当采用小交会角立体成像时，卫星高程定位精度难以保证。

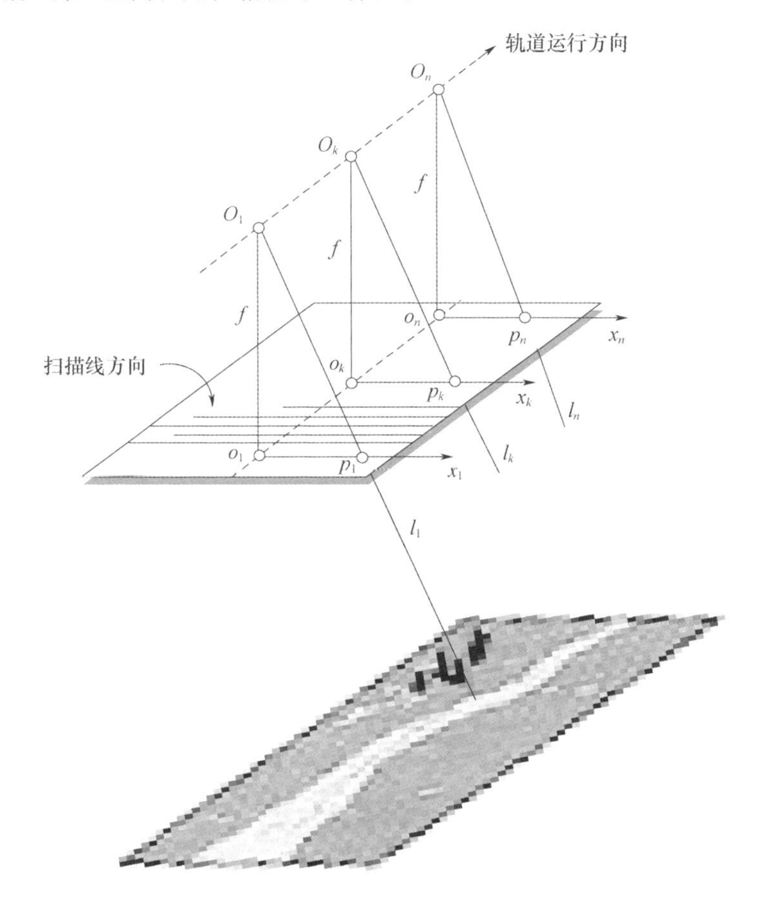

图8－1　单线阵推扫成像体制的几何关系

姿态误差是影响最终定位精度的主要影响因素。10m以内的平面定位精度对卫星的姿态测量精度要求极高，且受器件进口限制，国产星敏往往除了高频误差外，还包含有不可忽视的关键低频慢周期漂移问题。

（2）由被动稳态推扫到主动“动中成像”，卫星姿态动态变化大、卫星影像条带变形大，不利于保证几何内精度。当前，高分辨率光学遥感卫星具有敏捷

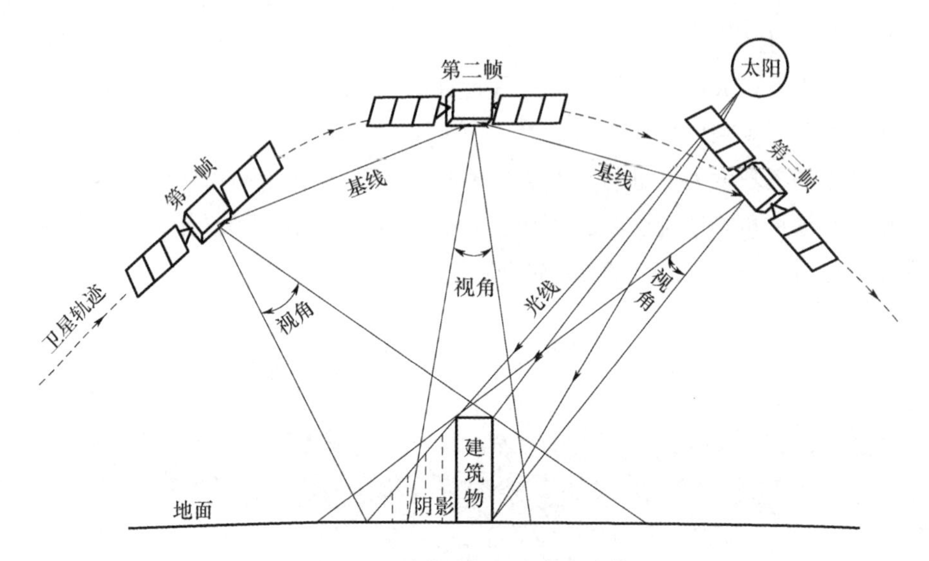

图 8-2　单线阵相机多角度成像

机动能力，可实现主动非沿迹动中成像，在“动中成像”模式下进行目标定位，对星敏动态测量精度、姿态稳定度和星上高频姿态抖动控制要求极高。

当卫星稳态成像时（姿态机动至稳定后再成像，理想情况下可理解成像过程中姿态角速度为0，角加速度为0）的星敏测量精度可达1″，姿态稳定度可达5×10^{-5}(°)/s量级，星上姿态测量频率为10Hz，则针对成像姿态建立的内插模型内插误差为0.02″，这对于目标定位精度的影响可以忽略。而动中成像过程中同时进行姿态机动，机动最大角速度为2.3~3.6(°)/s，最大角加速度不低于0.22~0.42(°)/s^2，星敏星点质心提取精度受影响，难以实现高动态精度，且假定动中成像模式下姿态测量频率可达到100Hz，则姿态欠采样引起的姿态内插误差仍将造成多个像素的定位误差，严重制约了几何精度。

（3）由传统亚米级圆轨道成像到椭圆轨道甚高分辨率成像，相机规模大，卫星姿态机动频繁，侧摆后在轨自主调焦带来新挑战，难以快速更新精确相机内方位元素。大口径长焦距相机要实现高几何内精度及稳定性的难度非常大。椭圆轨道下成像不能将轨道高度对应物距看作无穷远，加之卫星姿态机动频繁，侧摆角或俯仰角通常变化较大，实际物距变化也较大，为保障成像清晰必须进行在轨自主调焦。调焦意味着相机内方位元素变化，需要进行高频次的高精度几何标定。

在轨开展几何标定就是逐个像元进行视轴指向标定。在传统方法中，为了进行相机焦面标定，需要建设专门的高精度检校场，检校场配有高精度航空影像数据,作为基础地理信息数据卫星图像进行标定。传统 0.5m 以上分辨率卫星采用 12cm 的正射影像和 1m 的数字高程图,用虚拟重成像的方法获得了焦面各像元两个方向的校正模型,校正精度为 0.2 个像元。这种方法的标定精度主要依赖于地面检校场的控制精度,且要求控制影像分辨率与卫星分辨率相当。

对高分辨率光学卫星进行几何内标定必须采用更大比例尺控制数据,定标场建设费用高,且受限于时空分布,因而必须开展不依赖地面场地的星地一体化高精度自主几何标定技术研究,实现超高分辨率的几何标定。

8.2　高精度目标定位影响因素分析

8.2.1　高精度目标定位成像链路误差源特性分析

高分辨率光学卫星高精度目标定位精度是决定卫星影像产品应用能力的重要指标。根据图像定位的计算过程,影响图像定位精度的主要因素有内方位元素、外方位元素和地面图像处理因素等,如图 8 – 3 所示。

8.2.1.1　相机内方位元素

相机内方位误差影响因素如图 8 – 4 所示,从光学系统、光机结构和热控三方面进行相机内方位元素的稳定性设计。相机镜头玻璃采用接近零膨胀的材料,严格控制反射镜各部分温度不均匀对镜面的面形质量。光机主体采用主被动热控措施保证相机成像所需要的温度环境,提高相机内部及安装边界热稳定性,保证成像质量、系统像高、主距的在轨稳定。

为保证相机内方位元素精度,在卫星工程研制阶段需重点关注相机的光机力热稳定性,入轨后需进行周期性的天地一体化在轨几何内畸变标定。此外,随着光学遥感卫星空间分辨率的不断提高,卫星入轨后往往需要根据图像情况进行多次焦面位置的在轨调整,并将焦面位置打入图像辅助数据并下传至地面。在保证调焦机构重复精度的前提下,地面应用部门可以根据焦面位置进行卫星内方位元素的变化结算,这就要求相机调焦机构具备较高的重复精度。

为实现高精度目标定位,对内方位元素相关技术指标要求如下:

(1)调焦机构重复精度:优于 $\pm 5\mu m$。

(2)相机内畸变稳定性:一次成像内 0.1″,轨道周期内 0.2″。

(3)在轨几何标定误差:优于 0.3 像元。

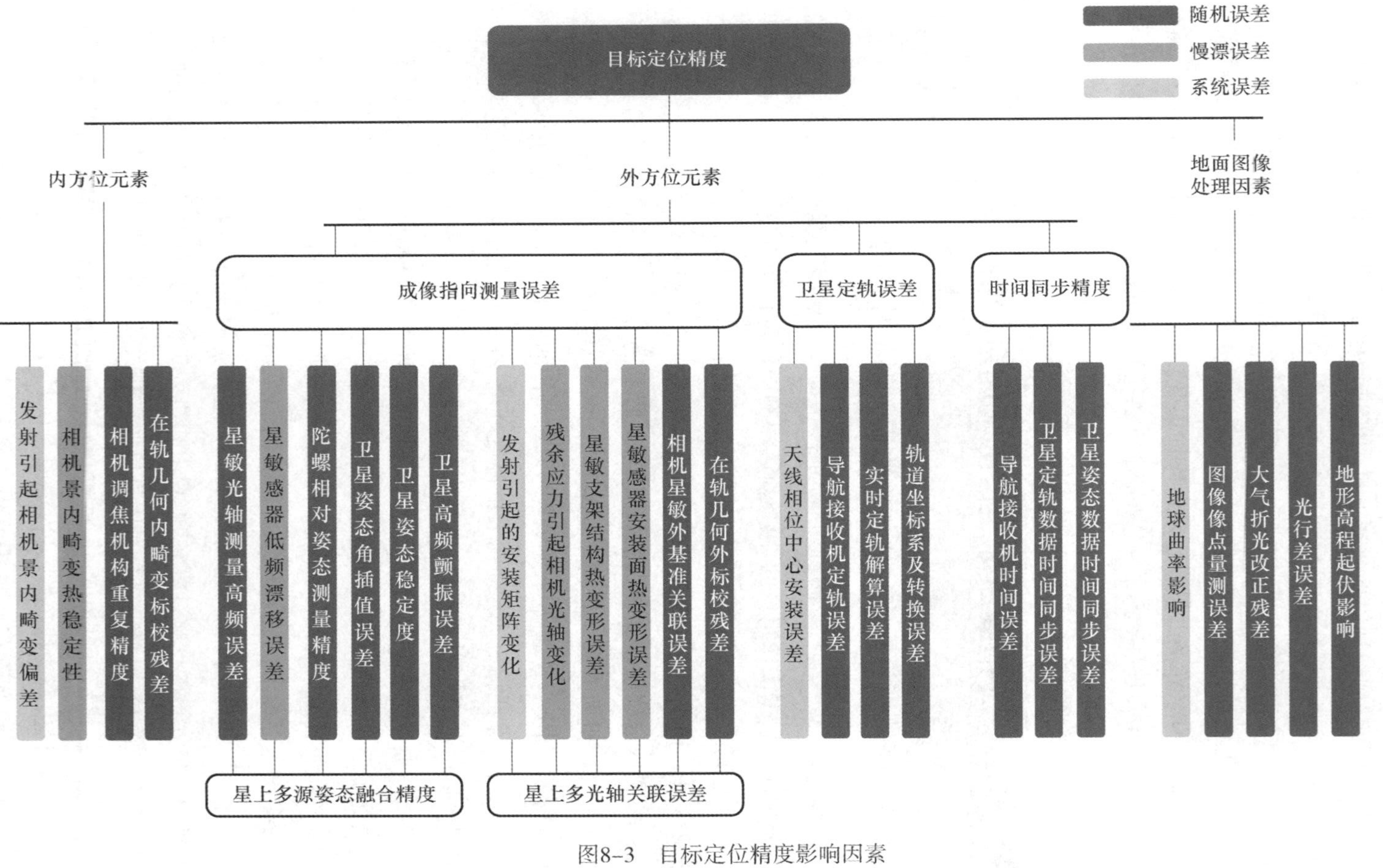

图8-3 目标定位精度影响因素

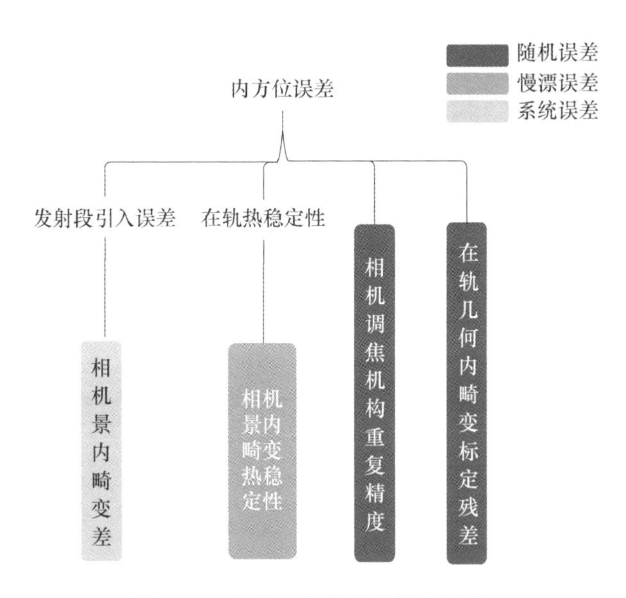

图 8－4　相机内方位误差影响因素

8.2.1.2　卫星定轨误差

卫星定轨误差是影响定位精度，尤其是高程精度的重要指标。轨道 X 和 Z 方向误差影响高程和平面 X 方向定位误差，且对高程定位误差的影响大于对平面 X 方向的定位误差，轨道 Y 方向误差仅对平面 Y 定位误差有影响，如图 8－5 所示。

此外，随着用户对卫星数据处理的实时性的要求提升，以往遥感卫星提出的事后定轨方案无法满足用户快速获取高精度几何定位图像的需求。卫星采用星载全球卫星导航系统（Global Navigation Satellite System，GNSS）实时定轨技术，在轨实现高精度实时在轨定轨精度要求。

8.2.1.3　成像指向测量误差

成像指向误差决定了卫星成像定位的指向，由于卫星成像轨道较高，少量指向角度误差将引起地面定位较大的偏移，因此成像指向误差是设计过程中的关键论证项。

如图 8－6 所示，对于高分辨率观测模式（单片定位），侧摆角误差主要影响垂轨 Y 方向精度，俯仰角误差主要影响沿轨 X 方向精度；对于高精度定位模式（立体定位），俯仰角误差对立体定位精度的影响最明显。

成像指向测量误差可分为星上多源姿态融合误差及星上多光轴关联误差，如图 8－7 所示。

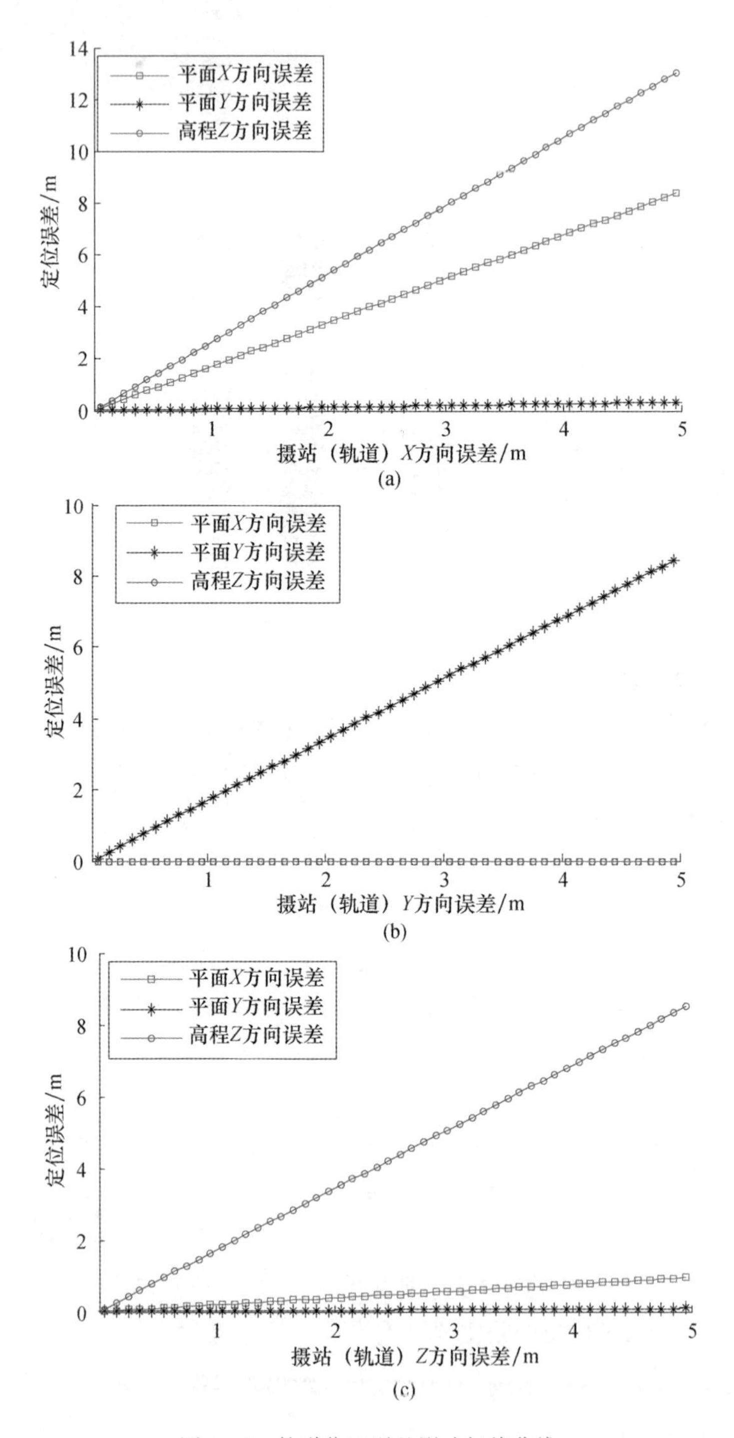

图 8－5　轨道位置误差影响规律曲线

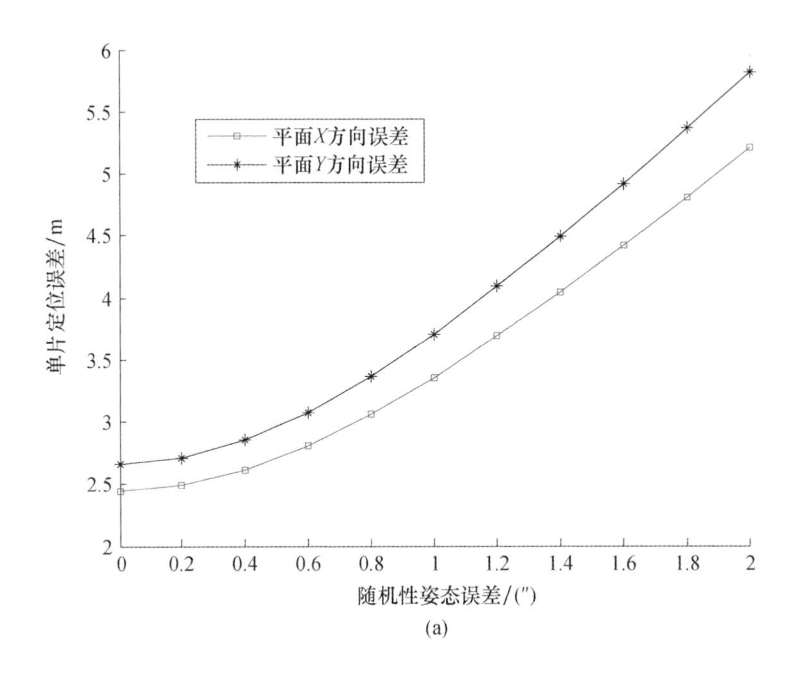

(a)

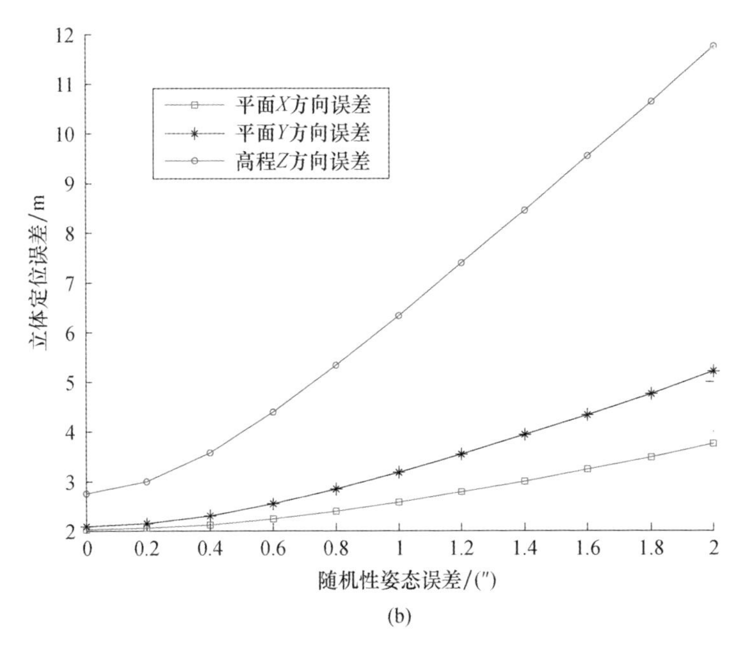

(b)

图 8-6　成像指向测量误差影响规律曲线(±15°夹角交会)

(a)高分辨率侦察模式(单片定位);(b)高精度定位模式(立体定位)。

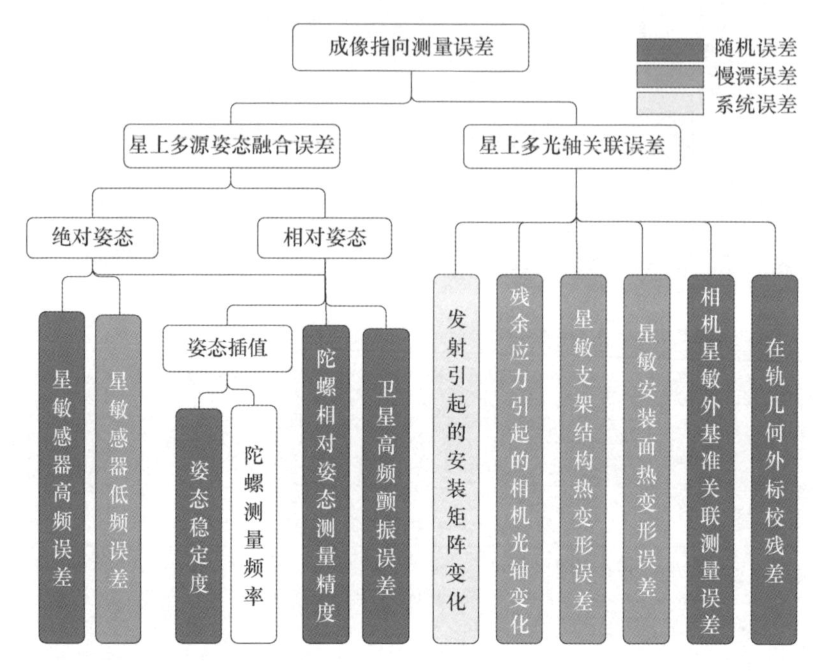

图 8-7　成像指向误差分类

1) 星上多源姿态融合误差

卫星姿态确定系统的设计直接影响侦察卫星的目标定位能力，姿态作为外方位角元素，其测量误差对几何定位和处理精度影响巨大。1″的姿态测量误差可以引起500km 轨道高度卫星约2.4m 定位误差。为了满足目标高精度定位的需求，星上配备了多种高精度姿态测量装置，同时保证绝对姿态测量精度和相对姿态测量精度。

此外，随着卫星敏捷姿态机动能力的不断提高，使得推扫动中成像技术成为可能。动中成像技术会带来卫星姿态稳定度下降，并进一步影响最终图像定位精度。因此，在进行卫星姿态融合精度保证设计时，还需考虑卫星系统姿态测量值的离散特性（输出姿态频率）与卫星姿态稳定度设计之间的关联性。

下面主要对姿态测量、姿态差值与稳定度误差间的关系，以及卫星高频颤振姿态误差进行分析。

(1) 姿态测量、姿态插值与姿态稳定度。

国内外高分辨率光学遥感卫星多采用星敏感器和陀螺组合进行卫星姿态确定，通过“星敏感器 + 三轴速率陀螺”组合定姿设计滤波器，实现姿态融合并对测量误差进行修正。其中，星敏感器为卫星定姿通过惯性坐标系下的绝对姿态角,但一般测量频率较低,为 1 ~ 4Hz;陀螺测量卫星的姿态角速度,可为卫星定姿提供相对姿态角,测量频率一般为 8 ~ 16Hz。

对卫星图像进行几何处理时,由于推扫成像行频(16kHz 左右)远高于姿态输出频率(16Hz 左右),对任一成像时刻的姿态角度需通过对姿态数据内插得到:

$$\begin{aligned}\theta_{t_1} &= \frac{\theta_{t_2} - \theta_{t_0}}{t_2 - t_0}(t_1 - t_0) + \theta_{t_0} \\ &= \omega_{t_0}(t_1 - t_0) + \theta_{t_0} \\ &= \omega_0 \Delta t + \alpha_0 \Delta t^2 + \theta_{t_0}\end{aligned} \tag{8-1}$$

式中:θ_{t_1} 为内插得到的 t_1 时刻的姿态角;θ_{t_0}、θ_{t_2} 分别为 t_0 和 t_2 时刻的两次姿态角测量数据;ω_{t_0} 为线性计算得到的 t_0 ~ t_2 时刻间的姿态角速度(姿态稳定度);α_0 为姿态角加速度;ω_0 为瞬时姿态角速度;Δt 为姿态输出时间间隔($1/\Delta t$ 为姿态输出频率)。

从式(8 - 1)可知,卫星姿态精度受星上姿态测量传感器精度、姿态输出频率及姿态稳定度的影响,且有如下规律:

①姿态测量传感器精度,即星敏和陀螺测量精度越高,卫星姿态精度越高;

②姿态稳定度误差与姿态输出频率共同影响卫星姿态精度,在姿态输出频率较低的情况下,必须保证姿态稳定度;在提升姿态输出频率条件下,可以适当降低对姿态稳定度的要求。

不同姿态稳定度影响卫星定位精度,表 8 - 1 给出给定设计参数条件下(测姿频率为 4Hz),改变卫星姿态稳定度得到的对应定位精度分析结果。

表 8 - 1　不同姿态稳定度对定位精度的影响

姿态稳定度/((°)/s)	单片定向		立体定向		
	平面 X 方向误差/m	平面 Y 方向误差/m	平面 X 方向误差/m	平面 Y 方向误差/m	高程 Z 方向误差/m
0.0001	3.35	3.71	2.55	3.16	6.33
0.001	3.80	4.22	2.83	3.66	7.73
0.002	5.22	5.84	3.75	5.20	11.78
0.01	20.92	23.55	14.39	21.55	51.62

注:X 为卫星所在平面沿轨方向;Y 为卫星所在平面垂轨方向;Z 为卫星高程指向方向

从表8-1可看出,卫星姿态稳定度对定位精度存在一个近似线性的误差影响。对于CCD线阵推扫成像卫星,其每行姿态由姿态测量数据线性内插而得。在姿态稳定度不好的情况下,增加姿态测量频率可以提高每行数据的姿态精度,从而提高定位精度。

图8-8为卫星姿态稳定度0.002(°)/s条件下不同测姿频率下的定位误差规律。由图可以看出,随着测姿频率的提高,当整星测姿频率为32Hz时,其定位精度相比4Hz提高了约40%,当测姿频率不断提高至200Hz甚至1000Hz时,定位精度趋于稳定。

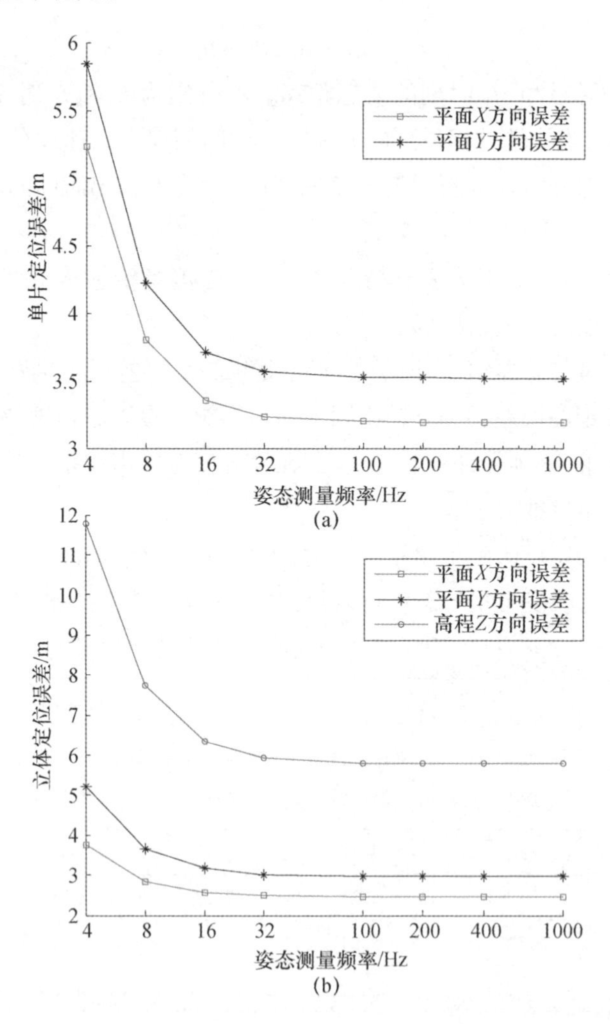

图8-8　姿态稳定度0.002°/s时测姿频率对图像定位误差影响规律
(a)高分辨率侦察模式(单片定位);(b)高精度定位模式(立体定位)。

(2)卫星高频颤振误差。

光学遥感卫星采用线阵推扫方式成像,在光学卫星推扫成像过程中,卫星高频颤振导致影像几何变形,降低影像几何内精度,影响后续配准、立体、影像融合等高精度遥感应用。

①卫星高频颤振对影像内部精度的影响:由于卫星平台运动是随时间变化的,在推扫成像过程中每一扫描行受到的颤振引起的误差将随时间变化,相邻行的误差不同,引起了影像随扫描行变化的内部畸变。影像内部变形程度与卫星高频颤振的振幅和频率直接相关:振幅越大,影像的变形误差则越大;频率越高,则内部变形越明显。

②卫星高频颤振对多光谱影像波段配准精度的影响:由多光谱相机焦面设计特点可知,多光谱不同波段依次对相同地物成像。卫星高频颤振使得多光谱相机不同波段影像在对同一地物成像时受到不同程度的震颤干扰,而颤振的微小与高频的特性使得现有的姿态敏感器很难观测到卫星颤振。当卫星存在颤振时,由于姿态观测精度和频率的不足,波段间几何成像模型产生了由颤振产生的未模型化误差,那么在采用基于几何定位一致性的多光谱影像波段配准方法时,将直接影响波段配准处理的精度。图 8 -9 展示了不同成像时间间隔、不同积分级数颤振对配准误差的影响。

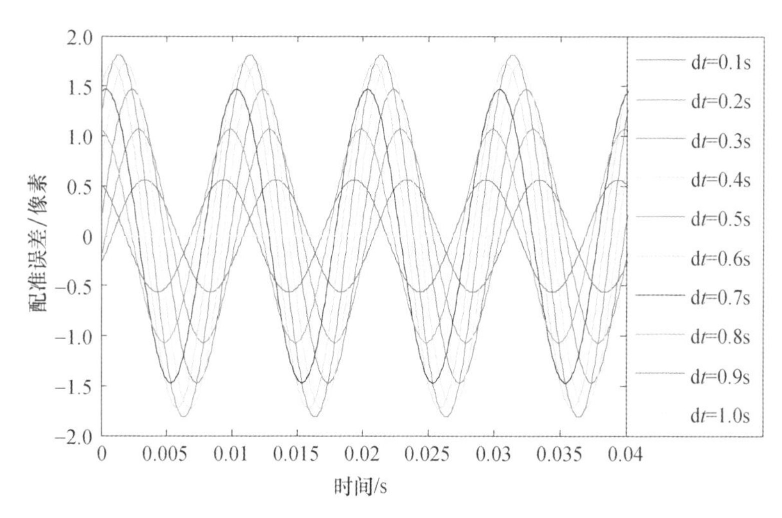

图 8 -9　不同成像时间间隔、不同积分级数颤振对配准误差的影响(见彩图)

③卫星高频颤振对立体交会精度影响:与多光谱影像类似,立体成像时也存在相同的问题。如果平台存在高频颤振时未得抑制或准确观测,那么立体影

像同名像点将出现交会误差，直接降低立体影像的平面定位精度和高程精度。图 8－10 展示了高频颤振对立体交会精度影响。

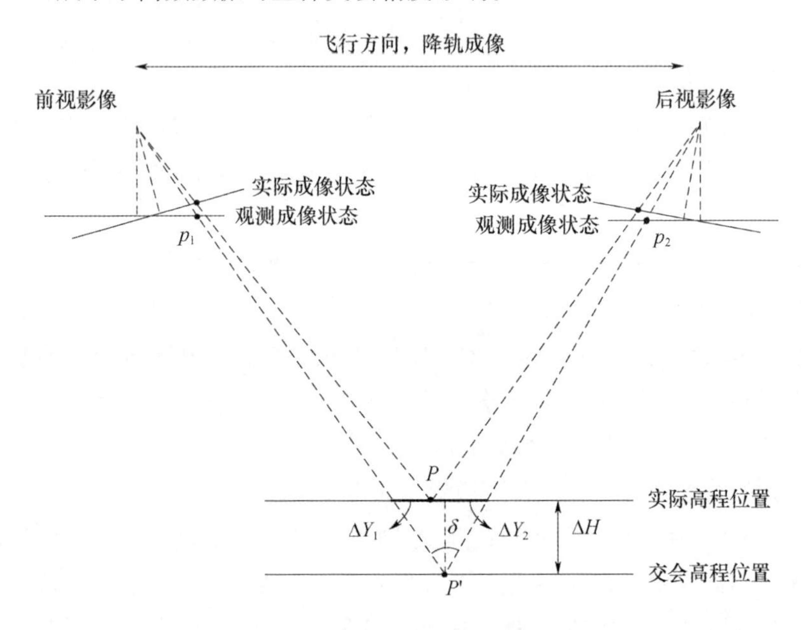

图 8－10　高频颤振对立体交会精度影响

对高程的影响直接与立体像对沿轨相对定位误差相关。当前后视影像受到颤振的影响相同时，对高程精度无影响；前后视影像沿轨方向定位精度受到颤振的影响差异越大，颤振对高程精度影响越大。

为了保证立体成像效果，前后视立体相机的积分级数通常是相同的。如果平台存在高频颤振，那么高程误差的变化规律可以类似于多光谱影像的波段配准误差变化规律，在交会角确定的情况下，高程误差随前后视影像沿轨方向的相对定位误差的变化而变化。根据卫星微振动设计，卫星可实现像面 0.1 像元颤振控制精度。

2）星上多光轴关联误差

星上多光轴关联误差主要是结构热变形误差。卫星在轨运行期间，结构稳定性主要受温度场波动而导致结构热变形，引起结构在轨随温度场波动而发生变化。图 8－11 为太阳同步低轨遥感卫星在轨指向长期漂移规律。

根据星敏－相机一体设计，通过系统梳理可以给出影响成像指向稳定性主要环节，包括星敏支架在轨稳定性、相机主承力框稳定性（星敏支架安装面稳定性）、相机结构稳定性（相机安装面稳定性）和平台上相机安装面稳定性。

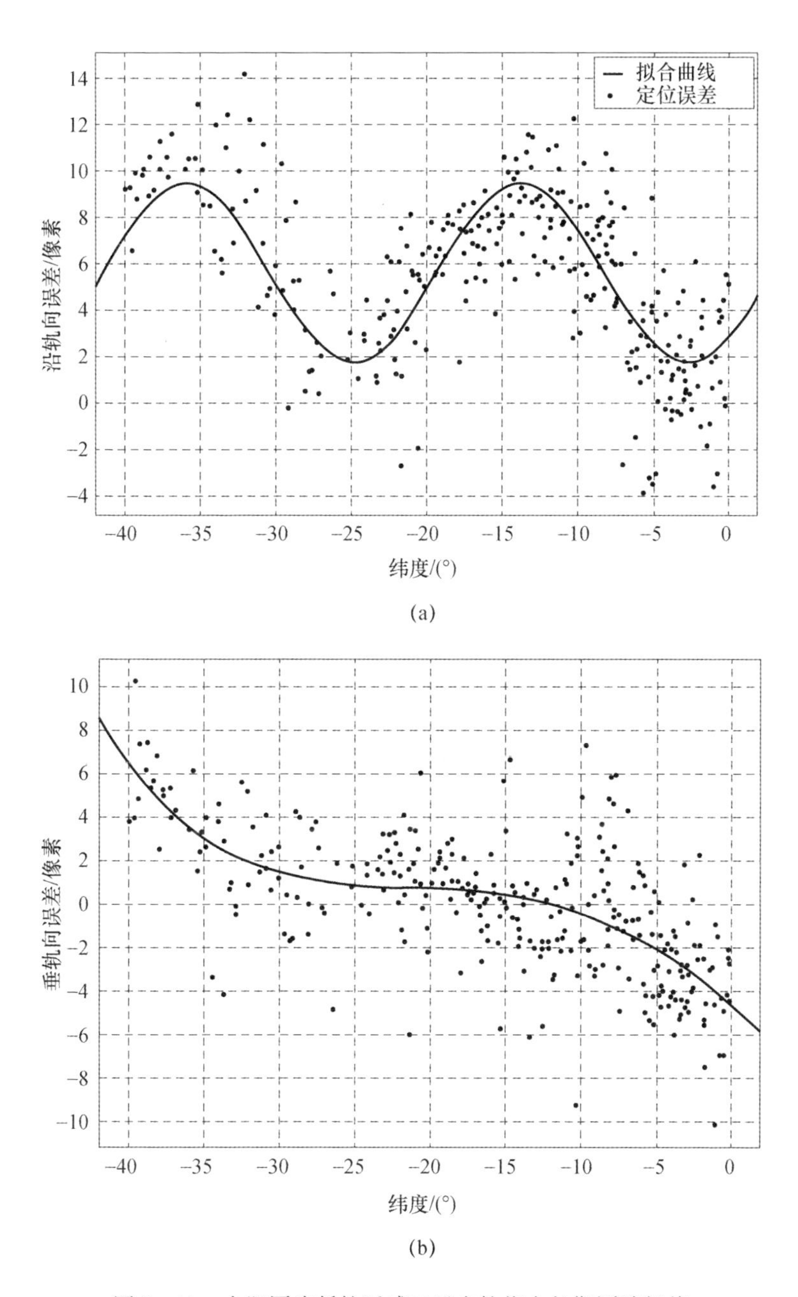

图 8－11　太阳同步低轨遥感卫星在轨指向长期漂移规律

(a)沿轨方向；(b)垂轨方向。

基于卫星设计经验，采取一体化力热高稳定性结构设计，对各影响因素进行了指标分解，可实现指向稳定性 1.5″。具体分解结果如表 8－2 所列。

表 8-2 星上多光轴关联误差指标分配

影响环节	指标分配值			
	星敏光轴指向变化/(″)	相机光轴指向变化/(″)	星敏-相机光轴夹角变化/(″)	说明
星敏支架热变形	0.5	—	0.5	星敏安装面法向量变化,在星敏支架温度波动不大于5℃情况下
温度变化引起光轴热变形	0.3	0.1″(相机保证)	0.4	相机主承力框上星敏支架安装面变化,在相机主体上温度场波动在±0.3℃范围内
安装界面输入变形(平台结构热变形)	0.3	0.3	0.6	传统卫星平台结构变形经相机安装界面作用至相机上,引起相机变形,导致相机主承力框上星敏支架安装面变形和相机光轴指向变化,一般相机主承力框上输入变形不大于10μm
合计	1.5″			

8.2.1.4 时间同步精度

为确保卫星图像的成像质量,需要内部相关分系统(相机和控制等)工作在统一的时间基准下,使卫星成像数据与控制测量数据具有相同的时间基准,提高卫星载荷数据精度。

目前,卫星时间同步精度均可实现几十角微秒,为了保证时间同步精度引起的轨道位置误差和姿态位置误差引起的图像内部综合误差不大于1像元,卫星的分辨率越高,对时间同步精度的要求越高。不同卫星对时间同步精度的保证要求如表8-3所列。

表 8-3 不同卫星对时间同步精度的保证要求

分辨率/m	对各分系统提的时统精度/μs	轨道时间误差引起的定位误差(相机时间精度)/全色像元	姿态时间误差引起的定位误差(相机和姿态相对时间精度)/全色像元	综合误差/全色像元
0.5	50	0.9	0.1	0.9
0.2	20	0.9	0.1	0.9

续表

分辨率/m	对各分系统提的时统精度/μs	轨道时间误差引起的定位误差（相机时间精度）/全色像元	姿态时间误差引起的定位误差（相机和姿态相对时间精度）/全色像元	综合误差/全色像元
0.1	20	0.9	1	1.3
0.1	10	0.9	0.1	0.9

8.2.1.5　地面处理误差

光学卫星成像全链路误差源中地面处理引入的误差为后处理误差。从误差分布特性上，高分辨率光学遥感卫星成像误差可分为粗差、系统误差和偶然误差，在地面处理的过程中可消除观测粗差并对系统误差进行建模补偿，影响光学卫星定位精度指标设计的关键因素为姿轨观测等偶然误差项（图 8－12）。

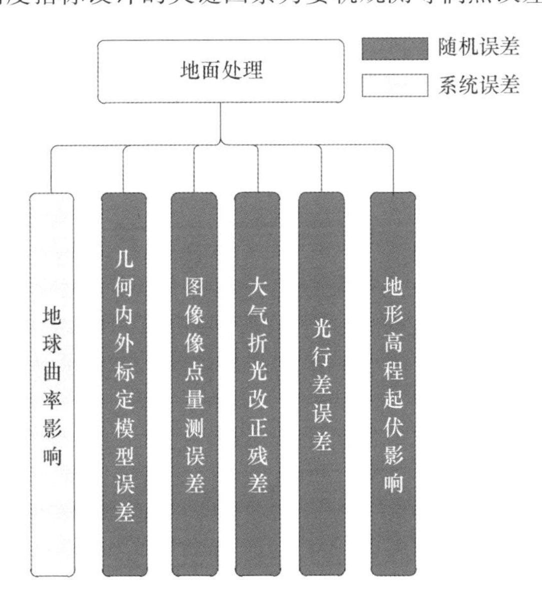

图 8－12　地面处理误差影响因素

光学卫星成像过程中的粗差包括 GPS/星敏数据跳变、DEM 参考数据粗差、影像匹配错点粗差，它们均可通过硬件设计、逻辑判断、优化参考数据及算法等角度剔除，不影响定位结果。

系统误差包括：GPS 偏心误差，通过实验室检校消除；相机及星敏安装夹角误差，通过在轨周期性几何外定标进行补偿；光学相机畸变误差，通过在轨几何内定标消除;姿态高频抖动及姿轨内插误差,通过影像检测及建模补偿消除一定影响;观测目标相关引起的系统误差,其相应补偿方式如表 8－4 所列。

表 8－4 观测目标引起的系统误差补偿方法

误差来源	补偿方法
大气折光	大气折光改正
地球曲率	采用地心直角坐标系可消除影响
地形起伏	通过 DEM 进行地形改正

地面处理剩余残差主要来自以下 3 个方面。

(1)像点量测误差 1 像元。

(2)图像配准误差 0.3 像元。

(3)嵩山山区地形下全球航天飞机雷达地形测绘任务(Shuttle Radar Topography Mission,SRTM)DEM 高程误差为 20 ~ 200m,对于即墨平原地区,全球 SRTM DEM 高程误差为 5 ~ 20m,综合取 15m。

8.2.2 目标定位误差权重分析

根据摄影测量原理,可对 8.2.1 节中的定位误差源进行权重分析,即分析存在单一误差源时,该误差源对定位误差影响的规律;它能充分揭示误差源对平面 X、平面 Y 和高程 Z 误差影响的大小(此处误差模型中不考虑激光辅助测高带来的高程精度提升)。误差影响权重分析初始设量参数如表 8－5 所列。

表 8－5 误差影响权重分析初始设置参数

序号	参数名称	参数值
1	卫星高度/km	500
2	滚动角,俯仰角,偏航角/(°)	前视:15,15,3 后视:15,－15,3
3	相机视场角/(°)	1.4
4	相机视轴光轴夹角/(°)	0.21
5	相机焦距/m	35
6	探测器像元大小/μm	7
7	测姿频率/Hz	4

对于给定的单一误差源,其对图像定位误差的权重影响如图 8－13 所示。

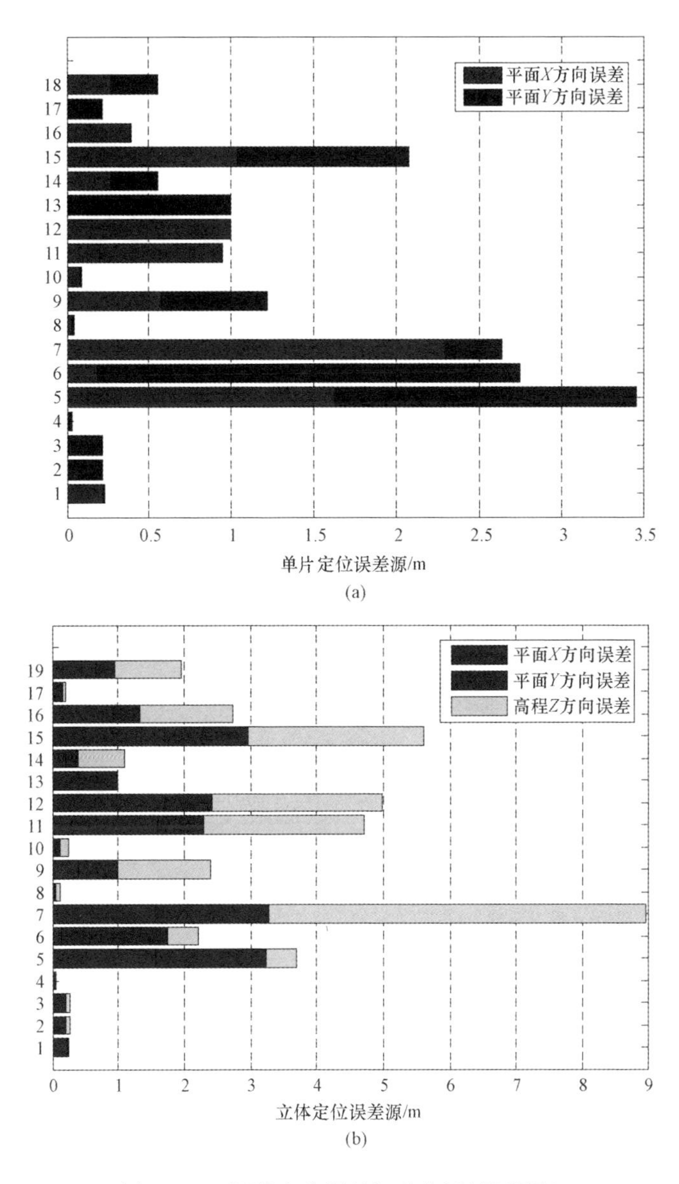

图 8－13　图像定位误差权重分析（见彩图）

（a）高分辨率平面侦察模式；（b）高精度立体定位模式。

1—主点 X 稳定性 1 像元；2—主点 Y 稳定性 1 像元；3—畸变稳定 1 像元；4—焦距稳定性 100μm；5—夹角稳定性 1″；6—滚动角测量误差 1″；7—俯仰角测量误差 1″；8—偏航角测量误差 1″；9—姿态稳定度 1（″）/s；10—姿态时间同步误差 0.1ms；11—轨道时间同步误差 0.1ms；12—轨道 X 测量误差 1m；13—轨道 Y 测量误差 1m；14—轨道 Z 测量误差 1m；15—轨道测速误差 1m/s；16—像点测量 X 误差 1 像元；17—像点测量 Y 误差 1 像元；18—高程误差 1m；19—同名点匹配误差 1 像元。

注：以上 19 项要素与图中 1～19 项对应，单位误差下得到平面、高程误差。

根据图 8－13 可得出以下结论。

(1)对于高精度定位模式,立体成像俯仰姿态角测量误差是影响高程精度的最大权重误差源,姿态测量精度和夹角稳定性是影响平面精度的最大权重误差源。

(2)对于高分辨率侦察模式,姿态测量精度和夹角稳定性是最大权重误差源。

此外,时间同步精度、轨道误差、几何内定标精度、姿态稳定度等也是影响目标定位精度的重要指标。

在卫星系统设计时,重点保证影响外方位误差的时间同步精度、轨道确定精度、成像指向精度等外方位元素环节,以及内方位元素的在轨稳定性;在地面图像处理时,重点保证星/地相机夹角和内方位元素的在轨标定精度,并通过图像平差处理进一步提高图像定位精度。

8.2.3 定位精度理论预估

根据上述指标分解论证,卫星定位精度综合指标分配与精度预估如表 8－6 所列。

表 8－6　卫星定位精度综合指标分配与精度预估

<table>
<tr><th colspan="2">误差源</th><th>误差类型</th><th>误差控制</th></tr>
<tr><td rowspan="5">相机内部误差</td><td>主距测量误差</td><td>系统</td><td>0.1% 倍焦距</td></tr>
<tr><td>主点测量误差</td><td>系统</td><td>3 个像元</td></tr>
<tr><td>畸变测量误差</td><td>系统</td><td>3 个像元</td></tr>
<tr><td>初始温度差、主动段振动、重力引起的相机光轴误差</td><td>系统</td><td>3′</td></tr>
<tr><td>光轴指向稳定性</td><td>随机</td><td>0.122″</td></tr>
<tr><td colspan="2">时间同步误差</td><td>随机</td><td>20μs</td></tr>
<tr><td>定轨精度误差</td><td>GPS 定轨精度(实时,三轴)</td><td>随机</td><td>2.2m</td></tr>
<tr><td rowspan="3">测姿误差</td><td>姿态角测量误差(三轴)</td><td>随机</td><td>0.25″</td></tr>
<tr><td>相机－星敏夹角误差(三轴)</td><td>长周期项</td><td>1.5″</td></tr>
<tr><td>姿态稳定度(三轴)</td><td>随机</td><td>1×10^{-4}°/s</td></tr>
<tr><td rowspan="2">地面处理误差</td><td>像点量测误差</td><td>随机</td><td>可见 1 像元</td></tr>
<tr><td>影像配准误差</td><td>随机</td><td>0.3 像元</td></tr>
<tr><td colspan="3">合计</td><td>平面 7.48m,高程 3.5m</td></tr>
</table>

8.2.4　卫星姿态机动对成像定位精度影响分析

不同于传统测绘卫星,当前的高分辨率单线阵光学遥感卫星具有敏捷机动能力,具备大角度侧摆、俯仰成像能力。下面针对卫星姿态机动对成像定位精度影响进行分析。

8.2.4.1　平面绝对定位精度分析

1)侧摆角对平面绝对定位精度的影响

轨道高度为500km的卫星,在不同侧摆角、俯仰角情况下,姿态误差对平面精度的影响不同,可大概按$1/\cos^2\alpha$计算,α为姿态角。相同机动角度时,其影响程度排序:侧摆角 > 合成角 > 俯仰角,幅宽边缘 > 幅宽场中心。但随着侧摆角度的增大,卫星指向地球曲率边缘,地球曲率会放大这种影响。表8-7给出了不同侧摆角下定位误差对平面绝对定位精度的影响。

表8-7　不同侧摆角下定位误差对平面绝对定位精度的影响

侧摆角/(°)	垂轨/m	沿轨/m	平面综合误差/m
0	1.61	1.61	2.28
10	1.65	1.68	2.35
20	1.74	1.88	2.56
30	1.94	2.30	3.01
45	2.42	3.83	4.53
60	3.90	11.62	12.25

2)高程误差对绝对定位精度的影响

利用一级产品检验数据精度时,需要加入参考数字正射影像(Digital Orthophoto Map,DOM)、数字高程图(Digital Elevation Map,DEM)数据,由于DEM存在误差,且在不同的侧摆、俯仰条件下,DEM误差引起的产品精度误差不一。对于全球SRTM(30m DEM)精度为平面16m、高程20m。基于嵩山、即墨地区高精度参考DEM数据对全球SRTM DEM的精度验证情况:嵩山山区地形下,全球SRTM DEM高程误差为20~200m;即墨平原地区,全球SRTM DEM高程误差为5~20m。表8-8给出了不同侧摆角下DEM高程精度对绝对定位精度的影响。

表 8－8　不同侧摆角下 DEM 高程精对绝对定位精度的影响

侧摆角/(°)	5m 高程误差/m	10m 高程误差/m	15m 高程误差/m	20m 高程误差/m
0	0	0	0	0
10	0.88	1.76	2.64	3.53
20	1.82	3.64	5.46	7.28
30	2.89	5.77	8.66	11.55
45	5.00	10.00	15.00	20.00
60	8.66	17.32	25.98	34.64

3)大气折光对绝对定位精度的影响

在大侧摆、俯仰成像时,目标光线穿过大气层时会发生折射现象,光线不再是直线传播,轨道高度为 500km 的卫星,不同侧摆角条件下,大气折光对平面精度的影响,如表 8－9 所列。

表 8－9　大气折光对平面精度的影响

侧摆角/(°)	10m 海拔高程/m	500m 海拔高程/m	1000m 海拔高程/m	2000m 海拔高程/m
0	0	0	0	0
10	0.421	0.421	0.417	0.414
20	0.978	0.977	0.969	0.961
30	1.64	1.64	1.63	1.61
45	3.92	3.92	3.90	3.85
60	15.45	15.43	15.38	15.16

4)综合分析

对上述误差进行综合分析,在 5～20m 不同高程误差条件下,不同测摆角对平面绝对定位精度的影响情况,如表 8－10 所列。

表 8－10　不同侧摆角下绝对定位精度

侧摆角/(°)	5m 高程误差/m	10m 高程误差/m	15m 高程误差/m	20m 高程误差/m
0	2.28	2.28	2.28	2.28
10	2.54	2.97	3.56	5.00
20	3.29	4.56	6.11	9.45
30	4.48	6.71	9.31	14.75
45	7.80	11.66	16.15	25.41
60	21.54	26.25	32.62	45.00

8.2.4.2　景内相对定位精度分析

轨道高度为 500km 的卫星，不同侧摆角、俯仰角情况下，姿态误差对平面精度的影响不同，可大概按 $1/\cos^2\alpha$（α 为姿态角）。相同机动角度时，其影响程度排序：侧摆角 > 合成角 > 俯仰角，幅宽边缘 > 幅宽场中心。但随着侧摆角度的增大，卫星指向地球曲率边缘，地球曲率会放大这种影响。表 8－11 给出了不同侧摆角下定位误差对景内相对定位精度的影响。

表 8－11　不同侧摆角下定位误差对景内相对定位精度的影响

侧摆角/(°)	垂轨/m	沿轨/m	平面综合误差/m
0	0.50	0.50	0.71
10	0.50	0.51	0.72
20	0.54	0.58	0.79
30	0.60	0.71	0.93
45	0.75	1.18	1.40
60	1.20	3.58	3.78

8.3　提升单线阵卫星目标定位精度方法及验证

我国从 21 世纪初开展高精度定位技术的研究，先后研制了以 ZY－3 系列卫星代表的多颗高精度定位能力卫星，并成功在轨应用，图像定位精度及在轨稳定性获得用户认可；全面深入地掌握了光学遥感卫星高精度几何定位相关的关键技术，建立了我国光学遥感卫星的定位精度保证技术体系，使我国遥感卫星技术跻身国际上少数掌握高精度定位技术的国家行列。

针对当前具有亚米级高分辨率、动中成像敏捷机动成像能力的光学卫星系统，面向用户的高精度目标定位应用需求，建立卫星平台－相机－地面应用一体化几何精度保障链，并对保证链参数进行优化。其主要技术手段如下。

（1）高精度时统保证。时统精度是保持高的图像内精度的关键设计，地面系统建立高精度的几何模型：如果时间不准、内精度不高，就会给后续处理环节中的绝对定位带来很大的误差和处理麻烦；如果图像内精度不准，就会直接影响图像谱段配准精度。

（2）保证相机内方位元素稳定性技术。相比之前的遥感卫星，高分辨率光学卫星相机口径大、焦距长，保证相机内部几何精度及稳定性的难度很大，且相机在轨应经常调焦，需要研究在轨自主内定标技术，支撑在轨内方位元素的标定等。

(3)高精度视指向测量精度保证。保证卫星的动态测量误差在十分小的量级内，同时有必要进行专业的平台载荷(星敏、陀螺、角位移相机)一体化等温化设计安装，严格控制夹角在轨变化；高精度组合定姿技术。采用高动态、高精度星敏感器，实现单线阵卫星频繁的大角度姿态机动下的高精度姿态测量；卫星的高程精度主要受相对姿态精度影响，星上采用高频角位移等方式进行数据融合，提高相对姿态精度，进而提高高程精度。深入研究解决相机、星敏在轨低频慢周期漂移问题，提高定位精度。

(4)采用基于星载 GNSS 接收机的星上实时精密定轨方案，保证高程精度。

8.3.1 相机高稳定内方位元素保证设计

8.3.1.1 相机光学系统及结构设计

空间光学遥感器所处的轨道受热循环、原子氧、真空紫外线、高真空以及辐射老化的影响。为实现在上述环境下遥感器光学系统各光学零件的超高稳定，才能确保遥感器内方位元素的稳定，相机的光学系统结构选型、光机结构的选择与设计具有对热不敏感或热匹配、热稳定较好的性能要求。光学零件材料，应具有线膨胀系数较小、热导率很高的性能。

相机的结构是相机的主要承力部件，不仅要选择结构比刚度高、热导率及热膨胀系数小的材料，而且应进行轻量化设计，采用轻型结构，具有足够的强度和刚度，以及良好的各向等刚度特性和光学结构稳定性，以确保能经受卫星发射时力学环境的考验，能在卫星在轨运行中稳定的工作。

总之，为满足相机内方位元素的稳定性要求，需要相机结构件选用温度稳定性更高的材料及提高相机镜身的温控精度。因此，针对高分辨率遥感卫星这类大型空间相机对热稳定性控制难度大的问题，采取以下措施保证内方位元素稳定性。

(1)相机反射镜采用高比刚度、低膨胀系数材料(如碳化硅或超低膨胀系数石英玻璃)，通过光机热集成优化确定各反射镜的轻量化形式和组件结构形式，保证反射镜组件的力热稳定性。

(2)相机主支撑结构选择高比刚度、低密度、线胀系数小的碳纤维复合材料，膨胀系数几乎实现零膨胀水平，通过光机热集成优化分析确定空间桁架的布局、桁架杆数量、位置以及截面属性，提高其刚度和力热稳定性。

(3)采用主被动相结合的高精度自适应热控技术,通过精准的热控能力实现相机等温化设计,保证相机在轨热变形量小。

对于 1m 以上大口径光学镜头加工精度,目前国内相机研制水平已经满足 $\lambda/50$ 量级,基本达到衍射极限,因而要严格控制相机光学系统畸变,需要在实验室状态下对实际的光机镜头进行全视场、全谱段的畸变特性标定工作,为地面系统校正、配准提供参考依据。实验室采用精密测角法标定相机畸变,根据测试方法和设备精度的限制,对于 10m 以上长焦距光学相机,实验室可实现约为 ±5 个像元的测量精度。相机畸变实验室标定如图 8-14 所示。

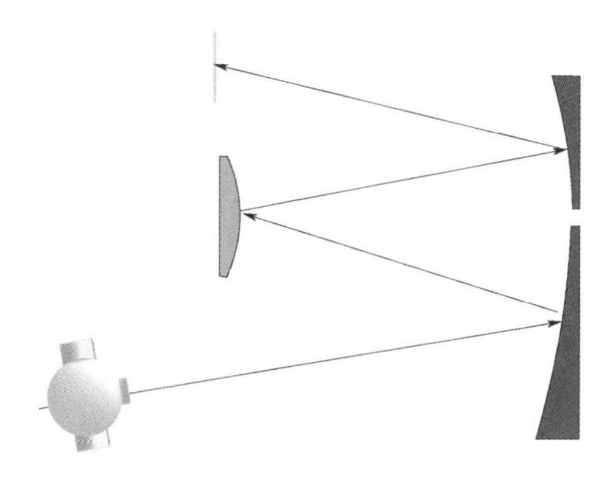

图 8-14　相机畸变实验室标定

8.3.1.2　相机内方位元素稳定性分析验证

为了验证相机内方位元素设计稳定性和确定性,采用光机热集成分析法对系统进行性能评估,为遥感器的光学、机械结构和热设计等的优化提供参考和依据。采用的光机热集成分析如图 8-15 所示。

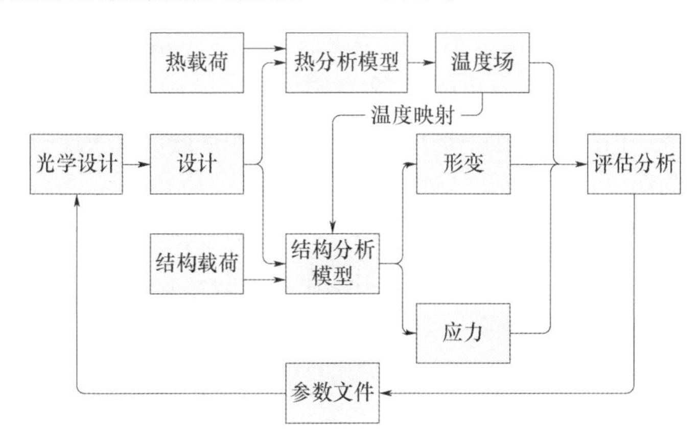

图 8-15　光机热集成分析

相机光机热仿真分析过程如下。

(1)根据光学系统指标进行光学系统设计,并用 CodeV 建立光学系统模型。

(2)根据光学设计的模型及光机结构的初步设计,用 Pro/E 建立光机结构模型,在 PATRAN 中建立相机的有限元分析模型。

(3)通过插值方法把温度场数据映射到结构有限元模型中,利用结构有限元软件 Nastran 进行热变形和热应力分析。

(4)利用数据处理软件把结构有限元分析得到相机热变形转换为光学镜面波前差和各个镜面的刚体位移输入光学设计软件 CodeV 进行像质畸变等参数预估与评价。

如图 8 - 16 所示,整机有限元模型中,主镜、次镜、三镜组件均采用 MPC 连接与主体连接。焦面组件用质量点代替,主承力框和前镜筒采用板壳单元划分,各零部件采用 MPC 连接固定。

根据一般相机设计,相机入轨及在轨运行期间受焦面或次镜调整及温度场变化影响,相机光轴指向偏差最大不超过 10 像元(系统误差项,可通过在轨几何标校修正),畸变变化量低于 1 像元(随机误差项)。

8.3.2 星上多源数据高精度定姿技术

8.3.2.1 姿态测量部件配置

作为提高目标定位精度的重要手段,卫星可配置高精度星敏感器、高精度陀螺,星敏感器获取卫星在惯性坐标系下的绝对姿态,陀螺获取卫星惯性姿态角速度(相对姿态),二者通过组合滤波得到高精度的绝对姿态。随着分辨率的提高,平台稳定度对几何处理精度影响愈加明显,因此除了对姿态测量精度的要求外,还需要有更高频率的姿态对卫星状态进行更精细的描述。借鉴日本 ALOS 卫星,安装高频角位移传感器,测量频率可以达到 500Hz 以上,可配合星敏数据进行姿态内插后组合定姿,可解决姿态数据点过稀及快速姿态机动下稳定度不高的问题。

1)高精度星敏感器

星敏感器是获取成像时刻卫星绝对姿态基准的核心部件,其测量精度对图像定位精度影响显著,必须最大限度地提高星敏感器的测量精度。若满足 1.5″(3σ)的惯性空间测量精度要求,则所需的星敏光轴测量误差与星敏感器光轴之间的夹角关系如表 8 - 12 所列。

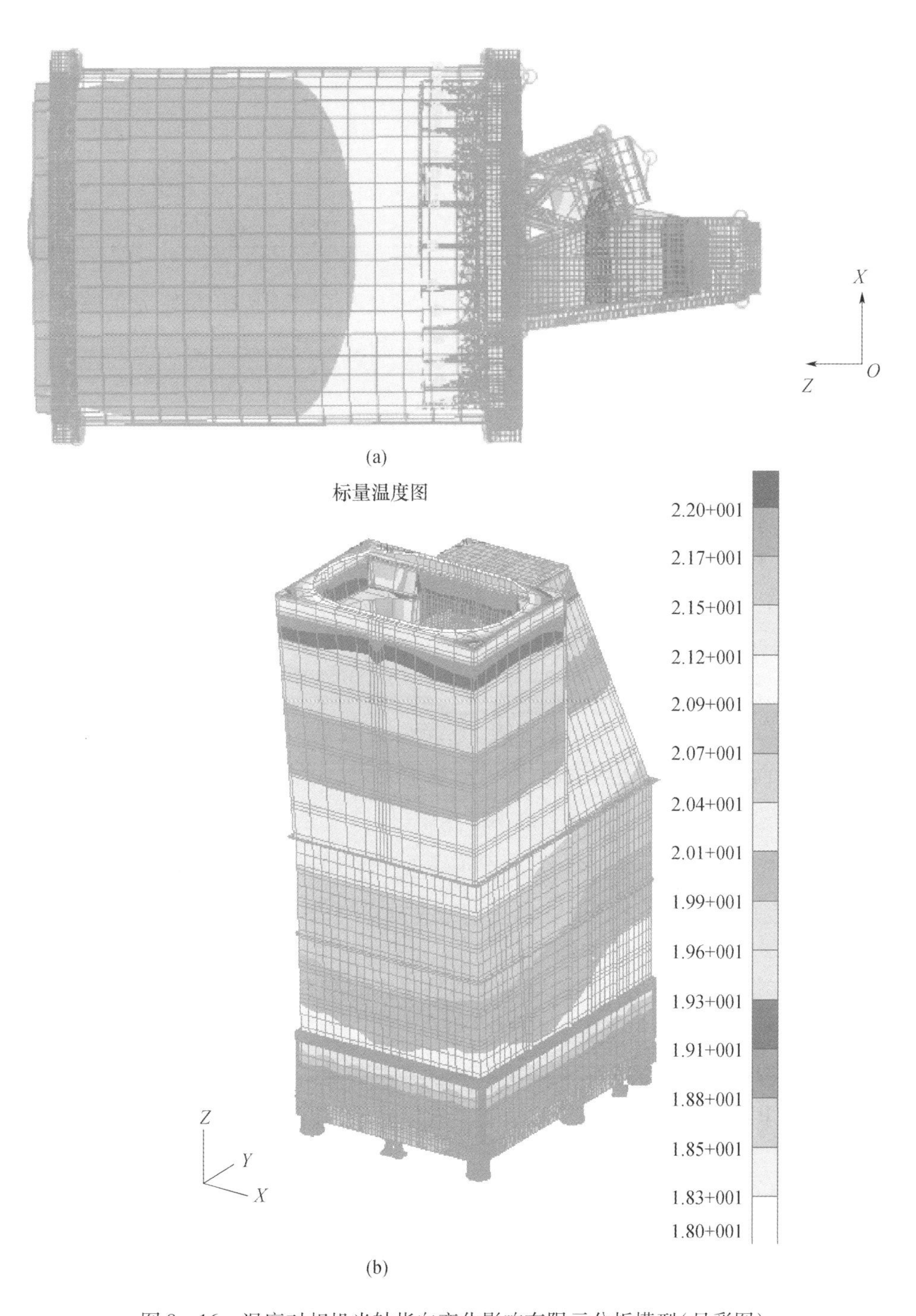

图 8－16　温度对相机光轴指向变化影响有限元分析模型(见彩图)

表 8-12　惯性空间姿态确定精度分析

测量精度	星敏光轴夹角	
	90°	65°
惯性测量精度指标(3σ)	0.9″	1.5″
对星敏光轴误差测量要求(3σ)	优于 0.83″	优于 0.5″

根据以上的分析结果，星敏感器之间的夹角在 65°以上时，星敏光轴测量误差应优于 1″(3σ)，才能满足 1″(1σ)的惯性空间测量精度要求。

2)高精度高频陀螺仪

陀螺在短期内具有较高的相对姿态精度，与星敏进行联合定姿，可实现卫星系统姿态的高精度、高频、稳定输出，对保证高精度绝对定位精度、相对定位精度和高程精度都具有重要意义。经仿真计算，通过严格控制陀螺常值漂移的估计残差，在一定相对时间范围内卫星相对姿态确定偏差优于 0.03″/20s(1σ)，能够满足卫星相对定姿要求。

8.3.2.2　高精度姿态确定方案

1)实时姿态确定方案

在稳态运行过程中，控制系统的定姿算法主要是由星敏感器和陀螺组合进行高精度的姿态确定，利用陀螺、红外地球敏感器、太阳敏感器进行姿态确定作为一种备份算法；在点对点姿态机动过程中，仅用陀螺作为姿态测量的部件，靠陀螺输出积分得到姿态信息。在机动开始前，对陀螺漂移进行修正；在陀螺在轨标定、系统需要粗姿态等情况下，采用星敏双矢量定姿进行姿态确定。

关于星敏陀螺联合定姿的说明如下。

(1)陀螺预估：利用陀螺的输出来预估星体的姿态，包括对轨道系的姿态预估和对惯性空间的姿态预估。

(2)星敏和陀螺姿态确定：星上高精度姿态确定采用星敏感器、陀螺联合滤波定姿技术；同时，星上也采用星敏感器测量输出，进行星敏感器相对基准的在轨标定。

2)事后姿态确定方案

对事后高精度姿态确定来说，主要通过事后获取的连续多轨敏感器测量数据进行高精度的姿态确定。从目前的姿态测量仪器来看，星敏感器是姿态测量部件中精度最高的光学测量仪器。星敏感器与陀螺配合使用，可通过星敏感器的测量值对卫星的指向偏差和陀螺漂移进行修正。

8.3.2.3　在轨验证

当前精度最高的多探头甚高精度星敏于 2018 年 7 月 31 日进行首飞，通过对连续多轨产品探头两两之间光轴夹角低频误差及高频误差变化规律进行分析，得到结果如图 8－17 所示。

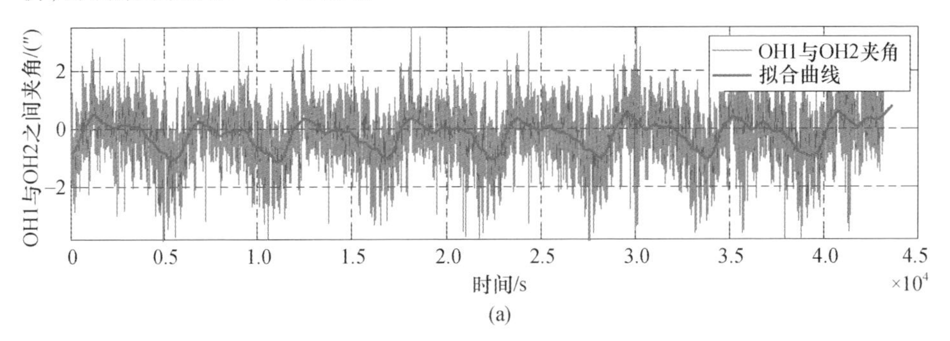

(a)

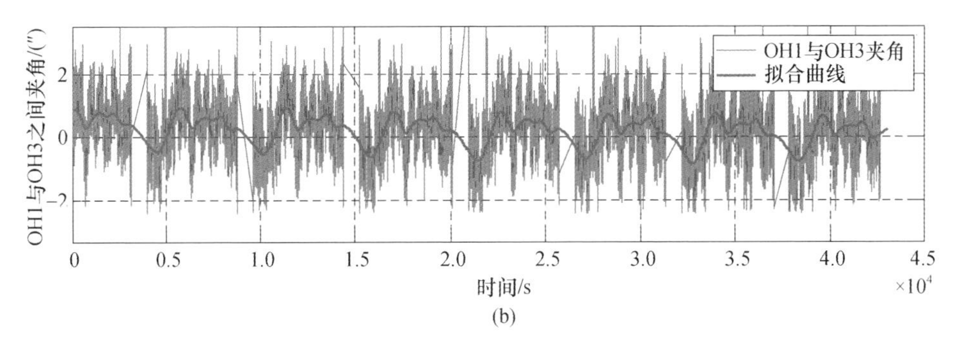

(b)

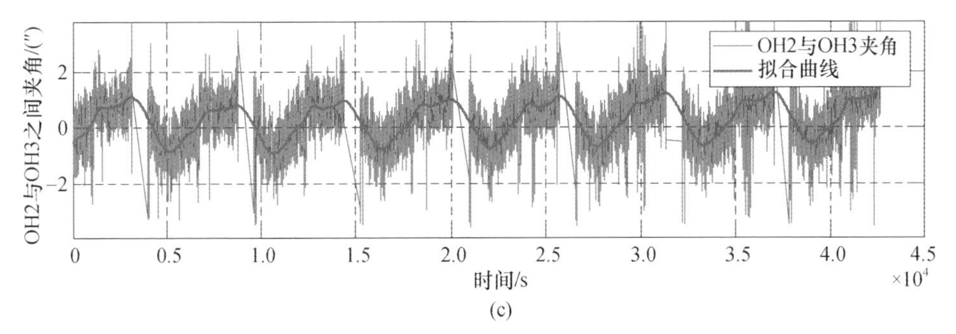

(c)

图 8－17　产品探头两两光轴夹角误差曲线（11h56min，约 8 轨，见彩图）

（a）OH1 与 OH2 夹角（2018－8－1－00：00：00—2018－8－1－12：00：00）；

（b）OH1 与 OH3 夹角（2018－8－1－00：00：00—2018－8－1－12：00：00）；

（c）OH2 与 OH3 夹角（2018－8－1－00：00：00—2018－8－1－12：00：00）。

将产品在轨工作初期与产品在轨工作 1 年后探头两两之间光轴夹角误差进行比对分析，结果如表 8－13 所列。

表 8-13 在轨工作初期与在轨 1 年后光轴夹角比对结果

光轴夹角	在轨初期光轴夹角		在轨 1 年光轴夹角	
	低频误差峰-峰值/(″)	高频误差(3σ)/(″)	低频误差峰-峰值/(″)	高频误差(3σ)/(″)
探头 1 与探头 2	1.73	0.72	1.95	0.71
探头 1 与探头 3	1.82	0.70	2.31	0.73
探头 2 与探头 3	1.94	0.66	2.07	0.69

由表 8-13 可知,通过对连续多轨产品探头两两之间光轴夹角变化情况进行统计,得到光轴夹角低频误差变化峰-峰值小于 2″,根据光轴夹角高频误差得到单个探头 X 轴/Y 轴高频误差为 0.72″(3σ)。

8.3.3 相机-星敏一体化基准稳定性设计

8.3.3.1 总体方案设计

目前,卫星系统主要通过双星敏联合定姿获得卫星惯性系姿态指向,再通过地面标定的星敏安装矩阵和相机安装矩阵的转换获得相机光学系统的空间指向,因此对星敏-相机的空间基准在轨稳定性提出了较高的要求。

星敏-相机基准变化包括常值变化、长周期变化和短周期变化等。相机-星敏一体化基准稳定性设计需解决以下关键问题。

(1)星敏感器热变形造成低频变化误差,引起测量数据偏移。

(2)多头星敏感器间存在相对变形,多矢量定姿结果不稳定。

(3)卫星平台姿态基准与相机成像视轴指向存在相对变形运动,导致相机视轴指向偏移。

星敏与相机光轴间夹角关系的变化及稳定性影响因素(图 8-18)主要有以下三个。

(1)地面装配误差:主要包括相机星敏装调测量误差、装调测量误差以及星上安装测量误差,这三部分测量误差均为系统偏差,通过入轨初期的几何外标定均可修正。

(2)主动段力学环境:主动段力学环境引起的结构变形,为系统偏差,可以通过在轨几何外标定修正。

(3)在轨空间环境:在轨影响结构稳定性的空间环境主要包括力学和热学环境。其中:在轨力学影响主要是应力释放影响;在轨热学环境是指在轨期间,受内、外热流变化引起温度场的变化，进而引起结构热变形。经过仿真分析，其中轨道外热流变化表现为随轨道周期、季节存在规律性变化；因工作模式变化（包括成像、回放、姿态等）引起的内、外热流变化与实际任务相关，具有一定的不确定性，不存在简单规律。

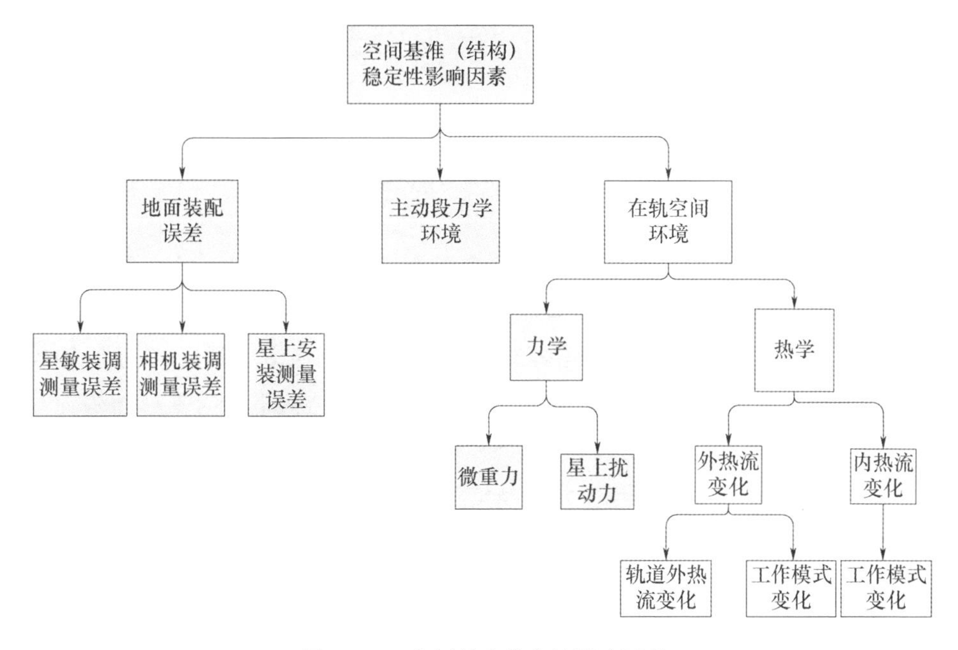

图8-18　空间基准稳定性影响因素

综上所述，对于星敏-相机基准稳定性工作主要考虑两个方面。

（1）以轨道周期变化的外热流引起的结构热变形，可以给出相应变形规律，并结合在轨标定技术进行消除。

（2）工作模式变化（星体姿态等）引起的结构热变形，与实际在轨任务相关，不存在简单规律，无法采用在轨标定方法消除，因此，将此部分定义为不确性，通过设计将不确性控制在较小角度内。

结构热稳定性设计要点主要包括相机-星敏一体化安装设计、星敏-星敏支架-相机一体化热设计。

8.3.3.2　相机-星敏一体化安装

1）相机与星敏独立安装设计

为保证相机与星敏间高定稳定性要求，应该尽量减小相机、星敏间的结构传递环，以减小各结构连接环节的影响，将相机、星敏（通过支架安装）安装同一基准，即载荷适配结构上。此方案相机、星敏间无接口，分系统间无接口，界面简单,国内资源卫星 ZY-1(02C)就采用此方案,此类卫星定位精度指标要求较低(≥200m),对相机-星敏间光轴指向稳定性要求低。对于定位精度要求较高的卫星,采用此方案对载荷适配结构上相机、星敏安装支撑面的稳定性要求非常高,而载荷适配结构在轨稳定性主要受载荷适配结构自身热稳定性和平台结构热稳定性影响。若要消除或减小平台结构热变形对载荷适配结构影响,在保证整体刚度前提下,可采取以下措施。

(1)尽量提高载荷适配结构的刚度(至少大于平台结构刚度 1~2 个数量级),这对于大尺度(截面尺寸大于 1.5m×1.5m)载荷结构设计来讲,工程上难以实现且代价非常大。

(2)在载荷适配结构与平台结构间增加柔性适配装置,而对于柔性适配装置刚度设计要求较为苛刻,既要保证主动段抗力学又要保证在轨柔性适配,主动段要求高刚度,在轨柔性适配要求低刚度,只有采用主动段锁定、在轨解锁柔性适配方案才能满足上述要求;另外,通常载荷适配结构也作为平台结构一部分,与平台结构连接形式复杂,柔性适配设计难以实现。

综上所述,此方案仅适用于定位精度指标要求(≥200m)较低的卫星。

2)相机-星敏一体化安装设计

相机-星敏一体化安装方式是目前高定位精度光学遥感卫星常采用的,如国外的 WorldView-2 系列卫星,国内的 GF-2、ZY-3 卫星等。图 8-19 为 WorldView-2 卫星星敏一体化安装布局。

图 8-19　WorldView-2 卫星星敏一体化安装布局

相机 - 星敏一体化安装设计，星敏通过支架直接安装相机主结构上，相机与星敏构成一个整体，可以最大程度地减小连接环节影响，便于实现二者间的相对稳定性；同时，组合体通过相机安装接口与载荷适配结构进行安装，载荷适配结构仅与相机有安装接口，即平台在轨热变形仅影响相机，不影响星敏，可有效降低平台结构在轨热变形对星敏指向的影响。

8.3.3.3　星敏 - 星敏支架 - 相机一体化力热设计

对于大型长焦距相机，为了减小在轨热环境下温度变形对几何特性的影响，在设计和地面验证过程中采取如下设计方法。

(1)为提高星敏感器支架的刚度，薄壁壳体结构、安装腿组件、星敏感器安装板均采用高比刚度、高导热、低膨胀的铝基碳化硅材料制作，减小温度梯度的变形影响。与星敏 - 相机直接相关的主要构件有限元模型中用到的主要材料属性如表 8 - 14 所列。

表 8 - 14　主要材料属性

材料	密度 /(10^{-6}kg/mm^3)	弹性模量 /MPa	线胀系数 /(10^{-6} ℃)	抗拉强度 /MPa	热导率 /(mW/(mm · ℃))	主要构件
SiC/Al 复合材料	2.97	160000	9 - 10	550	130	星敏支架
碳纤维	1.65	90000	1	800	2	相机后框架
铸钛合金	4.44	114000	8.9	870	8.8	星敏镜筒

(2)相机与星敏采用一体化和等温化设计的思想，对于高分辨率卫星，其轨道周期内的热累积问题可采用星敏 - 相机一体化热设计方式，在星敏高精度控温设计的基础上，依托相机结构的大热容可有效增强星敏的高精高稳控温能力，且资源代价最小。具体措施包括以下内容。

①星敏 - 星敏支架 - 相机内部增强热耦合，利用相机结构的大热容抑制星敏及星敏支架的温度波动，增强星敏的高精高稳控温能力。

②星敏 - 星敏支架与外部隔热、星敏 - 星敏支架 - 相机组合体与外部整体再次隔热，通过整体隔热，降低整体对太阳光照射条件变化的敏感度。

③星敏支架开设点对点恒温热沉窗口，结合星敏、星敏支架表面布置的控温回路，实现星敏及其支架(20 ± 1)℃以内的温度稳定性和温度均匀性控制，匹配相机高精高稳控温对星敏及其支架的热稳定性要求。

(3)根据仿真分析以及温度拉偏试验实现角秒量级的夹角变化控制。采用仿真手段计算外热流,包括太阳对卫星的加热、地球对卫星的红外加热、地球对卫星的太阳反射加热等,建立本星热模型,如图 8-20 所示。

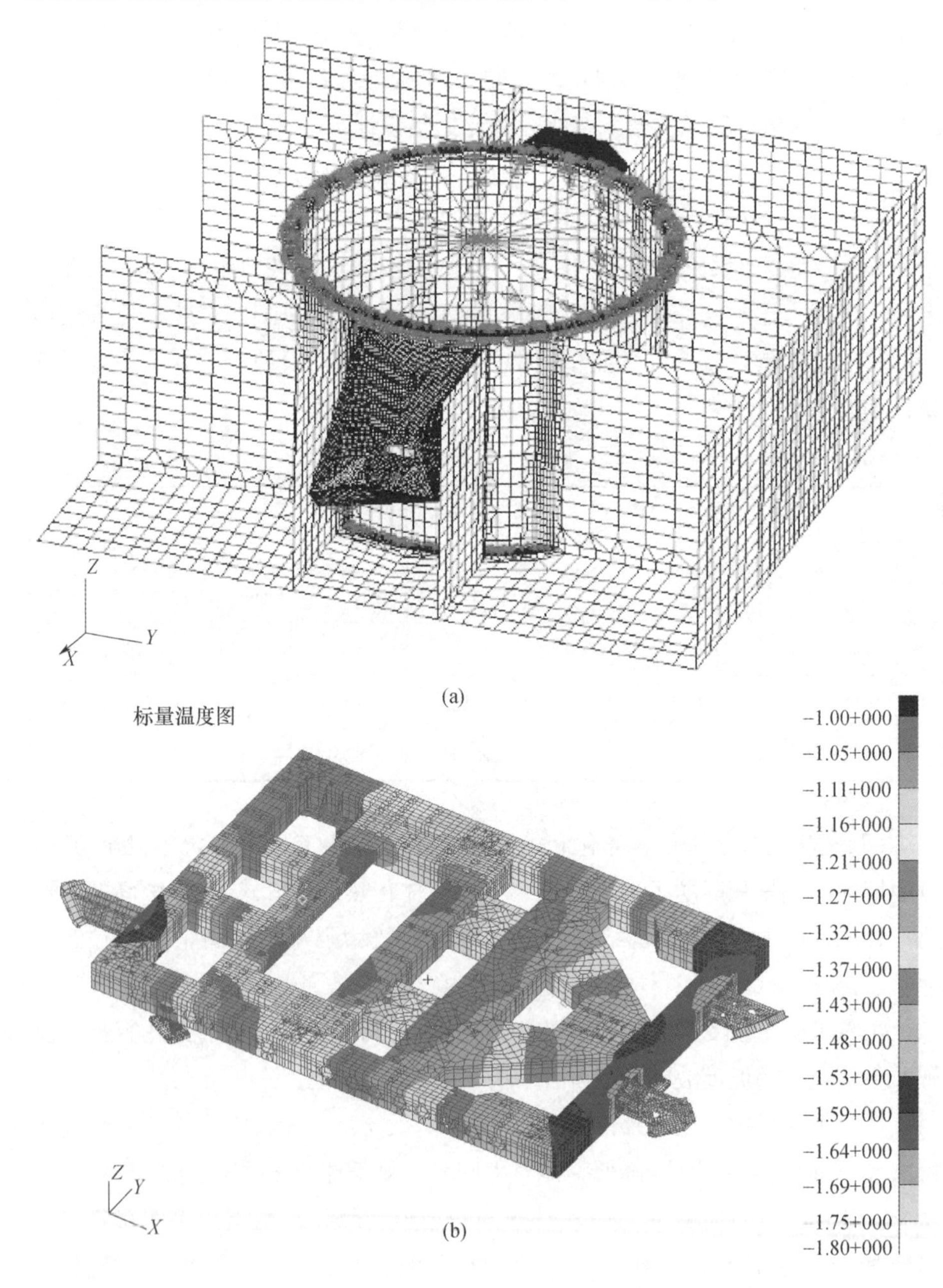

图 8-20　卫星相机与星敏热安装接口热分析模型(见彩图)

根据力热变形分析，得到星敏安装面与相机安装面法向夹角绝对变化（一般相对常温 20°C），以及成像初期和成像末期星敏安装面与相机安装面法向夹角相对变化。根据卫星设计水平，一年轨道周期内（四个季度）星敏安装面与相机安装面法向夹角相对变化最大可实现优于 2″。

8.3.4 基于 GNSS 的高精度实时定轨技术

轨道位置精度是外方位线元素，也是影响目标定位精度的主要误差源之一。目前，低轨遥感卫星采用基于 GNSS 的高精度实时定轨技术，通过星上导航接收机进行位置观测，同时采用轨道动力学模型的卡尔曼实时滤波算法，可以测量在地球固连坐标系下卫星的 *XYZ* 位置信息。

GNSS 高精度实时定轨的总体方案设计如图 8－21 所示。

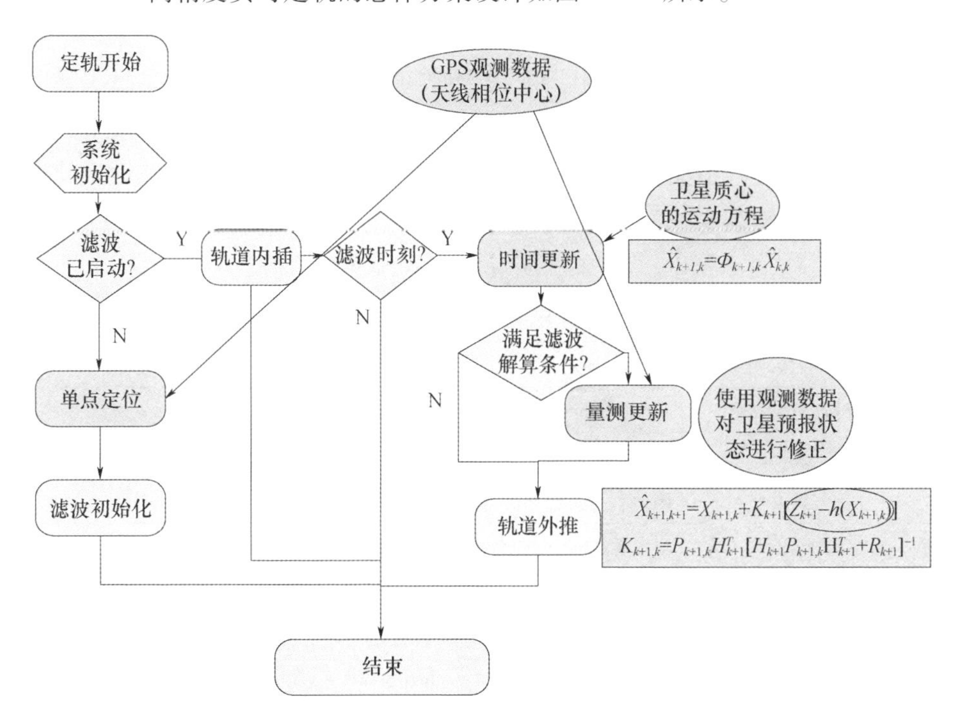

图 8－21 GNSS 高精度实时定轨的总体方案设计

自主定轨系统启动后，首先进行系统初始化，即初始化低轨卫星星体相关信息、动力学模型信息和地球定向参数等。具体步骤如下。

（1）当获取新的 GPS 观测数据和卫星星历时，如果卡尔曼滤波器没有初始化，首先进行几何学实时定轨，确定卫星的位置和速度，对卡尔曼滤波进行初始化,初始化成功后进行动力学轨道积分,保存积分器首、尾端点的卫星状态参数,用于轨道内插。如果卡尔曼滤波已经成功初始化,检查当前历元的观测时刻与卡尔曼滤波状态的时刻之间的关系。

(2)如果当前历元的观测时刻小于卡尔曼滤波的时间间隔,则直接进行几何学实时定轨和动力学轨道内插,然后进行坐标转换,输出用户所需要的卫星轨道参数和时钟参数。如果当前历元的观测时刻等于卡尔曼滤波的时刻间隔,则进行卡尔曼滤波定轨(卡尔曼滤波的时间更新和测量更新),然后进行动力学轨道积分,保存积分器首、尾时刻的卫星状态参数。

(3)处理完毕后,再获取下一个观测历元的数据,重复上述操作,如此循环,实现卫星的自主定轨数据处理。

传统星上实时定轨软件采用单频信息完成定轨(如 ZY-3、HY-2 卫星采用的算法),没有电离层修正模块,随着实时定轨技术的发展,新算法采用双频信息去电离层技术,根据导航卫星观测数据,由星上处理器来实时估计卫星的运行状态参数。定轨软件采用基于动力学模型补偿的扩展卡尔曼滤波等方法对卫星的状态进行最优估计,提高定轨滤波的精度和稳定性。星上实时定轨算法的主要改进如表 8-15 所列。

表 8-15　星上实时定轨算法的主要改进

参数	旧定轨	新定轨	影响
滤波精度(位置,速度)	7m,20mm/s	3m,3mm/s	
外推精度(位置)	40m(100min)	20m(100min)	
重力场模型	JGM3,30 价	EGM2008,50 价	精度更高
太气阻力	阻力系数固定	阻力系数固定	精度更高
太阳光压	阻力系数固定	阻力系数待估	精度更高
补偿加速度	未考虑	考虑	精度更高
积分方法	半数值半解析	全数值	精度更高
轨道积分坐标系	J2000.0 轨道坐标系	J2000.0 惯性坐标系	精度更高
积分器	RK4	RK4	一样
积分步长	1s	60s(可调)	积分耗时长
量测更新频率	1 次/s	1 次/30s(可调)	观测量要求低
滤波算法	经典卡尔曼	扩展卡尔曼(EKF)	精度更高
滤波器状态量	9 个	13 个	精度更高

续表

参数	旧定轨	新定轨	影响
P 阵非负定性保证措施	强制对称	UD 分解	精度更高
时标	调整秒	原始时标	老定轨 4 颗星以下无法滤波，只能外推，新定轨可以滤波
电离层修正	无修改	修改	精度更高
相位中心到质心的转换	未考虑	考虑	精度更高
EOP	列表法	公式法	DUT1 最大 0.2m 误差，极移最大 1cm 误差，上注数据量更少
岁差	IAU1976 岁差模型	IAU1976 岁差模型	一样
章动	IAU1980 106 阶章动理论	简化的章动角计算公式，只选量级超过 0.1″的项	最大 2cm 误差

基于前期积累，星上卫星实时精密定轨算法已较为成熟，与地面相比差异主要体现在以下三个方面。

(1)误差因素：需要重点关注两个方面，一是 GNSS 卫星自身的轨道和卫星钟差精度，二是涉及地固坐标系和惯性坐标系转化的地球自转参数。

(2)星上计算资源：对于低轨卫星，由于受到地球高阶非球形引力的影响，需要考虑小步长高阶积分，因此对计算资源要求较高，需要针对具体的处理器进行精简。

(3)参数估计算法：地面处理采用批处理模式(如 24h)整体解，因此轨道保留了动力学特征，具体表现在轨道误差较为平滑；星上实时滤波处理，历元更新受每时刻几何跟踪状态和测量噪声的影响，其随机误差更大。

仿真验证表明，采用广播星历，对于低轨卫星实时定轨精度优于 5m(1σ)。

8.3.5　基于秒脉冲的卫星高精度时统设计

时间是联系各类观测数据的关键，其精度也将影响几何定位和几何处理的精度。时间测量精度包括相对时间精度和绝对时间精度。相对时间精度是指姿态时间系统、轨道测量系统及推扫相机成像时间系统的同步精度，时间同步才能保证后续处理中姿态和轨道测量数据的准确使用。绝对时间测量精度是指测量时刻的精确性，影响地球自转参数的内插结果的准确，也将直接影响定位精度。

我国遥感卫星自 ZY－3 卫星开始，采用高精度同步时间管理方法，以 GPS 接收机作为星上时间源，接收机锁定导航信号后的高精度硬件秒脉冲。秒脉冲信号和此刻的整秒时间信息共同构成了精确的时间系统，保证了相机成像时间、姿态测量时间与 GPS 测量时间一致性和精确性。

卫星采用基于秒脉冲的时统方案，涉及使用高精度时统的分系统包括以下几种。

(1)测控分系统：导航定位接收机，用于整星时钟源的产生，包括时间码信息的产生及整秒时刻秒脉冲信号的产生。

(2)数管分系统：系统管理单元，用于整星时钟源的备份，以及秒脉冲分路功能。

(3)控制分系统：中心控制单元、甚高精度有源像素传感器(APS)星敏感器、大量程陀螺以及光纤陀螺接收时间码信息及秒脉冲信号，完成与整星其他时统设备的时间同步。

(4)数传分系统：频率参考源产生 10MHz 和 1MHz 高精度高稳定时钟，其中 10MHz 用于导航定位接收机工作时钟，并当接收机外推时作为秒脉冲及时间码守时的驱动时钟，1MHz 用于系统管理单元的工作时钟，并作为单机内部秒脉冲及时间码守时的驱动时钟。

整星高精度校时系统组成框图如图 8－22 所示。

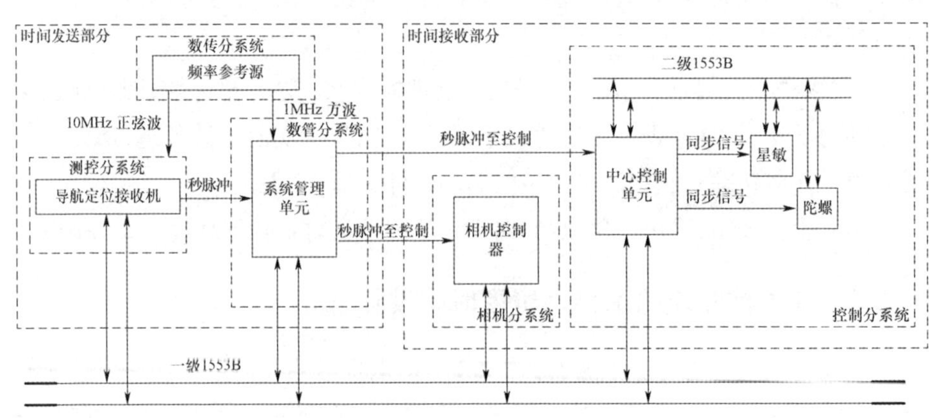

图 8－22　整星高精度校时系统组成框图

数传分系统的频率参考源、测控分系统的导航定位接收机、数管分系统的系统管理单元属于时间发送部分，控制分系统的中心控制单元和相机分系统的相机控制器属于时间接收部分，连接导航定位接收机、系统管理单元和中心控制单元之间秒脉冲信号的电缆属于时间传输部分。

相机和控制分系统接收来自导航定位接收机的硬件秒脉冲信号，结合数管分系统通过 1553B 广播的整秒信息确定当前整秒时刻；亚秒部则利用各自内部晶振计数，细分获得当前时刻的亚秒部，实现整星优于 20μs 的高精度时间管理。

8.3.6　高精度在轨自主几何定标技术

8.3.6.1　卫星自主几何定标实现方案

内方位元素通过在轨获取地面控制点靶标影像来计算得到。计算得到的内方位元素与实验室测量得到的内方位元素比较即可得到内方位元素的在轨变化值，用于对地区影像进行校对。

1）传统地面检校正场标定，精度无法满足要求

传统方法中，为了进行相机焦面标定，需要建设专门的高精度检校场，检校场配有高精度航空影像数据，作为基础地理信息数据卫星图像进行标定，但标定精度受参考影像与卫星拍摄影像辐射差异的影响。

对于几何内检校，其精度主要受以下因素影响。

（1）检校基础数据控制精度：包括平面控制精度 m_1 和高程控制精度 m_2。

（2）卫星数据与检校基础数据配准精度：按当前配准算法精度在 $0.3m_3$（m_3 为配准数据中较大分辨率）。

（3）内检校正模型精度：可忽略不计。

因此，内检校正精度可用 $m_{内} = \sqrt{m_1^2 + (m_2\tan\theta)^2 + (0.3m_3)^2}$ 估计，θ 为卫星姿态机动角度。

内检校基础数据来自地面检校场数据和其他卫星的检校库基础数据（交叉定标），目前国内可用的最高精度检校场为 1∶1000 的安阳检校场，分辨率为 10cm。随着卫星空间分辨率的不断提高，采用安阳检校场已不能满足精度需求，必须研究不依赖定标场的自主几何内定标方案。

2）在轨自主几何内标定，可实现不依赖于检校场

在轨自主检校方案最大的优势：可以针对世界任意一个地方进行拍摄，不

依赖检校场,大大节省了测试经费和时间;对这样一对近同时获取的影像对进行相关性匹配比卫星图像与不同时的检校场航空影像进行相关性匹配容易得多;标定精度与影像分辨率无关,适用于0.1m高分辨率影像的自主内标定,相比传统方法可以提高检校精度。

基于卫星敏捷机动能力,采用立体成像约束和交叉成像约束的在轨自主几何定标,突破基于地面参考影像的定标方法时效性差、成本过高、精度受限等问题。具体方案选择如下。

方案一:立体影像摄像定标,通过同轨不同侧摆角推扫成像时多视影像间的垂轨向重叠度,构成探元交叉连接关系的基础,获取满足垂轨向重叠度在55%~60%的两景影像,实现相机视场内不同像元的交叉约束关系,如图8-23所示。

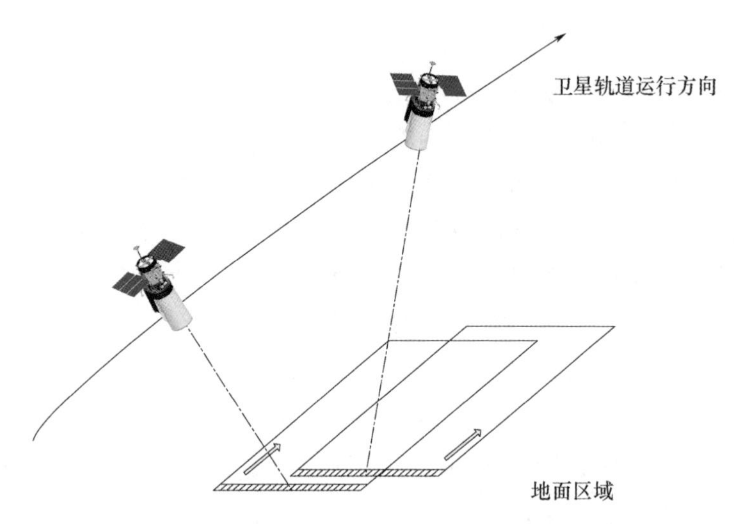

图8-23 同轨沿轨立体影像定标

采用立体影像摄像定标,进行相对定位的方法进行拼接处理。立体影像对应在经度方向保证景偏移(侧摆角不同),用于焦面CCD的内检校。这一步可以获得较高的基于焦面的相对定标精度。

方案二:交叉定标,不同于传统被动推扫成像模式,基于敏捷成像卫星平台在垂轨方向主动摆扫成像的能力,获取与推扫条带影像成大角度"交叉"的影像条带,则在同一轨道内通过姿态机动,先后获取对同一区域成像的沿轨推扫和与轨道呈一定角度的摆扫影像,可构成相机视场内全部探元的交叉连接条件,如图8-24所示。

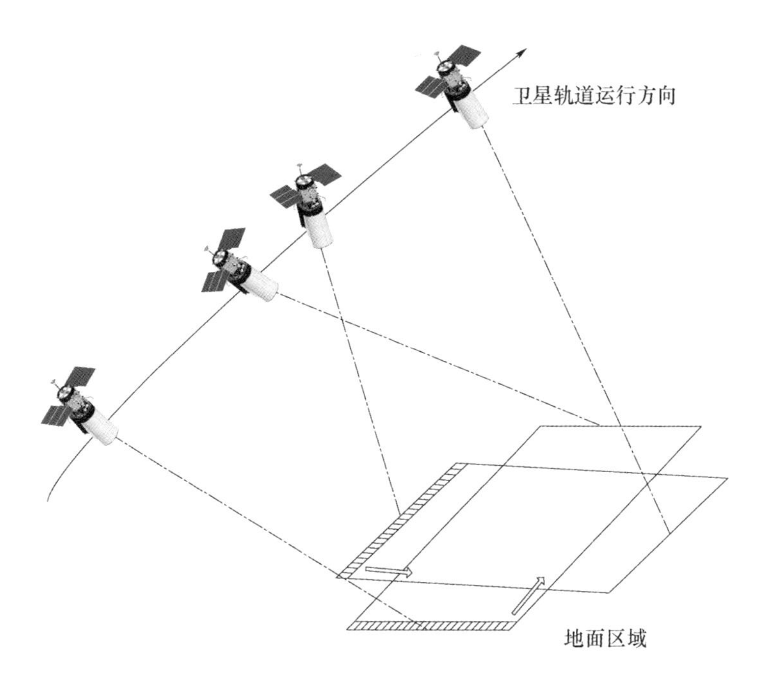

图8－24　交叉定标

由于推扫成像的特点，在图像上容易引入运行方向上与时间相关的误差（姿态不稳定等），通过对相互垂直的影像对进行相关和数值计算，可以将这种时间相关的误差项消除，以获得高精度的内检校正精度。

比较上述两种方案，同轨立体影像对相较于异轨立体影像对具有数据获取周期短的明显优势，同时随着卫星机动成像能力的逐渐增强，同轨立体影像的获取能力将逐渐增强。因此，采用基于立体影像的方法，并细分为基于高程残差约束的两视立体标定和基于交会残差的三视立体影像两种方法开展自主几何定标研究。

8.3.6.2　卫星自主几何定标精度仿真验证

利用高分六号卫星实际过唐山几何定标场的长弧段成像辅助数据（包括轨道数据、姿态数据以及模拟高空间分辨率同轨多视立体影像），对提出的基于高程残差与基于交会残差的自主几何定标方法进行试验验证。模拟的同轨二视立体影像重叠关系如图8－25所示，模拟的同轨三视立体影像重叠关系如图8－26所示。

几何标定精度结果如表8－16所列。由试验结果可知，基于高程残差和交会残差的自主几何定标流程对于同轨立体影像自主几何定标可达到0.3个像

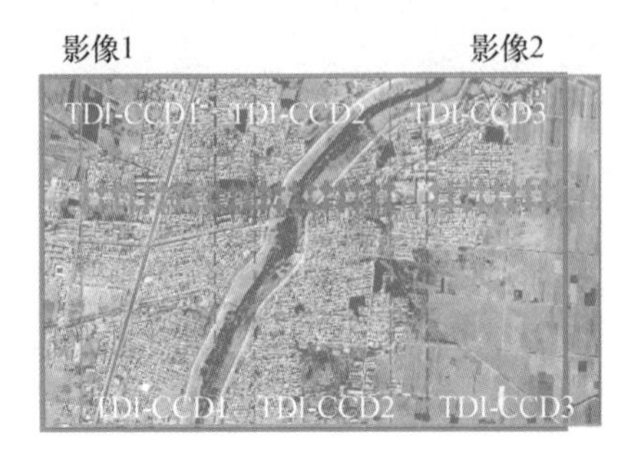

图 8-25　模拟的同轨二视立体影像重叠关系(见彩图)

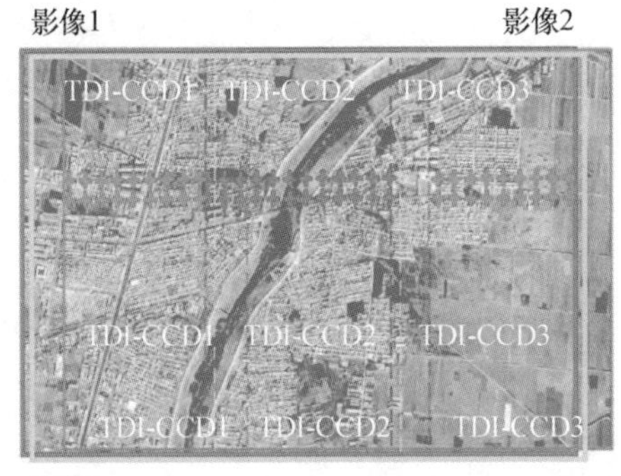

图 8-26　模拟的同轨三视立体影像重叠关系(见彩图)

元,与基于地面几何定标场的定标精度相同,满足指标分配需求。

表 8-16　几何标定精度结果

探测器编号	两视立体定标精度/像元	三视立体定标精度/像元
CCD1	0. 231	0. 261
CCD2	0. 204	0. 204
CCD3	0. 234	0. 246
综合	0. 225	0. 231

此外,采用基于高程残差的二视立体影像对进行自主几何定标时,越小的基高比对于高程精度的需求就越小,但是对于机动成像能力就越高。采用基于交会残差的三视立体影像对进行自主几何定标时,越大的基高比对于构建交会约束越有利,但是因此引入的大气折光误差就会越大,从而破坏相对约束的构建前提条件。因此,在进行自主几何定标前,需要根据卫星的实际机动能力情

况来进行合理的成像规划,获取合适的影像数据,选取最优的几何定标方案。

8.4　全链路卫星高精度目标定位精度软件与验证

8.4.1　基于敏捷成像的定位精度能力仿真分析系统软件

基于敏捷成像的定位精度能力仿真分析系统软件包括定轨能力仿真分析模块、定姿能力仿真分析模块、结构稳定性仿真分析模块和系统仿真分析模块,涵盖了姿态确定、轨道确定、结构稳定性、时间同步、标定残差等多项影响因素,实现定位精度的仿真分析与验证。图像定位精度综合仿真软件组成框图及各模块之间的信息流如图 8－27 所示。

定轨仿真分析模块:主要是实现卫星双频 GPS 数据精密定轨处理及质量分析与评估。主要考虑在两路导航信号时钟采样不同步以及天线相位中心参考点不断变化、在姿态机动下的原始观测量数量及质量同时下降等影响,完成对双频 GPS 接收机所得的测试数据进行数据质量分析、精密定轨数据处理、天线相位中心在轨确定等功能。

定姿仿真分析模块:主要是针对姿态确定过程进行数学仿真;针对星敏、陀螺部件建立包含多种误差的测量模型,设计实时、事后的星敏陀螺联合定姿算法;针对成像过程进行姿态测量仿真,实现定姿精度分析计算。

结构稳定性仿真分析模块:针对卫星入轨达到工作温度后温度场相对于安装环境发生变化以及卫星结构的温度场缓慢变化,进行结构稳定性分析,获取相机视轴与姿态敏感轴间夹角的变化规律,为开展定位精度分析提供基础数据。

系统仿真分析模块:内方位元素仿真模块根据相机光学系统模型及传感器模型仿真出理想的线阵内方位元素(每个探元的探元指向角),在此基础上加上系统误差(径向畸变模型、偏心畸变模型、镜头主点主距变化、像平面畸变模型)和随机误差模拟实际的在轨内方位元素情况。

星地一体化标定子模块给出卫星内外方位元素在轨标定能达到的精度指标,由用户直接输入地面和在轨标定精度指标。将轨道、姿态、内方位元素、相机光轴变化、时间同步精度、星地标定残差等输入参数结合影像定位模型进行图像定位精度仿真计算。

(a)

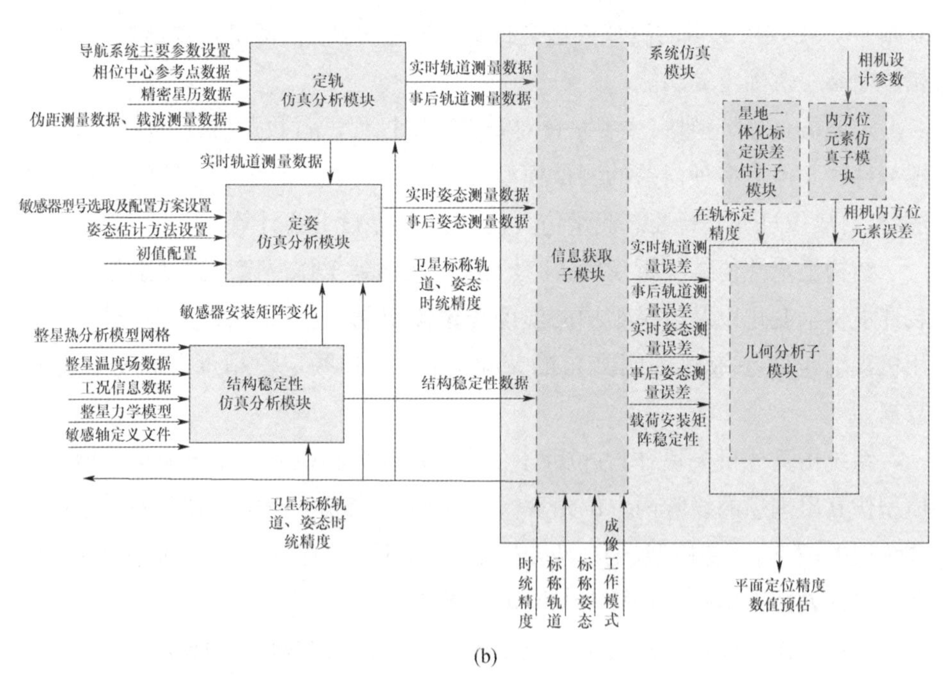

(b)

图 8－27　图像定位精度综合仿真软件组成框图及各模块之间的信息流

(a)图像定位精度综合仿真软件界面;(b)图像定位精度综合仿真软件组成框图。

8.4.2　综合定位精度集成仿真及在轨验证

8.4.2.1　仿真验证结果

基于敏捷成像的定位精度能力仿真分析系统软件，采用河南嵩山高精度航空数据，覆盖平地和丘陵两种地形，如图 8－28 所示。

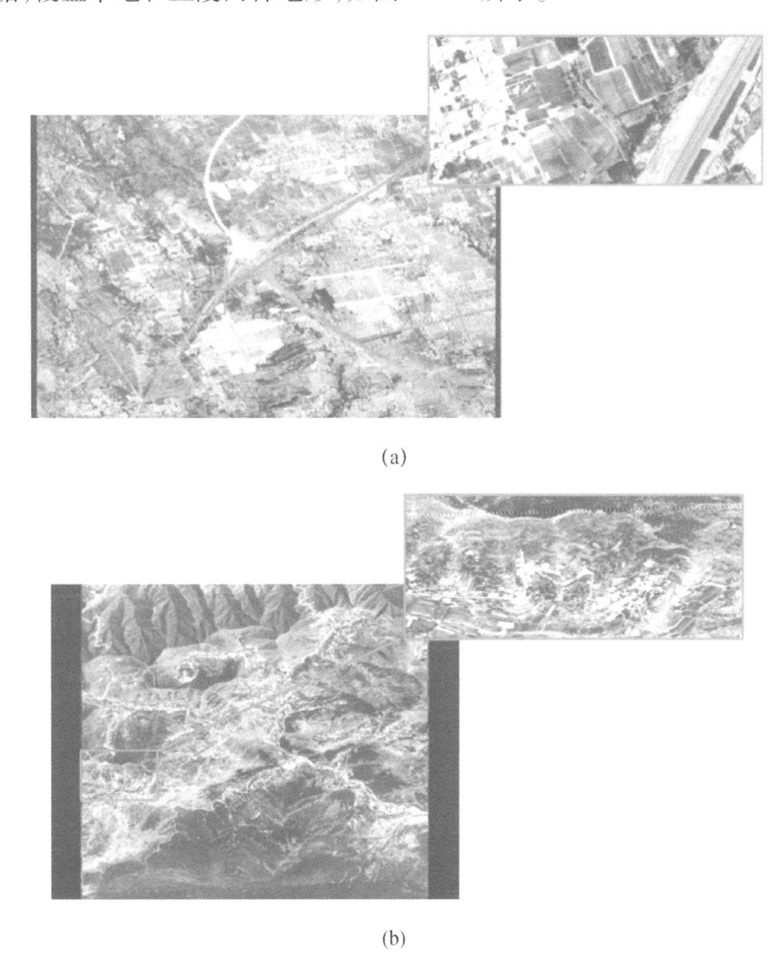

(a)

(b)

图 8－28　仿真数据源

(a)嵩山平地地区仿真；(b)嵩山丘陵地区仿真。

仿真场景 1，俯仰条件下的三景立体（32°、0°、－32°）；仿真场景 2，侧摆 15°，俯仰条件下的五景立体（45°、32°、0°、－32°、－45°）。仿真结果如表 8－17 所列。

表 8-17 高精度立体定位模式仿真结果

平面绝对定位误差(1σ)/m	高程定位误差(1σ)/m	备注
7.50	3.34	丘陵,32°/-32°(被动)
10.48	3.38	丘陵,32°/-32°(动中)
6.85	3.28	平地,32°/-32°+15°侧摆
9.78	1.51	平地,-45°/-32°/0°/32°/45°

综上可以看出,卫星可实现定位精度平面优于 10m、高程 3.5m 的设计要求。

8.4.2.2 在轨精度验证结果

2018 年 12 月 30 日,采用在轨高分辨率遥感卫星,在山东即墨地区(平地+丘陵地形)在轨进行立体成像试验,同轨立体影像数据信息如表 8-18 所列。

表 8-18 同轨立体影像数据信息

序号	地区	成像时间	轨道高度/km	俯仰角/(°)	侧摆角/(°)	定位精度/m		
						垂轨	沿轨	总误差
1	山东即墨(平地+丘陵)	2018-12-30	586.4	-37.6	-10.3	7.69	6.11	9.83
2			590.6	-0.8	-7.9	2.29	1.27	2.62
3			594.1	36.1	-10.1	3.24	2.79	4.27

采用 10 个检查点,山东即墨地区结果如表 8-19 所列。

表 8-19 同轨立体定位精度结果

立体组合	定位精度中误差/m	
	平面	高程
三视	2.604	2.085
前视-下视	2.579	2.145
前视-后视	2.606	2.074
下视-前视	2.605	2.110

综上可知,此次试验可实现平面 10m 以内、高程 3m 以内的精度,与仿真结果具有较好的一致性。

第9章

海量高速数据处理与传输系统设计

随着遥感卫星成像能力的提升,图像分辨率越来越高带来了载荷图像数据率的急剧增加,并进一步对星上数据处理与传输系统提出了更高的速率要求。我国遥感卫星采用的数据处理与传输系统,经历了从资源二号卫星的X频段2×100Mb/s到高分二号卫星的X频段2×450Mb/s,从高分七号卫星的X频段2×800Mb/s到高分十一号卫星目前最高的Ka频段2×1500Mb/s。可以看出,通过高分专项的支持与技术发展,星地数据传输能力大幅提升,更好地解决了高分辨率图像的处理与下传难题。

本章重点对研制高分辨率卫星过程中所攻克的海量数据处理与传输技术进行介绍,并重点对系统设计和图像高保真压缩等新技术和效果开展讨论。

9.1 高分辨率相机图像数据源分析

借鉴美国KH-12"锁眼"系列超高分辨率光学成像卫星设计思路,设计一颗超高分辨率遥感卫星,选择太阳同步椭圆轨道,在近地点250km轨道高度来实现对地观测分辨率全色0.1m/多光谱0.4m、幅宽6km的能力。并以此为例,开展适用于该卫星的海量图像数据处理与传输系统的设计与分析工作。

目前,高分辨率可见光相机成像探测器广泛采用TDICCD,通过多片TDICCD拼接来满足成像幅宽要求。相同幅宽、相同轨道高度时,分辨率提高N倍,采用TDICCD所需个数也为N倍,由于卫星垂轨方向像元总数变为N倍、沿轨方向积分时间减小为原来的$1/N$,则可见光相机原始数据率将提高N^2倍。可见光相机原始数据率分析如表9-1所列。

表 9-1 可见光相机原始数据率分析

全色分辨率/m	幅宽/km	探测器数量/个	相机数据率/(Gb/s)			
			每片全色	每片多光谱	每片全色+多光谱	合计
2	15	2	0.2	0.05	0.25	0.5
1	15	4	0.4	0.1	0.5	2
0.5	15	8	0.8	0.2	1.0	8
0.25	15	16	1.6	0.4	2.0	32
0.125	15	32	3.2	0.8	4.0	128
0.1	15	40	4.0	1.0	5.0	200

由表 9-1 可以看出,随着分辨率的不断提高,相机原始数据率成倍增加,对数传系统的星上数据处理压力也急速增加。成像幅宽从 15km 减少至 6km 后,相机原始数据率减少至约 80Gb/s。除了相机载荷数据外,数传分系统还需要处理、传输其他与地面图像处理相关的平台数据,主要的数据源速率见表 9-2。由表可以看出,与超高分辨率相机载荷数据相比,其他平台数据的数据率为小量,几乎可以忽略不计。

表 9-2 高分辨率遥感卫星星上数据源分析

数据源		像元数	信息速率
高分辨率相机	全色	6144 像元 ×10 片 CCD	80Gb/s
	多光谱	1536 像元 ×4 谱段 ×10 片 CCD	
平台数据		—	18Mb/s

9.2 海量高速数据处理与传输系统设计和分析

海量高速数据处理与传输系统设计如图 9-1 所示,需完成海量数据接收、高速数据压缩处理和数据高效下传。

其主要设计特点如下。

(1)开放式一体化海量数据在轨处理平台,支持高速图像预处理、协议处理、数据管理、信道编码、加密等功能的开放式平台。

(2)海量数据处理、压缩与存储技术,采用自适应动态调度、数据缓冲、存储资源调配、高保真压缩等机制,实现高、低速数据混合传输,高保真可调图像压缩等。

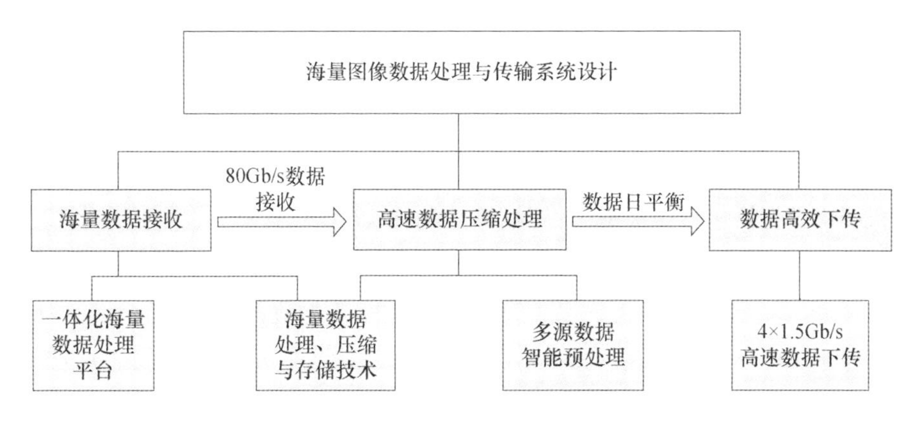

图9-1 海量高速数据处理与传输系统设计

(3)突破辐射校正、云判、图像定位等算法实现,在传统数据压缩基础上增加预先校正提升图像压缩质量。

(4)Ka 频段 4×1.5Gb/s 高速一体化对地传输技术,采用极化复用、限带滤波、矢量调制等技术,将对地与中继通道一体化设计,大幅提升对地传输效能。

9.2.1 系统设计约束

针对不同类别的成像载荷,遥感卫星往往会配置不同的数据下传通道:数据量小,通道带宽窄;数据量大,通道带宽大。受国际电信联盟对传输频率范围的约束,以及地面站接收天线尺寸和星上功率放大设备的限制,数传通道带宽不可能无限大。例如,国内高分二号等卫星,星上相机的图像源数据率约5Gb/s,主要采用X频段(8025~8400MHz)数据传输系统,其可用带宽仅为375MHz,实现2×450Mb/s的数据对地下传能力。

而结合9.1节的分析,对于80Gb/s的海量图像数据,X频段有限的传输通道带宽制约卫星效能的发挥,无法满足用户对海量遥感数据的需求。综合考虑数据传输系统的工程实现可行性和海量数据下传的需求,超高分辨率遥感卫星采用Ka频段(25.5~27GHz)进行对地数据传输是更好的选择。以下将结合系统设计多层约束与总体需求分解,对Ka频段的新一代数据处理与传输系统进行详细设计与对比分析。

超高分辨率遥感卫星运行在近地点高度250km、远地点高度750km的太阳同步椭圆轨道上,在5°最小接收仰角时,星地数据传输最远距离约3200km,在链路预算中自由空间衰减起到决定性作用。同时,结合地面站和中继卫星的位置分布,可获得数据传输可用弧段长度,从而影响卫星的成像能力。

卫星具备“滚动+俯仰”±60°的强姿态机动能力，在特定轨道条件下，需满足姿态机动并成像的过程中实时下传数据的任务需求，该姿态机动能力和天线在卫星上的安装方式共同决定了天线的跟踪角度、角速度范围。

卫星需要将80Gb/s的相机原始数据传输至地面。为提高下传时效性，对相机图像数据需进行压缩编码，压缩算法选择JPEG2000算法，压缩比为8∶1、4∶1、2∶1(可选)，并将数传通道最大能力配置为对地4×1.5Gb/s(极化复用)、中继2×600Mb/s。为确保成像数据不丢失，需配置两台容量不小于4Tbit、记录速率20Gb/s、回放速率最大3Gb/s、误码率优于1×10^{-12}的固态存储器。同时，为提高境内或中继卫星接收范围内数据下传的时效性，需具备边存边放的能力。根据数传通道传输能力与压缩后格式编排速率的关系，卫星定义了记录、回放、边记边放等工作模式。

9.2.2 海量数据处理架构设计

以往传输型遥感卫星广泛采用X频段的“先压缩、后处理存储”的系统构架设计，该方式的优点是相机获取的图像数据，首先经过压缩后数据率大幅降低，减小了AOS格式编排、存储等功能的设计实现难度；缺点是对图像压缩功能的设计实现难度增加，而且难以实现用户急需的图像辐射校正、云判等星上自主处理功能。因此，X频段的“先压缩、后处理存储”架构更适合于载荷原始数据率较小的遥感卫星，对传输带宽和图像处理能力的要求也相对较低。

对于超高分辨率遥感卫星采用“先处理存储、后压缩”的新型系统架构设计，如图9-2所示。与“先压缩、后处理存储”架构相比，本架构可以实现辐射校正、云判等星上自主处理功能，降低后端数据处理压力，可避免原始图像缺陷被非线性放大扩散导致像质下降等问题，但对高速数据缓存或者存储设计提出了更高要求。形成这种拓扑结构的原因如下。

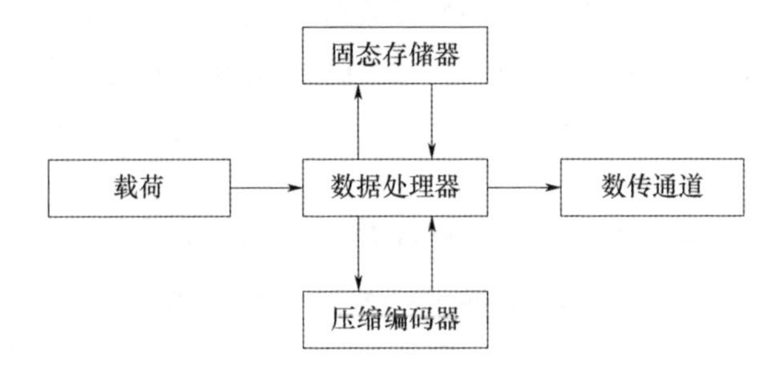

图9-2 高分辨率遥感卫星采用“先处理存储、后压缩”拓扑架构

(1)TLK2711成为主要的高速数据接口形式,功能密度比传统LVDS接口提升近10倍,单台设备可容纳更多的高速数据接口。

(2)图像预处理需求提升,需要在数据压缩之前进行,因此将实现预处理功能的数据处理器调整至压缩之前,同时数据处理器补充增加数据路由功能,为预处理、数据压缩和存储等提供调度和控制。

(3)存储芯片技术发展,容量不再是制约成本的主要因素,数据带宽瓶颈日益明显,因此可将固态存储器外挂于数据处理器,由处理器先高速缓存后再写入大容量固存,且具备边存边放的功能。

9.2.3　系统拓扑结构及信息流设计

针对80Gb/s载荷数据的接收、处理、记录、传输需求,超高分辨率遥感卫星配置Ka频段对地中继一体化数据处理与传输系统,采用"先处理存储、后压缩"的拓扑结构,处理来自可见光相机的图像信息及平台设备的测量数据,支持2×1.5Gb/s(可扩展至4×1.5Gb/s)对地数据传输、2×450Mb/s(可扩展至2×600Mb/s)中继数据传输,以解决海量数据的处理和传输难题。上述各种数据经AOS格式编排、加密、加扰处理后,由数传分系统传输到地面应用系统。

该数传系统由数据处理子系统、数传通道子系统、对地数传天线子系统和中继终端子系统组成,如图9-3所示。

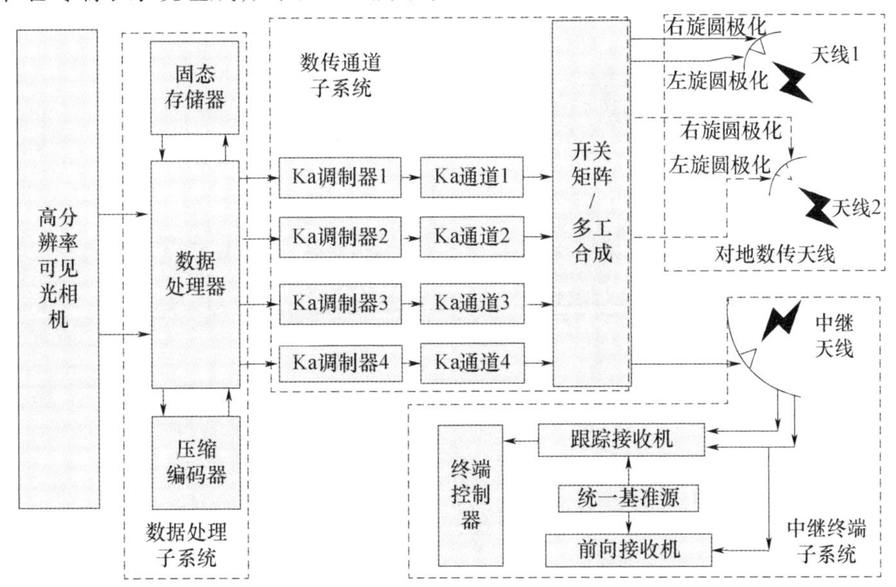

图9-3　超高分辨率遥感卫星数传系统方案框图

9.3 系统工作模式及其数据流设计

9.3.1 记录

9.3.1.1 实时压缩记录

数据处理器实时接收相机数据后进行预处理(可选),经外部压缩编码器进行数据压缩后返回数据处理器,并直接写入固态存储器。该模式下数据处理流程为相机数据→数据处理器(预处理可选)→压缩编码器→数据处理器→固存,如图 9-4 所示。

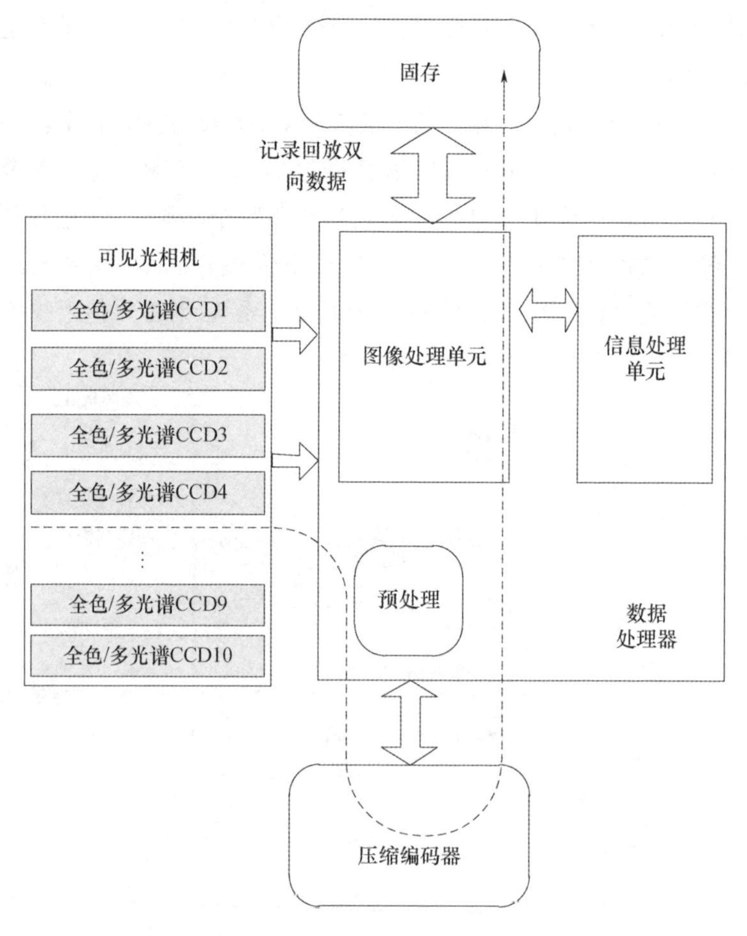

图 9-4 实时压缩记录模式数据流向

9.3.1.2 原始图像数据记录

卫星运行在阳照区,相机开机成像。数据处理器实时接收相机原始数据并缓存,一次成像结束后,将高速缓存中的数据以固存可接受速率(21Gb/s)写入固态存储器中。该模式下数据处理流程为载荷数据→数据处理器→固存,如图9-5所示。

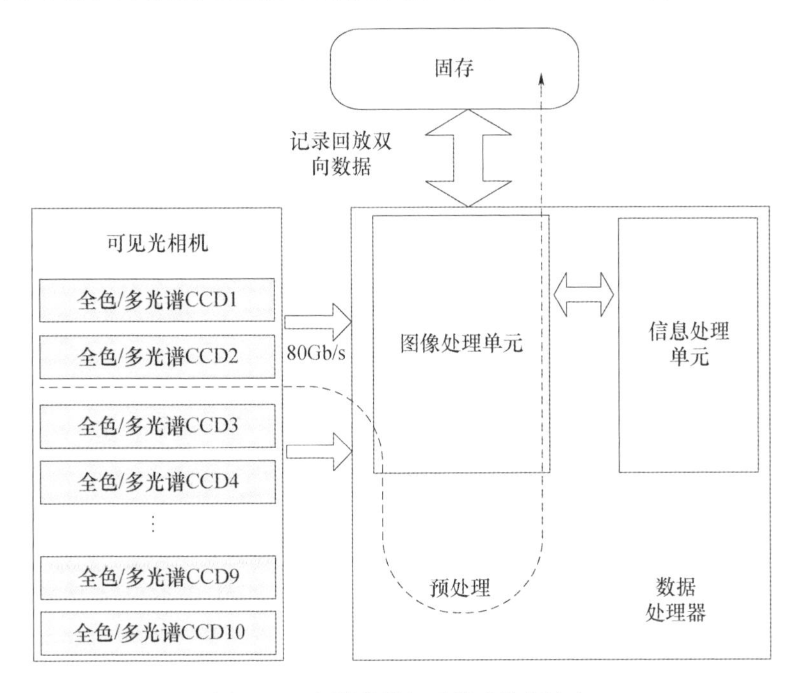

图9-5　原始数据记录模式数据流向

9.3.2 回放

固态存储器将记录的数据回放给数据处理器,经数据处理器完成AOS格式复接、加密、CRC校验、LDPC编码、加扰等操作后送往数传通道子系统,数传通道子系统完成调制、功率放大等处理后经对地数传天线子系统传输到卫星地面接收站或经中继卫星转发到地面。根据选择的传输通道不同,回放模式分为如下四种。

9.3.2.1 常规对地回放模式

数传两个通道设备开机,传输码速率为2×1.5Gb/s,射频信号经数传天线子系统直接辐射至地面接收站。有以下两种工作状态。

(1)Ka调制器1+Ka调制器3,两路信号经开关矩阵网络后,采用右旋圆极化(RHCP)方式辐射。

(2)Ka 调制器 2 + Ka 调制器 4,两路信号经开关矩阵网络后,采用左旋圆极化(LHCP)方式辐射。

9.3.2.2 极化复用对地回放

数传四个通道设备全部开机,通道码速率为 4 ×1.5Gb/s,四路射频信号经对地数传天线的左旋口(对应第 2 +4 通道)和右旋口(对应第 1 +3 通道),直接辐射至地面站。

9.3.2.3 常规中继回放

数传两个通道设备开机,通道码速率为 2 ×450Mb/s,经中继多工网络合路后,射频信号经中继天线辐射至中继卫星,并由中继星转发至地面站。有以下两种工作状态。

(1)Ka 调制器 1 + Ka 调制器 2,两路信号经中继多工器合路后,采用右旋圆极化方式辐射;

(2)Ka 调制器 3 + Ka 调制器 4,两路信号经中继多工器合路后,采用右旋圆极化方式辐射。

9.3.2.4 高速中继回放

数传两个高频点的 Ka 通道设备开机,码速率为 2 ×600Mb/s,经中继多工网络合路后,射频信号经中继天线辐射至中继卫星,并由中继星转发至地面站。其数据流向如图 9 –6 所示。

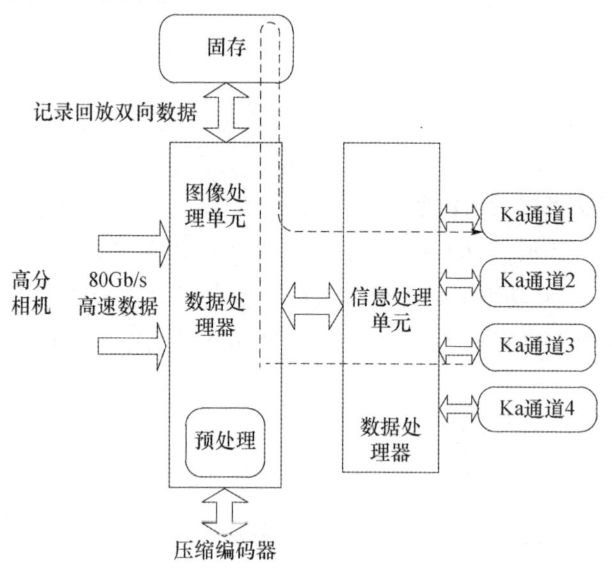

图 9 –6　回放工作模式数据流向

工作状态：Ka调制器3＋Ka调制器4，两路信号经Ka中继多工器合路，采用右旋圆极化方式辐射。

9.3.3　边记录边回放

数据处理器实时接收相机数据后进行预处理（可选），送给压缩编码器实时压缩后，返回数据处理器，快速记录到固存的同时，慢速回放至数据处理器进行相关处理后（可回放当前记录文件，或者回放之前已经存在的文件），送数传通道子系统，完成调制、功率放大等处理后，经对地数传天线子系统传输到卫星地面接收站或中继卫星转发到地面。其数据流向如图9－7所示。

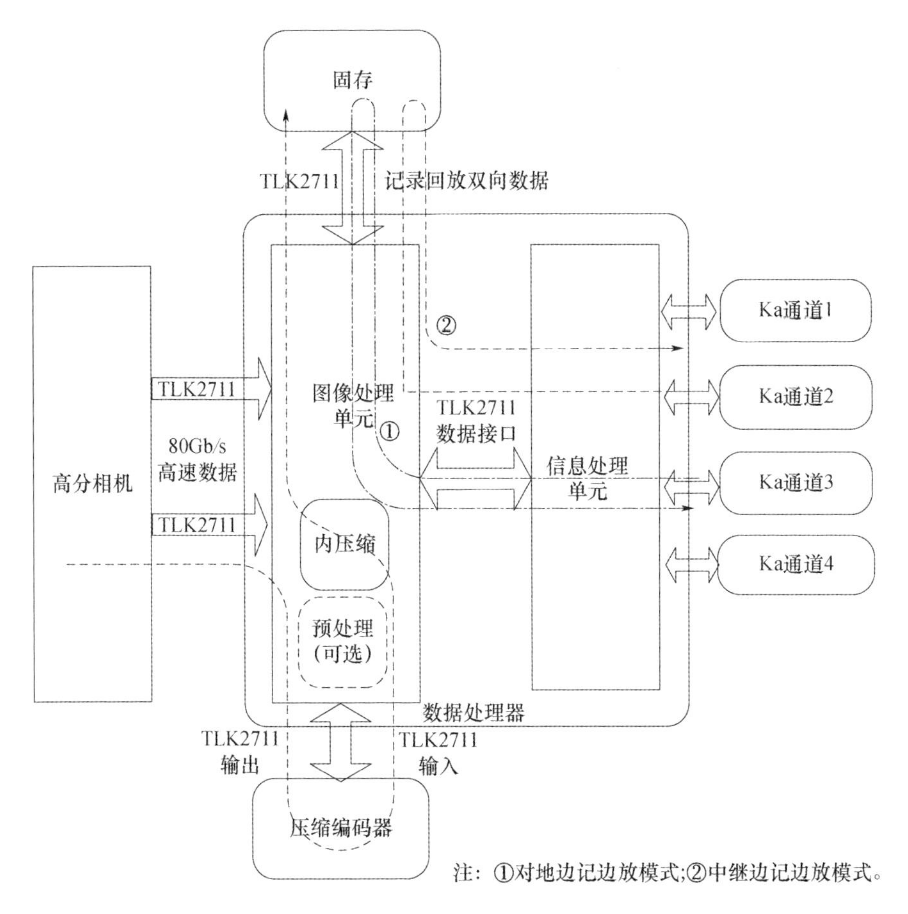

图9－7　边记录边回放工作模式数据流向

9.3.4 中继前向上注

一、二代中继卫星系统向遥感卫星提供的 Ka 频段单址接入(Ka - band Single Access,KSA)前向链路,最高支持 10Mb/s 的速率;中继高速前向上注链路是地面数据(来自地面测控站或运控站)通过中继卫星 KSA 通道上行发往用户卫星的高速传输通道。此链路需同时使用中继卫星的大型跟踪天线(口径大于 4m)和超高分辨率遥感卫星的 Ka 中继天线(口径为 1m),在中继卫星的跟踪天线完成对用户卫星的定向跟踪,用户星中继天线也完成对中继卫星的定向跟踪后,完成 KSA 链路建立。

超高分辨率遥感卫星配置 Ka 前向接收终端和中继天线,通过建立地面站→中继卫星→遥感卫星的前向通信链路来实现高速数据的上注。该前向链路可用于遥感卫星实施在轨运控策略的优化、任务相关数据和计算模型注入以及星载关键软件的在轨升级等,可有效避免地面测试软件的维护负担,大幅提升卫星在轨可维护能力。其数据流向如图 9 - 8 所示。

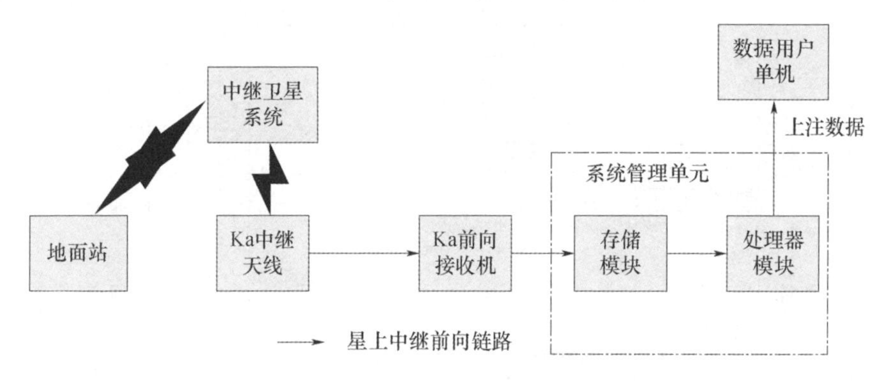

图 9 - 8　中继前向上注模式数据流向

9.4 载荷图像数据自主处理设计

9.4.1 星上辐射预校正处理

亚米级光学遥感影像具有分辨率高、目标信息丰富等优点,正确、高效地对高分辨率光学遥感数据进行星上智能处理的前提是获得均匀、优质的原始影像。但是,由于传感器物理限制,往往存在探元间响应的不完全一致的现象,从而导致获取的原始影像存在条带噪声;另外,由于卫星发射前后、在轨运行期间各种内外部环境因素的变化，导致探元间的响应特性会随着时间的推移发生进一步改变。

由于载荷数据需要通过有损压缩传输到地面应用，上述辐射不均匀性会带来较大的压缩损失。由资源中心提供16景0级（未经校正）、1级产品（经过校正），选择其中8m多光谱无损压缩数据进行定量化分析。根据地物不同分平原（4景）、山区（4景）、城区（3景）、水体（5景）四类图像进行测试。部分典型图例如图9－9所示。

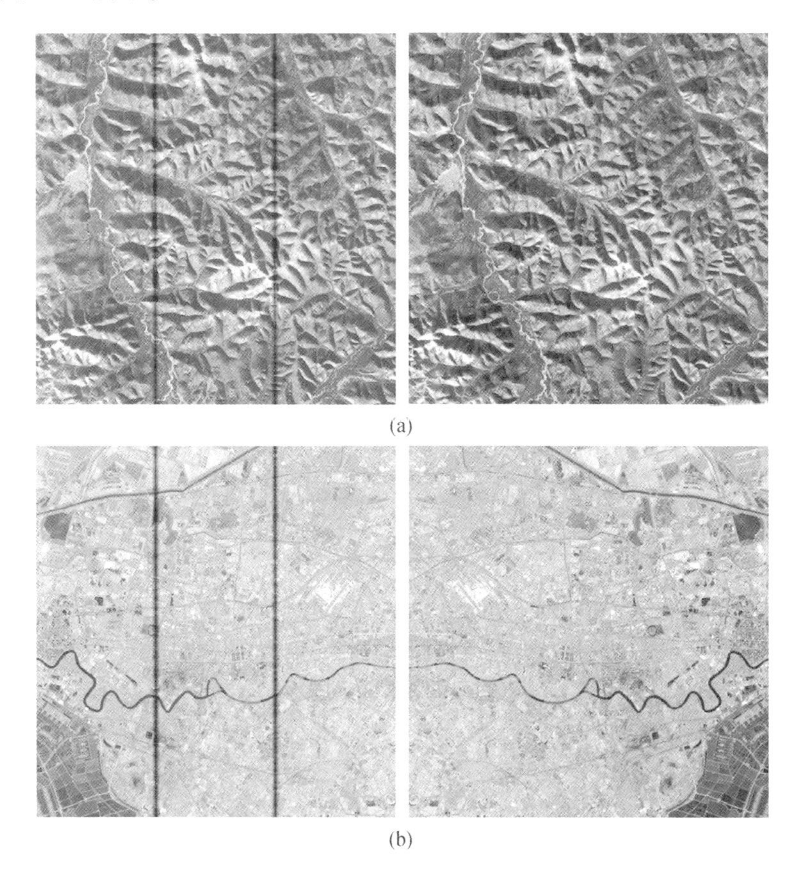

图9－9　典型城区图辐射校正前后图像

（a）山区；（b）城区。

峰值信噪比如图9－10所示。测试分析结果表明，经过星上辐射校正后的图像和不经过辐射校正的图像相比，在有损压缩情况下，峰值信噪比提升2.981～5.373dB，平均提升4.52dB。因此，为提高图像质量，需在轨完成数据的相对辐射校正处理。

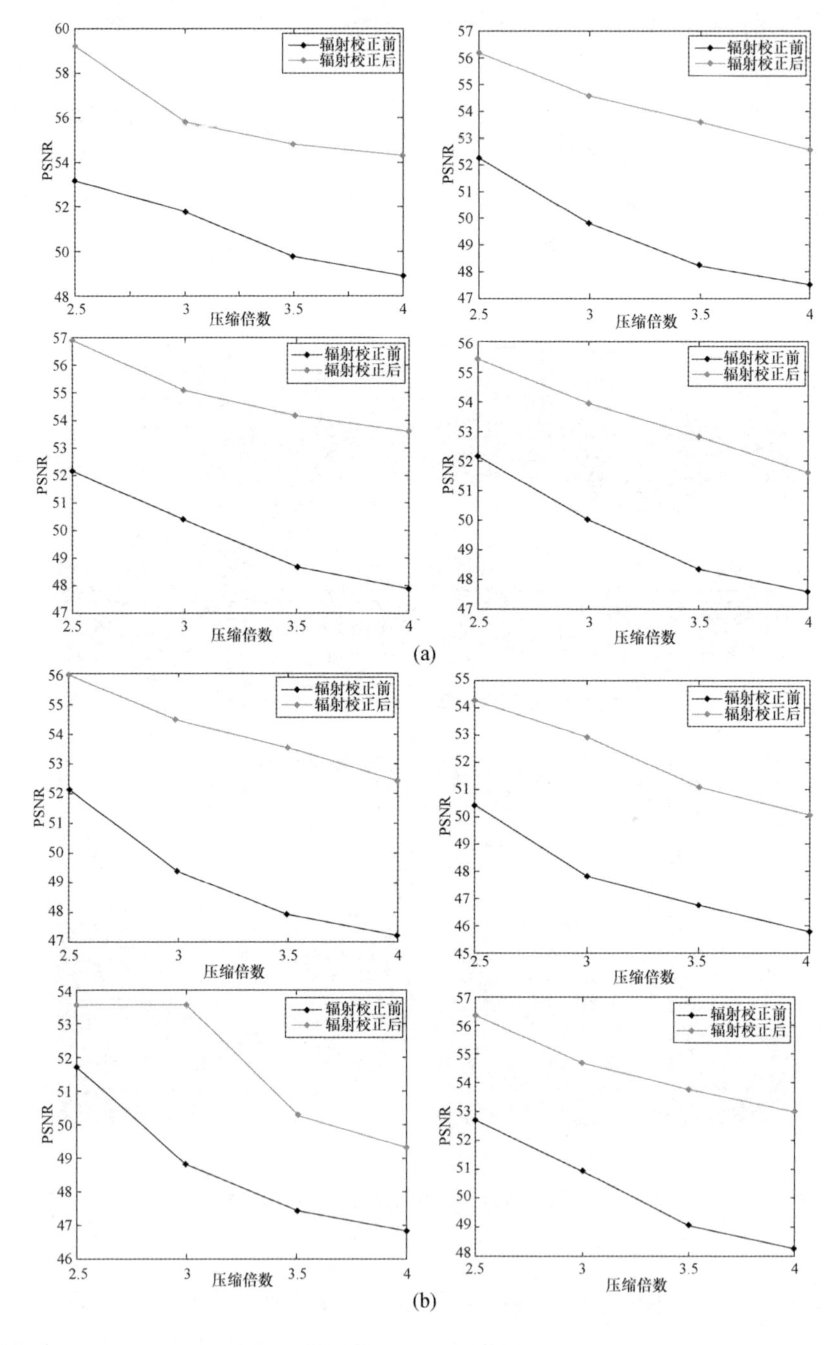

图 9－10　峰值信噪比

(a)山区图像峰值信噪比提高对比;(b)城区图像峰值信噪比提高对比。

相对辐射校正是指根据提供的辐射校正参数对影像进行反演运算,求得信号入瞳处的辐射值。拟采用的均一化辐射校正原理:设 DN 为传感器输出的亮度值,L 为传感器入口处的辐射度,则计算时通过提供的辐射校正参数对影像值进行反演得到信号入瞳处的辐射值,其中辐射校正参数包括增益系数 A 和偏置量 B。每个探元用相应的辐射校正参数 A 和 B 根据以下公式进行均一化辐射校正:

$$L = \frac{\mathrm{DN}}{A} + B \tag{9-1}$$

相对辐射校正常用的方法是系数法和直方图统计法。由于直方图统计法构建的查找表数据量较大,难以上行注入,因此拟采用系数法。可根据 CCD 线性情况设计分段的系数,系数的数据量较小,如针对 12k 点线阵 CCD,数据量仅为 48KB。

光学影像星上相对辐射校正:首先分析影响探元光电响应变化的各种因素,并以最大后验概率理论为依托,通过引入约束条件和加权思想构建在轨自适应的系统辐射校正模型;利用定标数据(如星上定点 90°旋转定标数据)或者实时获取的遥感数据,构建样本的智能筛选模型,并拟采用增量统计的策略,优化辐射定标参数的解算精度。在地面辐射定标的基础上,将定标查找表上行注入更新至星上,星上根据查找表进行相对辐射校正,得到校正后影像。其具体校正流程如图 9-11 所示。

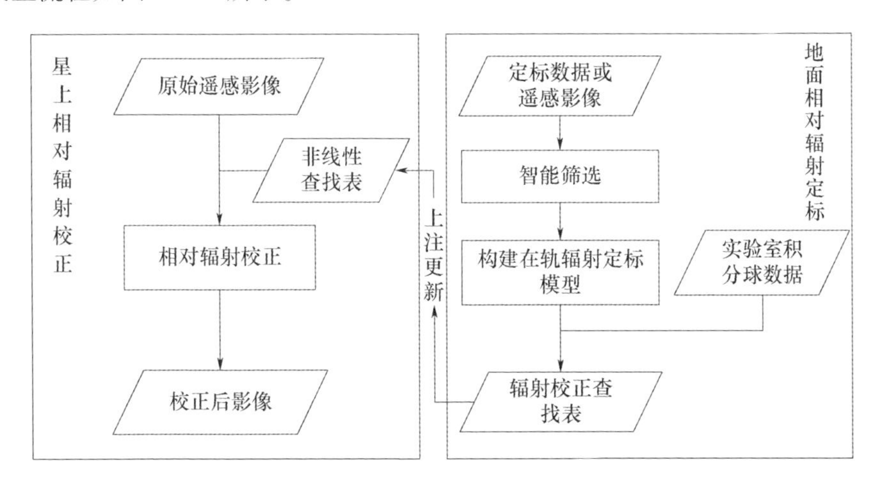

图 9-11　光学影像星上相对辐射校正流程

9.4.2 星上云判处理

9.4.2.1 基于全色图像的云判处理

针对高分辨率全色遥感数据的海量数据特性，其高分辨率导致星上数据量急剧增加，可以达80Gb/s。由于全色图像云区覆盖量较大，云判结果受分辨率影响较小，为了提高云判速度，需要对高分辨全色图像进行云判，研究面向任务可配置的分辨率预处理。传统的基于分块级云判技术未考虑上文之间的关系，导致检测的虚警较多，因此可充分考虑块之间的上下文知识，并采用基于上下文知识的分块级初判结果修正的云判技术进行识别，提高云判结果的精度，降低虚警率。全色图像星上云判流程如图9-12所示。

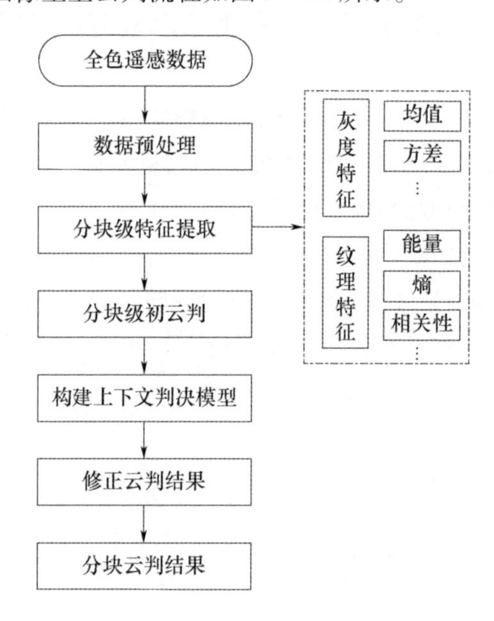

图9-12 全色图像星上云判流程

基于上述方法，针对我国已有在轨5m分辨率卫星进行处理和评测，检测率优于90%，虚警率优于3%。

9.4.2.2 基于多光谱图像的云判处理

多光谱数据比全色图像含有更丰富的光谱信息。针对0.4m高分辨多光谱数据的海量数据进行云判处理，由于数据量较大，在不影响光谱信息的前提下，为了满足星上实时处理需求，需要对数据进行约10倍隔点下采样。可以充分利用高分辨率多光谱图像的光谱信息实现星上多光谱图像的精确云判，并降低星上数据的冗余性，提高星上数据实时处理的效率。高分辨率的多光谱图像星上云判流程如图9-13所示。

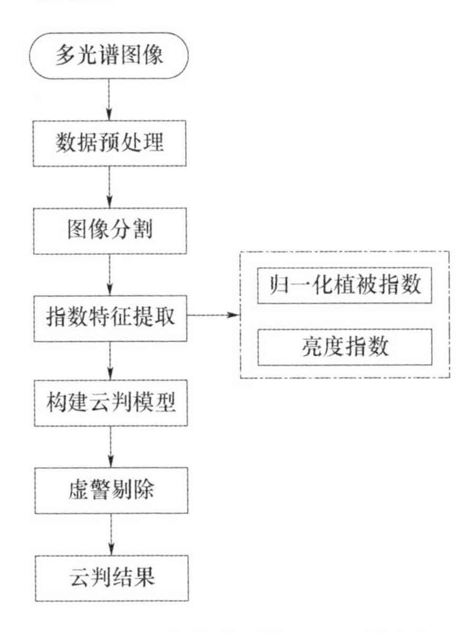

图9-13　多光谱图像星上云判流程

基于上述方法，针对我国高分八号卫星2m分辨率多光谱遥感数据进行处理和评测，检测率优于93%，虚警率优于3%。

9.4.3　重点区域提取

星上重点区域是指根据应用需求所关注的区域数据，如重点的军事建筑区域、港口、机场等。地面经过长期积累，通常具有上述区域较为准确的地理位置信息，可将上述信息加密上注到星上，采用基于位置的提取方式，即提出感兴趣区域的经纬度位置并上注星上，卫星自主从获取的大量数据中挑选感兴趣区域进行优先处理、下传。

具体实现技术路线：星上智能数据处理系统在接收数据的同时，一方面对接收的数据进行缓存，另一方面提取其中的辅助数据进行所接收数据的实时位置计算。根据地面指令，对计算的位置或获取时间信息与所关心的区域位置实时比对，当发现可以比对上时，从缓存中提取以此位置或时间为中心的指定大小数据（如5km×5km），推送到后级的处理模块进行产品处理或目标检测。区域提取处理流程如图9-14所示。

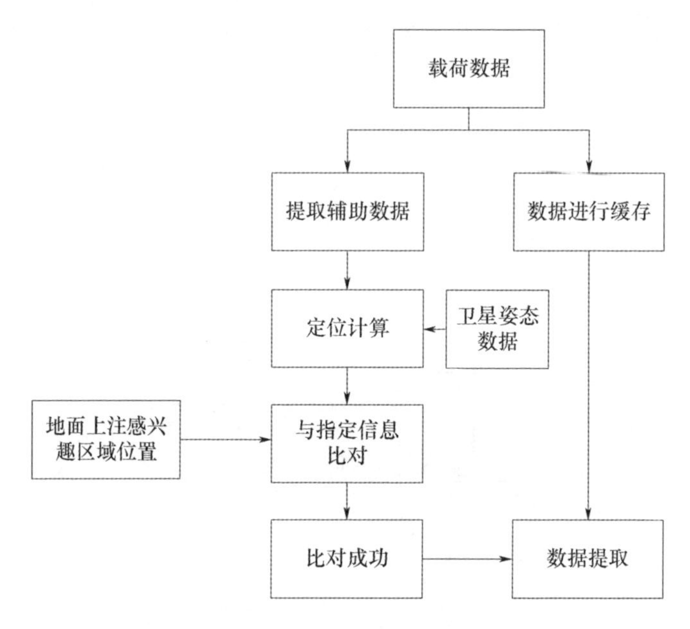

图 9-14 区域提取处理流程

9.5 图像数据高保真压缩设计

为解决卫星载荷原始图像数据率过高而数传通道码速率较低引起的速率不匹配问题，高分辨率遥感卫星采用星上图像压缩编码技术，即通过图像压缩手段来降低载荷图像数据的录放比，一方面提高了传输效率，另一方面降低了所需存储器的存储空间大小。可见，遥感卫星的高保真图像压缩技术显得尤为重要。

遥感卫星系统采用的图像压缩与地面系统的图像压缩系统主要存在以下区别。

(1)地面图像压缩系统对处理实时性的要求不高，而卫星图像压缩系统强调能够对卫星载荷获取图像数据进行实时且高效的压缩存储。

(2)地面压缩系统可采用 PC 机等较大型的处理设备进行压缩处理，但受卫星载荷及系统重量功耗等多重限制，卫星图像压缩系统只能采用 DSP、FPGA 及专用压缩芯片进行压缩处理，这样既减小了系统的体积又降低了功耗，但是其压缩效果与地面相比存在一定的差距。

(3)地面图像压缩出现误码甚至难以解码的情况时可以对原图像重新压

缩,而卫星压缩图像则与特定的任务星时相匹配,误码率过高将会造成不可逆的损失。

9.5.1　卫星图像压缩算法标准

图像数据压缩方法主要分为以下两类。

(1)以信息熵理论为基础,主要通过预测编码技术实现的无失真压缩。无损图像压缩是没有任何信息损失的前提下最小化表示原始图像数据所需的比特数量。

(2)考虑人眼视觉生理特征,主要通过变换编码技术实现的有失真压缩。当采用有损图像压缩时,信息有一定的丢失,其压缩过程是不可逆的,无法完全恢复出原始图像。而图像信息的部分丢失经常可被容忍,因为人眼视觉系统的特点是对高频信息变化不敏感而对低频信息变化比较敏感,对色度信息变化不敏感而对亮度信息变化比较敏感,图像压缩中适当丢失部分高频信息或者色度信息并不影响人眼对图像的判读。

按图像的存在形态可将图像压缩分为静止图像压缩和活动图像压缩两类。基于卫星成像特点,卫星遥感图像压缩更多采用静止图像压缩技术。国际标准化组织和国际电工委员会(International Electrotechnical Commission,IEC)的联合图像专家组(Joint Photographic Experts Group,JPEG)于 1986 年开始制定静止图像压缩标准,其主要目的是提供高效的压缩编码算法,以及提供统一的压缩数据流格式。至今为止,对于静止连续色调静止图像压缩标准有 JPEG、JPEG - LS、JPEG2000 和 JPEG - XR。目前正在计划制定新一代静止图像压缩标准(Advanced Image Coding,AIC)。另外,空间数据系统咨询委员会(Consultative Committee for Space Data Systems,CCSDS)也在不断制定适合空间应用的数据压缩的建议方案,1997 年提出无损数据压缩方案(CCSDS - LDC),2005 年提出基于小波变换的图像数据压缩方案(CCSDS - IDC)。静止图像压缩标准或提案对比如表 9 - 3 所列。

表 9 - 3　静止图像压缩标准或提案对比

名称	压缩特点	采用技术
JPEG	无损压缩	预测处理、Huffman 编码/算术编码
	有损压缩	DCT 变换、量化、霍夫曼(Huffman)编码/算术编码
JPEG - LS	无损、近无损压缩	预测处理、量化、Golomb 编码

续表

名称	压缩特点	采用技术
JPEG2000	无损、有损兼容压缩	可逆 53 提升小波变换、位平面编码(BPE)、算术编码
	有损压缩	不可逆 53/97 提升小波变换、量化、位平面编码(BPE)、算术编码
JPEG - XR	无损、有损兼容压缩	可逆重叠双正交变换(LBT)、高级系数编码(ACC)
CCSDS - LDC	无损压缩	预测处理、变长编码(VLC)
CCSDS - IDC	无损、有损兼容压缩	可逆 M97 小波变换、位平面编码、变长编码

9.5.2 图像压缩对卫星成像质量影响分析

9.5.2.1 星载压缩算法选择

遥感图像压缩技术发展至今已有 30 余年的历史,遥感卫星图像压缩系统的性能关键在于压缩算法的选取。针对遥感卫星的图像压缩标准及实现需求,目前国内卫星广泛使用的是 JPEG2000、JPEG - LS、SPIHT 等技术。

1)JPEG - LS 算法

JPEG - LS 是 JPEG 的无损/近无损压缩新标准,于 1998 年正式公布,用于取代原 JPEG 的连续色调静止图像无损压缩模式。JPEG - LS 编码原理如图 9 - 15 所示。JPEG - LS 基本思想:由当前像素的几个已经出现过的近邻,用其作为当前像素的上下文,用上下文来预测误差,从几个这样的概率分布中选择一个,并根据该分布用一个特殊的 Golomb 码字来编码预测误差。JPEG - LS 对图像的压缩模式主要有普通模式和游程模式,普通模式采用的核心算法是低复杂度无损/近无损图像压缩,游程模式采用能有效地对具有大块平滑区域(灰度值相同)的图像进行压缩的一种算法。该方法的主要特点:不用 DCT,不用算术编码,只用预测与 Golomb 编码,算法简单,易于硬件实现;在低倍压缩下,与 JPEG2000 相比性能较好;算法实现不需要外部的存储器,可以节约较多成本。

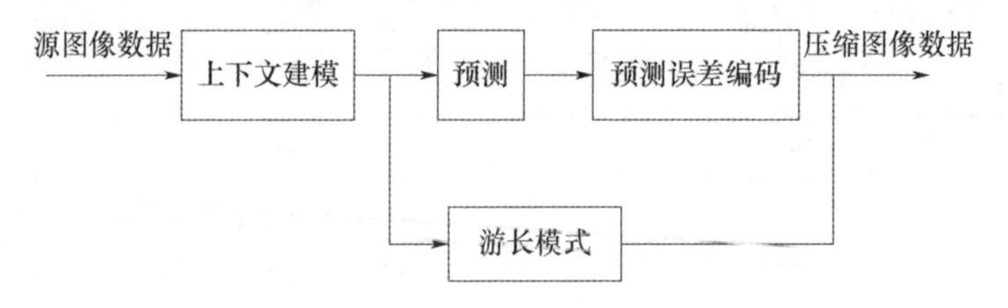

图 9 - 15　JPEG - LS 编码原理

资源三号、高分七号等卫星采用了 JPEG－LS 压缩算法对相机数据进行压缩，全色相机压缩比为 2∶1 和 4∶1 两挡，多光谱相机采用无损压缩形式。

2）JPEG2000 算法

为了克服 JPEG 算法的缺点，联合图像专家组于 2000 年年底推出了新的静止图像压缩标准 JPEG2000。作为新的静止图像压缩标准，其目标是在统一的集成系统中允许使用不同的图像模型对具有不同特征（如自然图像、计算机图像、医疗图像、遥感图像等）、不同类型（如二值、灰度、彩色或者多分量图像）的静止图像进行压缩，在低比特率的情况下获得比目前标准更好的率失真性能和主观图像质量。

JPEG2000 算法的基本结构如图 9－16 所示，首先对原始图像数据进行离散小波变换，然后在形成输出码流（比特流）之前，对变换系数进行量化和熵编码。压缩图像数据（码流）通过存储或传输后，进行熵解码、反量化和逆小波变换，从而恢复图像数据。JPEG2000 算法改变了传统 JPEG 算法中以 DCT 为核心的变换算法，采用了具有能量特性更为集中的小波变换算法。

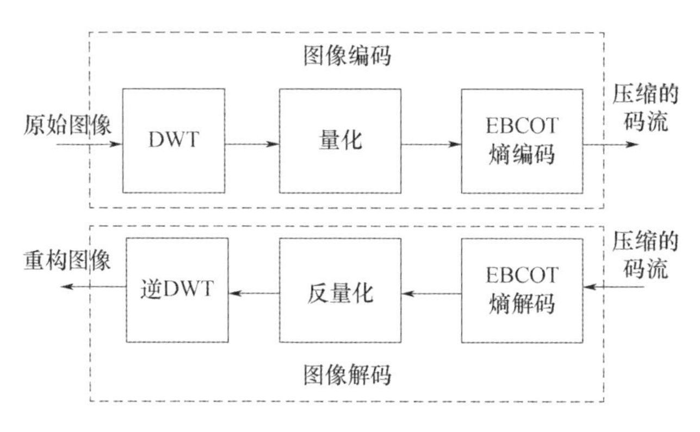

图 9－16　JPEG2000 算法的基本结构

该算法具有的主要特点：失真率性能优越，当采用较高压缩比进行压缩时，普通压缩算法无法达到较高的图像质量，而 JPEG2000 算法可以根据不同码块的率失真参数对加入码流中的码块进行重排，达到最优压缩质量；可实现有损无损编码，JPEG2000 小波变换部分可采用 9/7 与 5/3 两种小波基进行小波变换，由此可在相同的构架下实现有损与无损压缩。感兴趣区域压缩，适用于连续色调和二值图像压缩；可按照像素精度或者分辨率进行累进式传输；可随机获取和处理码流；强的抗误码特性；可实现固定速率、固定大小、有限存储空间的压缩。

JPEG2000 的多种特点使其具有广泛的应用前景，也是目前国内遥感卫星普遍使用的一种压缩算法，按照用户使用习惯，在图像质量可接受时其最大压缩比可达 8：1，大幅减少卫星需要下传的数据量。高分二号、高分八号的全色图像采用了 JPEG2000 压缩算法。

3）SPITH 算法

SPIHT 算法是基于零树结构的一种编码方法，它充分利用了零树结构的基本原则，具体如下。

（1）对图像变换系数按幅度进行部分排序，并按集合分裂算法产生的顺序传输，而这种集合分裂算法在解码端也有一份完全一样的实现。

（2）精确化的排序位平面传输。

（3）利用图像小波变换系数在不同尺度下的自相似性。其中部分排序是变换系数的幅度相对于一系列八度递减阈值比较的结果，一个系数显著或不显著是相对于一个给定的阈值，取决于它是否超过阈值。

表 9－4 给出了目前我国在轨主流卫星的图像压缩比及压缩算法选用情况，我国的遥感卫星图像压缩主要选用 JPEG2000 或 SPIHT 算法。在星载压缩算法和压缩比的选择上，除了考虑图像质量需要满足用户需求外，还要考虑卫星系列的继承性，这样对于星上和地面产品的研制难度都会有所降低。通常，在卫星初样研制阶段后期，待压缩编码软件状态确定之后，用户部门将联合卫星方开展压缩算法评测工作，评价压缩算法对图像质量的影响，确认是否满足用户需求。选择 ISO/IEC 测试图像对 JPEG2000 与 SPIHT 进行峰值信噪比的比较，压缩性能 JPEG2000 大于 SPIHT；并且基于小波变换的 JEPG2000 算法已在多个型号中得到了成功的应用，技术成熟度高。因此，综合考虑全色/多光谱图像压缩质量、下传效率及数传分系统传输能力等因素，对于超高分辨率遥感卫星采用 JPEG2000 的压缩算法，全色多光谱压缩比实现 8：1，4：1，2：1 独立可调。

表 9－4　我国遥感卫星图像压缩技术主要参数

卫星	压缩算法	压缩比	运行平台	应用
ZY－1	SPITH	8：1	FPGA	地球观测
高分七号	JPEG－LS	4：1，无损	FPGA	地球观测
高分八号	JPEG2000	8：1，4：1，2：1	FPGA	地球观测
高分十一号	JPEG2000	8：1，4：1，2：1	ASIC	地球观测

9.5.2.2　压缩算法对图像影响评估

压缩算法对图像质量的影响主要有斑块和平滑模糊效应，在对比度阶跃的地方有振铃现象，线状边界有压缩的错位现象。图9－17为Quickbird－2卫星图像压缩后损失效果图。

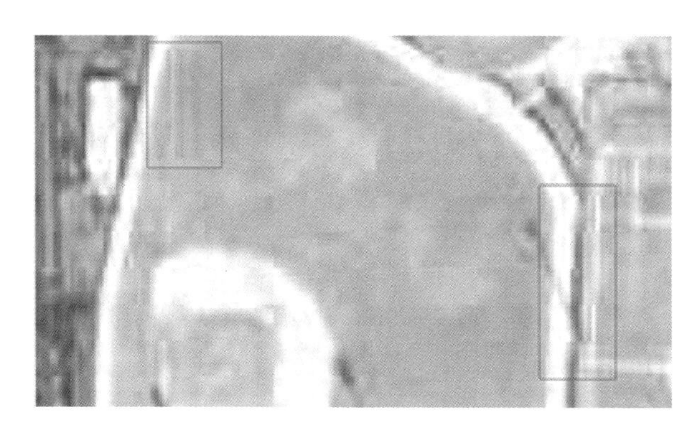

图9－17　Quickbird－2卫星图像压缩后损失效果图

对于JPEG2000压缩算法，已有文章通过北京二十一世纪公司的图像数据进行了测试和对比分析，具体结果如图9－18和图9－19所示。

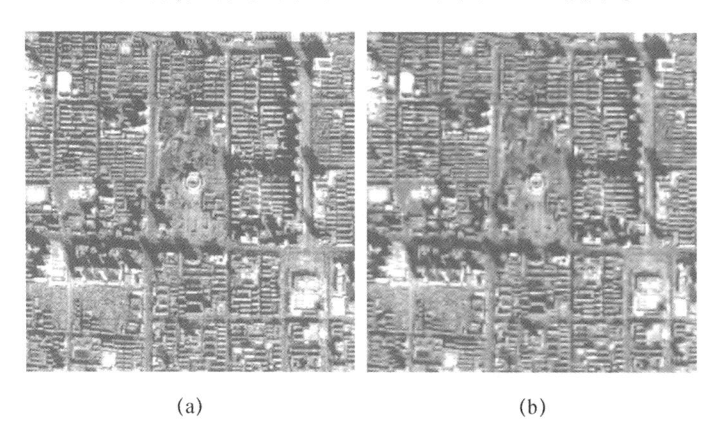

(a)　(b)

图9－18　JPEG2000压缩算法图像细节恢复能力

(a)试验图像；(b)JPEG2000解压后图像。

由图可以看出，经过JPEG2000算法压缩、解压后的图像中，其圆形目标能够比较清晰地呈现。结合在轨运行的高分八号卫星，针对港口、城市、机场、森林、戈壁和海岸等典型目标，进行了卫星JPEG2000算法的压缩质量测评，评价结果如表9－5所列。

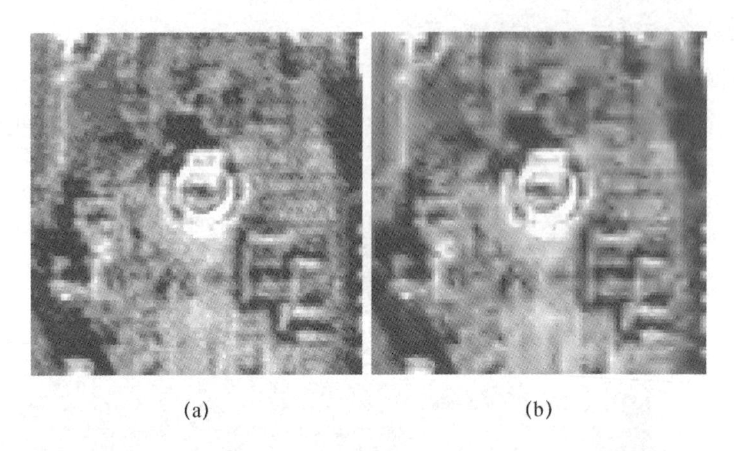

(a) (b)

图 9-19　JPEG2000 压缩算法细节放大后比较

(a)试验图像;(b)JPEG2000 解压后图像。

表 9-5　高分八号卫星 JPEG2000 压缩评价结果

压缩比	主观评价(评分)	PSNR/dB	最大局域误差	直方图拉伸误差	满足度
指标要求	—	≥36	≤220	≤10	—
8∶1	72	36.47	211	9.15	接受
4∶1	92	45.91	50	1.75	满足
无损	无影响	无影响	无影响	无影响	满足

经过用户评价,JPEG2000 压缩算法的 8∶1 压缩可以接受,4∶1 压缩完全可以满足用户判图需求,无损压缩对图像基本无影响。

9.5.2.3　系统误码率的影响分析

对于无线通信系统,调制信号在传输过程中受大气衰减、多径效应、热噪声等影响,会改变信号电压,使得信号质量恶化,导致在接收端出现误码(本来是1,接收到的是0;反之亦然)。因此,常用误码率作为衡量无线通信系统传输质量的重要指标,而对于卫星对地数传系统,误码率综合反映了星地无线通道的状态,表征了系统功能和链路设计的正确性。

由于卫星所获取的每一幅遥感图像均是在特定地点、姿态、时间条件下拍摄的,因此遥感图像具有不可重复性。这就要求系统最大限度地保存遥感图像的原始数据,并且对于未知的错误具有一定的抗性,也就是当误码发生时最大限度地恢复遥感图像的原始数据。因此,遥感图像压缩算法应具有较强的误码容忍性。

本小节讨论数据传输所产生的误码对卫星图像压缩效果所产生的影响。以某高分辨率遥感卫星为例，对其相机载荷获取的图像采用 JPEG2000 算法进行 8 : 1 有损压缩；同时，人为对压缩后的图像数据分别加入比特误码率为 10^{-4}、10^{-5}、10^{-7}的误码，并对照进行分析。

误码率为 10^{-4}时，图像质量损失比较严重；误码率为 10^{-5}时，较难感觉到误码的影响；误码率为 10^{-7}时，无法感觉到误码，并且图像传函和信噪比没有变化。JPEG2000 有损压缩算法在误码率 10^{-4}、10^{-5}时图像恢复质量分析如图 9－20 所示。

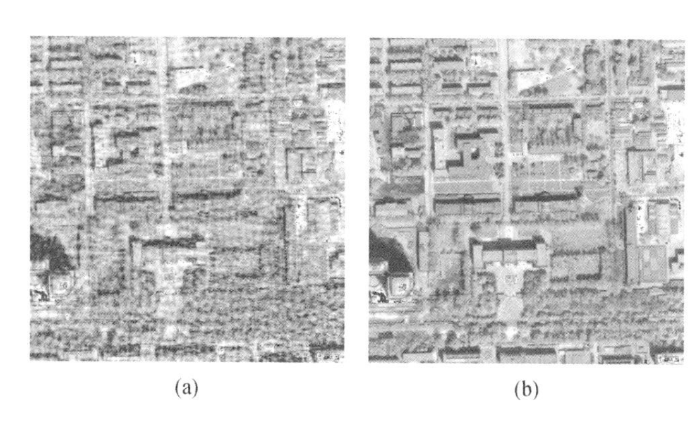

(a)　　(b)

图 9－20　JPEG2000 有损压缩算法在误码率 10^{-4}、10^{-5}时图像恢复质量分析

(a)误码率为 10^{-4}；(b)误码率为 10^{-5}。

目前，主流高分辨率遥感卫星采用 Ka 频段高速数传系统，其数据传输误码率不大于 10^{-7}，根据以往在轨型号研制经验，整个 Ka 频段星地数传链路余量较大，约为 5.5dB，对应实际误码率小于 10^{-23}。根据某高分辨率遥感卫星在轨成像和下传的应用结果，卫星运行至今，地面接收没有出现误码率不满足要求的情况，因此系统误码率对图像压缩质量的影响可以忽略。

9.6　海量数据处理系统设计

超高分辨率遥感卫星需要完成 10 片 CCD 共 80Gb/s 载荷数据的处理工作，配置两个数据处理通道，通道 1 处理 CCD1 ~ CCD5 图像数据，通道 2 处理 CCD6 ~ CCD10 的图像数据。采用 TLK2711 接口实现数据传输，每个接口速率最高设置为 1.6Gb/s，10 片 CCD 共配置 60 个高速串口数据，接口速率最高达 96Gb/s，传输接口速率满足 80Gb/s 使用需求。受固态存储器最大记录速率和

压缩输入速率限制，并考虑硬件规模的可实现性，为实现近地点高分辨率点目标模式下原始数据的记录，数据处理器配置 256Gbit 的高速缓存，实时接收载荷数据，缓存后以固存可适应的接口速率写入固态存储器中。由于缓存写、读速率约为 2∶1（写缓存 40Gb/s，读缓存 20Gb/s），数据处理器可缓存约 10s 的载荷原始数据（点目标成像时间约 10s）。因此，从数据接口、缓存、存储角度分析，数传基带部分可以完成 80Gb/s 成像原始数据的接收、处理和存储工作，并经高分专项支持已成功研制。

9.6.1 高速数据处理子系统设计

高速数据处理子系统由数据处理器、压缩编码器、固态存储器组成，实现图像数据的压缩、智能处理和记录回放等功能，是数传分系统的核心组成部分，数据处理的流向如图 9－21 所示。

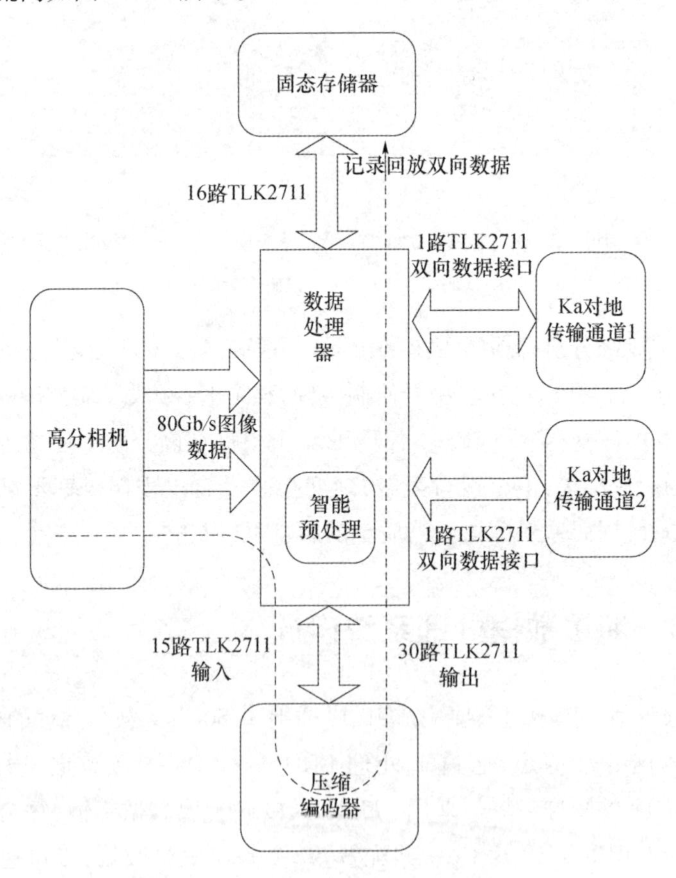

图 9－21　高分辨率图像数据处理的流向

其主要功能如下。

(1)接收相机分系统图像数据,根据工作模式完成数据路由控制。

(2)在近地点点目标模式下,对接收到的数据进行缓存,可根据需要进行辐射校正、云判等智能处理后,送固态存储器进行记录。

(3)在条带模式下,将接收到的数据送压缩编码器进行数据压缩,压缩码流返回后经数据处理器送固态存储器进行记录。

(4)接收固态存储器回放数据,完成AOS格式编排、加密、信道编码和加扰后,送数传通道下传至卫星地面接收站。

数据处理器由智能处理、后处理和控制三个功能单元组成。智能处理单元负责数据路由转发、辐射校正等处理操作。后处理单元用于接收高速数据,进行数据复接和满足CCSDS协议的数据格式编排,并完成加密编码功能。控制单元完成工作模式控制、上注程序管理及电源管理。高速数据处理器及数据处理器图像处理单元的板卡分别如图9-22和图9-23所示。

图9-22　高速数据处理器(实现80Gb/s数据处理)

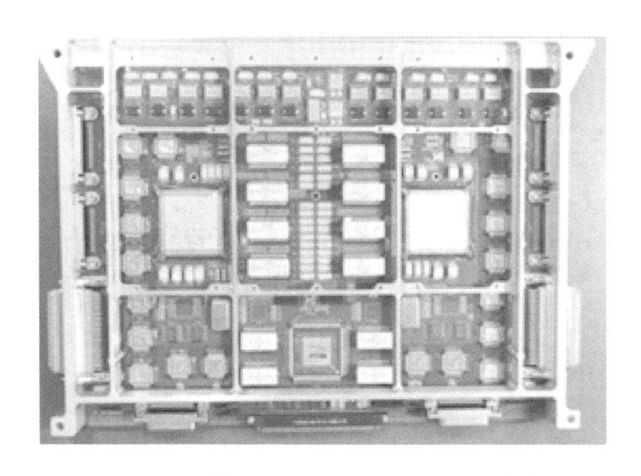

图9-23　数据处理器图像处理单元的板卡

压缩编码器由多块压缩单板组成,每块压缩单板可处理1片CCD的全色和多光谱图像。压缩单板可分为输入图像整理模块、图像压缩模块和码流整理输出模块三部分。输入图像整理模块接收数据处理器的全色和多光谱数据,完成数据整理后,按照约定输出给图像压缩模块。图像压缩模块采用专用的ASIC芯片,并配置外挂的SDRAM,完成图像数据的压缩,形成压缩码流。码流整理输出模块将压缩码流进行整理,并进行辅助数据添加、打包等操作,输出给数据处理器。压缩编码器和图像压缩单元如图9-24所示。

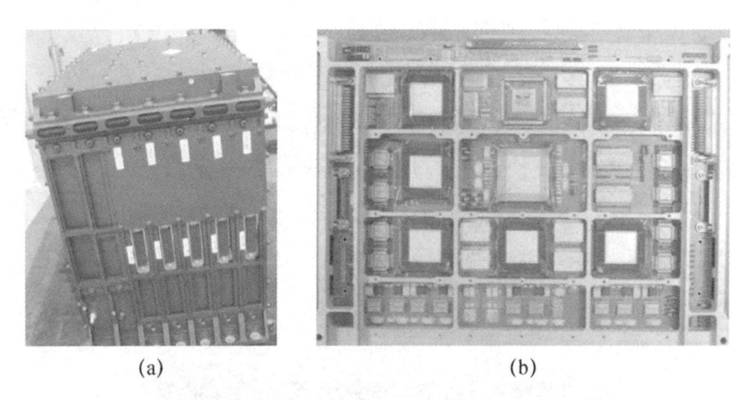
(a) (b)

图9-24 压缩编码器和图像压缩单元
(a)压缩编码器;(b)压缩单元。

固态存储器中采用半导体存储芯片作为存储介质,实现8Tbit的大容量数据存储。固态存储器如图9-25所示。控制通道以高性能处理器为核心,数据通道以高速串行接口为对外接口,以数据识别分拣、数据分配、闪存控制器等专用ASIC为核心,协同配合工作。数据通道采用超大规模并行处理和多线程流水技术,数据通道内部总线最宽处达到1024bit,使得数据读写速率可达到20Gb/s。

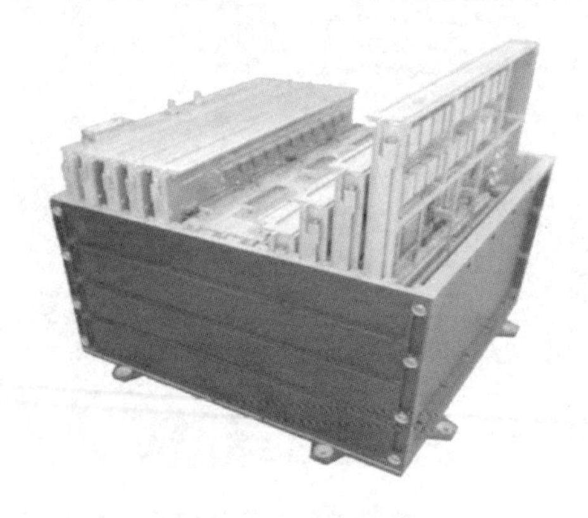

图9-25 固态存储器

9.6.2　图像高保真压缩的设计与分析

针对超高分辨率图像高速海量数据特点，开展面向高辐射性能要求的不同压缩比的JPEG图像压缩解压算法参数优化设计。该相机由10片CCD输出图像数据，每片CCD全色图像有效数据率最大约为6.4Gb/s，多光谱图像有效数据率最大约为1.6Gb/s。该卫星相机原始速率比0.5m可见光遥感卫星增加近10倍，而单片ADV212仅能处理20×10^6像素，处理10片CCD需要170片ADV212（降低一半速率时），规模过大，因此采用传统的基于ADV212芯片的压缩模块难以满足超高分辨率遥感卫星的需求。

为此，设计并开发全新的压缩ASIC芯片，大幅提升其处理能力。采用该专用压缩ASIC芯片对图像进行压缩，压缩算法采用目前成熟的JPEG2000，对全色图像数据和多光谱图像数据进行2∶1、4∶1或8∶1压缩（三挡可选）。数传分系统共配置两台压缩编码器，单台压缩编码器配置5块压缩单板（无备份）。考虑压缩编码器内压缩模块无备份，在数据处理器内增加压缩功能，从系统设计上实现压缩功能备份。

9.6.2.1　高保真图像压缩芯片设计与分析

面向高分辨率遥感卫星的图像处理与用户应用，基于目前国际上公认的静止图像压缩领域中的领先算法JPEG2000，成功研制了专用的宇航级高保真图像压缩专用ASIC芯片（雅芯－天图，如图9－26所示），其主要功能是完成高速图像数据的实时压缩编码处理，压缩性能优于国外最好的芯片ADV212，并解决了芯片单粒子翻转和锁定问题，打破了我国依赖国外进口的限制。该芯片可支持四级9/7或5/3小波变换，支持的图像像素深度包括8～16bit，支持从无损到有损任意码率的图像压缩。

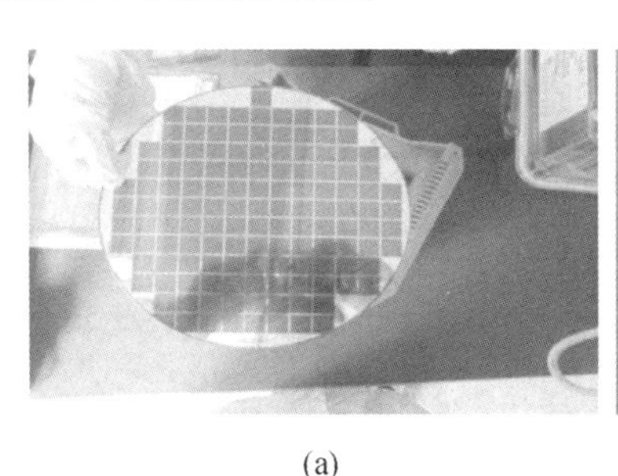

(a)

(b)

图9－26　高保真图像压缩芯片

压缩芯片所设计实现的主要性能指标如下。

(1)支持 8 ~16bit 像素精度。

(2)最大数据处理能力:1.05 $\times 10^8$ 像素/s。

(3)图像幅宽:单片 256 ~6144 像素,支持两片级联。

(4)图像压缩比:支持直通、无损和有损。

(5)图像质量:与国际标准测试软件 KDU 相比,在各类压缩比下,恢复图像 PSNR 相差不大于 0.5dB,在 8 倍压缩比下像素位置偏移误差优于 0.1 像素(可靠度优于 99%)。

(6)器件工作温度和抗空间环境特性(抗辐照、抗单粒子等):满足宇航级器件的通用应用条件。

压缩芯片内部系统框图如图 9-27 所示。

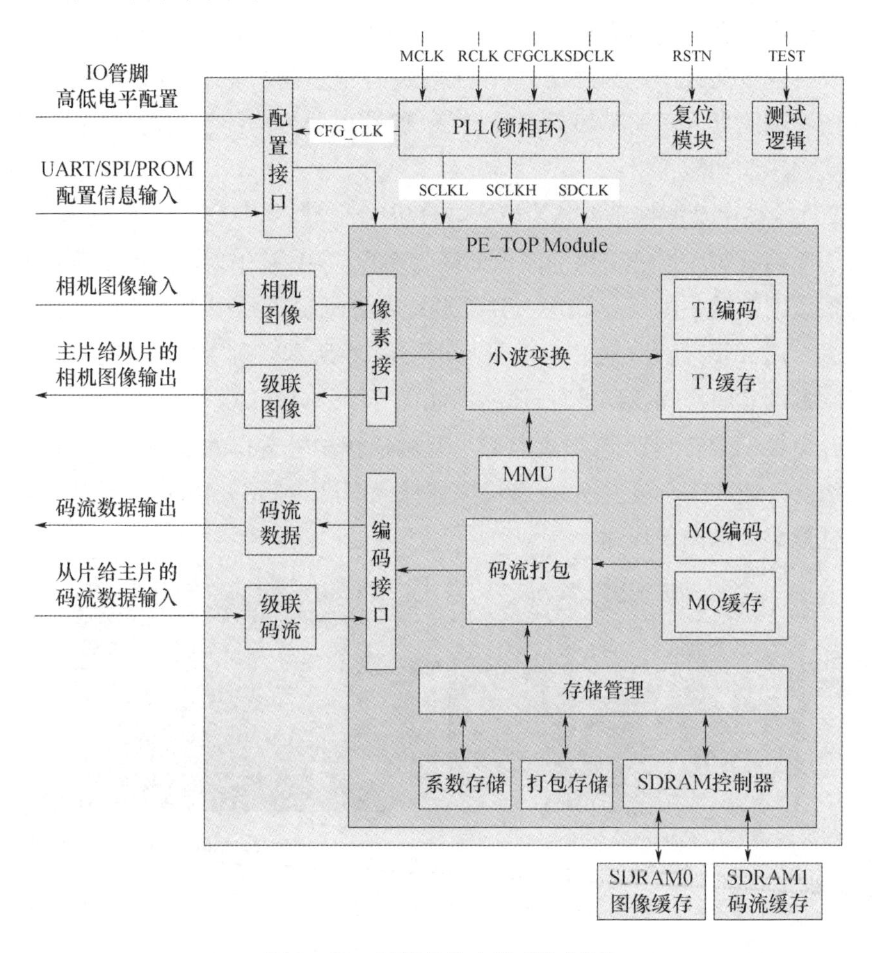

图 9-27 压缩芯片内部系统框图

进一步，通过搭建压缩芯片测试平台，对其高速图像的高保真压缩功能和性能进行了全面测试。图9－28为高速图像压缩芯片单芯片测试板与WH－Multi测试设备配合使用的系统框图。在系统中，WH－Multi测试设备通过J30J双绞线进行图像的发送和数据的采集，电脑作为上位机负责高速图像压缩芯片的配置以及图像的下载和码流的上传，用户的有关操作全部在电脑上进行。

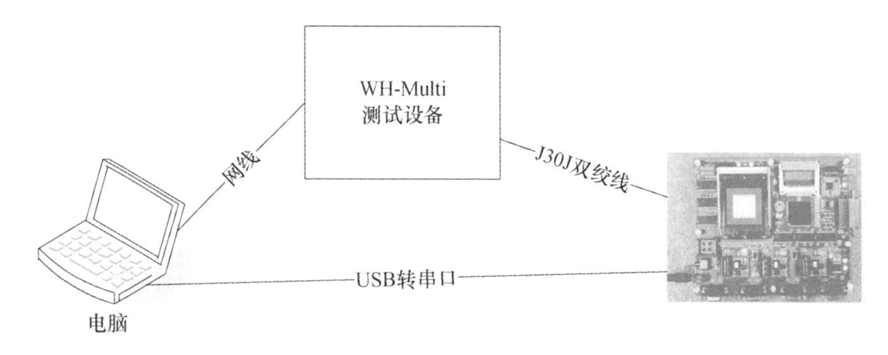

图9－28　高速图像压缩芯片单芯片测试系统框图

图像的压缩性能测试效果如下：

输入的原始图像A与原始图像B分别如图9－29和图9－30所示。

图9－29　原始图像A

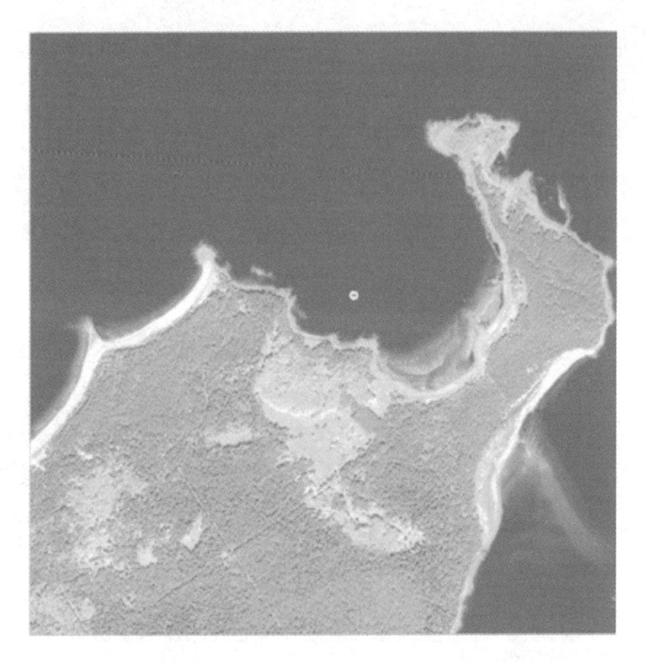

图 9－30　原始图像 B

图像 A 与图像 B 的 4 倍 JPEG2000 解压缩图像分别如图 9－31 和图 9－32 所示。

图 9－31　图像 A 的 4 倍 JPEG2000 解压缩图像

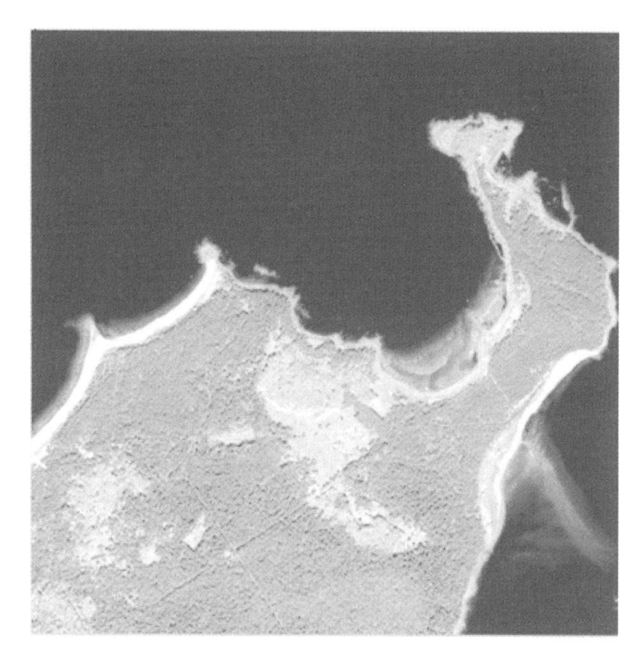

图9-32　图像B的4倍JPEG2000解压缩图像

图像A与图像B的8倍JPEG2000解压缩图像分别如图9-33和图9-34所示。

图9-33　图像A的8倍解压缩图像

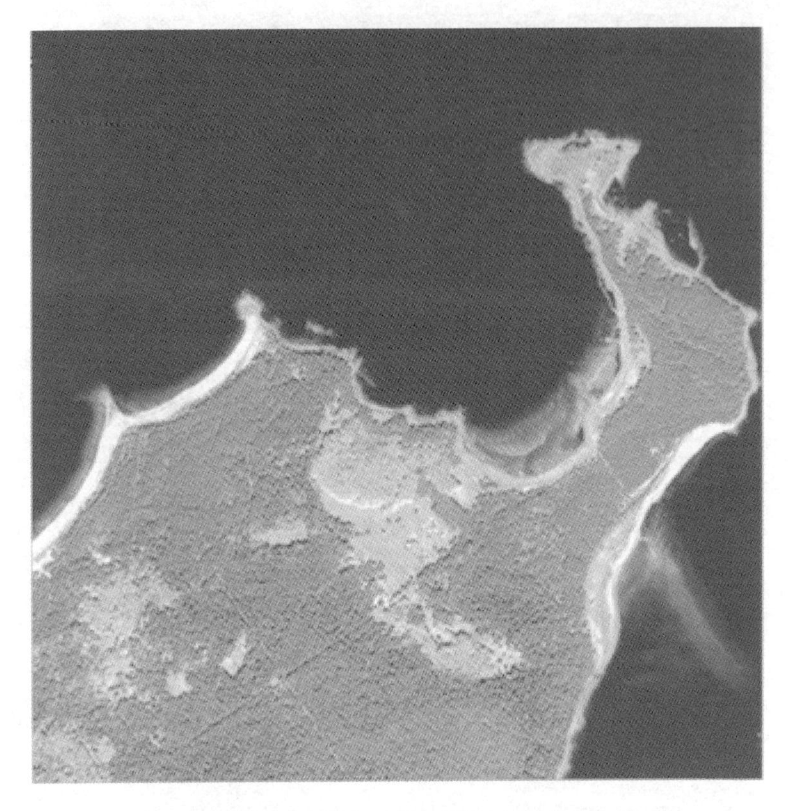

图 9－34　图像 B 的 8 倍解压缩图像

在 4 倍和 8 倍 JPEG2000 压缩下，原始图像 A 和原始图像 B 获得解压缩图像相比原始图像的 PSNR：原始图像 A 的 4 倍解压缩恢复图像为 50.9dB；8 倍解压缩恢复图像为 42.87dB；原始图像 B 的 4 倍解压缩恢复图像为 61.21dB；8 倍解压缩恢复图像为 54.36dB。由此可见，高保真压缩 ASIC 芯片解决了 JPEG2000 高复杂度算法的高速高性能图像压缩处理难题，为星载高分辨率遥感图像压缩编码产品提供了高吞吐率、高可靠和低功耗的解决方案，并且实现了用户满意的图像质量。

9.6.2.2　高保真压缩编码器的设计与分析

压缩编码器在数据处理与传输系统中发挥重要作用，具有功能复杂、处理速率高、元器件密集等特点。相对于以往遥感卫星的压缩编码器，新研制的压缩编码产品的单个压缩单元处理速率达 6Gb/s，单机包括 5 个压缩单元，实现处理速率提升至 30Gb/s。而其每个压缩单元设计了 6 片高保真 ASIC 压缩芯片，同时进行图像高保真度压缩处理。压缩编码器的原理框图如图 9－35 所示。

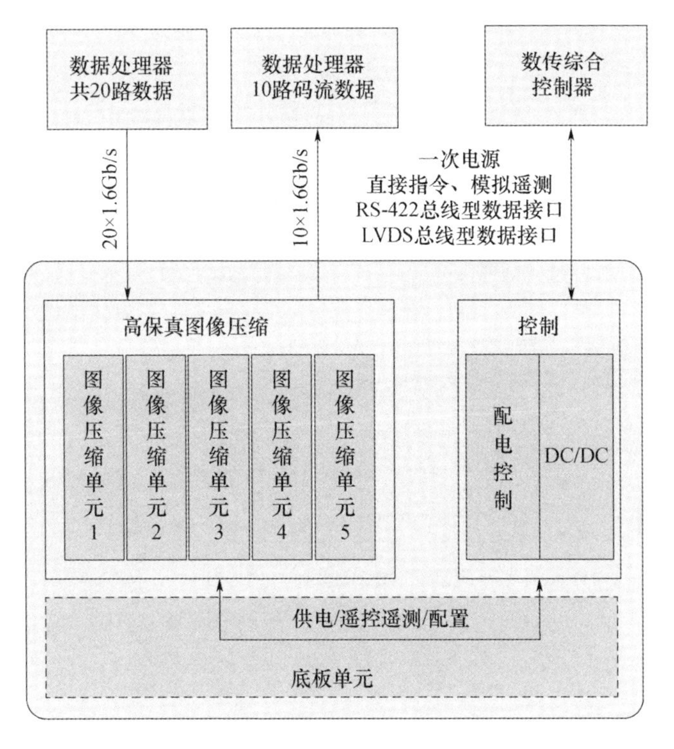

图9－35　压缩编码器原理框图

这里以压缩单元为例,对其实现的主要功能进行说明。

(1)与数据处理器图像处理单元连接,1台单机接收来自数据处理器图像处理单元转发的5片CCD共20路高速数据,每台压缩编码器5个压缩单元,每个压缩单元接收来自处理器转发的1片CCD共4路高速数据。

(2)基于西电ASIC的图像JPEG2000压缩功能、数据高速缓存功能。

(3)压缩比分别为2∶1、4∶1、8∶1和任意压缩比。

(4)压缩码流格式编排输出给数据处理器。

(5)2片DDR SDRAM用于存储压缩码流。

(6)FPGA程序设计由串口控制单元、全色图像多光谱图像分离模块、压缩控制模块、输出格式编排模块、码流缓存组成。

单个压缩单元FPGA程序数据压缩与处理流程如图9－36所示。

图像数据输入后,先通过4片TLK2711接收数据转换成并行数据,接着通过FIFO将图像时钟、数据变换为本地时钟、数据;将全色数据和多光谱数据分离,并将多光谱L1和多光谱L2数据进行拼接组成多光谱L数据;将多光谱R1

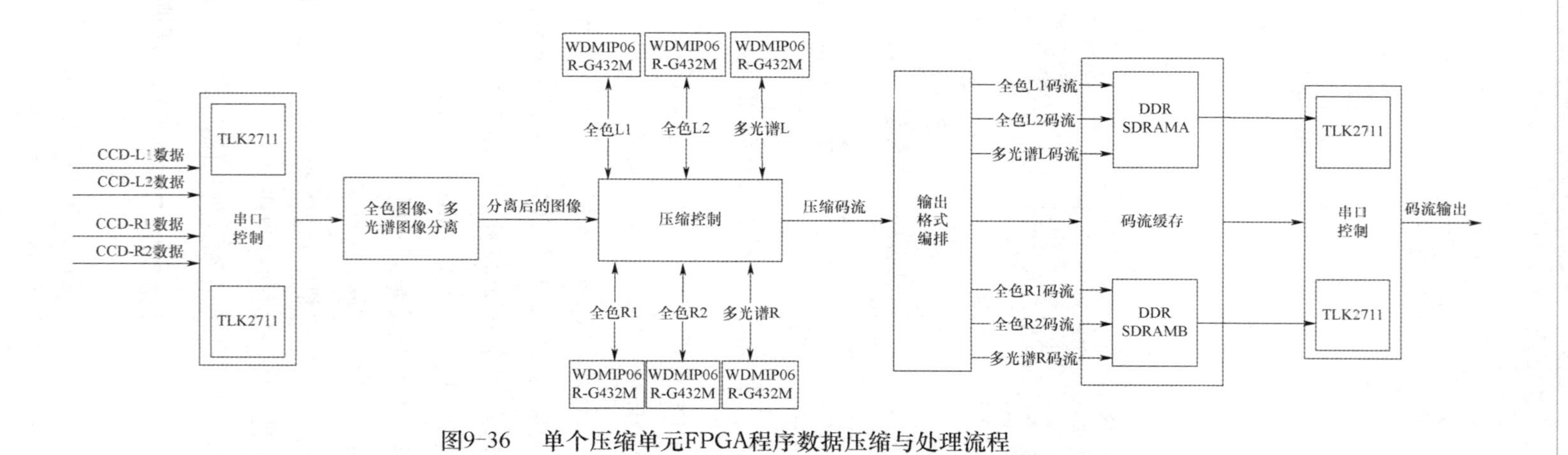

图9-36　单个压缩单元FPGA程序数据压缩与处理流程

和多光谱 R2 数据进行拼接组成多光谱 R 数据。经过分离和合并,总共有全色 L1、全色 L2、多光谱 L、全色 R1、全色 R2、多光谱 R 共6路数据,分别送给6片压缩专用 ASIC 芯片;经过压缩的6路码流别进行格式编排,最终按照 AOS 格式输出。6路码流数据再分 L 路码流和 R 路码流:L 路码流包括全色 L1 码流、全色 L2 码流、多光谱 L 码流,对应1片 DDR SDRAM 和1片 TLK2711;R 路码流包括全色 R1 码流、全色 R2 码流、多光谱 R 码流,对应1片 DDR SDRAM 和1片 TLK2711。依次将压缩码流通过 TLK2711 接口送出给数据处理器,完成整个图像数据的压缩处理流程。

9.6.3 高速图像数据存储容量设计

在前面提出的海量数据处理架构的设计要求之下,综合考虑研制成本和研制能力,超高分辨率遥感卫星配置两台大容量的固态存储器,与以往卫星使用的同类产品相比,其功能和性能在以下方面有了显著提升。

(1)单台固存存储容量从 1Tbit 提升到 4Tbit。

(2)单台固存记录速率从 2.4Gb/s 上升到 21Gb/s,回放速率从 900Mb/s 上升到 10Gb/s。

(3)输入/输出数据接口方式从同步并行传输变成高速异步串行传输方式,接口芯片从 SN55LVDS31/32 更新为 TLK2711。

(4)随机记录文件数量从 32 个上升到 1024 个。

按照近地点 250km 处对星下点成像方式计算,图像 8:1、4:1、2:1 压缩方式下,分别可成像 860s、430s、215s。卫星对地面的点目标成像,如果目标场景 10s 一幅,则可连续对 86、43、21 幅目标场景成像。如果将卫星轨道抬升至 500km 圆轨道,此时轨道抬高约1倍,积分时间增加约1倍,固存的有效记录速率减小为原来的 1/2,总成像时间相应翻倍,在图像 8:1、4:1、2:1 压缩方式下,可连续对 172、86、42 幅目标场景成像记录。

固态存储器采用 NAND FLASH 作为存储介质来实现,其高速控制通道以基于 SPARC V8 的国产抗辐照 SOC 处理器为核心,高速数据通道以高速串行接口为对外接口,以大规模 FPGA 为核心,二者协同高效配合工作。并且,高速数据通道采用超大规模并行处理和多线程流水技术,数据通道内部总线最宽处达到 256 位,使得即使在数据缓冲模式下工作的数据读写速率也可达到 12.8Gb/s 以上。固态存储器系统结构框图如图 9-37 所示。

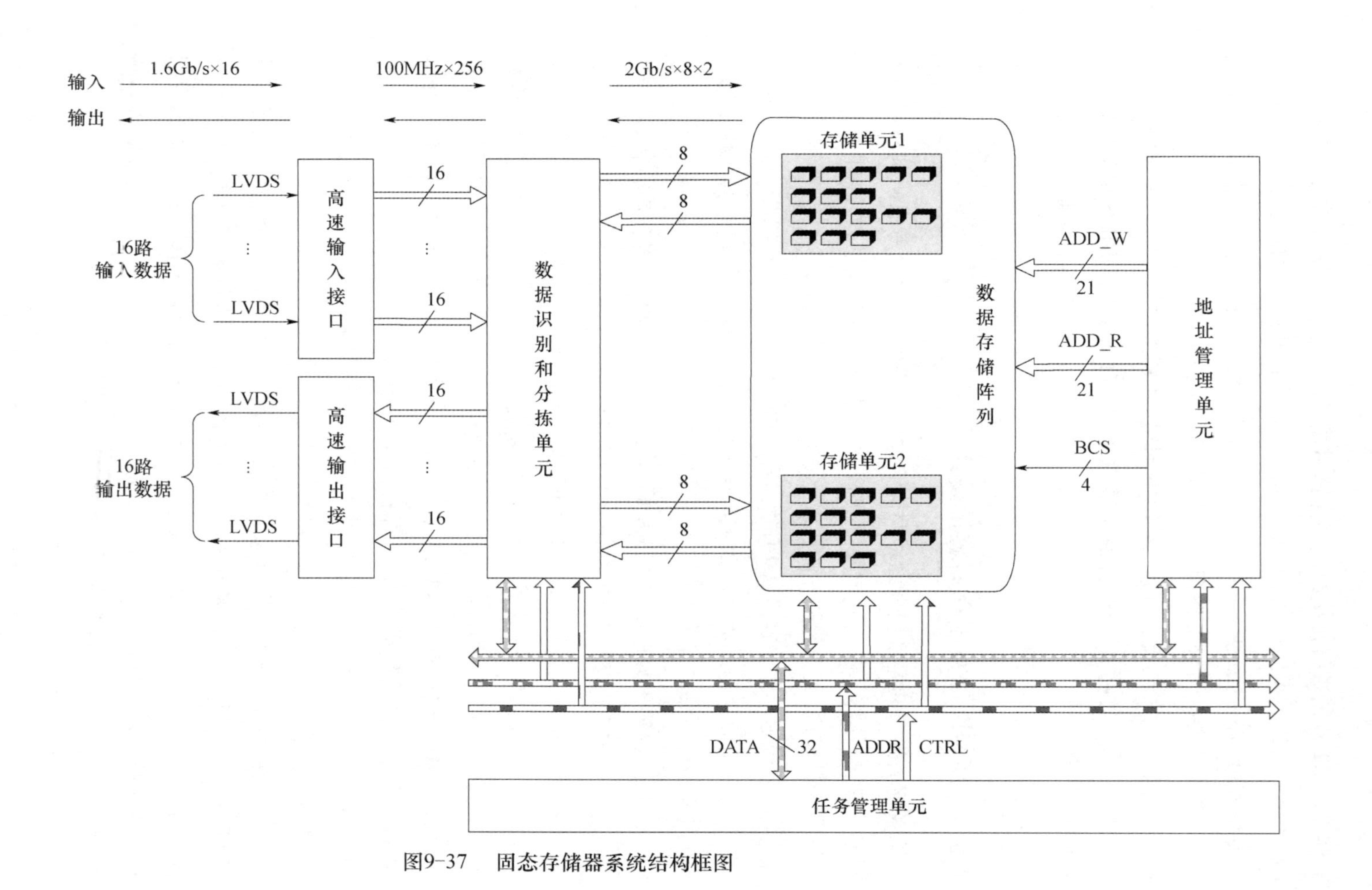

图9-37 固态存储器系统结构框图

9.7 高速数据传输系统设计实现

考虑载荷原始数据率及下传时效性,超高分辨率遥感卫星选择 Ka 频段对地数传。中继传输按照国际电信联盟规定,选择 Ka 频段。同时,采用高速高阶调制技术可提高信道频谱利用效率。目前常用的高阶调制有多进制相位调制(8PSK、16PSK)和正交幅度调制(16QAM、64QAM)等,考虑到正交幅度调制对信道线性度要求很高,主要选用 PSK 调制方式。另外,随着调制阶数的提高,其解调信噪比阈值也随之提高。因此,综合考虑以上因素以及技术成熟度,对地/中继数传广泛采用的调制方式包括 QPSK、SQPSK、8PSK 等。

为了更充分地利用传输链路余量,未来还可能采用自适应编码调制方式(Adaptive Coding and Modulation,ACM)或者可变编码调制(Variable Coding and Modulation,VCM),在卫星与地面站距离较近时,利用自由空间衰减较少的优势,采用更高阶的调制方式、编码效率更高的信道编码方式,以提高通道传输速率。

综合考虑星地 Ka 链路预算情况,对地传输选择 8PSK 调制(1.5Gb/s 高速传输),中继传输选择 SQPSK 调制(450Mb/s 中速传输),Ka 频段多功能调制器如图 9-38 所示。对地/中继数传通道均选择 LDPC(8160,7136)高效编码方式。

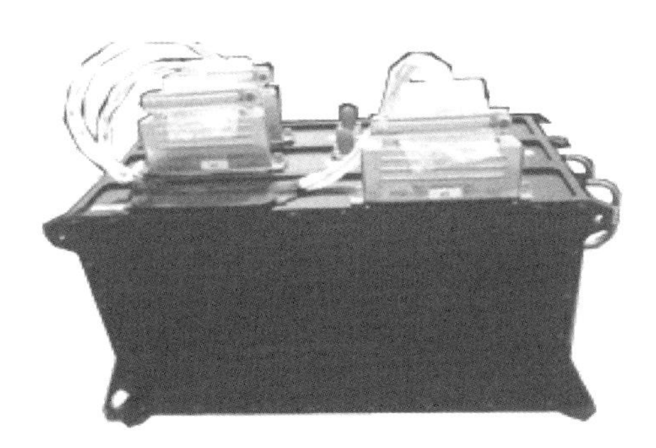

图 9-38 Ka 频段多功能调制器(实现 1.5Gb/s 传输)

9.7.1 对地/中继一体化通道方案设计

数传通道子系统也可看作完全独立的四个传输通道,而且这四个通道完全物理隔离,即使一个通道的产品全部损坏,也不会影响其他通道,最恶劣情况下也可保证至少有半个视场的图像数据传输至地面。四个通道并非完全冷备份关系,根据工作模式确定开机通道。部分产品状态充分继承了已有型号,而其他产品进行了全面升级,且传输频段也进行了更改,通道传输能力提升了约6.7倍。

数传通道子系统主要功能如下。

(1)接收数据处理器送来的基带数据,完成Ka直接矢量调制。

(2)完成Ka调制信号滤波、功率放大,并根据工作模式完成射频信号切换。

(3)完成不同频点的调制信号合路,送对地数传天线子系统或送中继天线。

常规对地模式下,Ka通道1和Ka通道3开机工作,两路Ka射频信号通过开关矩阵/多工合成后,由对地天线1或对地天线2转换为右旋圆极化信号辐射至地面站;Ka通道2和Ka通道4开机工作,两路Ka射频信号通过开关矩阵/多工合成后,由对地天线1或对地天线2转换为左旋圆极化信号辐射至地面站。

极化复用对地模式下,Ka通道1~4台均开机工作,经过与常规对地模式相同的信号流向后,由对地天线1或对地天线2转换为左/右旋圆极化信号辐射至地面站。

常规中继模式下(2×450Mb/s),Ka通道1和Ka通道2开机工作,或者Ka通道3和Ka通道4开机工作,两路Ka射频信号通过开关矩阵/多工合成后,由中继天线转换为右旋圆极化信号辐射至中继卫星,并转发至地面站。

高速中继模式下(2×600Mb/s),Ka通道3和Ka通道3开机工作,两路Ka射频信号通过开关矩阵/多工合成后,由中继天线转换为右旋圆极化信号辐射至中继卫星,并转发至地面站。

9.7.2 对地数传天线子系统方案设计

对地数传天线子系统由两副对地数传天线组件组成。其主要功能:完成对卫星地面接收站的程控跟踪;接收对地数传通道子系统送来的射频信号,完成射频信号对地面的辐射发射。

为保证在地面数传站接收天线5°仰角起始跟踪的全弧段范围内,卫星均可正常下传图像数据,配置两副天线,并通过合理的布局方式减少遮挡。确保地面站跟踪接收范围内,卫星至少有一副天线可用于对地数据传输。同时,两副天线也可以互为备份,在其中一副天线损坏的情况下,卫星对地数传降级使用,部分接收弧段无法进行对地数据传输。

9.8　中继终端系统与在轨重构设计

超高分辨率遥感卫星的中继终端子系统主要功能：中继天线完成与中继卫星建立返向数传链路、前返向测控数据链路、前向高速上行链路等；捕获跟踪通道通过二维转动机构控制中继天线精确指向中继卫星。中继终端组成结构如图9-39所示。

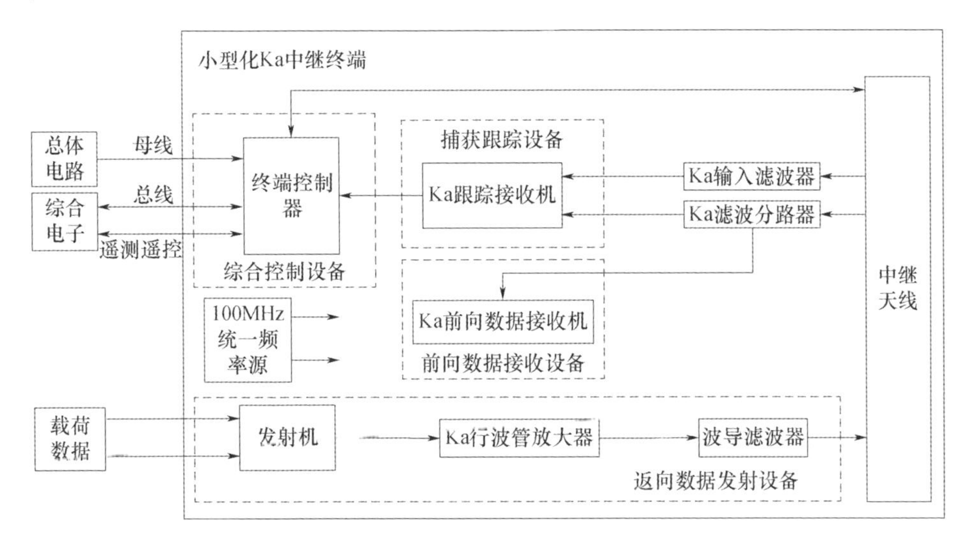

图9-39　中继终端组成结构

中继天线组件采用1m口径Ka/S双馈源天线。天线的和馈源与差馈源同时接收中继卫星的信标信号，两个接收信号的幅度与相位关系反映了信标源与电轴的夹角和方位角；天线的转动机构采用 $X-Y$ 转动体制，实现双轴 $\pm 90°$ 范围的转动，驱动机构采用步进电机+谐波齿轮传动方式；天线馈源接收到的和、差信号送入Ka跟踪接收机。Ka跟踪接收机的主要功能：接收天线馈源输出的信标和、差信号，将信标在跟踪过程中偏离天线电轴的角位置误差转换成能够控制天线运动的角误差信号，送至终端控制器；终端控制器设计有高精度自跟踪控制逻辑及环路，同时也接收控制分系统的控制指令，能够实现用户星与中继星的自动捕获跟踪，建立用户星与中继星间的测控及数传链路。中继终端系统可实现程控跟踪0.40°、自动跟踪0.12°的跟踪精度。

为了满足星上智能处理程序、星载软件、任务管理/健康管理数据库的在轨维护和软件上注更新需求，采用在高分专项中已突破实现的基于中继卫星在轨重构技术,由中继终端系统主要完成。中继终端系统在设计时增加了 Ka 前向接收通道(通过中继天线+前向接收机实现),其新增功能是可以接收并解调由地面通过中继卫星星间链路传送来的前向 Ka 频段信号,并将解调后的数据和位同步信号传送给综合电子分系统。

首先,基于二代中继返向 SMA 通道,建立在轨常用的信道传输卫星健康状态字、定位定轨数据包,为地面测控进行快速定轨、实时健康状态监视提供保障;其次,基于二代中继前向通道的电控快扫功能,快速上行卫星任务指令,可实现快速响应能力;再次,完成与中继星的链路建立,利用前向 10Mb/s 的高速中继上行链路,实现运控策略优化、处理算法升级、任务注入等。其具有以下功能。

(1)关键功能重构:卫星图像自主处理功能重构和控制关键功能重构。

(2)数据流重构:Spacewire 路由重构和 1553B/Spacewire 传输重构。

(3)数据库重构:任务管理、健康管理等数据库重构。

(4)任务重构:故障时,重构侦照窗口,降低任务损失。

另外,本节所设计的高速前向通道还可作为备份测控通道使用。在测控一体化应答机、综电遥控模块多重故障无法恢复的情况下,仍可以通过中继前向通道对卫星实施应急测控,提高了卫星故障状态下的生存能力。

第 10 章 高精高稳高敏捷动中成像控制技术

10.1 概述

为了实现高分辨率光学遥感卫星动态成像质量要求，需要卫星具有高精高稳高敏捷成像控制能力。随着姿态控制技术的不断进步，卫星姿态控制精度和稳定度越来越高，使得成像质量也越来越高。同时随着姿态机动能力的不断提升，卫星成像工作模式早已不再局限于被动推扫成像模式，而是向着更敏捷的主动回扫、多目标成像、连续条带成像等多样化成像模式发展。

高分辨率光学遥感卫星普遍使用 TDICCD 相机，根据其积分时间控制要求，需要卫星具有高精度姿态控制，特别是高敏捷姿态机动能力。目前，我国高精度姿态测量和高精度姿态指向设计及工程研制均取得了长足的发展。与早期测量部件相比，目前我国高精度星敏感器及陀螺等测量部件性能都大大提高。若采用光轴指向高达 1″的高精度星敏感器与高精度光纤陀螺联合定姿，惯性空间下测量精度可以达到 $0.001°(3\sigma)$，满足光学相机高分辨率成像要求。

根据姿态稳定度对相机 MTF 影响分析，若要实现高分辨率光学成像，需要卫星具有高稳定度姿态控制。随着卫星高稳定度姿态控制的不断进步，目前卫星姿态稳定度可以实现优于 $5\times10^{-4}(°)/s(3\sigma)$，动中成像时姿态稳定度可以达到 $2\times10^{-3}(°)/s$。

同时，日益复杂的成像工作模式需要卫星具有高敏捷姿态机动能力，随着控制力矩陀螺作为主要执行机构来实现姿态机动的设计和技术进一步的成熟，我国光学遥感卫星可以实现在滚动、俯仰多轴高分辨率成像，满足不同成像工作模式的需求，且在成像期间满足所需的高精度、高稳定度控制要求。

本章以某高分辨率光学遥感卫星设计及工程实现为例，分别针对高精度姿态测量、高精度姿态指向控制、高稳定度姿态控制的设计与实现，及对于此类3t以上卫星，其高敏捷姿态机动设计和工程实现进行介绍。

10.2 姿态控制系统组成及配置

典型卫星姿态系统组成及配置如图10－1所示。目前，我国传统光学遥感卫星姿态控制系统典型配置组成如下。

(1)姿态测量部分：星敏感器、陀螺、红外地球敏感器、太阳敏感器等。

(2)执行机构：控制力矩陀螺、动量轮、帆板驱动机构、磁力矩器、推进系统等。

(3)控制器：控制计算机及相应控制算法。

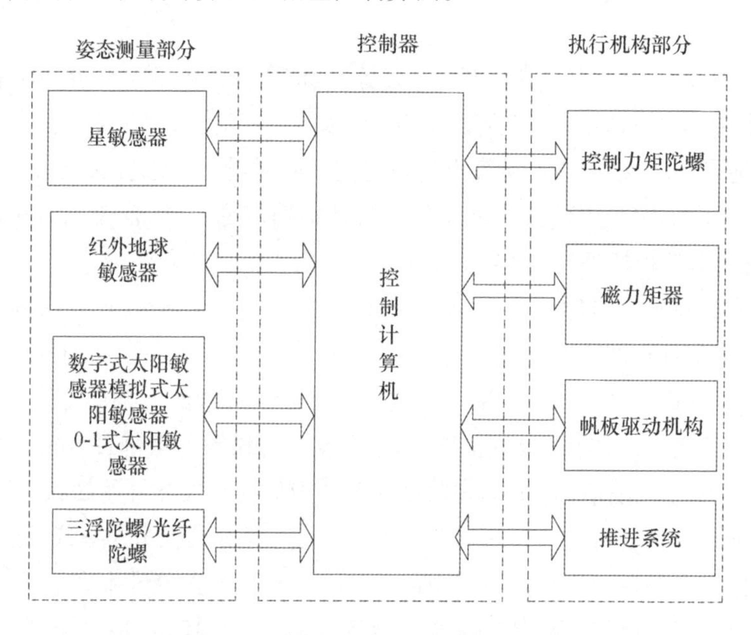

图10－1　典型卫星姿态系统组成及配置

姿态测量部分主要为各类姿态敏感器，可以获取卫星的姿态信息，通过选用不同的姿态敏感器可以实现高精度姿态测量；从姿态敏感器测量到的姿态信息经过控制计算机和相应星上控制算法，可以控制执行机构产生期望的控制力矩作用于卫星，从而实现姿态控制。通过选用不同的执行机构，可以产生不同的控制力矩，从而实现高精度姿态指向控制和高稳定度姿态控制。

在进行控制系统设计时，需要根据任务需求分别针对姿态测量部分、控制器及控制算法部分、执行机构部分选用不同的产品进行系统配置。

10.3　高精度姿态测量设计及实现

星敏感器作为姿态测量部件中精度最高的光学测量设备，可以与高精度陀螺配合使用，采用星敏感器的测量值对卫星的指向偏差和陀螺漂移进行修正，从而实现高精度姿态测量。高精度姿态测量主要分为惯性空间姿态测量和轨道系下实时姿态测量。

10.3.1　惯性空间姿态测量

惯性空间姿态测量精度主要取决于星敏感器测量精度。随着高分辨率光学遥感卫星对高精度惯性空间姿态测量需求的不断提升，我国星敏感器的研制及应用都得到了长足的发展与提升。相对于早期中等精度 CCD 星敏感器，目前使用的高精度 APS 星敏感器及甚高精度星敏感器的光轴测量精度达到了 3″甚至 1″，大大提高了卫星惯性空间姿态测量精度，国产几代星敏感器代表产品如图 10－2 和图 10－3 所示。

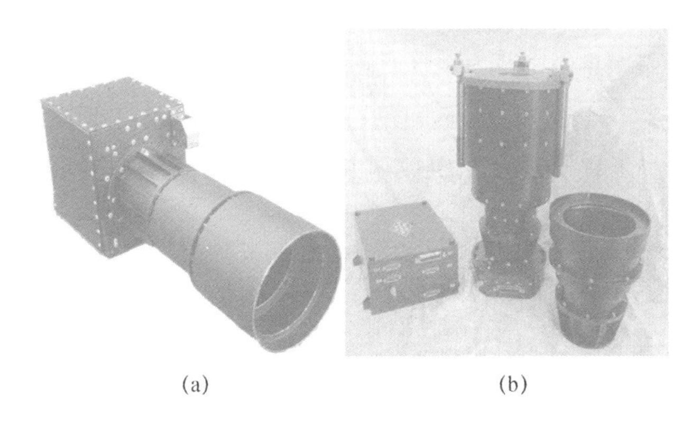

(a)　　　　(b)

图 10－2　星敏感器

(a)中等精度星敏感器；(b)高精度星敏感器。

由于星敏感器横轴方向的误差较大，在进行高精度惯性姿态确定时，只能利用星敏感器的光轴方向输出，因此为了高精度确定三轴惯性姿态，至少需要两个星敏的有效测量输出。按照目前星敏间的夹角关系，惯性空间姿态测量精度分析如表 10－1 所列。

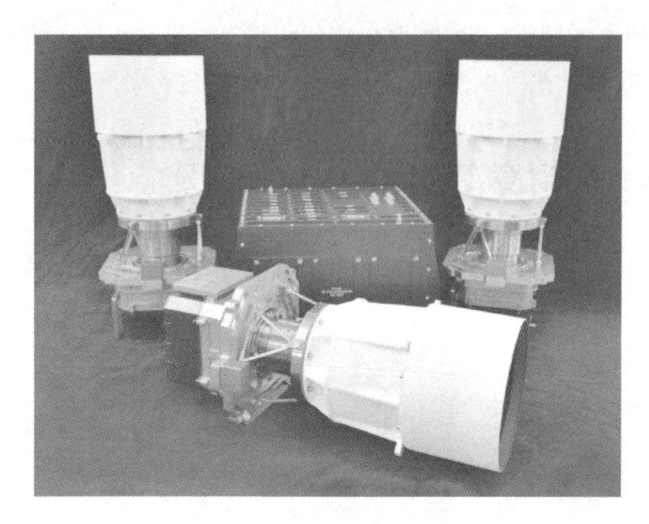

图 10－3　甚高精度星敏感器

表 10－1　惯性空间姿态测量精度分析

测量精度	星敏光轴夹角	
	90°	55°
惯性测量精度(3σ)/(10^{-4}(°))	5.5556″	6.78″

鉴于高分辨率光学遥感卫星具有高敏捷姿态机动成像能力，设计中可选用 3 台星敏感器，尽可能保证卫星在机动过程中有两个星敏可用。

根据某卫星工程实现及在轨数据判断，惯性空间姿态测量精度可以达到 0.001°(3σ)。

10.3.2　轨道系下实时姿态测量

对于轨道系下的三轴姿态来说，卫星姿态测量精度除了受星敏本身测量精度的影响外，还受卫星定轨误差、时间同步误差和星敏基准标定残差等影响。

以某卫星为例进行分析，惯性空间测量误差(随机量)、星敏时间同步误差和 GPS 定轨误差引起姿态确定误差为随机量，而星敏光轴标定残差引起的姿态确定误差为确定量。三项随机误差对实时姿态确定精度的影响程度可根据星敏感器、GPS 的技术指标确定，如表 10－2 所列。其工程实现数据显示，随机噪声引起的轨道系实时姿态测量精度可以达到 0.000906°(3σ)。

表 10-2　三轴姿态确定精度分析

误差源	误差幅度	对定姿精度影响
惯性空间测量误差	0.000786°(3σ)	0.000786°(3σ)
星敏感器和轨道计算时间同步误差	<30μs(3σ)	0.000001°(3σ)
GPS 定轨误差	3m,0.01m/s(1σ)	0.00045°(3σ)
合计(随机部分)		0.000906°(3σ)

按照 1″星敏光轴指向偏差引起最大 2.5″姿态确定误差进行估计,在星敏感器基准标定残差满足 5″以下时,可实现姿态确定精度 0.005°。

星敏感器在轨使用时,在轨定姿尽量保证双星敏定姿,但卫星进行大角度机动成像任务时,部分星敏会受到太阳光、月光或地气光影响而不能正常工作,为保证这种情况下卫星仍具有较高的姿态测量精度,可使用高精度三浮陀螺数据或光纤陀螺数据进行地面修正,以提高解算精度。

10.4　高精度姿态指向控制设计及实现

为实现高精度姿态指向控制,控制系统采用整星零动量的控制方式,利用磁力矩器进行角动量卸载控制,并设计喷气保护的手段,以应对意外情况。

由于敏捷机动的要求,控制系统采用可以为低轨遥感卫星提供大控制力矩和角动量输出的控制力矩陀螺群进行姿态机动和稳态控制。目前,我国控制力矩陀螺已经形成了成熟的产品研制体系,可以满足不同卫星敏捷机动需求,代表产品如图 10-4～图 10-8 所示。

图 10-4　70N·m·s 控制力矩陀螺

图 10-5　125N·m·s 控制力矩陀螺

图 10-6　200N·m·s 控制力矩陀螺

图 10-7　400N·m·s 控制力矩陀螺

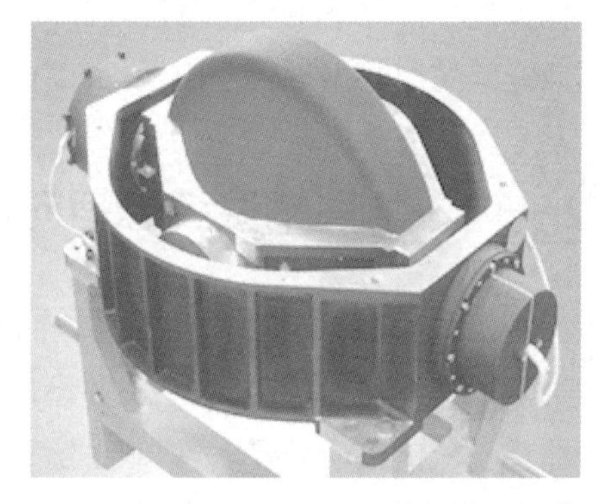

图 10-8　500N·m·s 控制力矩陀螺

虽然控制力矩陀螺可以提供高出动量路很多的控制力矩和角动量，但其力矩精度一般比动量轮稍低一些，根据分析该力矩噪声引起的指向误差约为 0.005°，虽然与动量轮的该项误差相比（约 0.0008°）要大，但两者差异相比指标 0.02°还是比较小的。卫星对地姿态的确定误差在 0.01°以内，采用基于控制力矩陀螺系统的高精度控制算法，三轴姿态指向精度指标可以达到 0.02°（3σ）。

10.5　高稳定度姿态控制设计及实现

为实现高稳定度姿态控制，需在高精度姿态测量及指向控制的基础上，对影响卫星姿态稳定度指标的主要因素如敏感器测量噪声、执行机构的摩擦力矩、力矩噪声以及可动部件运动等进行分析。

以某卫星为例，影响卫星姿态稳定度指标的主要因素有控制系统带宽、采样时间、敏感器测量噪声、执行机构的力矩噪声以及可动部件运动等。综合星上可动部件如太阳翼驱动、中继天线运动和数传天线运动，以及控制系统敏感器采样、控制算法、执行机构等带来的噪声对卫星的姿态指向精度和稳定度的影响，得到了理论分析卫星所能达到的稳定度大小，如表 10－3 所列。

表 10－3　卫星姿态稳定度指向精度分析结果

误差源	稳定度影响(3σ)/(0.0001(°)/s)		
	X	*Y*	*Z*
定姿精度	1.09373	1.09373	1.09373
陀螺随机漂移	0.33	0.33	0.33
陀螺脉冲当量	1.154	1.154	1.154
CMG 力矩噪声	0.4582	0.43557	1.2349
CMG 角速度当量	0.04124	0.0392	0.11114
中继天线影响	0.054	0.054	≈0
数传天线影响	0.007	0.007	≈0
帆板驱动影响	0.0066	0.364	0.0032
星敏标定残差	—	—	—
GPS 转换误差	—	—	—
总误差	1.7578	1.8455	2.0721
指标要求	5	5	5
指标符合度	符合	符合	符合

由表 10－3 可见，高分辨率卫星姿态稳定度通常能达到 0.0005(°)/s，可以满足高分辨率成像质量要求。

10.6　高敏捷姿态机动设计及实现

为满足高敏捷姿态机动需求，目前高分辨率低轨遥感卫星不仅具有点对点姿态机动模式，还具有主动推扫机动及敏捷成像等机动模式。

10.6.1 点目标成像机动设计

卫星控制系统在执行机构配置上同时对两轴兼顾考虑力矩输出和角动量管理问题。控制力矩陀螺具有控制效率高、输出力矩大、频率特性和线性度好等一系列优点，配置多个控制力矩陀螺可实现卫星多轴的姿态机动。为了满足整星快速姿态机动和稳定，采用控制力矩陀螺群（6 个 CMG）实现卫星滚动 + 俯仰快速姿态机动和稳定，6 个控制力矩陀螺呈五棱锥构形安装方案，如图 10－9 和图 10－10 所示。

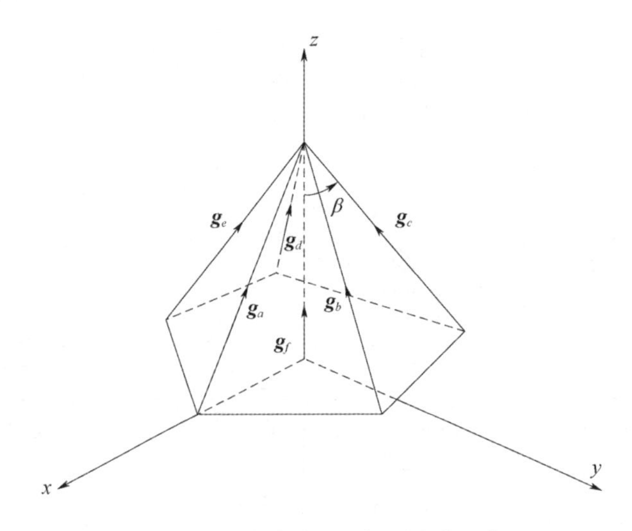

图 10－9　控制力矩陀螺群安装示意

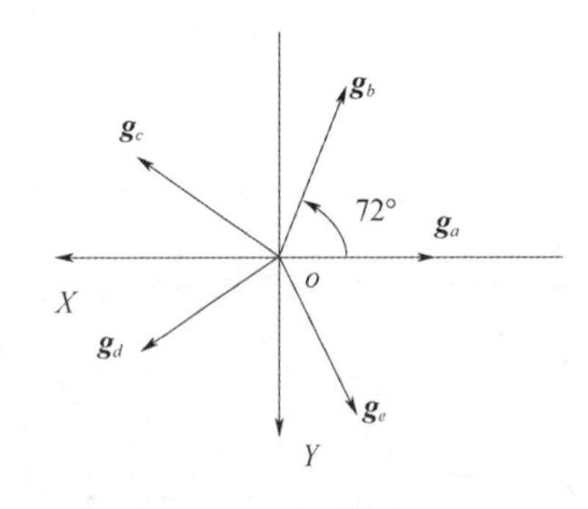

图 10－10　控制力矩陀螺 1～5 在 *XOY* 平面投影

在两轴机动控制方面，采用四元数描述的姿态信息，并结合陀螺测量得到的三轴角速度信息实现卫星的姿态闭环控制，可以同时实现滚动和俯仰轴的联合机动。在结合卫星结构刚度和质量特性的基础上，通过选用大力矩CMG产品，采用高带宽的控制律和逻辑微分控制器来缩短机动到稳定的时间指标来实现所需卫星机动能力。

根据陀螺量程和执行机构力矩能力采用Bang－Bang轨迹或正弦轨迹以及角加速度的导数为正弦轨迹进行轨迹规划，使得星体姿态以最短路径绕欧拉轴旋转，其路径规划轨迹分别如图10－11、图10－12和图10－13所示。按照某3t重卫星的点对点机动能力设计，采用6个70N·m·s的控制力矩陀螺，同时实现滚动和俯仰轴的联合机动，机动范围可以达到±60°。通过对某卫星工程在轨数据进行统计分析，其机动能力可以达到25°/50s，并在到位后满足姿态稳定度优于0.0005(°)/s。

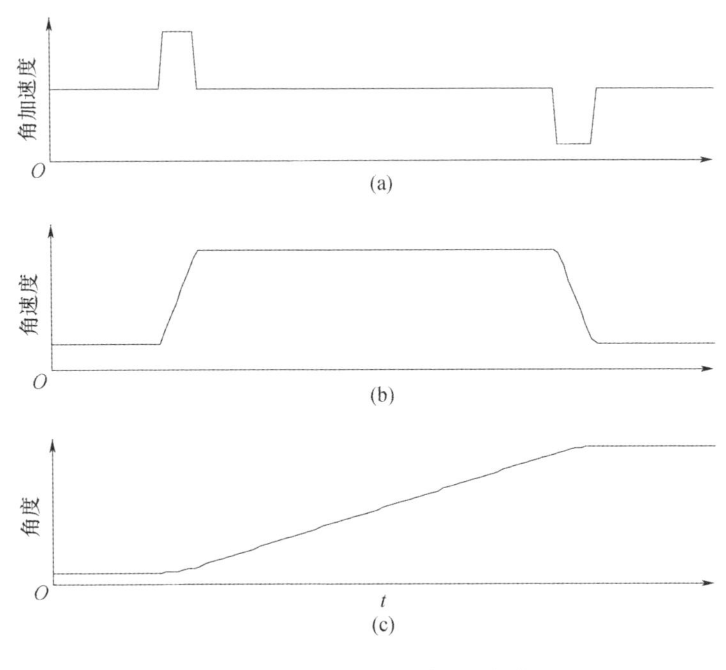

图10－11　Bang－Bang路径规划轨迹

10.6.2　主动回扫成像机动设计

目前，我国已出现采用椭圆轨道的高分辨率光学遥感卫星，从而在近地点实现高分辨率成像。在卫星采用椭圆轨道时，可以通过设计卫星姿态主动推扫，在近地点通过姿态回扫来补偿地速，从而有效延长相机曝光成像时间，提高图像信噪比，降低相机数据率。

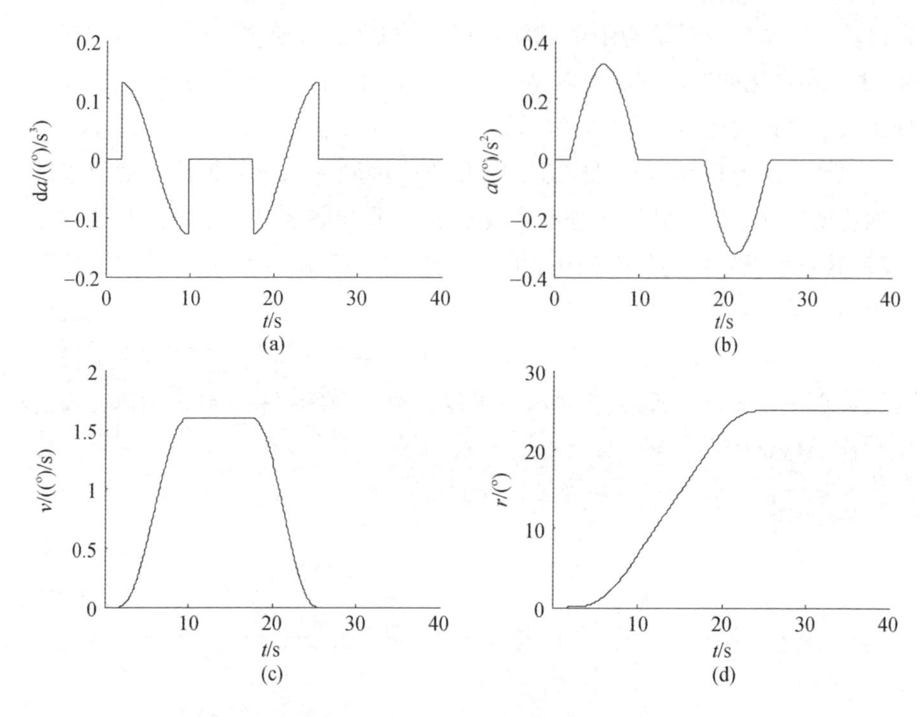

图 10－12　三角函数规划轨迹

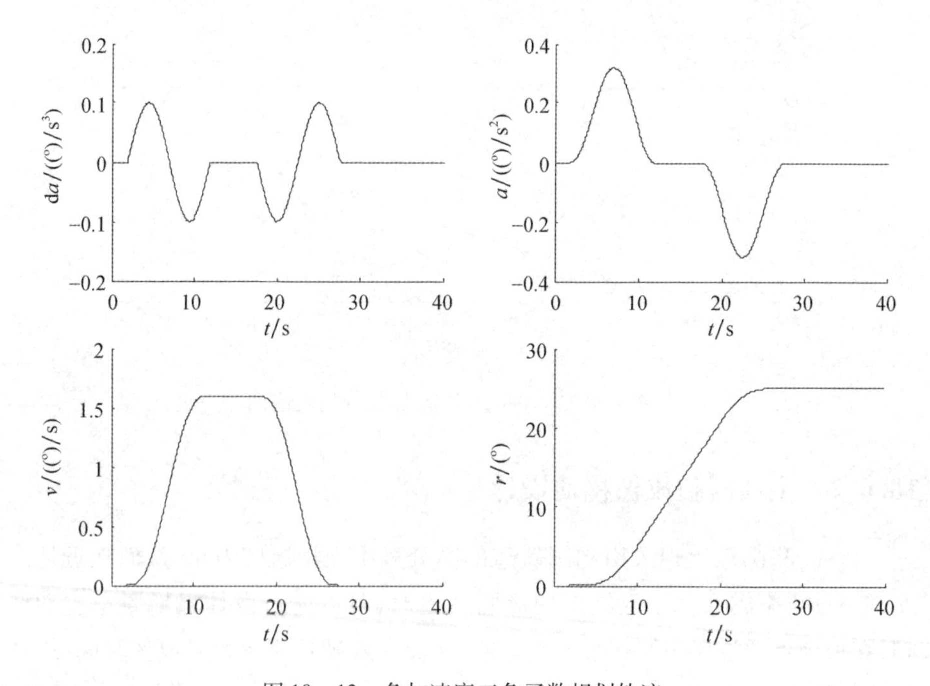

图 10－13　角加速度三角函数规划轨迹

相对于以往的卫星姿态机动到位后的“静止”状态成像，姿态机动过程中卫星的姿态稳定度指标会有所下降，所以“动中成像”的积分级数不宜选择过大，以尽量减小姿态稳定度对图像 MTF 的影响。

根据高分辨率成像任务需求，一种典型的低轨遥感卫星回扫(俯仰方向)最大角速度设计为 1.6(°)/s。且卫星回摆姿态机动角速度连续可调，以应对不同轨道高度对回摆速度的需求。

针对整星主动回扫需求，可以配置大量程三浮陀螺，实现卫星快速机动控制的姿态测量，从而突破普通陀螺测量范围狭窄的瓶颈。大量程三浮陀螺线性测量范围达到 $-6 \sim 6$(°)/s，当 $|\omega| \leqslant 2$(°)/s 时，数据的最小分辨率为 0.00002°。

采用高精度星敏感器，在设计中兼顾星敏视场、图像质量和测量精度的要求，并采用相应的星图识别算法，从而在保证一定的测量精度的同时，实现星敏高动态环境下的有效跟踪，可以在 2(°)/s 的姿态变化中保持高精度输出。对一种典型的某国产高精度星敏感器精度统计结果进行分析，如表 10－4 所列。

表 10－4　某国产星敏感器精度统计分析

指标	实测值
光轴测量精度/(″)	0.29(1σ)
横轴测量精度/(″)	8.9(1σ)

控制系统回扫过程中三轴姿态角和姿态角速度曲线、姿态角速度误差曲线如图 10－14 ~ 图 10－16 所示，可见高分辨率成像卫星回扫过程中姿态稳定度可以达到 0.002(°)/s。

10.6.3　卫星敏捷成像模式能力实现

在这样的高敏捷姿态机动能力设计下，可实现多种卫星敏捷成像模式。

10.6.3.1　同轨点目标成像能力分析

为获得高分辨率图像，卫星点目标成像多在近地点使用。根据卫星 25°/50s 的机动能力，按两次成像任务的目标点需机动 25°考虑，卫星在 250km、500km、700km 三种典型轨道高度下两次成像点在卫星飞行方向上的距离如表 10－5 所列。

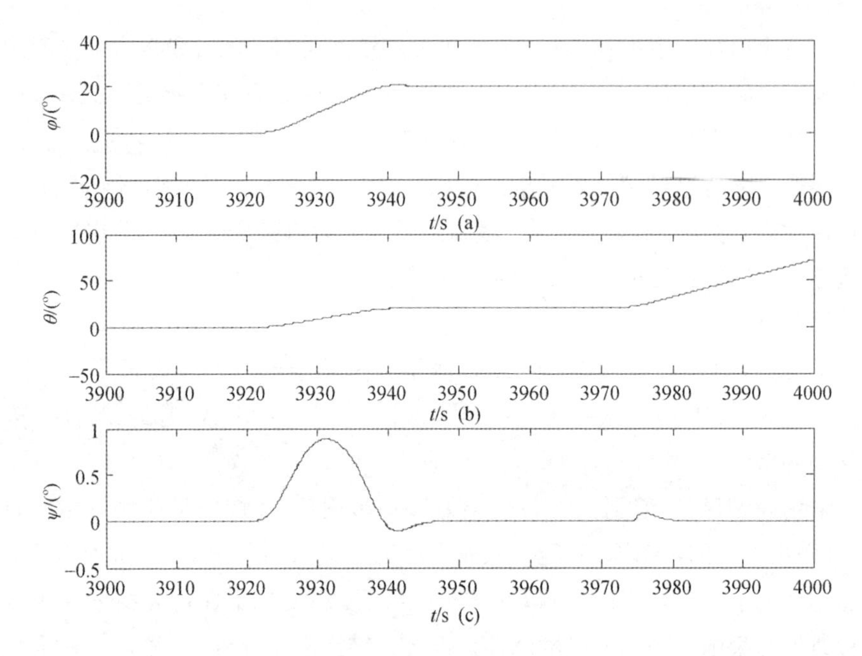

图 10 - 14　卫星回扫姿态角曲线(见彩图)

黑色—真实姿态;红色—估计姿态。

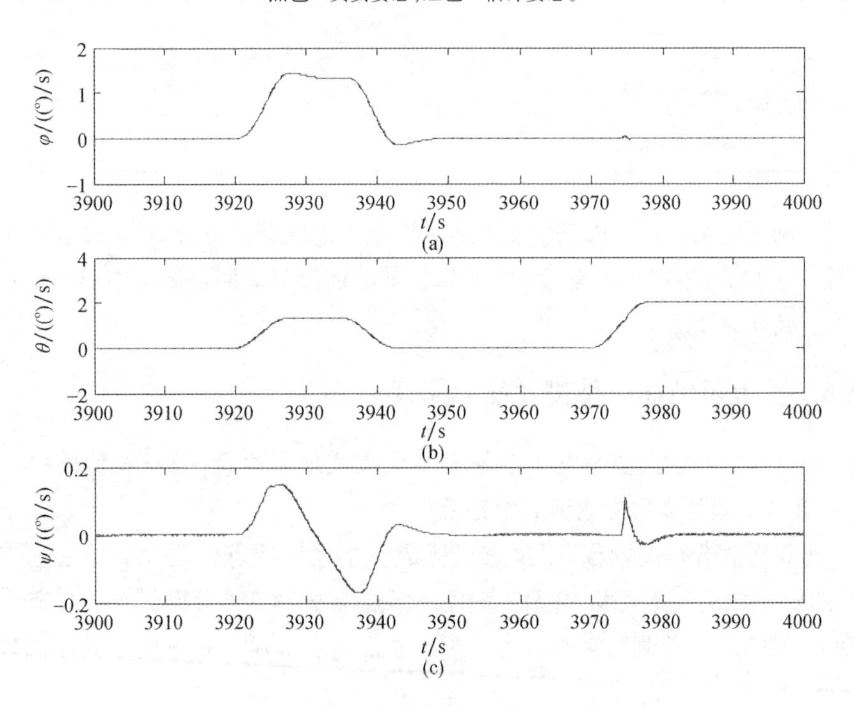

图 10 - 15　卫星回扫姿态角速度曲线(见彩图)

黑色—真实姿态;红色—估计姿态。

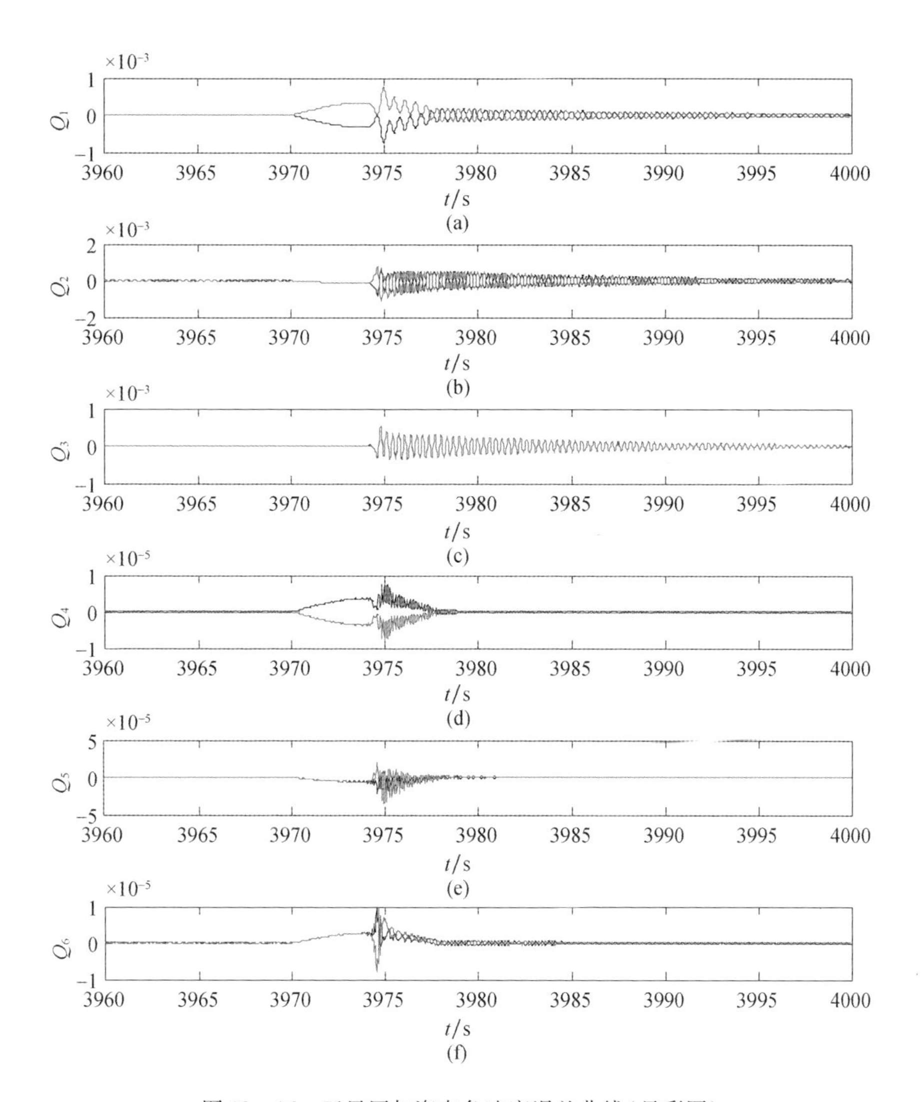

图 10－16　卫星回扫姿态角速度误差曲线(见彩图)

表 10－5　各轨道高度卫星点目标分布距离

轨道高度/km	两次成像点目标距离/km
250	471
500	333
700	281

实际任务根据点成像目标分布，选择侧摆角度以及机动起始时刻进行任务规划，对于在飞行方向上距离较近的点目标，卫星主要采取条带推扫方式，也可以采取俯仰机动实现点目标成像。

10.6.3.2 同轨多条带拼接成像能力分析

同轨多条带推扫拼接主要用于远地点成像，可以根据任务需求进行单次拼幅以及多次拼幅，按500km、600km、700km三种轨道高度进行拼接，第一次成像姿态俯仰机动25°，第二次成像俯仰机动－25°，并通过小角度侧摆将卫星指向平移约一个幅宽的距离，姿态机动约需62.5s完成，推扫拼幅能力如表10－6所列。

表10－6　各轨道高度推扫多条带拼接能力

轨道高度/km	单次拼幅长度/km	拼幅宽度/km	姿态机动过程扫过距离/km
500	54.05	17	412.5
600	180.26	20.3	379.3
700	301.5	23.755	351.25

由表可见，对于同轨多条带拼幅可以有效地增加成像幅宽，增强侦察的时效性。

同时，卫星可以利用恒速回摆的方式，通过主动扫描进行拼幅，第一次以俯仰25°预置成像，第二次成像卫星以最大角加速度建立－1.6(°)/s的恒速回摆状态，20s内建立成像稳定度考虑，当卫星回摆至－25°时，在各轨道高度下的拼幅长度如表10－7所列。

表10－7　各轨道高度主动扫描多条带拼接能力

轨道高度/km	单次拼幅长度/km
500	91.2
600	133.48
700	173.9

在主动回摆的成像模式下，虽然在600km、700km轨道高度上单次拼幅的长度比推扫拼接少，但主动推扫所用时间更短，且由于推扫拼接第一次成像至第二次成像过程中卫星姿态机动过程中已扫过较长距离，对于较低轨道高度无法完成多次拼接，因此主动回摆在多次拼接时可实现更大幅宽。实际使用时，可根据目标范围合理选择两种条带拼接模式的使用。

10.6.3.3　同轨立体成像能力

卫星使用时可通过先正角度俯仰预置成像,接着负角度预置成像的方式实现立体成像。按卫星第一次成像预置俯仰 25°,第二次成像预置 -25°,姿态机动需 62.5s 完成,在各轨道高度下的立体成像长度如表 10-8 所列。

表 10-8　各轨道高度下的立体成像能力

轨道高度/km	单次拼幅长度/km
500	54.05
600	180.26
700	301.5

第 11 章 整星微振动分析及其隔振系统设计

11.1 微振动对成像影响机理

航天器在轨运行期间受到多种外力和内力的作用，这些作用力构成航天器在轨力学环境。其中，一些作用力会引起航天器结构小幅度的交变应力或整体的小幅度往复运动，即微振动。星上活动部件的运动、管路中工质的流动、进出地影的热冲击等是引起卫星微振动的主要因素。

卫星的运动或变形导致相机光学系统的变形或运动，进而在焦平面形成像移。其主要包括两种模式：

(1) 卫星的姿态扰动，导致星体的低频晃动，从而使相机的指向发生变化，形成像移。

(2) 星上活动部件的运动形成扰动力，导致卫星结构振动，从而引起相机的整体抖动，导致光轴指向变化，或相机内部光学元件局部抖动导致光路变化，都会引起像移。

随着遥感卫星分辨率的不断提高，对微振动的敏感程度也不断提升。同时，由于 TDICCD 技术的应用，成像过程中积分时间加长，曝光时间内振动引起的像移轨迹变长，更容易造成图像退化。视线的低频晃动会造成图像扭曲，而高频抖动则会造成图像模糊，如图 11－1 所示。一般来说，这两种形式的图像质量下降同时存在，它们会降低遥感卫星的定位精度与分辨能力，使其无法发挥应有的效能。

因此，微振动问题必须在型号研制的方案阶段给予足够重视，并在初样和正样阶段进行全面的试验验证，否则难以保证上述各类高分辨率遥感卫星满足

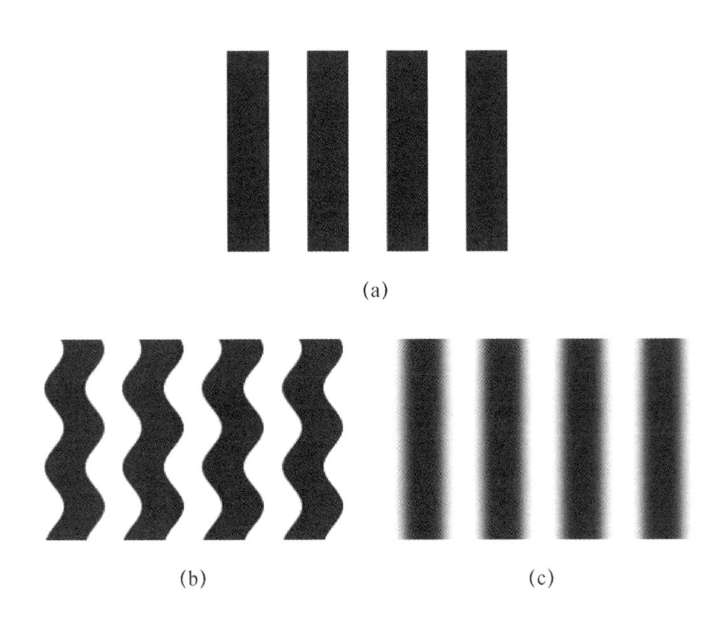

图 11－1　图像质量下降的两种形式
(a)理想图像;(b)扭曲图像;(c)模糊图像。

预定指标要求。从目前技术能力和国外发展趋势看,使用微振动减隔振技术是必然趋势,也是解决高分辨率遥感卫星微振动问题最经济有效的方法。

微振动对成像质量的影响主要包括以下四个方面:

(1)相机整体晃动造成视轴指向发生抖动,在焦平面形成像移。

(2)相机内部各光学元件相对运动造成光路变化,在焦平面形成像移。

(3)不同视场视轴指向晃动不一致,导致图像畸变。

(4)相机光学元件发生微变形,造成波相位差变化。

11.2　成像对微振动抑制需求分析

像质评价要素是用于定量评价图像质量的客观指标。虽然评价图像质量的主客观方法较多,但考虑目前卫星及相机工程研制中的一直采用 MTF、SNR 作为设计和试验验证的指标,同时用户提出的研制总要求及采取的在轨像质评测方法均是以在轨 MTF、SNR 指标以及图像定位精度等要素来衡量考核的。因此,为了便于工程实际应用,本书将卫星成像质量预估的像质要素确定为 MTF、SNR 和图像定位精度。

由于 SNR 指标与相机的设计有关,SNR 指标受卫星平台的影响相对很小。

多个遥感卫星在轨测试结果也可以从侧面证明，在卫星平台姿态稳定度、偏流角修正等各项因素改变的情况下，图像的 SNR 指标并没有改变。因此，本章重点分析平台对 MTF 影响。

MTF 反映了成像时的空间频率与图像调制度的关系，是表征成像系统质量的重要参数，既可以描述整个成像过程，又可评价成像的各个环节。图像的 MTF 是各个影响成像环节的调制传递函数之积。

根据微振动频率与相机成像频率的比值，可以分为低频微振动和高频微振动。

低频微振动对图像 MTF 的影响分析与卫星姿态稳定度计算方法相同，对图像传函的影响如表 11－1 所列。

表 11－1　低频微振动对图像 MTF 影响

对应像元数	0.1	0.2	0.3	0.4	0.5
MTF	0.996	0.984	0.963	0.935	0.900

高频微振动对图像 MTF 影响的计算公式为

$$\mathrm{MTF}(N) = \mathrm{J}_0[2\pi ND]$$

式中：J_0 为 0 阶贝塞尔函数；N 为采样频率；D 为振幅幅值。

由此可知，高频振动对传函的影响如表 11－2 所列。

表 11－2　高频微振动对图像 MTF 影响

对应像元数	0.1	0.2	0.3	0.4	0.5
MTF	0.975	0.903	0.79	0.646	0.471

综上可见，高频微振动对 MTF 影响更为显著，低频微振动由于振动周期较长，积分时间内引起的像移较小，所以对辐射成像质量（MTF）影响相对较小。综合高频、低频影响因素，要求低频微振动最大像移量小于 0.2 个像元，高频微振动最大像移量小于 0.1 个像元。

卫星微振动可以分解成三个方向的运动，即推扫方向（俯仰）和垂直推扫方向（滚动）以及沿光轴方向（偏航）。以相机在 N 级积分时间内微振动在焦面引起的俯仰、滚动和偏航方向像移为计算原则，分析俯仰、滚动以及偏航三个方向微振动带来的影响。

当振动频率 f_0 大于相机成像频率 1/2 时，可以认为微振动为高频微振动。根据相机成像关键特性分析结果（表 11－3），不同成像模式下典型成像频率为

833Hz、385.8Hz。下面分别分析这两种成像模式的微振动振幅的抑制要求。

表 11-3　成像频率分析

成像工作模式	成像频率/Hz	低频振动频率范围/Hz	高频振动频率范围/Hz
被动推扫模式	833	0～416.5	≥416.5
回扫成像模式(SNR=39dB)	385.8	0～192.9	≥192.9

对单个频率的低频正弦振动，滚动、俯仰方向像移 0.2 个像元相当于像旋转 0.0165″，由此可以求出滚动、俯仰方向振幅 $D \leqslant 0.00825/\sin(\pi f_0 T)$；按中心像元旋转，探测器最边缘像元像移 0.2 个像元相当于像旋转 1.351″，可以得出偏航轴方向振幅 $D \leqslant 0.675/\sin(\pi f_0 T)$。结合 11.2 节卫星主要微振动源特性分析，卫星滚动、俯仰方向微振动的振幅要求见表 11-4 和表 11-5。

表 11-4　卫星滚动、俯仰方向微振动的振幅要求

频率范围/Hz	滚动+俯仰轴：最大振幅(O-P)	
	被动推扫模式	回扫成像模式(SNR=39dB)
	振幅/(″)	振幅/(″)
0～2	1.094	0.506
2～20	0.109	0.051
20～65	0.034	0.016
65～100	0.022	0.011
100～158	0.015	0.009
158～192	0.012	0.008
192～260	0.010	—
260～316	0.009	—
316～416	0.008	—

表 11-5　卫星偏航方向微振动的振幅要求

频率范围/Hz	滚动+俯仰轴：最大振幅(O-P)	
	被动推扫模式	回扫成像模式(SNR:39dB)
	振幅/(″)	振幅/(″)
0～2	89.53	41.45
2～20	8.96	4.16

续表

频率范围/Hz	滚动 + 俯仰轴:最大振幅(O - P)	
	被动推扫模式	回扫成像模式(SNR:39dB)
	振幅/(″)	振幅/(″)
20 ~ 65	2. 78	1. 34
65 ~ 100	1. 83	0. 93
100 ~ 158	1. 20	0. 70
158 ~ 192	1. 02	0. 68
192 ~ 260	0. 81	—
260 ~ 316	0. 73	—
316 ~ 416	0. 68	—

高频颤振传递至相机像面的相对幅度不大于 0. 1 个像元尺寸(0. 00825″),此时的振幅要求滚动和俯仰方向 $D \leqslant 0.00825''$,偏航方向为 D≤0. 675″

综合分析,推扫方向颤振影响比探测器线阵方向大,高频影响比低频大。整星应针对星上各振动源的频率特性、谐振特性进行系统分析和控制,保证微振动影响不大于 0. 008″,相当于 0. 1 个像元。

11. 3　微振动抑制技术

11. 3. 1　微振动抑制技术内涵

微振动抑制设计是通过对传递路径的调整和适配,使扰动能量耗散或重新分配,从而降低由扰动源激励产生的有效载荷振动响应幅值。微振动对成像质量的影响链路包括扰动源、减振装置、结构传递、有效载荷等环节。

为了解决微振动引起成像质量退化的问题,可将其分解为三个方面的技术内容,即需要做到微振动可预示、可抑制、可补偿,如图 11 - 2 所示。其中图像修复与补偿技术又是以在轨微振动测量为基础的。本节从这三个方面出发,提出分析预示和试验预示方法,作为开展微振动抑制设计的基础;提出系统级动力学设计和减(隔)振装置,实现有效的减(隔)振;开发在轨微振动监测系统,为图像修复提供有效数据,同时为后续型号微振动抑制分析、设计提供参考。

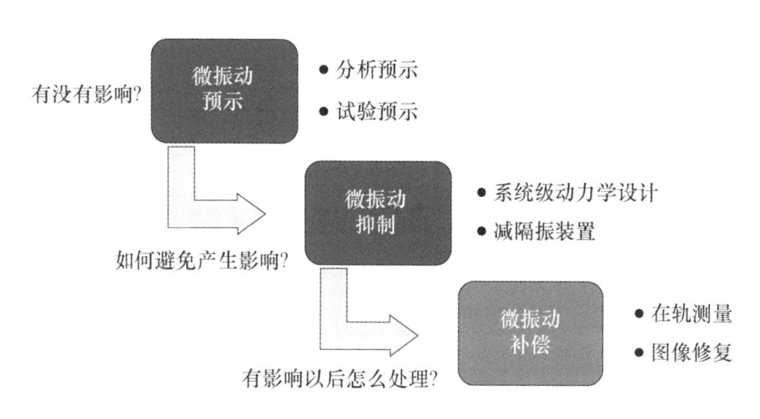

图11－2　微振动抑制技术内涵

11.3.2　结构－控制－光学一体化分析方法

在微振动对成像的影响过程中,扰振源、卫星结构、控制系统以及相机光学系统均参与其中且相互影响。因此,为了进行扰振对图像质量影响的评估,需要建立一体化的分析模型,将各环节的贡献考虑在内。

一体化建模与分析的框图如图11－3所示。一体化模型中包含了扰振源模型、控制系统模型、结构动力学模型、光学灵敏度矩阵以及光学评价指标等环节。其中,控制系统模型的输入量为敏感器测得的姿态误差,输出量为控制力矩;结构动力学模型的输入量为控制力矩及扰振载荷,输出量为姿态敏感器安装位置及空间相机光学元件位置的动力学响应;光学灵敏度矩阵将相机光学元件的动力学响应转换为探测器处的像移情况;曝光时间内像移量、MTF等光学评价指标作为一体化分析的最后一个环节,用于评估分析得到的航天器扰振响应对相机图像造成的影响。

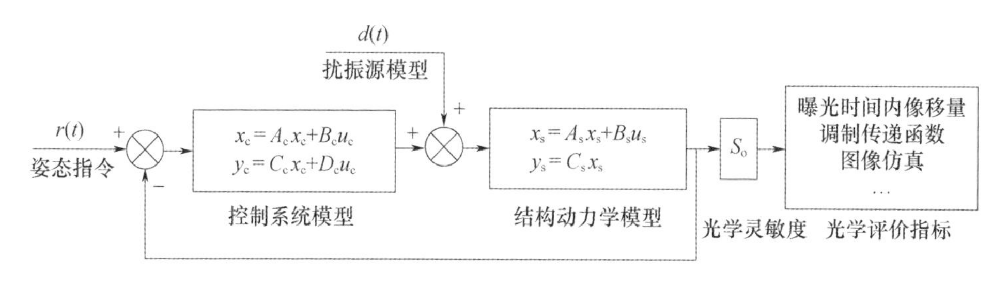

图11－3　一体化建模与分析框图

11.3.3 多层级微振动抑制设计

11.3.3.1 传递路径设计

有效载荷安装面的动响应与星体结构的动力学特性密切相关。对振动传递路径的动力学特性进行参数化设计,可以使从振源传递至有效载荷的振动得到有效衰减。根据整星结构的模态振型,为振源设备和成像设备选取适当的安装位置,避开振型波腹,尽量接近振型节点,是降低振动传递的一条有效途径。若通过结构设计无法将有效载荷安装面的振动幅值降低到可接受的范围内,则需要加入减振装置对微振动进行抑制。而减隔振装置本质上是对整星动力学传递特性的调适与分配。根据国外商业遥感卫星的经验,高分辨率遥感卫星一般需要采用减振装置。

11.3.3.2 微振动源设备优化设计

活动部件引起的微振动主要是由于运动部分的非均匀运动引起的。活动部件运动时形成的惯性力主要由运动速度和质量特性在惯性坐标系下的变化引起。通过优化设计扰动源设备,如降低高速转子的静、动不平衡量,尽量避免往复运动机构等,可有效降低扰动源输出的扰动力。

某相机扫摆机构初始设计为单个摆镜往复运动,其输出至安装基础的扰动力为连续脉冲形式。改进设计后,增加一个动量补偿机构,与摆镜反相运动,二者形成的惯性力互相抵消,输出至安装基础的扰动力大幅下降,见图 11 -4 和表 11 -6。

图 11 -4 扫摆机构及动量补偿装置

表11－6　动量补偿前后数据对比

工况	干扰力矩幅值/(N·m)	角速度波动幅值/((°)/s)
无补偿	1.12	0.0068
带补偿	0.71	0.0033

11.3.3.3　微振动源隔振

以往的减振装置往往针对主动段恶劣的动力学环境设计，适用于大载荷条件。而星载微振动抑制装置是在轨长期服役的部件，其工作环境有很大不同。所受到的动载荷振幅为微米量级，还要长期处于空间辐射、真空、高低温交变等特殊环境条件，因此其设计要求也不同于以往的减振装置。一般而言，星载微振动抑制装置应至少满足以下要求。

(1)阻尼器灵敏度高，在微米尺度下能够提供较高的阻尼比。

(2)避免运动间隙，不包含运动副。在空间微重力环境下，运动副的间隙位置处于随机状态，微振动可能引起间隙面碰撞，使动响应高频成分放大。

(3)在持久微幅交变应力下，力学特性不能发生明显变化。

(4)空间环境下，力学性能和化学性能稳定性良好。在空间辐照、高低温、真空环境下，其刚度和阻尼不能出现明显衰减，不能发生冷焊，不能释放气体或粉尘，以避免对光学设备造成污染。

传统的流体阻尼器、黏弹性阻尼器、干摩擦阻尼器往往都适用于大幅值动载荷，而在微振动条件下，由于其阻尼机理的限制，无法产生有效的阻尼力，却引起了较高的附加刚度，效果并不理想。传统的减振材料在空间环境作用下，存在一定的问题。黏弹性材料在高低温作用下易出现老化，力学性能出现衰退，在辐照、真空环境下易出现放气或粉尘。流体机理的阻尼器在失重状态下，由于表面张力效应，附加刚度增大，易卡死；长期服役时，还存在潜在的泄漏危险。一些新型的全金属减振材料，如金属橡胶、钢丝绳等，目前的应用和研究工作仍基于主动段大量级动载荷条件展开，在空间环境中微幅激励作用下的性能仍有待进一步验证。表11－7对几种不同机理的阻尼形式进行了对比，涡流阻尼器由于环境适应能力强、灵敏度高，具有明显的优势。

表11－7　主要阻尼形式优、缺点对比

阻尼形式	黏弹性材料	流体阻尼	涡流阻尼	干摩擦阻尼	颗粒阻尼
优点	形式多样，阻尼比大	阻尼力大	全金属，灵敏度高	全金属	不受温度影响

续表

阻尼形式	黏弹性材料	流体阻尼	涡流阻尼	干摩擦阻尼	颗粒阻尼
缺点	受温度影响大,有老化放气问题,直接承力存在强度问题	有潜在泄漏危险,失重条件下易卡死	同等体积时阻尼力相对较小	仅在大变形时效果好	非线性,能量损耗因子小,仅适用于大载荷条件,需要专门设计抗失重装置
应用形式	分布式,独立式	独立式	用于隔振器内	连接处	独立腔体

11.4 卫星微振动源特性分析

航天器在轨运行期间,卫星需要进行姿态控制,星上可控构件需要进行步进机动等,上述过程主要通过星上活动部件工作得以实现,该过程还会使星体产生一种幅值较小、频率较高的振动响应。因此,星上活动部件作为主要微振动扰动源,存在于大多数航天器上。

光学遥感卫星的活动部件主要包括大力矩控制力矩陀螺、太阳翼驱动机构、数传天线驱动机构、中继天线驱动机构、扫摆机构等。这些部件的运动形式各异,所引起的振动频率和幅值也具有明显的特征。本节基于地面和在轨实测数据,对光学遥感卫星应用范围内所配置的微振动源设备进行分析。

11.4.1 CMG 扰动特性分析

CMG 的扰振产生主要来源于以下两种机理。

(1)由旋转部件产生主动扰振力,主要转子的动不平衡力、滚动轴承的冲击信号合成的周期力和电机扰振等构成。

(2)主动扰振力引起的 CMG 内部结构响应,也称结构响应调制,是经结构响应调制后形成对动量轮外部的扰振力。

上述两类扰振机理的关系如图 11-5 所示。

由于转轴系统的复杂性,扰振力的频谱成分除了转速的 1 倍频外,还存在多阶分数次和整数次倍频。典型的扰振力与转速、频率的关系如图 11-6 所示。扰振力随转速上升而增大,当结构频率与转速的倍频成分重合时,扰动力幅值被调制放大。

因此,为了有效降低 CMG 的扰动输出,从以下三个方面采取措施。

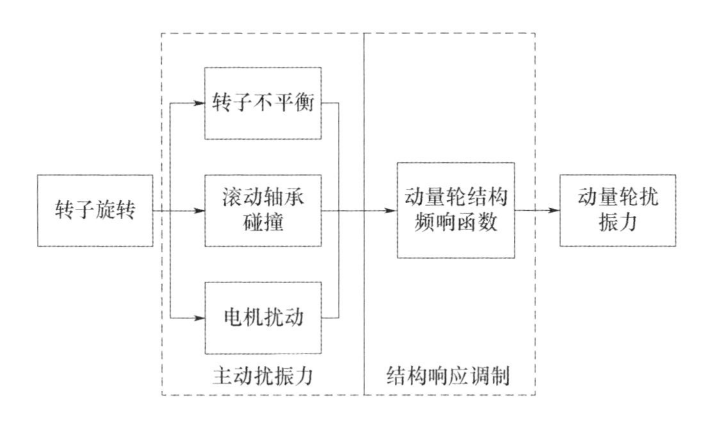

图 11－5　CMG 扰振机理

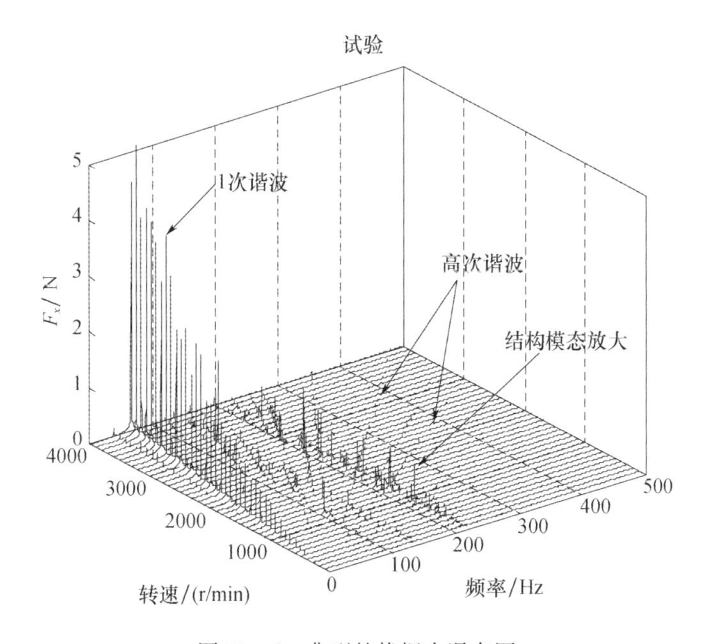

图 11－6　典型的扰振力瀑布图

（1）严格控制高速转子的动、静不平衡。

（2）对转子轴承进行预筛选，剔除平稳性较差的轴承。

（3）对 CMG 框架结构进行精细化设计，并通过动力学调测避免其与扰振频率形成调制放大。

根据 CMG 扰动特性模型，其扰动频率主要来自转子的不平衡量和轴承缺陷，频率成分包括转速对应的工频以及轴承引起的分频和倍频。

11.4.2 数传天线扰动特性分析

卫星力学环境测量系统在天线组件展开臂星体安装点附近布置了微振动加速度计,对天线的在轨扰动进行了测量。在轨运行期间,力学环境测量系统根据地面指令进行了多次微振动测量。目前,获取的在轨微振动数据共有四个工况,如表 11-8 所列。本小节主要针对有效载荷成像状态,即工况Ⅰ和工况Ⅱ的数据进行分析。

表 11-8 在轨微振动测试工况

工况编号	工况描述
Ⅰ	CMG、动量轮、太阳翼驱动机构(SADA)、天线稳定运行,相机 B 成像
Ⅱ	高光谱相机成像,活动部件仅天线、动量轮和 SADA 运行
Ⅲ	CMG 升速过程
Ⅳ	天线展开过程

星箭分离后至太阳翼展开前,整星控制系统未启动,星上各柔性附件尚未展开,驱动机构处于关机状态。此时,星上所有活动部件均无动作,可以认为这一时段的测量数据即背景噪声。背景噪声的时域数据如图 11-7 所示,测量系统量化精度为 $6.04\times10^{-5}g$,背景噪声峰峰值为 $3.02\times10^{-4}g$,仅为 5 倍的量化

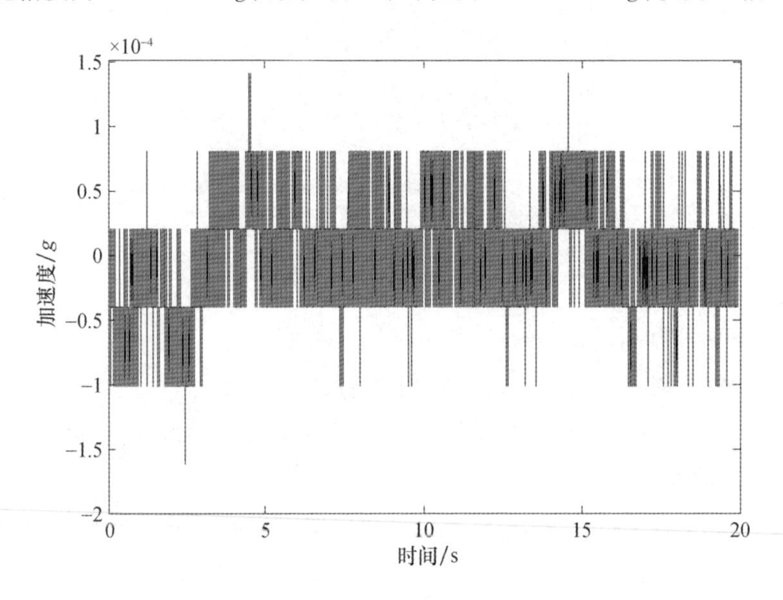

图 11-7 背景噪声的时域数据

精度。说明空间环境下，除星上活动部件本身的扰动外，几乎不存在外界扰动。背景噪声的来源主要是采集系统电信号引起的量化位波动，由噪声幅值可见，测量系统的电噪声控制较为理想。

天线安装点垂直于安装面的时程响应如图 11-8 所示，响应峰-峰值为 6.6mg，均方根为 0.98mg。加速度信号的功率谱如图 11-9 和图 11-10 所示，其扰动频谱特征可分为两个部分：

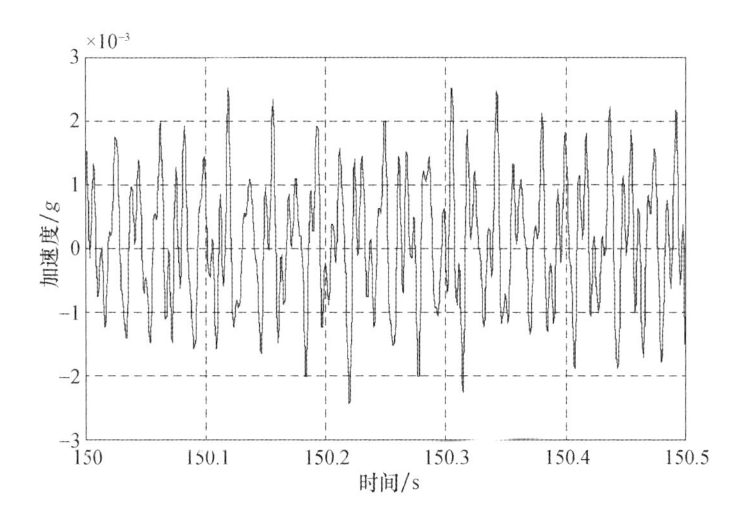

图 11-8　天线安装点加速度时程响应

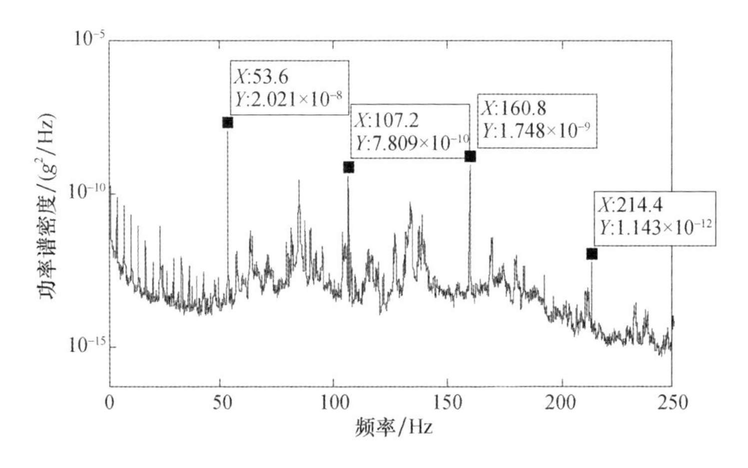

图 11-9　天线安装点加速度功率谱（0～250Hz）

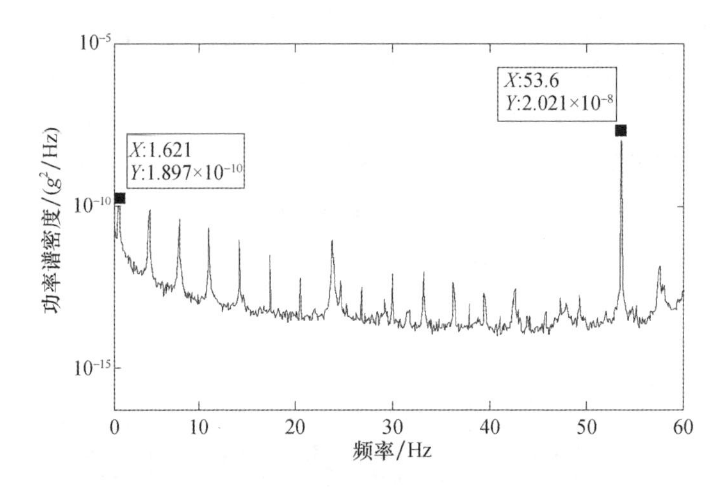

图 11-10　天线安装点加速度功率谱(0~60Hz)

在中高频段,主要扰动峰值为 53.6Hz、107.2Hz、160.8Hz。由天线特性可知,X 轴步进电机在细分后的步频即为 53.6Hz。由于步进电机每步均会形成一个脉冲力矩作用于安装面,经频谱变换后,即得到其倍频成分。由测量信号可见,2 倍频和 3 倍频较为明显,4 倍频较小,更高次的倍频超出了测量频段。

在低频段,主要的扰动峰值频率为 1.621Hz 及其奇数次倍频,如图 11-10 所示。由天线工作特性可知,Y 轴步进电机对应的步频即为 1.621Hz。倍频峰值呈振荡衰减趋势,至 85Hz 左右,倍频信号被放大。这主要是因为 Y 轴的扰动通过转动框架传递至天线安装面,信号的振荡衰减趋势反映了多脉冲信号的频谱特征,特定频段的放大反映了传递路径中结构件的固有特性。

根据在轨实测结果,25N·m·s CMG 扰动响应峰-峰值约为 112mg,25N·m·s CMG 引起的扰动响应比天线高 15 倍以上。

11.4.3　红外相机扫摆机构微振动特性分析

扫摆机构一般通过电机驱动摆镜进行往复运动,在摆镜运动到极限位置时,由弹簧片进行限位缓冲,并提供反向力矩。摆镜不停地反向运动,对基础产生连续脉冲式反作用力矩,通过片簧和电机的共同作用,将连续脉冲载荷传递至基座,引起结构的振动,其频谱成分除包括扫摆频率对应的扰动力外,还包括扫摆频率的各次倍频。扰动力的幅值与扫摆镜的转动惯量以及扫摆速度正相关。图 11-11 为某型号红外扫描仪扰振力时域曲线,可见其扫摆扰动力矩为 0.85N·m 的连续正负脉冲。

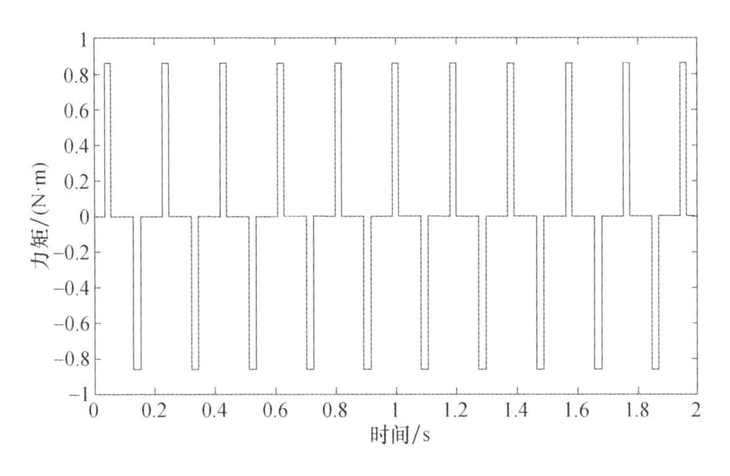

图 11 - 11　扰动力矩时域曲线

11.4.4　SADA 扰动特性分析

由在轨微振动测量数据分析,SADA 安装点垂直于安装面的时程响应如图 11 - 12 所示,响应峰 - 峰值为 3mg,均方根为 0.356mg。加速度信号的功率谱如图 11 - 13 所示。经对比可见,SADA 扰动远小于其他扰动源,时程信号信噪比不高。由频谱分析可知,扰动信号中的主要频谱成分与天线和动量轮的扰动频率对应,SADA 自身的扰动被其他信号淹没。这说明,SADA 扰动相对其他扰动源为一小量。

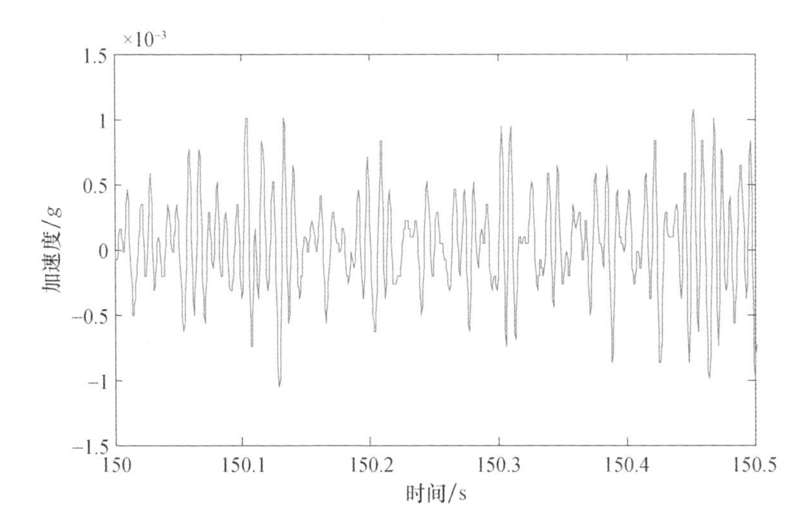

图 11 - 12　SADA 安装点加速度时程响应

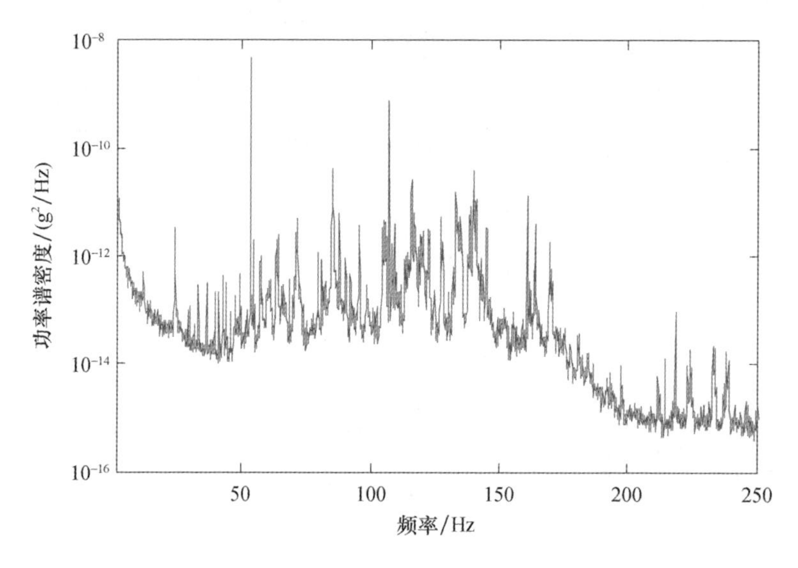

图 11-13　SADA 安装点加速度功率谱

SADA 扰动特性测量试验表明，SADA 驱动真实太阳翼在轨运行时在 0～50Hz 内的扰振频率为 0.625Hz、3.5Hz、14.75Hz、29.63Hz 及 44.38Hz。其中：0.625Hz 和 3.5Hz 为 SADA 驱动真实太阳翼保持状态下的前两阶扭转固有频率；14.75Hz、29.63Hz 及 44.38Hz 为电脉冲信号的输入基频及其倍频。

11.4.5　微振动源比较分析

根据实测和仿真分析数据分析可知，卫星主要微振动源如表 11-9 所列。根据在轨和地面微振动测试数据，CMG 的扰动力远高于其他扰动源，其中天线的扰动幅值约相当于 CMG 扰动的 1/15，其他扰动源均低于 CMG 两个量级以上。因此，CMG 为星上的主要扰动源。

表 11-9　卫星扰振源特性统计

微振动源	微振动产生机理	基频	谐振特性	对成像影响
动量轮	高速转子的质量静不平衡和动不平衡，以及电机控制误差、轴承偏差等还会引起与转速成比例的谐波	与转速对应	0.4 倍频、2 倍频、5.7 倍频等	基频及谐振频率对 MTF 均有显著影响

续表

微振动源	微振动产生机理	基频	谐振特性	对成像影响
扫摆镜	摆镜周期性运动产生反向力矩脉冲	与扫摆频率一致	奇数次倍频	主要能量在 1 ~ 20Hz 之间，造成成像扭曲
CMG	高速转子的质量静不平衡和动不平衡，以及电机控制误差、轴承偏差等还会引起与转速成比例的谐波	100.0Hz	60Hz、120Hz、180Hz 和 200Hz 等	100Hz 基频幅值较大，引起较大像移。谐振频率包含低频、高频分量，对 MTF 影响显著
SADA	SADA 驱动太阳翼时由于太阳翼振动而引起的较大扰动，此外还会由于润滑等非线性因素引起一些谐波	0.4Hz、1.0Hz	0.2 ~ 20.0Hz	主要能量在 0.2 ~ 20Hz 之间，高频分量很小，相对相机的积分时间表现为类似线性运动、幅值较小，对 MTF 影响较小
天线	驱动天线时由于天线振动而引起较大的扰动	8.0Hz	4.0 ~ 40.0Hz	主要能量在 4 ~ 40Hz 之间，高频分量很小，并且由于天线惯量小，其扰动的能量远小于太阳翼和 CMG，对 MTF 影响较小

11.5　微振动抑制设计

根据对发射段动力学环境、整星结构特性、相机对隔振效果的需求、控制系统对结构特性的需求等多种因素的综合分析，确定隔振频率、阻尼比等隔振系统的关键参数；然后根据扰振源的工作特点、安装要求以及隔振技术可实现性完成隔振装置的方案设计与分析。

11.5.1　微振动传递特性分析

星上 CMG、天线、SADA 等活动部件运动形成扰动力，导致卫星结构振动，从而引起相机整体抖动导致光轴指向变化，或相机内部光学元件局部抖动导致光路变化，都会引起像移，微振动传递路径如图 11 - 14 所示。

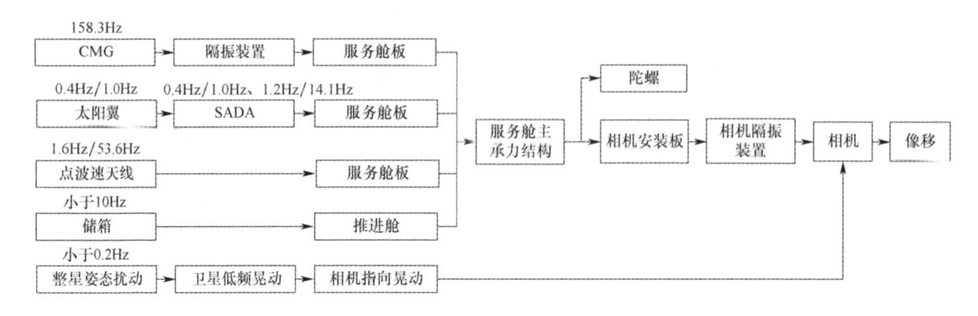

图 11-14 微振动对成像质量影响链路

为有效抑制微振动，从扰动源、CMG 支架、主结构、减隔振装置、有效载荷五个方面进行分析。通过对 6 台 70N · m · s CMG 原理单机微振动特性进行测试，对其扰动力和力矩幅值进行统计，其上限如表 11-10 所列。

表 11-10 CMG 特征频点扰动力和扰动力矩上限

频率/Hz	60 ~ 70	143 ~ 173	>316
扰动力/N	1.2	8.5	22
扰动力矩/N · m	0.05	0.32	1.05

卫星主结构选用蜂窝板结构材料，起到有效的隔振效果；同时，CMG 安装在整星结构的动力学模态节点位置，避免振动的传递放大。针对结构传递各环节进行仿真分析，主结构和 CMG 支架传递特性如表 11-11 和表 11-12 所列。

表 11-11 主结构传递函数上限

频率/Hz	1 ~ 10	10 ~ 100	100 ~ 1000
角位移力传递函数/((″)/N)	$2.6 \times 10^{-2} \sim 1 \times 10^{-3}$	1×10^{-3}	2.6×10^{-4}
角位移力矩传递函数/((″)/N · m)	$2 \times 10^{-3} \sim 3 \times 10^{-4}$	3×10^{-4}	8×10^{-5}

表 11-12 CMG 支架合力传递函数上限

频率/Hz	1 ~ 50	50 ~ 80	80 ~ 130	130 ~ 173	173 ~ 1000
力传递函数	1.2	1 ~ 1.5	8	1.0	1.5

从微振动传递路径看，能够采取微振动抑制措施有三个：降低微振动源对成像质量有影响的扰动力和扰动力矩；利用微振动传递路径抑制传递到相机上敏感部位的微振动响应；降低光学系统对微振动敏感的敏感程度。其中，降低光学系统对微振动的敏感度程度与光学系统成像质量（分辨率、焦距等性能指

标)冲突,提高 CMG 的不平衡度指标的方法难度大、成本高。因此,卫星主要采用了利用传递路径抑制颤振方法,即 CMG 隔振(针对微振动源隔振)和相机隔振(针对有效载荷隔振)。

11.5.2　CMG 隔振设计

CMG 产生的扰振力与扰振力矩较大,是主要的扰振源之一,也是首先考虑采取隔振措施的设备。拟采取的方案是隔振装置具有发射段与在轨段两种工作状态:发射段大幅振动下频率高、阻尼大,可以降低 CMG 承担的高频段力学载荷;在轨段频率低、阻尼小,隔离 CMG 产生的颤振。

在每台 CMG 单机与星体结构之间安装隔振器,可隔除 CMG 传递至星体的高频振动。由于 CMG 隔振器需要承受主动段载荷,同时入轨后还会传递 CMG 的控制力矩、传导 CMG 工作时产生的热量,因此对其刚度特性、阻尼特性、热传导特性均提出了较高的要求。为了同时满足在轨和发射两种状态对隔振器的要求,将隔振器的频率设置为 20 ~ 40Hz,以保证长期在轨工作性能的稳定性。

11.5.3　微振动传递路径的阻尼措施

卫星主结构选用了蜂窝板结构材料,起到有效的减振和隔振作用;CMG 安装在平台服务舱上,远离相机,并且处于整星的主承力结构位置,可有效避免振动传递和放大。

11.5.4　相机端隔振设计

卫星相机采用多点方式与平台连接,入轨后解锁,相机仅通过三个柔性点与卫星连接。在柔性连接点与星本体之间安装隔振器,可起到在轨状态下隔离平台微振动和释放热变形的作用。由于在主动段主要通过刚性连接点传递发射载荷,隔振器力学环境较好,刚度设计范围较宽。综合分析星上各类扰动源的分布频带以及相机的敏感频率范围,将相机隔振器的频率设计为 5 ~ 12Hz。

11.5.5　隔振效果预估

CMG 隔振装置、星体结构、相机隔振装置共同构成二级柔性浮筏式减振系统,该系统高频标称衰减率达到 -40dB/oct,相对于单级隔振系统提升 1 个量级。因此,在满足减振性能的基础上,该系统具有较为宽泛的刚度设计范围,易于匹配卫星结构的局部动力学特性,并满足 CMG 对支撑结构的特殊要求。

建立整星在轨状态有限元模型,将同时包含 CMG 隔振和相机隔振的方案与不加任何隔振的方案的传递效果进行比较,其 66Hz 的传递与 158Hz 的功率谱密度传递如表 11-13 和表 11-14 所列。

表 11-13 包含两级隔振方案 66Hz 处的传递率

通道	隔振后	隔振前	插损%
Tx	2.14×10^{-21}	2.93×10^{-17}	99.99
Ty	1.47×10^{-22}	7.97×10^{-17}	99.99
Rx	1.77×10^{-20}	1.98×10^{-16}	99.99
Ry	1.08×10^{-18}	1.17×10^{-15}	99.90

表 11-14 包含两级隔振方案 158Hz 处的传递率

通道	隔振后	隔振前	插损%
Tx	2.12×10^{-22}	4.57×10^{-19}	99.95
Ty	6.99×10^{-23}	6.29×10^{-20}	99.88
Rx	3.60×10^{-22}	1.30×10^{-16}	99.99
Ry	8.92×10^{-21}	4.07×10^{-18}	99.78

比较隔振前后的插损可以看出,两级隔振的方案的插损均在 99.7% 以上。主镜各通道传递率如图 11-15 所示。

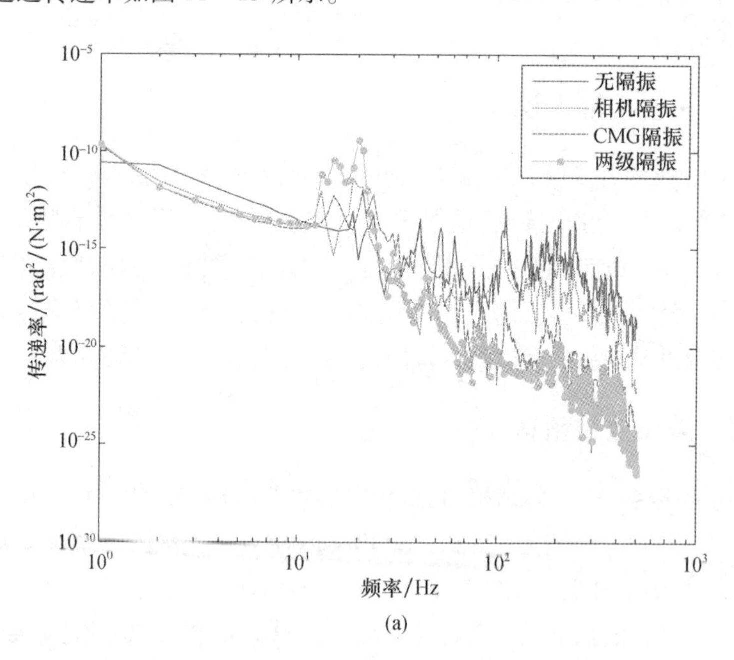

(a)

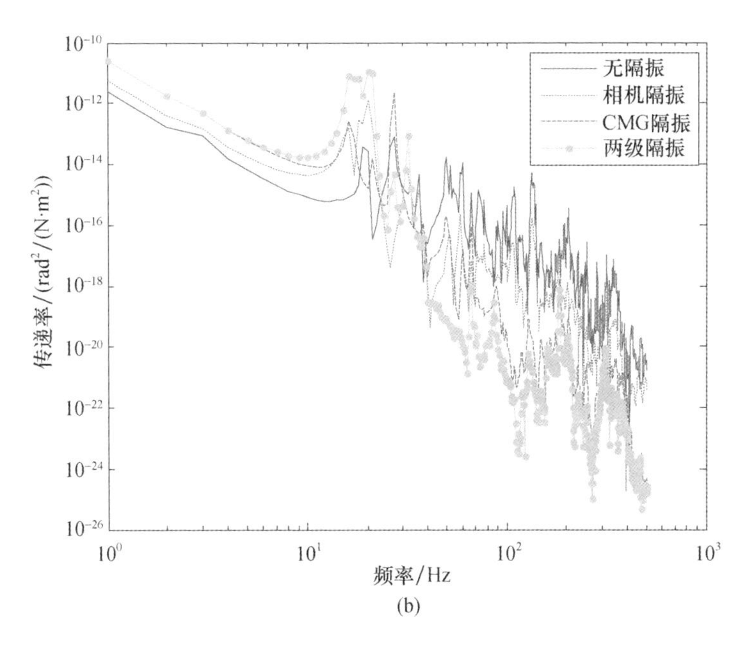

图11-15　CMG至相机主镜传递率(见彩图)

(a)$CMGR_x$→主镜 R_x 传递率;(b)$CMGR_y$→主镜 R_y 传递率。

11.6　密集频率规划与防耦合共振设计

11.6.1　大型多柔体卫星全局"动-静"解耦方案

大型遥感卫星扰振源、卫星结构、柔性附件、控制系统以及相机光学系统相互作用,相互影响,动力学与控制耦合关系复杂,易引发谐振发散。具体表现在以下3个方面。

(1)大型柔性太阳翼与驱动机构耦合作用,驱动电机电磁刚度、驱动控制律、太阳翼结构之间形成复杂的相互作用机制,匹配性不佳将造成太阳翼转速稳态波动,严重情况下将导致转动失稳。

(2)控制力矩陀螺与柔性基础耦合作用,高速转子产生章动效应,若无有效抑制措施,将导致整星角动量质量方向周期性波动,光轴指向抖动发散。

(3)结构柔性大、模态密集,姿态敏感器与执行器分散布局,形成多柔体异位控制,易导致姿控稳定裕度下降,甚至诱发姿态失稳,造成灾难性事故。

因此,要采用减隔振措施与姿态控制一体化的设计技术,建立一体化的分析模型，对高速扰源与隔振装置、载荷与异位控制一体化的设计方法，避免谐振发散。主要措施如下：

（1）结构－控制－光学一体化建模与分析：建立综合控制、结构、光学的多学科一体化分析模型，采用频率规划、精细化建模等手段，对微振动抑制方案进行设计和分析。

（2）CMG 高速转子与隔振一体化设计：隔振器设计考虑高速转子的进动，达到最好的隔振效果。

11.6.2 高速转子与隔振装置一体化设计

隔振装置的固有频率越低、阻尼比越小，对高于隔振频率的扰振载荷的隔离效果越好。隔振装置的固有频率越低、阻尼比越小，高速转子进动的衰减时间越长、进动幅值越大，对卫星姿态的影响也越大。可见，隔离高频振动的需求与姿态控制系统的需求刚好相反。因此，进行高速转子隔振装置设计时需要进行一定的折中，在减小对姿态影响的同时获得尽可能好的隔振效果。

本节采用图解的方法，将隔振性能与进动衰减时间等高线同时绘制在隔振装置的设计参数平面上，以较为直观的方式获得隔振装置的近似最优设计参数。

高速转子的进动主要由隔振装置的弹性回复力矩与转子动量矩矢量相互作用引起。如图 11－16 所示，当飞轮存在绕 $-z_b$ 轴的转角时，隔振装置会产生绕 $+z_b$ 轴的弹性回复力矩 T，从而使飞轮的动量矩矢量 $\boldsymbol{H}$ 向 $+z_b$ 方向偏转，形成极点轨迹为顺时针圆周的进动现象。在隔振装置刚度一定的情况下，转子的转速越高，动量矩矢量 H 幅值越大，进动频率越低。

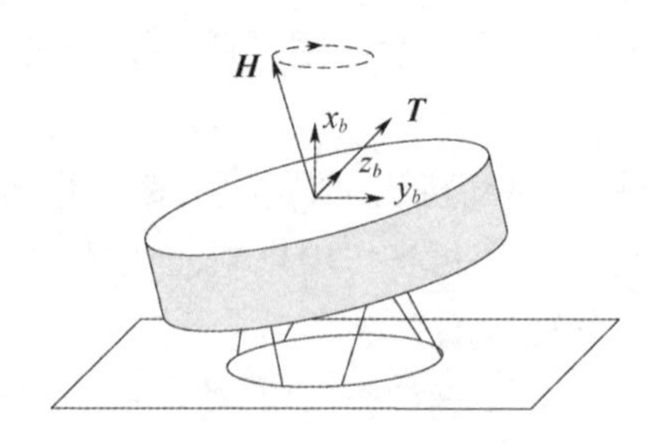

图 11－16 进动成因

高速转子的章动实际上对应着经典刚体动力学中轴对称自旋刚体无外力矩作用时，受到初始扰动后的规则进动运动。利用质点等效模型，将描述飞轮刚体运动的方程等效为质点运动来研究，如图 11－17 所示。这里，将极点等效成质量为 1 的质点 P，给定其初速度 v。质点 P 由于转子陀螺效应的存在，受到大小与速度 v 成比例，且总是沿着与 v 垂直方向的力 f。在这个力的作用下，质点 P 会沿轨迹 Ⅱ 作逆时针圆周运动，而力 f 提供了圆周运动所需的向心力。转子转速越高，则同样速度 v 下产生的力 f 越大，圆周运动的半径越小且频率越高。该圆周运动就对应着飞轮的章动运动。也就是说，章动是转子陀螺效应与飞轮径向惯性力矩相互作用形成的一种小幅高频抖动。逆时针章动轨迹 Ⅱ 与前文所述的顺时针进动轨迹 Ⅰ 合成，再加以隔振装置阻尼引起的衰减效果，即得到如图 11－18 所示的极点轨迹。

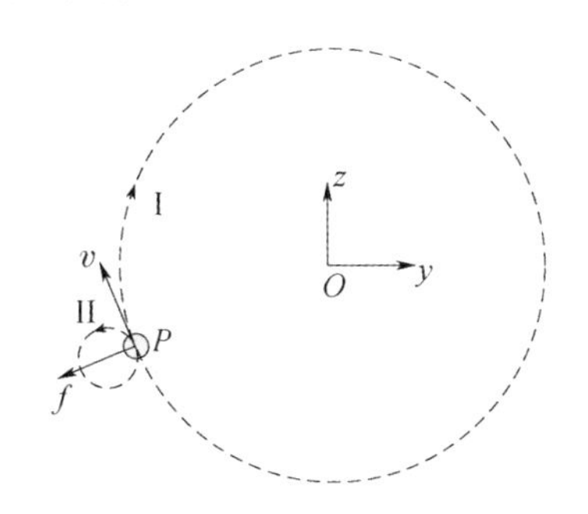

图 11－17　进动与章动极点轨迹分解

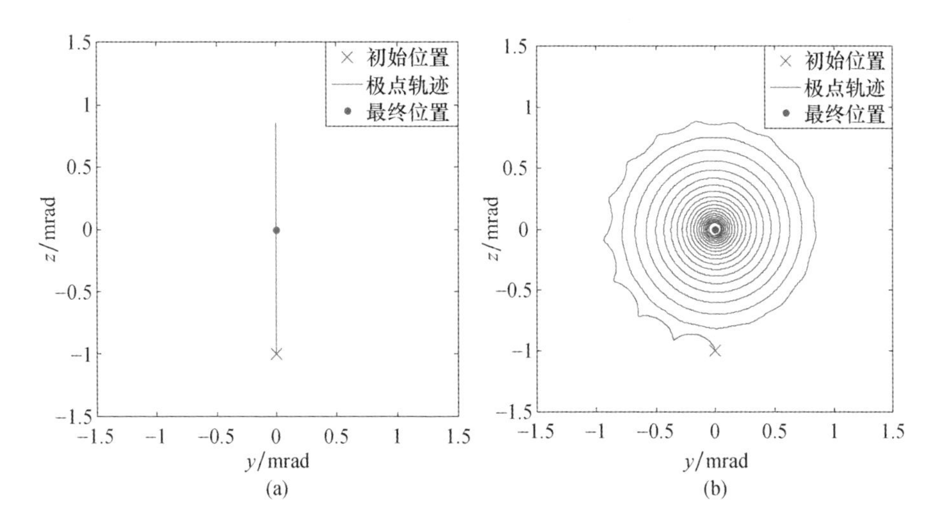

图 11－18　极点轨迹

(a) $\Omega=0$；(b) $\Omega=1500$r/min。

在图 11－19 中，横轴代表隔振装置的固有频率，纵轴代表其阻尼比，该平面内的每一个点均对应一组隔振装置设计参数。首先,以虚线绘制出隔振装置对扰振载荷的传递率等高线。在阻尼比较小的区域,传递率等高线基本上与纵轴平行,即隔振装置固有频率越小,隔振效果越好。在阻尼比较大的区域,等高线向低频区发生了倾斜,也就是说,阻尼比增大会在一定程度上使隔振效果变差。然后,以实线绘制出进动衰减时间 T_p 的等高线。对于相同的进动衰减时间 T_p 时,阻尼比 ζ 与固有频率 ω_n 的三次方成反比。使用对数坐标时,进动衰减时间等高线是一系列斜率为 -60dB/dec 的直线。

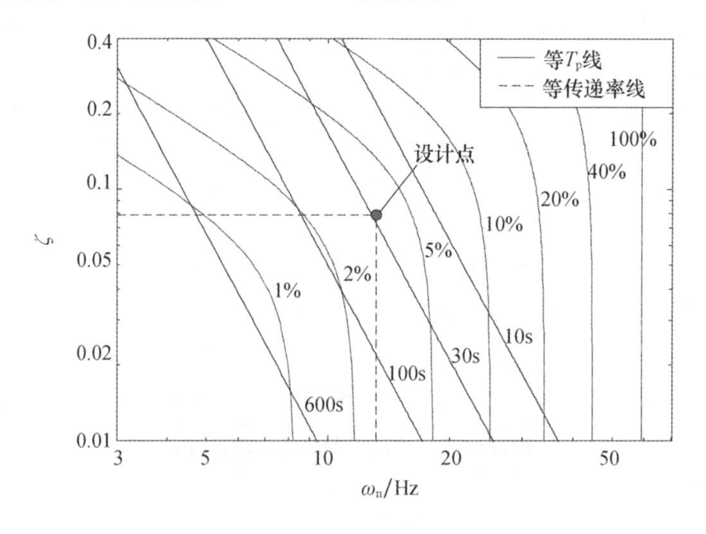

图 11-19　隔振参数选取

为了使飞轮剩余进动能够在卫星姿态调整结束后快速衰减完毕,沿进动衰减时间等高线观察传递率等高线,可发现在两组等高线近似平行的位置具有最好的隔振效果,故可以在此附近选取隔振装置的设计参数。

11.7　微振动仿真分析

11.7.1　微振动传递的特点与关键问题

针对星上活动部件(主要包括太阳翼驱动机构、CMG 以及 Ka/S 波段天线转动等)的扰振进行整星微振动响应分析,整星结构采用有限元建模,尽可能准确地反映微振动从微振动源传递到光学敏感部件的动态特性。

由振源设备产生扰动,至有效载荷形成微振动响应,其间扰动能量经星体结构进行传递。传递特性受卫星各环节力学特性的影响,表现出极为复杂的规律,隔振装置必须与卫星结构进行合理的匹配性设计,才能够实现较好的性能指标。获取平台的微振动传递特性,建立平台的微振动传递模型。主要实现以下几个目标。

(1)通过包含传递环节的微振动试验,直接验证平台是否具备将扰动降低的能力。

(2)获取结构各环节的传递特性,评估其对微振动传递的影响,可以此为基础对结构进行优化改进,进一步提升平台的微振动抑制能力。

(3)获取传递过程中结构、减振装置与扰动源的耦合作用规律,可以为减振装置的设计提供依据,减振装置在进行公用化设计时,须考虑对不同的扰动源配置模式的适应性。

(4)获取不同频率、幅值下结构的传递特性,结合扰动源特性,可为扰动源工作模式设计提供参考,如适当配置转速和转角,避开传递放大较大的频段。

(5)获取传递环节中减振装置与结构的耦合作用规律,可为减振装置的设计提供依据,减振装置的公用性设计应考虑结构可配置项发生变化时,减振性能是否满足要求。

(6)通过传递特性测试,进行模型修正和校验,建立可靠度较高的传递特性分析模型,是验证减振装置公用性的主要手段。

11.7.2　微振动传递特性分层测试与模型修正

根据国内外的相关经验,采用传统的力学分析方法进行整星在轨微振动预示遇到了诸多困难。有限元方法在微振动分析中有较大的局限性,如中高频段计算误差较大、微变形引起的结构不确定性难以描述、微变形条件下结构参数的选取缺少依据等,导致分析结果与实际结果偏差较大。因此,平台拟定了基于典型结构和连接件动力学试验的建模方案。

通过部件级、整星级的微振动试验,可获取结构的传递特性,合理设计试验方案,充分利用实测数据,构建基于实测数据的分析模型,并对某些不可测因素采用分析手段补充完整,可获取关键部位较为准确的微振动响应。根据平台构形特点,对结构中的典型部件进行梳理,开展典型结构传递特性测试,可获取局部结构的传递特性信息,作为预示整星结构微振动响应的基础。通过整星微振动试验,可对部件测试未覆盖的部分进行补充,并验证混合分析方法的正确性,最终实现在轨状态的微振动响应预示。

分层建模方法的理论基础是频响子结构综合，而频响数据的来源有试验数据和理论分析两种。基于频响数据进行整星模型重构，即基于频响函数的子结构混合建模，包括理论子结构之间的综合、试验子结构之间的综合、理论子结构和试验子结构的混合综合。在上述三种情况中，子结构的频响函数矩阵都作为综合的载体，必须首先得到。理论模型可以通过有限元分析得到其模态结果，再通过模态信息计算得到其频响函数矩阵；试验模型可以通过结构的模态试验，测试得到结构的频响函数矩阵。待得到所有子结构的频响函数矩阵之后，引入不同子结构之间的连接特性，建立参数化的连接模型，之后即可进行整体结构的综合计算。在子结构动特性求解中，由于理论模型有限元分析得到的主要是模态结果，因此模态模型可以代指理论模型。基于频响函数的子结构的建模整体流程如图 11－20 所示。

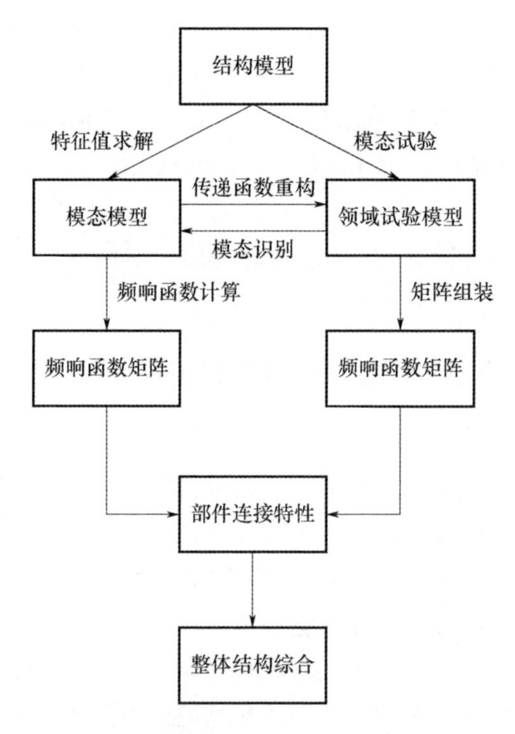

图 11－20　基于频响函数的子结构的建模整体流程

为准确建立整星微振动分析模型，在舱段部件级、组件级、舱段级一系列微振动传递测试的基础上，建立部件、组件和舱段的有限元模型。

有限元模型主要两个方面的验证准则：一方面是对舱段有限元的模态进行验证，包括结构的固有频率和振型，使有限元的固有频率差在 5% 之内，振型的模态置信度在 0.75 以上，从而为传递特性的预测提供较为准确的有限元模型；另一方面对舱段的传递特性进行模拟，得到关键位置（如相机安放位置、蜂窝板角点等）的传递特性，通过试验结果得到结构的模态阻尼比，使频响的幅值差在 15% 之内。

11.7.3　仿真分析结果

使用中心刚体加柔性附件的传递模型将微振动传递路径简化为刚体，已不能适应目前卫星系统分析的要求，因此整星结构采用有限元建模，尽可能准确地反映微振动从微振动源传递到光学敏感部件的动态特性。

采用基于模态叠加的时域响应分析方法进行计算，模态截断至 300Hz。像移分析采用光学灵敏度方法进行，由光学系统模型得到光学灵敏度矩阵，然后根据有限元响应分析得到的各光学元件 6 自由度时域响应曲线计算像移时程曲线。

根据整星微振动抑制方案设计及关键参数，对在轨正常工作状态下星上活动部件运动引起的有效载荷指向抖动进行预示分析，为了对比各减振装置的能力，进行多工况的交叉对比分析，结果如图 11－21 所示。

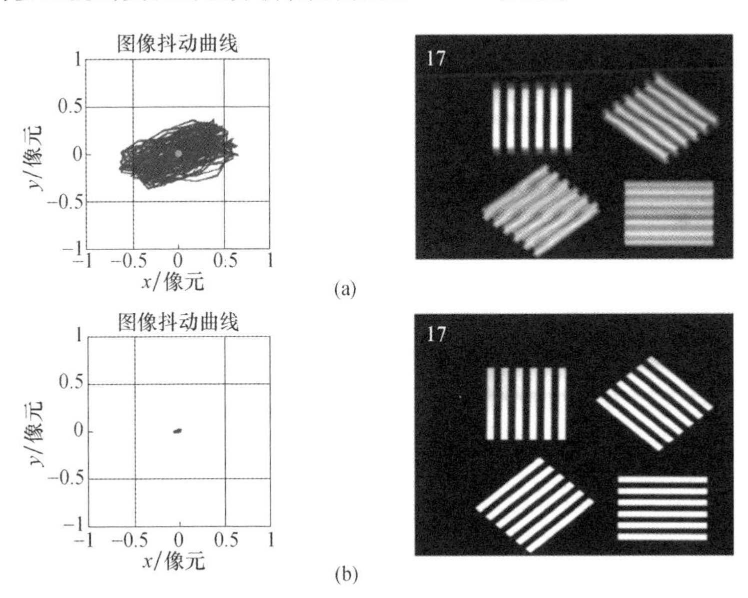

图 11－21　像移曲线

（a）无减振；（b）有减振。

11.8 星上微振动测量系统设计

11.8.1 微振动测量方法

随着遥感卫星分辨率日益提高,星上活动部件引起的微振动对成像质量的影响也越来越显著。对卫星在轨微振动量级和特征的了解是开展微振动抑制、提高遥感卫星成像质量的基础。

采用力学分析和地面试验进行整星在轨微振动预示遇到了诸多困难。有限元方法在微振动分析中有较大的局限性,如中高频段计算误差较大、微变形引起的结构不确定性难以描述、微变形条件下结构参数的选取缺少依据等,导致分析结果与实际结果偏差较大。而地面试验又存在天地状态差异引起的试验误差,主要包括边界条件不一致引起的误差、柔性附件安装状态不一致引起的误差、重力效应和空气阻尼引起的结构特性偏差等,无法准确预示在轨微振动响应。

采用星载测量设备对卫星在轨运行阶段的微振动进行测量,是最直接、最准确的手段。美国国家航空航天局(NASA)从20世纪80年代起,开展了多次在轨测量工作,先后研制成功空间加速度测量系统(SAMS-II)、先进微重力加速度测量系统(AMAMS)等多种测量系统。欧洲航天局局研制的PAX测量系统也搭载于多颗卫星进行了在轨微振动测量,并且开展了SPOT-4微振动天地对比测试。在国内,从2011年起,HY-2、ZY-1(02C)、ZY-3等一系列遥感卫星陆续搭载力学环境测量系统入轨,进行了多次在轨微振动测量。

11.8.2 系统组成

微振动监测系统主要用于采集、处理和传输卫星在轨运行期间的微振动情况,获取卫星各位置的振动特性和光学载荷的角增量变化,以此来对卫星结构特性进行分析,为卫星成像期间定姿提供数据参考,辅助相机图像的地面几何处理。其主要由振动测量单元、角位移传感器组件、微振动加速度计和电缆网组成,如图11-22所示。

遥感卫星扰动源主要包括动量轮、控制力矩陀螺、太阳翼驱动机构、天线驱动机构等。对微振动较为敏感的载荷为2台光学相机,记为光学相机1和光学相机2。在轨测量系统在上述振源和敏感载荷安装点附近均布置了三向高灵敏

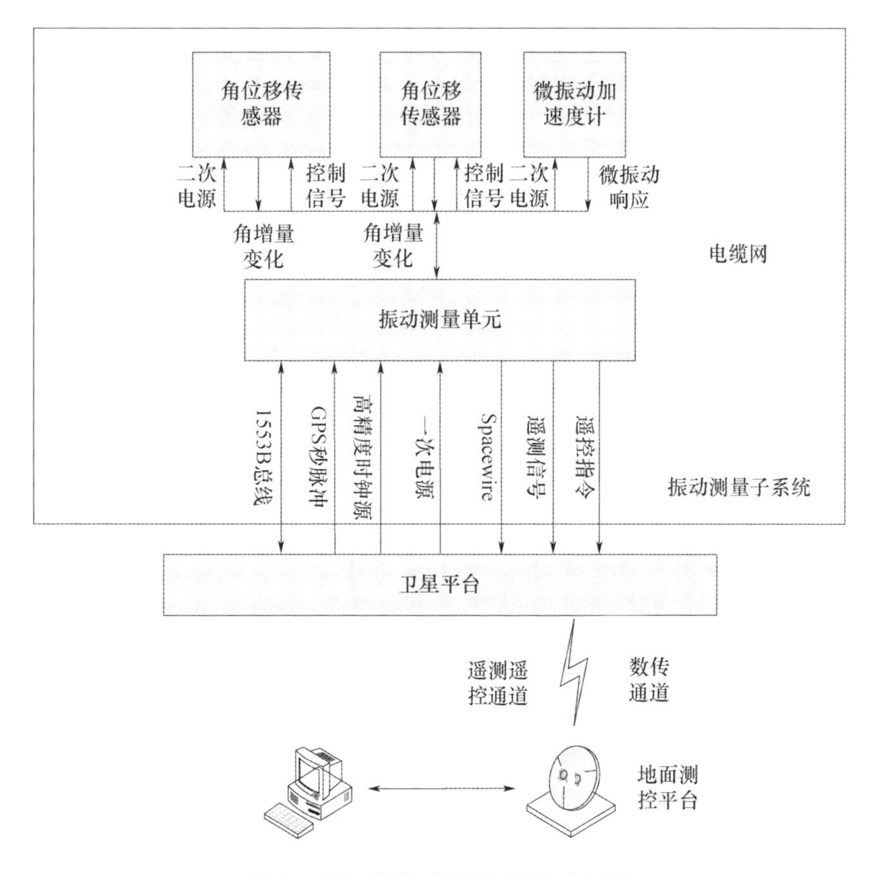

图11－22　微振动监测系统组成框图

度加速度计。在轨微振动监测主要针对两种工况进行，如表11－15所列。

表11－15　在轨微振动测试工况

工况编号	工况描述
Ⅰ	CMG、动量轮、SADA、双轴天线稳定运行，光学相机1成像
Ⅱ	光学相机2成像，活动部件仅双轴天线、动量轮和SADA运行

11.8.3　加速度测点布置

遥感卫星扰动源主要包括动量轮、控制力矩陀螺、太阳翼驱动机构、天线驱动机构等。对微振动较为敏感的载荷包括相机B、相机A等。在轨测量系统一般在上述振源和敏感载荷安装点附近布置三向高灵敏度加速度计。测点位置如表11－16所列。

表 11-16 微振动传感器测点位置

测点编号	测点位置
a	+Y 太阳翼 SADA 支架安装点附近
b	服务舱顶板 -Y-Z 控制力矩陀螺安装点附近
c	服务舱顶板 -Y+Z 动量轮安装点附近
d	相机 B 底面 +Z 安装点附近
e	相机 A -Y+Z 侧安装点附近
f	天线组件展开臂星体安装点附近

11.8.4 角振动传感器配置方案

卫星在轨测量系统和地面试验系统均采用了角振动测量设备。在轨测量系统采用集总式设计方案,可同时获取相机安装面三个方向的角振动数据。通过角振动测量,计算得到曝光时间内像点在焦面上的运动轨迹,为图像校正和修复提供必要的数据支持。

第 12 章

卫星在轨自主任务管理与高精度成像控制技术

12.1 概述

高分辨率遥感卫星主要用于对地面目标进行高分辨率观测，具有高分辨率、高敏捷性和高自主性的特点，要求传统的数据信息系统除了具备基本的遥控遥测功能外，还需要具备自主任务管理能力、自主健康管理能力和自主故障重构等能力，从而达到“多目标、看得清、照得准、响应快”等要求。

高分辨率遥感卫星的数据信息系统有以下需求。

(1) 卫星高效测控、运控及应用需求：与传统遥感卫星不同，高分辨率遥感卫星每天成像目标数快速增长，需要简化操控接口，提升任务注入效率；业务数据量海量增长，多种成像模式、多种任务轨道的运控策略各异，要求卫星对任务的接收、分解、调度、控制实现全面优化，对数传传输、姿态敏捷控制、能源管理、星上存储等进行动态管理，达到精准运控的效果；同时为了提升成像质量，卫星还可采用动中成像技术，必须使相机能够准确地对目标成像，在高速运动中，必须实现高精度高频率的积分时间控制，需要数管、控制、导航接收机、相机协同完成高动态高精度姿态控制和成像参数设置。

(2) 自主任务管理需求：高分辨率遥感卫星具有敏捷姿态机动、成像控制、数据传输、资源优化（能源、存储、侦照窗口）能力，对星上综合电子系统提出了更高的自主管理能力，要求以更高协同性和实时性满足多任务、高动态、多应用轨道、高精度自主任务管理需求。星载一体化电子系统需要具备增量任务规划、任务优化、分解、调度、协同数据服务的能力。同时,针对热点地区的突发任务,还需具备快速插入应急任务的能力,提高卫星对应急任务的响应时间。

(3)星上高精度时统需求:传统遥感卫星通过1553B总线由系统管理单元向各终端进行时间广播,为各分系统提供统一的时间。高分辨率遥感卫星需要通过高精度的授时和守时技术,确保整星相关分系统在载荷成像的时间段内,实现同步精度优于0.1ms,从而提高成像定位精度。同时,时间系统还应用于积分时间计算等功能,提高成像质量。

(4)卫星自主健康管理与在轨维护需求:由于轨道的特点,以及我国测控站的分布,遥感卫星每天的测控弧段有限,每个圈次大概6~8min。受测控资源的限制,星上信息系统需要具备对卫星的安全进行自主故障处置的能力,在发生影响卫星安全的事件时,能够及时由星上自主对故障进行处置且隔离,保障卫星安全,同时还要求重要系统功能可进行重构。

12.2 星上信息系统架构与信息流管理设计

为了满足高分辨率卫星高效的任务管理和运行需求,需要解决大量数据信息的分布式处理、多种类不同速率数据的实时传输和综合调度,以及卫星相机、数传、中继终端、控制、测控、电源、数管等多系统的协同配合问题。

12.2.1 系统设计分析

高分辨率遥感卫星呈现出多任务、高自主、响应快等特点,采用“系统管理单元+智能终端”的分布式系统架构,以系统管理单元为中枢,智能终端辅助完成多系统多任务协同的自主管理;为了提高图像定位精度和成像质量,采用高精度时间控制与传统总线时间广播的时间系统;为了满足传统遥控遥测等低速率数据的传输,以及用于在轨维护程序、载荷工程数据等高速率数据的传输,采用双总线信息传输机制;同时,为了应对在轨工作模式、卫星运控策略调整对软件带来的影响,设计高速上行链路,提升卫星的可维护能力。

(1)系统管理单元+多智能终端的分布式架构,提升卫星信息系统自主管理能力。系统管理单元作为整星的计算中心,完成星上各智能终端的一体化协同指挥和调度,通过自主任务规划将任务分解后,调度各智能终端协同工作,操控星上载荷、控制等分系统,完成指令分发、复杂参数设置的自主管理。姿轨控计算机完成成像姿态控制、姿态预估等功能,导航接收机完成实时定位等功能,信息与系统管理单元进行交互，供系统管理单元自主规划使用。

同时，所有智能终端将健康状态遥测上传至系统管理单元，系统管理单元按照预存的健康模型对卫星健康状态进行评估，若发现故障，则自主对故障进行处置并及时告知地面。

(2)开发星上自主任务管理技术，提升卫星应急任务响应能力。为了满足用户"应急任务是常态"的需求，高分辨遥感卫星在总体设计时需充分考虑应急任务的响应流程，设计任务删除、任务插入、任务替换等应急处理方式。对于应急任务与当前任务冲突的情况，自主任务规划系统在接到应急任务请求后，能够根据当前卫星情况，对当前任务进行终止，并充分利用当前设备状态快速建立应急任务状态，即对当前任务和应急任务进行冲突消解，从而达到尽力响应应急任务，且对当前任务影响最小的效果。

(3)采用高精度时间控制，提升卫星动态成像质量和几何定位精度。卫星通过硬件秒脉冲 + 总线时间广播的时间系统设计，为星上各终端提供了精度达到 1μs 的时间系统，从而达到既满足各智能终端守时的需求，又满足相机、数传、星相机等终端用于积分时间计算、成像控制和目标定位精度等需求。

(4)开发自主健康管理和高速上行链路，提升卫星可维护能力。各智能终端完成分系统遥测采集、组包和健康检查，自主完成境外健康监控，并将结果提供给系统管理单元，系统管理单元完成系统级健康管理，对涉及卫星能源安全、姿态安全、测控链路安全、载荷使用安全的重大安全事件，进行自主处理。

卫星在轨过程中，常常会由于工作模式的变化、运控策略优化、图像处理算法升级、相关模型的更动，需要进行软件在轨维护，包括参数级维护、模块级维护以及软件级数十兆数据量的在轨维护，需要设计高速上行链路，从而减轻地面测试过程中软件的维护负担，提升卫星在轨的可维护能力和应用效能。

(5)双总线信息传输，适应卫星多种类载荷数据应用和实时星务调度。高分辨率遥感卫星星内数据流不仅需要数传遥控遥测等信息，还需要传输星相机、振动测量单元等中高速率的工程数据。传统卫星采用高质量传输的 1553B 总线传输各智能终端的低速率数据，高分辨率遥感卫星配置的智能终端较多，需要交互的遥控遥测数据量也较传统卫星增加很多，为尽量平均分配总线通信量，采用 CCSDS 标准的统一格式，在 1553B 传输机制上，采用分时同步机制，支持取数、置数等固定时序的传输服务，以及数据块传输的灵活传输服务，以满足不同终端的不同需求。同时采用 Spacewire 高速总线传输载荷工程数据，通过 1553B + Spacewire 双总线设计，灵活完成不同速率数据的传输。

12.2.2 系统设计约束

系统设计约束主要来自三个方面，分别是任务层面的约束、工程大总体的约束以及卫星总体的约束。

任务层面的约束是指为了完成用户载荷任务而对设计上产生的要求，一般包括以下内容。

(1)应急任务响应时间(从卫星接收到任务信息到任务开始侦察所需时间)不大于5min。

(2)任务存储能力不小于200个。

(3)需要具备任务更改能力(删除/插入/替换)等。

工程大总体的约束是指由大系统接口带来的约束，一般包括：

(1)支持调制码型CM/NRZ－L码，遥控上行码速率4000b/s，遥测下行码速率8192b/s；

(2)漏指令概率不大于10^{-6}(信道误码率低于5×10^{-6})，虚指令概率不大于1×10^{-6}(信道误码率低于5×10^{-6})，误指令概率不大于10^{-8}(信道误码率低于5×10^{-6})等。

卫星总体约束是指卫星在设计时，统筹考虑各分系统的功能、性能和设计状态，对数管分系统带来的一些要求，如综合考虑载荷工程数据以及历史遥测数据的数据量确定系统管理单元中存储容量，具备明/密态两种方式等。

12.2.3 系统构架设计

卫星信息系统从传统的遥控遥测信息处理，发展到多种类测控数据、载荷工程数据传输、多任务多智能终端协同调度模式，设计思路在许多方面发生了变化，具体体现在：从数据管理向信息管理、自主管理转型；软件系统设计由传统的自底向上设计向自顶向下分层设计转型，依托与顶层用户需求逐步分解至软件配置项的功能项；从基于高性能CPU＋专用的系统软件设计理念向高性能CPU＋开放操作系统软件＋用户层软件设计思路转型；从面向卫星产品制造向相面系统全业务流程效能最优转型，强调遥感卫星的好用易用性。

为了适应多智能终端及高中低多种类数据的传输、存储的要求，系统架构采用“系统管理单元＋智能终端”分布式系统架构、“1553B总线＋Spaceweir总线”双总线的传输模式，为了满足自主管理需求，系统管理软件架构在传统卫星运行管理层增加了参数计算模块、自主任务调度模块以及自主运行模块，同时新增任务规划层完成路径规划、应急任务处置等功能,同时可拓展,为后续星间协同任务规划使用。系统架构如图 12 – 1 所示。

12.2.4 基于 1553B 总线的高可靠信息流管理设计

卫星控制流设计基于二级分布式系统,以 1553B 总线为核心实现遥测参数采集、指令发送、分系统/单机工作状态设置、定位定轨数据、时间数据、姿态数据、积分时间数据服务等基本业务。

(1)任务管理计算机通过一级 1553B 总线控制内务计算机、载荷数据管理计算机、中心控制单元、数传控制单元、双模接收机、相机控制单元、中继终端管理器、扩频应答机、配电器管理单元等。

(2)中心控制单元通过二级 1553B 总线管理控制分系统内部设备。

(3)数传控制单元通过二级 1553B 总线管理数传分系统内部设备。

(4)载荷数据管理计算机通过二级 1553B 总线控制环境监测分系统设备。

(5)采用 1553B 总线实现卫星数据的网络化,通过总线和接口芯片,实现星上遥测遥控数据的交互,减少设备之间数据传输大量的线缆。同时 1553B 总线可靠性高、实时性好,目前已经广泛应用于航空航天领域。

卫星使用系统管理单元作为 1553B 总线控制端 BC,其他终端作为远程终端 RT,采用 CCSDS 133.0 – B – 1 SPACE PACKET PROTOCOL 的空间包和 CCSDS 732.0 – B – 2 AOS SPACE DATA LINK PROTOCOL 的 AOS 传送帧协议标准。采用基于帧同步的 1553B 通信机制,每个通信帧定义为 50ms,每秒 20 个通信帧。支持取数/置数服务(预分配数据)、数据块传输服务(突发数据)。这种体制进行通信的优点是数据传输灵活,既可以使用预分配的带宽,也可以产生临时突发性的数据。

12.2.5 基于 SpaceWire 总线的高速网络信息流管理设计

SpaceWire 是一种高速、双向、全双工、点对点的串行总线,设备通过 SpaceWire 总线连入网络中。相较于 1553B 总线,SpaceWire 总线的速率大幅提升,由 1Mb/s 提升到 200Mb/s,可以适用于传输多个终端设备的中高速率数据。

SpaceWire 网络数据链路接口协议遵循 ECSS – E – ST – 50 – 12C *SpaceWire – Links, nodes, routers and networks* 的规定。各结点设备的 SpaceWire 链路接口特性应符合此标准的各项要求,卫星采用高速 SpaceWire 总线可提供高速、低延时、大数据量的平台数据服务。

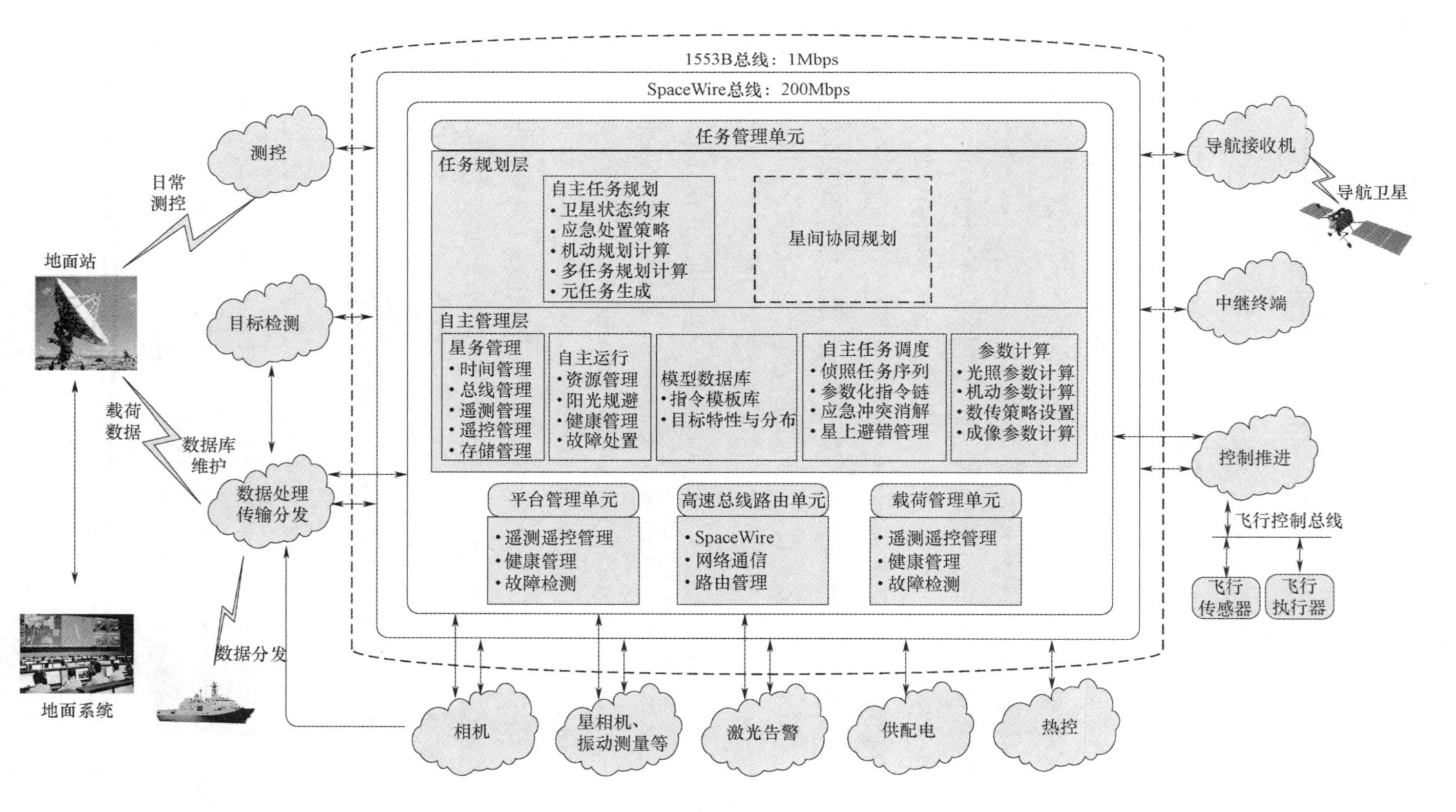
1553B总线：1Mbps
SpaceWire总线：200Mbps
任务管理单元
任务规划层
自主任务规划
•卫星状态约束
•应急处置策略
•机动规划计算
•多任务规划计算
•元任务生成
星间协同规划
自主管理层
星务管理
•时间管理
•总线管理
•遥测管理
•遥控管理
•存储管理
自主运行
•资源管理
•阳光规避
•健康管理
•故障处置
模型数据库
•指令模板库
•目标特性与分布
自主任务调度
•侦照任务序列
•参数化指令链
•应急冲突消解
•星上避错管理
参数计算
•光照参数计算
•机动参数计算
•数传策略设置
•成像参数计算
平台管理单元
•遥测遥控管理
•健康管理
•故障检测
高速总线路由单元
•SpaceWire
•网络通信
•路由管理
载荷管理单元
•遥测遥控管理
•健康管理
•故障检测
导航接收机
导航卫星
中继终端
控制推进
飞行控制总线
飞行传感器
飞行执行器
测控
日常测控
地面站
目标检测
载荷数据
数据库维护
数据处理传输分发
数据分发
地面系统
相机
星相机、振动测量等
激光告警
供配电
热控

图12-1　系统架构

(1)将环境监测分系统工程数据快速传输给系统管理单元的存储复接模块。

(2)为控制分系统、捕获跟踪分系统、导航接收机、相机分系统、数传分系统软件维护和系统重构提供数据通路,并将注入的大容量数据存入存储复接模块。

(3)将存储复接模块数据传输到数传分系统固存提供数据通道。

SpaceWire 高速总线路由单元一般设计为 16 个接口,采用主备交叉设计,可挂载 8 台设备。SpaceWire 总线为串行总线,一个终端的 SpaceWire 数据传输速率为 S_i,则全部终端总的传输速率为 $\sum_{i=1}^{N} S_i$,按照冗余原则,该数值应该小于总速率的 80%。

SpaceWire 网络以路由单元为中心,建立星型拓扑结构,管理单元、数传分系统综合控制单元、相机分系统相机控制器、载荷分系统振动测量单元(角位移测量与主动段力学环境监测)、星相机等作为结点设备,连接到路由单元上。

管理管理软件具备对网络中的各路由芯片进行管理功能,包括路由配置、状态检测与维护,当 SPW 网络中的芯片发生切换时,也可对路由芯片进行重配置,以进行路由表信息更新、芯片端口状态设置、芯片状态设置等工作。

12.2.6　星上高精度时间管理系统设计

卫星时间系统采用“硬件秒脉冲 + 总线时间广播”模式,为相机、控制、微振动测量、星相机等提供硬件秒脉冲校时服务,时间发布精度为 1μs;采用统一基准源或者高稳定度晶振为数管、星相机、振动测量、相机、控制提供优于 $\pm 20 \times 10^{-6}$ 的高精度时钟,守时精度优于 20μs。高精度时间管理系统由导航接收机提供硬件秒脉冲信号,由系统管理单元负责向各终端用户广播。

导航接收机开机后处于非定位状态,无法完成授时功能。导航接收机开机后 5min 内完成定位及秒调整后开始输出有效的秒脉冲信号和时间码数据,导航接收机每秒一次输出与 UTC 时间同步的脉冲信号,并锁定该信号的时间信息,在 100ms 内通过 1553B 总线发送给数管,作为所有系统工作的起点时刻。

系统管理单元接收导航接收机输出的整秒脉冲信号,放大、分路和输出各路秒脉冲信号给各时间用户,数管系统将时间码数据取走,并发给各相关分系统、设备。

时间用户收到秒脉冲信号和数管系统通过总线发送的时间码数据后,作为

时标信号,并采用各自内部时钟进行计数,计算得到数据采样时刻,高精度时间系统结构如图 12 -2 所示。

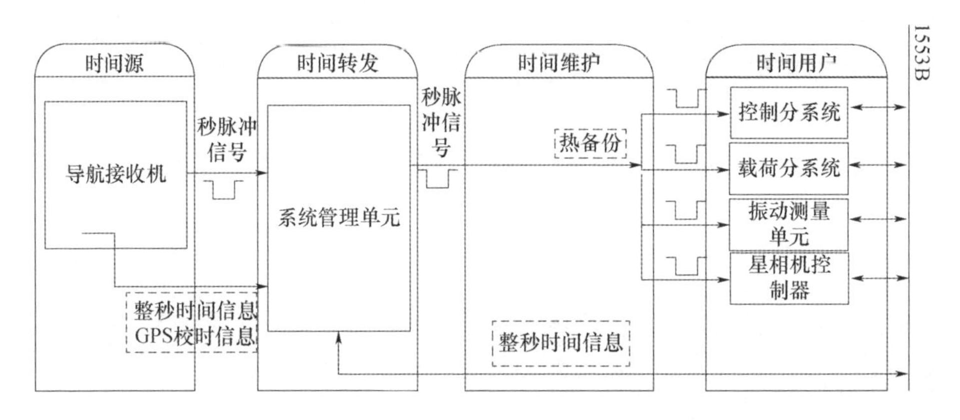

图 12 -2　卫星时间管理系统结构

12.3　积分时间系统设计与设置精度控制

对于 TDICCD,其正常工作的基本前提是光生电荷包的转移与焦面上图像的运动保持同步,即在卫星飞行过程中相机在积分时间内通过地面景物的距离应与相机单个光敏元的地面投影大小相同。但是由于轨道摄动、地球椭率、地面地形高低等干扰因素的变化,实际卫星相对地面物点的距离将发生变化,由此带来成像距离的变化和卫星相对地面速度的变化,从而导致相机积分时间的变化,因此需要卫星根据在轨的实际轨道和速度变化情况,实时计算相机积分时间,以减小 CCD 所成像的景物失配造成的图像质量下降。

12.3.1　积分时间分片设置分析

某卫星为满足 30km 幅宽要而求采用了 10 片 CCD 机械拼接设计方案,使得各片 CCD 像元在地面的投影尺寸不一致,进而导致像移速度不一致。若各片 CCD 仍统一按中心点积分时间设置,会导致边缘视场图像因像移速度不匹配而带来传递函数下降,尤其在大角度滚动机动后更为严重,表 12 -1 和表 12 -2列出了卫星在不同滚动角下边缘视场 CCD10 按中心点设置积分时间传递函数下降情况。

表12-1 按中心点积分时间设置时中心与边缘视场MTF下降情况

滚动/(°) 俯仰/(°)	0	5	10	15	20	25	30	35	40	45
45	0.898607	0.972137	0.906989	0.789891	0.601412	0.400534	0.16959	-0.06761	-0.21424	-0.08128
40	0.942732	0.982664	0.935612	0.848372	0.719811	0.545332	0.349696	0.105871	-0.11432	-0.21631
35	0.961701	0.988076	0.951039	0.876497	0.767781	0.636969	0.445716	0.252072	0.004478	-0.18159
30	0.977962	0.98864	0.954159	0.901386	0.812016	0.693188	0.544797	0.340282	0.122716	-0.096
25	0.985312	0.991904	0.960514	0.90842	0.832006	0.72861	0.592412	0.420525	0.203222	-0.01384
20	0.991328	0.991966	0.965384	0.915761	0.84738	0.751338	0.624801	0.464821	0.26767	0.036633
15	0.994593	0.992016	0.963799	0.92095	0.852473	0.762207	0.647302	0.495883	0.295472	0.090618
10	0.997294	0.989789	0.96392	0.920668	0.857602	0.776651	0.661891	0.517346	0.334529	0.122623
5	0.998578	0.989455	0.964331	0.92241	0.861203	0.775774	0.66407	0.525428	0.349069	0.135082
0	0.998966	0.988104	0.96193	0.919676	0.85422	0.774711	0.665035	0.526179	0.355475	0.141988
注:突出显示部分为MTF>0.95的数值										

表12-2 按分片积分时间设置时中心与边缘视场MTF改善情况

滚动/(°) 俯仰/(°)	0	5	10	15	20	25	30	35	40	45
45	0.99136	0.989086	0.98344	0.981212	0.965728	0.962253	0.951818	0.932527	0.906002	0.860591
40	0.99431	0.990969	0.990342	0.985462	0.980342	0.975593	0.966152	0.950534	0.946349	0.921355
35	0.995932	0.993722	0.990784	0.990813	0.98708	0.980031	0.980095	0.970451	0.960121	0.939982
30	0.996809	0.996381	0.995066	0.992298	0.98938	0.983915	0.982713	0.979574	0.965357	0.955562
25	0.998089	0.997441	0.996026	0.993957	0.992259	0.988962	0.986312	0.982109	0.974954	0.96587
20	0.99858	0.998205	0.996914	0.995655	0.992563	0.990829	0.9881	0.982513	0.976943	0.966453
15	0.99838	0.997771	0.997646	0.995759	0.993816	0.990866	0.989268	0.985444	0.980285	0.974276
10	0.998492	0.997872	0.997176	0.996363	0.994	0.993267	0.989647	0.987036	0.98328	0.975799
5	0.999144	0.998578	0.997578	0.996458	0.99502	0.993306	0.990333	0.988038	0.982718	0.975431
0	0.99136	0.989086	0.98344	0.981212	0.965728	0.962253	0.951818	0.932527	0.906002	0.860591
注:突出显示部分为MTF>0.95的数值										

因此，为保证全视场图像传递函数，某卫星采用分片设置积分时间功能，表12－1和表12－2给出CCD10单独设置积分时间的MTF结果，通过比较可知分片设置积分时间可以明显提高各片CCD的传递函数。

12.3.2 积分时间设置精度分析及控制措施

对于某卫星相机，速高比计算、焦距测量、积分时间设置延时等环节均会造成积分时间设置出现误差。对于TDICCD相机，积分时间设置精度将对成像质量造成影响，表12－3列出了积分时间设置误差对MTF的影响。

表12－3 不同级数、不同设置精度误差与MTF的关系

MTF		积分级数 N				
		16	32	48	64	96
$\Delta\frac{v}{H}$ 不同步误差	0.003	0.9995	0.9952	0.9915	0.9809	0.9662
	0.004	0.9991	0.9915	0.9849	0.9662	0.9405
	0.005	0.9985	0.9867	0.9765	0.9476	0.9079

根据计算结果：48级默认积分级数时，积分时间设置精度小于0.5%时，MTF下降2.3%，对图像质量影响较小。

12.3.3 积分时间设置精度控制

影响积分时间设置精度的参数包括探测器像元尺寸测试精度、相机焦距测试精度、卫星速高比计算精度、积分时间设置延时误差和积分时间量化误差等。各项的影响预估值如下。

（1）准直和精光测距法，保证焦距测量精度小于0.1%。

（2）寸测量误差可以忽略。

（3）基于高精度的双模导航接收机，综合计算速高比精度0.16%。主要误差如下。

①速度误差是指接收机测速误差：GPS接收机测速误差$\Delta V_G=0.2\text{m/s}$以内，当卫星轨道高度为490km时，有

$$\left|\frac{\Delta V_G}{V_G}\right|=\frac{0.2}{7044}=0.029\times10^{-3}$$

②在整个数字高程图范围内的高程误差ΔH_1：秘鲁地区最大不超过500m，美国和欧亚地区仅为30m，而摄影距离$H_e=490\text{km}$，取最大误差

$$\left|\frac{\Delta H_1}{H_e}\right| \leqslant \frac{500}{490000} \leqslant 1.02 \times 10^{-3}$$

③定位误差:接收机定位误差,GPS 接收机定位误差在高度上的分量不会超过接收机定位误差为 10m,有

$$\left|\frac{\Delta H_2}{H_e}\right| < \frac{10}{490000} = 0.02 \times 10^{-3}$$

④侧摆角误差:给 GPS 传送的相机侧摆角的误差。按照相机最大侧摆角 45°计算,侧摆角误差为 0.05°(姿控指向误差)时,引入的射影距离误差约为 605m,则

$$\left|\frac{\Delta H_3}{H_e}\right| < \frac{605}{490000} = 1.23 \times 10^{-3}$$

(4)高比数据转化为积分时间代码所用的量化时钟为 6.875MHz,对应量化误差最大为一个分层 0.145μs,相对 63.9μs 的最小积分时间,$(T - \text{int}(T))/T$ 误差量最大值不大于 0.227%。

(5)分系统每 125ms 通过 1553B 总线向数管分系统发送一次姿态数据,数管分系统将其中的卫星姿态角通过总线转发至导航接收机,接收机根据当前姿态角和轨道数据进行积分时间计算,并将计算结果以 1s 周期发送至数管分系统,数管分系统又以 500ms 周期将带有积分时间的辅助数据发送至相机执行。综分析积分时间计算链路延迟误差不大于 0.09%。

综上所述,计算积分时间设置精度为 0.3%,在 48 级积分级数下对传递函数影响为 0.992。

12.4　卫星自主任务管理设计

高分辨率卫星具有敏捷姿态机动、成像控制、数据传输、资源优化能力,对星上一体化电子系统提出了更高的自主管理能力,要求以更高协同性和实时性满足多任务、高动态、高精度自主任务管理需求。当前高分辨率光学遥感卫星多采用“宏指令”自主指令生成技术,用户仅需上注与任务相关的时间、位置信息等参数,由星上自主生成指令序列,解决用户操控难度高、测控弧段任务注入压力大的难题。

卫星一体化电子系统围绕用户在轨业务流程和卫星好用易用性开展设计,从卫星操控性、协同性、精准性、应急性等方面提高卫星使用效能。

12.4.1 基于宏指令的自主任务管理及操控性设计

传统卫星均为静态任务管理,及平台、载荷均为串行工作,成像控制链慢、实时性差,星上缺乏根据实时运行状态优化用户任务的能力。新一代一体化电子系统采用了面向业务的高级操控接口,具备根据任务信息动态调整敏捷成像、数据回放、相机调焦、天线预置、平台数据处理等功能,保障卫星运控系统实现从静态任务规划到动态任务规划转变,从而提高系统效能。传统卫星和高分辨率卫星操控模式分别如图 12－3 和图 12－4 所示。

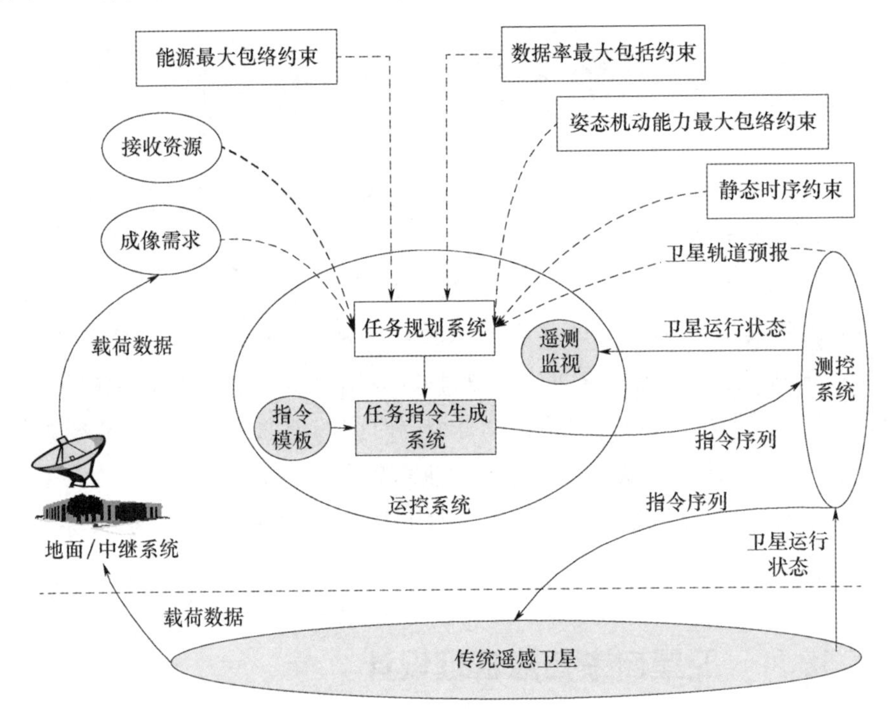

图 12－3 传统卫星操控模式

随着卫星成像能力的发展,卫星的成像能力增加到每天上百个任务,卫星应用模式也越来越复杂,卫星通过自主任务管理及操控性设计提升任务注入能力,降低用户操作负担。地面运控系统将成像时刻、目标经纬度及主动回扫速度等任务信息经由测控信道发送给系统管理单元,系统管理单元对任务信息进行分解、缓存、到时展开等操作,将指令序列发送给各智能终端,从而完成任务指令序列自主生成、任务间指令优化设计、相机自主调焦以及成像控制参数计算等功能,显著提高用户的操控难度。

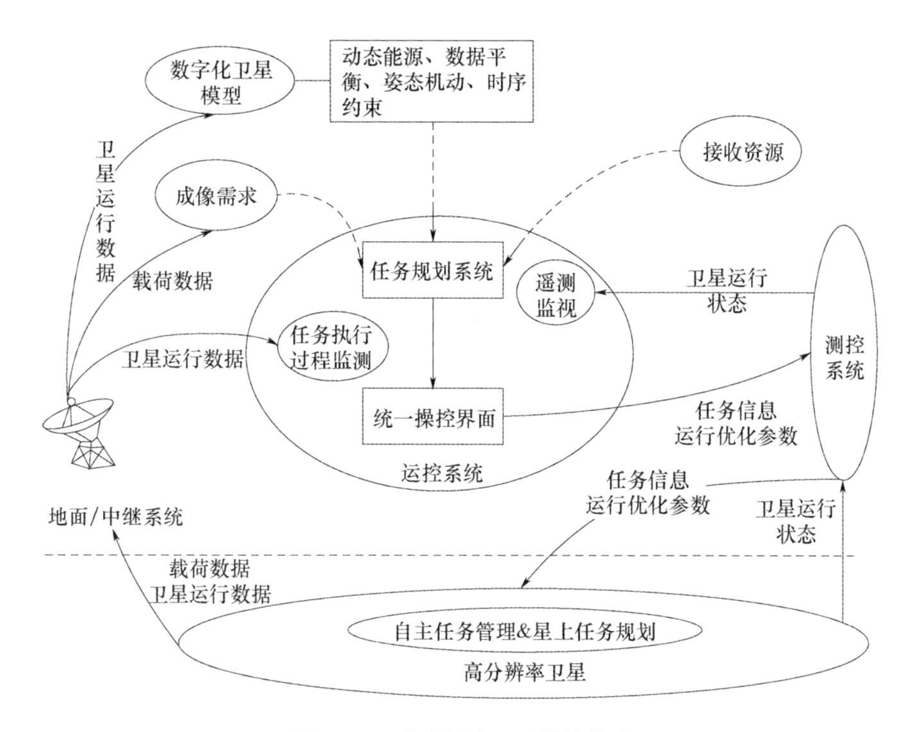

图 12－4　高分辨率卫星操控模式

12.4.1.1　基于有向图的宏指令设计

自主任务管理是指根据具体观测任务信息生成卫星各分系统可以直接执行的动作指令或动作序列。完成一次卫星任务，需要由星上载荷部分（可见光相机、红外相机、高光谱相机等载荷）、数据处理部分（包括数据压缩、数据处理、格式编排、数据存储等）、数据传输（包括对地和对中继通道）、天线部分（对地天线和中继天线）等协同工作。通过将卫星载荷控制、星上各系统协同操作有向图模型配置在系统管理单元中，可根据地面注入的任务信息和星上有向图模型求解时序协同的指令序列。

将卫星的任务序列视为 N 维空间的矢量，基于有向图模型的宏指令设计为 N 维空间的矢量合成问题。用户任务可以由 N 维空间上有限数量的基本“矢量”合成。缩减指令序列数目及指令序列间的约束关系可以降低“矢量”合成的复杂度。综合分析各个模式下的卫星指令序列，以及指令序列间相互约束形成的约束矩阵，由约束矩阵建立任务的有向图模型。

将基本指令序列和约束矩阵映射为有向图 $G(E,V)$ 模型，其中，$V=\{V_1,V_2,V_3,\cdots,V_N\}$ 是有向图顶点集合，每个顶点 $V_j(j=1,2,\cdots,N)$ 对应一条指令，TIME

(V_j)代表指令 V_j 的“执行时刻”;$E=\{E_1,E_2,\cdots,E_M\}$是有向图边集合,边 $E_i=\{V_j\to V_k\}(i=1,2,\cdots,M;j,k=1,2,\cdots,N)$代表指令 V_j 先于 V_k 执行;边 E_i 的长度 L_i 代表指令 $V_j\to V_k$ 的执行时间间隔。在使用基于有向图的宏指令方法时,首先将指令约束图形化表达,使用单向箭头图,表达所有的时序和相关性约束;然后绘制有向图,集合全部约束,建立全系统约束有向图模型。

12.4.1.2 任务指令序列自主生成

系统管理单元对上注的任务进行解析、展开、执行用户上注的“任务信息”数据块。根据用户上注的任务信息中的参数,对有向图中相应指令的码字以及变长进行更新,同时根据任务信息中的基本指令序列标识,确定参与指令自主生成算法的有向图的顶点,采用基于染色规则的图搜索策略,完成图形最佳路径搜索,依据图形路径,生成星上可执行指令序列,并分发至各智能终端。

12.4.1.3 任务间指令优化设计

传统的卫星任务密集程度低,姿态机动时间较长,两次任务间姿态切换所需时间远远比载荷开关机所需时间要长,所以在每次观测任务结束后会进行关机操作,一方面节省卫星功耗,另一方面降低空间环境对短期加电设备的影响。随着卫星能力不断发展,卫星姿态机动时长较之前有很大提升,载荷开关机时间成为限制两次任务间切换时间的因素,需要对任务间指令进行优化设计,从而实现既满足星上约束条件,又满足用户密集观测任务的需求。

在构造有向图模型时,根据指令用途以及设备/单机特点定义有向图顶点属性以及预存的单机/设备任务时间参数属性,判断任务间指令是否需要优化,两次任务间如来得及断电再加电,则无须进行优化,否则,需要进行优化设计,进而提高卫星的使用效能。

12.4.1.4 相机自主调焦

椭圆轨道具备太阳同步、回归特性,可实现近地点附近高分辨成像,被越来越多的高分辨率卫星所采用。卫星入轨后,由于空间力、热环境以及物距剧烈变化会导致相机离焦,因此必须根据卫星入轨后的成像情况及物距变化情况进行焦面位置调整,以降低离焦对 MTF 带来的影响。为了方便地面应用系统操作,卫星可以在保留地面上注调焦指令序列的同时,设计了星上自主调焦策略:系统管理单元在一次成像任务前,预估本次调焦任务某成像点的物距,并依据物距–调焦查找表,计算得到本次成像任务的焦面位置,读取“焦面位置”重要数据中的当前焦面位置信息,判决调焦需求及调焦参数,自主生成调焦相关指令,发送给相机分系统执行。

12.4.1.5　高精度实时成像控制参数计算

系统管理单元对上注的任务信息进行解析,在成像时刻前 100s 将成像目标经纬度信息等传送给导航接收机。导航接收机根据数字高程图和轨道外推算法,解算成像时刻的精确轨道位置和高程信息。

控制系统根据导航接收机外推轨道预估数据、高程数据以及地面上注的起始成像时刻、成像起始/结束经纬度、回扫角速度,根据姿态机动能力计算最优的姿态机动起始时刻、姿态机动角度、成像结束时刻,并将以上关键时序参数返给管理单元,系统管理单元用于自主计算成像参数。

12.4.2　高精度的姿态/相机光轴指向协同控制

高分辨率卫星多采用基于秒脉冲的时统方案,涉及使用高精度时统的分系统/子系统包括一体化电子分系统、相机分系统、控制分系统、测控分系统、数传分系统、环境分系统等。这些分系统/子系统根据秒脉冲时间基准生成自己的时间:接收综电 SMU 发出的硬件秒脉冲信号(SMU 首先接收导航接收机输出的秒脉冲信号),结合综电通过 1553B 广播的整秒信息确定当前整秒时刻;亚秒部则利用各自内部晶振计数,细分获得当前时刻的亚秒部,实现整星小于 50″的高精度时间管理。

控制系统根据系统管理单元给出的姿态预置时刻、成像目标经纬度信息等执行姿态机动,在成像时刻指向成像目标。系统管理单元按照控制系统给出的姿态预置时刻对相机与数传进行同步控制。

系统管理单元会在成像开始/结束时刻前 2s 将开始/停止成像指令发送给相机控制器,相机控制器根据指令中的开始/停止成像时刻(可精确到微秒级)进行硬件触发,确保相机在规定时刻成像,将成像时间精度提高到 5ms,以满足 500m 的成像目标位置精度要求。

12.4.3　积分时间计算及其成像参数自主设置

一体化电子系统设计了高精度相机积分时间自主预估算法,根据控制计算机、导航接收机提供的 8Hz 动态位置参数、姿态参数,计算多片 TDICCD 的积分时间,并将其插值成 32Hz 数据,提供给相机,供相机在成像时使用。

卫星在轨工作期间,为了更好地发挥成像载荷的动态范围,获得良好的图像质量,需要根据实际的目标能量输入情况对相机的成像参数进行设置。卫星在保留地面上注成像参数的基础上,新增星上自主调整成像参数功能。卫星对地成像期间，控制计算机实时计算太阳高度角，系统管理单元实时计算积分时间，系统管理单元根据太阳高度角、积分时间，以及用户注入的地物发射率等信息，结合相机实验室真空辐射定标结果，自动设定相机积分级数和增益。

12.4.4 星上应急任务管理设计

遥感卫星用于对地成像，当发生洪水、地震、大火等突发灾难，以及战争、群体性事件等紧急情况时，往往事先无法预计，需要紧急对指定地点进行观测。

随着卫星分辨率的提高，应急任务是常态，目前卫星在响应应急任务时，若接收到的应急任务与当前正在执行的任务有冲突，或者无法响应应急任务，或者需要终止当前任务，并将载荷等设备恢复到默认关机的状态，再响应应急任务，而设备恢复时间较长，一般长达 3min 及以上，严重影响应急任务的响应，同时，现有应急任务响应方式以删除原有任务为代价，不能发挥卫星的最大使用效能。需要具备根据卫星载荷设备当前的工作状态以及应急任务类型对卫星动作序列进行优化调整，解决应急任务与当前正在执行任务冲突无法响应应急任务的难题，最大化地提高卫星使用效能。对于应急任务与正在执行任务有冲突的情况，正在执行的任务可能正处于指令生成阶段、自主调焦阶段、成像参数设置阶段、姿态机动开始阶段、成像阶段、成像完成后关闭设备姿态回摆阶段等，其应急响应所需要的工作是不同的。在设计时需要根据具体情况，进行具体分析和制定处置对策。

星上根据卫星载荷设备当前的工作状态，对正在执行任务和应急任务进行冲突消解，充分利用当前卫星工作状态，并结合应急任务工作模式，对当前任务进行终止，与应急任务合并，同时开展新任务的一系列规划和管理，确保应急任务执行。

自主任务管理支持基于按照时间段、任务号的应急任务插入、删除和替换。当卫星接收应急成像任务后，如果当前没有正在执行的任务，则立即执行该应急任务。如果当前星上正在执行任务，则能够停止当前任务，并根据各种约束安排后续任务。

12.4.5 卫星在轨高效资源管理与控制技术

以往遥感卫星主要依靠地面人员制定任务计划，一般提前一天完成任务计划的制定，由于地面无法提前预知星上状态，因此星上资源利用率低，无法进行动态管理和优化。目前，高分辨率遥感卫星设计了实时采集星上遥测信息及其各种资源预估算法，根据最新结果，动态调整卫星的运行状态，提升星上能源、成像弧段、数传弧段、存储资源的使用效率。

12.4.5.1　卫星任务自主优化策略

系统管理单元根据连续两次任务之间的时间间隔、姿态角度、姿态角速度等信息，结合卫星姿态机动能力，自主安排姿态机动策略；同时，根据连续两次任务之间的时间间隔，相机、数传等时序约束特性，自主安排相机、数传等关机策略。

12.4.5.2　卫星成像效能优化控制

当两次成像任务时间间隔足够长时，系统管理单元按照$5\times10^{-4}(°)/s$的成像稳定度安排成像任务；当成像时间间隔紧张时，按照$2\times10^{-3}(°)/s$的成像稳定度安排成像任务，在有限的侦照时间窗口内实现对更多观测目标成像，提高卫星使用效能。

12.4.5.3　星上图像数据传输优化管理

针对一些对地/中继数据传输天线预置时间长的情况，在任务空闲期提前完成对地/中继天线的预置，避免天线预置时间占用数传弧段。同时系统管理单元根据载荷数据文件大小、任务优先级、数据传输弧段等信息，自主安排数据回放计划，将重要图像数据及时回放到地面系统，避免地面预估图像容量不准导致数传弧段浪费。

12.4.5.4　星上平台数据传输优化管理

系统管理单元的存储复接模块用来存储周期性遥测数据，如星敏陀螺数据、大气校正仪、振动测量工程数据、星相机工程数据等数据，以及配合地面图像处理的载荷工程数据。历史遥测数据为周期性的记录至存储复接模块；载荷工程数据随主载荷进行开关机，并自动形成文件存储至存储复接中。系统管理单元根据载荷辅助数据以及历史遥测数据文件大小进行规划，在空闲的阴影区或者回放准备期间进行转存至数传大固存中，每次跟随载荷图像下传至地面。

12.4.5.5　固存文件自主管理设计

系统管理单元根据成像任务建立固存文件；当固存容量不足时，可在地面设置允许的前提下，按照地面预置的优先级规则，自主删除低优先级图像数据，节约固存空间。

第13章 成像质量地面模拟及专项试验验证

结合高分辨率光学遥感卫星技术特点，本章节重点介绍有特色的高精度在轨任务地面模拟和系统级地面试验验证方法，对于常规的系统级地面试验，如噪声试验、正弦振动试验、星箭对接分离试验、真空热试验、电性能综合测试、EMC 试验、测控对接试验、运控和应用对接试验等不再赘述，可参考航天器试验验证的相关专著。

13.1 高机动、高稳定性姿态控制方案试验验证

某民用高分卫星指向调节范围达到滚动、俯仰 ±60°，姿态稳定度优于 $5\times10^{-4}(°)/s(3\sigma)$ 时，姿态机动响应时间 25°/50s，且在国内首次提出并采用了回扫成像模式。与卫星惯量规模相匹配，该星采用 6 台 70N · m/70N · m · s CMG 五棱锥构型的控制力矩陀螺群系统方案，才能满足其姿态机动能力指标要求。

控制力矩陀螺低速框架的稳定度、高稳高刚 SADA 的稳定性等关键因素均会影响卫星姿态稳定度，且太阳翼负载特性的不准确性使得姿态稳定度实现存在一定风险，尤其是机动到位后稳定度以及回扫成像过程中稳定度的实现，对成像辐射质量和几何质量均有影响。

随着卫星分辨率的提高，对基于 6 台 CMG 实现快速机动及稳定的控制算法优化、奇异点回避、点对点/回扫轨迹规划、进一步降低力矩噪声影响以及高可靠故障预案等方面提出了更高的新要求。

为满足该星高机动、高稳定要求以及长寿命要求，除了采用传统数学仿真验证手段外，还必须在卫星研制阶段开展 CMG 单机级、基于 6 台 CMG 系统级的地面全物理仿真验证试验以及长寿命验证等专项试验，从而确保卫星控制系

统方案和单机能力满足任务要求。

13.1.1　基于 6 台 CMG 的高速姿态机动全物理仿真试验

为了满足卫星大角度范围及快速姿态机动的要求，卫星通常采用五棱锥构型的 6 台 CMG 的控制方案。在采用传统数学仿真基础上，必须结合实际 CMG、陀螺、控制计算机等组成系统后，通过模拟真实在轨环境的三轴气浮台进行全物理试验来验证实际达到的性能，并通过故障模拟验证不同 CMG 失效情况下的整星姿态控制能力。

球轴承悬浮在球窝内，使球轴承有三轴方向的角运动，由此可研制出三轴气浮转台。图 13－1 是俄罗斯萨玛拉中央专门设计局的“矢量号”三轴气浮转台结构。三轴气浮台的台体要求结构稳定，安装负载后结构不变形。气浮台应有自动调平衡系统。一般大型三轴气浮台铅垂轴干扰力矩小于 0.0025N · m（360°范围内），水平两轴干扰力矩小于 0.01N · m（±17.5°范围内）。

在卫星初样研制中，该试验将采用星上 CMG、光纤/三浮陀螺、姿态与轨道控制计算机（AOCC）等产品，还须配合新研高精度力矩测量设备和相关控制系统地面测试设备，保证获得精度满足要求的实际特性，为优化控制系统算法提供依据。图 13－2 为某卫星全物理仿真试验。

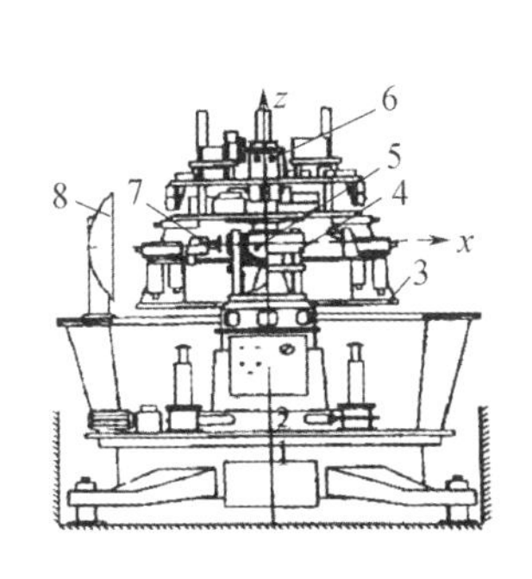

图 13－1　俄罗斯“矢量号”三轴气浮台结构

1—基座；2—旋转平台；
3—仪表平台；4—轴承支撑座；
5—球面气浮轴承；
6—加载的被仿真控制件；
7—测角装置；8—地球模拟器。

图 13－2　基于 6 台 CMG 的高速姿态机动全物理仿真试验

13.1.2 基于6台CMG控制算法的奇异点规避和控制律优化

控制力矩陀螺群的操控存在奇异问题，即在某一框架角组合下，沿某一方向或在某个平面上无法输出力矩。CMG系统必须考虑由于不同安装角度以及故障模式下可能存在的控制率奇异规避设计，从而确保卫星在轨三轴稳定控制。

在卫星初样研制中，结合CMG产品实际工作特性、实际安装角度以及不同故障模式，为了获取6CMG系统奇异点及有效开展控制率规避设计，必须在三轴气浮台模拟真实环境下进行物理试验验证。

13.1.3 CMG干扰力矩测量验证

为了实现基于6CMG的姿态快速机动和稳定，必须针对CMG单机以及全系统组合特性下实际输出的干扰力矩进行精确测量，从而达到可以通过控制系统算法优化来进一步保证系统性能的目标。

在卫星初样研制中，主要利用高精度输出/摩擦力矩测量设备，针对考虑实际安装特性的单CMG、6CMG电性产品进行地面实物测试试验，某CMG干扰力矩测量如图13-3所示。

图13-3 某CMG干扰力矩测量

13.2　面向高分辨率在轨成像质量的专项验证试验

对于大口径、长焦距的高分辨率光学相机，除了实验室静态辐射 MTF 需要满足要求外，还必须针对相机敏感频段（与高速成像积分曝光时间对应）导致 MTF 下降的卫星微振动采取有效的隔振设计，并在整星级地面试验中验证所采取措施的有效性。

另外，大型光学相机载荷与卫星结构一体化安装的力学环境和热环境也极易影响相机的 MTF，因此也必须在相机和整星地面试验中开展针对性的试验验证工作，从而获得真实定量的影响结果，并采取有效的设计保障措施。

13.2.1　整星环境下微振动测量和抑制试验验证

13.2.1.1　整星微振动分析及测试试验

对于高分辨率光学成像卫星，必须严格抑制在相机很短的成像周期内产生的整星微振动幅度，该项因素是影响高分辨率卫星在轨图像辐射质量的重要环节。但建立整星微振动仿真模型进行数学仿真工作易受地面仿真模型准确度和精度的影响，因此为了准确获得整星实际扰振特性，必须开展模拟真实环境下的整星微振动测量验证。

微振动试验分为单机级、分系统级、系统级和大系统级四个层次，其总体方案如图 13－4 所示。

单机级试验主要包括星上的多种微振动源和微振动隔振器的试验。微振动源的试验目的是通过试验了解微振动源动态特性，包括微振动源产生力和力矩的幅值大小和频率分布，对仿真分析使用的微振动激励进行验证，以确保微振动对成像质量影响的仿真分析在输入端是正确的。微振动隔振器的试验目的是验证其设计以确保满足相关指标要求，能够对微振动源产生的力和力矩进行衰减，确保传递到结构上的力和力矩满足需求。

分系统级微振动试验包括两个方面：一是针对微振动源主要安装位置，即 CMG 板的局部传递特性进行试验验证，根据试验结果对仿真分析模型中 CMG 的局部有限元模型进行验证和修正，以确保该部分传递特性符合真实情况；二是利用结构星进行针对整个卫星结构的传递特性试验，该试验包经过 CMG 安装板、承力筒、服务舱结构、相机转接板、相机支撑结构到相机主承力结构的整个传递路径进行测试，测试结果用于整星有限元模型的验证和修正，以确保微

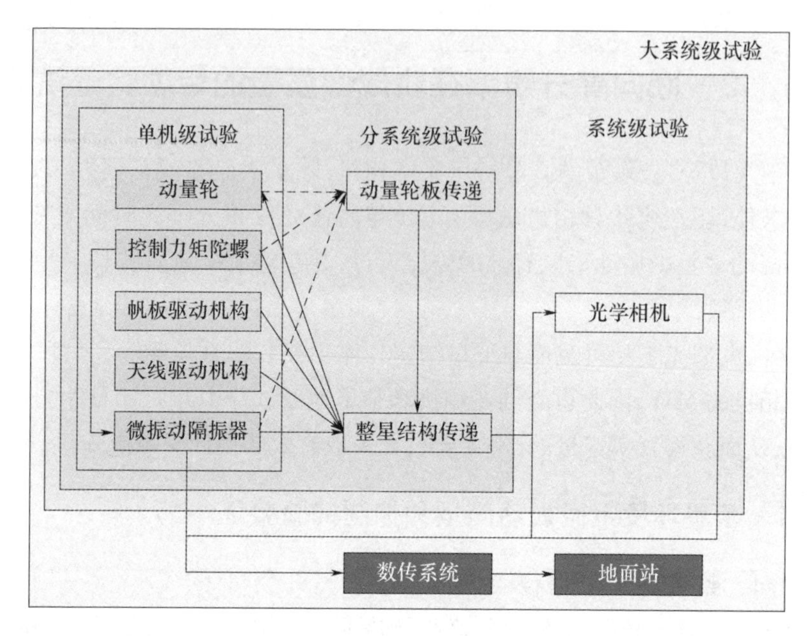

图 13－4　微振动试验总体方案

振动的全部结构传递特性符合真实情况。

系统级试验与分系统级试验的主要差别是增加了光学相机，可开展微振动源到光学最终成像的全链路微振动试验。通过景物模拟器可产生理想靶标，通过开闭微振动源情况下的相机成像对比可直接了解微振动对最终成像质量的影响情况。

大系统级试验是在卫星发射成功后，利用在轨测量的方法开展的微振动试验。其中，在微振动源、微振动隔振器、相机安装位置等关心位置安装微振动传感器，将测量得到的数据通过数传分系统传递到地面站。地面分析这些数据即可了解卫星真实工作情况下的微振动源、微振动隔振器和微振动传递的基本特性。通过对卫星相机所获取的真实图像进行分析，即可了解微振动对图像质量的影响情况。

通过上述四个层次的微振动试验，对该型号卫星的微振动源、微振动隔振器、微振动结构传递以及最终的成像质量进行全面系统的测试，以有效验证相关仿真、分析和设计的结果，保障型号图像质量清晰、准确和可靠。

在卫星初样研制阶段，该试验主要利用整星结构星、相机鉴定产品以及具有真实特性的星上扰动部件，通过高精度应变片、高精度激光位移测量设备、高精度经纬仪等，进行整星微振动环境的精确测量，从而复核整星微振动仿真模型和计算结果。

在卫星正样研制阶段，通常也需要利用正样星开展该试验，并与初样试验结果进行比对，正样星试验状态与卫星在轨状态更为接近，其试验结果能更准确地反映在轨微振动状态；同时，通过正样试验结果也可对仿真模型进一步修正，提高仿真模型准确度。

微振动试验的关键技术之一是对边界条件的模拟。为模拟整星自由的边界条件，工程上主要采用柔性支撑或弹性悬吊的方法。柔性支撑是通过在卫星底部安装一个支撑刚度较低的支撑结构用于抵消重力的影响，同时支撑结构的一阶频率足够低（低于关心最低频率的 1/5，一般要求达到 1/10）；除 6 个低阶支撑频率外，其他的高阶频率要足够高，最好高于关心频率的 10 倍以上。弹性悬挂的原理和要求与柔性支撑基本相同，区别是利用悬挂方式抵消重力的影响。

某卫星试验选用了悬吊的方式，如图 13－5 所示。实测结果表明，装置的横向悬挂频率不大于 2Hz，纵向悬挂频率不超过 5Hz，可以认为其一阶频率低于动量轮微振动频率（24Hz 左右）的 1/5，基本满足工程要求。

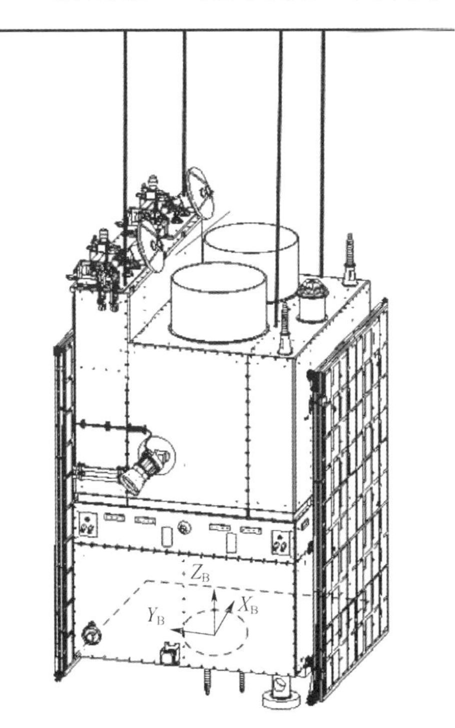

图 13－5　整星微振动试验

13.2.1.2 基于相机成像频带的整星微振动抑制技术及试验验证

在卫星初样研制阶段,根据整星微振动分析和实际测试验证结果,对相机成像频段采取专用设计的、安装于相机与卫星平台机械接口的相机隔振装置,进行针对性的高频隔振抑制,并通过整星仿真和结构星实测,验证措施的有效性。

在正样研制阶段,卫星带有真实光学系统的相机主体,可开展系统级微振动对光学系统影响特性试验,这是一个系统级的涉及微振动源、结构传递和光学成像的微振动试验。

某卫星试验系统微振动试验如图 13-6 所示,采用地面弹性支撑工装,其频率为 8Hz 左右。试验系统与之前相比更加复杂,增加了光管支架、平行光管、反射镜和反射镜支架。其中平行光管用于模拟地面景物对光学系统入射的平行光,反射镜将该平行光反射到光学相机内,为支撑反射镜还需使用反射镜支架。

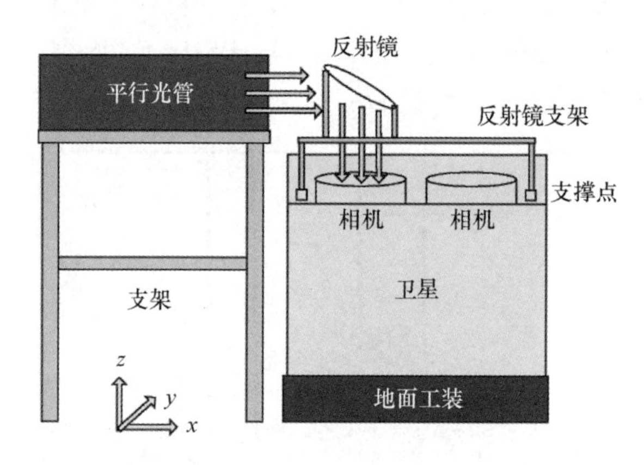

图 13-6 系统级微振动试验

13.2.1.3 星上高频微振动测量及数据存储下传

为了进一步准确获取卫星在轨微振动实际特性,高分辨率光学卫星通常装有高精度微振动传感器和高精度采集设备,可在卫星在轨飞行初期准确实测和存储星上敏感部件的在轨扰振特性数据,并通过数传通道传送至地面,便于复核和确认星上微振动设计措施的有效性。

在卫星初样和正样研制阶段的整星级微振动试验过程中,也可根据产品研制的进展状态开展该项试验验证工作。

某卫星在轨飞行期间,通过地面指令使力学参数测量子系统工作,采集并存储加速度传感器的信号。在具有数传通道时,下传所有测量数据,利用该数据可得到:CMG 在轨工作情况下微振动造成的安装界面加速度响应;微振动隔振器工作状态时其上、下的加速度响应;动量轮在轨工作情况下微振动造成的安装界面加速度响应;太阳电池阵驱动机构工作造成的安装界面加速度响应;数传天线驱动机构工作造成的安装界面加速度响应;各种微振动源工作造成的相机安装界面加速度响应。

该星上主要微振动源是动量轮和 CMG。从在轨实测结果(图 13 - 7)看,动量轮工作产生的微振动相比 CMG 工作产生的微振动要小。在动量轮板上,动量轮单独工作产生的微振动响应 RMS 为 CMG 工作后的 0.18 左右,在太阳电池阵驱动机构支架根部、数传天线根部和相机根部的微振动响应 RMS 为 CMG 工作后的 0.32 左右。

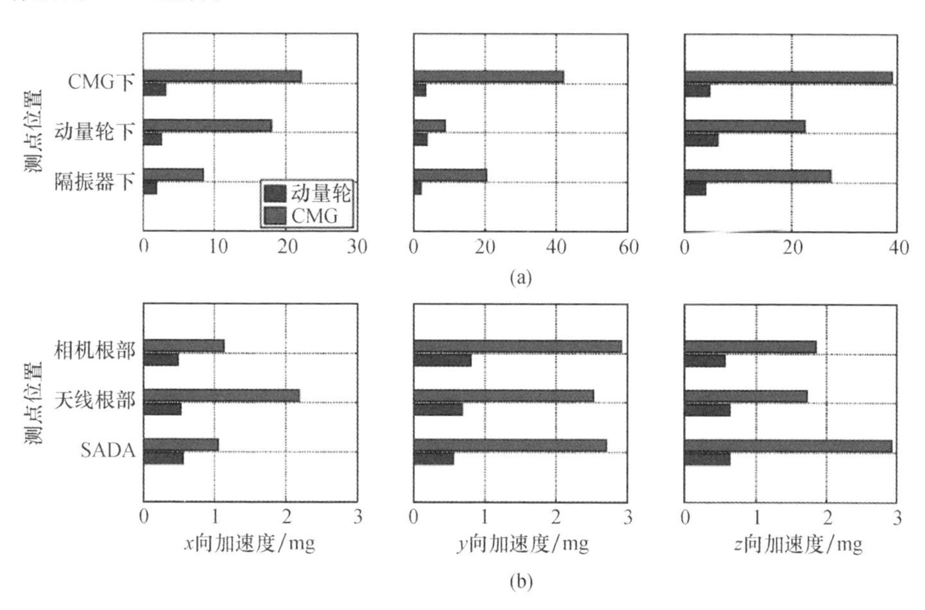

图 13 - 7　CMG 工作前与工作后星上测点数据(RMS)比对

13.2.2　景物模拟器成像试验

在整星状态下,可开展景物模拟器静态成像试验,对相机成像质量开展定性及半定量测试,从而判别相机光学系统和电子学系统工作的正确性。采用像面照度均匀的平行光管,其内部的静态靶标依次刻有 1/4、1/3、1/2、1 倍等奈奎斯特频率条纹。

测试方法(图3－8)如下。

(1)相机、景物模拟器置放于稳定平台上,使景物模拟器尽量靠近且正对相机入光口。

(2)粗对准:使景物模拟器正对相机入光口处,且出口高度位于相机入瞳的范围内。

(3)可见光相机开机后设置为全主份工作状态,初次测试时,积分时间、增益、积分级数均设为默认值。

(4)精对准:观察相机的输出图像,调整景物模拟器的俯仰角及偏转角使条纹靶标成像在相机焦面的指定视场位置。

(5)调整景物模拟器靶标的位置,使对应空间频率为1/2奈奎斯特频率的条纹图像对比度达到可调范围内的最大值。

(6)相机采集图像,通过图像计算得出相机对不同线对数(1/2奈奎斯特频率、1/4奈奎斯特频率)图像的MTF值。

(7)按测试需求调整可见光相机的积分时间、增益、积分级数设置,重复上述测试。

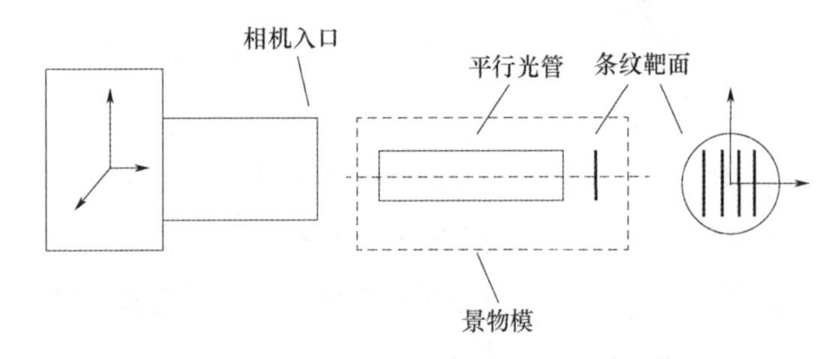

图13－8　景物模拟器条纹靶标静态成像试验

对典型靶标的某卫星成像如图13－9所示。通过对时域振动曲线进行傅里叶变换频谱分析,即可得到这种振动的频域信息,进而得到频域中各频率分量在全频段中所占的能量百分比。对星上活动部件所对应的频率分量进行提取,并进行傅里叶反变换至时域,即可得到该频率分量引起的时域振幅(像元数),进而分析星上各活动部件对可见光相机成像质量的影响。

以该星主要活动部件CMG为例,其特征频率为99.7Hz,对图像数据进行FFT后,得到对应的频谱特性如图13－10所示。由于CMG振动带来的像元抖动振幅仅为0.009个像元,因此可以满足高分辨率成像需求。

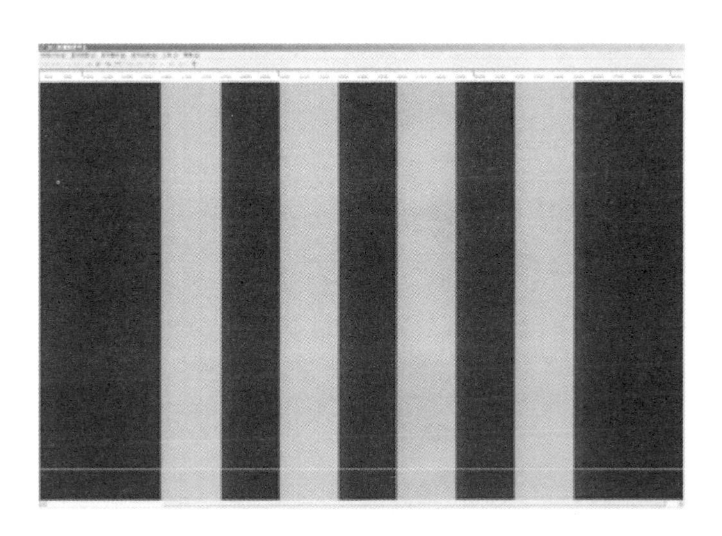

图 13－9　静态景物模拟器成像测试某 CCD 的快视图像

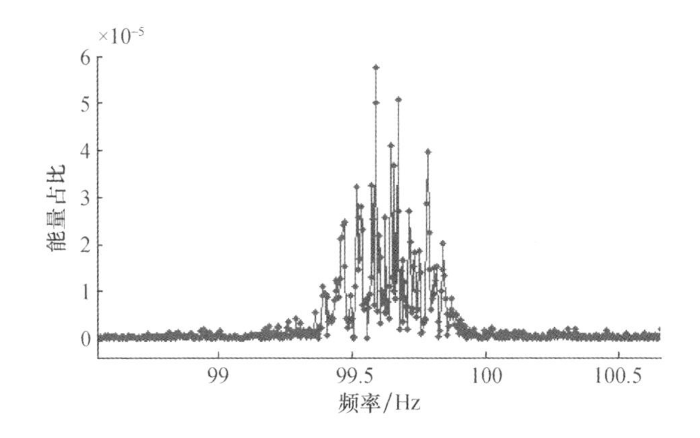

图 13－10　可见光相机成像时 CMG 振动影响

13.2.3　大气校正仪对图像 MTF 提升效果验证与评价

针对大 F 数相机静态传函较低的不足，卫星可配置成像区域大气校正仪。该载荷采用多光谱及偏振的探测手段，与主载荷同步开机，获取与主载荷成像区域匹配、时间同步的大气参数，通过对高分辨率遥感图像产品的大气影响校正，提升卫星图像的在轨动态 MTF。

在卫星初样研制阶段，通过对校正前后的图像目视效果、细节信息的丰富程度以及图像 MTF 的比对分析，初步认为成像区域大气校正仪能够有效提升遥感卫星的成像质量，对图像 MTF 的提升比例优于 10%。此外，开展校飞试验，利用地面铺设的靶标场,通过黑白靶标的刃边计算了遥感影像在大气校正前后的 MTF,其提升效果充分说明了大气校正的有效性。靶标图像在大气校正前后如图 13-11 所示。

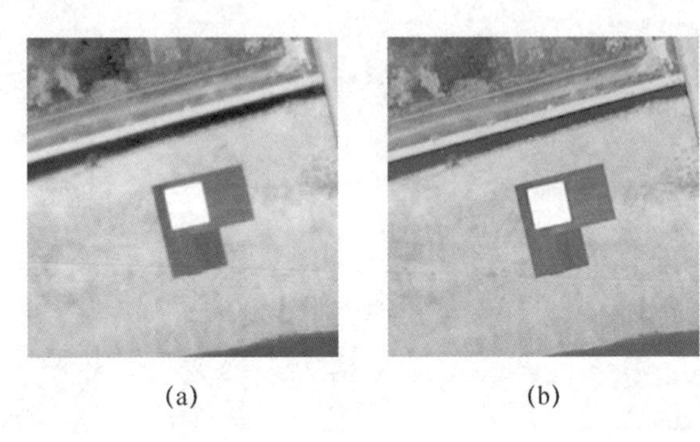

(a) (b)

图 13-11 航空试验靶标场影像(AOD=0.45)

(a)原始影像(MTF=0.11);(b)大气校正后影像(MTF=0.27)。

某卫星在轨测试期间,选取具有地面实测反射率数据的北京、敦煌地区作为卫星测试点,进行大气同步校正精度的在轨验证。利用真实的在轨遥感卫星图像数据,同步进行大气拍摄,定量验证了成像区域大气校正仪对在轨图像 MTF 的提升效果。表 13-1 给出目标区域图像在大气校正前后的 MTF 变化值,可以看出,大气校正后 MTF 提升比例优于 10%,与设计要求吻合。

表 13-1 某卫星大气校正前后的 MTF 变化

成像地点	AOD	MTF			
		方向	校正前	校正后	提升
北京靶标	0.259	垂轨	0.1070	0.1384	29.35%
		沿轨	0.1023	0.1290	26.10%
敦煌靶标	0.36	垂轨	0.0993	0.1358	36.76%
		沿轨	0.1009	0.1343	33.10%
敦煌靶标	0.464	垂轨	0.0988	0.1352	36.84%
		沿轨	0.0959	0.1351	40.88%

13.2.4 基于角位移数据的图像辐射质量专项试验

高分辨率光学成像卫星通常采用 TDICCD 或 TDICMOS 多级积分的工作方式,对处于多级积分时间内(1~3ms)的高频颤振幅度较敏感,若产生较大幅度的姿态颤振，则将使得在轨 MTF 急剧下降。角位移测量系统的高采样频率和宽频特性，可测量积分时间内的相机指向变化数据，用于运动模糊图像的复原处理，提高在轨图像 MTF。

在卫星初样和正样研制过程中，利用角位移数据进行图像辐射质量提升专项试验。

1）基于角位移数据的振动图像模糊复原方法研究

（1）模糊图像复原原理。

（2）建立模糊图像的退化模型。

（3）研究基于角位移测量数据的模糊图像复原的算法。

（4）研究在角位移测量数据幅值信息不准确情况下的模糊图像复原算法。

2）基于星上角位移传感器的半物理仿真及验证

（1）采用真实角位移测量数据对仿真图像进行模糊复原，验证算法可行性。

（2）通过仿真分析给出在卫星回扫成像过程中影响模糊图像复原效果的关键影响因素（如微振动频率、微振动幅值、角位移测量系统的测量精度和测量范围等）以及所需要的指标能力，为角位移测量系统指标论证提供客观数据。

（3）对图像复原效果进行评价。

13.3　针对高定位精度仿真分析与试验

为了进一步提高高分辨率光学成像卫星图像在轨定位精度，在充分借鉴测绘卫星设计基础上，结合目前星上误差源控制能力限制，主要在进一步减小星上随机误差、提高在轨系统误差标定技术两个方面开展工作。

在整星力学环境条件下，开展星敏和相机光轴夹角的设计保持及高精度测量设计验证。

在整星构型、结构设计中，必须采取有效的一体化结构稳定性设计措施，保证星敏与相机光轴夹角的稳定，并通过整星力学振动试验前后的高精度测量、比对验证工作，有效提高卫星主动段力学环境对星敏与相机光轴夹角的影响程度。

在初样结构星研制中，利用真实结构星，装载结构相机和真实星敏，通过整星力学振动试验前后的高精度光轴夹角标定专项测试，验证整星主动段环境对光轴夹角的影响结果，从而指导卫星、相机、姿态测量设备的一体化构型、结构设计。

13.3.1 星敏低频漂移误差实验室测量和修正

某卫星要求实现数十米的绝对定位精度，甚高精度 APS 星敏的低频误差控制，尤其是星敏的热特性、动态特性等性能，对实现系统高定位精度具有重大影响。为了深入验证低频误差的特性及影响，针对甚高精度 APS 星敏感器采取了以下措施：

（1）采用单星模拟器 + 单星光源模拟器 + 高精度转台，进行星敏感器恒星光谱和星等误差测试，测量目标星光谱变化和星等能量变化对低频误差的影响。进行基准光谱型恒星的视场位置误差测试，测量目标星视场中位置变化对低频误差的影响。

（2）采用静态多光路星模拟器 + 多星光源模拟器 + 钟罩式真空模拟设备，测试多颗目标星在视场中的数量、亮度、光谱以及在视场中的位置变化对星敏感器精度指标的影响，可总体评估星敏感器低频和高频空间相关低频误差。

（3）采用多功能精测设备 + 钟罩式真空模拟设备 + 高精度转台，监视并测量真空条件下、不同温度时星敏感器星点成像位置，得到恒星定位误差，可总体评估星敏感器热变形低频误差。

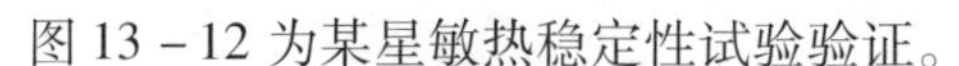
图 13－12 为某星敏热稳定性试验验证。

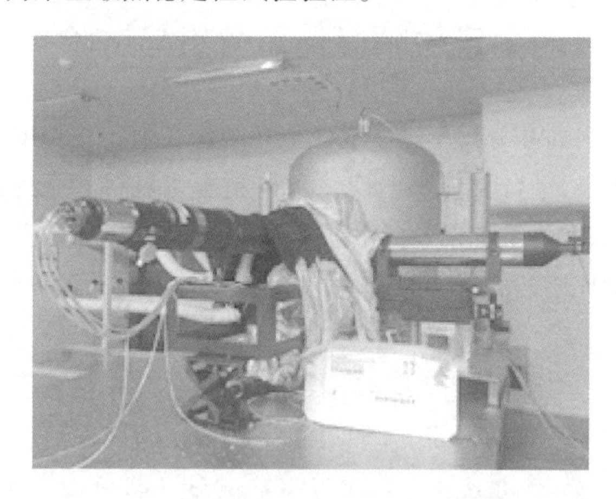

图 13－12　某星敏热稳定性试验验证

13.3.2 整星温度环境下星敏和相机光轴夹角的高精度测量

在整星构型、结构设计中必须采取有效的一体化热稳定性设计措施，保证星敏与相机光轴夹角的稳定，并通过整星不同外热流边界情况下，对光轴夹角进行高精度测量、比对验证工作，从而有效提高卫星热环境对光轴夹角的影响程度。

试验主要利用卫星真实热控星，装载热控相机和真实星敏，通过整星不同温度边界条件下的高精度光轴夹角标定专项测试，验证整星热环境对光轴夹角的影响结果，从而指导卫星、相机、星敏的一体化构型、结构设计。

13.3.3　星上数据源高精度时统的测试与试验验证

为了有效降低时间同步误差对图像数据、姿态数据、定轨数据的地面处理和应用造成的随机误差影响，卫星可采用基于 GPS 秒脉冲的设计措施，有效提高控制系统姿态测量数据的守时精度和相机图像辅助数据与图像行的对准精度。

由于该项试验涉及导航定位、控制、综合电子、振动测量、星相机、主相机等多个分系统/子系统的用时单机产品，因此为了便于定量获得卫星时统精度实测数据，必须在初样电性星测试前，利用上述用时单元的电性产品开展时统精度测试验证专项联试，从而保证每个用时单元实现高时间同步精度的要求，并有效抑制星上影响定位精度的随机误差。

在卫星正样研制阶段，也可同样开展正样产品相关的测试试验验证。

13.3.4　图像辅助数据设计及测试

考虑卫星大角度姿态机动后，某个星敏可能无法快速、连续、有效定姿而不能输出定姿数据，除了必须考虑将星敏定姿数据作为辅助数据下传外，还可以考虑将陀螺、角位移等数据作为工程数据下传，从而在地面通过星敏及陀螺数据实现联合定姿的能力。

另外，为了有效降低卫星在轨力学、热变形对轨道系下相机光轴指向精度的影响，充分利用地面应用系统标定后的高精度卫星惯性系到轨道系转换矩阵，必须考虑将星敏惯性系定姿四元数作为辅助数据下传，由地面解算轨道系下相机光轴指向，从而进一步提高在轨光轴转换计算误差，有效提高在轨图像定位精度。

在卫星初样电性星、正样星中均需开展该测试验证。

13.3.5　卫星焦面调整机构专项试验

调焦机构运动机构产生卡死会导致编码器失效、电机失效等功能丧失，导致焦平面和像平面无法重合，成像质量下降，甚至无法获取有效图像。

为了深入验证焦面调整机构的特性及寿命可靠性，在卫星初样研制过程中，针对相机采取了一定的措施，如调焦机构的重复精度、调焦精度测试及寿命可靠性试验。

某调焦机构定位精度检测如图 13 - 13 所示。在测试过程中用相机下位机控制调焦机构的电机转动，利用之前拟合的调焦机构运动控制公式来实现调焦机构的运动，同时利用数显千分表测量调焦镜的实际位移，对两组数据进行对比，就可以得到调焦机构定位精度误差。

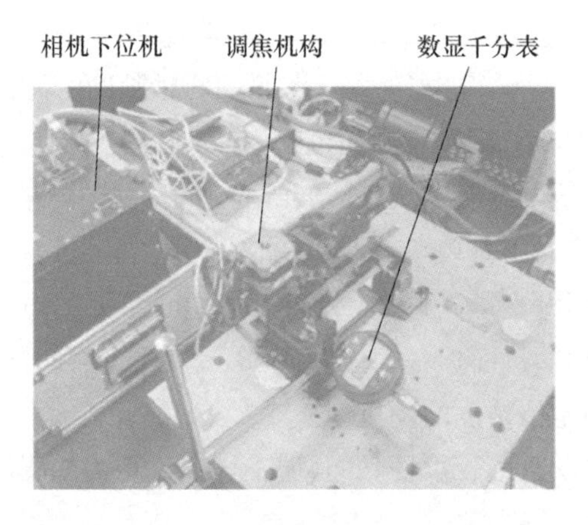

图 13 - 13　调焦机构定位精度检测

为考验调焦机构的稳定性，对调焦机构开展了力学和热学环境试验，并对调焦机构环境试验前后的定位精度进行了测试，测试结果对比如图 13 - 14 所示。在整个行程内，环境试验前后调焦机构精度分布趋势基本无变化，且试验后机构最大位移误差为 0.006mm，优于 0.01mm 的设计指标，满足调焦精度设计要求。

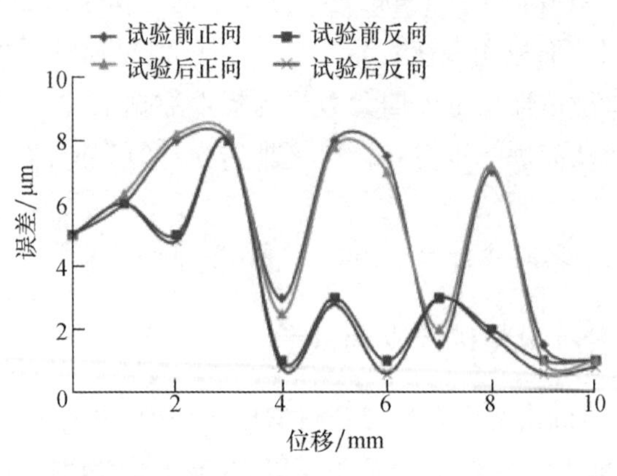

图 13 - 14　环境试验前后调焦机构定位精度对比

位移偏角测试主要检测的是调焦镜运动的直线性，测量调焦镜在整个行程范围内的偏摆情况。为了检测该指标，搭建了如图 13－15 所示的光学检测平台，该检测平台主要由调焦机构、相机下位机、编码器检测电箱、经纬仪等组成。具体检测方法：在调焦镜座上粘贴面形精度很高平面反射镜，作为方位基准，用经纬仪自准直的方法来获得平面镜法线方向，通过相机下位机驱动机构运动，测量全行程内调焦机构运动的倾斜角。

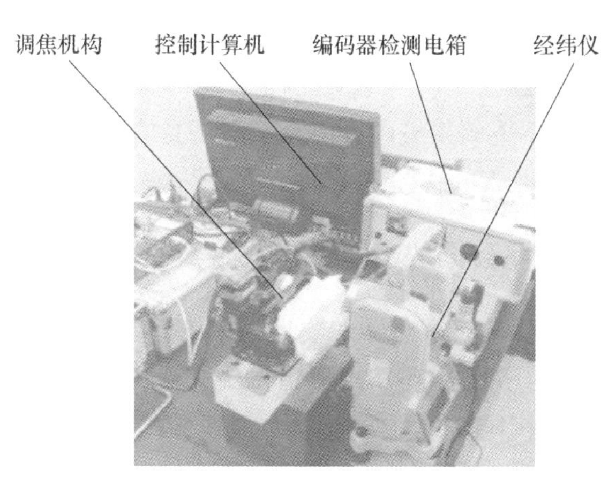

图 13－15　调焦机构位移偏角检测

环境试验前后调焦机构定位精度对比如图 13－16 所示。由图可见，调焦机构试验前后位移偏角分布趋势基本无变化，试验后调焦机构的最大倾斜角为 16.5″，满足光学设计要求 30″的设计指标要求。

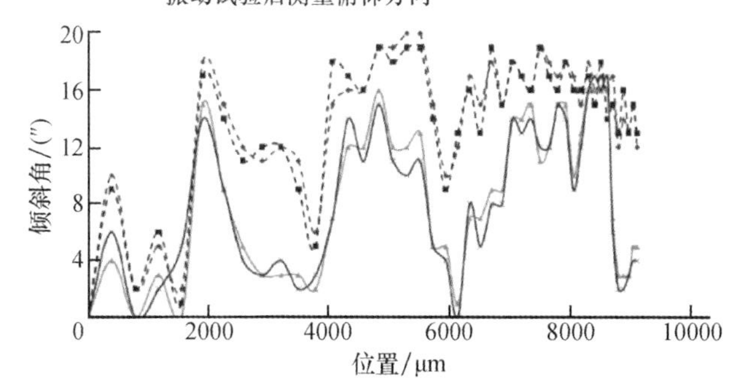

图 13－16　环境试验前后调焦机构定位精度对比

13.3.6 卫星在轨相机内方位元素的高精度几何标定

采用椭圆轨道的高分辨率光学卫星，其剧烈的轨道高度变化将引起相机在轨频繁调焦。因此，相比之前的遥感卫星，该卫星存在在轨内方位元素频繁变化的情况，必须对相机调焦后的内方位元素和畸变进行精确的几何内标定，以保证高定位精度处理。需要开展以下工作。

（1）在辅助数据中的焦面位置标识、焦面拼接的几何处理需求、提高相对姿态测量精度等方面，进行卫星总体设计。

（2）不同焦面位置下的相机内方位元素与畸变的实验室定量测试，深入验证调焦下相机内方位元素的特性及影响。

13.3.7 基于角位移数据的卫星几何成像质量提升专项试验

当前用于卫星定姿的星敏感器的输出频率较低、短时精度相对较差，不利于高几何定位精度的图像处理。当卫星的姿态稳定较差时（如回扫成像模式），星上低频振动源引起的姿态变化会造成图像出现扭曲，影响成像的几何质量。

角位移测量系统由高精度角位移测量仪和角位移测量管理单元组成，其测量姿态具有实时性好、输出频率高等优点，与星敏感器数据相互标定后进行联合定姿，可有利于提高图像几何定位精度。综合对比国内外多种角位移陀螺性能指标，某卫星选择空间四频差动激光陀螺，具有低噪声、无振动、角分辨率高、测量频带宽、可靠稳定等特点，非常适合测量卫星平台存在的频率高、幅值小的微振动，如图 13－17 所示。

13.3.7.1 星敏感器和角位移测量数据的组合定姿方法研究

（1）建立卫星姿态运动学模型。在给出相关坐标系定义及其转换的基础上，分别利用欧拉角和四元数姿态表示方法，对三轴稳定卫星姿态运动学进行建模。

（2）研究星敏和角位移测量组合系统的测量模型和误差四元数姿态运动学模型，针对随机游走、采样误差、在轨安装误差等因素进行建模，建立误差方程，并通过数学仿真分析识别主要误差参量。

（3）研究星敏感器和角位移测量系统联合姿态确定算法，并通过数学仿真对组合定姿的有效性进行验证，要求给出仿真算例及分析。

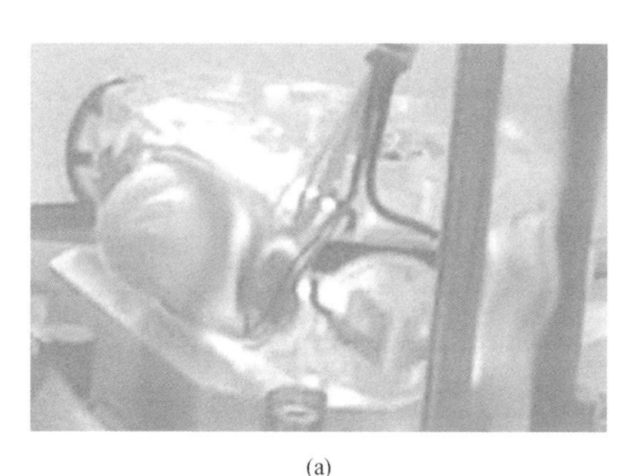

(a)

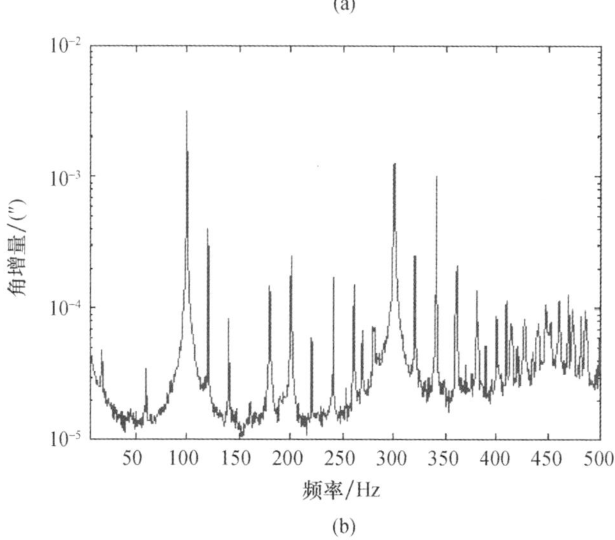

(b)

图 13－17　某空间四频差动激光陀螺及角增量测量曲线

13.3.7.2　组合定姿对提高几何定位精度的仿真分析

针对不同成像条件下(如不同姿态稳定度、不同星敏个数等),仿真量化计算姿态确定精度的提高程度。

某卫星在轨微振动实测数据表明,其角位移测量系统的全频段测量精度优于 0.003″,在 158Hz CMG 敏感频点处精度优于 0.0003″,如图 13－18 所示。通过高频姿态抖动处理算法,根据在轨某卫星姿态的真实状况,卫星影像沿轨向的道路明显被拉直,对位移中误差可以由 1.2 个像素减少到 0.6 个像素以内。

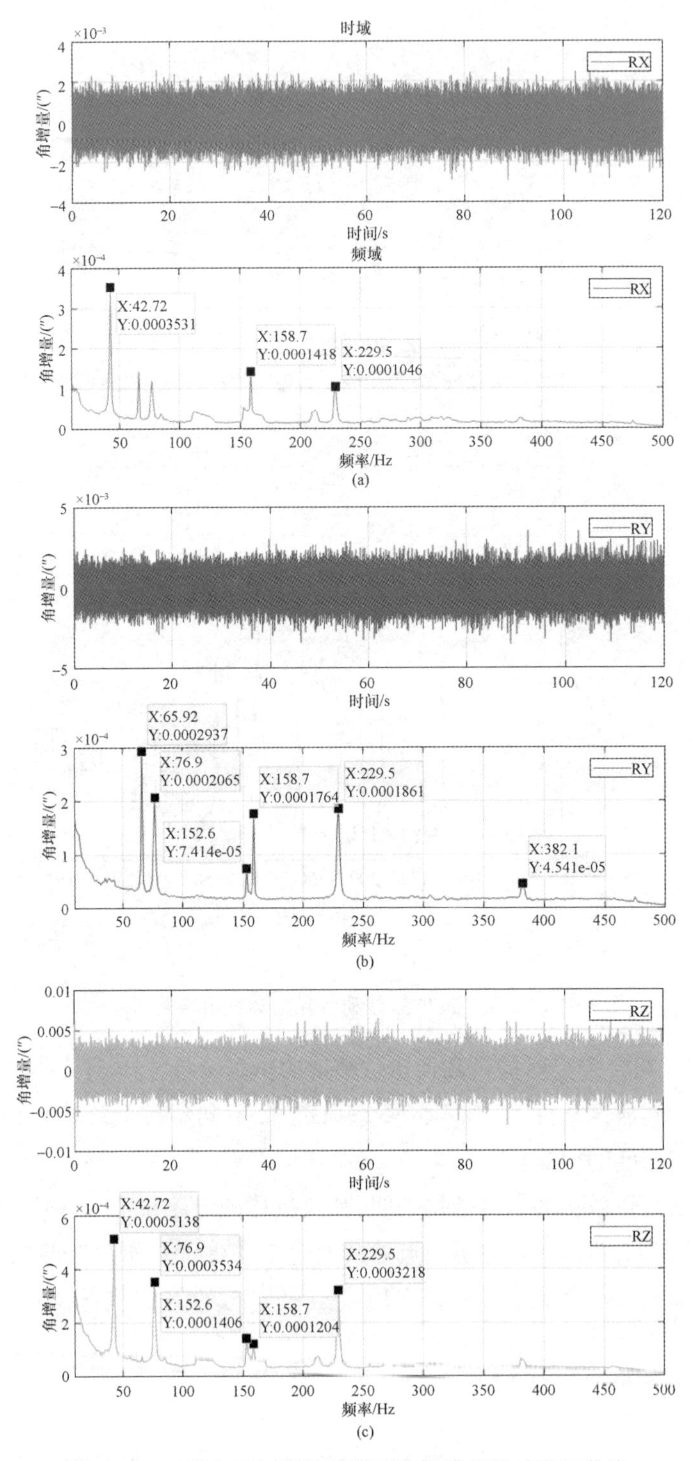

图 13－18　某空间四频差动激光陀螺及角增量测量曲线

13.4　高速图像数据处理及其匹配试验验证

高达数十吉比特每秒的相机数据率，对数传系统的高速海量图像数据实时压缩处理技术提出了很高要求。卫星将针对相机与数传的高速数据接口以及满足用户主客观评价要求的压缩算法，开展相应的专项试验验证工作，以保证数据稳定可靠的处理和传输。

（1）高可靠相机与数传高速接口匹配性的试验验证。相机与数传的数据接口传输方式、电缆类型及长短、接插件阻抗匹配等均会影响高速数据的传输和处理，特别是易受温度环境影响，导致时序余量设计不足，易出现小概率难以复现和定位的故障现象。因此，面向整星实际布局环境，利用相机电性和鉴定产品，开展相机信号处理器与数传电性、鉴定产品的专项高低温联合试验。分别在所能容忍的温度环境下，进行相机与数传的接口高低温循环试验，验证接口硬件设计和时序设计的正确性和适应能力，从而确保高速接口满足高可靠性、高稳定性的设计要求。

（2）高分辨率图像压缩算法优化及评价。针对高分辨率高速海量数据特点，开展面向高辐射质量性能要求的不同压缩比的 JPEG 图像压缩、解压算法参数优化设计，并开展主客观评价工作，确保压缩解压后的成像质量满足用户要求。

（3）数传预处理算法验证及效果评价。某卫星数据处理器采用了云判、相对辐射校正等算法，因此开展面向预处理算法的参数优化设计以及主客观评价工作，确保预处理算法满足后端数据使用要求。

上述试验均可在卫星初样研制中开展。

第 14 章 高精度在轨任务仿真与高效能运用

低轨高分辨率光学遥感卫星,卫星成像质量与成像工作模式、在轨任务方案、卫星运行状态和星上约束条件等密切相关,受多方面紧耦合因素的制约。为使卫星在各种复杂任务的目标特性、环境条件、成像模式、工作状态、在轨约束等条件下都能使成像质量在固有本质能力范围内尽可能逼近最优,需要在充分分析卫星使用环境、使用要求、工作模式的基础上构建动态精细数字化模型,对低轨高分辨率光学遥感卫星姿态机动、成像等运行过程及其工作参数进行精细化计算和预估,实现对卫星运行状态的动态仿真和成像能力关键指标评估分析。一方面为卫星设计提供任务分析、关键指标验证、工作模式设计等分析验证工具;另一方面为卫星在轨运行期间的应用模式设计、任务管控、效能试验鉴定提供支持保障。

14.1 低轨高分辨率光学遥感卫星在轨任务仿真系统设计

低轨高分辨率光学遥感卫星在轨任务仿真系统模拟卫星在轨成像任务,特别是主动姿态回扫的动中成像任务全过程,仿真验证卫星及其各分系统轨道、姿态、能源平衡、数据平衡、对地/中继数传弧段约束条件,实现对卫星成像任务效能和成像质量预估,为卫星设计指标优化、地面试验测试验证、在轨运行任务管控、卫星应用综合效能评估提供基础支撑服务的星地一体化仿真系统。

14.1.1 系统组成与架构

低轨高分辨率光学遥感卫星在轨任务仿真系统由卫星运行状态仿真平台、卫星数字化模型、复杂任务优化模拟软件、测控接收模拟资源库等组成。系统架构由基础层、平台层、业务层和应用层构成，如图14－1所示。图中：基础层提供基础软硬件支撑环境；平台层提供遥感卫星运行状态仿真平台和低轨高分辨率光学遥感卫星各类数字化模型插件；业务层提供复杂任务优化模拟软件和测控接收模拟资源库；应用层基于仿真手段，完成星地一体在轨任务能力分析。

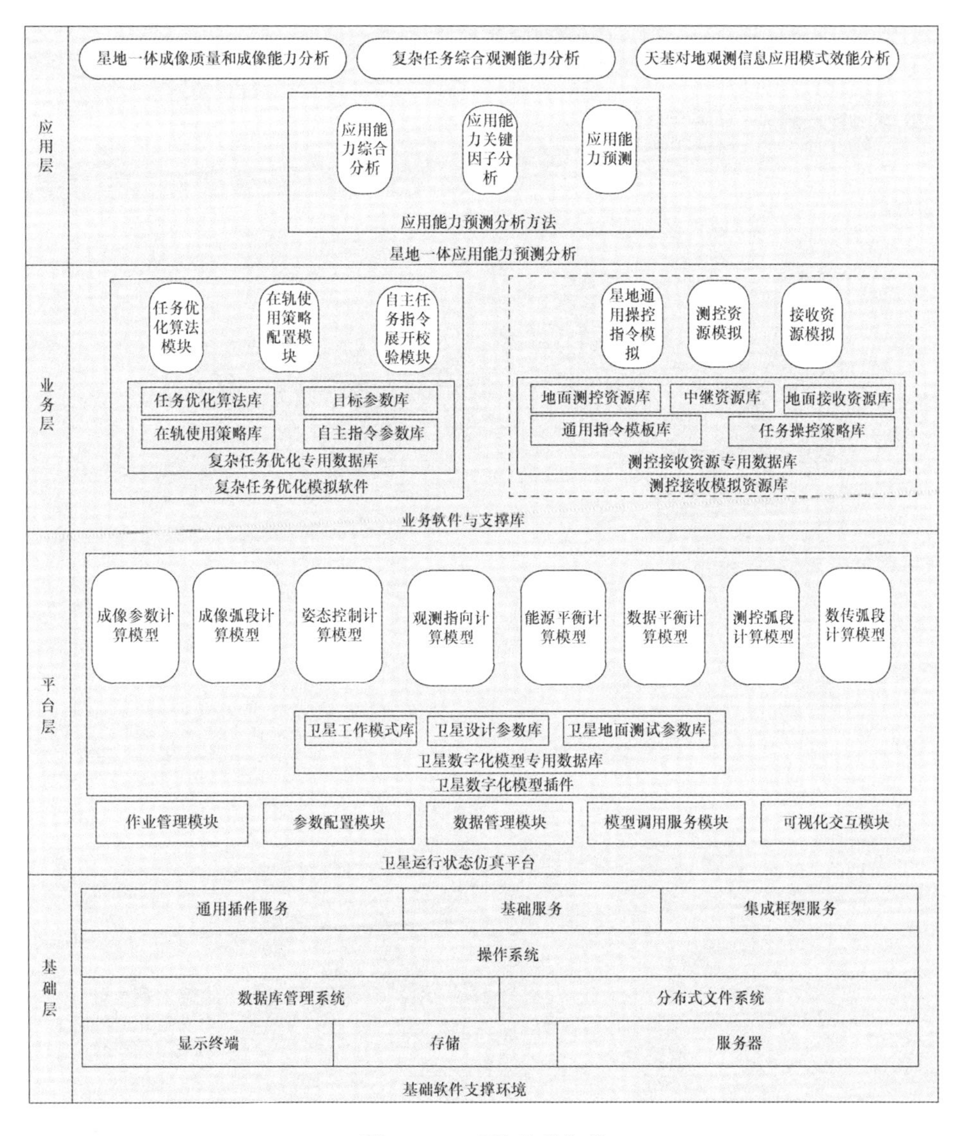

图14－1　系统总体架构

14.1.2 工作流程与接口设计

系统工作流程如图 14-2 所示。

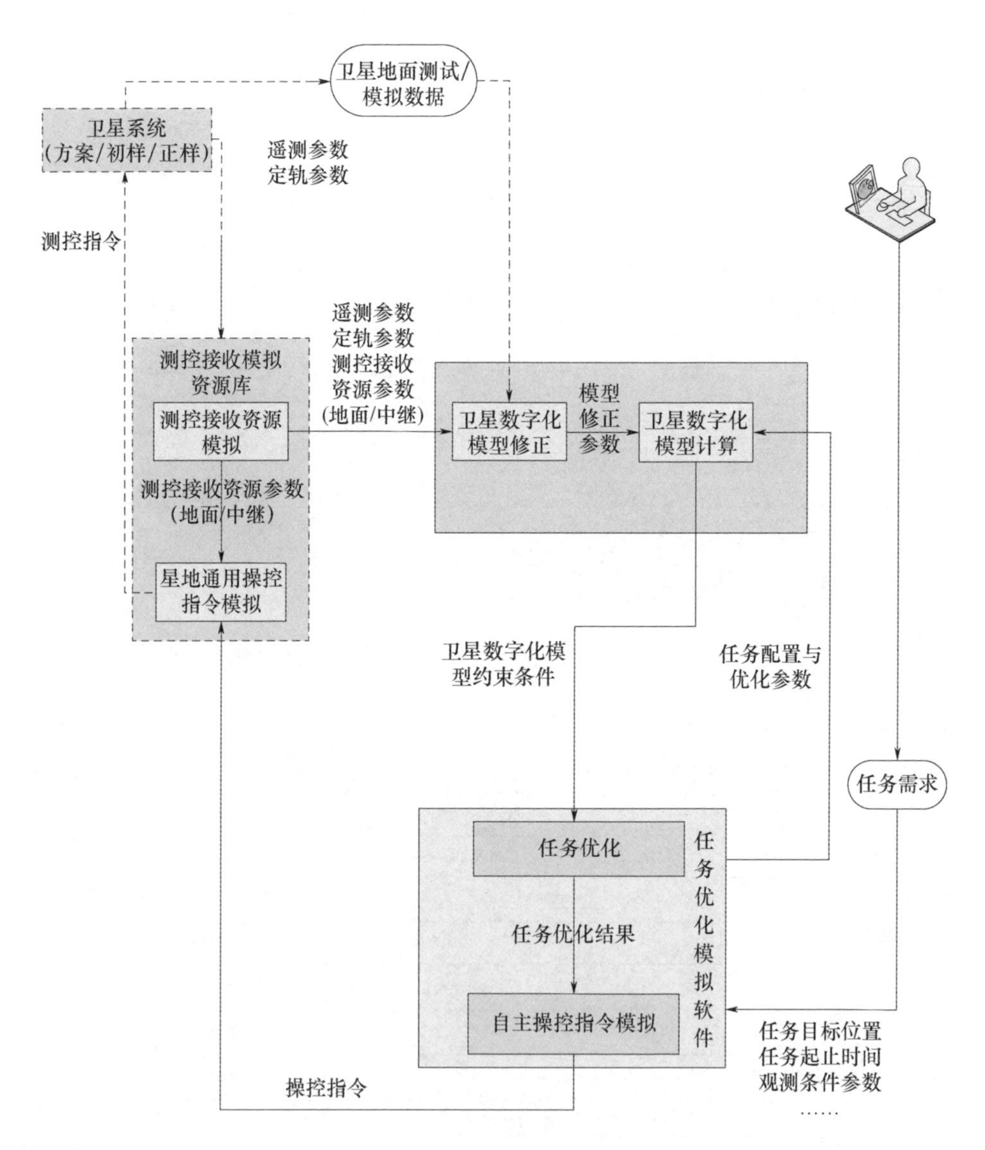

图 14-2 系统工作流程

系统内部接口如图 14－3 所示。

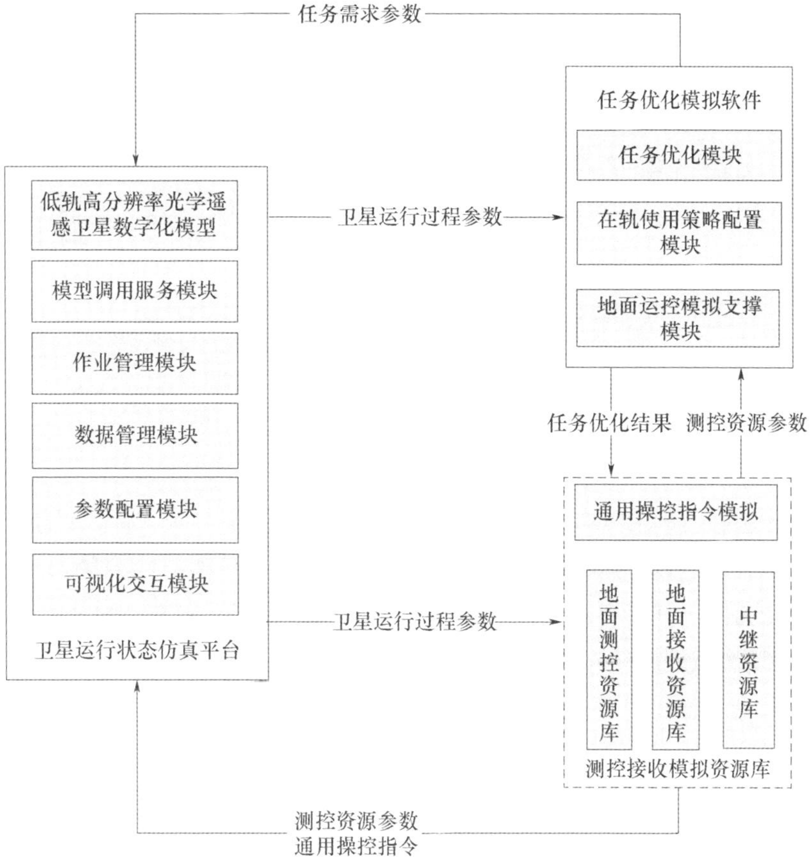

图 14－3 系统内部接口

14.2 低轨高分辨率光学遥感卫星数字化模型构建

低轨高分辨率光学遥感卫星数字化模型主要用于计算和预估卫星成像、测控、数传等运行过程及其工作参数，包括一系列独立存在又相互关联的模型，所构建模型满足低轨高分辨率光学遥感卫星对信息化管理和复杂任务优化调度接口应用需求，模型具备较好的通用性，可以通过参数配置适应不同类型轨道、不同相机参数等多样化卫星建模。低轨高分辨率光学遥感卫星数字化模型组成如图 14－4 所示。

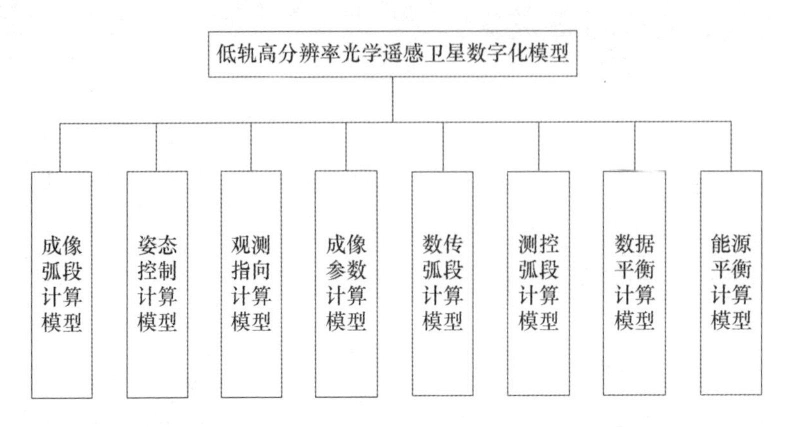

图 14－4　低轨高分辨率光学遥感卫星数字化模型组成

14.2.1　成像弧段计算模型

成像弧段计算模型可针对点目标、条带目标等目标种类，基于设定的卫星轨道参数、成像弧段分析起止时间和卫星最大姿态机动能力约束等条件，分析卫星成像弧段。其具有的特点：给出满足卫星“俯仰＋滚动”最大姿态机动能力的可见弧段，为成像任务姿态机动、能源、存储等分析提供支持；可设置使用/不使用太阳光照条件约束，分别适用于可见光和红外成像任务；可给出每个任务的持续成像时长和升轨/降轨信息，便于筛选感兴趣任务。成像弧段计算结果列表如图 14－5 所示。

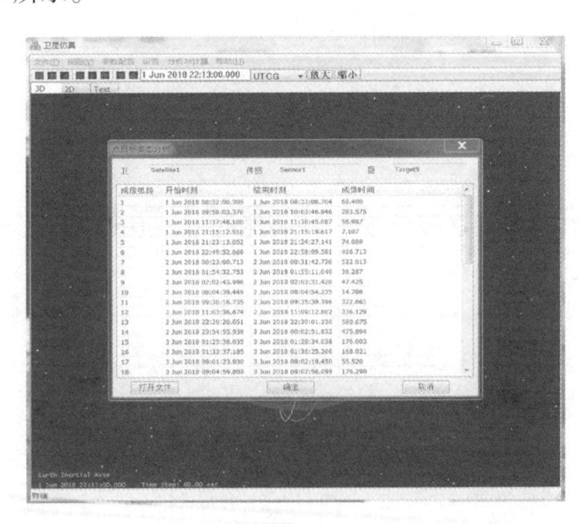

图 14－5　成像弧段计算结果列表

14.2.2　姿态控制计算模型

姿态控制计算模型可针对点目标、条带目标等目标类型的被动推扫或动中成像任务，基于卫星姿态控制律，计算成像过程任意时刻的姿态参数。其具有的特点：按照卫星姿态控制频率，给出成像过程任意时刻的三轴姿态角度、角速度、角加速度；同时支持被动推扫、动中成像模式；动中成像模式下，同时支持主动单向降速回扫、主动单向加速推扫、主动双向推扫等成像模式。姿态控制三维状态如图 14－6 所示。姿态控制角度计算结果如图 14－7 所示。

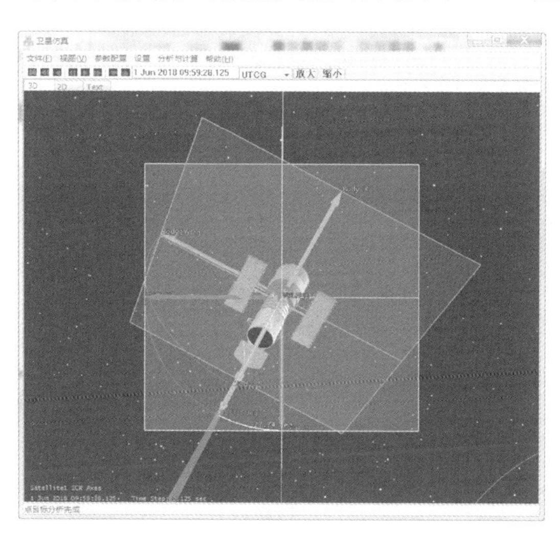

图 14－6　姿态控制三维状态

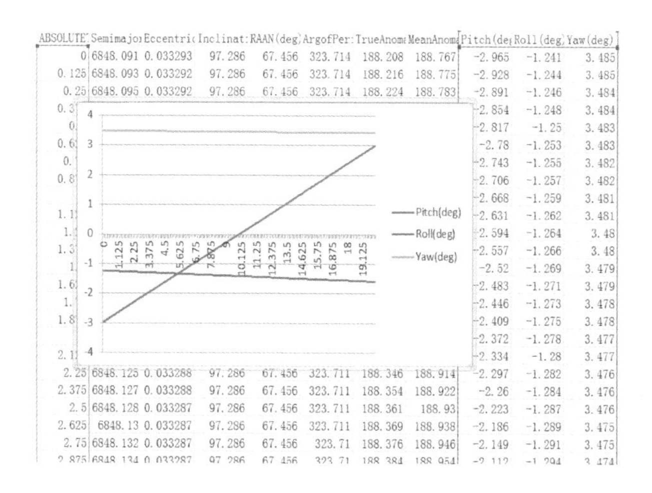

ABSOLUTE	Semimajo	Eccentri	Inclinat	RAAN(deg	ArgofPer	TrueAnom	MeanAnom	Pitch(de	Roll(deg	Yaw(deg)
0	6848.091	0.033293	97.286	67.456	323.714	188.208	188.767	-2.965	-1.241	3.485
0.125	6848.093	0.033292	97.286	67.456	323.714	188.216	188.775	-2.928	-1.244	3.485
0.25	6848.095	0.033292	97.286	67.456	323.714	188.224	188.783	-2.891	-1.246	3.484
0.3								-2.854	-1.248	3.484
0								-2.817	-1.25	3.483
0.6								-2.78	-1.253	3.483
0.								-2.743	-1.255	3.482
0.8								-2.706	-1.257	3.482
								-2.668	-1.259	3.481
1.1								-2.631	-1.262	3.481
1.								-2.594	-1.264	3.48
1.3								-2.557	-1.266	3.48
1								-2.52	-1.269	3.479
1.6								-2.483	-1.271	3.479
1.								-2.446	-1.273	3.478
1.8								-2.409	-1.275	3.478
								-2.372	-1.278	3.477
2.1								-2.334	-1.28	3.477
2.25	6848.125	0.033288	97.286	67.456	323.711	188.346	188.914	-2.297	-1.282	3.476
2.375	6848.127	0.033288	97.286	67.456	323.711	188.354	188.922	-2.26	-1.284	3.476
2.5	6848.128	0.033287	97.286	67.456	323.711	188.361	188.93	-2.223	-1.287	3.476
2.625	6848.13	0.033287	97.286	67.456	323.711	188.369	188.938	-2.186	-1.289	3.475
2.75	6848.132	0.033287	97.286	67.456	323.71	188.376	188.946	-2.149	-1.291	3.475
2.875	6848.134	0.033287	97.286	67.456	323.71	188.384	188.954	-2.112	-1.294	3.474

图 14－7　姿态控制角度计算结果(见彩图)

14.2.3 观测指向计算模型

观测指向计算模型基于轨道参数、任务目标参数和成像能力预估参数，构建卫星载荷与观测目标的指向模型，对卫星观测过程的载荷观测指向参数进行精细计算，得到卫星行为过程的观测指向机动参数序列，作为卫星运行状态仿真分析的观测指向机动能力约束条件。其共有的特点：可自主设置中心点成像姿态俯仰角约束；对于点目标，支持地面摄影点设置为大圆、小圆两种路径；对于条带目标，支持非沿迹条带动中成像；可实现计算成像前姿态预置、成像中姿态稳定或机动、成像后姿态复位或切换等成像全过程观测指向参数计算。观测指向计算过程如图14－8所示。

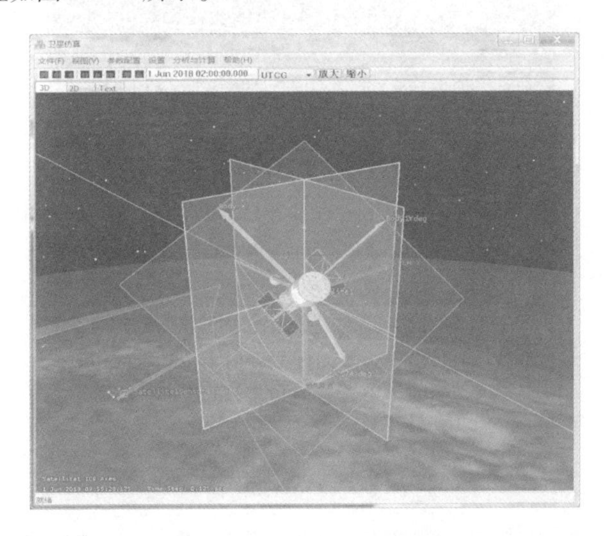

图14－8　观测指向计算过程

14.2.4 成像参数计算模型

成像参数计算模型将覆盖范围、观测方向、信噪比等观测成像要求转化为观测过程起止观测指向角预置值、摄影点相对地速预置值等卫星运行过程参数，为轨道、姿态等运行过程建模提供初始参数。同时在卫星轨道、姿态、观测指向等运行过程建模完成后计算角速度、角加速度、地面摄影点坐标、覆盖范围、空间分辨率、观测高度角和方位角、信噪比等成像参数，作为卫星运行状态仿真分析的成像能力约束条件；可动态、连续计算输出成像全过程任意时刻的成像参数，为成像能力分析提供依据。

14.2.5　数传弧段计算模型

数传弧段计算模型可在地面接收站和中继卫星可见视场分析、天线被卫星本体遮挡分析基础上,实现对对地数传天线、中继数传天线的可用数传弧段分析,给出可用的数传弧段。其具有的特点:数传天线为定向天线,基于卫星三维外部结构模型,根据星上数传天线与地面接收站、中继卫星的通信链路计算任意时刻的数传天线二维指向,计算各个数传天线是否被卫星本体或太阳翼等活动部件遮挡;可动态计算任意时刻的数传天线遮挡状态;可进一步扩展实现给出数传弧段全过程数传天线是否存在遮挡的分析结论,并给出数传天线可用/不可用各个弧段的起止时间区间。数传弧段天线遮挡计算结果如图 14 - 9 所示。

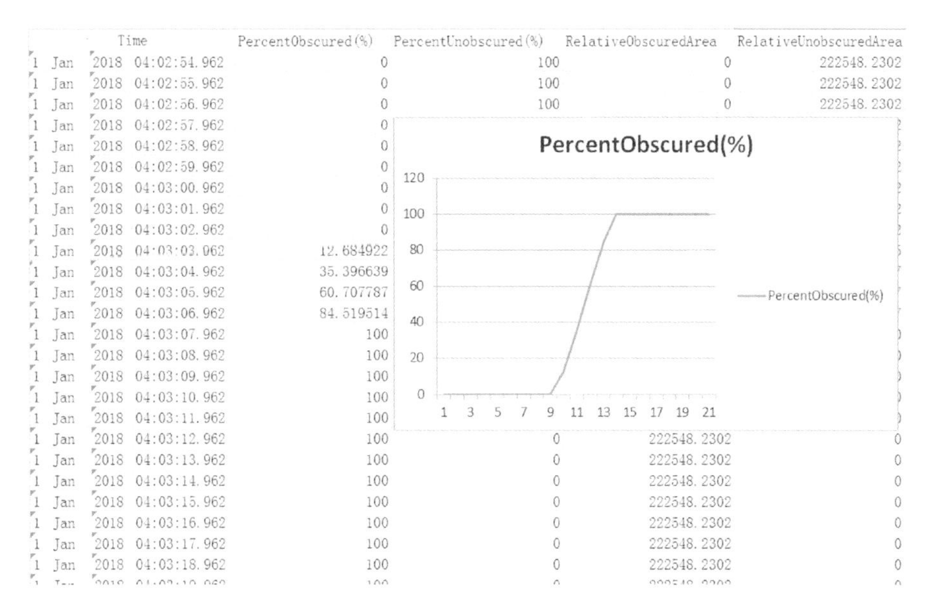

Time	PercentObscured(%)	PercentUnobscured(%)	RelativeObscuredArea	RelativeUnobscuredArea
1 Jan 2018 04:02:54.962	0	100	0	222548.2302
1 Jan 2018 04:02:55.962	0	100	0	222548.2302
1 Jan 2018 04:02:56.962	0	100	0	222548.2302
1 Jan 2018 04:02:57.962	0			
1 Jan 2018 04:02:58.962	0			
1 Jan 2018 04:02:59.962	0			
1 Jan 2018 04:03:00.962	0			
1 Jan 2018 04:03:01.962	0			
1 Jan 2018 04:03:02.962	0			
1 Jan 2018 04:03:03.962	12.684922			
1 Jan 2018 04:03:04.962	35.396639			
1 Jan 2018 04:03:05.962	60.707787			
1 Jan 2018 04:03:06.962	84.519514			
1 Jan 2018 04:03:07.962	100			
1 Jan 2018 04:03:08.962	100			
1 Jan 2018 04:03:09.962	100			
1 Jan 2018 04:03:10.962	100			
1 Jan 2018 04:03:11.962	100			
1 Jan 2018 04:03:12.962	100	0	222548.2302	0
1 Jan 2018 04:03:13.962	100	0	222548.2302	0
1 Jan 2018 04:03:14.962	100	0	222548.2302	0
1 Jan 2018 04:03:15.962	100	0	222548.2302	0
1 Jan 2018 04:03:16.962	100	0	222548.2302	0
1 Jan 2018 04:03:17.962	100	0	222548.2302	0
1 Jan 2018 04:03:18.962	100	0	222548.2302	0

图 14 - 9　数传弧段天线遮挡计算结果

14.2.6　测控弧段计算模型

测控弧段计算模型可在地面测控站和中继卫星可见视场分析、天线被卫星本体遮挡分析基础上,实现对对地测控天线、中继测控天线的可用测控弧段分析,给出可用的数传弧段。该模型与数传弧段计算模型类似,但与其相比具有以下差异:测控天线为全向天线,基于卫星三维外部结构模型的天线遮挡计算过程不用考虑天线指向角的转动,但需要考虑测控天线被卫星本体、太阳翼及其他活动部件的遮挡情况,给出天线方向图的可视范围;可动态计算任意时刻的测控天线遮挡状态;可进一步扩展实现给出测控弧段全过程测控天线是否存在遮挡的分析结论,并给出测控天线可用/不可用各个弧段的起止时间区间。

14.2.7 数据平衡计算模型

数据平衡计算模型可根据卫星任意时刻积分时间,计算对应时刻产生的单位时间成像数据量和整个成像任务产生的完整数据量。其具有的特点:按照卫星姿态控制频率设置计算步长,基于探测器探元数量、量化位数、压缩比等参数,根据变化的积分时间动态计算任意时刻的数据量;将全部时刻的单位时间数据量累加,计算整个成像任务的总数据量;可进一步扩展实现综合成像、测控、数传任务的数据吞吐事件,结合数传弧段分析结果,计算星上数据动态存储状态。数据平衡的数据产生量计算结果如图 14－10 所示。

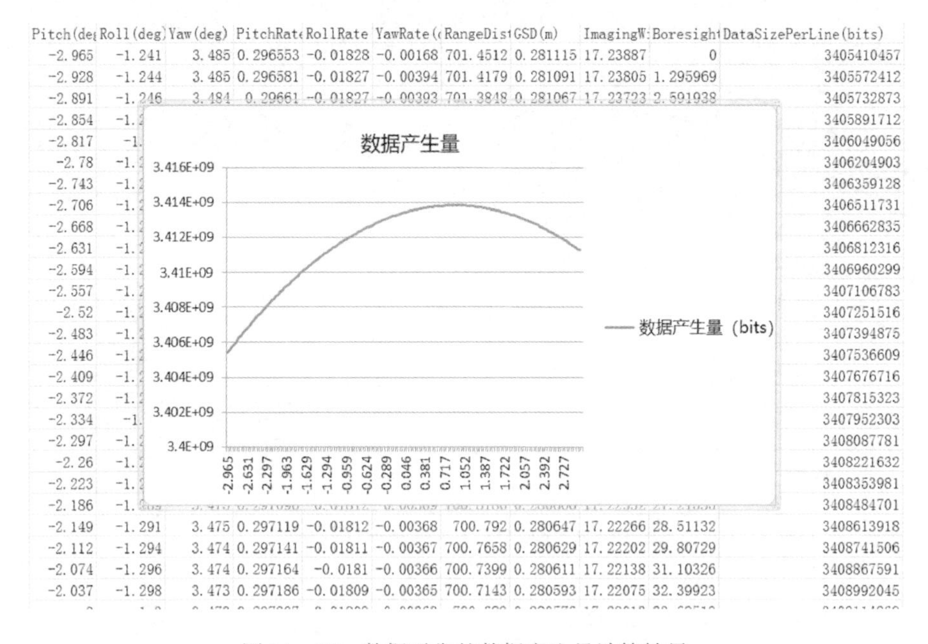

图 14－10 数据平衡的数据产生量计算结果

14.2.8 能源平衡计算模型

能源平衡计算模型可在动态计算任意时刻卫星太阳光照遮挡面积(比例)和光照能量的基础上,基于星上发电模型、用电模型和充放电模型,动态计算任意时刻蓄电池放电深度，判断任务的能源平衡条件。其具有的特点：基于卫星三维外部结构模型，按照太阳翼对日定向、停转固定两种状态，动态计算任意时刻太阳光线在太阳翼平面的高度角、方位角和太阳翼相对卫星本体的转动角，计算卫星太阳翼遮挡区域范围；按照太阳翼电池阵单元尺寸、排布间隔、电路串联方向等条件，在太阳翼遮挡区域范围的基础上，计算任意时刻太阳翼电池阵可发电/不可发电的区域范围和面积；可进一步扩展实现基于星上发电、用电和充放电模型，动态计算能源平衡状态和蓄电池放电深度，判断是否满足卫星能源约束条件。能源平衡的发电量计算结果如图 14－11 所示。

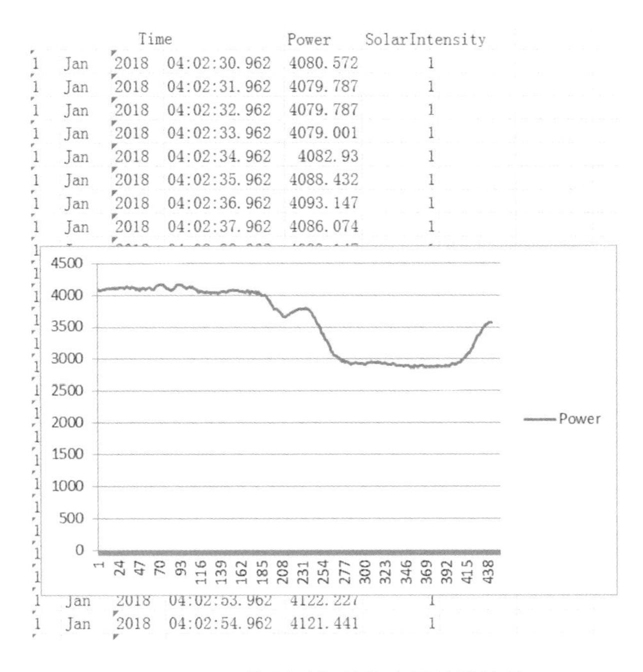

图 14－11　能源平衡的发电量计算结果

14.3　低轨高分辨率光学遥感卫星复杂任务模式综合优化

面向高分辨率光学遥感卫星成像的多任务协同优化、动态任务调整、动中成像精细控制等复杂任务模式运行控制要求，设计基于卫星近实时模型修正的动态任务优化策略，采用基于参数调整的复杂任务在轨优化算法进行任务优化，并进行卫星自主任务指令生成、展开与校验。复杂任务模式综合优化技术流程如图 14－12 所示。

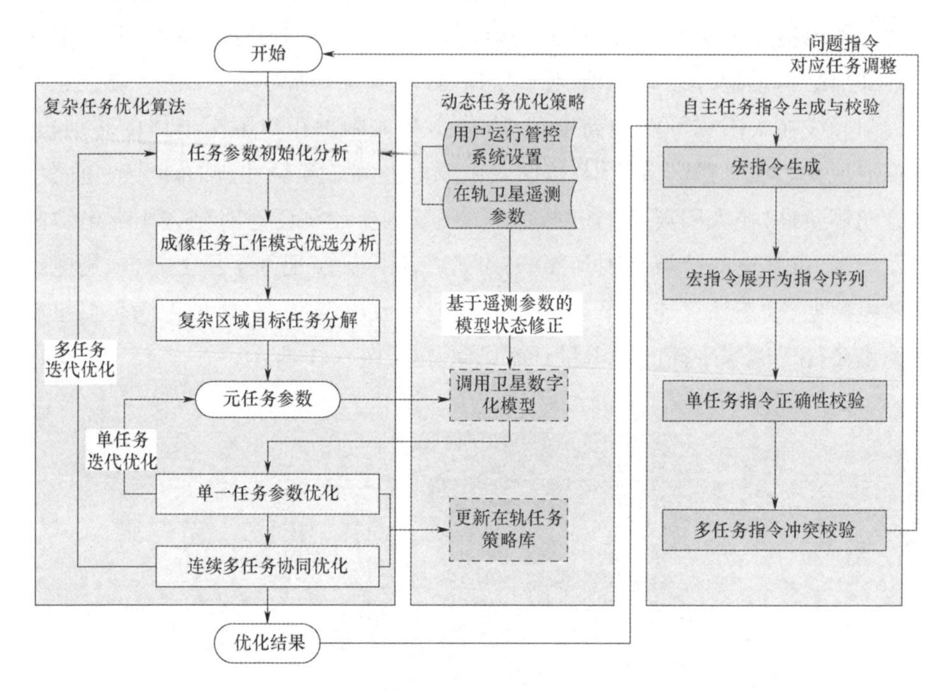

图 14-12　复杂任务模式综合优化技术流程

14.3.1　基于卫星近实时模型修正的动态任务优化策略

基于卫星近实时模型修正的动态任务优化策略基于低轨高分辨率光学遥感卫星数字化模型，利用卫星在轨运行状态实时/近实时下传遥测参数驱动模型分析并对模型状态进行动态修正的工作机制，将动态修正的卫星数字化模型计算分析结果作为动态约束条件引入复杂任务优化计算流程，形成基于动态约束条件的复杂任务综合优化策略。

14.3.1.1　分析卫星在轨任务特点和当前卫星在轨任务管控中存在的主要问题

观测任务的完成涉及卫星平台的姿态控制，以及星上载荷设备、数传天线等控制工作，主要包含轨道机动及卫星姿态调整、目标观测、数据传输三类活动。当前，卫星在轨任务管控流程如图 14-13 所示。

当前，低轨光学遥感卫星在轨任务管控中存在的主要问题包括：

(1)直接采用任务遥控指令上注方式，需要通过运控和测控系统将每条指令上注到卫星，遥控指令上注数量大、发送和接收时间长，而受到卫星过境时间的限制，接收的指令少，导致获取的需求工作任务次数较少，星上载荷资源利用不饱满。

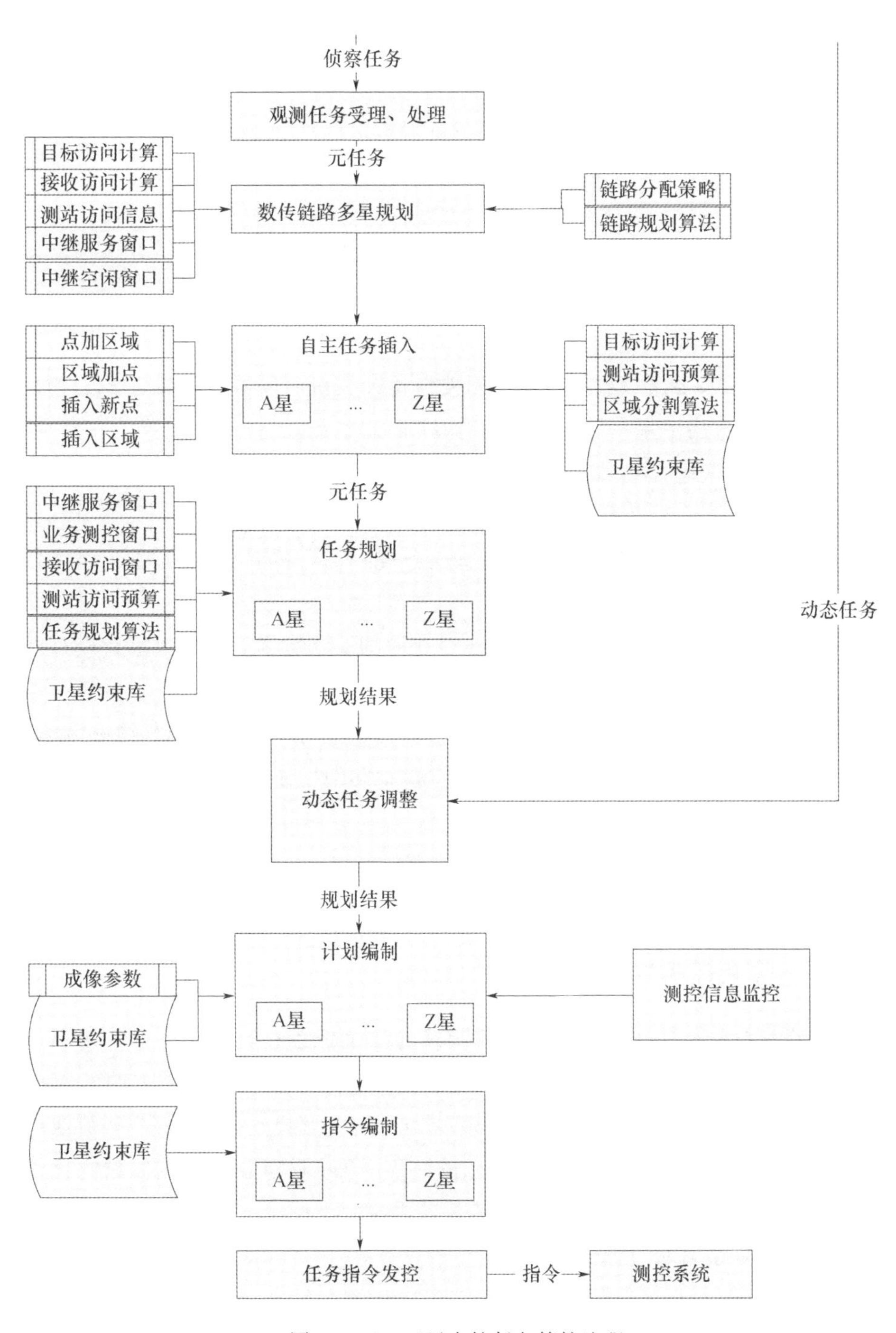

图 14－13　卫星在轨任务管控流程

(2)多个任务项组成一个任务表的上注任务表方式,星载数据处理系统解析任务项信息,将其分解为各相关设备开关机指令序列,卫星按照时间顺序依次执行各个指令,较上注指令序列的方式,节约了测控信道上注资源,在相同的卫星测控时间段内可完成更多的任务上注,是近期新研制卫星在轨任务管理的主要方式;但这种上注任务表中的任务仍需由地面人工干预生成,且任务及任务之间可行性缺乏有效验证,存在人力资源成本过高、任务执行易发生错误的问题。

(3)对于临时增加紧急的观测任务,往往与已安排的任务存在指令冲突,需要考虑工作模式、工作参数配置以及相关设备开关机时序等已安排任务的约束和新增插入任务后卫星存储、能源等约束条件的更新,工作参数配置关联繁琐、涉及面广,导致应急任务插入难度大。

14. 3. 1. 2　基于卫星近实时状态的动态任务调整策略

相比较于现有任务规划流程,动态任务规划流程的具体改变如图 14 – 14 所示,其中变化部分用蓝色表示。

(1)卫星约束库根据星上和地面实时获取的遥测数据对卫星数字化模型的计算结果进行实时更新。

(2)动态任务规划进行自主任务插入时,需要充分考虑卫星实时约束情况。

(3)测控信息监控实时动态更新测控资源可用性、资源分配情况等信息,为动态任务调整提供测控条件约束参数。

(4)编制卫星控制指令时进行卫星约束的动态指令验证,将验证后的指令发送至测控系统上注。

14. 3. 2　复杂任务优化算法

复杂任务优化主要采用基于参数调整的复杂任务在轨优化算法。该算法面向低轨高分辨率光学遥感卫星多种成像模式、敏捷姿态机动、动中成像、高成像质量要求、自主能力强等特点,充分利用卫星的姿态机动控制参数、载荷成像控制参数、数传测控控制参数灵活可调的特点,通过调整卫星在轨参数优化任务执行能力,适应各类复杂应用场景的任务需要。

14. 3. 2. 1　复杂区域目标任务分解

复杂区域目标任务分解算法可将需多次观测的复杂任务分解为若干个可单次成像完成的元任务,作为任务规划的基本单元。其具有的特点:可支持被动推扫、主动单向推扫、主动正反双向推扫等观测方式;可用于以区域中心点坐

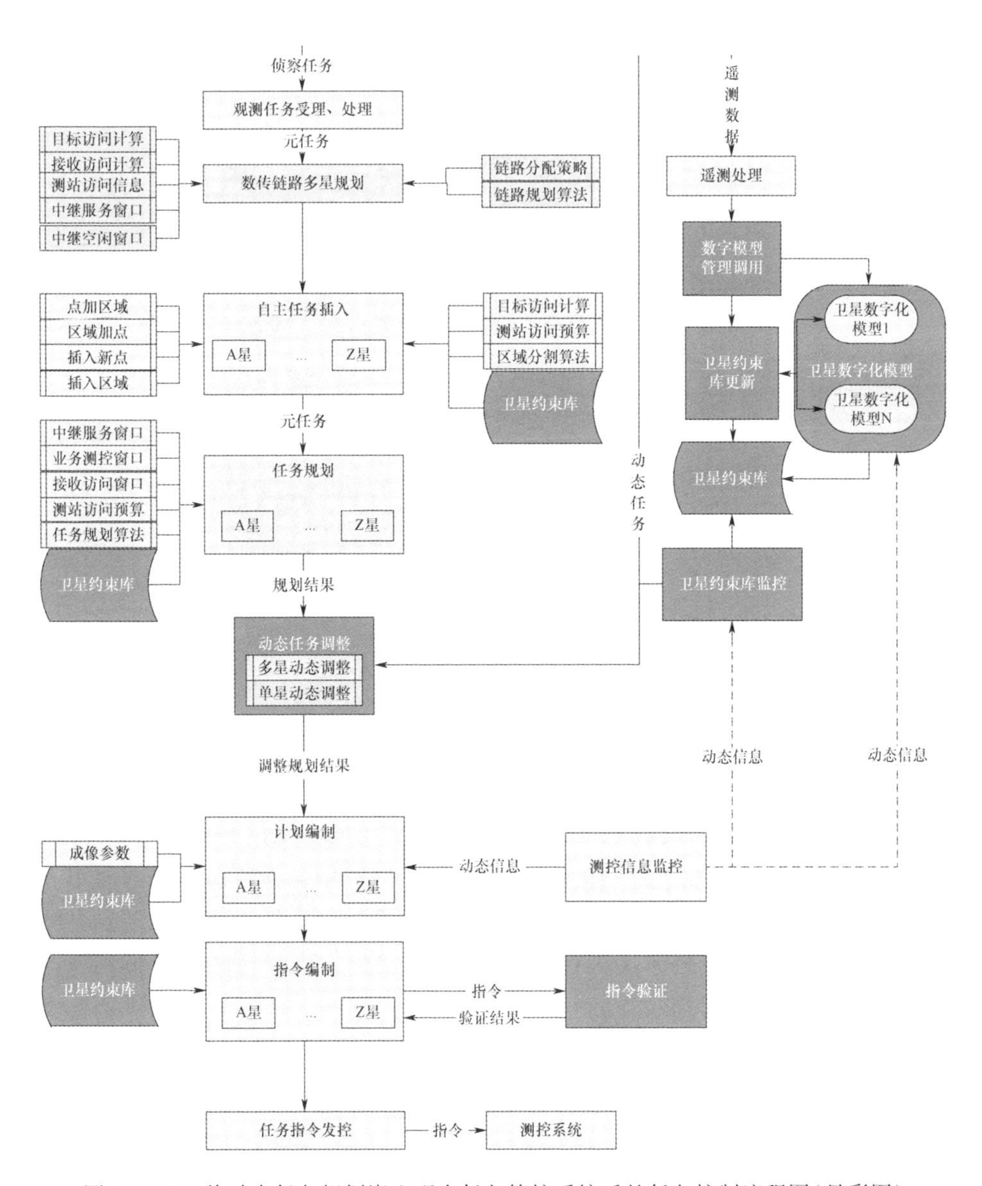

图 14－14　将动态任务规划嵌入现有任务管控系统后的任务控制流程图(见彩图)

标为输入条件的同轨多条带拼接、同轨多角度、同轨立体等成像模式;在元任务分解过程中,动态分析相邻元任务之间的姿态切换机动能力,使姿态机动切换能力满足分挡姿态机动速度和最大姿态机动角速度的约束条件;在元任务分解过程中,采用相邻元任务姿态角差值最小化,不同元任务姿态角以中心元任务为对称分布的任务分解策略,以满足单一元任务成像质量尽可能高、不同元任务成像质量差异尽可能小的要求;可设置元任务成像时长、成像次数、中心点成像俯仰角、相邻条带重叠度等参数。

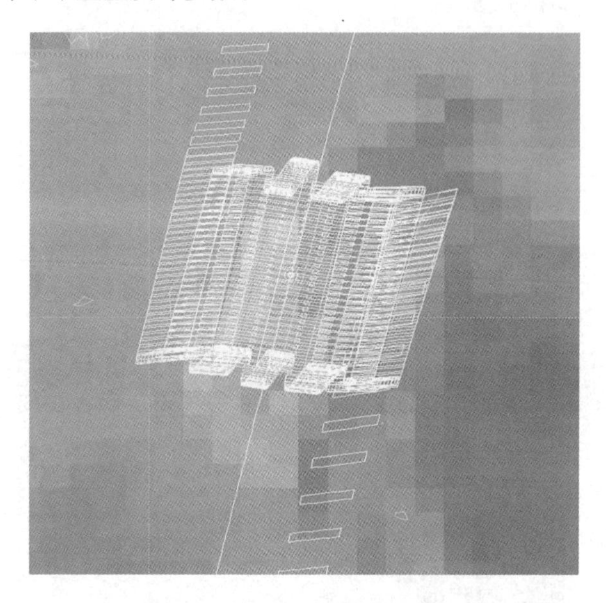

图 14-15　区域分解算法分解结果

14.3.2.2　动中成像单任务优化算法

动中成像单任务优化算法可在成像任务不满足成像质量要求,或相邻任务存在冲突的情况下通过增加/缩短成像时长、增加/降低扫描地速等方式对单一动中成像任务进行单任务优化,提升成像质量,消解相邻任务冲突。其具有的特点:对不满足成像质量要求的任务,主要采用增加成像时长的方式提升覆盖范围指标,或采用降低扫描地速、进行主动回扫成像的方式提升信噪比指标进行优化,提升成像质量;对存在冲突的相邻任务,主要采用缩短成像时长的方式减少单个任务成像时间,或采用增加扫描地速、进行主动正扫成像的方式缩短单个任务成像时间进行优化,消解相邻任务冲突;可自主设置任务参数调整方向、步长、阈值及迭代次数。

14.3.2.3　多任务协同优化算法

多任务协同优化算法可对相邻任务存在冲突的单星同轨多任务,通过相邻任务间姿态直接切换、调整成像中心点俯仰角、观测时间窗调整、低优先级不可用任务删除等方式对同轨多任务进行优化,最大程度地提升观测效率,实现同轨高密度观测。其具有的特点:对成像过程起止时间不冲突但姿态复位后再预置所用时间超过相邻任务间隔时长要求的相邻任务,将默认的前次任务成像后姿态复位、后此任务成像前姿态预置的姿态切换方式，将其调整为前次任务成像后姿态角直接向后次任务成像前姿态角切换的机动方式，缩短相邻任务所需间隔时间要求，消解任务冲突；对成像过程时间段即存在时序冲突的相邻任务，将前次任务中心点成像姿态角向正方向增加、后次任务中心点成像姿态角向负方向增加，通过姿态角差值增大的方式延长相邻任务间隔时长，消解任务冲突；对给定任务规划分析时间段内存在多次过境时间窗的任务，在同轨已不能满足任务编排要求的情况下，将优先级较低的任务延迟到下一时间窗（后续轨道圈次）观测，消解任务冲突；对通过各种任务优化手段都无法消解冲突的任务，必要时舍弃低优先级的任务；多任务协同优化算法模块在运行过程中与动中成像单任务优化算法模块配合使用，共同提升观测效率，实现任务优化。多任务协同优化如图 14 - 16 所示。

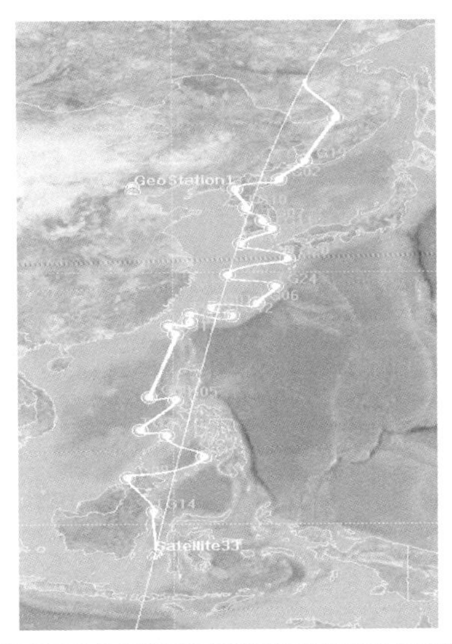

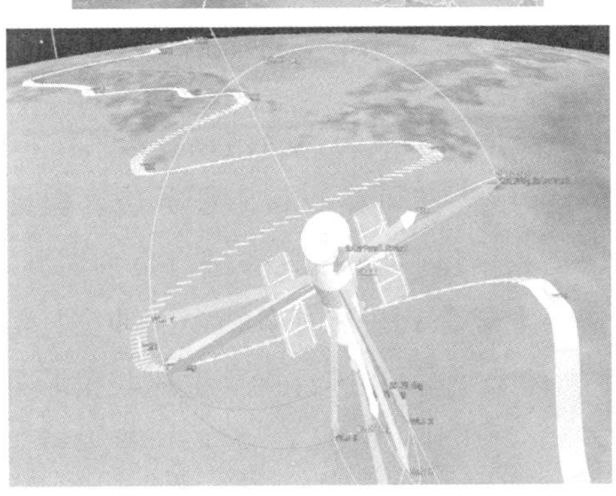

图 14 - 16　多任务（25 个点目标任务）协同优化（见彩图）

14.3.3 自主任务指令展开校验

自主任务指令展开校验技术主要模拟低轨高分辨率光学遥感卫星任务，包括成像（记录）、数传（回放）、边记边放等类型任务的宏指令生成、展开和执行过程，并进行宏指令展开后的指令序列冲突检测，校验宏指令的正确性。自主任务指令展开校验流程如图14－17所示。

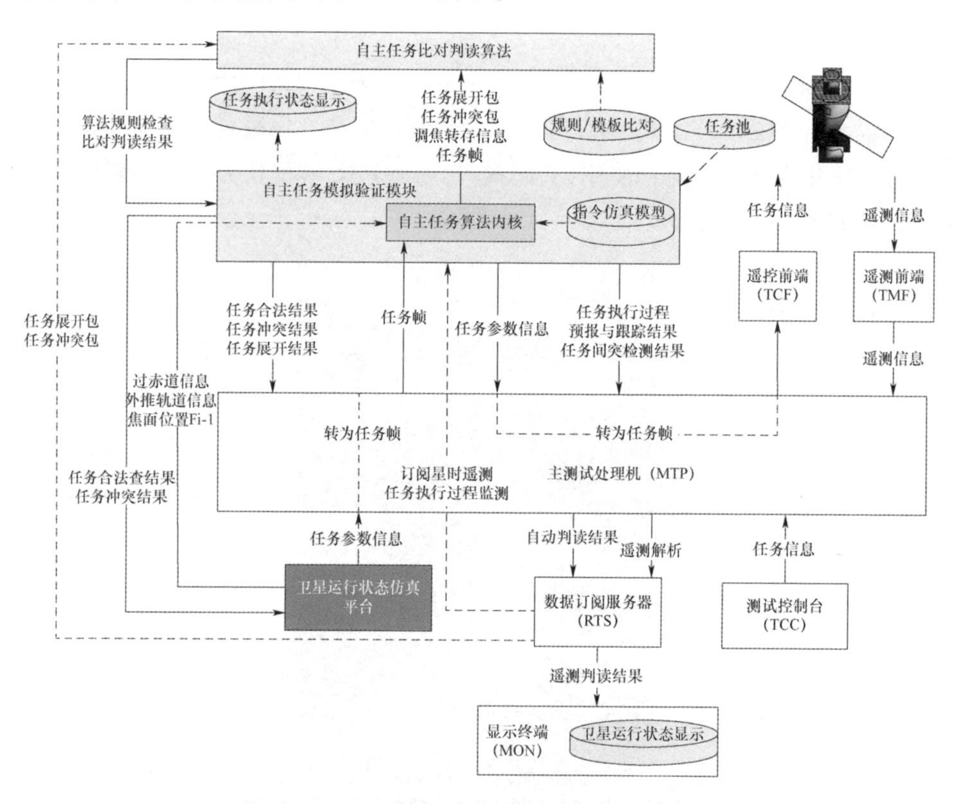

图14－17 自主任务指令展开校验流程

14.3.3.1 星上自主任务指令生成与校验内核算法

复杂区域目标任务分解算法可接收自主任务仿真验证软件模块转发的任务信息、过赤道包和轨道数据包，对本批任务进行指令展开与校验处理（包括自主指令的生成、调焦指令生成等），进行任务指令的冲突检测；同时，判断本批任务与任务池中原有任务有无冲突，在进行指令生成与校验处理后将输出结果发送至自主任务仿真验证软件模块。其具有的特点：将遥感卫星运行状态仿真支撑平台拟上注卫星的自主任务指令自主生成相应的指令序列，并执行完成任务;自主根据物距计算相机焦面码值,在成像前进行自主调焦;在每次回放和边记边放任务前自主进行小固存文件的转存;支持成像(记录)、数传(回放)、边记边放等典型卫星工作任务类型;支持单个任务或连续多个任务的指令展开与校验;自动判断多个自主任务指令内部或之间的参数错误、时序冲突、调焦冲突、轨道包错误等任务冲突或错误。

14.3.3.2　自主任务指令比对判读算法

自主任务指令比对判读算法可接收星上自主任务指令生成与校验内核算法的自主任务展开后指令序列包、任务冲突包、调焦冲突包、调焦信息包、转存信息包以及任务帧等数据,根据一定的规则进行检查比对,对星上自主任务指令生成与校验内核算法模块输出的任务结果进行安全评估,作为判断任务是否可以上注卫星执行的依据。其具有的特点:根据任务帧、任务冲突包、调焦冲突包以及星上冲突检测规则,生成每个任务的指令序列,并与展开包里的内容进行比对,比对内容包括每个指令组的时刻以及指令组内容;生成比对结果的参数,并发送至自主任务模拟验证算法模块;比对定时序列模板,通过屏蔽某些参数码字的方式比对固定指令码字是否正确。

14.3.3.3　自主任务模拟验证模块

自主任务模拟验证模块内嵌星上自主任务指令生成与校验内核算法,为该算法提供输入输出数据的透明转发功能,同时完成校验任务遥控包格式或任务帧格式以及任务相关参数的显示。其具有的特点:接收遥感卫星运行状态仿真支撑平台发送的同一批次的轨道、过赤道、总控生成的任务包,并将任务包封装成帧;仿真软件将任务帧、轨道信息等透明转发至星上自主任务指令生成与校验内核算法;接收星上自主任务指令生成与校验内核算法的检查信息并进行处理;接收遥感卫星运行状态仿真支撑平台对任务冲突的处理措施,将处理措施转发给星上自主任务指令生成与校验内核算法;接收星上自主任务指令生成与校验内核算法以及自主任务指令比对判读算法的输出结果,并在界面中进行显示。

14.3.4　星地通用操控接口指令模板设计

星地通用操控接口指令模板设计主要针对低轨高分辨率光学遥感卫星的典型行为模式,提取不同卫星指令的共性特征,形成通用模板,将特性条理化、参数化;梳理指令类型,合理设置接口,实现通过上注简单的参数来对卫星行为下达指令,便于快速任务优化的指令生成、快速应急测控的指令上注和卫星高

效任务执行。星地通用操控接口单任务和多任务指令模板如图 14 - 18 所示。星地通用操控接口模板参数如图 14 - 19 所示。

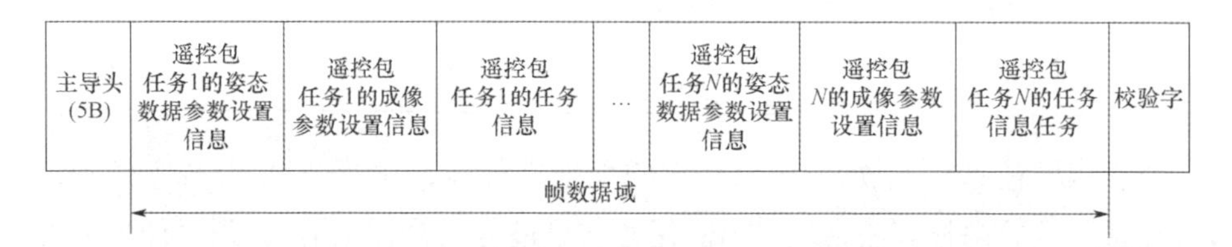

图 14 - 18　星地通用操控接口单任务和多任务指令模板

图 14 - 19　星地通用操控接口模板参数

14.3.4.1　卫星不同工作任务类型和成像/数传模式自主任务通用指令模板设计

针对卫星的成像(记录)、数传(回放)、边记边放等卫星工作任务类型,以及点目标、同轨多条带拼接、同轨立体、同轨多角度、非沿迹条带动中成像、主动回扫动中成像等不同成像模式,对地、中继等不同数传模式,梳理提炼出任务信息参数模板、姿态控制参数模板、载荷控制参数模板三类典型自主任务指令模板,将卫星在轨执行任务所需的、必须由地面上注的参数统一归纳进上述三类典型指令模板中;每类模板的参数内容、顺序、字节数及导引信息等均实现统一格式,实现各类任务均使用一套统一的指令模板格式、每个任务只需修改必要的参数值;与传统指令序列相比,不需要对个别具体任务重新设计和选用额外的指令模板格式,也不需要每次执行任务都重新上注大量的与任务信息本身无关的参数指令,从而大幅提升了卫星执行复杂任务的高效性、灵活性,大幅降低了地面管控操作的复杂性和误操作可能性,大幅降低了测控指令上注所需的上注数据量和时长要求,使卫星可以在同样时间范围、同样地面管控和测控资源保障条件下更多、更灵活、更高效、更安全地执行各类复杂任务。

14.3.4.2　多任务组合方式通用指令模板设计

针对卫星在轨一次执行多个成像(记录)、数传(回放)、边记边放等卫星工作任务类型,以及多种成像/数传模式任务的要求,在单任务通用指令模板的基础上,采用三种方式实现多任务组合的通用指令模板设计:一是针对成像(记录)任务在单次成像任务指令模板的基础上扩展形成一次过境、多次成像的拼幅成像任务通用指令模板,使其可支持同轨多条带拼接、同轨立体、同轨多角度等成像模式;二是针对一次执行多个成像(记录)、数传(回放)、边记边放等卫星工作任务类型的情况设计了多任务组合指令模板,结合自主任务指令生成与校验软件,可在星上执行、地面同步验证多任务宏指令自主展开的指令序列及其冲突情况,并可对某些时序冲突或调焦冲突的成像任务进行合并处理;三是针对突发插入的应急任务,制定了卫星已上注任务自主清除通用指令模板,从而可快速完成应急任务调整。

14.4　遥感卫星运行状态仿真支撑平台

遥感卫星运行状态仿真支撑平台主要用于实现对各个光学遥感卫星数字化模型的集成和作业管理、参数配置、数据管理、可视化交互等共性支撑功能。仿真支撑平台调用各个光学遥感卫星数字化模型完成对卫星行为事件、工作能力等运行状态的仿真,包括作业管理、参数配置、数据管理、模型调用服务、可视化交互等模块。

14.4.1　作业管理模块

作业管理模块实现对仿真作业进行作业单定制、作业流调度、作业状态监视、用户管理、日志管理等功能。其具有的特点:支持仿真作业单定制、作业流驱动,对仿真作业需求、状态参数、处理策略等进行统一配置,并将作业单转化为按工序步骤实施的模型/模块调用流程;实现仿真作业状态监视,通过状态栏、弹出窗口、进度条等方式，提示仿真作业及模型计算的步骤、进度、是否成功等状态，在作业异常时给出提示；实现用户管理、日志管理等功能。作业管理流程定制界面如图 14－20 所示。

图 14－20　作业管理流程定制界面

14.4.2　参数配置模块

参数配置模块实现对仿真作业所需的卫星及其载荷、地面站、观测目标以及任务等的相关参数进行配置（包括新建、添加、删除、修改等）。其具有的特点：卫星及载荷参数配置，配置卫星初始轨道、姿态控制参数、载荷参数等卫星及载荷参数；目标参数配置，配置观测目标代号、类型、位置等参数，具备参数配置文件的界面配置功能；数传测控参数配置，配置地面测控站、地面接收站、中继卫星代号、类型、位置、可用范围高度角、可用范围方位角等参数；任务参数配置，配置任务代号、类型、成像时长/距离、主动/被动推扫方式、扫描地速确定方式及其量化值、多条带拼接条带数等参数。任务参数配置界面如图 14－21 所示。

14.4.3　数据管理模块

数据管理模块通过数据库对仿真作业所需的通用和专用数据等进行统一管理、存储、导入导出，提供基于遥测数据等外部数据的更新修正接口，为基于海量仿真数据的综合分析提供基础支撑。其具有的特点：作业单数据管理，对作业管理模块生成的仿真作业单的定制参数进行导入、查询、删除、更新等数据

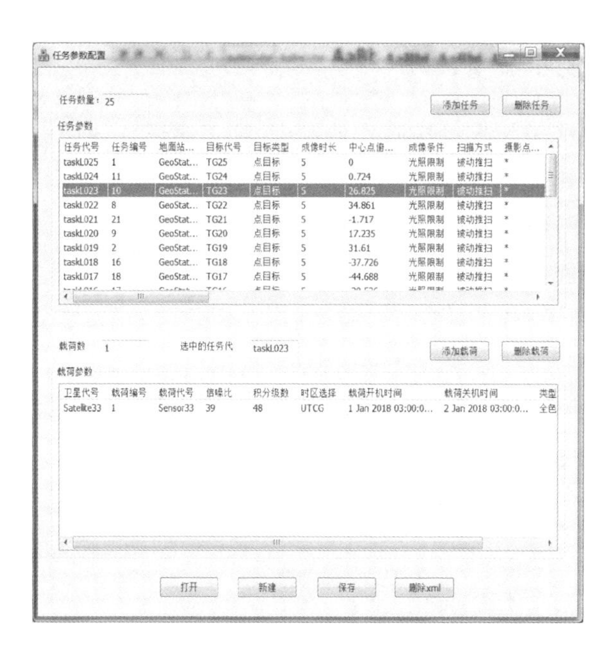

图 14－21　任务参数配置界面

管理；配置参数数据管理，对参数配置模块生成的配置参数进行导入、查询、删除、更新等数据管理；仿真作业结果数据管理，对模型调用服务模块提供的各卫星数字化模型计算结果进行导入、查询、删除、更新等数据管理；模型查找表管理，对卫星数字化模型批量计算生成的查找表进行导入、查询、删除、更新等数据管理。仿真平台数据管理后台数据库如图 14－22 所示。

ordercode	numbers	taskcode	taskpri	indata	modemethod	modestep	iterationnumber	error	updatemode	yxcstrategysymbol
20170607112138	1	P_Task5	3	自主设置数据	精细化计算	场景步长	10	不更新	不更新	启动
20170613182326	1	Task0613	3	自主设置数据	整轨批量计算	场景步长	1	不更新	不更新	启动
20170628083333	1	TaskMultiTest	3	自主设置数据	精细化计算	场景步长	10	不更新	不更新	启动
20170630181343	1	TaskMulti01	3	自主设置数据	精细化计算	场景步长	10	不更新	不更新	启动
20170630181343	10	TaskMulti10	3	自主设置数据	精细化计算	场景步长	10	不更新	不更新	启动
20170630181343	11	TaskMulti11	3	自主设置数据	精细化计算	场景步长	10	不更新	不更新	启动
20170630181343	12	TaskMulti12	3	自主设置数据	精细化计算	场景步长	10	不更新	不更新	启动
20170630181343	13	TaskMulti13	3	自主设置数据	精细化计算	场景步长	10	不更新	不更新	启动
20170630181343	14	TaskMulti14	3	自主设置数据	精细化计算	场景步长	10	不更新	不更新	启动
20170630181343	15	TaskMulti15	3	自主设置数据	精细化计算	场景步长	10	不更新	不更新	启动
20170630181343	2	TaskMulti02	3	自主设置数据	精细化计算	场景步长	10	不更新	不更新	启动
20170630181343	3	TaskMulti03	3	自主设置数据	精细化计算	场景步长	10	不更新	不更新	启动
20170630181343	4	TaskMulti04	3	自主设置数据	精细化计算	场景步长	10	不更新	不更新	启动
20170630181343	5	TaskMulti05	3	自主设置数据	精细化计算	场景步长	10	不更新	不更新	启动
20170630181343	6	TaskMulti06	3	自主设置数据	精细化计算	场景步长	10	不更新	不更新	启动
20170630181343	7	TaskMulti07	3	自主设置数据	精细化计算	场景步长	10	不更新	不更新	启动
20170630181343	8	TaskMulti08	3	自主设置数据	精细化计算	场景步长	10	不更新	不更新	启动
20170630181343	9	TaskMulti09	3	自主设置数据	精细化计算	场景步长	10	不更新	不更新	启动
20170710092618	1	StripeTask_90_1	3	自主设置数据	精细化计算	场景步长	10	不更新	不更新	启动
20170710155023	1	StripeTask_45_1	3	自主设置数据	精细化计算	场景步长	1	不更新	不更新	启动
20170817132839	1	task0819	3	自主设置数据	精细化计算	场景步长	1	不更新	不更新	启动
20170825105649	1	task0819	3	自主设置数据	精细化计算	场景步长	1	不更新	不更新	启动
20170919000325	1	Task20170918_17	3	自主设置数据	精细化计算	场景步长	10	不更新	不更新	启动
20170919000709	1	Task_20170918_Ster	3	自主设置数据	精细化计算	场景步长	10	不更新	不更新	启动
20171008162843	1	taskL025	3	自主设置数据	精细化计算	场景步长	1	不更新	不更新	启动
20171008162843	10	taskL023	3	自主设置数据	精细化计算	场景步长	1	不更新	不更新	启动
20171008162843	11	taskL024	3	自主设置数据	精细化计算	场景步长	1	不更新	不更新	启动

图 14－22　仿真平台数据管理后台数据库

14.4.4　模型调用服务模块

模型调用服务模块根据仿真作业需求，基于多任务处理机制，调用作业所适用的卫星数字化模型，反馈多任务计算过程状态，实现模型快速调用服务。其具有的特点：作业任务分配，根据各个模型计算场景的作业任务占用情况，将各个作业任务分配至可用的模型计算场景，并在相应作业任务完成后清除当前作业任务的模型计算场景设置，用于后续作业任务再分配；模型调用服务，通过数据管理模块从数据库获取模型输入参数，调用对应的卫星数字化模型实现模型计算，待完成后通过数据管理模块将模型计算结果更新至数据库。仿真平台模型调用服务如图 14－23 所示。

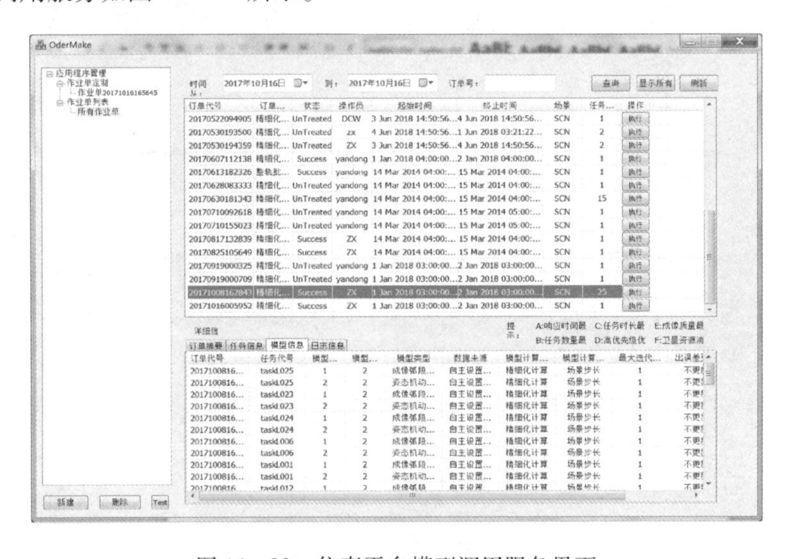

图 14－23　仿真平台模型调用服务界面

14.4.5　可视化交互模块

可视化交互模块提供各种用户操作以及查看界面，包括二维和三维显示界面。通过可视化交互模块，给用户提供直观的、友好的使用界面。其具有的特点：三维场景展示，使用户能够在三维地球上观察卫星、地面站以及目标的运动过程及运动关系；二维场景展示，使得卫星运行轨迹显示到整个平面地图上，配合二维缩放功能，便于用户观察卫星的运行过程，并支持界面缩放；视角切换，任意切换不同的观测视角，如卫星、地面站、目标或者地球等；时间/时区设置，根据需要设置仿真的时区和时间，对观测场景时间进行快速定位；播放操作，通过播放操作功能能够实现对场景的重置、单步前进/后退、前进/后退、暂停、加减速等操作，便于对卫星仿真过程的观察；文本显示，通过加载参数配置文件，将卫星、载荷、地面站以及目标等的详细信息展示到文本中，以便用户直观查看。二维和三维仿真平台可视化交互界面如图 14－24 所示。

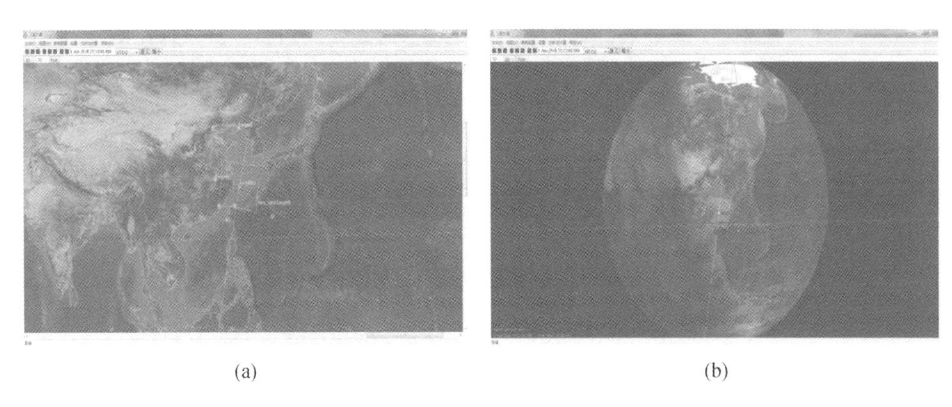

(a)　　(b)

图 14－24　二维和三维仿真平台可视化交互界面
(a)二维仿真平台可视化交互界面;(b)三维仿真平台可视化交互界面。

14.5　在轨任务仿真试验验证

针对低轨高分辨率光学遥感卫星多种成像模式，基于遥感卫星运行状态仿真支撑平台，调用各个卫星数字化模型，对各成像模式的应用场景、任务策略、姿态机动能力、卫星运行状态、在轨工作约束、成像能力等进行仿真，全面验证各类成像模式、任务策略、卫星工况及其变化组合下成像质量要求满足度、在轨任务要求符合度、卫星约束条件边界包络及上述要素组合的变化趋势。

14.5.1　单轨多目标成像任务仿真试验验证

14.5.1.1　场景参数设置

目标数量及分布：目标数量为 32 个，分别均匀交替分布在卫星星下点轨迹两侧；卫星星下点轨迹左右两侧的相邻目标对应的姿态滚动角分别为 60°、－60°。

轨道类型：太阳同步圆轨道。

成像策略要求：均为被动推扫成像；每次成像时长 5s。

14.5.1.2 仿真分析结果

单轨多目标成像任务仿真分析结果如表14-1所列;场景仿真图如图14-25所示。

表14-1 单轨多目标成像任务仿真分析结果

序号	目标代号	滚动角/(°)	序号	目标代号	滚动角/(°)
1	MUP_32_01_L	60	17	MUP_32_17_L	60
2	MUP_32_02_R	-60	18	MUP_32_18_R	-60
3	MUP_32_03_L	60	19	MUP_32_19_L	60
4	MUP_32_04_R	-60	20	MUP_32_20_R	-60
5	MUP_32_05_L	60	21	MUP_32_21_L	60
6	MUP_32_06_R	-60	22	MUP_32_22_R	-60
7	MUP_32_07_L	60	23	MUP_32_23_L	60
8	MUP_32_08_R	-60	24	MUP_32_24_R	-60
9	MUP_32_09_L	60	25	MUP_32_25_L	60
10	MUP_32_10_R	-60	26	MUP_32_26_R	-60
11	MUP_32_11_L	60	27	MUP_32_27_L	60
12	MUP_32_12_R	-60	28	MUP_32_28_R	-60
13	MUP_32_13_L	60	29	MUP_32_29_L	60
14	MUP_32_14_R	-60	30	MUP_32_30_R	-60
15	MUP_32_15_L	60	31	MUP_32_31_L	60
16	MUP_32_16_R	-60	32	MUP_32_32_R	-60

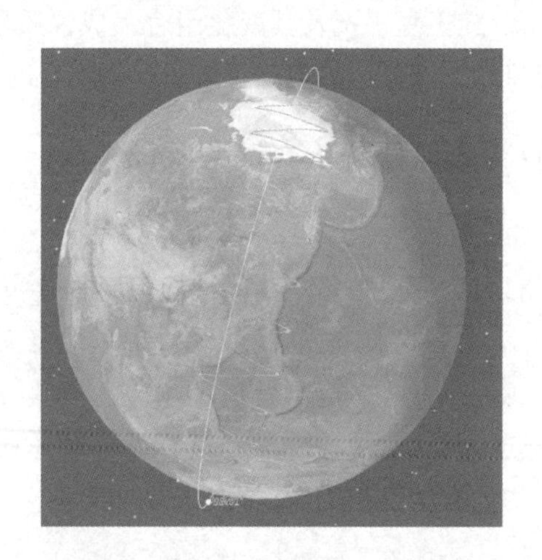

图14-25 单轨多目标成像任务仿真图

14.5.2 单轨多条带拼接成像任务仿真试验验证

14.5.2.1 场景参数设置

条带数量及分布：条带数量为 7 条，单个条带长度不少于 60km，相邻条带重叠度不少于 1km，多个条带基本上在卫星星下点轨迹左右两侧对称分布。

姿态机动能力：对中心条带成像时侧摆角为 0°，相邻条带间采用前一条带成像后姿态不回零位而直接机动切换至下一条带成像起始目标角的相邻条带姿态机动切换方式。

成像策略要求：采用正反双向主动推扫成像，即前一条带沿卫星飞行方向正方向成像，下一条带沿卫星飞行反向反方向成像，正反双向扫描地速均为 7.14km/s；相邻条带重叠区不少于 1km。

14.5.2.2 仿真分析结果

单轨多条带拼接成像任务仿真分析结果如表 14-2 所列。

表 14-2　单轨多条带拼接成像任务仿真分析结果

条带序号/方向	成像起始/结束时刻(UTC)	滚动角/(°)	俯仰角/(°)	条带长度/km
1/正向	05:21:48.250	-9.440	54.542	64.315
	05:21:57.250	-9.439	54.548	
2/反向	05:22:17.375	-7.224	49.854	64.317
	05:22:26.375	-6.543	43.965	
3/正向	05:22:51.000	-3.836	32.714	64.315
	05:23:00.000	-3.835	32.720	
4/反向	05:23:35.750	-0.438	7.833	64.317
	05:23:44.750	0.445	-7.035	
5/正向	05:24:19.747	3.809	-31.720	64.317
	05:24:28.747	3.810	-31.726	
6/反向	05:24:52.623	6.490	-42.986	64.316
	05:25:01.623	7.173	-49.094	
7/正向	05:25:21.749	9.400	-53.977	64.317
	05:25:30.749	9.401	-53.983	
合计		(9.401,-9.440)	(54.548,-53.983)	64.317

14.5.3 单轨立体成像任务仿真试验验证

14.5.3.1 场景参数设置

立体观测方式：卫星对目标过境时（同轨），对同一位置（经纬度）通过姿态机动以俯仰方向的前、正、后视三个角度成像，其中前、后视姿态俯仰角尽可能相同，正视姿态俯仰角尽可能接近0°。

成像策略要求：采用被动或主动推扫成像；对中心条带成像时侧摆角为0°；每次成像时长5s；历次成像区域中心点坐标保持一致。

14.5.3.2 仿真分析结果

单轨立体成像任务仿真分析结果如表14－3所列。

表14－3 单轨立体成像任务仿真分析结果

条带序号	成像起始/结束时刻(UTC)	滚动角/(°)	俯仰角/(°)
1/前视	05：22：54.00	-3.5	32.3
	05：22：59.00		
2/正视	05：23：38.25	0	0
	05：23：43.25		
3/后视	05：24：22.50	3.5	-32.2
	05：24：27.50		

14.5.4 主动回扫成像任务仿真试验验证

14.5.4.1 场景参数设置

姿态机动能力：姿态机动范围为滚动、俯仰方向构成的±60°以内的圆锥角。

成像策略要求：采用主动推扫成像，推扫方向为星下点轨迹方向，推扫轨迹与星下点轨迹一致，推扫地速5km/s。

14.5.4.2 仿真分析结果

主动回扫成像任务仿真分析结果如表14－4所列。

表14－4 主动回扫成像任务仿真分析结果

滚动角/(°)	俯仰角/(°)	推扫地速/(km/s)
-0.4	7.4	5
0	0	
0.5	-7.4	

14.5.5　非沿迹条带成像任务仿真试验验证

14.5.5.1　场景参数设置

姿态机动能力:姿态机动范围为滚动、俯仰方向构成的 ±60°以内的圆锥角。

成像策略要求:采用主动推扫成像,推扫方向与星下点轨迹夹角为 90°,推扫轨迹与星下点轨迹垂直且交叉,推扫地速为 7.2km/s。

14.5.5.2　仿真分析结果

非沿迹条带成像任务仿真分析结果如表 14-5 所列。图 14-26 为非沿迹条带成像仿真图。

表 14-5　非沿迹条带成像任务仿真分析结果

滚动角/(°)	俯仰角/(°)	偏航角/(°)	地速/(km/s)
26.6	24.4	91.0	7.2
1.1	0.1	89.8	
-25.4	-24.9	90.9	

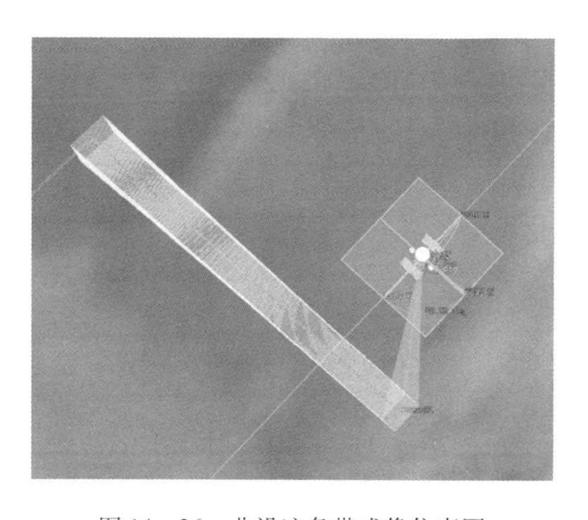

图 14-26　非沿迹条带成像仿真图

第15章

卫星在轨成像探测能力评价及仿真分析

15.1 概述

光学遥感卫星具有探测范围大、信息获取速度快、探测结果直观、符合人眼的观察习惯等优点,在国土资源、城市规划、农业和国防等领域具有广阔的应用前景。近20年来,高分辨率光学遥感卫星发展迅猛,以美国为代表的西方国家研制发射了多个型号的分辨率优于0.5m的高分辨率光学遥感卫星,国外主要的高分辨率光学卫星如表15-1所列。

表15-1 国外主要的高分辨率光学卫星

国家	型号	可见光分辨率/m	红外分辨率/m
美国	KH-11	0.15~0.20	1.00
	KH-12	0.10	1.00
	KH-13	0.07	0.50
法国	CSO-1	0.35	2.00
	"太阳神"-2	0.50	2.50
以色列	地平线-5-6-9	0.50	—
俄罗斯	Persona	0.30	—

随着光学遥感卫星的分辨率不断提高,卫星的侦察能力也随之提升,以军事应用为例,卫星从早期的以战役应用为目的的对大型目标(如基地、大型舰船)的侦察,逐步发展为面向战术应用的对小型目标(飞机、战车、单兵)的侦察;

侦察能力从单一的对目标进行发现，逐步升级为对目标的类别、型号甚至涂装等细节信息进行识别与掌握，卫星综合侦察能力大幅提升。另外，用户的要求也在不断提升，并且朝着复杂化、多样化的方向发展，因此，准确地评价光学遥感卫星的侦察能力，将卫星能力与用户的不断延伸的需求精准映射，对指引卫星技术发展具有重要意义。

目前，对光学遥感卫星侦察能力的评价手段仍然比较稀缺。美国国家图像解译度分级标准（The National Imagery Interpretability Rating Scale，NIIRS）是最常使用的手段，可以通过对卫星采集的图像质量评定推算出 NIIRS 等级，然后查找 NIIRS 分级表的等级描述评价侦察能力。此种方法优点是简便快捷。缺点是 NIIRS 属于事后评价手段是以获取图像为前提的，无法对正在设计研制阶段的卫星进行直接有效的能力评估；并且，该方法无法针对特定的场景和目标评价侦察能力；此外，目前 NIIRS 研究受到数据集规模的限制，计算 NIIRS 采用的图像质量方程需进一步优化。

另一种手段是综合运用光学探测器的性能指标评价卫星侦察能力，主要指标包括信噪比、地面采样距离（GSD）和动态范围等，采用专家打分或利用层次分析法求解各指标的权重从而得到评估结果。但这类方法主观性较大，对各种实际使用条件的考虑不够充分。

采用约翰逊准则评价卫星的侦察能力也是常用手段之一。约翰逊准则的原理是把目标的等效条带周期数和 GSD 代入目标传递概率函数（Target Transfer Probability Function，TTPF），计算目标的发现、识别和确认概率。然而约翰逊准则只考虑了探测器受分辨率影响下的侦察能力，而人眼判断目标还与目标和背景对比度等重要因素相关，因此单纯地使用约翰逊准则评价侦察能力是不够全面的。

此外，还可以根据不同的任务需求、应用模式和拟使用的技术手段确定系统侦察能力评估模型和方法，并建立确定型与概率型的系统侦察能力指标和评价模型，利用计算机仿真手段得到定量评估结果，但是该类方法泛用性差、效率低、评估结果难以验证。

本章结合我国高分辨率光学遥感卫星总体设计经验和成像侦察能力仿真情况，重点介绍现有光学遥感卫星成像侦察能力评价方法及优、缺点和最近发展的以最小可分辨对比度（MRC）/最小可分辨温差（MRTD）和约翰逊准则相结合的侦察能力评价方法，并对此方法开展了仿真分析与验证。

15.2 常用的评价方法

本节将介绍 NIIRS、约翰逊准则和目标传递概率函数等常用的评价方法。

15.2.1 NIIRS

美国国家图像解译度分级标准：覆盖范围从大目标的低级检测到小目标的细节分析，对这些解译任务的难度进行分级，为每一个任务赋予一个数值等级，判断图像所能执行的最高级解译任务，将任务的数值等级赋予图像，达到对图像质量量化的目的。NIIRS 用 0 ~ 9 范围的数值来描述图像解译特性，在每一级别，图像对 NIIRS 定义的目标对象具有相应的观测和识别能力。

NIIRS 一般通过通用图像质量方程（General Image Quality Equation，GIQE）计算，将遥感图像的 NIIRS 与遥感系统的客观参数联系起来。可见光成像系统 GIQE 为

$$\mathrm{NIIRS} = 10.251 - a\lg\mathrm{GSD}_{\mathrm{GM}} + b\lg\mathrm{RER}_{\mathrm{GM}} - 0.656H_{\mathrm{GM}} - 0.344G/\mathrm{SNR} \tag{15-1}$$

式中：$\mathrm{RER}_{\mathrm{GM}}$为归一化的相对边缘响应的几何平均，当 $\mathrm{RER} \geqslant 0.9$ 时，$a = 3.32$，$b = 1.559$，当 $\mathrm{RER} < 0.9$ 时，$a = 3.16$，$b = 2.817$；$\mathrm{GSD}_{\mathrm{GM}}$为地面采样距离的几何平均；$H_{\mathrm{GM}}$为几何过冲；$G$ 为由于调制传递函数补偿（MTF Compensation，MTFC）引起的噪声增益；SNR 为信噪比；GM 下标代表几何平均。

红外成像系统 GIQE 为

$$\mathrm{NIIRS} = 10.751 - a\lg\mathrm{GSD}_{\mathrm{GM}} + b\lg\mathrm{RER}_{\mathrm{GM}} - 0.656H_{\mathrm{GM}} - 0.344G/\mathrm{SNR} \tag{15-2}$$

GSD 等于相邻像素中心间距在地面上的投影：

$$\mathrm{GSD} = \frac{Rp/f}{\cos\theta} \tag{15-3}$$

式中：p 为像素中心间距；f 为焦距；R 为探测器到地面的距离（若不是垂直探测地面，则 R 不等于高度 h，探测视角 θ 也不等于 0）。GSD 分别在 x 和 y 方向计算，取几何平均得 $\mathrm{GSD}_{\mathrm{GM}}$。

RER 是归一化边缘响应（Edge Response，ER）的斜率，可以用边缘两侧各半个像素处的响应来测量。计算中需要归一化截止频率和系统 MTF。如果边缘响应单调上升，H 为距边缘 1.25 像素处的边缘响应值；否则，H 为距边缘 1.0 到

3.0 像素范围内边缘响应最大值,与 RER 一样要分别计算 x 和 y 方向。RER 可以通过分析图像中边缘特征,通过边界剖面自动测算,进而计算 H,为 NIIRS 的自动评估提供了有效手段。G 是由 MTFC 引起的噪声放大系数,G 等于 MTFC 滤波器核内各元素平方和的平方根,若没有使用 MTFC,则 $G=1$。

如上面所述,NIIRS 的计算方程 GIQE 综合考虑了图像质量的主要指标,包括分辨率 GSD、MTF、信噪比等,经综合计算得到的评价结果较为客观、合理,被国际上广泛使用。

下面分别对不同谱段和应用场景下的 NIIRS 标准进行介绍。

15.2.1.1　可见光 NIIRS 分级评价

根据 GIQE 计算公式,随着卫星成像能力的提高,其拍摄的图像质量的 NIIRS 等级不断提高,可侦察的细节不断增多。如前面所述,NIIRS 与多个图像质量指标有关,而不仅仅和分辨率相关。

图 15 - 1(a)为 Ikonos - 2 卫星图像,该图像分辨率为 1m,但综合图像质量好,解译度高,NIIRS 等级为 4.6;图(b)为 Quickbird - 2 卫星图像,分辨率达到 0.6m,但是综合图像质量较差,NIIRS 等级为 4.3。从人眼主观评价来看,也可以较明显地发现图(a)更清晰,可观察到的细节更多。

(a)

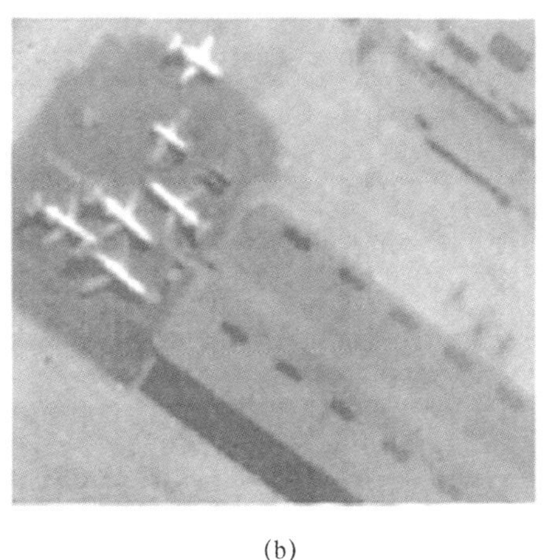

(b)

图 15 - 1　卫星的侦察能力比较

(a)Ikonos - 2,1m 分辨率;(b)Quickbird - 2,0.6m 分辨率。

表 15 - 2 为军用可见光遥感卫星图像 NIIRS。图 15 - 1 中的图像等级分别为 4.3 和 4.6,即介于 4 级和 5 级之间。

表 15－2　军用可见光遥感卫星图像 NIIRS

等级	分类	判据
0		由于图像模糊、恶化或极差的分辨能力致使解译工作无法进行
1		探测中等尺寸的港口设施或辨别大型机场的跑道和滑道
2	空军	探测机场的大型机库
	电子部队	探测大型雷达站（如 AN/FPS－85、COBRA DANE、PECHORA、HAN-HOUSE）
	陆军	探测军事训练区域
	导弹部队	由道路的类型和基地轮廓辨认 SA－5 基地
	海军	探测海军的大型建筑设施（如仓库和建造大厅）
	民用或文化设施	探测大型建筑（如医院和工厂）
3	空军	辨认所有大型飞机（如 B707、CONCORD、BEAR、BLACKJACK）的机翼轮廓（直翼、掠翼和三角翼）
	电子部队	由轮廓、土丘及混凝土顶罩辨认地对空导弹基地的雷达和制导区域
	陆军	由轮廓和标志探测直升机机场
	导弹部队	探测移动导弹基地的支持车辆
	海军	辨别停泊在港口的大型海面舰只的类型（巡洋舰、补给舰、非战斗舰只或商船）
	民用或文化设施	探测铁路线上的火车或一串标准滚动台座（不要求辨认每个车厢）
4	空军	通过轮廓辨认所有大型战斗机（如 FENCER、FOXBAT、F－15、F－14）
	电子部队	探测独立的大型雷达天线（如 TALL KING）
	陆军	辨别履带车辆、野战炮、舟桥设施以及成群出现的轮式车辆
	导弹部队	探测开启的导弹竖井门
	海军	探测中等大小潜艇（ROMEO、HAN、Type 209、CHARLIE Ⅱ、ECHO Ⅱ、VICTOR Ⅱ/Ⅲ）的头部形状（是尖的、钝的还是圆的）
	民用或文化设施	辨认铁路调车场中每一节火车、铁路线、控制塔以及铁道交汇点

续表

等级	分类	判据
5	空军	基于加油设备辨别 MIDAS 和 CANDID
	电子部队	辨认雷达是安装在汽车上,还是安装在拖车上
	陆军	辨认已展开地对地战术导弹系统的类型(FROG、SS－21、SCLID)
	导弹部队	一个已知的支援基地没有被伪装的情况下,辨别 SS－25 移动导弹运输、安装、竖立、发射装备和导弹运输敞篷车
	海军	辨认 KIROV、SOVREMENNY、SLAVA、MOSKVA、KARA、KRESTA－Ⅱ级舰体的 TOP STEER 或 TOP SAIL 对空监视雷达
	民用或文化设施	辨别每节列车的类型(敞篷货车、平板车或厢式货车)以及机车的类型(蒸汽机车或内燃机车)
6	空军	辨认小型和中型直升机的型号(如辨认 HELIX A、HELIX B 和 HELIX C,辨认 HIND D 和 HIND E,辨认 HAZE A、HAZE B 和 HAZE C)
	电子部队	辨认 EW/GCI/ACQ 雷达天线的形状,是抛物面、修剪过的抛物面还是矩形
	陆军	辨别中型卡车的备用轮胎
	导弹部队	辨别 SA－6、SA－11 和 SA－17 的导弹的弹体
	海军	辨认在 SLAVA 级舰艇上 SA－N－6 导弹的每一个垂直发射器顶盖
	民用或文化设施	辨认轿车和厢式货车
7	空军	辨认战斗机(如 FULCRUM、FOXHOUND)的附件和整流罩
	电子部队	辨认电子车辆的入口、阶梯和通风口
	陆军	探测反坦克导弹的安装
	导弹部队	探测Ⅲ－F,Ⅲ－G 和Ⅱ－H 发射井和Ⅲ－X 发射控制井顶盖的铰链结构细节
	海军	辨认在 KIROV、KARA、KRIVAK 级舰只上 RBU 的每个炮管
	民用或文化设施	辨认铁轨的每个交叉点
8	空军	辨认轰炸机上的铆钉线
	电子部队	探测安装在 BACKTRAP 和 BACKNET 雷达顶部的角状和 W 形天线
	陆军	辨认手持式地地导弹(如 SA－7/14、REDEYE、STINGER)
	导弹部队	辨认 TEL、TELAR 的接点和焊点
	海军	探测甲板上起重机的卷扬机钢索
	民用或文化设施	辨认汽车的雨刮器

续表

等级	分类	判据
9	空军	从飞机体表嵌板紧固件的一字槽中辨认十字槽
	电子部队	辨认天线罩连接导线的浅色调的小型陶瓷绝缘子
	陆军	辨认卡车的车牌号
	导弹部队	辨认导弹部件上的螺栓和螺钉
	海军	辨认直径1～3inch(1inch = 2.54cm)的编织绳索
	民用或文化设施	探测铁路线上的每一个道钉

针对可见光遥感卫星图像的民用需求，NIIRS 也制定了相应的分级标准，如表15-3所列。可以看到，图像等级达到四级后，即具备辨认火车站内每一条铁路、铁路线、控制塔和交叉点的能力，应用价值大幅提升。

表15-3 可见光民用NIIRS分级标准

等级	判据
0	由于图像模糊、恶化或极差的分辨能力致使解译工作无法进行
1	辨别主要的地面类型(城市、农村、森林、水体和荒漠)，探测中等大小的港口设施，辨别大型机场的跑道和滑道，辨认大型区域的排水类型(是晶状、格状还是放射状)
2	在生长季节辨认由中央枢纽灌溉的大面积区域(超过160英亩，1英亩 = 4046.9m^2)，探测大型建筑(医院、工场)，辨认道路形状(如高速公路系统的苜蓿叶形)探测破冰船的航迹，探测由大型船只(超过300ft，1ft = 0.3048m)留下的航迹
3	探测大面积耕地的轮廓(超过160英亩)，探测住宅区的每一栋房屋，探测在铁路线上的火车或标准滚动台座(不需要辨认每一节车厢)，辨认岛内可以供驳船行驶的水路，辨别天然林和人工栽植的果园
4	辨认农村建筑(如牲口圈、粮仓还是住宅区)，清点沿公用道路或在铁路站内没有被占用的铁路数目，探测城市区域的网球场、排球场，辨认火车站内每一条铁路、铁路线、控制塔和交叉点，探测吉普车在草地上压过的痕迹
5	辨认圣诞树的栽植，探测汽车存放建筑打开的舱门，辨认在娱乐营区的帐篷(可以容纳2人以上)，在没有树叶的季节辨别长青树木和落叶树木，探测草地上的大型动物(如大象、犀牛、长颈鹿)

续表

等级	判据
6	基于质地结构辨认套种的具有麻醉作用的植物，辨别成排种植的农作物（如玉米、大豆）和小型谷物（如小麦、燕麦），辨认轿车和厢式货车，辨认住宅区的电线杆或电话线杆，探测穿过贫瘠区域的足迹
7	在一个已知的棉田辨认每一个成熟的棉株，辨认铁路的每一个结点，探测楼梯的每一个台阶，在被砍伐的林区和草地上探测树桩和石块
8	清点每一个猪崽，在被平整的表面上探测USGS基准点集合，辨认每一个松树苗，辨认客车或卡车的栅格细节或车牌，辨认池塘中每一朵水生百合，辨认汽车挡风玻璃上的雨刮器
9	辨认小型谷物的每一个植株（如小麦、燕麦），辨认铁丝网上每一个倒刺，探测在铁路线上的每一个道钉，辨认每一串松针，辨认大型动物的耳朵特征（如梅花鹿、麋鹿、驼鹿）

15.2.1.2　多光谱NIIRS分级评价

多光谱图像各个谱段的能量和图像质量相比可见光全色图像有所下降，但是，通过谱段细分可以反映出目标表面对不同谱段的反射特性差异，与材质数据库相结合可辅助侦察辨别不同材质的目标。

对多光谱图像的NIIRS分级标准如表15－4所列。

表15－4　多光谱图像的NIIRS分级标准

等级	判据
1	辨别城市区域和乡村区域，辨认大面积湿地（超过100英亩），探测蜿蜒的冲击平原（用河道的峭壁、U形湖泊和漩涡来描述），描绘海岸线，探测主要的高速公路和水面上的铁路桥（如金门大桥、Cheseaker湾大桥），描绘冰、雪的延伸程度
2	探测多车道的高速公路，探测条状采矿区域，由水体颜色的差异确认水流方向（支流注入大的水域、叶绿素或沉淀），探测被砍伐的森林，描绘耕地的延伸程度，辨认河流的冲击平原
3	探测在线性特征两侧（假如存在栅栏线）植物和土壤的湿度差，辨认城市区域主要道路的类型，辨认高尔夫球场，由水流来辨认海岸线的迹象，在城市区域辨别住宅区、商业区和工业区，探测水库中水量的消耗
4	基于护墙、平台和地面植被刮痕探测新近构筑的军事据点，辨别经过改进和没有经过改进的双车道道路，探测飞机跑道保养和扩建的迹象（跑道的延伸、平整、表面更新，灌木丛的清除，植被的砍伐），探测足以破坏单车道公路的山崩或山体滑坡，探测开阔水域的小型船只（长15～20ft），辨认适合小型固定翼飞机降落的条状区域

续表

等级	判据
5	探测停车场的汽车,辨认适合两栖登陆作战的海岸滩涂,探测甜菜地的排水和灌溉系统,探测地面军事设施的油漆和涂料的破坏性使用,探测地面军事部署区域的原始建筑材料(木材、沙、碎石)
6	在夏季从散乱的树木背景中探测大的可以覆盖坦克的林木编织掩护网,探测穿过深草地的足迹,探测航道中的航标和系船桩,探测篱笆内开阔区域的家畜,基于有规则的分布和对地面植被的破坏探测新近布设的雷区,清点住宅区域的每一所住宅(如低而矮的住宅区、难民营)
7	辨别坦克和三维坦克诱饵,辨认每一个55加仑(1加仑=3.79L)的金属桶,探测在沙滩或碎石滩上的小型海洋哺乳地物(如海豹),探测拱柱的水下底座,由被破坏了轮廓辨认散兵坑,辨别每一行的蔬菜

15.2.1.3 红外NIIRS分级评价

红外图像相比可见光图像,额外包含目标的辐射信息(与目标温度密切相关),因此有利于判断目标的状态。如式(15-2)所示,红外图像的GIQE的权重因子与可见光GIQE方程存在一定差别,对应的NIIRS分级标准也有差异,如表15-5所列。

表15-5 红外图像NIIRS分级标准

等级	判据
0	由于图像模糊、质量退化或空间分辨率极差无法解译
1	在大型飞机场根据配置和布局辨别跑道和滑行道,探测稠密森林中的大面积(如超过1km^2)开阔区域,在开阔的水域探测远洋大型舰船(如航空母舰、超级油轮、"基洛夫"巡洋舰),探测大面积的(如超过1km^2)湿地或沼泽
2	探测大型飞机(如C-141、波音707、"熊"轰炸机、"文豪"运输机),在城区探测单个的大型建筑(如医院、工厂),辨别密林、稀疏林和开阔地,通过建筑和道路的图案辨认SS-25基地,基于大型功能区域的类型和格局辨别军用和民用港口设施
3	区分大型(如C-141、波音707、"熊"轰炸机、空客A-300)和小型飞机(如A-4、L-39),在热电厂中辨认连接烟囱与锅炉房之间的单根烟道,通过战壕、警戒防护设施、混凝土掩体探测大型防空雷达阵地,在地面部队营区探测驾驶员训练场地,辨认"萨姆"-5综合发射的独立功能区域(如发射井、电子设备部分、支承部分和导弹存储部分),分辨大型(如超过200m)货轮和游船

续表

等级	判据
4	辨认小型战斗飞机（如 FROGFOOT、F－16、ISHBED）的机翼外形，在市区探测小型（如超过 $50m^2$）变电站，在电子设备工厂中探测大型（如直径超过 10m）圆形屋顶，在部队营区中探测每一个内燃机车辆，在部队营区中探测发动机的 SS－25 导弹支撑搬运车，辨认大型商船上每个关闭的货物舱门
5	辨别单尾翼（如 FROGFOOT、F－16、TORNADO）和双尾翼战斗机（如 F－15、FLANKER、FOX-AT），辨认室外网球场，辨认大型（如近似 75m）无线电中继塔的金属网络结构，探测战壕内的装甲车辆，探测 SA－10 站展开的移动式电子设备塔，辨认大型（超过 200m）商船的货船形状
6	探测大型轰炸机（如 B－52、"熊"轰炸机、BADGER）机翼上突出的安装设备（空对地导弹、炸弹），辨认柴油机车顶部每个发热的出烟口，基于天线形式和间距辨别 FIX FOUR 和 FIX SIX 基地，区分发动机的坦克和装甲运兵车，区分双轨和四轨 SA－3 发射台，辨认潜水艇上的导弹发射舱口
7	基于飞机前端形状区分 MIG－23 的地面攻击性和拦截型机种，辨认汽车为轿车还是厢式货车，辨认无线电中继站的反射面天线（直径小于 3m），辨认 SA－6 上导弹转运起重机，在没有装载导弹时区分 SA－2/CAS－1 和 SCUD－B 导弹索引车，在码头探测船只停泊板或系船柱
8	辨认歼击机 FISHBEDJ/K/L 背部的滑块式空气进气口，辨认单兵的肢体（胳膊、双腿），辨认雷达天线上水平和垂直的单根桁肋，探测坦克炮塔上关闭的舱口，根据半自动拖车前部单个或成对的配件区分油料和氧化剂多系统推进剂运输车，在甲板边缘的救生道上辨认单根立柱和围栏
9	辨认战斗机的进出舱口，在轻型敞篷卡车里辨认货物（如撅铲、梯子、搂耙），根据小型振子单元的存在与否区分 BIRDS EYE 和 BELL LACE 天线，辨认装甲车上舱口铰链，辨认 SA－2/CSA－1 导弹上单个带状制导天线，辨认舱壁梯子上的每个梯蹬

15.2.2　约翰逊准则

约翰逊准则把目标探测与等效条带图案探测问题联系起来，在不考虑目标本质和图像缺陷的情况下，用目标等效条带图案可分辨力来评价成像系统对目标的识别能力，如图 15－2 所示。

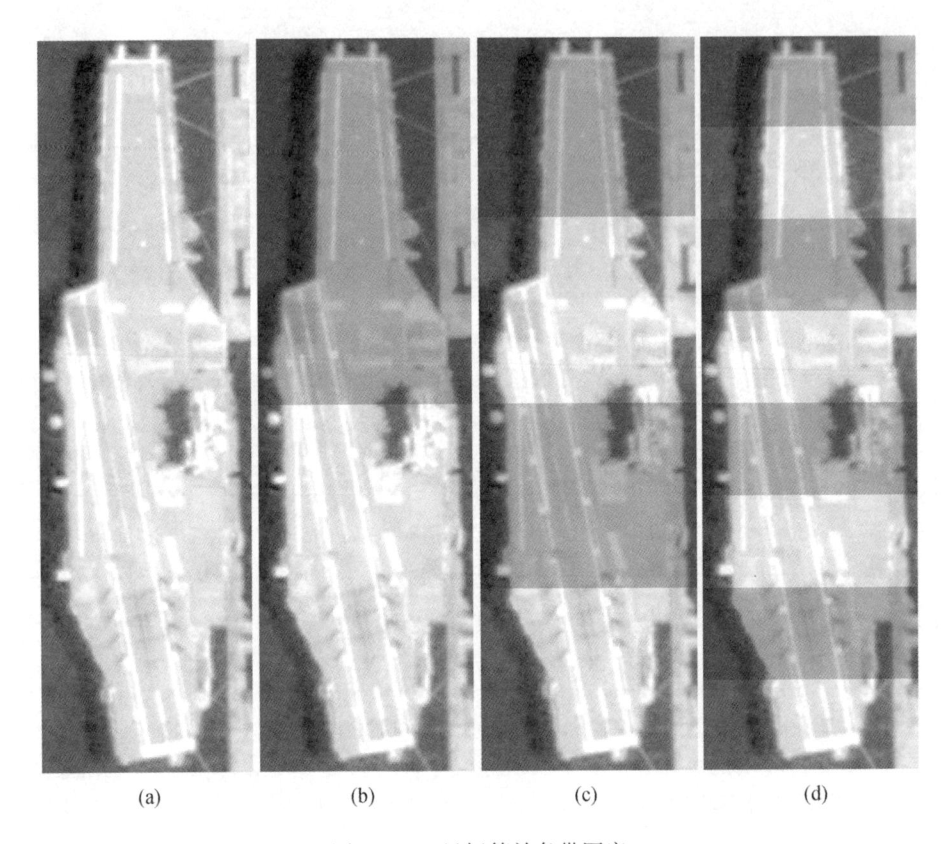

图 15－2　目标等效条带图案

目标的等效条带图案被定义为一组黑白间隔相等的条带状图案，其总高度为基本上能被识别的目标临界尺寸，即目标该方向的最小投影尺寸，条带长度为垂直于临界尺寸方向的横跨目标的尺寸。等效条带图案的可分辨力为目标临界尺寸中所包含的可分辨条带数，通常以“周/临界尺寸”来表示。约翰逊验证了等效条带图案可分辨力能用来预测目标的探测和识别，并确定了各类探测水平所需要的条带周期数的准则——约翰逊准则，得到了国际上普遍承认和广泛使用。表 15－6 列出了约翰逊准则探测水平与等效条带周期的关系。

表 15－6　搜索水平与等效条带周期的关系

探测水平	一维探测时 50% 概率所需分辨率/cyc	二维探测时 50% 概率所需分辨率/cyc
发现	1	0.75
识别	4	3
确认	8	6

研究表明,在假设有足够的信噪比和探测器设计良好(衍射等因素降低系统分辨率不超过像素角间距)的前提下,NIIRS和约翰逊准则条带周期数有共通性,存在一定关系,如图15-3所示。但是,这种关系相对粗糙,不能用来准确判断发现、识别和确认的概率。

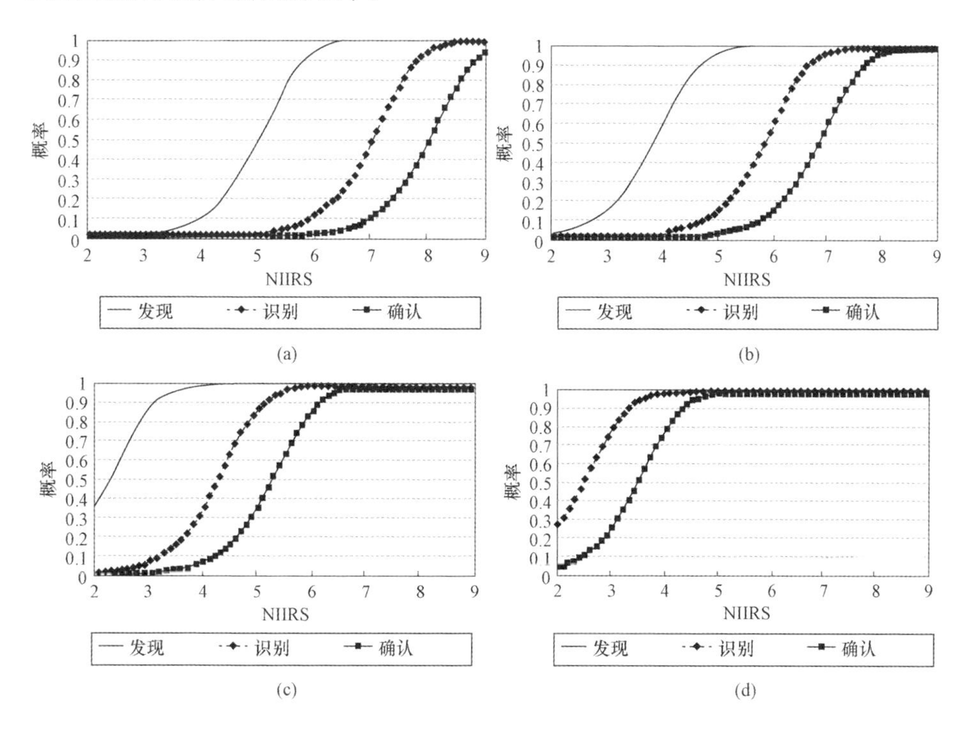

图15-3 约翰逊准则和NIIRS的关系

(a)NATO装甲标靶(2.3m×2.3m);(b)M1 Abrams主战坦克(3.6m×7.9m,顶视图);(c)F-15“鹰式”战斗机(12.8m×19.2m,顶视图);(d)B-52同温层堡垒轰炸机(56m×49m,顶视图)。

15.2.3 目标传递概率函数

人的观测过程由脑部完成,并受多种因素如情绪、先验知识和记忆力等的影响,所以,观测结果在观测者之间不同,甚至同一观测者不同时间观测也不同。因此,不管用何种准则都需要用统计的方法来处理,而不只是某一个确定的值。

举例而言,最小可分辨对比度是许多观察者的平均阈值,阈值探测是指50%的探测概率下对应的最小可分辨对比度。50%的探测概率是指假如100个人观察目标,50个观察者能看到目标,50个观察者看不到目标。

目标传递概率函数是连接成像探测系统实验室度量性能与实际性能的桥梁。TTPF 的确定是大量试验的结果。如图 15－4 所示，TTPF 曲线表示成 N/N_{50}的函数，那么可以通过简单地把特定的 N_{50}与完成识别任务 50% 的概率用于所有的识别任务。而 N_{50}根据不同的要求，取值也不同。假如给出了 50% 探测识别概率下对应的目标分辨所需周期数，要获取其他等级探测概率对应的可分辨周期数，只需用 TTPF 乘数因子乘以 50% 的分辨概率所对应的周期数即可。

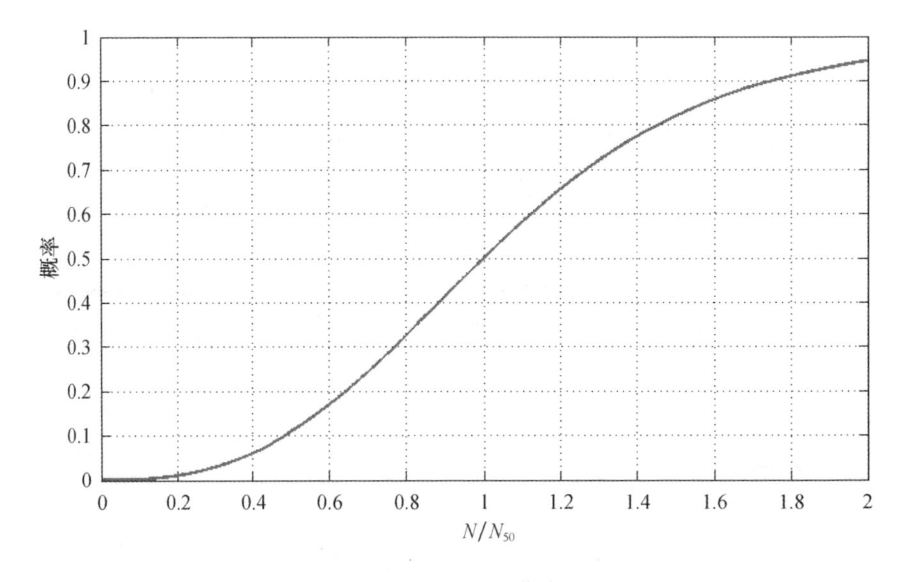

图 15－4　TTPF 曲线

根据约翰逊准则和 TTPF，可以判断分辨率受限的光学遥感系统的侦察能力，如某高分辨率可见光卫星的 GSD 为 0.3m，普通小汽车 4.8m×1.7m，有效尺寸为 2.86m，则目标的等效条带周期数 $N=2.86/(2\times0.3)=4.77$(cyc)。则将 N 和约翰逊准则条带周期数 N_{50}代入 TTPF，可得

$$P=\frac{(N/N_{50})^{E}}{1+(N/N_{50})^{E}} \tag{15-4}$$

式中：$E=2.7+0.7(N/N_{50})$。

则此卫星对小汽车的发现、识别和确认概率分别为 100%、85% 和 32%。然而这个概率只是受分辨率限制的概率，如果在环境光照弱、目标和背景对比度低的情况下，探测系统受灵敏度限制明显，则此时单纯使用约翰逊准则计算的概率无法真实反映此卫星的侦察能力。

15.3　光学成像系统的侦察能力评价方法

15.3.1　可见光成像系统的侦察能力评价方法

如前面所述,现有的各项评价方法均存在一定不足和局限性,本节介绍一种基于约翰逊准则和 MRC 相结合的可见光成像系统侦察能力评价方法,以提高评价方法的实用效果。为了便于建立 MRC 计算模型,首先引入噪声等效对比度(Noise Equivalent Contrast,NEC)模型。

15.3.1.1　噪声等效对比度

在可见光成像系统中,当在基准电子滤波器的输出信号等于系统本身的噪声均方根时,测试目标和背景之间的对比度就是噪声等效对比度。

从系统的基准电子滤波器输出后的信噪比可表示为

$$\mathrm{SNR} = \frac{S}{N} = \frac{\Delta\Phi(\lambda)R(\lambda)}{\sqrt{\int_0^\infty s'(f)\,\mathrm{MTF}_\mathrm{e}^2(f)\,\mathrm{d}f}} \tag{15-5}$$

式中:$R(\lambda)$为探测器响应度;$s'(f)$为系统的噪声功率谱;$\mathrm{MTF}_\mathrm{e}(f)$为电子滤波器传递函数;$\Delta\Phi(\lambda)$为目标和背景的辐射通量差,且有

$$\Delta\Phi(\lambda) = \frac{1}{4}\Delta E(\lambda)A_\mathrm{d}\tau_0(\lambda)\left(\frac{D}{f'_0}\right)^2 \Big/ \left[1 + \frac{1}{4}\left(\frac{D}{f'_0}\right)^2\right] \tag{15-6}$$

其中:$\Delta E(\lambda)$为探测器在入瞳处目标反射光的辐照度$\Delta E_\mathrm{t}(\lambda)$和背景反射光的辐照度$\Delta E_\mathrm{b}(\lambda)$的差;$A_\mathrm{d}$为探测器像元面积;$\tau_0(\lambda)$为光学系统透射率;$D$为光学系统通光孔径;$f'_0$为光学系统焦距。

由 NEC 定义,SNR = 1,可得

$$\Delta E(\lambda) = \frac{4F^2\left(1 + \frac{1}{4F^2}\right)\sqrt{s'(f)\,\mathrm{MTF}_\mathrm{e}^2(f)\,\mathrm{d}f}}{R(\lambda)A_\mathrm{d}\tau_0(\lambda)} \tag{15-7}$$

因为$F = f'_0/D$,所以

$$\mathrm{NEC} = \frac{\Delta E(\lambda)}{E_\mathrm{t}(\lambda) + E_\mathrm{b}(\lambda)} \tag{15-8}$$

NEC 的本质是用输入信号强度来表征噪声,对于可见光 CCD/CMOS 探测器,除了暗电流噪声外,还有与输出电荷数相关的固有散粒噪声以及读出的噪声等。CCD/CMOS 的类型不同,读出的结构不同,因而产生的噪声量也有差别。

15.3.1.2 最小可分辨对比度模型

最小可分辨对比度是指在特定的空间频率下，观察者恰好能分辨出条带图案时，目标与背景之间的对比度。它是一种可定量描述可见光光电成像系统阈值对比度的评价参量和作战指标，综合了系统灵敏度和噪声、目标空间频率以及人眼视觉特性等因素，能更全面地反映光电成像系统的极限性能。

MRC 模型推导的基本思路：人眼感觉到的图像信噪比大于或等于视觉阈值信噪比时的目标与背景的对比度就是 MRC。

系统接收到的目标图像信噪比为

$$\mathrm{SNR_0} = \frac{C}{\mathrm{NEC}} \tag{15-9}$$

式中：C 为目标和背景的对比度。

在显示器输出端条带图像的信噪比为

$$\mathrm{SNR_i} = \mathrm{SNR_0} \cdot R(f) \left[\Delta f_n / \int_0^{\infty} s(f)\,\mathrm{MTF}_m^2(f)\,\mathrm{d}f\right]^{1/2} \tag{15-10}$$

式中：$R(f)$ 为系统的方波响应（对比传递函数）；$\mathrm{MTF}_m(f)$ 为噪声插入点（探测器）后的调制传递函数；Δf_n 为噪声等效带宽。

利用对比传递函数和调制传递函数 $\mathrm{MTF}_s(f)$ 的关系，并取第一项近似

$$R(f) \approx \frac{4}{\pi}\mathrm{MTF}_s(f) \tag{15-11}$$

当观察者观察目标时，人眼将在四个方面修正显示信噪比，得到视觉信噪比。

（1）眼睛萃取条带图案，在可分辨信号的情况下，滤去高次谐波，保持一次谐波，则信号峰值衰减为

$$\frac{2}{\pi}R(f) = \frac{8}{\pi^2}\mathrm{MTF}_s(f) \tag{15-12}$$

（2）由于时间积分，信号将按人眼积分时间（$t_e = 0.2\mathrm{s}$）进行一次独立采样，同时噪声按根号叠加，因此信噪比将 $t_e f_p$ 改善为 $(t_e f_p)^{1/2}$，f_p 为显示器帧频。

（3）在垂直方向，眼睛将进行信号空间积分，并沿线条取噪声均方根，利用垂直瞬时视场 β 作为噪声的相关长度，得到视觉信噪比的改善，即

$$\left(\frac{L}{\beta}\right)^{1/2} = \left(\frac{\varepsilon W}{\beta}\right)^{1/2} = \left(\frac{\varepsilon}{2f_T\beta}\right)^{1/2} \tag{15-13}$$

式中：L、W 分别为条带长和宽度（角宽度）；ε 为条带长宽比（L/W）；$f_T = \frac{1}{2W}$为条

带空间频率。

(4)对频率为 f_T 的周期矩形条带目标,人眼的窄带空间滤波效应等效为匹配滤波器,其传递特性可表示为 $\mathrm{sinc}^2(\pi/2 \cdot f/f_T) \cdot \mathrm{MTF}_s^2(f)$。因此,人眼的积分响应应可通过实际系统带宽转换为考虑人眼匹配滤波器作用的噪声带宽 Δf_{eye}:

$$f_{eye} = \int_0^{\infty} s(f)\mathrm{MTF}_s^2(f)\mathrm{MTF}_{eye}^2(f)\mathrm{sinc}^2\left(\frac{\pi}{2}\frac{f}{f_T}\right)\mathrm{d}f \tag{15-14}$$

把上述四种修正与显示信噪比结合,得到视觉信噪比为

$$\mathrm{SNR_v} = \frac{8}{\pi^2}\mathrm{MTF_s}(f)\mathrm{MTF_{eye}}(f)\frac{C(t_e f_p)^{1/2}}{\mathrm{NEC}}\left(\frac{\varepsilon}{2f_T\beta}\right)^{1/2}\left(\frac{\Delta f_n}{\Delta f_{eye}}\right)^{1/2} \tag{15-15}$$

对于快速计算,假设噪声为白噪声,当 $f_T \to 0$ 时,$\Delta f_{eye} \to f_T$。令观察者能分辨条带的阈值信噪比为 $\mathrm{SNR_{DT}}$,解出 C 就是 MRC,最后得到 MRC:

$$\mathrm{MRC} = \frac{\pi^2}{8}\frac{\mathrm{SNR_{DT}} \cdot \mathrm{NEC} \cdot f_T}{\mathrm{MTF_s}(f)\mathrm{MTF_{eye}}(f)}\left(\frac{2\beta}{\varepsilon t_e f_p}\right)^{1/2}\left(\frac{1}{\Delta f_n}\right)^{1/2} \tag{15-16}$$

15.3.1.3　对 MRC 的修正

考虑到实际应用的需要,对 MRC 进行以下修正:

1)条带长宽比 ε 的修正

实验室常用条带长宽比为 7∶1,但是侦察能力评价中目标长宽比不仅与目标本身有关,还与约翰逊准则对应探测等级的条带数 n 有关,因此修正后可得

$$\varepsilon = 2n(L/W)/7 \tag{15-17}$$

2)噪声等效带宽 Δf_n 的修正

在实际应用中,可见光探测器噪声一般只考虑暗电流噪声,且该指标为一个固定值,即 NEC 只与目标和背景辐亮度有关,但实际中它还受积分时间的影响,因此需要做出修正。修正后的 MRC 为

$$\mathrm{MRC} = \frac{\pi^2}{8}\frac{\mathrm{SNR_{DT}} \cdot \mathrm{NEC} \cdot f_T}{\mathrm{MTF_s}(f)\mathrm{MTF_{eye}}(f)}\left(\frac{2\beta}{\varepsilon t_e f_p}\right)^{1/2}\left(\frac{1}{t_n}\right)^{1/2} \tag{15-18}$$

式中:t_n 为实际积分时间与基准积分时间的倍数。

15.3.1.4　MRC 的测量方法

MRC 的测量方法是将具有不同空间频率或不同尺寸的测试图案放置于背景中,测试图案的对比度可以改变。在确定的空间频率或尺寸下,观察者通过被检测的可见光成像系统刚好能分辨出测试图案时,测试图案的对比度称为该成像系统在这个空间频率或尺寸下的最小可分辨对比度。MRC 测量原理框图

如图 15－5 所示。

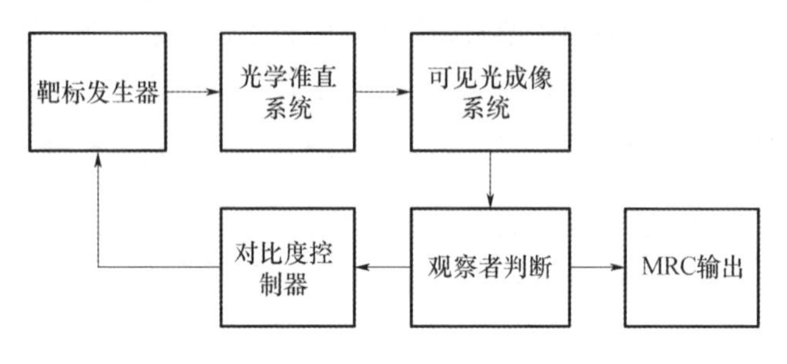

图 15－5 MRC 测量原理图

图 15－5 中的对比度控制器和靶标发生器配合提供测试 MRC 所必需的不同对比度、不同空间频率或不同尺寸的测试图案。光学准直系统模拟测试图案位于无限远处，投射到可见光成像系统上。目前，国内外关于测试图案对比度 C 的定义有以下四种形式：

$$C = L_{\text{target}} - L_{\text{background}} \tag{15-19}$$

$$C = \frac{L_{\text{target}} - L_{\text{background}}}{\max(L_{\text{target}}, L_{\text{background}})} \tag{15-20}$$

$$C = \frac{|L_{\text{target}} - L_{\text{background}}|}{|L_{\text{target}} + L_{\text{background}}|} \tag{15-21}$$

$$C = \frac{L_{\text{target}}}{L_{\text{background}}} \tag{15-22}$$

式中：L_{target}、$L_{\text{background}}$分别为测试图案的目标亮度和背景亮度。

由测量 MRC 的原理知，测量 MRC 的一个关键是获取不同对比度的测试图案。根据获取测试图案对比度的方法，将 MRC 的测量方法分为固定对比度法和可调对比度法。

固定对比度法中测试图案的对比度是预先选择好的几个固定值。在测量 MRC 时，只需根据需要提供给待测的成像系统某一对比度的测度图案。该方法的优点是测量系统结构简单、成本低；缺点是测试图案制作难度大，对比度固定而且有限，对测试环境要求高，只适合于在实验室使用。

可调对比度法克服了固定对比度法的缺点，其特点在于，在测量 MRC 时提供给相应成像系统的测试图案的对比度是可以根据需要连续调节的。可调对比度的获取可通过对测试图案采用不同的照明方法来实现。当积分球内壁涂以理想的漫反射材料时，进入积分球内壁的光经过吸收很小的内壁涂层的多次反射，最后可达到内壁上具有均匀分布的照度，所以积分球常用来实现对测试图案的均匀照明。根据照明中所用积分球的个数,可调对比度法又分为单积分球法和双积分球法。可调对比度法由于测试图案的对比度可根据需要随时调节、测试图案制作容易而受到普遍采用。

15.3.1.5 基于 MRC 和约翰逊准则的侦察能力评价方法

MRC 与约翰逊准则结合的侦察能力评价方法流程如图 15 - 6 所示。

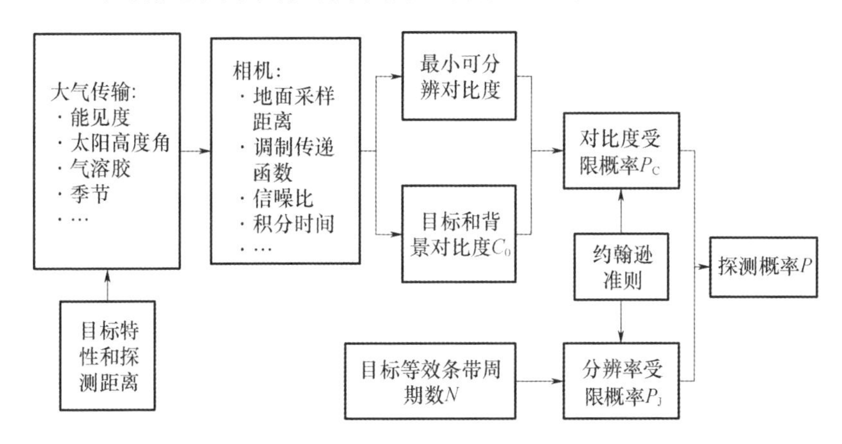

图 15 - 6　基于 MRC 与约翰逊准则的侦察能力评价方法流程

目标和背景反射太阳光经过大气传输到可见光遥感卫星的入瞳处,利用 MODTRAN 软件考虑各种环境条件因素,如能见度、太阳高度角、气溶胶和季节等,仿真得到目标和背景在入瞳处的辐亮度,进而求得目标和背景对比度 C_0;然后将相机的相关指标如 GSD、MTF、SNR 和积分时间等代入计算模型得到 MRC,将 MRC 和 C_0 代入 TTPF,得到对比度受限概率,即

$$P_C = \frac{(C_0/\mathrm{MRC})^{E_C}}{1 + (C_0/\mathrm{MRC})^{E_C}} \tag{15-23}$$

式中:$E_C = 2.7 + 0.7(C_0/\mathrm{MRC})$。

将目标所成像实际包含的探测像元线对数 N 和约翰逊准则线对数 n 代入 TTPF,得到分辨率受限概率,即

$$P_J = \frac{(N/n)^{E_J}}{1 + (N/n)^{E_J}} \tag{15-24}$$

式中:$E_J = 2.7 + 0.7(N/n)$。

P_C 和 P_J 的联合概率就是目标的发现、识别和确认的概率,即

$$P = P_C \Delta P_J \tag{15-25}$$

15.3.2 红外成像系统的侦察能力评价方法

与基于约翰逊准则和 MRC 的侦察能力评价方法相似，红外波段是基于约翰逊准则和最小可分辨温差适用于天基成像侦察能力的评价方法。

最小可分辨温差的定义是，对处于均匀黑体背景中具有某一空间频率高宽比 7∶1 的四条带黑体目标的标准条带图案，由观察者在显示屏上做无限长时间的观察，当目标与背景之间的温差从零逐渐增大到观察者确认能分辨出四个条带的目标图案为止，此时目标与背景之间的温差。MRTD 是综合评价红外成像系统温度分辨力和空间分辨力的重要参数，它不仅包含系统特征，也包括人眼特性。

红外成像系统的基于翰逊准则和最小可分辨温差 MRTD 的评价方法流程如图 15－7 所示。

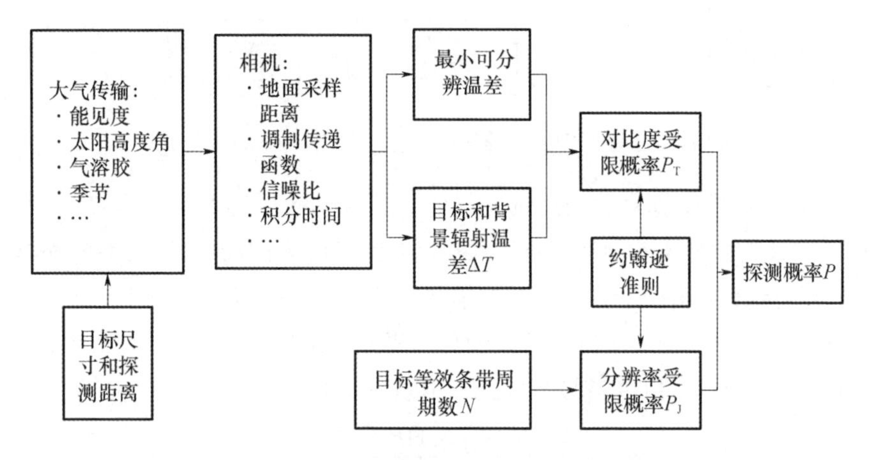

图 15－7　红外成像系统的基于约翰逊准则和 MRTD 的侦察能力评价方法流程

目标和背景的反射和辐射经过大气传输到卫星红外成像系统的入瞳处，利用 MODTRAN 软件考虑各种环境条件因素，如能见度、太阳高度角、气溶胶和季节等，仿真得到目标和背景在入瞳处的辐亮度，进而求得目标和背景辐射温差 ΔT；然后将相机的相关指标如 GSD、MTF、SNR 和积分时间等代入计算模型得到 MRTD，将 MRTD 和 ΔT 代入 TTPF，得到灵敏度受限概率，即

$$P_T = \frac{(\Delta T/\mathrm{MRTD})^{E_T}}{1+(\Delta T/\mathrm{MRTD})^{E_T}} \tag{15-26}$$

式中：$E_T = 2.7 + 0.7(\Delta T/\mathrm{MRTD})$。

将目标所成像实际包含的探测像元线对数 N 和约翰逊准则线对数 n 代入

概率传递函数,得到分辨率受限概率,即

$$P_{\mathrm{J}} = \frac{(N/n)^{E_{\mathrm{J}}}}{1 + (N/n)^{E_{\mathrm{J}}}} \tag{15-27}$$

式中:$E_{\mathrm{J}} = 2.7 + 0.7(N/n)$。

P_{T} 和 P_{J} 的联合概率就是目标的发现、识别和确认的概率,即

$$P = P_{\mathrm{T}} \cdot P_{\mathrm{J}} \tag{15-28}$$

15.3.3　在轨成像侦察能力影响因素分析

影响卫星侦察能力的因素主要包括目标和背景特性(目标和背景反射率及发射率、目标尺寸和伪装等)、环境和大气传输特性(大气能见度、太阳高度角、天气条件和气溶胶以及季节等)、探测器特性(光学系统、MTF和积分时间等)和平台特性(包括摆角和微震动等),如图15-8所示。由于侦察能力受以上因素综合作用,因此在轨成像侦察能力评估中要考虑以上所有因素。

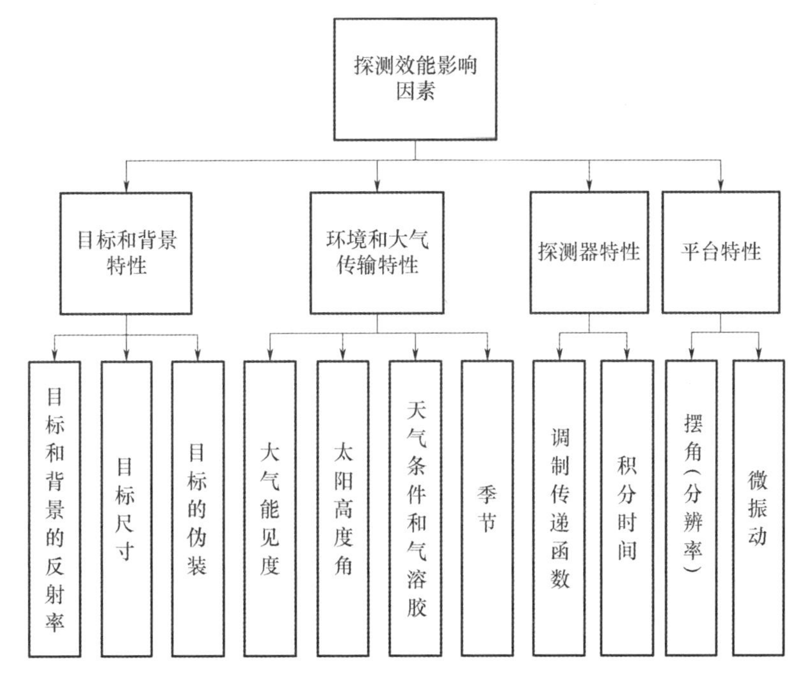

图15-8　影响侦察能力的因素

15.3.3.1　目标和背景的反射率

目标和背景的反射率和发射率主要影响进入探测系统的辐射能量,进而影响图像的对比度和信噪比,最终对探测系统的侦察能力产生影响。以舰船为

例,表 15-7 列出了常见的舰船涂料在可见光波段的反射率,不同的涂料反射率相差很大,进而导致探测器入瞳处的辐亮度相差很大,如太阳高度角 70°,反射率 0.04 的黑色涂料入瞳处辐亮度为 0.002641W/(sr·cm^2),反射率 0.59 的海灰色涂料入瞳处辐亮度为 0.009342W/(sr·cm^2),相差 2.5 倍以上,对最终的侦察效果影响很大。

表 15-7 常见的舰船涂料的可见光波段的反射率

编号	涂料名称	颜色	反射率(0.38~0.75μm)
A	丙烯酸热反射面漆	海灰	0.59
B	海灰热反射防腐面漆	海灰	0.43
C	改进型热反射船壳漆	海灰	0.49
D	聚氨酯热反射面器	海灰	0.52
E	海灰热反射船壳漆	海灰	0.41
F	热反射船壳漆	海灰	0.44
G	热反射黑色有机硅聚氨酯船壳漆	黑色	0.04
H	有机硅改性醇酸热反射船壳漆	海灰	0.27
I	丙烯酸聚氨酯甲板漆	深灰	0.09
J	海灰丙烯酸聚氨酯船壳漆	海灰	0.43
K	深灰醇酸甲板漆	深灰	0.09

15.3.3.2 目标尺寸

在系统分辨率确定的情况下,目标尺寸影响其在图像中所占像素数,尺寸大的目标所占像素多,根据约翰逊准则,其等效条带图案周期大,受分辨率的限制小,进而系统对其侦察能力更强。

15.3.3.3 目标的伪装

如图 15-9 所示,军事目标一般带有伪装,对侦察系统带来挑战。对于可见光近红外谱段,一般伪装目标与环境对比度一般控制在 0.3~0.5 之间,而迷彩目标与背景色对比度可控制在 0.2 以内,使得对其发现、识别的难度大幅提升;对于中长波红外谱段,一般把目标和背景温差控制在 ±5K 以内。因此,目标通过伪装可有效降低其与背景的差异,导致对其侦察的效果下降。

15.3.3.4 大气能见度

根据气象学定义,白光通过 1km 水平路程的大气透射比称为大气透明度。在一定大气透明度下,人眼能发现以地平天空为背景视角大于 30′的黑色目标

(a)

(b)

图 15－9　可见和红外谱段的伪装目标

物的最大距离定义为大气能见度。目标和背景所发出的光(自身或反射和散射辐射),经过一定距离后受到空气的衰减,同时空气对各种自然辐射及散射辐射进行多次散射而产生附加亮度,使目标和背景的对比度下降,进而影响探测系统的侦察能力。

15.3.3.5　太阳高度角

太阳高度角是指太阳光线与通过某地与地心相连的地表切面的夹角。当太阳高度角为 90°时,太阳辐射强度最大,随着高度角的减小,太阳辐射强度逐渐减小。太阳辐射的强弱会影响目标和背景反射辐射的强度,影响图像的对比度和信噪比,进而影响探测系统的侦察能力。

15.3.3.6　天气条件和气溶胶

大气成分随地理位置、季节和温度产生较大变化,对大气的光学特性如光学透过率等有明显影响。通常认为,局部区域大气成分只沿高度方向变化,受气压、温度、湿度等影响,参数复杂多变。

气溶胶是指大气与悬浮在其中的固体和液体微粒共同组成的多相体系,尽管气溶胶只是大气成分中含量很少的组分,但是对大气的光学特性具有显著影响。大气和气溶胶影响光的透过率和路径的散射等,影响图像的对比度和信噪比,进而影响探测系统的侦察能力。

15.3.3.7 季节

季节除了影响大气组成和气溶胶之外,还会影响地表温度分布、地面植被覆盖、太阳高度角和地方时的关系等,最终影响探测系统的侦察能力。

15.4 侦察能力评价方法仿真分析与验证

基于本书介绍的侦察能力评价方法,以国外某低轨高分辨率光学遥感卫星为例,分析其对军事目标的在轨侦察能力。选取典型背景,即成像地点选择赤道附近的低纬度地区,季节为夏季。

将对目标的侦察能力定义为发现、识别、确认三个等级,发现是指检测到目标,识别是指能明确目标的类别(如装甲车、导弹发射车等),确认是指明确目标的型号,三个等级对卫星侦察能力的要求依次提高。

15.4.1 可见光遥感卫星侦察能力仿真分析

15.4.1.1 不同分辨率的侦察能力分析

对草地背景下的小型伪装装甲车(3.3m)、伪装炮管(1m)、人(0.4m)的发现、识别、确认概率进行计算,如图 15-10 ~ 图 15-12 所示。横轴为太阳高度角,纵轴为概率。计算所用大气条件为能见度 23km。

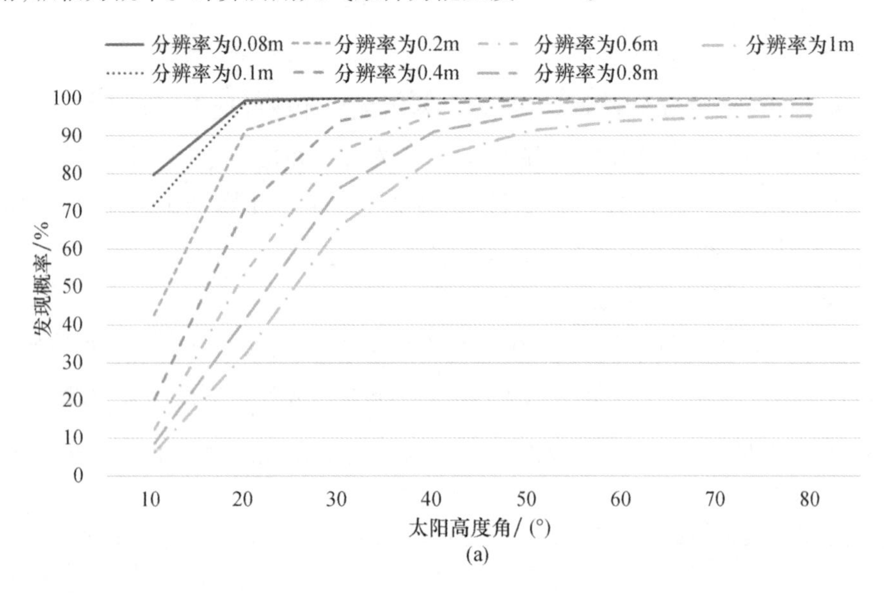

(a)

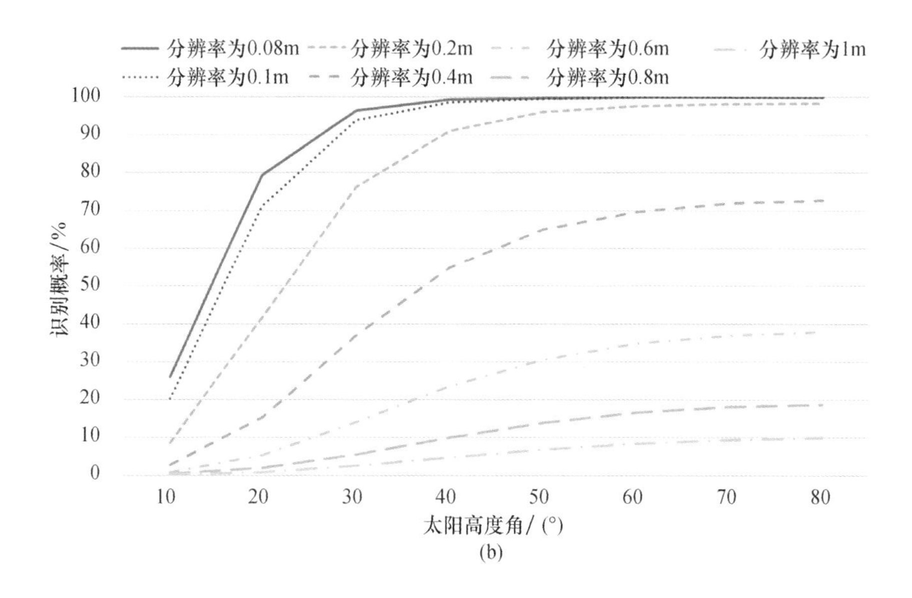

(b)

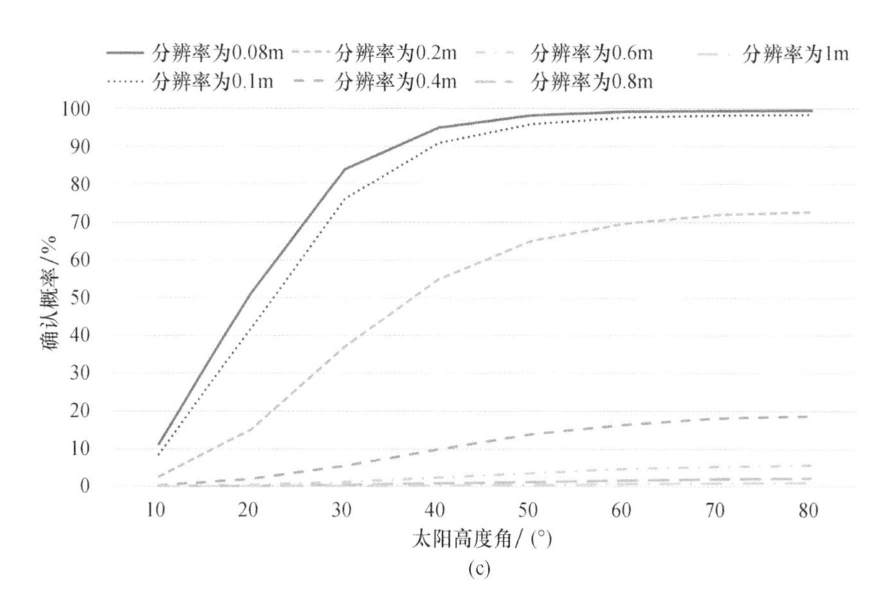

(c)

图 15-10　不同分辨率全色图像对草地背景的小型伪装装甲车发现、识别和确认概率(见彩图)

(a)发现概率;(b)识别概率;(c)确认概率。

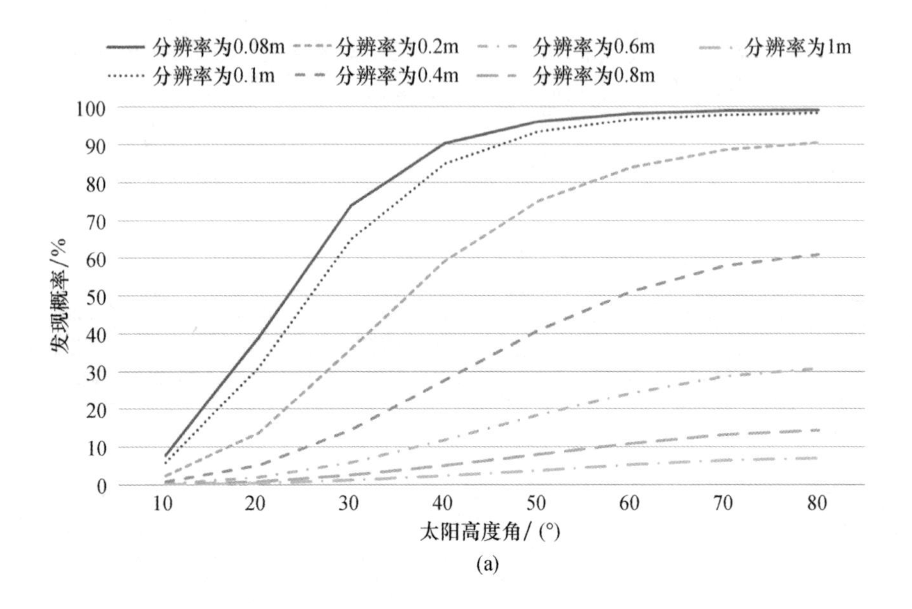
分辨率为0.08m
分辨率为0.2m
分辨率为0.6m
分辨率为1m
分辨率为0.1m
分辨率为0.4m
分辨率为0.8m
0
10
20
30
40
50
60
70
80
90
100
发现概率/%
10
20
30
40
50
60
70
80
太阳高度角/(°)
(a)

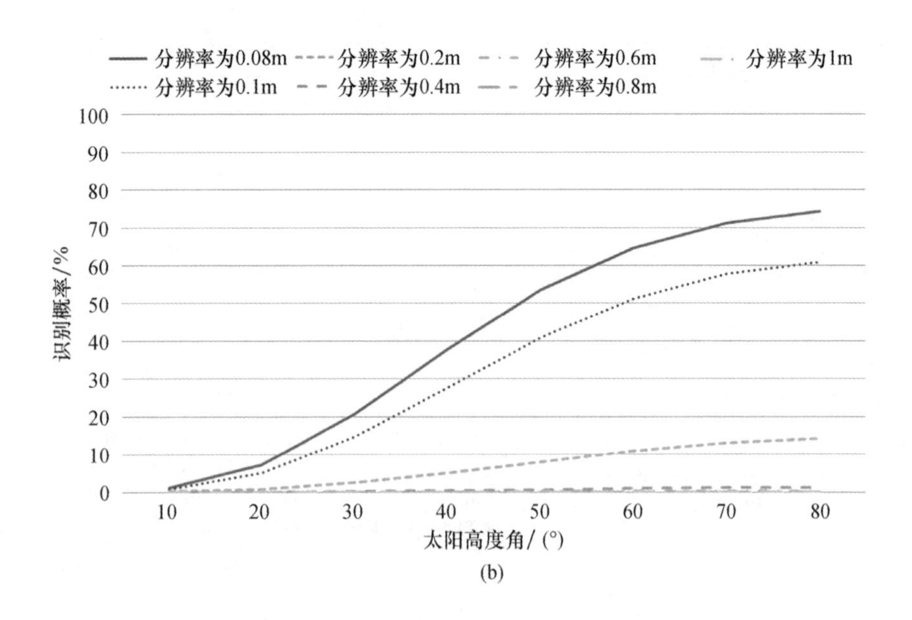
分辨率为0.08m
分辨率为0.2m
分辨率为0.6m
分辨率为1m
分辨率为0.1m
分辨率为0.4m
分辨率为0.8m
0
10
20
30
40
50
60
70
80
90
100
识别概率/%
10
20
30
40
50
60
70
80
太阳高度角/(°)
(b)

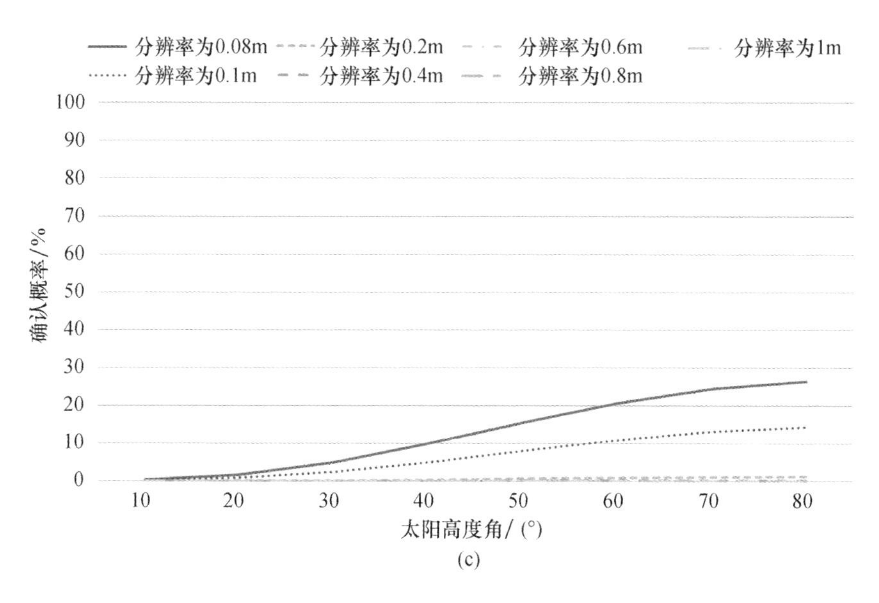

(c)

图 15－11　不同分辨率全色图像对草地背景的伪装炮管发现、识别和确认概率(见彩图)

(a)发现概率;(b)识别概率;(c)确认概率。

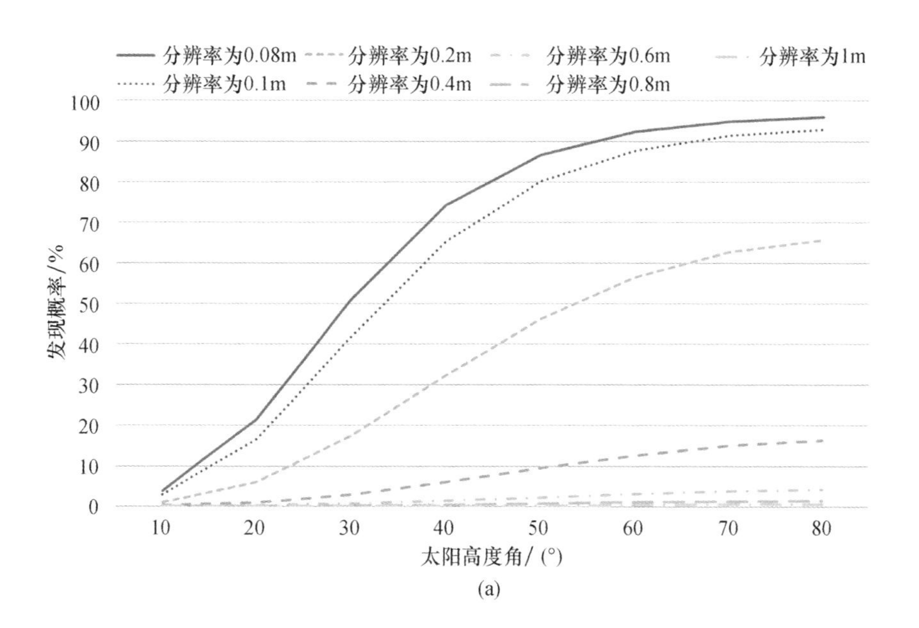

(a)

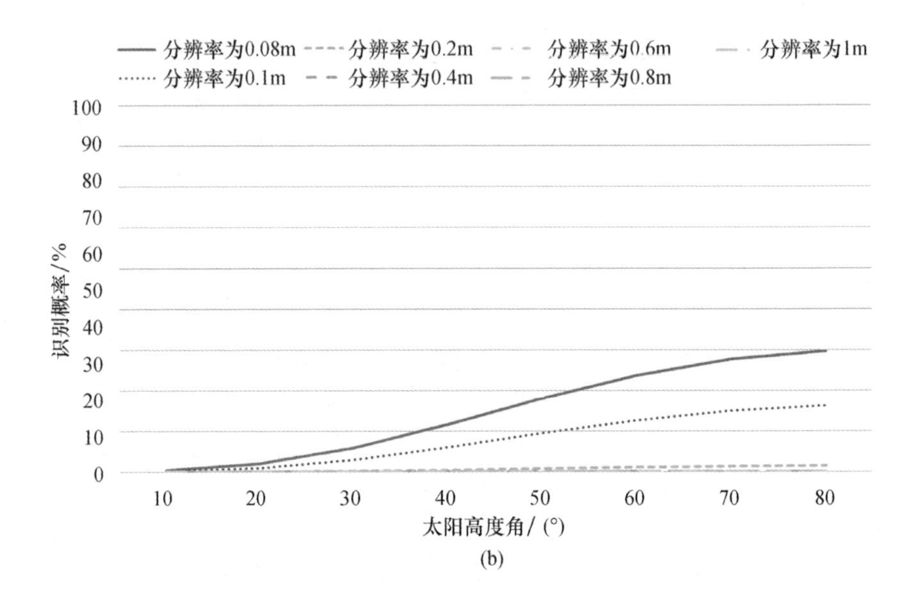

(b)

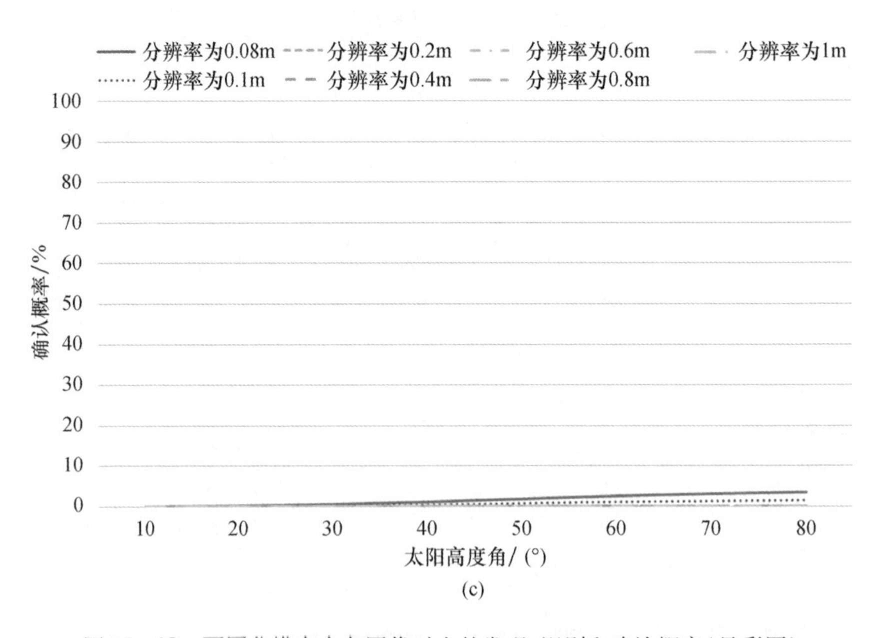

(c)

图 15－12　不同分辨率全色图像对人的发现、识别和确认概率(见彩图)

由图 15－10～图 15－12 的仿真计算结果可以看出，相同条件下，随着目标尺寸的增加，对其的发现、识别、确认概率随之增加。对同一目标的发现、识别、确认概率随着 GSD 的减小而提高。对于小型伪装装甲车、伪装炮管、人这三种目标发现概率都较高，而识别概率次之，确认概率最低。由此可看出，GSD 的提升可以有效增加发现概率。对于草地背景下的小型伪装装甲车、伪装炮管和人的发现、识别和确认概率，0.08m 分辨率相较于 0.1m、0.2m、0.4m、0.6m、0.8m 和 1m 分辨率的提升见表 15－8～表 15－10（太阳高度角 50°）。由表可以看出：

（1）对草地上的小型伪装装甲车，全色分辨率优于 0.2m 时，确认概率优于 60%；优于 0.4m 时，识别概率优于 60%；分辨率优于 1m 时，发现概率优于 90%。

（2）对草地上的伪装炮管，全色分辨率优于 0.08m 时，识别概率优于 50%；分辨率优于 0.2m 时，发现概率优于 75%。

（3）对草地上的人，分辨率优于 0.1m 时，发现概率优于 80%。

表 15－8　不同分辨率对小型伪装装甲车发现、识别和确认概率

分辨率/m	0.08	0.1	0.2	0.4	0.6	0.8	1
发现概率/%	100	100	99.98	99.65	98.53	95.99	91.28
识别概率/%	99.86	99.65	95.99	64.93	30.61	13.89	6.83
确认概率/%	98.16	95.99	64.93	13.89	3.68	1.32	0.58

表 15－9　不同分辨率对伪装炮管发现、识别和确认概率

分辨率/m	0.08	0.1	0.2	0.4	0.6	0.8	1
发现概率/%	96.1	93.3	75.1	40.8	18.4	8.0	3.8
识别概率/%	53.5	40.8	8	0.66	0.14	0.05	0.02
确认概率/%	15.5	8	0.66	0.05	0.01	0	0

表 15－10　不同分辨率可见光对人（不考虑人影）发现、识别和确认概率

分辨率/m	0.08	0.1	0.2	0.4	0.6	0.8	1
发现概率/%	86.65	80.01	46.12	9.42	2.31	0.79	0.34
识别概率/%	18.08	9.42	0.79	0.05	0.01	0.00	0.00
确认概率/%	1.82	0.79	0.05	0.00	0.00	0.00	0.00

15.4.1.2 不同太阳高度角侦察能力分析

草地背景下的不同太阳高度角时对不同尺寸目标(与背景反射率差 0.2)的发现、识别、确认概率进行计算,图 15-13 所示。横轴为目标尺寸,纵轴为概

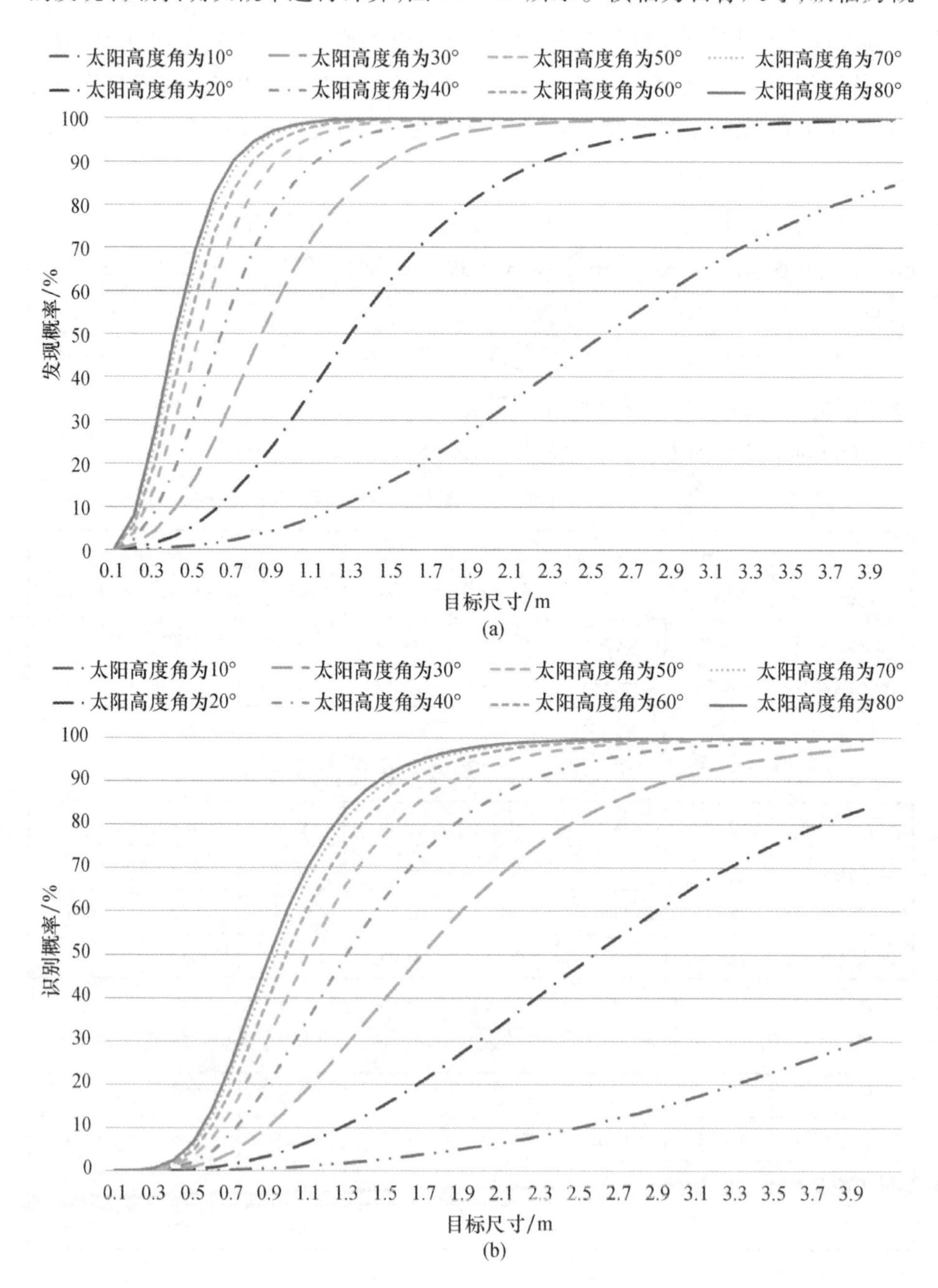

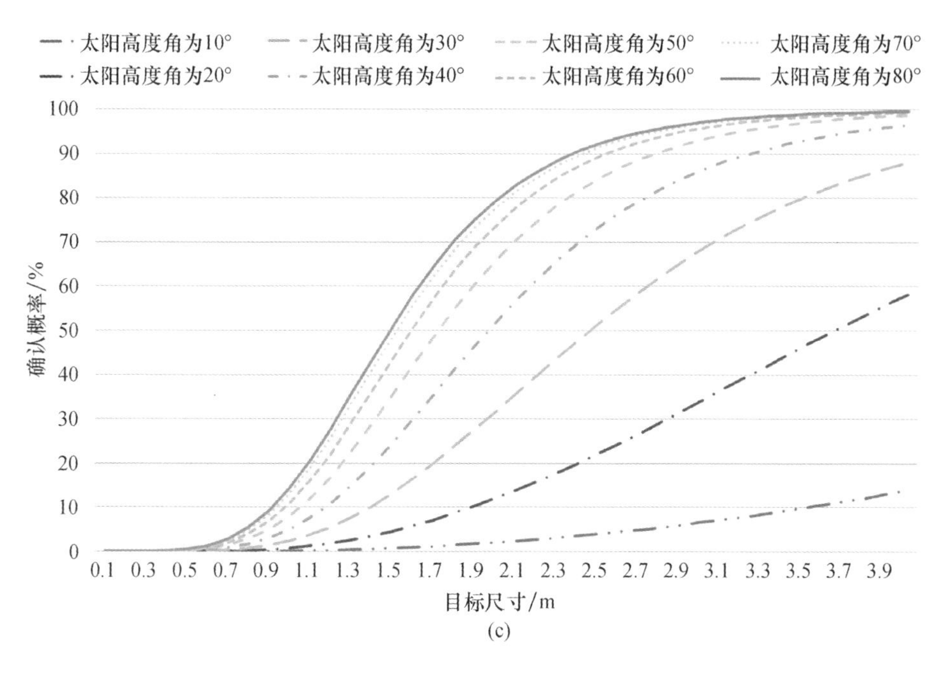

图15-13 不同太阳高度角全色图像对草地背景的目标发现、识别确认概率(见彩图)
(a)发现概率;(b)识别概率;(c)确认概率。

率,图中每条不同颜色的曲线代表不同的太阳高度角。计算所用大气条件为能见度23km。

由图15-13计算结果可以看出,相同目标、背景特性的条件下,同一目标的发现、识别、确认概率随太阳高度角的增加而提高。

(1)对草地上的小型伪装装甲车,太阳高度角高于10°时,发现概率优于70%。

(2)对草地上的伪装炮管,太阳高度角高于30°时,发现概率大于60%。

(3)对草地上的人(反射率差需要0.3),太阳高度角高于40°时,发现概率优于65%。

15.4.1.3 不同大气条件下图像侦察能力分析

不同大气透过率水平下对全色谱段图像发现性能的影响进行计算,以大气透过率10km、23km为例。仍针对草地背景下的小型伪装装甲车(3.3m)、伪装炮管(1m)、单兵(0.4m)进行计算分析,结果如表15-11~表15-13所列。

表 15-11　不同大气条件下不同分辨率全色对小型伪装装甲车发现、识别和确认概率

发现、识别、确认概率		分辨率/m						
		0.08	0.1	0.2	0.4	0.6	0.8	1
发现概率/%	透过率 10km	100	99.99	99.79	97.84	93.74	87.70	79.77
发现概率/%	透过率 23km	100	100	99.98	99.65	98.53	95.99	91.28
识别概率/%	透过率 10km	98.90	97.84	87.70	49.82	20.54	8.51	3.94
识别概率/%	透过率 23km	99.86	99.65	95.99	64.93	30.61	13.89	6.83
确认概率/%	透过率 10km	92.68	87.7	49.82	8.51	2.04	0.70	0.30
确认概率/%	透过率 23km	98.16	95.99	64.93	13.89	3.68	1.32	0.58

表 15-12　不同大气条件下不同分辨率全色对伪装炮管发现、识别和确认概率

发现、识别、确认概率		分辨率/m						
		0.08	0.1	0.2	0.4	0.6	0.8	1
发现概率/%	透过率 10km	86.44	79.9	52.01	23.08	9.65	4.07	1.88
发现概率/%	透过率 23km	96.1	93.3	75.1	40.8	18.4	8.0	3.8
识别概率/%	透过率 10km	31.97	23.08	4.07	0.32	0.07	0.02	0.01
识别概率/%	透过率 23km	53.5	40.8	8	0.66	0.14	0.05	0.02
确认概率/%	透过率 10km	8.08	4.07	0.32	0.02	0.00	0	0
确认概率/%	透过率 23km	15.5	8	0.66	0.05	0.01	0	0

表 15-13　不同大气条件下不同分辨率全色对人发现、识别和确认概率

发现、识别、确认概率		分辨率/m						
		0.08	0.1	0.2	0.4	0.6	0.8	1
发现概率/%	透过率 10km	68.06	58.53	27.26	4.91	1.17	0.39	0.17
发现概率/%	透过率 23km	86.65	80.01	46.12	9.42	2.31	0.79	0.34
识别概率/%	透过率 10km	9.71	4.91	0.39	0.03	0.01	0.00	0.00
识别概率/%	透过率 23km	18.08	9.42	0.79	0.05	0.01	0.00	0.00
确认概率/%	透过率 10km	0.92	0.39	0.03	0.00	0.00	0.00	0.00
确认概率/%	透过率 23km	1.82	0.79	0.05	0.00	0.00	0.00	0.00

由计算结果可知，大气能见度的降低，将直接对全色谱段目标的发现、识别和确认概率产生不利影响。其中，对小尺度目标的发现概率影响大于大尺度目标。对于0.1m分辨率的全色图像，相比于23km能见度，10km能见度情况下。

(1)对人的发现概率由58.5%下降至9.4%。

(2)对坦克炮管的发现概率由93.3%下降至79.9%。

(3)对小型伪装装甲车的发现、识别、确认概率均有一定降低，但影响不明显，如确认概率由95.99%下降至87.7%，下降不足10%。

15.4.1.4　图像处理方法对侦察能力的影响

图像处理技术广泛应用于对卫星遥感图像的处理，可以有效地提高图像的成像质量，如信噪比、对比度和分辨率等，对侦察能力的提升具有重要意义。图像处理方法多种多样，作用和复杂程度也不尽相同，这里以图像融合方法和超分辨率重建方法为例分析其对侦察能力的影响。

1)图像融合方法

由于不同成像谱段的探测器成像机制有差异，且不同谱段成像各具特点，导致不同谱段图像中包含目标的非冗余信息。因此，对不同谱段间图像的融合可以发挥每个谱段的成像优势，掌握更多的目标信息，达到优势互补的目的，以提高融合后图像的侦察能力。

举例而言，在低太阳高度角下，光照条件差，目标反射能量小，目标与环境背景对比度低，导致可见光图像探测目标能力差。但是，红外波段探测受光照影响小，采用可见光和红外图像融合方法可以有效地提高侦察能力。表15-14列出了10km能见度、太阳高度角15°、不同分辨率时对1m目标的发现概率。计算结果表明，融合后图像能够发挥红外发现能力强和可见光分辨率高的优势，提高目标的侦察能力。

表15-14　能见度10km、太阳高度角15°、不同分辨率时，对1m目标的发现概率

分辨率/m		发现概率/%		
可见光	中波红外	可见光	中波红外	融合后
0.10	1.00	48.6	92.4	93.2
0.11	1.12	48.0	87.8	90.8
0.13	1.26	45.8	81.4	87.2
0.14	1.41	36.3	73.2	80.4
0.22	2.19	32.7	37.1	55.9

2)超分辨率重建方法

超分辨率重建技术在航空、航天等领域应用广泛,美国机载红外相机通过20幅序列图像,实现了5倍的GSD提升。国外在遥感卫星上也已应用超分辨率重建技术,如表15-15所列。

表15-15 国外已应用超分辨率重建技术的卫星型号

国家	卫星型号	亚像元技术方案	GSD提升
法国	SPOT-5/HRG	线阵像元交错排列	1.67~2倍
	"太阳神"-2	可见光像元交错排列 红外像元交错排列	1.67~2倍
	Pleiades-1/2	可见光像元交错排列	1.4倍
美国	Skybox	面阵推扫交错连拍	1.4倍
	SBIRGHS-Geo/Heo	线阵像元交错排列	2倍
德国	BIRD/HSRS	红外交错排列成像	2倍

以典型的线阵像元交错排列为例,将探测器排成两排,且沿线阵和垂直线阵方向上分别错开0.5和2+0.5(首尾)像元,获取两幅偏移量为0.5像元的图像;采用交错内插方法进行超分辨率图像重构;对重构图像进行图像复原和噪声抑制;经图像仿真分析,如图15-14所示,超分处理后,分辨率可提升1.4倍。

对于低纬度地区太阳高度角20°、大气能见度10km的场景应用超分辨率重建技术。需要说明的是,超分辨率重建会使MTF有所下降。为保证MTF,可采取谱段前移等方法。下面仿真了两个可见光谱段的识别能力,以此说明超分辨率重建对侦察能力的提升以及谱段前移后的效果,结果如图15-15所示。

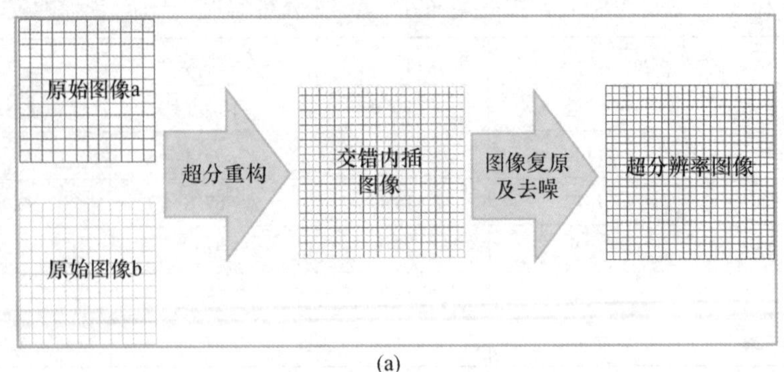

(a)

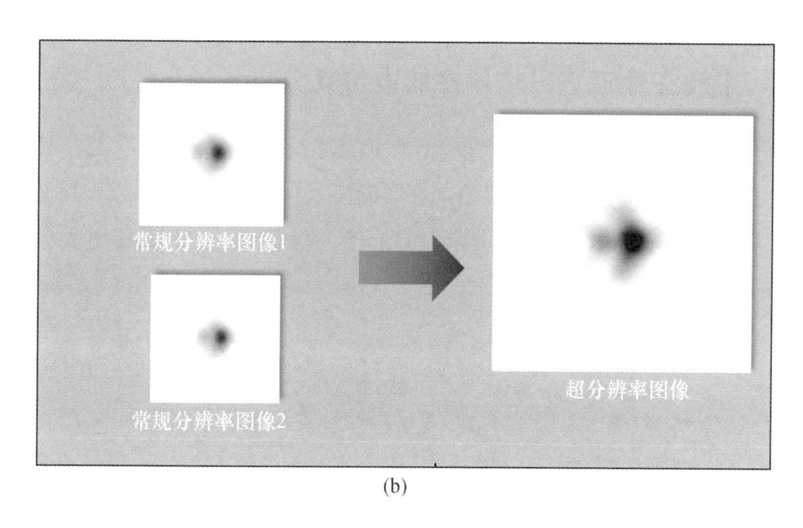

(b)

图 15－14　超分辨率重建技术原理和仿真

(a)原理;(b)仿真。

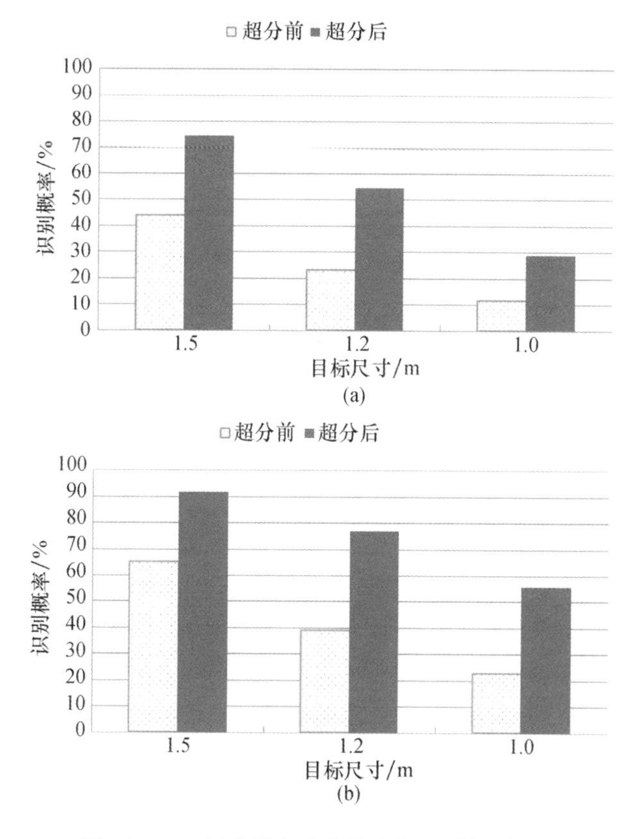

图 15－15　超分辨率重建前后的识别能力提升

(a)谱段 1;(b)谱段 2。

15.4.2 中波红外遥感卫星侦察能力仿真分析

在草地背景，夏季白天（取背景温度 303K），目标、背景温差 4K（模拟红外伪装后的军事目标），发射率差 0.01 的情况下，中波红外谱段对不同分辨率目标的发现、识别、确认概率进行计算，如图 15-16 所示。计算所用大气条件为能见度 23km，无云。

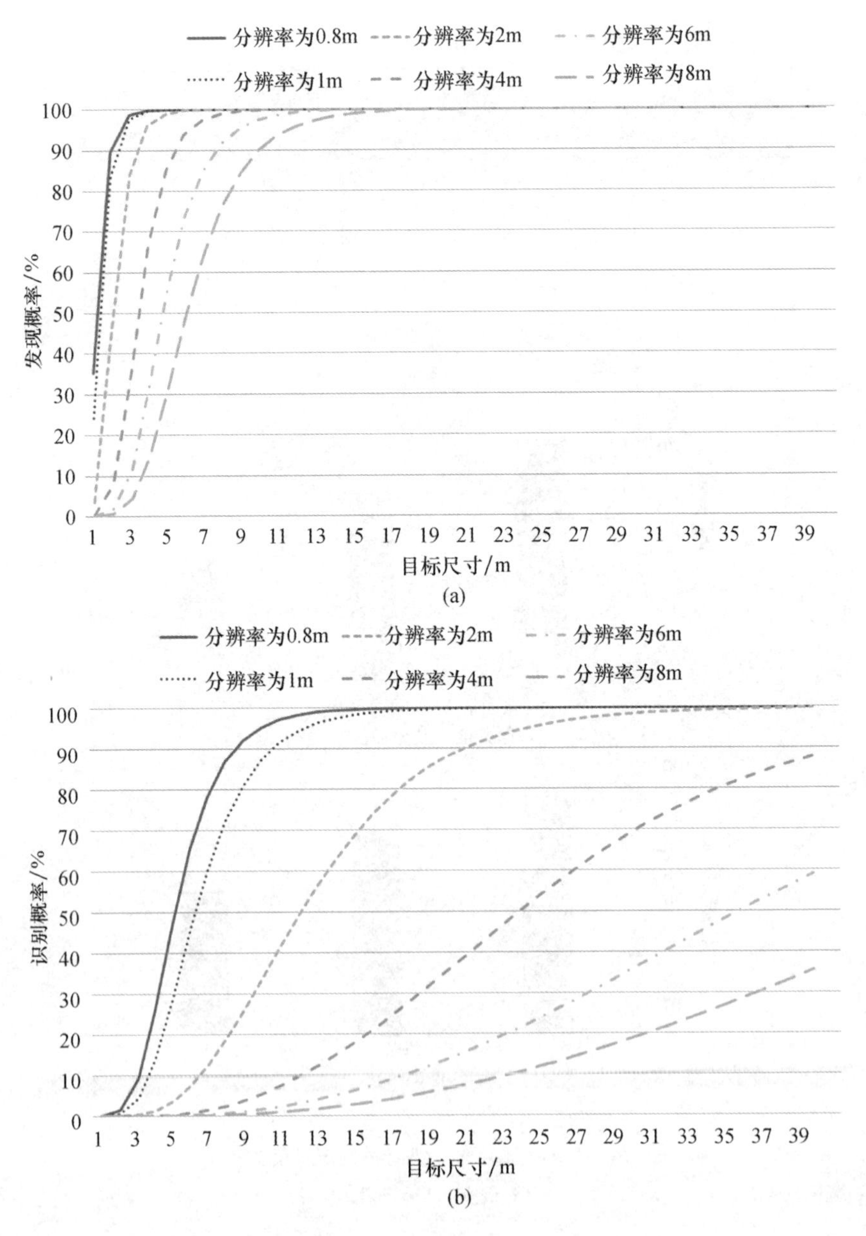

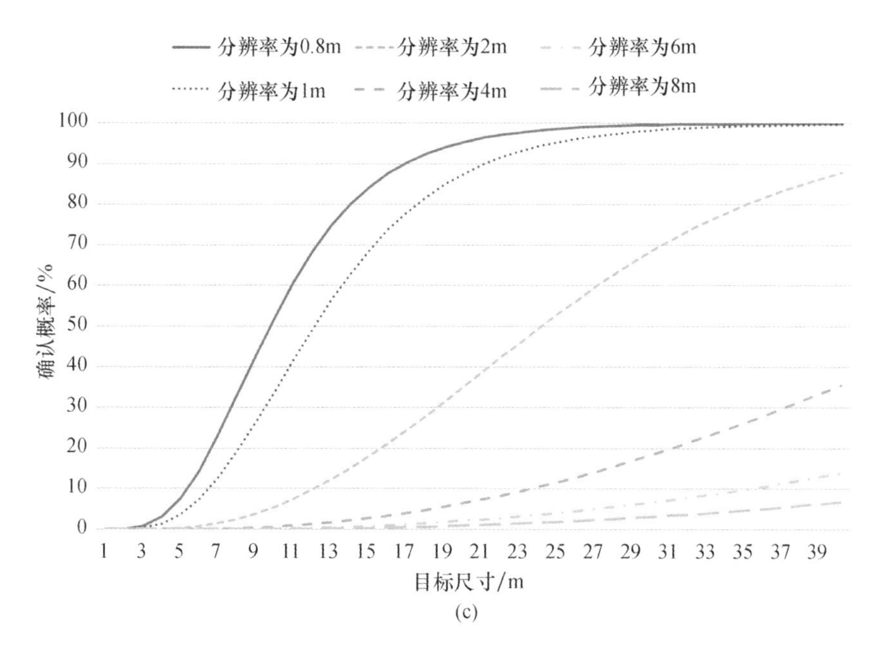

(c)

图 15-16　不同分辨率中波红外图像对各分辨率目标的发现、识别和确认概率(见彩图)
(a)发现概率;(b)识别概率;(c)确认概率。

由计算结果可知,在背景、目标的特性(温度、温差、发射率、反射率、目标尺寸等)确定的情况下,卫星红外侦察能力随分辨率提升而提升。在目标背景温差 4K、发射率差 0.01、太阳高度角 40°情况下:

(1)对草地上的伪装坦克,分辨率优于 1m 时,识别概率优于 70%;分辨率优于 8m 时,发现概率优于 75%,如表 15-16 所列。

表 15-16　不同分辨率中波红外对伪装坦克(8m)
发现、识别和确认概率(草地背景)

发现、识别和确认概率	分辨率/m					
	0.8	1	2	4	6	8
发现概率/%	100	100	99.98	98.90	91.68	76.24
识别概率/%	86.81	72.33	19.12	2.48	0.64	0.23
确认概率/%	32.85	19.12	2.48	0.23	0.05	0.02

(2)对草地上的伪装导弹发射车,分辨率优于 1m 时,确认概率优于 85%;分辨率优于 2m 时,识别概率优于 85%;分辨率优于 8m 时,发现概率优于 99%,如表 15-17 所列。

表 15-17　不同分辨率中波红外对伪装导弹发射车(20m)发现、识别和确认概率(草地背景)

发现、识别和确认概率	分辨率/m					
	0.8	1	2	4	6	8
发现概率/%	100	100	100	100	99.99	99.87
识别概率/%	99.97	99.77	87.79	35.27	13.72	6.5
确认概率/%	95.48	87.79	35.27	6.5	2.13	0.93

15.4.3　长波红外遥感卫星侦察能力仿真分析

对草地背景下,夏季白天(夏季取背景温度 303K),目标、背景温差 4K(模拟红外伪装后的军事目标),发射率差 0.01 的情况下,长波红外谱段对不同分辨率目标的发现、识别、确认概率进行计算,如图 15-17 所示。计算所用大气条件为能见度 23km,无云。

由计算结果可知,在背景、目标的特性确定的情况下,卫星系统红外谱段对目标的侦察概率随分辨率提升而提升。在目标背景温差 4K、发射率差 0.01 情况下。

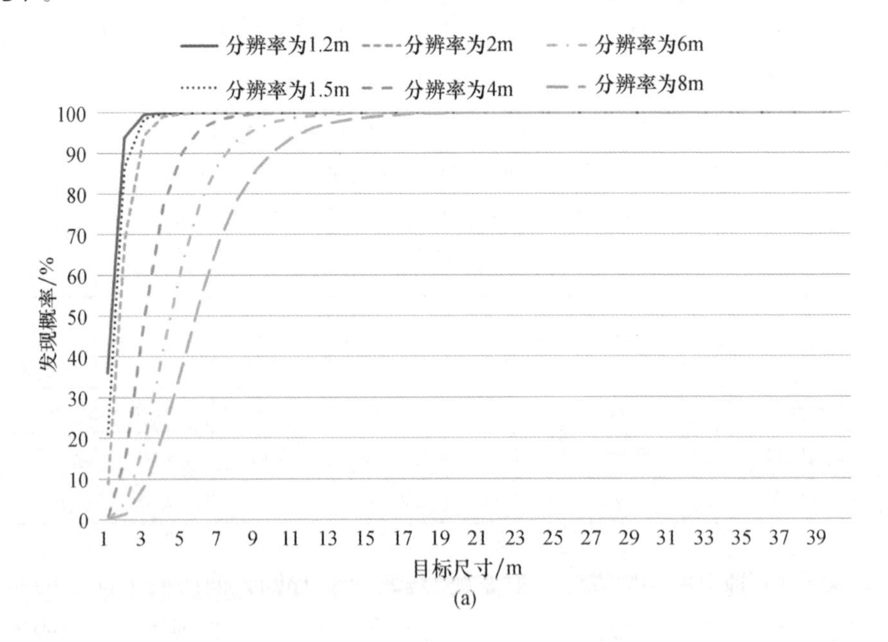

(a)

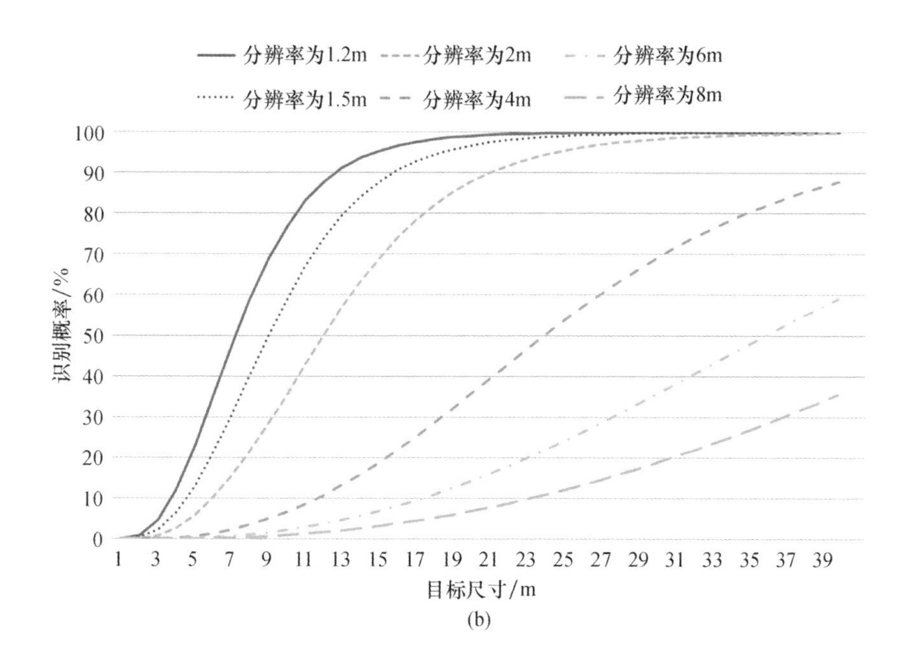

(b)

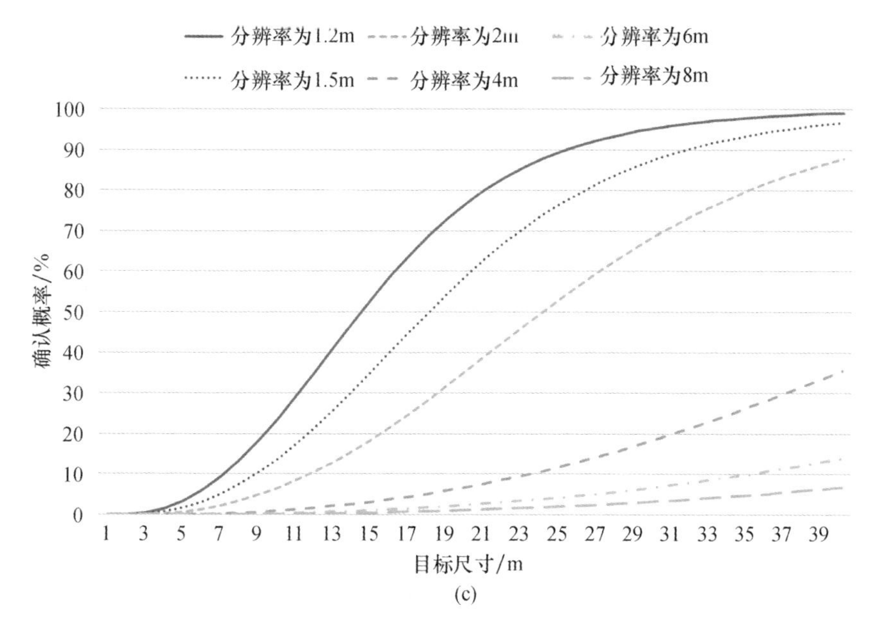

(c)

图 15－17　不同分辨率长波红外图像对各分辨率目标的发现、识别和确认概率(见彩图)

(1)对草地上的伪装坦克，分辨率优于1.2m时，识别概率优于55%；分辨率优于8m时，发现概率优于75%，如表15－18所列。

表15－18　不同分辨率长波红外对伪装坦克(8m)发现、识别和确认概率(草地背景)

发现、识别和确认概率	分辨率/m					
	0.8	1	2	4	6	8
发现概率/%	100	100	100	99.28	93.01	78.71
识别概率/%	58.89	40.08	21.34	3.47	1.08	0.44
确认概率/%	13.62	7.61	3.47	0.44	0.12	0.04

(2)对草地上的伪装导弹发射车，分辨率优于1.5m时，确认概率优于55%；分辨率优于2m时，识别概率优于85%；分辨率优于8m时，发现概率优于99%，如表15－19所列。

表15－19　不同分辨率长波红外对伪装导弹发射车(20m)发现、识别和确认概率(草地背景)

发现、识别和确认概率	分辨率/m					
	0.8	1	2	4	6	8
发现概率/%	100	100	100	100	99.99	99.87
识别概率/%	99.14	96.76	87.83	35.46	13.98	6.77
确认概率/%	76.96	59.06	35.46	6.77	2.36	1.10

第 16 章 高分辨率遥感卫星图像地面处理与典型应用

16.1 遥感数据产品分级

遥感数据产品按处理级别划分,可以分为五种:0 级产品,也称原始数据;1 级产品,辐射校止产品,经过辐射定标系数修正产品;2 级产品,几何校正产品,经辐射校正和系统几何校正,并将校正后的图像映射到指定的地图投影坐标下的产品数据,包含所有波段数据,是应用比较广泛的一类数据;3 级产品,几何精校正产品,经过辐射校正和几何校正,同时采用地面控制点改进产品的几何精度的产品数据;4 级产品,高程校正产品,经过辐射校正、几何校正和几何精校正,同时采用数字高程模型(DEM)纠正了地势起伏造成的视差的产品数据。

16.2 卫星遥感图像地面处理技术

卫星在轨成像时由于各种因素的影响,遥感图像存在一定几何畸变、大气消光、辐射量失真等现象,这些图像失真和畸变问题造成图像质量下降,影响遥感应用,必须通过遥感图像处理进行消除。卫星遥感图像处理包括格式转换、投影转换、重采样、颜色转换、栅格计算、波段合成、影像裁剪、影像增强和影像滤波等基本影像处理,以及辐射定标、大气校正、数据预处理、影像融合、几何校正、匹配、影像镶嵌、匀光匀色、影像分类和控制数据管理的高级影像处理。可见光卫星遥感图像处理流程如图 16 - 1 所示。

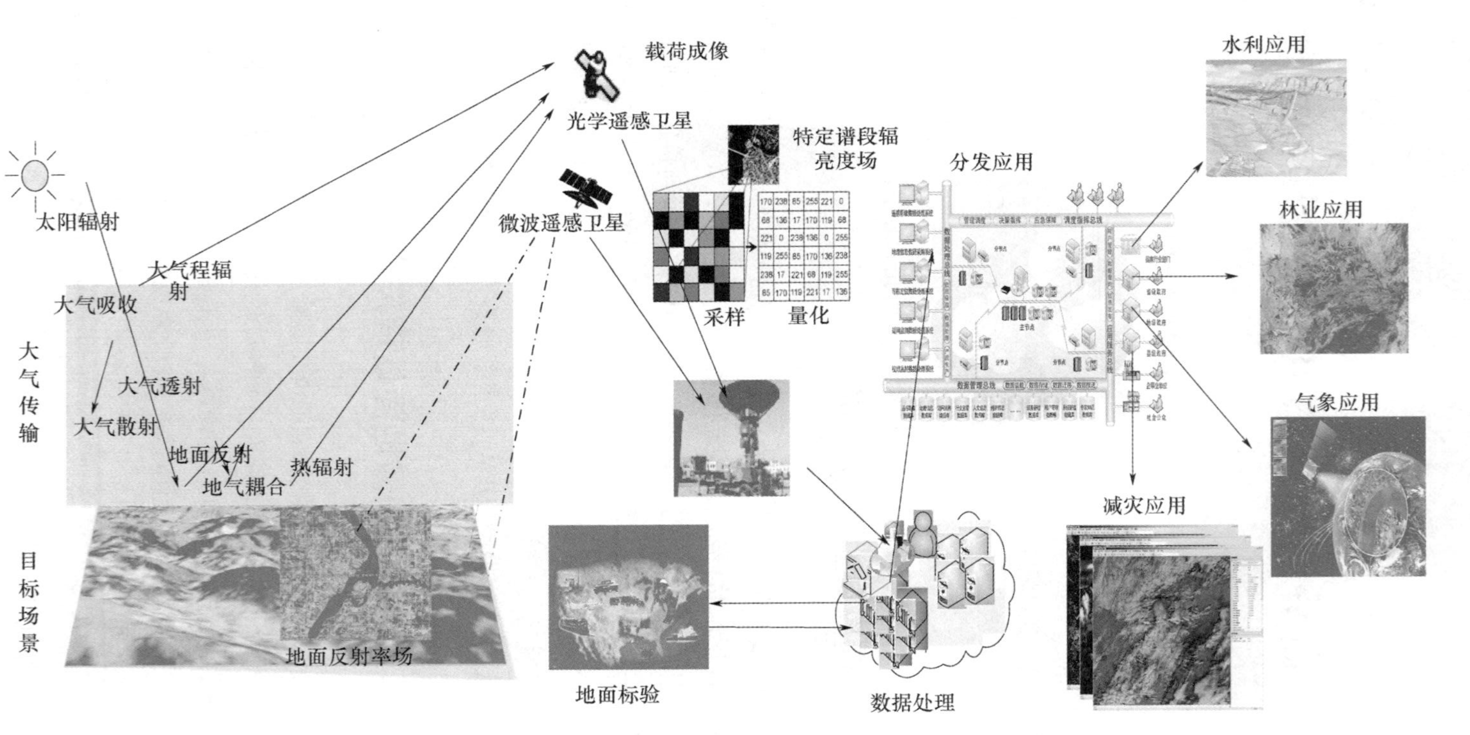

图16-1　可见光卫星遥感图像处理流程

16.2.1　辐射校正及均匀性校正

在利用遥感图像进行地表的遥感监测时,需要进行辐射校正,使得遥感图像尽可能反映地物目标的差异。传感器端的辐射校正是把只具有相对意义的离散亮度值转换为具有物理意义的辐亮度或反射率的过程。在遥感应用中,特别是定量遥感中,一般需要把 DN 值图像转换为具有物理意义的辐亮度图像。针对特定传感器的辐射校正参数也不是固定不变的,它们会随着传感器的使用逐渐产生变化。为了获得最新的辐射校正参数,需要定期对传感器进行辐射定标。可见光卫星图像中的噪声会干扰甚至完全掩盖遥感数字图像有效信息,因此,在利用遥感数据进行图像解译之前需要消除图像噪声,尽可能地恢复图像的质量。常见的可见光遥感图像噪声包括条纹、丢失的扫描线及随机噪声。

16.2.1.1　在轨图像统计法定标

对大量图像进行统计,从而得到相机各像元的相对辐射校正系数,该方法工作量较大,在国内的 GF-2 卫星和国外 Landsat-5 卫星上已经采用。另外,利用图像统计方法和星上定标装置方法对 Landsat-5 卫星进行了大量的比对分析,发现图像统计方法更容易保证定标精度。

16.2.1.2　地面辐射场定标

卫星定期获取国内外均匀辐射场的卫星图像和背景图像。通过地面辐射定标场图像和背景图像计算得到辐射校正系数。地面辐射场定标流程如图 16-2 所示,卫星在轨定标应与实验室定标进行比对,或者多个卫星载荷之间进行交叉比对,提高定标精度。

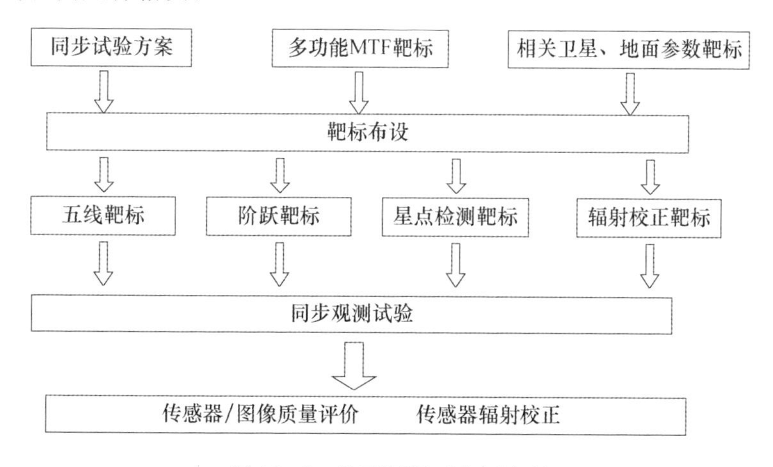

图 16-2　地面辐射而定标流程

16.2.1.3 地面均匀性校正精度

高分辨率遥感图像的残余非均匀性对图像后处理影响较大，尤其是传递函数补偿对非均匀性的放大作用非常明显。由 IKONOS 提供的数据表明，当校正后非均匀性小于0.5%时，才能消除图像条带。IKONOS 卫星对相对辐射定标的精度要求如图16-3所示。

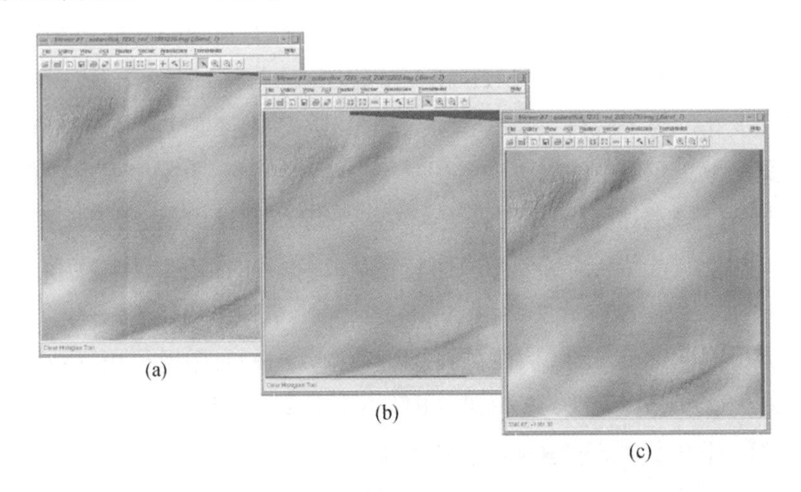

图16-3 IKONOS 卫星对相对辐射定标的精度要求

(a)好-满足规范，<5%(基于 Landsat 规范，8bit 数据)；(b)更好-可识别，<1%(仍然可见大约10个计数的不均匀性，11bit 数据)；(c)最好-极细微，<0.5%。

对于多光谱图像，像元间的相对均匀性校正精度、各谱段的响应一致性、稳定性还影响彩色图像的合成和配准，这方面与国外有较大差距。图16-4是

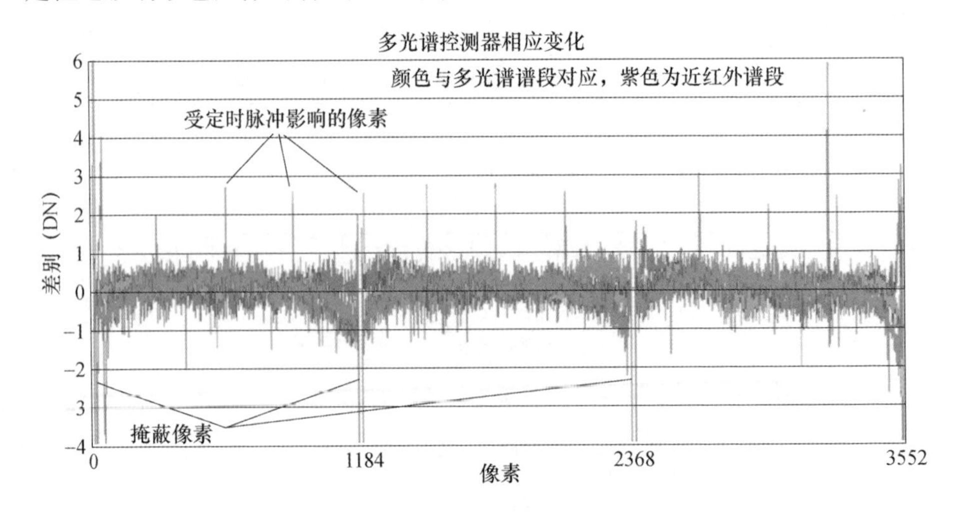

图16-4 IKONOS 卫星多光谱像元响应曲线(见彩图)

IKONOS 卫星在轨 4 个谱段的响应曲线，偏差 ±1DN，且曲线一致、均匀，器件的水平非常高。

16.2.2　几何校正及处理方法

16.2.2.1　传感器几何校正

如图 16－5 所示，虚线表示虚拟面阵，实线表示真实面阵（经过高精度内方位元素检校获取）。其中，虚拟面阵依据真实面阵拟合获得，其采样均匀，不存在内部畸变。因此，由虚拟面阵成像的影像也不存在内部畸变。虚拟重成像过程：基于真实面阵成像时刻的姿轨数据及由虚拟面阵摆放决定的虚拟内方位元素，建立虚拟面阵成像几何模型；依据该模型、真实面阵成像几何模型以及高程参考面，建立真实面阵影像与虚拟重成像影像的一一对应关系。

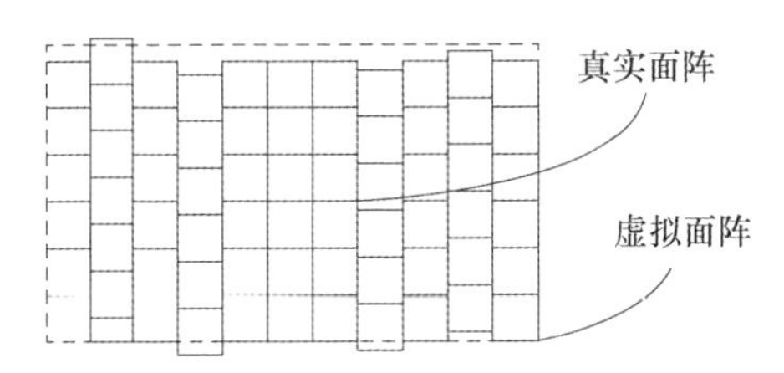

图 16－5　虚拟面阵和真实面阵

图 16－6 为虚拟重成像生产流程图。具体操作步骤如下。

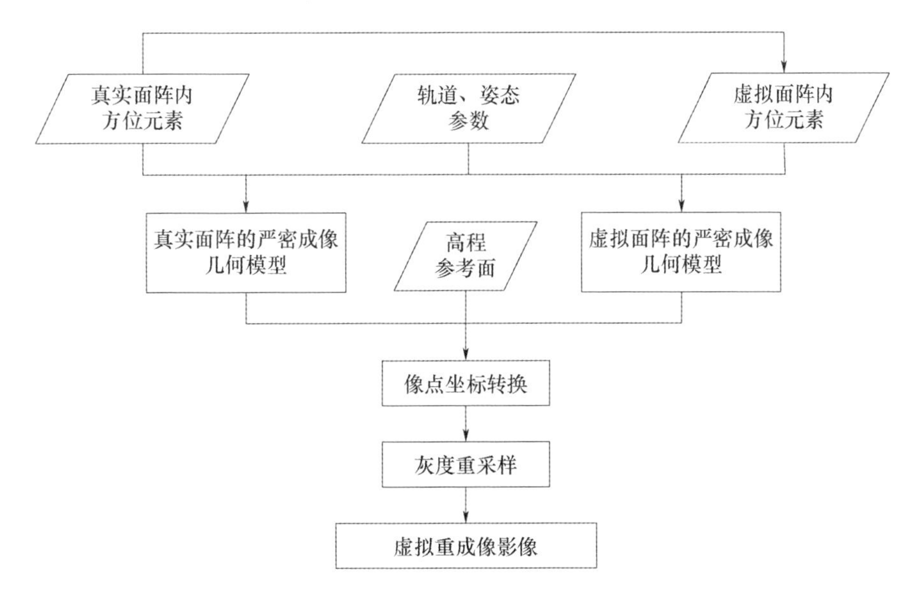

图 16－6　虚拟重成像生产流程图

（1）基于检校的真实内方位元素及成像时刻的姿轨数据，建立真实面阵的严密成像几何模型。

（2）基于几何检校后内方位元素，计算出虚拟面阵的最佳位置和范围，并在焦面上等间隔分布像元，计算虚拟面阵的内方位元素。

（3）基于虚拟面阵内方位元素、真实成像姿轨建立虚拟面阵的严密成像几何模型，并生成虚拟影像模型。

（4）对于虚拟重成像影像上的任一像素(x,y)，利用步骤（3）中建立的虚拟面阵严密成像几何模型及某一高程参考面（SRTM－DEM 或平均高程），将其投影到地面坐标（lat，lon），将（lat，lon）利用步骤（1）中建立的真实面阵成像几何模型投影到真实影像的像素位置(x',y')。

（5）利用(x',y')临近像元灰度内插即可得到(x,y)对应的灰度值。

（6）重复以上步骤直到生成整幅影像。

16.2.2.2 几何精校正

几何精校正产品是在传感器校正产品（一级影像产品）的基础上，利用控制点消除了部分轨道和姿态参数误差，按照一定的地球投影，以一定地面分辨率投影在地球椭球面上的几何产品，影像带有相应的投影信息。

由于卫星影像在成像过程中受到了卫星轨道、姿态、地球自转、地球曲率、地形起伏等因素的影响，因此影像上各地物的形状、大小、方位等几何特征均会产生变形。几何精纠正则是改正除了地形起伏之外其他因素引起的误差，从而得到符合某种地球投影表达要求、具有地理编码的新影像，如图 16－7 所示。

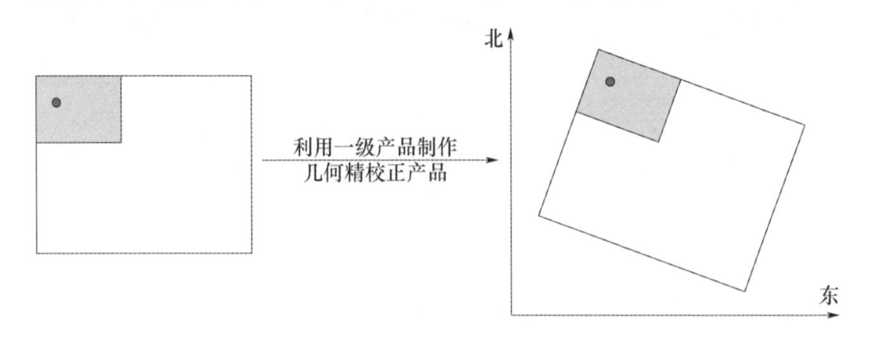

图 16－7　利用一级产品制作几何精校正产品

几何精校正产品与一级产品之间存在一一对应关系，通过该对应关系和一级产品的通用几何模型，可以建立起几何精校正产品上像素点与地面点坐标之间的转换关系。

图 16－8 示出了几何精校正产品的制作方法，即坐标转换关系的建立与影像的灰度重采样过程。几何精校正产品在沿轨方向和垂轨方向均有固定的地面分辨率。

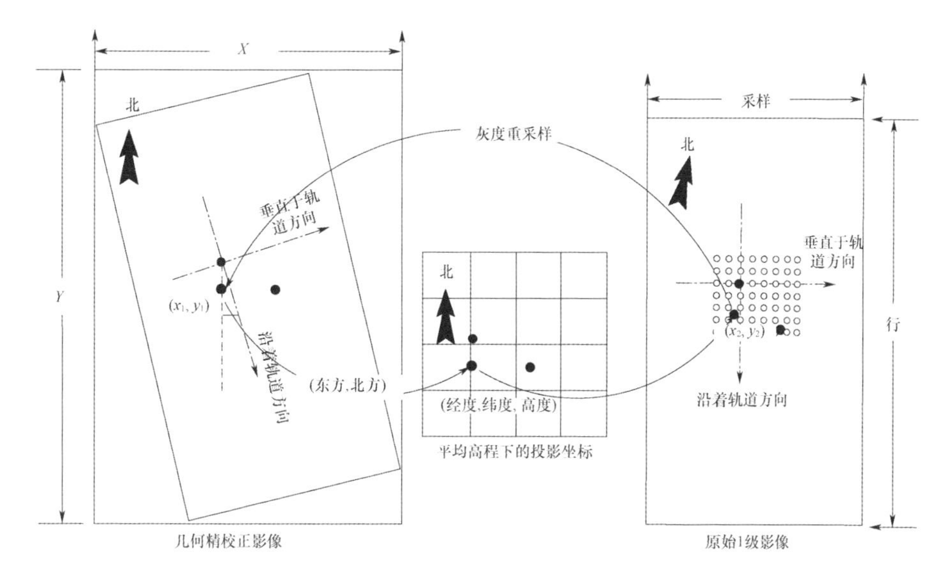

图 16－8　几何精校正产品的制作方法

设任意像元在原始图像和纠正后图像中的坐标分别是(x,y)、(X,Y)。它们存在着映射关系：

$$x = f_x(X,Y), y = f_y(X,Y) \qquad (16-1)$$

$$X = \varphi_x(x,y), Y = \varphi_y(x,y) \qquad (16-2)$$

式(16－1)是由纠正后的像点(X,Y)出发反求其在原始图像的坐标(x,y)，这种方法称为反解法(或者称为间接解法)。式(16－2)是由原始图像上像点坐标(x,y)求解出其在纠正后图像上相应点坐标(X,Y)，这种方法称为正解法(或者称为直接解法)。由于正解法获取的影像上像点分布不规则，很难实现灰度内插获取规则排列的数字影像，因此一般采用反解法来进行数字纠正。

反解法具体纠正流程如下。

(1)计算地面点坐标，利用纠正后影像上的坐标(X,Y)与地面点的对应关系，求解出相应的地面点坐标。

(2)计算像点坐标，利用原始影像的成像模型计算出地面点对应的像点坐标(x,y)。

(3)灰度内插，由于获取的像点坐标(x,y)不一定位于整像素上，故需要灰度内插。

(4)灰度赋值,将内插的灰度赋给纠正后影像。

对整幅影像进行上述处理,即可完成影像纠正。其中,步骤(1)和步骤(2)是建立原始影像与纠正后影像的对应关系,这种对应关系的建立不一定完全是通过地面点计算建立的,也可通过其他方式建立,从而制作相应的纠正影像。

16.2.3 图像增强处理方法

16.2.3.1 大气校正技术

大气条件对光学遥感成像影响很大,而且大气状态变化无常,不确定因素很多,因此卫星成像时需要依据成像区域的大气条件进行大气校正。卫星遥感大气校正方法很多,按实现结果可分为绝对大气校正和相对大气校正。目前,利用大气辐射传输理论进行大气校正方法,精度较高,但需要获取成像区域的大气参数。基于大气辐射传输理论的大气校正方法已集成到6S、MODTRAN、Lowtran等软件。一般有CCD大气校正将CCD影像从辐射影像图生成反射率图,校正由于大气作用对传感器造成的影响,从而消除大气气溶胶散射、折射、季节变化、太阳光照角度等对影像质量的影响。

为进一步提升遥感卫星在轨动态成像质量,通过采用同步大气特性探测方法,大气探测仪采用多光谱及偏振的探测手段,获取成像区域气溶胶光学厚度和水汽柱含量等大气参数,并随相机图像数据下传至地面,利用这些同步测量的大气参数进行大气校正,以提升图像质量。

图16-9和图16-10给出了地面刃边靶标航空图像的校正前后对比结果

(a)

(b)

图16-9 烟台航空试验靶标场影像

(a)原始图像;(b)校正后图像。

和同一区域卫星影像的校正前后对比。对校正前后的图像细节信息的丰富程度以及图像 MTF 的比对分析表明,成像区域同步大气校正技术可有效提升高分辨率,以及提高可见光遥感卫星成像质量,图像 MTF 提升优于 10% 。

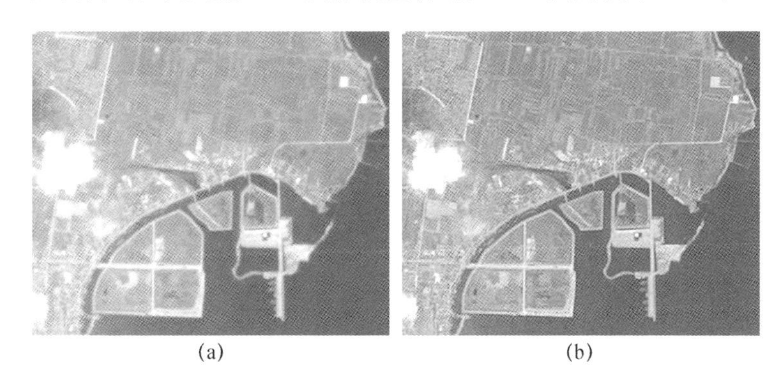

(a)　　　　　　　　　　(b)

图 16-10　ZY02C 卫星 PMS 相烟台八角渔港图像

(a)原始图像;(b)校正后图像。

16.2.3.2　调制传递函数补偿(MTFC)技术

卫星在轨成像 MTF 是卫星遥感系统成像质量的关键指标,MTF 值越高,图像就越清晰。然而,卫星在轨成像过程中受大气环境、卫星运动、颤振、杂散光和相机噪声等因素的影响,成像质量下降,造成图像模糊,成像像质退化。图像复原就是去除或者减轻图像获取过程中发生的像质退化。MTFC 技术是一种常用的可见光遥感图像复原方法,是求解非适定逆问题的过程,是由光学遥感成像系统 MTF 发展而来的数学概念。采用 MTFC 技术,可以提升遥感图像的 MTF,但由于 MTF 只反映了系统的幅频特性,MTFC 不能补偿来自系统非理想相位频率特性引起的像质退化。国外的 MTFC 技术较成熟,商业卫星已广泛应用 MTFC 技术,如 IKONOS、QuickBird 和 GeoEye 等系列卫星都应用了地面 MT-FC 技术,显著提高了图像像质。国内也对 MTFC 技术开展了相关研究,已应用于高分二号卫星图像地面处理中,试验结果表明,该算法在有效提高图像清晰度的同时能够保证图像的信噪比,从而改善了图像品质。MTFC 处理前后图像比较如图 16-11 所示,可以看出,经 MTFC 处理后,目标的图像清晰度明显提高,细节信息增强,目标边界锐化,目视成像质量有明显改观。

然而,MTFC 在提升系统 MTF 的同时,也会引入较大的噪声,造成信噪比下降。据国外文献报道,IKONOS 卫星 MTFC 应用处理对 MTF 提升效果显著,MTFC处理后图像梯度增加 30% ~45% ,但噪声增益也显著增加,全色图像噪声

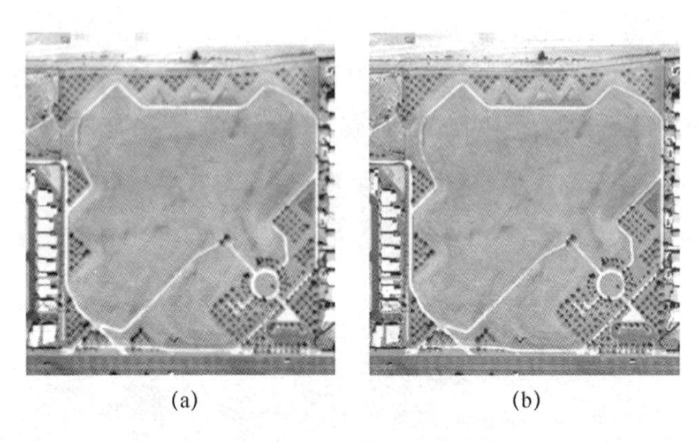

图 16-11　IKONOS 图像的 MTFC 前后效果比对

(a) MTFC 处理前；(b) MTFC 处理后。

增益增加 4.2 倍，多光谱图像噪声增益增加 1.6 倍。对于对比度较小高频细节目标，这种效应有可能造成信息丢失。

提升 MTF 导致噪声放大是 MTFC 技术所面临问题，如何把噪声抑制在较低的水平是 MTFC 技术的主要任务。MTFC 使得高频细节提升，但往往伴随着噪声的放大，影响原理如图 16-12 所示，估计值与真实值偏离较大，复原可能导致大量伪信息产生，严重影响信息判读，反而丢失了原本可用的信息。因此，卫星尽可能保证在轨的较高信噪比，为地面 MTFC 处理提供前提条件；同时，地面也需开展 MTFC 处理方法的研究。MTFC 对图像的振铃效应如图 16-12 所示。

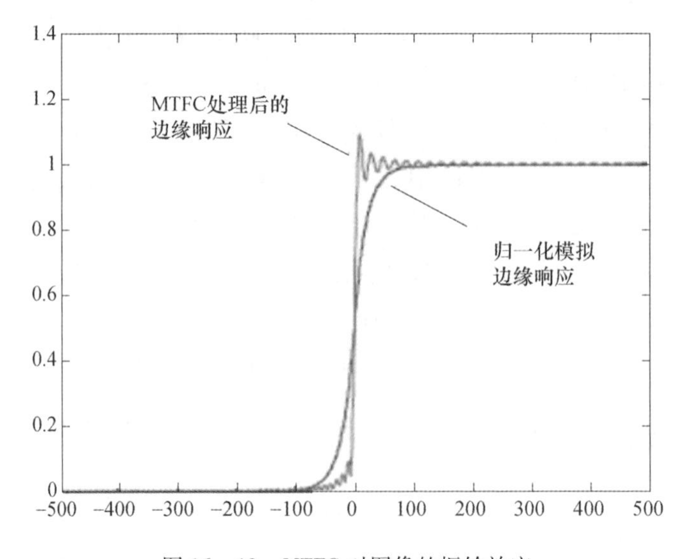

图 16-12　MTFC 对图像的振铃效应

遥感图像传输回地面后，依靠 MTFC 能在一定程度上改善像质，但效果不甚理想，主要原因是星上成像特性、预处理和压缩等因素对 MTFC 提升像质有较大的影响。

16.3 高分辨率可见光遥感图像在轨典型应用

16.3.1 林业遥感

高分林业遥感应用示范系统以服务于森林资源调查、湿地监测、荒漠化监测、林业生态工程监测和森林灾害监测等主要林业调查和监测业务为目标，重点围绕高分专项计划发射的 7 颗高分民用卫星数据在主要林业调查和监测业务中的应用，开展高分林业应用关键技术公关、应用示范系统建设和应用示范。

高分一号卫星 16m 宽幅多光谱数据和 2m/8m 数据在广西和黑龙江开展应用示范。2014 年 7—9 月，使用高分一号数据对黑龙江省国有林区森林资源变化情况进行监测，并进行实地验证工作。工作中将 2013 年和 2014 年两期遥感影像叠加，根据两期影像的变化特征及其他相关资料，逐块判读区划因占地、开垦、森林采伐、森林灾害等造成影像特征变化的地块。从图 16 - 13 可以看出，小块森林被采伐，藤条灌木被清理，成为堆放木耳饵料袋的场地。从图 16 - 14 可以看出，块状森林被采伐。

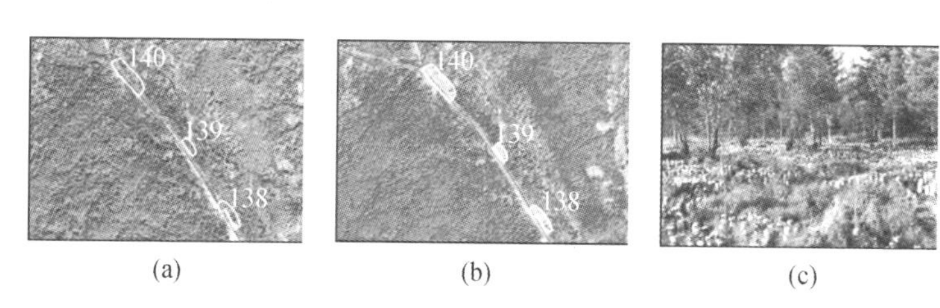

图 16 - 13　小块森林采伐前后的影像及现地照片

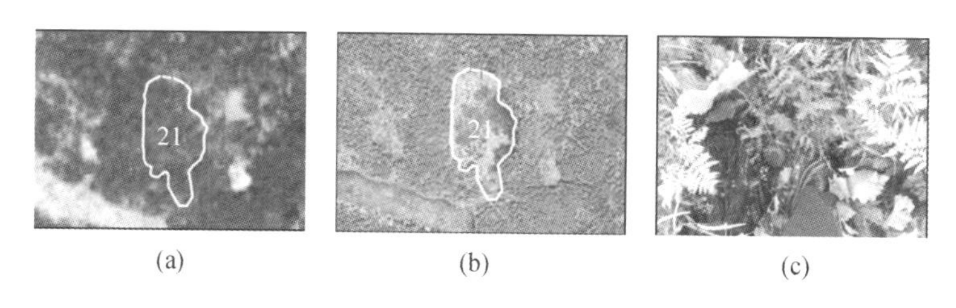

图 16 - 14　块状森林采伐前后的影像及现地照片

16.3.2 农业遥感

农业对国产高分卫星数据有着广泛而深入的应用需求，主要表现在应用领域广、监测目标全面、业务化服务目标明确等方面。国产高分卫星数据已由传统的农情监测、农业资源调查和农业灾害评估，逐步拓展到农业生态环境质量监测与容量评估、粮食安全预警、精准农业以及农业政策与工程建设效果评估等领域，覆盖了几乎所有农业行业应用领域。

高分一号卫星成功发射后，国产中高分辨率卫星数据迎来了黄金期，给农业遥感监测业务运行体系带来了巨大改善。经过一年多的实践与探索，高分一号卫星数据已在全国冬小麦、油菜、水稻、玉米和新疆棉花的种植面积遥感监测和总产估测中发挥了重要作用，特别是在主产区冬小麦种植面积监测中，连续两年全部采用高分一号卫星数据，大大减少了对国外数据的依赖，降低了系统运行成本，提高了系统的稳定性与安全性。通过示范应用，在省级尺度的农作物长势监测和产量估测，以及土壤墒情评估中，高分一号卫星数据显示出明显的优势，为高分卫星在区域监测业务应用积累了经验。河南省 2014 年冬小麦单产预测如图 16－15 所示。河南省 2014 年 5 月土壤水分含量估算如图 16－16 所示。

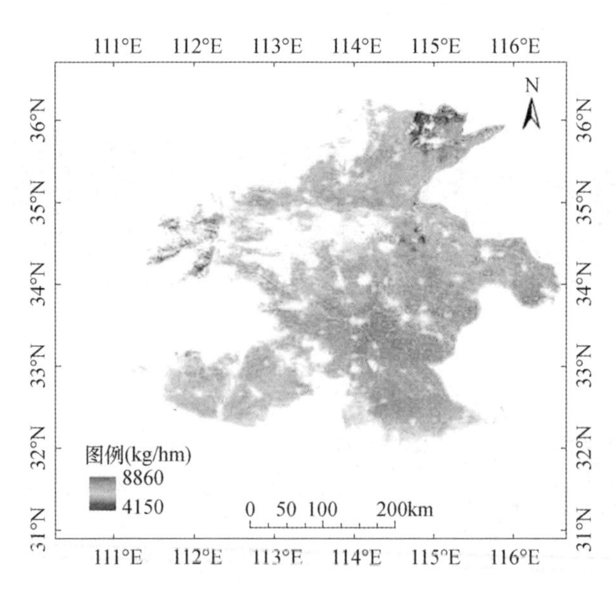

图 16－15 河南省 2014 年冬小麦单产预测含量（见彩图）

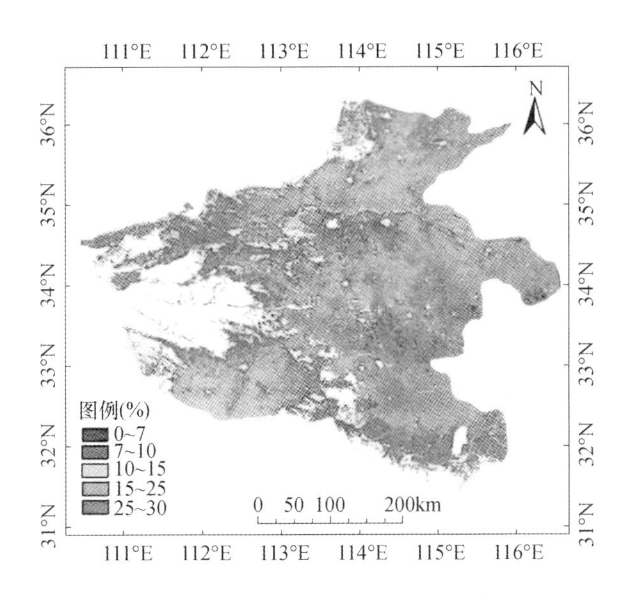

图 16－16　河南省 2014 年 5 月土壤水分含量估算(见彩图)

16.3.3　水环境监测

生态环境部卫星环境应用中心主要利用高分一号卫星宽覆盖数据,在太湖、巢湖、滇池等大型内陆湖体,以及南京夹江、北京官厅水库、天津于桥水库等重点饮用水源地,持续开展了水华、叶绿素 α、悬浮物、透明度和营养状态等水质指标的时间序列遥感监测应用示范。图 16－17 是基于高分一号卫星宽覆盖数据,对江苏太湖和安徽巢湖的水华进行的遥感监测。从图 16－17(a)上可以看出,这次太湖水华爆发较严重,水华主要集中于太湖的西北部和西部,面积达到了 416.203km^2。从图 16－17(b)上可以看出,水华主要分布在巢湖的西北部,南部亦有少量分布,水华分布面积为 21.5km^2,占到巢湖水体面积的 2.9%。

16.3.4　防灾减灾

高分辨率遥感卫星可以在重大灾害发生后,对灾害信息进行大范围快速判断,全面掌握灾情。图 16－18 为利用高分辨率遥感卫星对受灾情况的解译和判断。

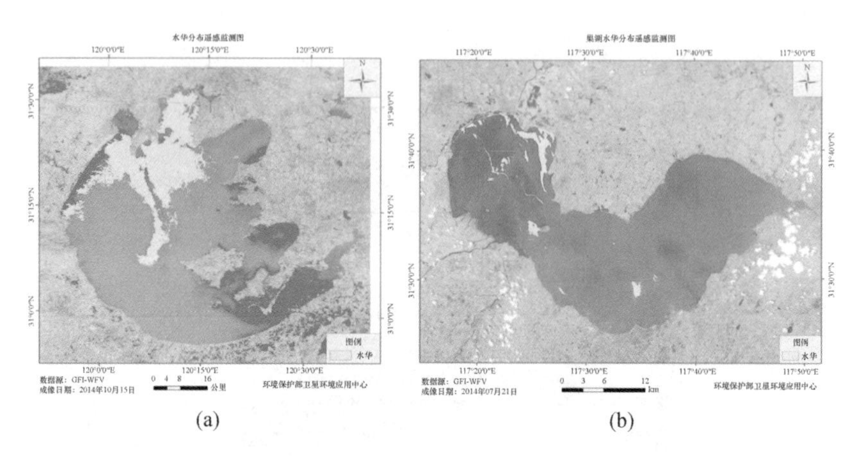

图 16－17　高分一号卫星遥感监测图(见彩图)

(a)2014 年 10 月 15 日太湖水华;(b)2014 年 7 月 21 日巢湖水华。

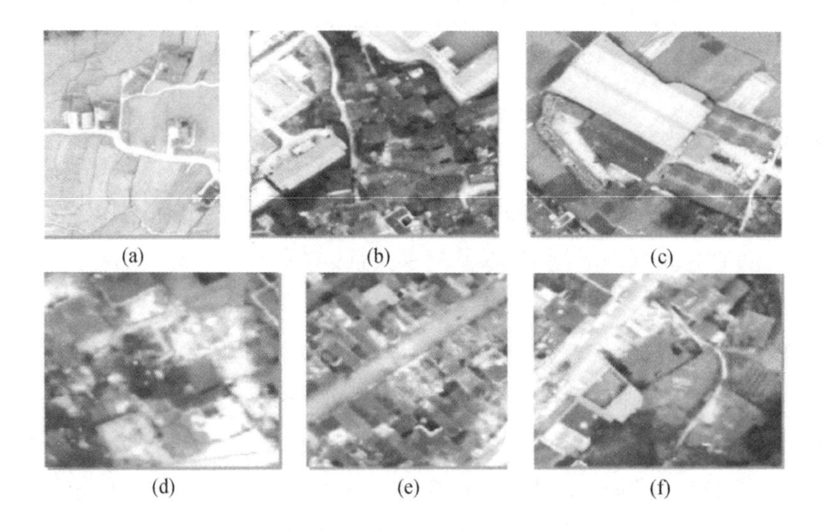

图 16－18　高分辨率遥感在防灾减灾方面的典型应用(见彩图)

(a)农村居民住房;(b)城镇居民住房;(c)厂房;

(d)完全倒塌;(e)严重损坏;(f)一般损坏。

16.3.5　城市遥感

高分辨率遥感卫星有着分辨率高、空间信息量大、地物特性明显的优势,对于城市遥感有广阔应用前景。图 16－19 为 WorldView－2 卫星图像对某城市的地物分类结果图。

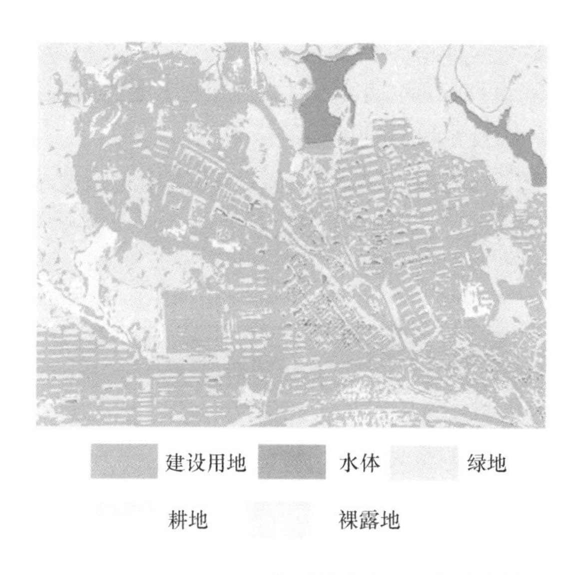

图16-19 WorldView-2卫星图像对某城市的地物分类结果(见彩图)

16.4 高分辨率红外遥感图像在轨典型应用

16.4.1 火灾监测

红外波长比可见光波长长,对于烟雾有较强透过性,通过红外通道可以对火情进行很好的发现和判读。考虑到林火初期时过火面积较小,温度较低,因此高分辨率、高灵敏度的红外详查手段具有探测精度高、更早发现火情的优势。图16-20为红外对观测着火点及过火面积的应用效果图。

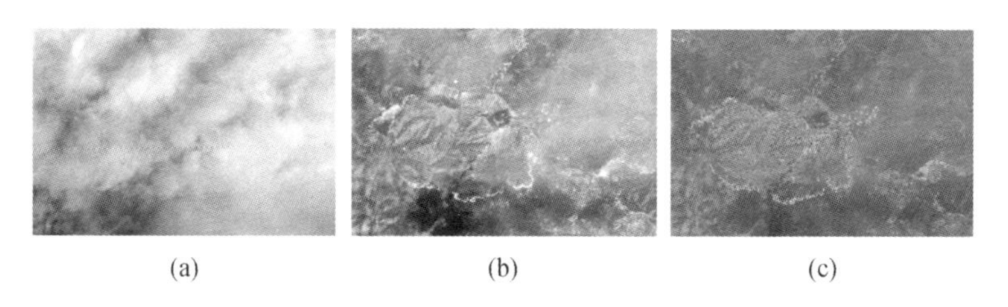

图16-20 红外对观测着火点及过火面积的应用效果图(见彩图)

16.4.2 水环境与污染监测

高分辨率红外可应用在重点水污染源遥感监测,水华、赤潮与溢油遥感监测,以及饮用水源地遥感监测等方面。其主要包括对水体热污染、工厂企业排污(特别是夜间)、重点河段河口水质(叶绿素、水体透明度、悬浮物浓度)、饮用水源地安全、核电厂温排水等高精度监测需求。

图 16－21 为生态环境部卫星环境应用中心使用 3 颗卫星的热红外数据反演大亚湾地区海水温度。由图可以看出,分辨率提升对于温度分布信息细节的获取具有明显作用。

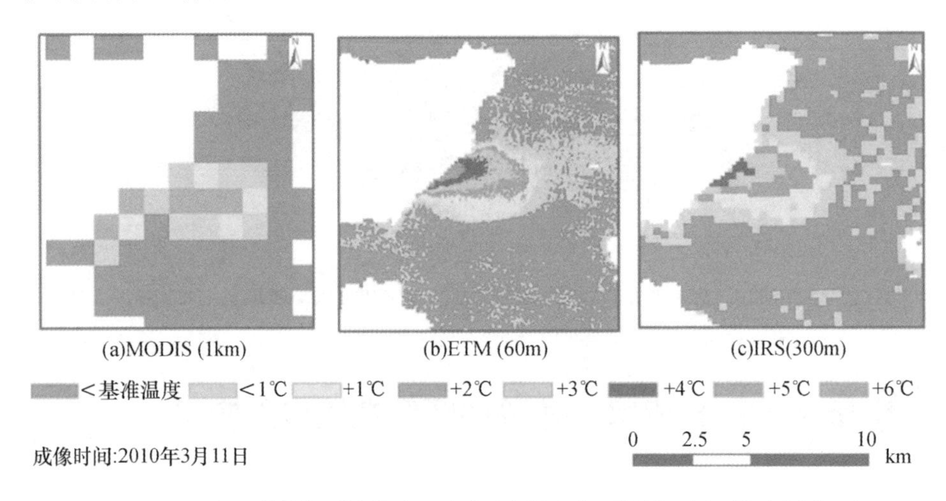

图 16－21　热红外数据反演海水温度分布图(生态环境部卫星环境应用中心)

工厂污水排放会引起工厂附近河流温度的差异,高分辨率红外遥感可以对其有效监控,实现工厂排污监管。图 16－22 为城市红外遥感影像,可见明显发现工厂排污现象。

图 16－22　污水排放监测图(空间分辨率 10m,见彩图)

16.4.3　矿产勘查

红外技术是现代找矿勘查和矿产资源潜力评估的重要手段之一，利用短波红外技术可以快速地对细微和难辨认的蚀变矿物开展面积性填图与钻孔岩矿物。因为矿物晶格中原子间的化学键的弯曲和伸缩吸收某些区域的短波红外光谱，所以根据矿物某些官能团的在短波红外区域的这种特征吸收光谱可以区分不同的矿物。同一矿物具有的不同的结晶度，表现在短波红外光谱上是吸收峰的宽窄不同，结晶度越高，吸收峰越窄。短波红外光谱的这一特性在地质调查研究具有特别重要的意义。国外如ASTER、Worldview－3等载荷中均设置了多个短波红外谱段用于矿产勘查，其典型应用如图16－23所示，图中红色为非碳酸盐岩分布区（河流除外），青色为白云岩分布区绿色为灰岩分布区，橙黄色为白云质灰岩分布区。

图16－23　ASTER卫星影像的密度分割图

岩石中放射性元素的衰变热是地壳内热源的一个重要组成部分，也是地表热流的一个重要来源，而铀矿化使得铀放射性元素大量富集，更加对其矿化地区的大地热流产生明显的影响，故产铀地区尤其是铀矿会产生明显的热异常。因此，利用热红外（8～12.5μm）图像可以在一定程度上实现对铀矿的勘探，其典型应用如图16－24所示。

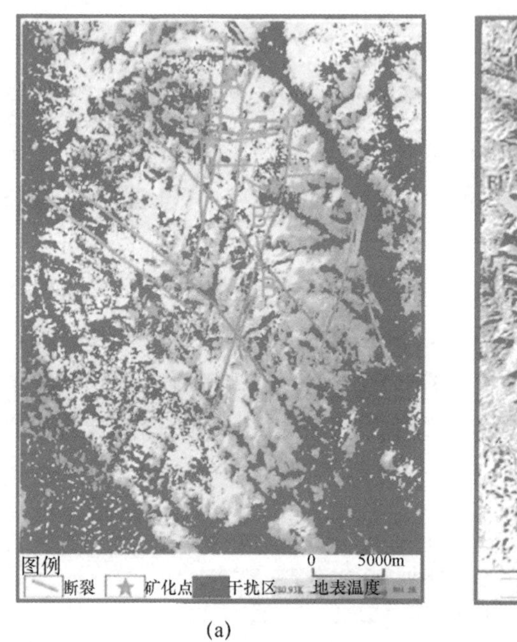

(a)

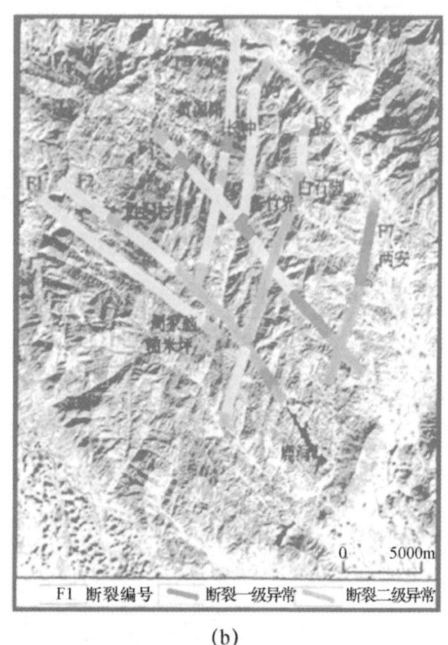

(b)

图 16-24　热红外矿产勘查应用图(见彩图)

(a)研究区断裂构造与反演温度异常叠加图;(b)研究区主断裂构造含矿性评价图。

16.4.4　输油管道监测

近年来,由于石油管道安全运营方面的问题已经非常突出,而且国内分为华北、西南、西部、西气东输、中石油五大管道公司,国内管道运营和管理由上述五大公司共同负责。管道运营存在管理方法不统一、数据接口不一致的问题。国家安监总局急需掌握境内 1.2×10^5km 的石油管道的确切分布情况,以便实施统一管理,并作为应急事件处理资源。

由于施工偏差、地表特性等因素的影响,石油管道公司掌握的管道分布情况与实际管路铺设情况存在一定的偏差。利用卫星对管道进行普查得到的数据可用于修正管道分布图,同时可用于更新地理信息系统(Geographic Information System,GIS)的基础信息。红外遥感监测可以弥补地面油气管道泄漏监测技术不能对大范围管网进行监测的不足。

我国输油管道多需要采用高温(70℃)传输,输油管道一般在 0.7m 左右,埋入地下 1m 左右,地表作业带宽 6m(无树木遮挡),管道热度扩散到地表 3~6m,温度约 40℃,分辨率 5m 的中波、热红外影像可以满足基本的观测要求。

遥感卫星在管道上方感应到温度场效应,红外成像仪据此成像,形成一条明显亮线;管道发生泄漏时,油品从泄漏点流出,热量以泄漏点为圆向外扩散,随着泄漏量增多,泄漏半径逐渐增大,形成圆形温度场,如图 16-25 所示。

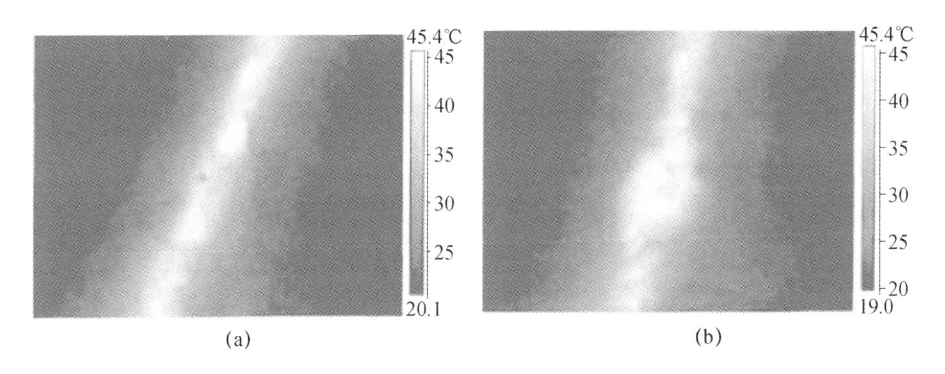

图 16-25　管道地表温度场分布红外成像图(见彩图)

(a)泄漏前;(b)泄漏后。

16.4.5　城市红外遥感应用

高分辨率红外遥感依托高空间分辨率和温度分辨能力,能够反映城市的温度信息。图 16-26 为北京城区高分辨率红外遥感图像,可以判别道路交通网和城市热岛效应。

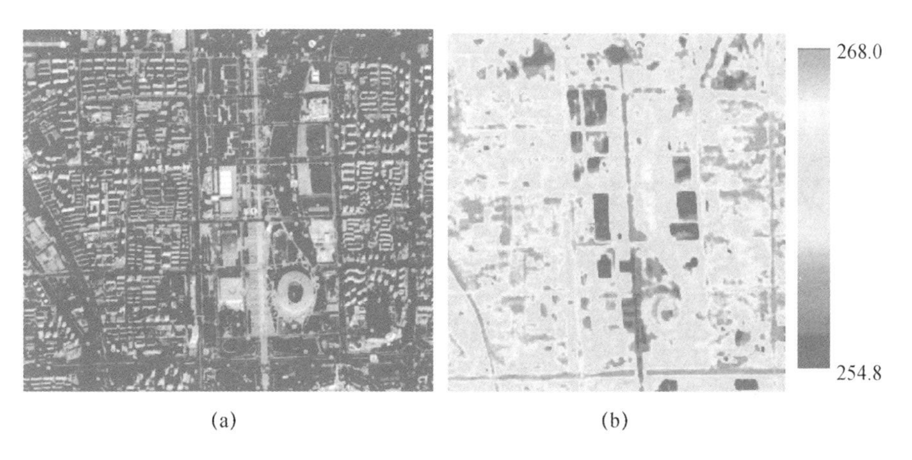

图 16-26　北京城区遥感图像(见彩图)

(a)可见光图像;(b)高分辨率红外图像。

16.5 高分辨率高光谱遥感图像在轨典型应用

高光谱遥感通过获取地物的光谱指纹特性,在地表属性参量定量反演、地物精细分类、矿物填图、水质监测、农林业定量遥感等领域具有独一无二的应用价值。随着高分辨率光谱成像技术的发展,利用高空间－光谱分辨率的信息来检测像元间细微的光谱差异,可支持各种重点关注的人工目标或者与背景存在光谱特征差异的特殊目标的探测与分析,高光谱遥感技术在国防安全方面显示出巨大的应用潜力。本节将给出高分辨率高光谱遥感图像的典型在轨应用。

16.5.1 军事伪装检测

如果目标的光谱特性是已知的,则可以将基于光谱"指纹"特征的检测或光谱识别应用于图像以搜索与已知特征一致的像素光谱。这里的光谱"指纹"是指具有诊断性意义的目标光谱特征,通常表示为光谱反射率(或发射率)曲线。

如图 16－27(a)所示,在草地背景布设了一系列不同尺寸的相同材料(民用迷彩网),用紫色框标识。目标与背景的视觉对比度很低,但是使用物理子空间算法,基于独立测量的反射光谱"指纹",可在高光谱数据(图 16－27(b))中很容易检测到它们。

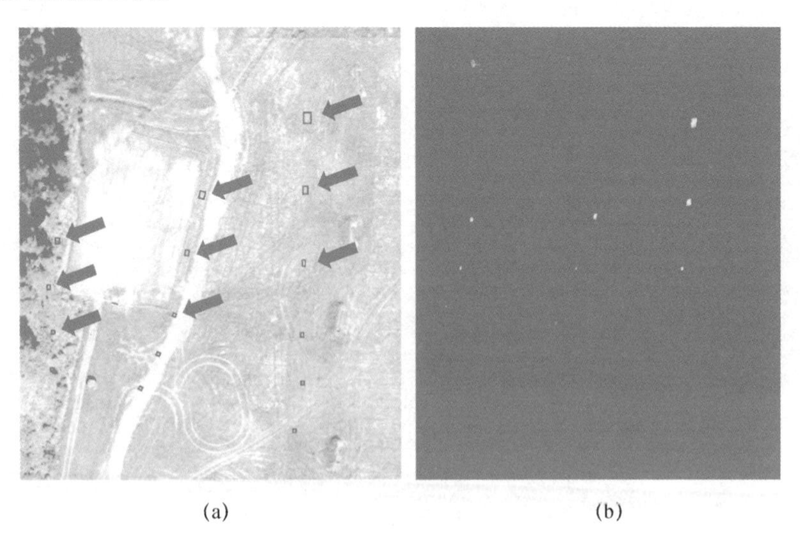

(a) (b)

图 16－27 基于光谱指纹的检测结果

(a)迷彩网(箭头所指)在草地背景中的分布;(b)目标探测结果。

需要注意的是,传感器测量辐射光谱不仅受到目标反射率的影响,还受到大气散射和吸收以及目标的照射条件的影响,并且热光谱成像也受目标温度的影响,因此,给定的光谱指纹特征可以在传感器处产生一系列不同的辐射光谱,基于光谱"指纹"等检测不是一项简单的任务。

16.5.2　地质矿物调查

区域地质制图和矿产勘探是高光谱主要应用领域之一。不同的地质矿石所含矿物成分和其结构有所不同,反映在反射率光谱特性上有所差异,尤其是短波红外谱段(1.4 ~2.5μm),不同矿石的反射率光谱在幅值和谱型上有较大差异。图 16－28 给出了地质矿物高光谱填图的应用情况,高光谱遥感图像可实现不同矿物的分类与识别。

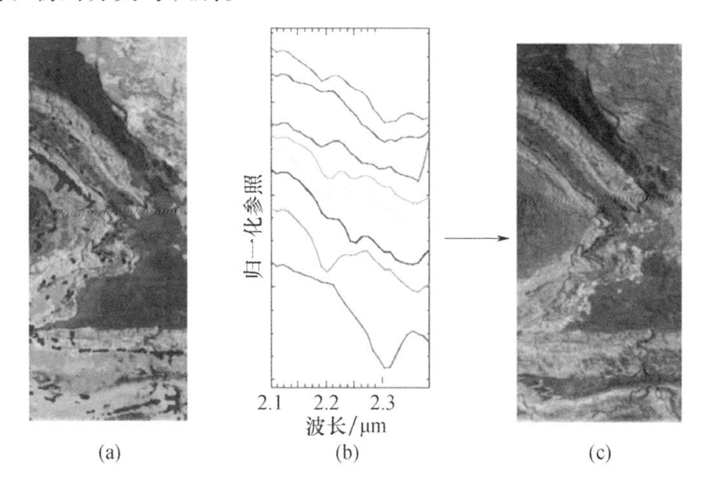

图 16－28　地质矿物高光谱填图

(a)矿物地图;(b)矿物谱段;(c)滑石/透闪石详细地图。

注:图(b)中谱段颜色与图(a)对应。图(b)从上向下依次为透闪石 + 云母、白云石、未知、云母 + 绿泥石、云母 2、绿泥石/云母、云母 1、滑石/透闪石。右图中颜色表示滑石/透闪石富集程度。图(c)中红色表示该地区矿物含量最多,蓝色表示最少。

16.5.3　对油气田的探测

光学遥感不具备穿透地表的能力,但埋藏在地底的油气田在一定条件下可向地表渗漏,从而在地表形成一些特殊的现象,引起地表反射率的变化,这些光谱特性可为基于高光谱图像的油气田探测提供物理基础。图 16－29 给出了对油气田的观测应用情况。

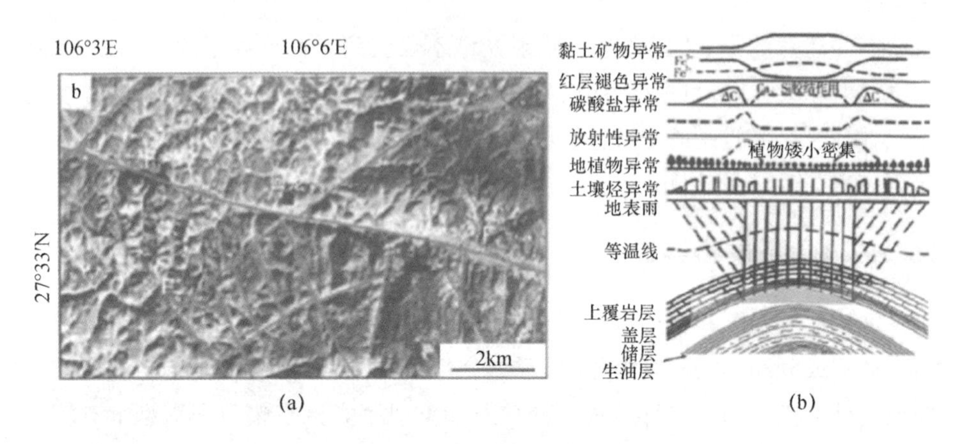

图 16-29 对油气田的观测应用情况

(a)遥感图像;(b)油气田示意图。

16.5.4 海洋应用

水体在全谱段范围内的反射率较低,但利用 0.4 ~0.9μm 可见光谱段对海洋进行高光谱成像,可依据其叶绿素、悬浮物等成分的光谱特性实现海洋水色参量定量反演;相应地,在水体光学特性较为固定的情况下,基于水体辐射传输模型,可依据离水高光谱反射率反演水深,如图 16-30 所示;当光谱分辨率达

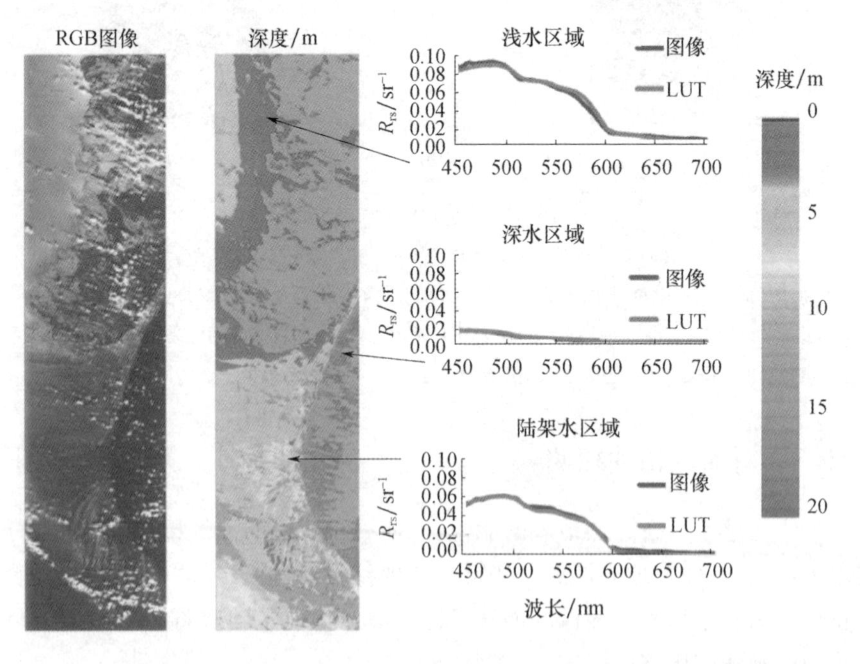

图 16-30 高光谱水深反演图

到 5μm 以上时，还可对海面叶绿素荧光进行探测，从而实现海洋生态环境的综合监测。

16.5.5　农林业应用

基于植被在可见光－近红外－短波红外的丰富光谱特性，高光谱遥感可实现区域－全球尺度下植被参量（如叶片叶绿素含量、叶片含水量、冠层叶面积指数、干物质含量等）的定量反演、树种/农作物精细识别、农/林业病虫害检测、农作物长势监测、植被生态系统碳储量估算等应用。特别地，通过光谱植被指数的计算，可压制大气、土壤背景等因素在图像中的贡献，突出植被绿度，从而实现不同时空尺度上的植被动态监测。图 16－31 为植被指数计算及高光谱影像融合应用。图 16－32 为玉米的光谱曲线随季节变化的规律。

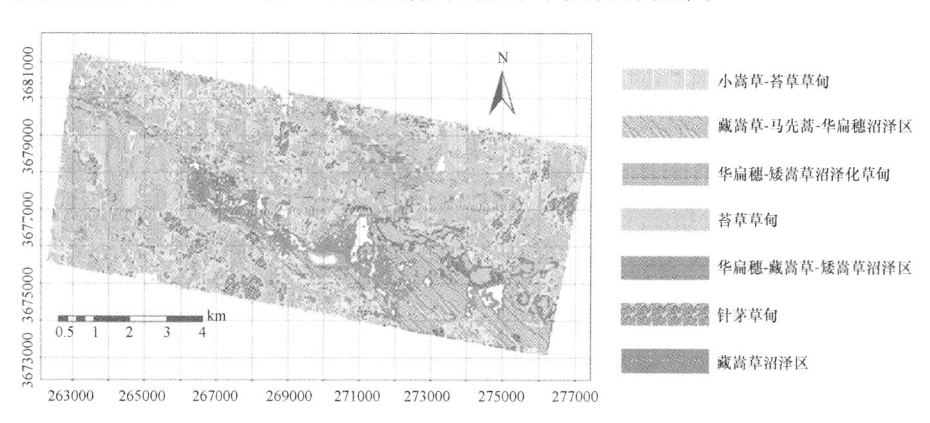

图 16－31　植被指数计算及高光谱影像融合应用（见彩图）

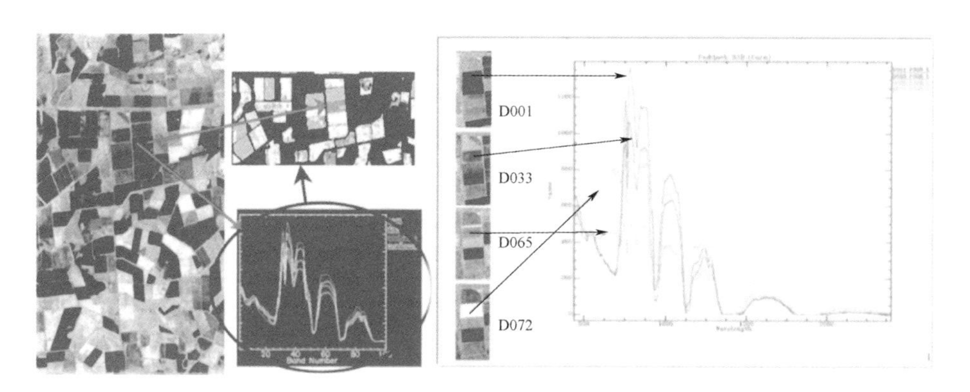

图 16－32　玉米的光谱曲线随季节变化的规律

绿色—玉米；白色—水稻；棕色—大豆；黄色—向日葵。

16.5.6 水质污染物监测

叶绿素含量、悬浮物浊度和浓度等因素是衡量水质的重要指标。由于其改变了水体的光学特性,可见光谱段高光谱遥感可以实现内陆水体和近岸水体水质参量的定量反演。更特殊地,溢油、造纸厂污染物排放、黑臭水体等同样会改变水体的光学特性,在高光谱图像上体现出与正常健康水体不同的光谱反射率,使基于高光谱图像的大面积水质污染监测成为可能。图 16-33 为高光谱图像数据获得的营养状态指数和富营养化分级图。

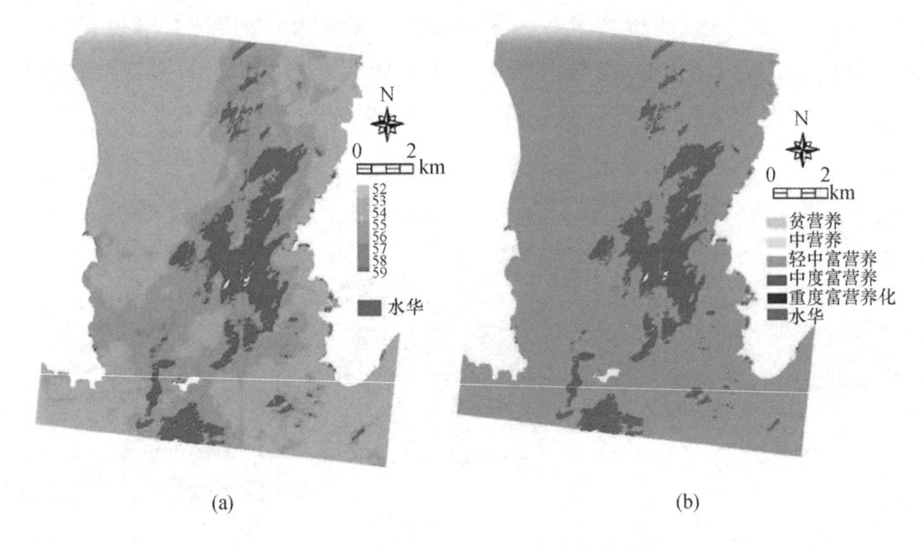

图 16-33 水质参量的高光谱图像数据

(a)营养状态指数;(b)富营养化分级。

参考文献

[1] Satellite Imaging Corp. GeoEye – 1 satellite imagery and satellite sensor specifications[EB/OL]. [2015 – 02 – 26]. http://www. satimagingcorp. com/satellite – sensors/geoeye – 1.

[2] Earth Observation Portal. GeoEye – 1[EB/OL]. [2015 – 02 – 26]. https://directory. eoportal. org/web/eoportal/satellite – missions/g/geoeye – 1.

[3] DigitalGlobe. WorldView – 1 data sheet[EB/OL]. [2015 – 02 – 26]. http://global. digitalglobe. com/sites/default/files/WorldView1 – DS – WV1. pdf.

[4] DigitalGlobe. WorldVicw – 2 data Sheet[EB/OL]. [2015 – 02 – 26]. http://global. digitalglobe. com/sites/default/files/DG_WorldVicw2_DS_PROD. pdf.

[5] EarTh Observation Portal. Worldview – 1[EB/OL]. [2015 – 02 – 26]. https://directory. eoportal. org/web/eoportal/satellite – missions/v – w – x – z/worldview – 1.

[6] Earth Observation Portal. Worldview – 2[EB/OL]. [2015 – 02 – 26]. https://directory. eoportal. org/web/eoportal/satellite – missions/v – w – x – y – z/worldview – 2.

[7] DigitalGlobe. WorldView – 3 data sheet[EB/OL]. [2015 – 02 – 26]. http://global. digitalglobe. com/sites/default/files/DG_WorldView3_DS_forWeb_0. pdf.

[8] Earth Observation Portal. Worldview – 3[EB/OL]. [2015 – 02 – 26]. https://eoportal. org/web/eoportal/satellite – missions/v – w – x – y – z/worldvicw – 3.

[9] Gunter's Space Page. WorldView 4 (WV 4, GeoEye 2)[EB/OL]. [2015 – 03 – 23]. http://space. skyrocket. de/doc – sdat/geoeye – 2. htm.

[10] Satellite Imaging Corp. GeoEye – 2 (WorldView – 4) satellite sensor[EB/OL]. [2015 – 03 – 23]. http://www. salimagingcorp. com/satellite – sensors/gcoeye – 2/.

[11] Craig Covault. Top secret KH – 11 spysat design revealed by NRO's twin telescope gift to NASA[EB/OL]. [2015 – 04 – 06]. http://www. americaspace. com/? p = 20825.

[12] Charles P. KH – 11 KENNAN[EB/OL]. [2015 – 02 – 26]. http://www. globalsecurity. org/space/systems/kh – 11. htm.

[13] Charles P. Improved – Advanced Crystal/IKON/"KH – 12"[EB/OL]. [2015 – 02 – 26]. http://www. globalsecurity. org/space/systems/kh – 12. htm.

[14] GlobalSecurity. KH – 11 schematics[EB/OL]. [2015 – 02 – 26]. http://www. globalsccuri-

ty. org/spacc/systems/kh – 11 – schem. html.

[15] Jeffrey T Richelson. U. S. satellite imagery, 1960 – 1999[EB/OL]. [2015 – 02 – 26]. http://nsarchive. gwu. cdu/NSAEBB/NSAEBB13/.

[16] GlobalSecurity. KH – 12 Improved CRYSTAL[EB/OL]. [2015 – 02 – 26]. http://www. globalsecurity. org/space/systems/kh – 12 – schcm. htm.

[17] Gunter's Space Page. Pleiades – HR 1A, 1B[EB/OL]. [2020 – 07 – 07]. http://space. skyrocket. de/doc – sdat/Pleiades – h – 1. htm.

[18] Gunter's Space Page. Helios 2A, 2B[EB/OL]. [2017 – 12 – 11]. http://space. skyrocket. de/doc – sdat/helios – 2. htm.

[19] Gunter's Space Page. CSO 1, 2, 3[EB/OL]. [2019 – 06 – 18]. http://space. skyrocket. de/doc – sdat/cso – 1. htm.

[20] Gunter's Space Page. Persona[EB/OL]. [2017 – 12 – 11]. http://space. skyrocket. de/doc – sdat/persona. htm.

[21]余建慧,苏增立,谭谦. 空间目标天基光学观测模式分析[J]. 量子电子学报,2006,23(6):772 – 776.

[22]谭勇. 遥感目标图像空间分辨率增强技术研究[D]. 中国科学技术大学,2009.

[23]刘建华. 高空间分辨率遥感影响自适应分割方法研究[D]. 福州大学,2011.

[24]沈欣. 光学遥感卫星轨道设计若干关键技术研究[D]. 武汉大学,2012.

[25]邵甜鸽,王建国. 双基地合成孔径雷达分辨率分析[C]//第十届全国遥感遥测遥控学术研讨会,2006.

[26]杨贵军. 星载高分辨率热红外遥感成像模拟研究[D]. 中国科学院遥感应用研究所,2008.

[27]田国梁,黄巧林,何红艳,等. 遥感卫星图像几何定位精度评估方法浅析[J]. 航天返回与遥感,2017,3(5):106 – 112.

[28]刘焱雄,周兴华,张卫红,等. GPS 精密单点定位精度分析[J]. 海洋测绘,2005,25(1):44 – 46.

[29]惠彬,裴云天,李景镇. 空间红外光学系统技术综述[J]. 光学仪器,2007,29(4):90 – 94.

[30]黄贤武,郑筱霞. 传感器原理与应用[M]. 成都:电子科技大学出版社,1999.

[31]李德仁,童庆禧,李荣兴,等. 高分辨率对地观测的若干前沿科学问题[J]. 中国科学:地球科学,2012,42(6):805 – 813.

[32]毛克彪,覃志豪. 大气辐射传输模型及 MODTRAN 中透过率计算[J]. 测绘与空间地理信息,2004. 27(4):1 – 3.

[33]史光辉. 卫星对地观测高分辨率光学系统和设计问题[J]. 光学精密工程,1999(1).

[34] Wang M, Zhou S, Yan W. Blurred image restoration using knife – edge function and optimal

window Wiener filtering[J]. PloS one,2018,13(1):e0191833.

[35]Lazzari,Rémi,Li J,Jupille J. Spectral restoration in high resolution electron energy loss spectroscopy based on iterative semi – blind Lucy – Richardson algorithm applied to rutile surfaces [J]. Review of entific Instruments,2015,86(1):368 – 1069.

[36]He W,Zhang L,et al. Total – variation – regularized low – rank matrix factorization for hyper spectral image restoration[J]. IEEE Transaction on – Geoscience and Remote Sensing,2016, 54(1):178 – 188.

[37]何红艳,王小勇,付兴科. 遥感卫星 CCD 相机的动态范围设计考虑[J]. 航天返回与遥感,2008,29(1):39 – 42.

[38]李智勇,杨校军. 关于遥感卫星 TDICCD 相机动态范围涉及的思考[J]. 航天返回与遥感,2011,32(1):24 – 27.

[39]马驰. 遥感成像系统空域与频域信息传递性能研究[D]. 哈尔滨工业大学,2015.

[40]田国良,柳钦火,陈良富. 热红外遥感[M]. 北京:电子工业出版社,2014.

[41]杨风暴. 红外物理与技术[M]. 北京:电子工业出版社,2014.

[42]颜云辉,王展,董德威. 军事伪装技术的发展现状与趋势[J]. 中国机械工程,2012,23(17):2136 – 2141.

[43]林娟,包醒东,吴杰,等. 舰船排气羽流红外辐射特性计算研究[J]. 红外与激光工程,2016,45(9).

[44]柴华,童志国,张凯,等. 登陆艇红外伪装研究及伪装效果评估[J]. 红外技术,2008,30(7):379 – 383.

[45]陈铮,童一峻,刘玉峰,等. 舰船排气烟羽红外辐射及大气传输特性研究[C]//全国光电技术学术交流会,2010.

[46]刘力,仵浩,张成涛,等. 武器装备隐身与反隐身技术发展研究[J]. 飞航导弹,2014(4):80 – 82.

[47]桑建华,张宗斌. 红外隐身技术发展趋势[J]. 红外与激光工程,2013,42(1):14 – 19.

[48]Zhong Fangyuan,Dai Yu. The effects of scale factor on the aero – thermodynamic and infrared radiation performance of naval gas turbine exhaust system with infrared signature suppression device[J]. ASME,2005,43(2):23 – 28.

[49]彭成荣. 航天器总体设计[M]. 北京:中国科学技术出版社,2011.

[50]谭维炽,胡金刚. 航天器系统工程[M]. 北京:中国科学技术出版社,2009.

[51]Wertz R,Everett D F,Puschell J. Space Mission Engineering:The New SMAD[M]. CA:Microcosm Press,2011.

[52]Wertz J R. Mission Geometry; Orbit and Constellation Design and Management[M]. CA:Microcosm Press,2001.

[53]Chobotv V A. Orbital Mechanics[M]. Washington,DC:American Institute of Aeronautics and

Astronautics, Inc. ,1996.

[54]杨嘉墀. 航天器轨道动力学与控制[M]. 北京:中国宇航出版社,2009.

[55]章仁为. 卫星轨道姿态动力学与控制[M]. 北京:北京航空航天大学出版社,2006.

[56]肖业伦. 航天器飞行动力学原理[M]. 北京:中国宇航出版社,1995.

[57]杨维廉. 太阳同步回归轨道的长期演变与控制[J]. 航天器工程,2008,17(2):26-30.

[58]杨维廉. 近圆轨道控制的分析方法[J]. 中国空间科学技术,2003,23(5):1-5.

[59]杨维廉. 卫星轨道保持的一类控制模型[J]. 中国空间科学技术,2001,21(1):11-15,22.

[60]李劲东. 卫星遥感技术[M]. 北京:北京理工大学出版社,2018.

[61]沙晋明. 遥感原理与应用:2版[M]. 北京:科学出版社,2017.

[62]徐福祥. 卫星工程概论[M]. 北京:中国宇航出版社,2004.

[63]袁家军. 卫星结构设计与分析[M]. 北京:中国宇航出版社,2004.

[64]张新伟,戴君,刘付强. 敏捷遥感卫星工作模式研究[J]. 航天器工程,2011,20(4):32-38.

[65]王昱. 光学遥感卫星全链路成像质量影响因素分析[J]. 测绘科学与工程,2011,31(2):1-2.

[66]段云龙,赵海庆. 高分辨率遥感卫星的发展及其军事应用探索[J]. 电光系统,2013,9(3):13-14.

[67]祖家国,吴艳华,等. 遥感卫星平台与载荷一体化设计综述[J]. 航天返回与遥感,2018,39(4):87-94.

[68]丁延卫,尤郑,卢锷. 航天光学遥感器光机结构尺寸稳定性变化对成像质量的影响[J]. 光学与光电技术,2004,2(3):1-4.

[69]陈昌亚,王德禹. 集主承力结构与大容量储箱支架于一体的卫星主承力筒结构研究[J]. 空间科学学报,2005(2):149-153.

[70]姚骏,谭时芳,李明珠,等. 一体化、轻量化卫星承力筒的研究[J]. 航天返回与遥感,2010,31(1):55-63.

[71]马文坡. 航天光学遥感技术[M]. 北京:中国科学技术出版社,2011.

[72]郭云开,周家香,黄文华,等,卫星遥感技术及应用[M]. 北京:测绘出版社,2016.

[73]张永生,刘军,巩丹超,等. 高分辨率遥感卫星应用——成像模型、处理算法及应用技术[M]. 北京:科学出版社,2014.

[74]朱仁璋,丛云天,王鸿芳,等. 全球高分光学星概述(一):美国和加拿大[J]. 航天器工程,2015(6):85-106.

[75]朱仁璋,丛云天,王鸿芳,等. 全球高分光学星概述(二):欧洲[J]. 航天器工程,2016(1):95-118.

[76]郭广猛,杨青生. 利用 MODIS 数据反演地表温度的研究[J]. 遥感技术与应用,2004,19

(1):34 - 36.

[77]龚海梅,刘大福. 航天红外探测器的发展现状与进展[J]. 红外与激光工程,2008,37(1):19 - 24.

[78]李小文,汪骏发,王锦地,等. 多角度与热红外对地遥感[M]. 北京:科学出版社,2001.

[79]温兴平. 遥感技术及其地学应用[M]. 北京:科学出版社,2017.

[80]江东,王乃斌,杨小唤,等. 地面温度的遥感反演:理论,推导及应用[J]. 甘肃科学学报,2001,13(4):36 - 40.

[81]Ryan R,Baldridge B,Schowengerdt R A,et al. IKONOS spatial resolution and image interpretability characterization[J]. Remote Sensing of Environment,2003,88(1 - 2):37 - 52.

[82]Forney P B. Integrated optical design[C]//Current Developments in Lens Design and Optical Engineering II. International Society for Optics and Photonics,2001,4441:53 - 59.

[83]Beach D A. Wide - field aberration corrector for spherical primary mirrors[C]//Current Developments in Lens Design and Optical Systems Engineering. International Society for Optics and Photonics,2000,4093:340 - 348.

[84]Finfrock D K. Thermoelectric thermal reference sources (TTRS) for calibration of infrared detectors and systems[C]//Current Developments in Lens Design and Optical Systems Engineering. International Society for Optics and Photonics,2000,4093:435 - 444.

[85]Paiva C,Slusher H. Space - based missile exhaust plume sensing:Strategies for DTCI of liquid and solid IRBM systems[C]//Space. 2005.

[86]Bezdidko S N. New abberation properties of two - mirror Cassegrain lenses[C]//Current Developments in Lens Design and Optical Engineering III. International Society for Optics and Photonics,2002,4767:146 - 150.

[87] Digital Globe. Introducing WorldView: DigitalGlobe's next generation system[EB/OL]. [2015 - 04 - 12]. http://www. auricht. com/Coasts/documents/DigitalGlobe_Satellite_Constellation_Presentation/WorldView%20Satellites. pdf.

[88]王建宇,李春来,吕刚,等. 红外高光谱成像仪的系统测试标定与飞行验证[J]. 红外与毫米波学报,2017,36(1):69 - 74.

[89]王跃明,贾建鑫,何志平,等. 若干高光谱成像新技术及其应用研究[J]. 遥感学报,2016(20):850 - 857.

[90]王跃明,祝倩,王建宇,等. 短波红外高光谱成像仪背景辐射特征研究[J]. 红外与毫米波学报,2011,30(3):279 - 283.

[91]唐兴佳,李立波,赵强,等. 单色散压缩编码光谱成像系统研究[J]. 光谱学与光谱分析,2017,37(9):2919 - 2926.

[92]白军科,刘学斌,闫鹏,等. Hadamard 变换成像光谱仪实验室辐射定标方法[J]. 红外与激光工程,2013,42(2):503 - 506.

[93]刘磊,胡炳樑,孔亮,等. Hadamard 变换光谱成像仪光谱复原矩阵修正算法[J]. 红外与激光工程,2012,41(7):1928 - 1933.

[94]李芸,相里斌,周锦松,等. 噪声对哈达码变换解码算法的影响[J]. 光电技术应用,2010,25(2):57 - 60.

[95]Tang Xingjia, Xu Zongben, Li Libo, et al. Restoration Methord of Hadamard Coding Spectral Imager[J], Applied Spectroscopy,2020,74(5):583 - 596.

[96]Li Z, Liu T, Qiao K, et al. Design of High - resolution Hyperspectral Imaging Satellite with Large Angular Motion Compensation[C]//IGARSS 2019 - 2019 IEEE International Geoscience and Remote Sensing Symposium. IEEE,2019:8513 - 8516.

[97]胡莘,王仁礼,王建荣. 航天线阵影像摄影测量定位理论与方法[M]. 北京:中国地图出版社,2018.

[98]李德仁,张过,蒋永华,等. 国产光学卫星影像几何精度研究[J]. 航天器工程,2016,25(1):1 - 9.

[99]龚健雅,王密,杨博. 高分辨率光学卫星遥感影像高精度无地面控制精确处理的理论与方法[J]. 测绘学报,2017(10):1255 - 1261.

[100]王密,杨博,潘俊,等. 高分辨率光学卫星遥感影像高精度几何处理与应用[M]. 北京:科学出版社,2018.

[101]金涛,李贞,李婷,等. 提高光学遥感卫星图像几何精度总体设计分析[J]. 宇航学报,2013,34(8):1159 - 1165.

[102]李贞,金涛,李婷,等. 敏捷光学卫星无控几何精度提升途径探讨[J]. 航天器工程,2016,25(6):25 - 31.

[103]王密,田原,程宇峰. 高分辨率光学遥感卫星在轨几何定标现状与展望[J]. 武汉大学学报· 信息科学版,2017,42(11):1580 - 1588.

[104]蒋永华,张过,等. 基于平行观测的高频误差探测[C]//小卫星技术交流会. 中国宇航学会,2015.

[105]智喜洋,张伟,曹移明,等. 单线阵 CCD 相机定位精度评估模型及几何误差研究[J]. 光学技术,2011,37(6):669 - 674.

[106]赵齐乐,许小龙,马宏阳,等. GNSS 实时精密轨道快速计算方法及服务[J]. 武汉大学学报·信息科学版,2018,43(12):2157 - 2166.

[107]楼益栋,施闯,葛茂荣,等. GPS 卫星实时精密定轨及初步结果分析[J]. 武汉大学学报·信息科学版,2008,33(8):815 - 817.

[108]谭维炽,胡金刚. 航天器系统工程[M]. 北京:中国科学技术出版社,2009.

[109]Dennis R. 卫星通信:4 版[M]. 郑宝玉,等译. 北京:机械工业出版社,2011.

[110]赵秋艳. 美国成像侦察卫星的发展[J]. 军用光学仪器与技术,2001(10):15 - 23.

[111]王中果. Ka 频段双圆极化频率复用的星地数传链路分析[J]. 航天器工程,2013(5):

85 - 92.
[112]鲁帆 . Ka 频段点波束天线指向精度对星地数传链路的影响分析[J]. 航天器工程,2016(6):41 - 48.
[113]梁冀生 . Ka 频段卫星通信地空链路的大气衰减[J]. 无线电通信技术,2006 (1):56 - 58.
[114]李福,等. 高分四号卫星数传分系统设计及验证[J]. 航天器工程,2016,25(增刊 1):99 - 102.
[115]张可立. 高分一号卫星数传天线控制流设计及整星测试方法[J]. 航天器工程,2014,23(增刊):60 - 63.
[116]McCord M, Goel P, Jiang Z, et al. Improving AADT and VDT estimation with high - resolution satellite imagery[C]//Proceedings of the Pecora 15/Land Satellite Information IV Symposium 2002. 2002:10 - 15.
[117]王明远. 空间遥感数据压缩编码技术的发展[J]. 中国航天,2003(6):20 - 22
[118]黎洪松 . JPEG 静止图像数据压缩标准[M]. 北京:学苑出版社,1996.
[119]赵敏. 基于半监督分类的遥感图像云判方法研究[D]. 合肥:中国科学技术大学,2012.
[120]崔倩 . JPEG - LS 码率控制算法研究[D]. 西安:西安电子科技人学,2011.
[121]仇晓兰. 一种基于动态解码的 SAR 原始数据饱和校正方法[J]. 电子与信息学报,2013(35):2147 - 2153.
[122]John G. Proakis. 数字通信:5 版[M]. 张力军,等译. 北京:电子工业出版社,2011.
[123]吴伟仁. 深空测控通信系统工程与技术[M]. 北京:科学出版社,2013.
[124]王淑一,魏春岭,刘其睿. 敏捷卫星快速姿态机动方法研究[J]. 空间控制技术与应用,2011(4):40 - 44.
[125]雷拥军,谈树萍,刘一武. 一种航天器姿态快速机动及稳定控制方法[J]. 中国空间科学技术,2010,30(5):48 - 53.
[126]涂善澄. 卫星姿态动力学与控制[M]. 北京:中国宇航出版社,2010
[127]李季苏,于家源,牟小刚,等. 卫星控制系统全物理仿真[J]. 计算机仿真,2004(z1):296 - 299,302.
[128]边志强,蔡陈生,吕旺,等. 遥感卫星高精度高稳定度控制技术[J]. 上海航天,2014,31(3):24 - 33.
[129]西迪. 航天器动力与控制[M]. 北京:航空工业出版社,2010.
[130]杨保华. 航天器制导、导航与控制[M]. 北京:中国科学技术出版社,2011.
[131]王光远,周东强,赵煜. 遥感卫星在轨微振动测量数据分析[J]. 宇航学报,2015,36(3):261 - 267.
[132]庞世伟,潘腾,毛一岚,等. 某型号卫星微振动试验研究及验证[J]. 航天器环境工程,

2016,33(3):305 - 311.

[133]庞世伟,潘腾,范立佳,等. 一种微振动隔振设计与验证[J]. 强度与环境,2016,43(5):17 - 23.

[134]雷军刚,赵伟,程玉峰. 一次卫星微振动情况的地面测量试验[J]. 真空与低温,2008,14(2):95 - 98.

[135]王泽宇,邹元杰,焦安超,等. 某遥感卫星平台的微振动试验研究[J]. 航天器环境工程,2015,32(3):278 - 285.

[136]邓长城. 飞轮微振动对星载一体化卫星成像质量影响研究[D]. 长春:中国科学院长春光学精密机械与物理研究所,2017.

[137]许斌,雷斌,范城城,等. 基于高频角位移的高分光学卫星影像内部误差补偿方法[J]. 光学学报,2016,36(9).

[138]王光远,田景峰,赵煜,等. 整星微振动试验方法及关键技术研究[C]//高分辨率对地观测学术年会分会,2014.

[139]关新,王光远,梁鲁,等. 空间相机低频隔振系统及试验验证[J]. 航天返回与遥感,2011,32(6):53 - 61.

[140]王光远,赵煜,庞世伟. 活动部件扰动测量的频域校正方法[C]//中国宇航学会年会,2012.

[141]王光远,周东强,曹瑞,等. 光学遥感卫星微振动预示及抑制技术初探[C]//中国宇航学会,中国光学学会,中国遥感应用协会,中国空间技术研究院,2013.

[142]Wang G Y,Zheng G T. Vibration of two beams connected by nonlinear isolators:analytical and experimental study[J]. Nonlinear Dynamics,2010,62(3):507 - 519.

[143]Guang - yuan Wang,Gangtie Zheng. Parameter Design and Experimental Study of a Bi - functional Isolator for Optical Payload Protection and Stabilization[C]. International Conference on Space Optics,2010.

[144]Wang G Y,Zhao Y,Pang S W. Frequency Domain Compensation Method For Moving Part Disturbance Measurement[C]. 13th EUROPEAN CONFERENCE on SPACECRAFT STRUCTURES,MATERIALS & ENVIRONMENTAL TESTING,2014.

[145]张庆君,王光远,郑钢铁. 光学遥感卫星微振动抑制方法及关键技术[J]. 宇航学报,2015,36(2):125 - 132.

[146]王俊. 航天光学成像遥感器动态成像质量评价与优化[D]. 长春:中国科学院长春精密机械与物理研究所,2000.

[147]Laskin R A,Sirlin S W. Future payload isolation and pointing system technology[J]. Journal of Guidance,Control,and Dynamics,1986,9(4):469 - 477.

[148]Reals G A,Crum R C,Dougherty H J,et al. Hubble Space Telescope precision pointing control system. J Guidance,1988,11(2):119 - 123.

[149]Beals G A,Crum R C,Dougherty H J,et al. Hubble Space Telescope precision pointing control system[J]. Journal of Guidance,Control,and Dynamics,1988,11(2):119 - 123.
[150]沙晋明. 遥感原理与应用[M]. 2 版. 北京:科学出版社,2017.
[151]贺仁杰,李菊芳,姚锋,等. 成像卫星任务规划技术[M]. 北京:科学出版社,2011.
[152]田志新,崔晓婷,郑国成,等. 基于有向图模型的卫星任务指令生成算法[J]. 航天器工程,2014,23(6):54 - 60.
[153]Liu B,Li H,Zhao M,et al. Imaging Satellite Mission Planning Based on Task Compression [J]. Radio Engineering,2017 (11):16.
[154]Underwood C,Richardson G,Savignol J. SNAP - 1:A Low Cost Modular COTS - Based Nano - Satellite—Design, Construction, Launch and Early Operations Phase, 15th AIAA [C]//USU Conference on Small Satellites,2001.
[155]Speer D,Jackson G,Raphael D. Flight computer design for the Space Technology 5 (ST - 5) mission[C]//Proceedings,IEEE Aerospace Conference. IEEE,2002,1:1 - 1.
[156]贺仁杰,高鹏,白保存. 成像卫星任务规划模型、算法及其应用[J]. 系统工程理论与实践,2011,31(3):411 - 422.
[157]彭俊杰,袁成军. 软件实现的星载系统故障注入技术研究[J]. 哈尔滨工业大学学报,2004,36(7):934 - 936.
[158]朱剑冰,汪路元,赵魏,等. 敏捷光学卫星自主任务管理系统关键技术分析[J]. 航天器工程,2016,25(4):54 - 59.
[159]武斌,孙燕萍,尹欢,等. 基于等效焦面的离轴遥感相机积分时间计算方法[J]. 中国空间科学技术,2018,38(3):40.
[160]汤亮. 单框架控制力矩陀螺奇异问题研究[J]. 航空学报,2007(5):1181 - 1189.
[161]张均. 使用 VSCMGs 的 IPACS 的奇异性分析与操纵律设计[J]. 航空学报,2008(1):123 - 130.
[162]牟夏. 姿态机动中 SGCMG 的一种改进奇异鲁棒操纵律设计[J]. 空间控制技术与应用,2012(2):17 - 23.
[163]袁利. 具有 SGCMG 系统的挠性卫星姿态机动控制及验证[J]. 宇航学报,2018(1):43 - 51.
[164]陆丹萍. 基于控制力矩陀螺的卫星姿态机动技术研究[D]. 上海:上海交通大学,2015.
[165]张新邦. 航天器全物理仿真技术[J]. 航天控制,2015(5):72 - 79.
[166]韩邦成. 不平衡质量对磁悬浮 CMG 转子运动特性的影响分析及实验[J]. 宇航学报,2008(2):585 - 589.
[167]常凌颖. 地面景物模拟器的光学系统设计[J]. 红外与激光工程,2011(12):2437 - 2441.

[168]李正强. 光学遥感卫星大气校正研究综述[J]. 南京信息工程大学学报,2018(1):6-15.

[169]郑循江. 一种甚高精度星敏感器精度测试方法[J]. 红外与激光工程,2015(5):1605-1619.

[170]张春青. 卫星高精度相对姿态确定技术[J]. 空间控制技术与应用,2014(3):19-25.

[171]贾学志. 空间光学遥感器精密调焦机构设计与试验[J]. 机械工程学报,2016(13):25-30.

[172]卢志昂,刘霞,毛寅轩,等. 基于模型的系统工程方法在卫星总体设计中的应用实践[J]. 航天器工程,2018(27):7-16.

[173]秦国政,马益杭,郝胜勇,等. 基于Agent天基信息应用效能评估方法研究[J]. 指挥与控制学报,2015(1):137-142.

[174]张志清,张鹏扩,冉茂农. 基于环境仿真的对地遥感卫星任务仿真系统[J]. 系统仿真学报,2017(29):45-52.

[175]田志新,汤海涛,王中果. 基于星上动态指令调度的卫星使用效能提升技术[J]. 宇航学报,2014(35):1105-1113.

[176]田志新,李小娟,杨易,等. 遥感卫星在轨可用性约束条件分析及对策[J]. 航天器工程,2018(27):37-44.

[177]田志新,王中果,乔亦实,等. 智能遥感卫星天地一体化运控模式研究[C]//第三届高分辨率对地观测学术年会优秀论文集,2014.

[178]刘蔚然,陶飞,程江峰,等. 数字孪生卫星:概念、关键技术及应用[J]. 计算机集成制造系统,2020(26):565-588.

[179]武晓雯. 敏捷卫星姿态机动规划方法研究[D]. 哈尔滨:哈尔滨工程大学,2016.

[180]贺玮. 敏捷卫星非沿迹成像主动推扫姿态机动控制方法研究[D]. 哈尔滨:哈尔滨工业大学,2017.

[181]基叶勉,韩笑冬,郝燕艳,等. 基于模型的卫星测控信息流数字化设计方法研究与实现[J]. 中国空间科学技术,2019(39):71-80.

[182]余婧,于龙江,李少辉,等. 敏捷卫星主动推扫成像积分时间设置研究[J]. 航天器工程,2016(21):53-37.

[183]齐昕浒,刘畅,汪明. 基于动态能量平衡的成像卫星任务规划方法研究[C]//第二届高分辨率对地观测学术年会,2013.

[184]徐春生,肖应廷,孙治国,等. 基于STL的卫星可展开天线对太阳翼遮挡检测方法研究[J]. 航天器工程,2012(21):53-37.

[185]Tian Zhixin, Cui Xiaoting, Li Xiaojuan, et al. Remote sensing satellite mission operation based on dynamic coloring digraph-model[C]//5th National Academic Conference for Space Data System. Nanjing, Nanjing University, 2017:113-117.

[186]Kucinskis F N,Ferreira MGV. Planning on – board satellites for the goal – based operations for space missions[J]. IEEE Latin America Trans. ,2013,11(4):1110 – 1120.

[187]王海涛,仇跃华,梁银川,等. 卫星应用技术[M]. 北京:北京理工大学出版社,2018.

[188]白廷柱,金伟其. 光电成像原理与技术[M]. 北京:北京理工大学出版社,2006.

[189]Holst G C. Electro – optical imaging system performance[C]//SPIE – International Society for Optical Engineering,2008.

[190]杨照金,崔东旭. 军用目标伪装隐身技术概论[M]. 北京:国防工业出版社,2014.

[191]Ratches J A. Static performance model for thermal imaging systems[J]. Optical Engineering, 1976,15(6):156 – 525.

[192]Abolghasemi M,Abbasi – Moghadam D. Conceptual design of remote sensing satellites based on statistical analysis and NIIRS criterion[J]. Optical and Quantum Electronics,2015,47 (8):2899 – 2920.

[193]Sjaardema,Tracy A. ,Collin S. Smith,and Gabriel C. Birch. "History and evolution of the Johnson criteria. "SANDIA Report,SAND 2015 – 6368(2015).

[194]金伟其,高绍姝,王吉晖,等. 基于光电成像系统最小可分辨对比度的扩展源目标作用距离模型[J]. 光学学报,2009,29(6):1552 – 1556.

[195]李文娟. 可见光成像系统成像质量评价指标的测量技术研究[D]. 哈尔滨:哈尔滨工业大学,2005.

[196]DeWeert M J,Cole J B,Sparks A W,et al. Photon transfer methods and results for electron multiplication CCDs[C]//Applications of Digital Image Processing XXVII. International Society for Optics and Photonics,2004,5558:248 – 259.

[197]Wong S,Jassemi – Zargani R. Predicting image quality of surveilance sensors[M]. Canada: Defence Research and Development Canada,2014.

[198]沈如松,张育林. 光学成像侦察卫星作战效能分析[J]. 火力与指挥控制,2006,31(1): 16 – 20.

[199]Driggers R G,Cox P G,Kelley M. National imagery interpretation rating system and the probabilities of detection,recognition,and identification[J]. Optical Engineering,1997,36(7): 1952 – 1959.

[200]苏衡,周杰,张志浩. 超分辨率重建方法综述[J]. 自动化学报,2013,39(8):1202 – 1213.

[201]白宏刚. 基于 NIIRS 的遥感系统像质预估与评价方法研究[D]. 西安:西安电子科技大学,2010.

[202]时红伟. 一种面向用户任务需求的遥感图像质量标准 – NIIRS[J]. 航天返回与遥感, 2003,24(3):30 – 35.

[203]陈龙,徐彭梅,周虎. 基于 MTFC 的遥感图像复原方法[J]. 航天返回与遥感,2014(4):

81 - 89.

[204]陈世平,姜伟. 航天光学采样成像系统 MTF 的优化设计与 MTFC[J]. 航天返回与遥感,2007(4):17 - 27.

[205]相里斌,王忠厚,刘学斌,等. “环境与灾害监测预报小卫星”高光谱成像仪[J]. 遥感技术与应用,24(3),2009.

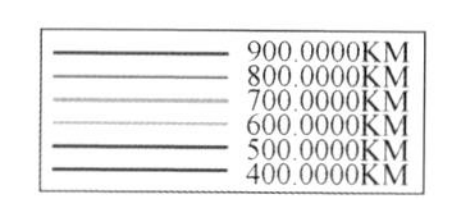

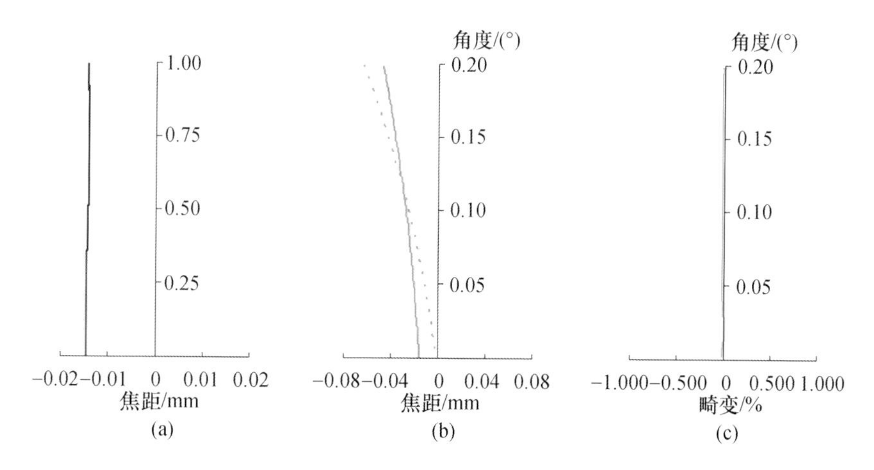

图 6-10　可见光通道畸变设计结果示例

(a)归一化纵向球差;(b)像散场曲线;(c)畸变。

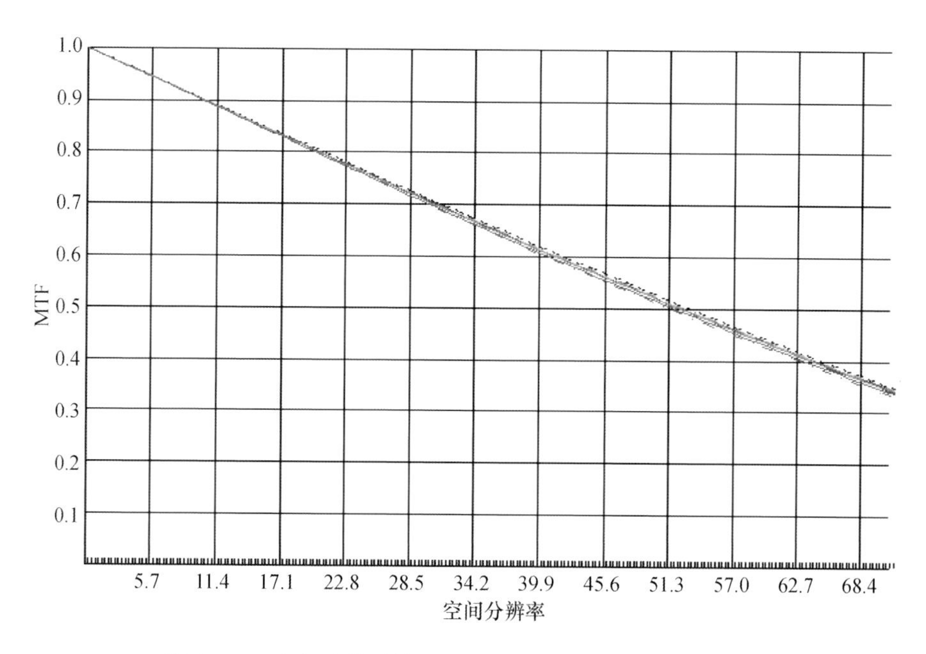

图 6-32　相机光学系统可见光通道传递函数设计结果示例

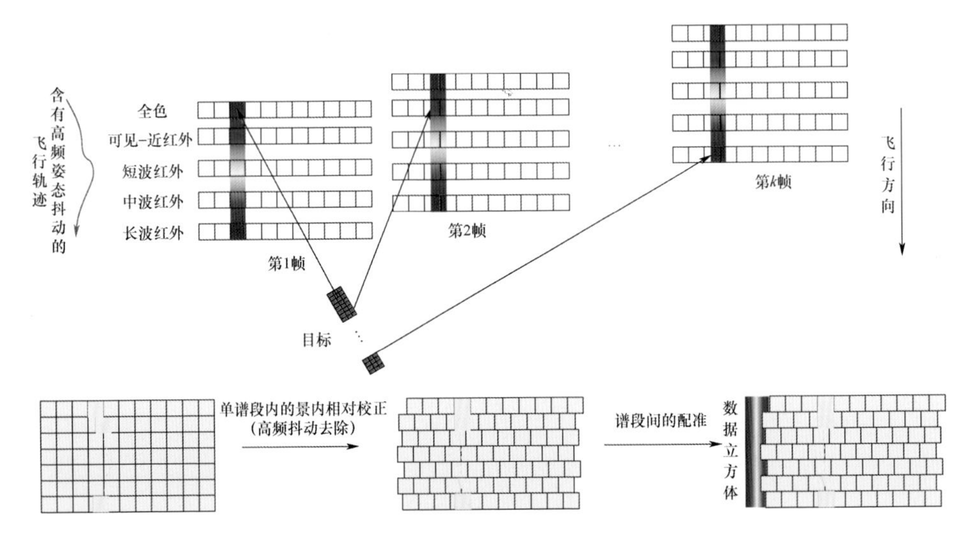

图 7-11　姿态抖动引起的谱段间失配与校正

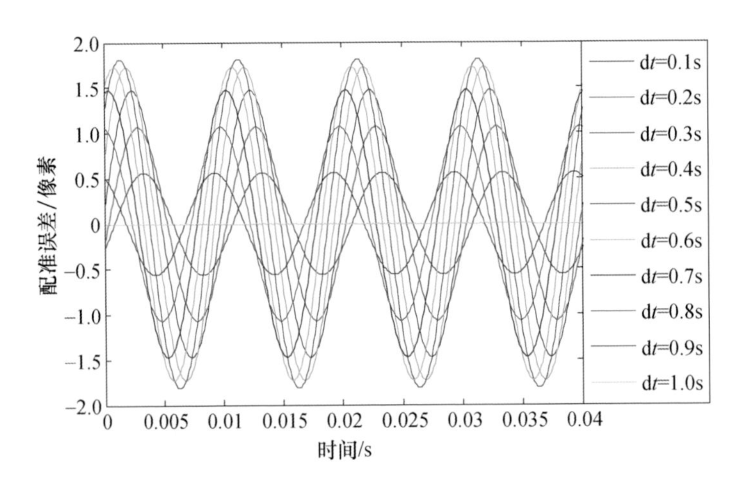

图 8-9　不同成像时间间隔、不同积分级数颤振对配准误差的影响

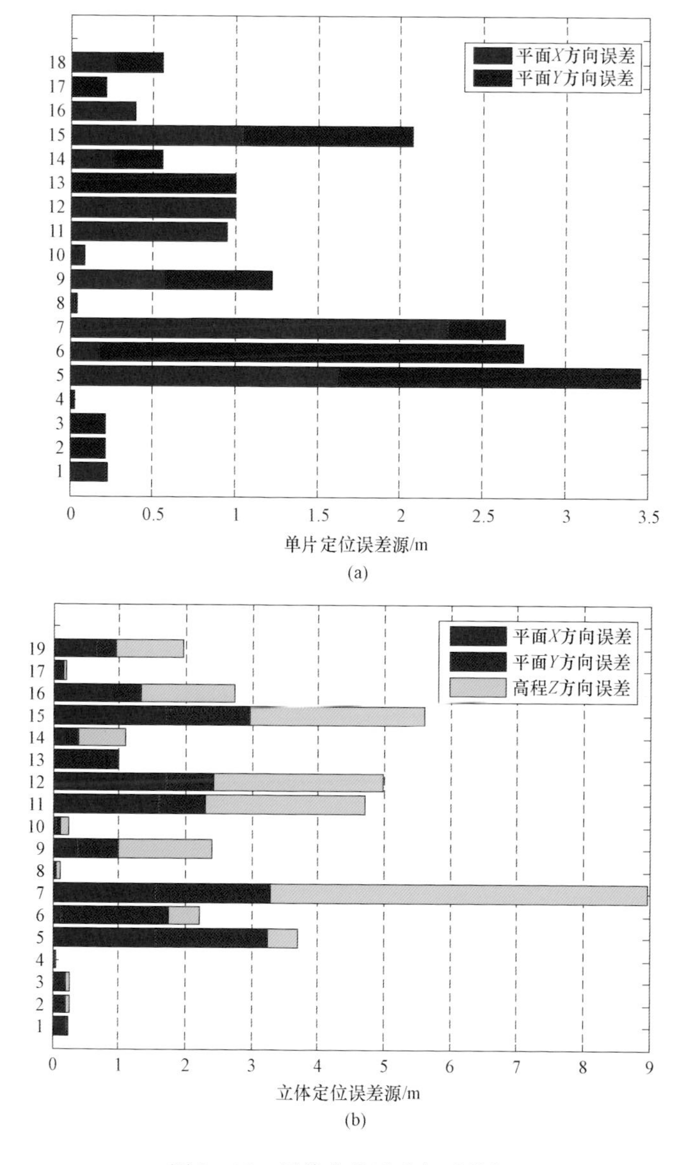

图 8－13　图像定位误差权重分析

(a)高分辨率平面侦察模式；(b)高精度立体定位模式。

1—主点 X 稳定性 1 像元；2—主点 Y 稳定性 1 像元；3—畸变稳定 1 像元；4—焦距稳定性 100μm；5—夹角稳定性 1″；6—滚动角测量误差 1″；7—俯仰角测量误差 1″；8—偏航角测量误差 1″；9—姿态稳定度 1(″)/s；10—姿态时间同步误差 0.1ms；11—轨道时间同步误差 0.1ms；12—轨道 X 测量误差 1m；13—轨道 Y 测量误差 1m；14—轨道 Z 测量误差 1m；15—轨道测速误差 1m/s；16—像点测量 X 误差 1 像元；17—像点测量 Y 误差 1 像元；18—高程误差 1m；19—同名点匹配误差 1 像元。

注：以上 19 项要素与图中 1～19 项对应，单位误差下得到平面、高程误差。

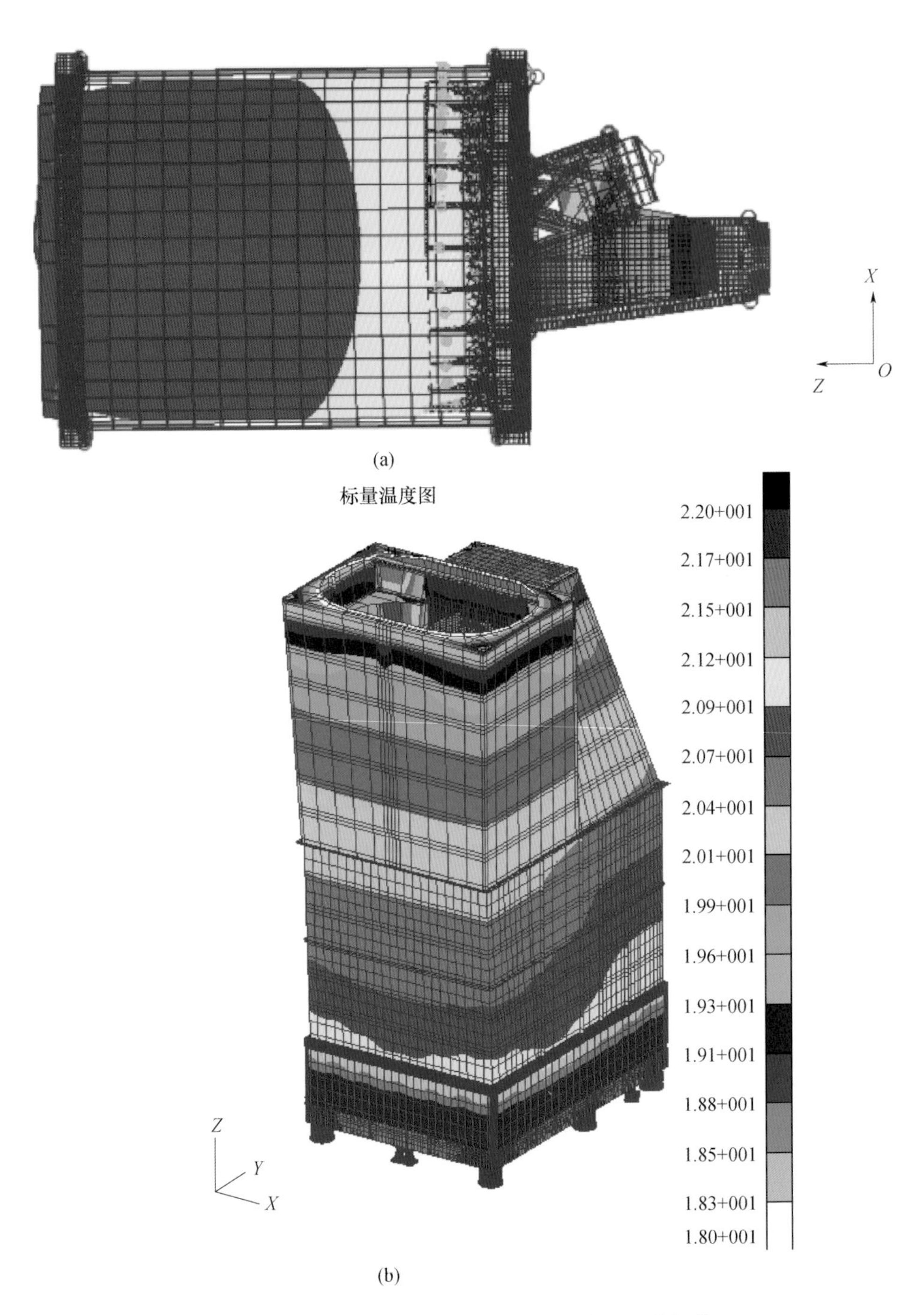

图 8－16　温度对相机光轴指向变化影响有限元分析模型

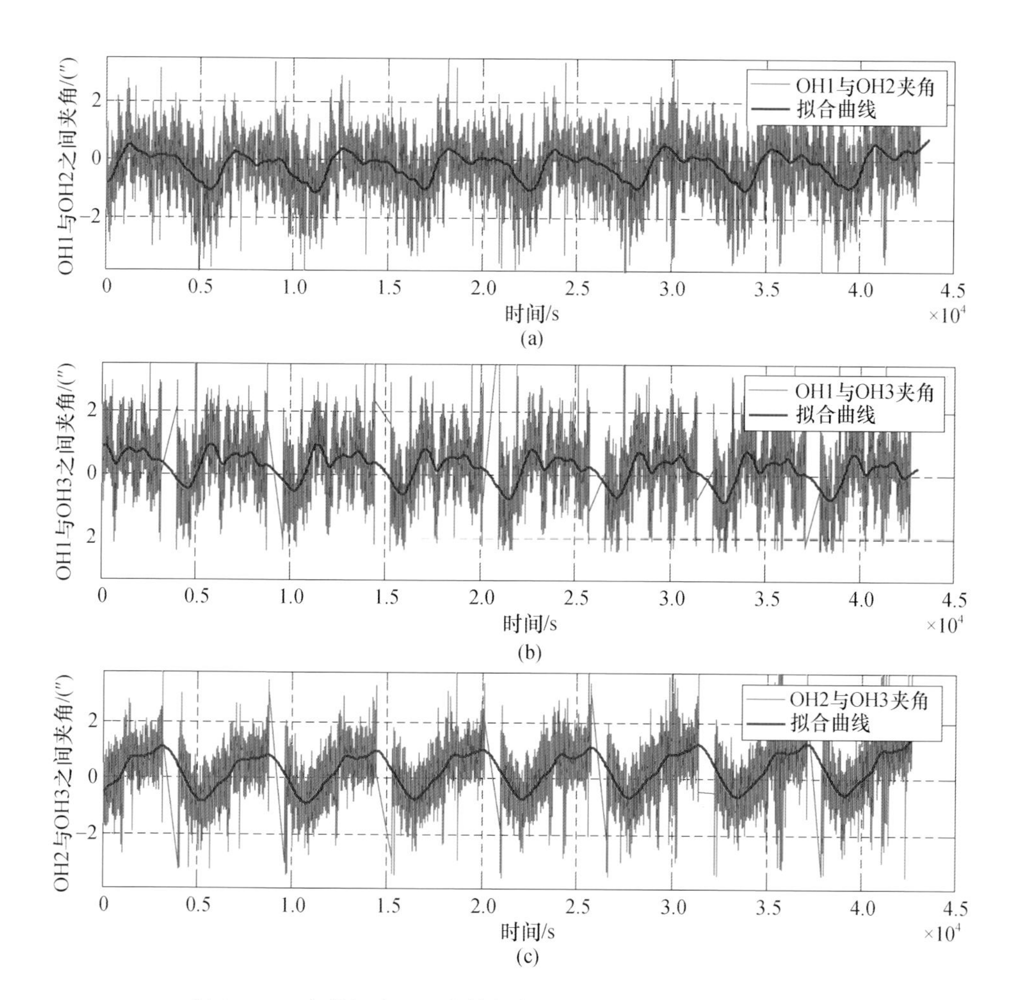

图 8－17　产品探头两两光轴夹角误差曲线(11h56min,约 8 轨)

(a)OH1 与 OH2 夹角(2018－8－1－00：00：00—2018－8－1－12：00：00)；

(b)OH1 与 OH3 夹角(2018－8－1－00：00：00—2018－8－1－12：00：00)；

(c)OH2 与 OH3 夹角(2018－8－1－00：00：00—2018－8－1－12：00：00)。

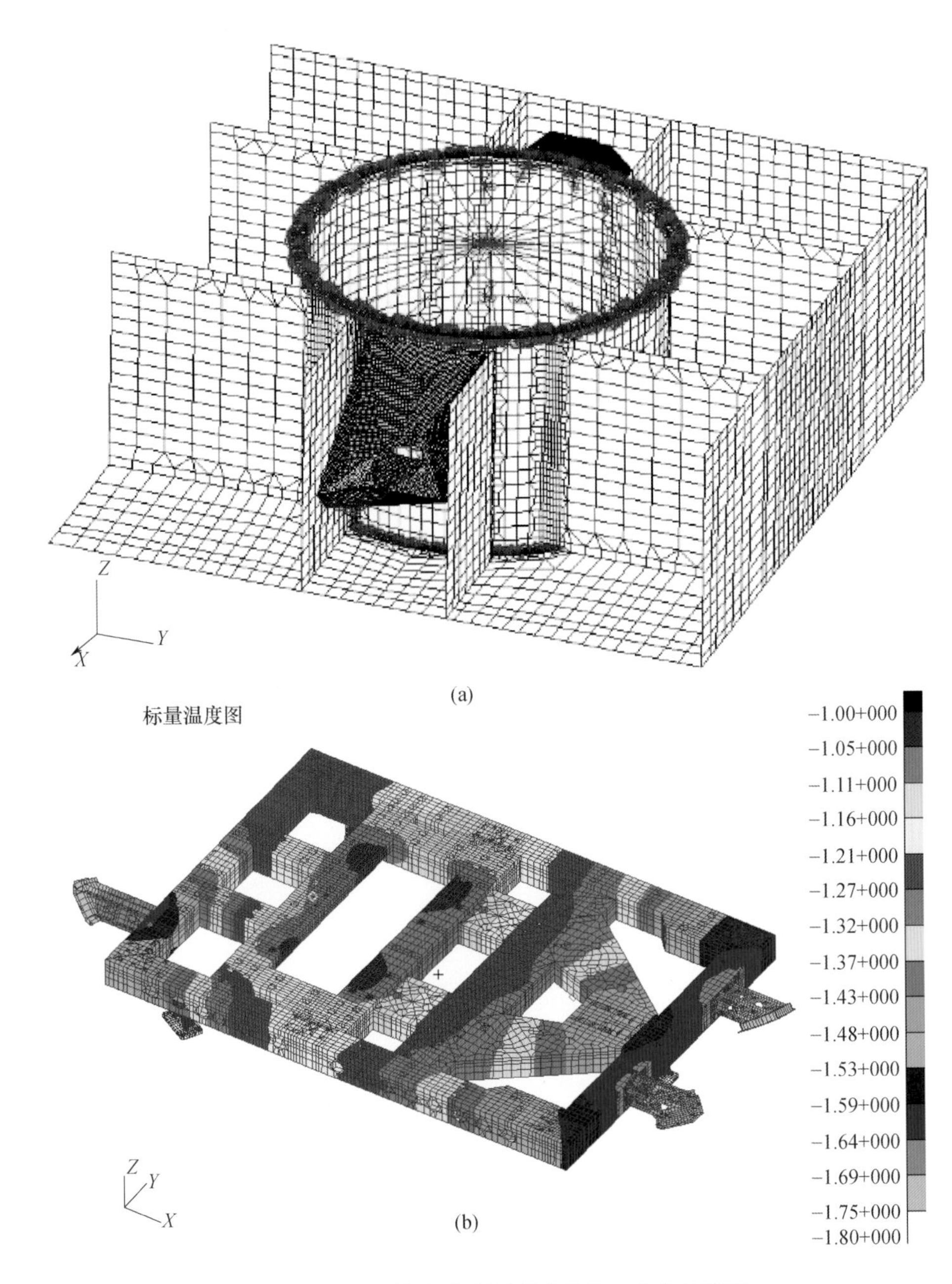

图 8-20　卫星相机与星敏热安装接口热分析模型

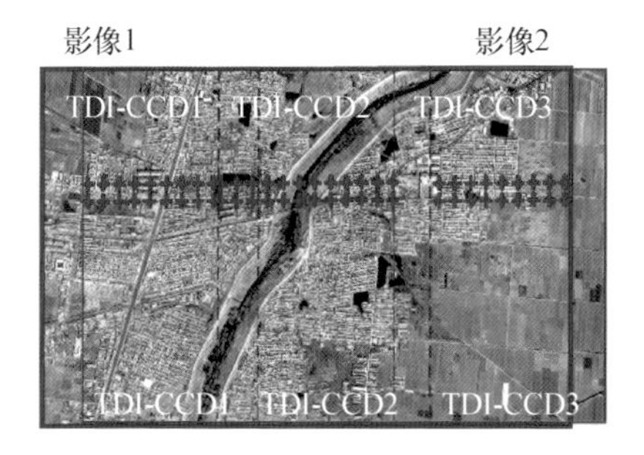

图 8－25　模拟的同轨二视立体影像重叠关系

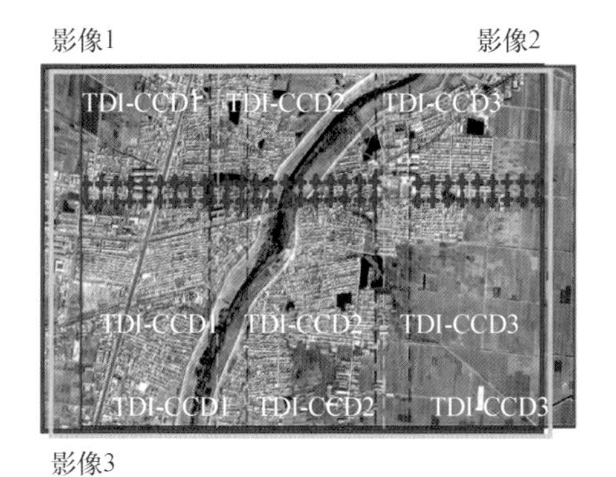

图 8－26　模拟的同轨三视立体影像重叠关系

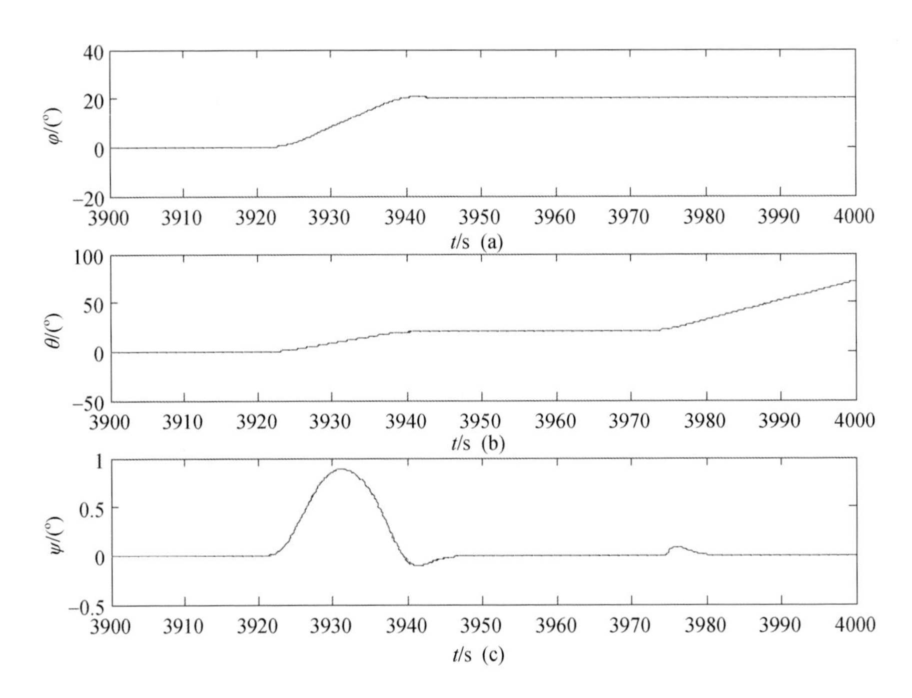

图 10－14 卫星回扫姿态角曲线

黑色—真实姿态;红色—估计姿态。

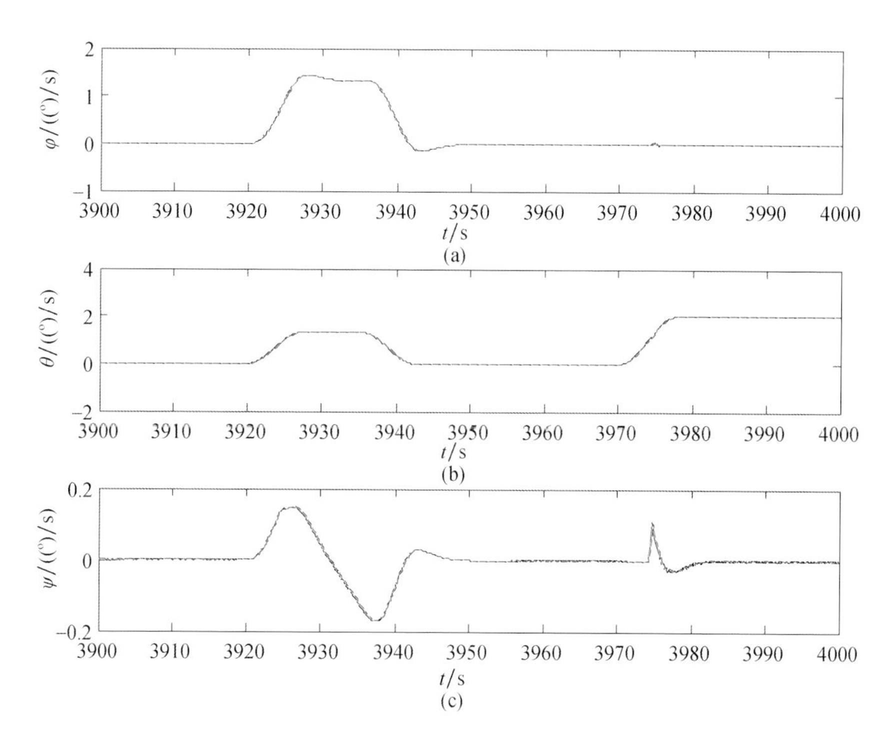

图 10-15　卫星回扫姿态角速度曲线

黑色—真实姿态;红色—估计姿态。

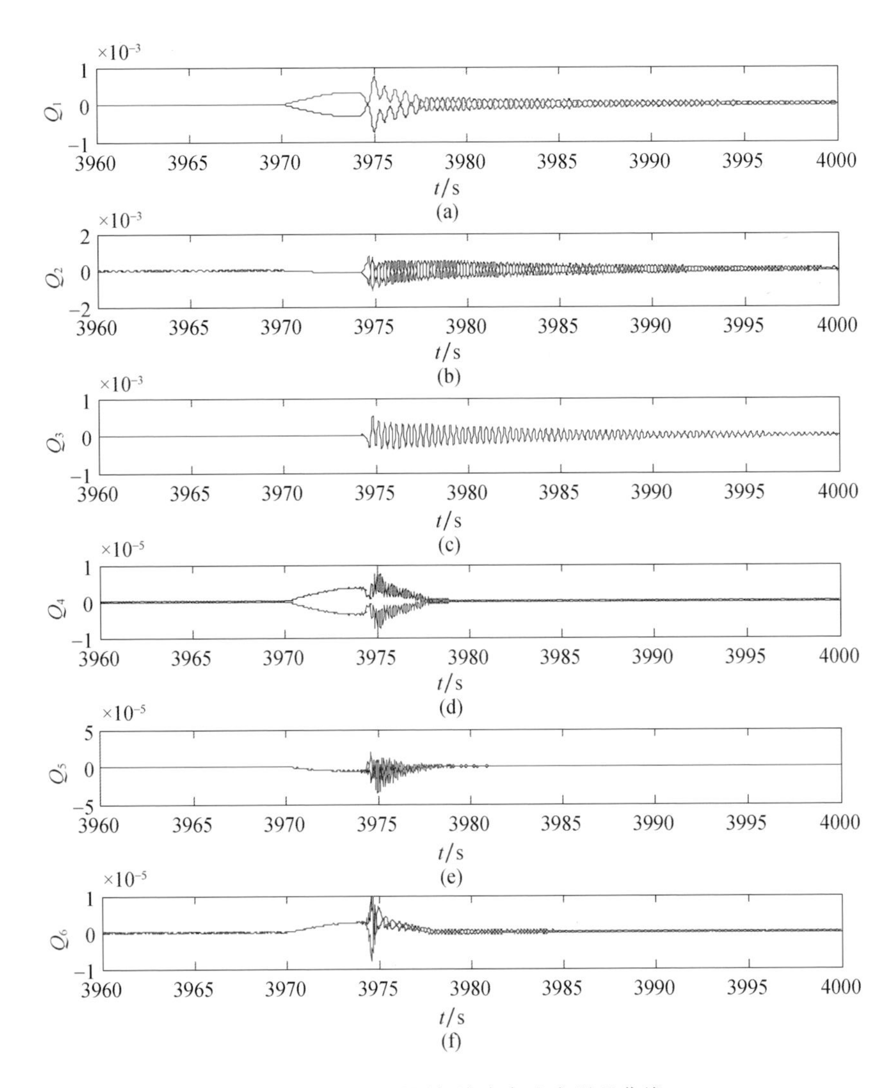

图 10－16　卫星回扫姿态角速度误差曲线

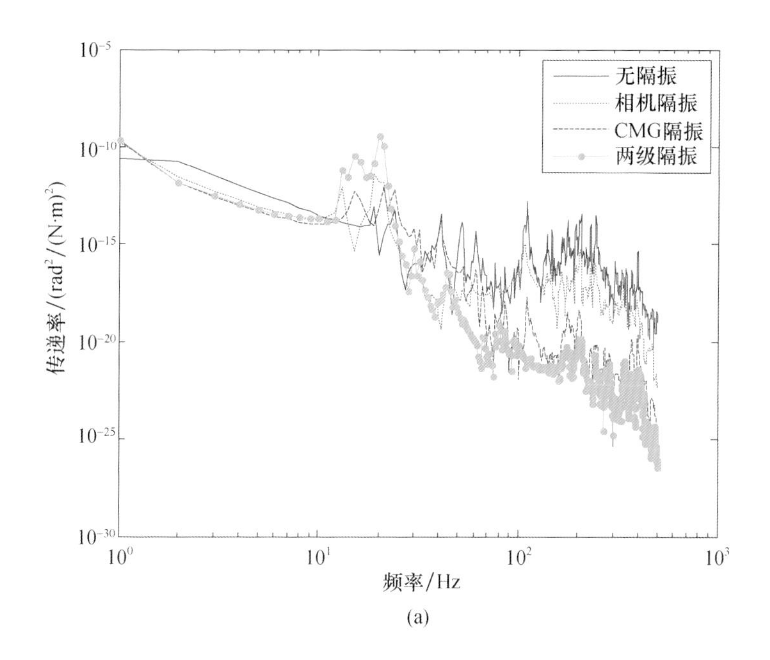

(a)

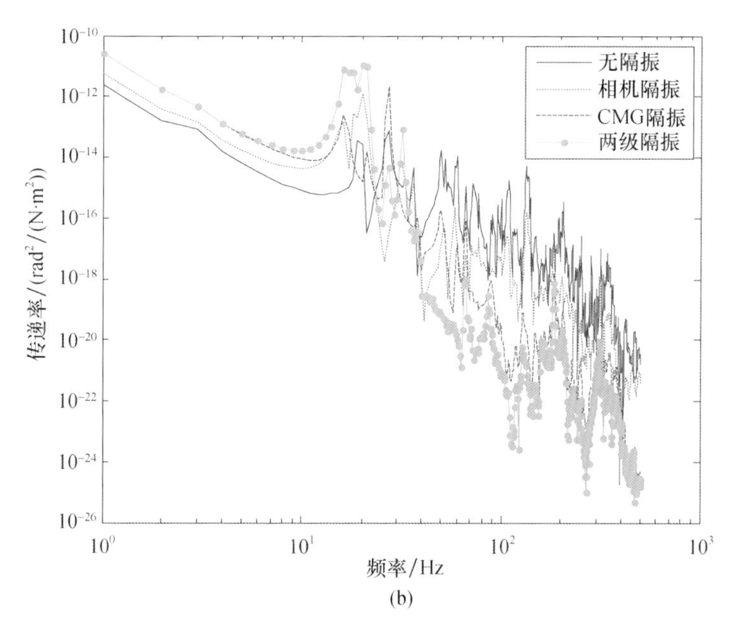

(b)

图 11 - 15　CMG 至相机主镜传递率

(a) CMGR_x→主镜 R_x 传递率；(b) CMGR_y→主镜 R_y 传递率。

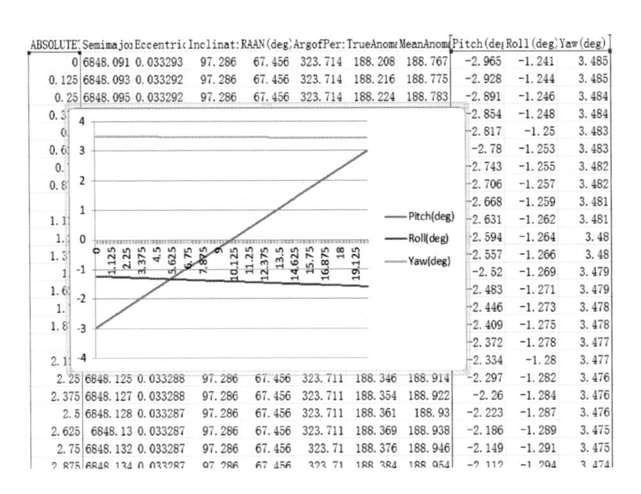

图 14－7　姿态控制角度计算结果

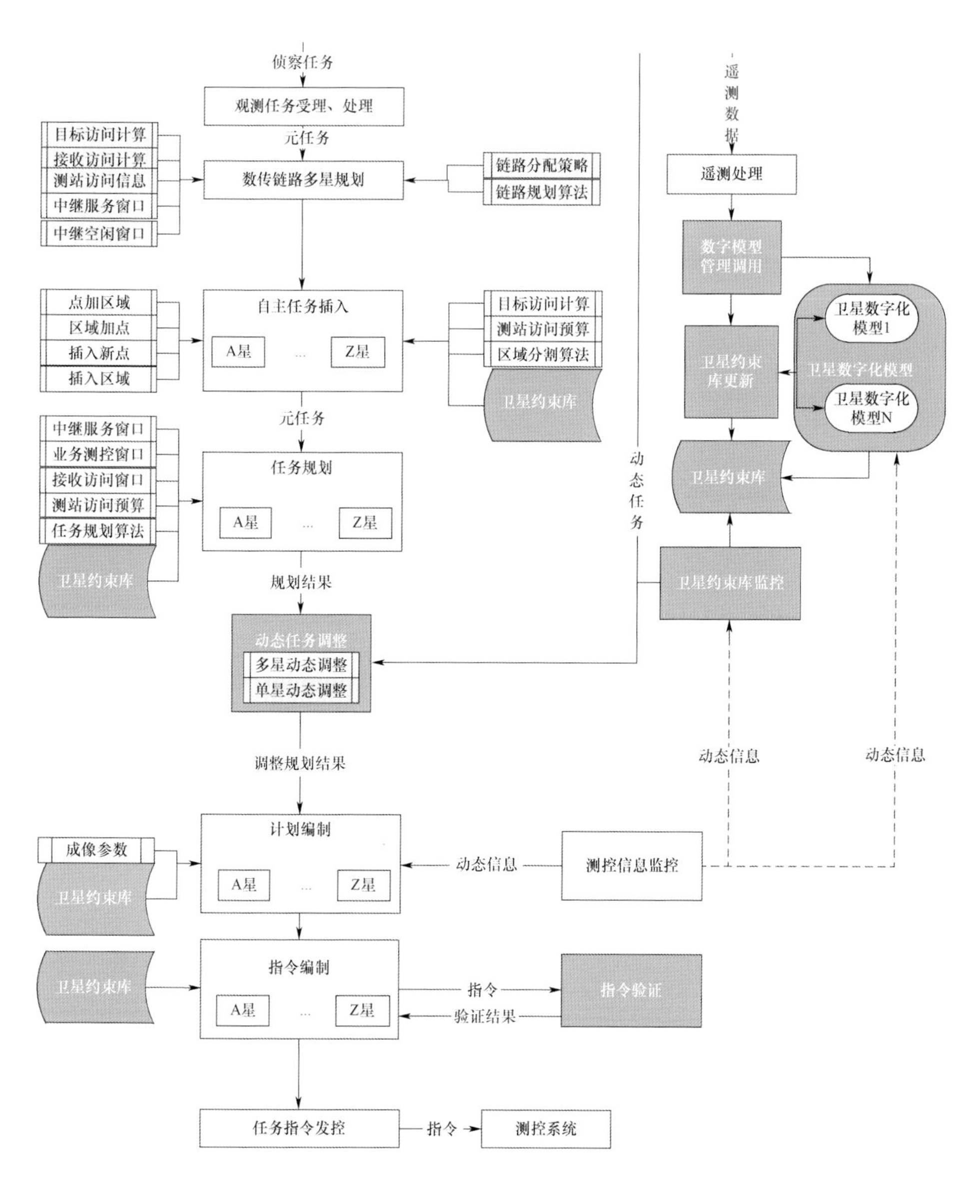

图 14-14　将动态任务规划嵌入现有任务管控系统后的任务控制流程图

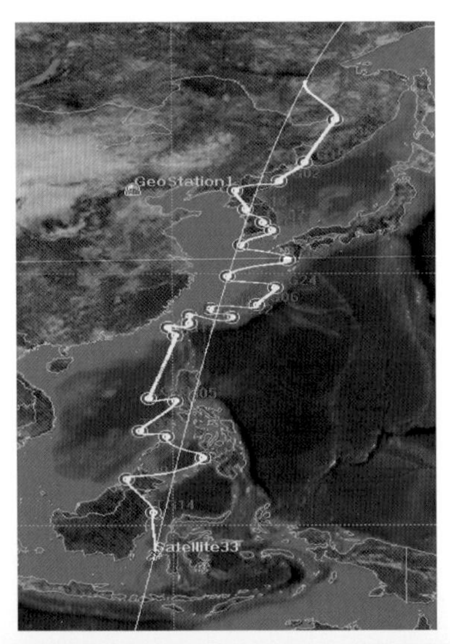

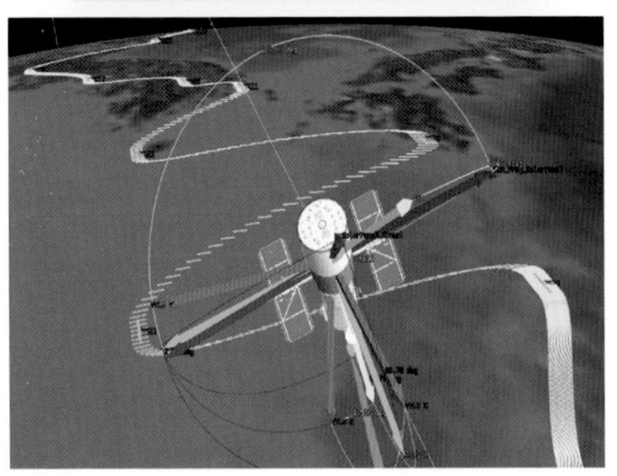

图 14－16　多任务(25 个点目标任务)协同优化

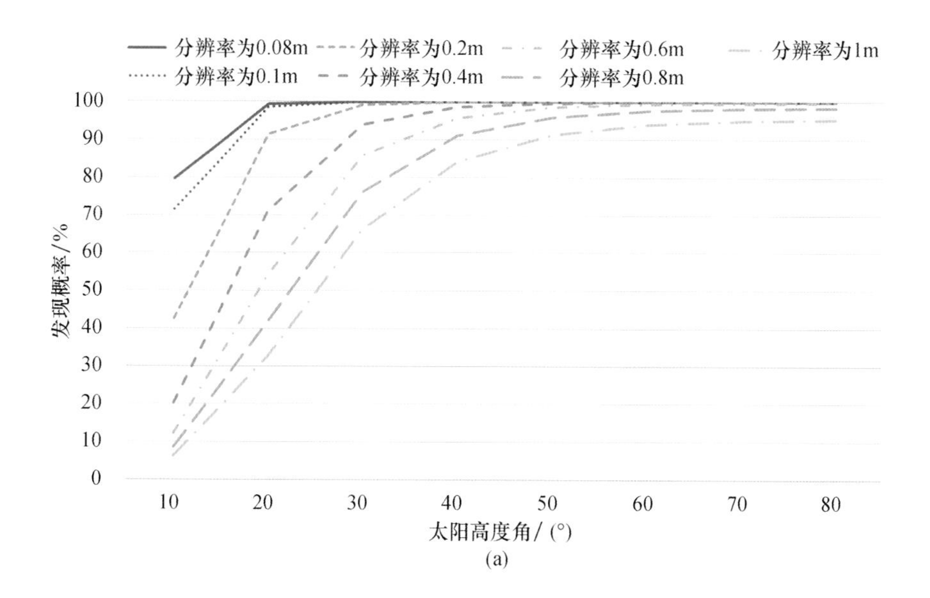

分辨率为0.08m
分辨率为0.2m
分辨率为0.6m
分辨率为1m
分辨率为0.1m
分辨率为0.4m
分辨率为0.8m
发现概率/%
100
90
80
70
60
50
40
30
20
10
0
10
20
30
40
50
60
70
80
太阳高度角/(°)

(a)

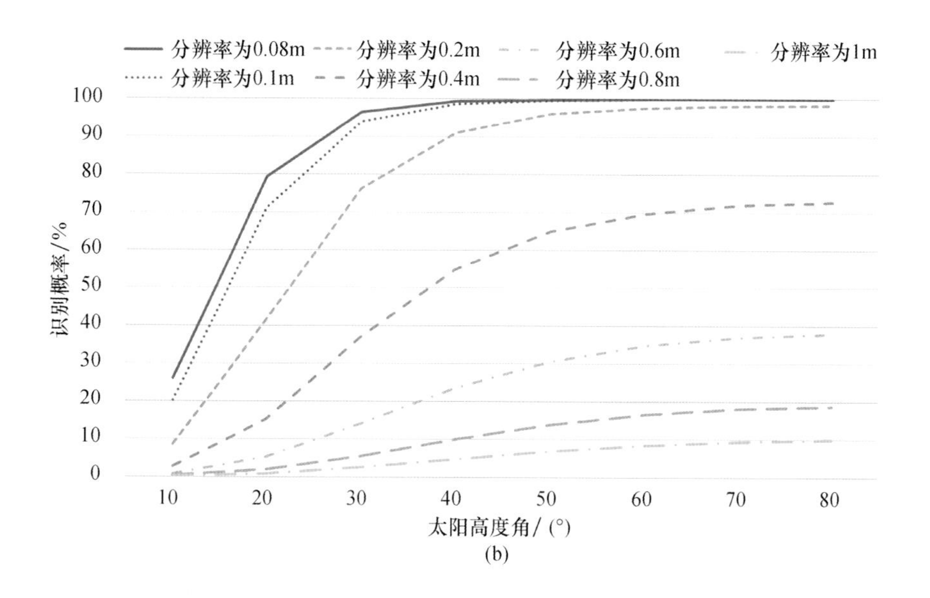

分辨率为0.08m
分辨率为0.2m
分辨率为0.6m
分辨率为1m
分辨率为0.1m
分辨率为0.4m
分辨率为0.8m
识别概率/%
100
90
80
70
60
50
40
30
20
10
0
10
20
30
40
50
60
70
80
太阳高度角/(°)

(b)

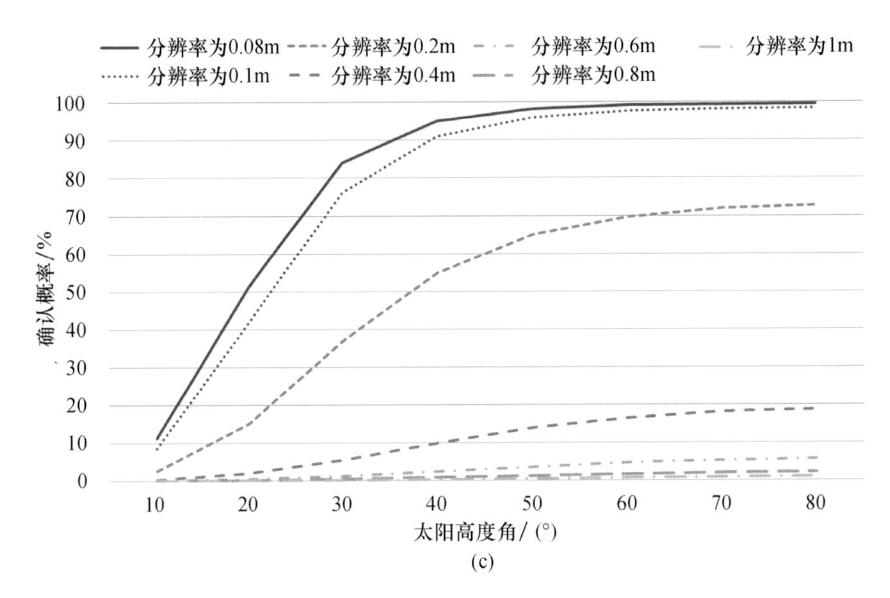

(c)

图 15－10　不同分辨率全色图像对草地背景的小型伪装装甲车发现、识别和确认概率

(a)发现概率;(b)识别概率;(c)确认概率。

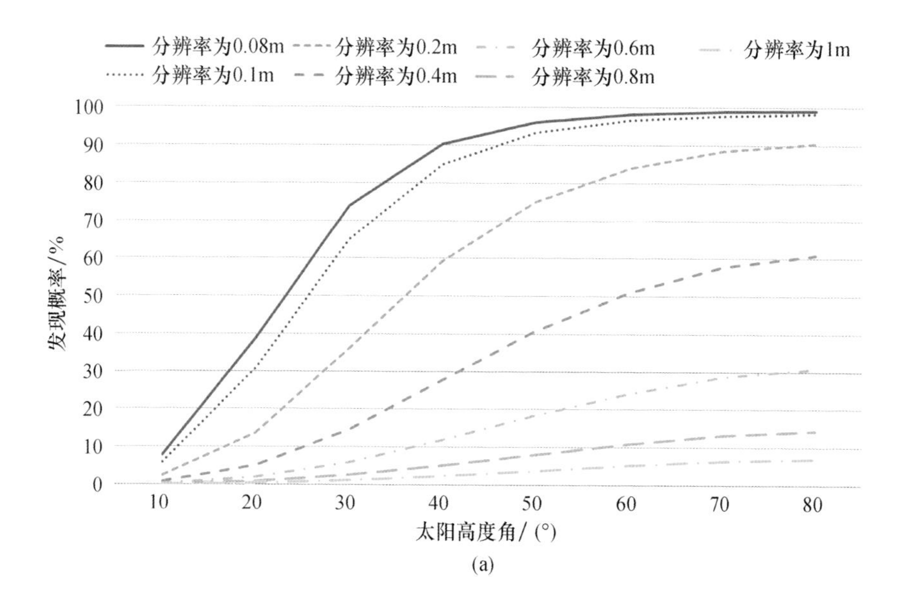
分辨率为0.08m
分辨率为0.2m
分辨率为0.6m
分辨率为1m
分辨率为0.1m
分辨率为0.4m
分辨率为0.8m
发现概率/%
100
90
80
70
60
50
40
30
20
10
0
10
20
30
40
50
60
70
80
太阳高度角/(°)
(a)

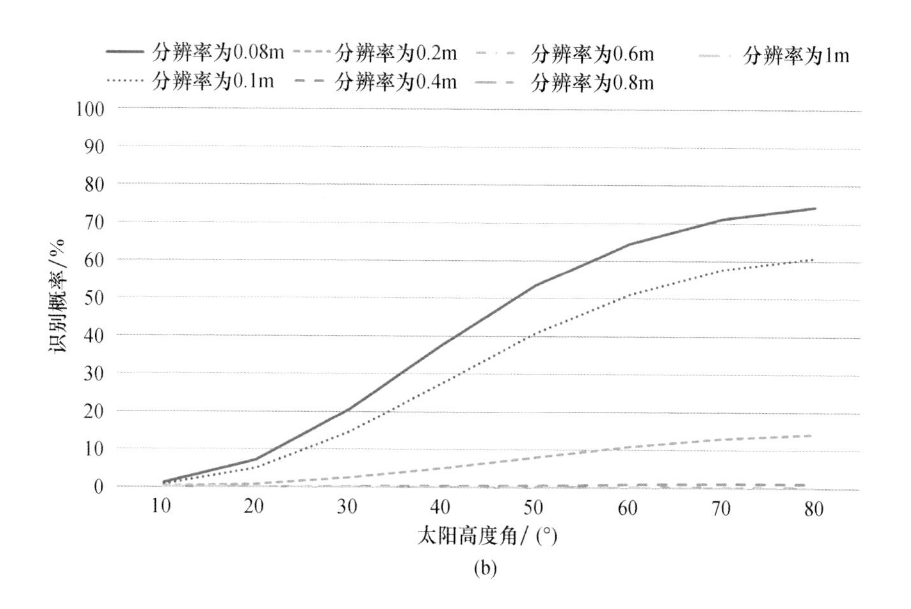
分辨率为0.08m
分辨率为0.2m
分辨率为0.6m
分辨率为1m
分辨率为0.1m
分辨率为0.4m
分辨率为0.8m
识别概率/%
100
90
80
70
60
50
40
30
20
10
0
10
20
30
40
50
60
70
80
太阳高度角/(°)
(b)

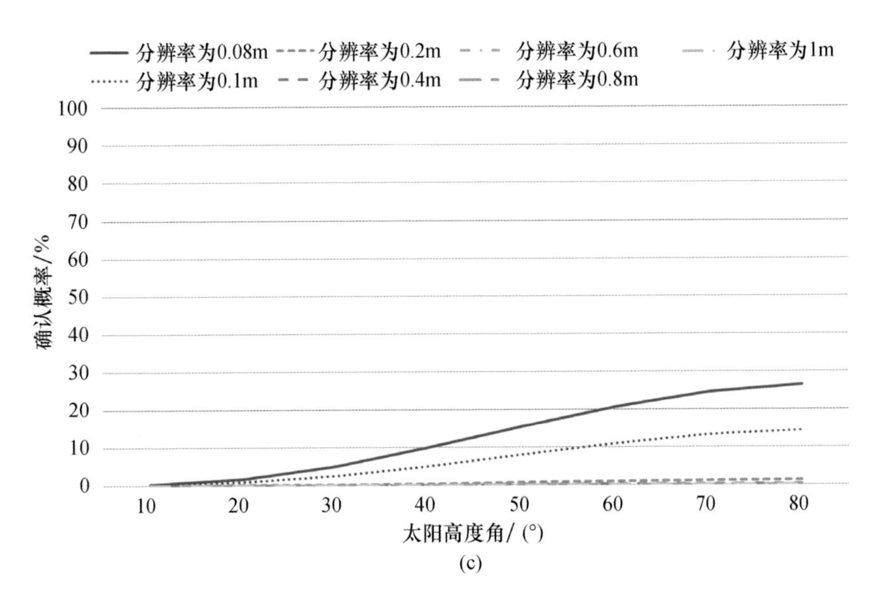

(c)

图 15－11　不同分辨率全色图像对草地背景的伪装炮管发现、识别和确认概率

(a)发现概率;(b)识别概率;(c)确认概率。

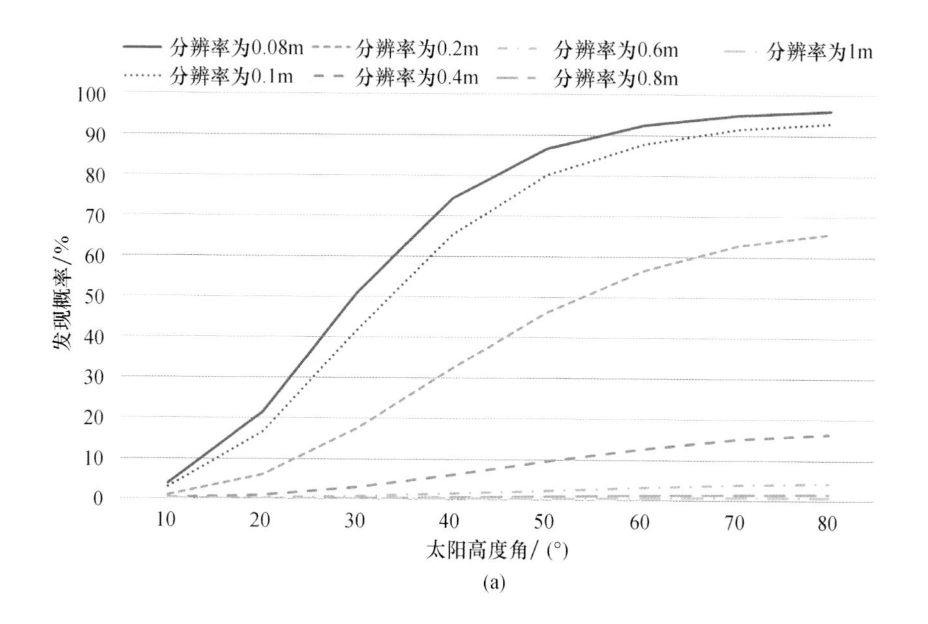

分辨率为0.08m
分辨率为0.2m
分辨率为0.6m
分辨率为1m
分辨率为0.1m
分辨率为0.4m
分辨率为0.8m
100
90
80
70
60
50
40
30
20
10
0
发现概率/%
10
20
30
40
50
60
70
80
太阳高度角/(°)

(a)

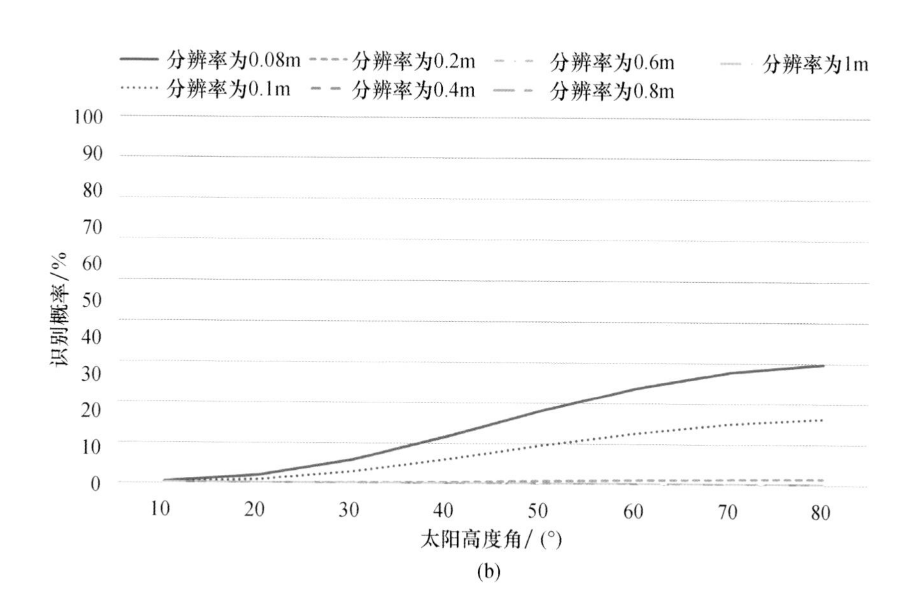

分辨率为0.08m
分辨率为0.2m
分辨率为0.6m
分辨率为1m
分辨率为0.1m
分辨率为0.4m
分辨率为0.8m
100
90
80
70
60
50
40
30
20
10
0
识别概率/%
10
20
30
40
50
60
70
80
太阳高度角/(°)

(b)

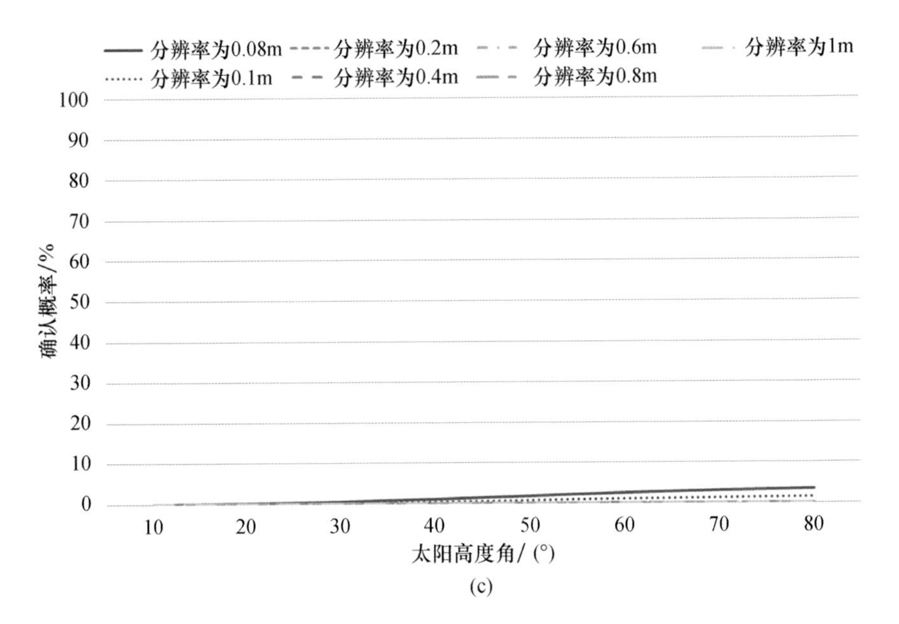

(c)

图 15－12　不同分辨率全色图像对人的发现、识别和确认概率

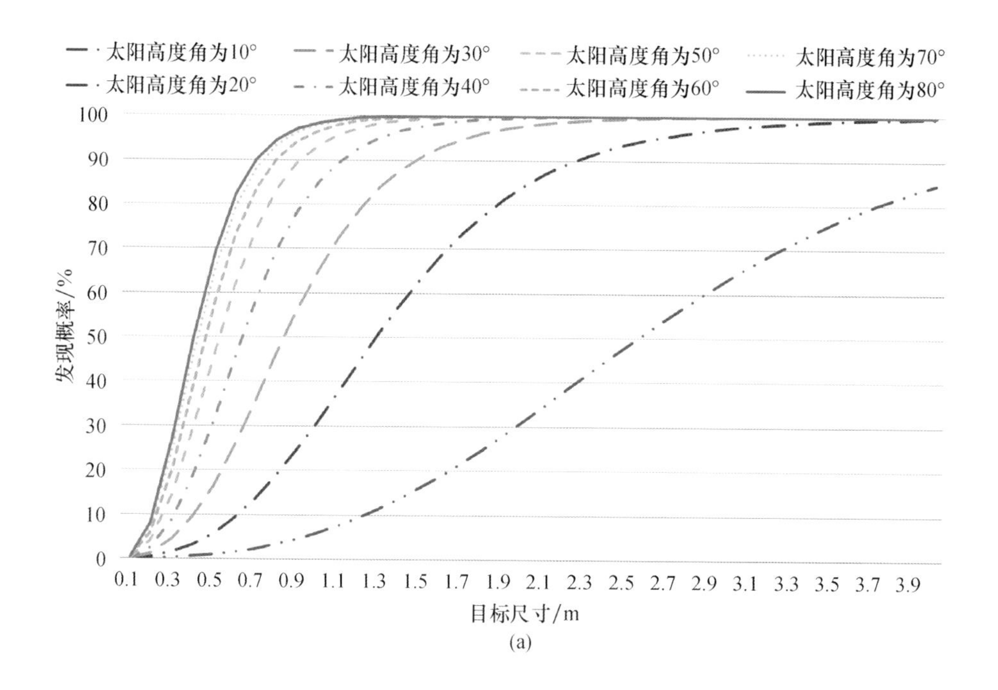
太阳高度角为10°
太阳高度角为30°
太阳高度角为50°
太阳高度角为70°
太阳高度角为20°
太阳高度角为40°
太阳高度角为60°
太阳高度角为80°
发现概率/%
100
90
80
70
60
50
40
30
20
10
0
0.1 0.3 0.5 0.7 0.9 1.1 1.3 1.5 1.7 1.9 2.1 2.3 2.5 2.7 2.9 3.1 3.3 3.5 3.7 3.9
目标尺寸/m
(a)

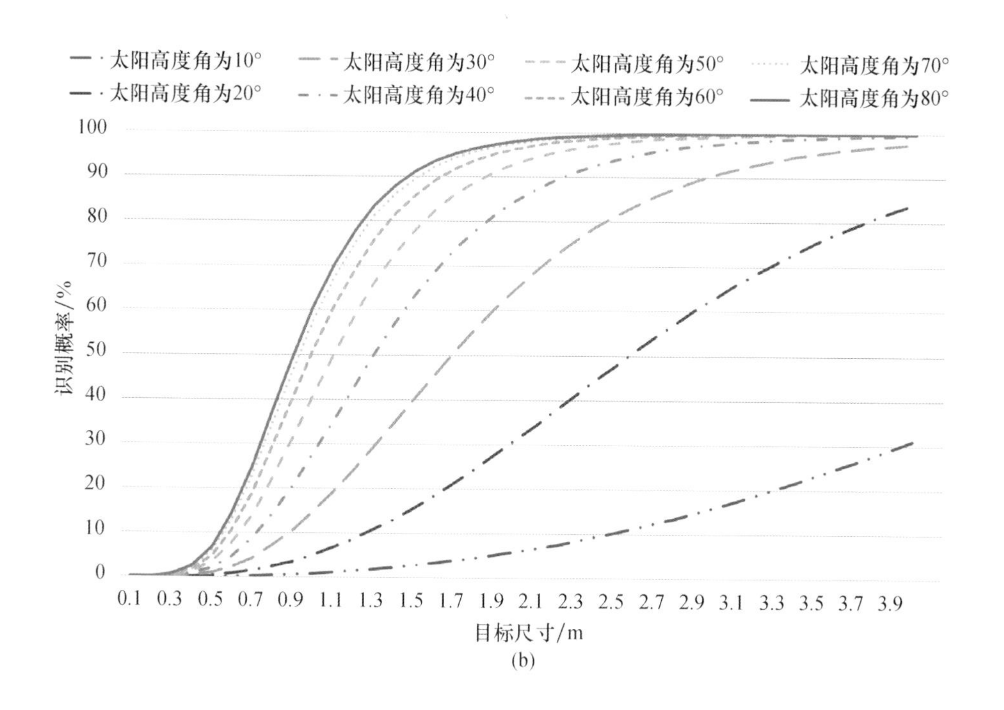
太阳高度角为10°
太阳高度角为30°
太阳高度角为50°
太阳高度角为70°
太阳高度角为20°
太阳高度角为40°
太阳高度角为60°
太阳高度角为80°
识别概率/%
100
90
80
70
60
50
40
30
20
10
0
0.1 0.3 0.5 0.7 0.9 1.1 1.3 1.5 1.7 1.9 2.1 2.3 2.5 2.7 2.9 3.1 3.3 3.5 3.7 3.9
目标尺寸/m
(b)

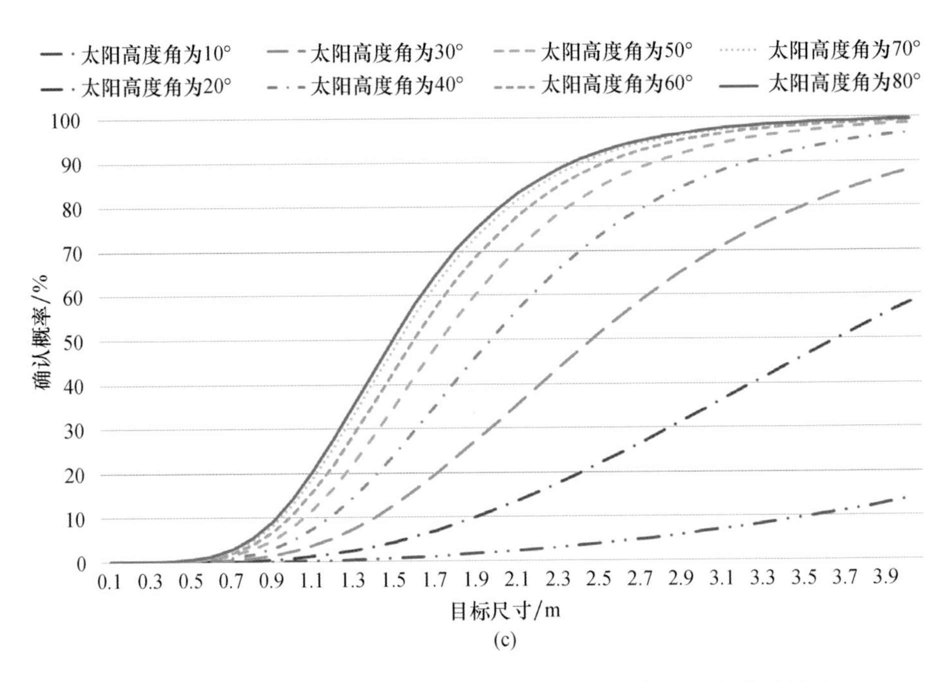

(c)

图 15-13　不同太阳高度角全色图像对草地背景的目标发现、识别确认概率

(a)发现概率;(b)识别概率;(c)确认概率。

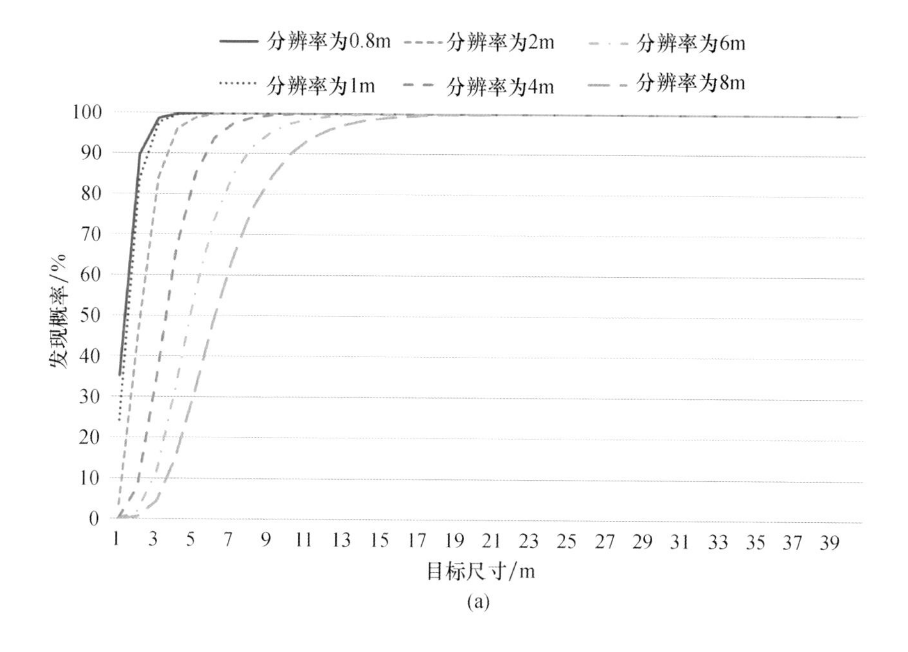

分辨率为0.8m
分辨率为2m
分辨率为6m
分辨率为1m
分辨率为4m
分辨率为8m
发现概率/%
100
90
80
70
60
50
40
30
20
10
0
1 3 5 7 9 11 13 15 17 19 21 23 25 27 29 31 33 35 37 39
目标尺寸/m

(a)

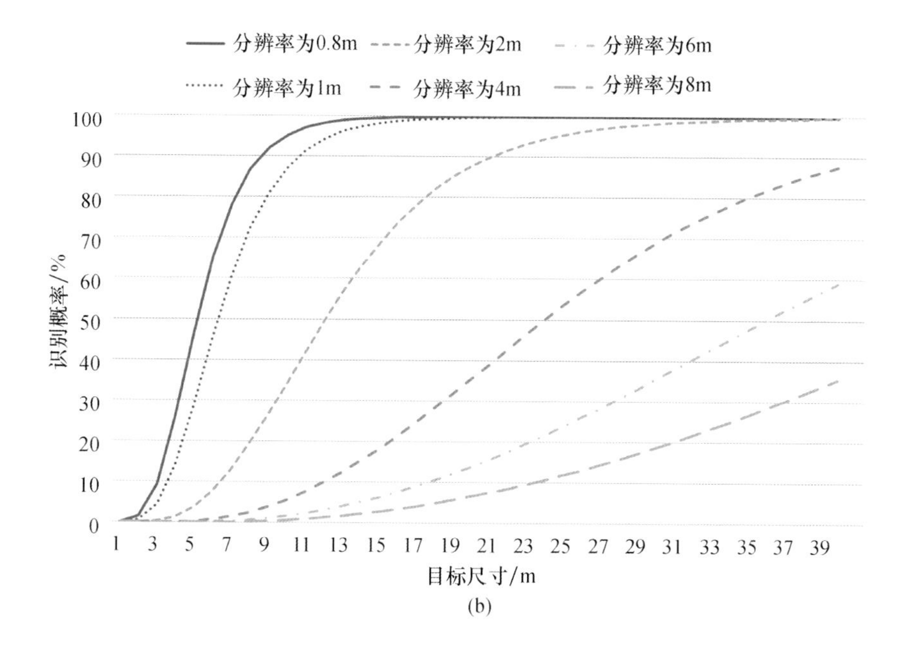

分辨率为0.8m
分辨率为2m
分辨率为6m
分辨率为1m
分辨率为4m
分辨率为8m
识别概率/%
100
90
80
70
60
50
40
30
20
10
0
1 3 5 7 9 11 13 15 17 19 21 23 25 27 29 31 33 35 37 39
目标尺寸/m

(b)

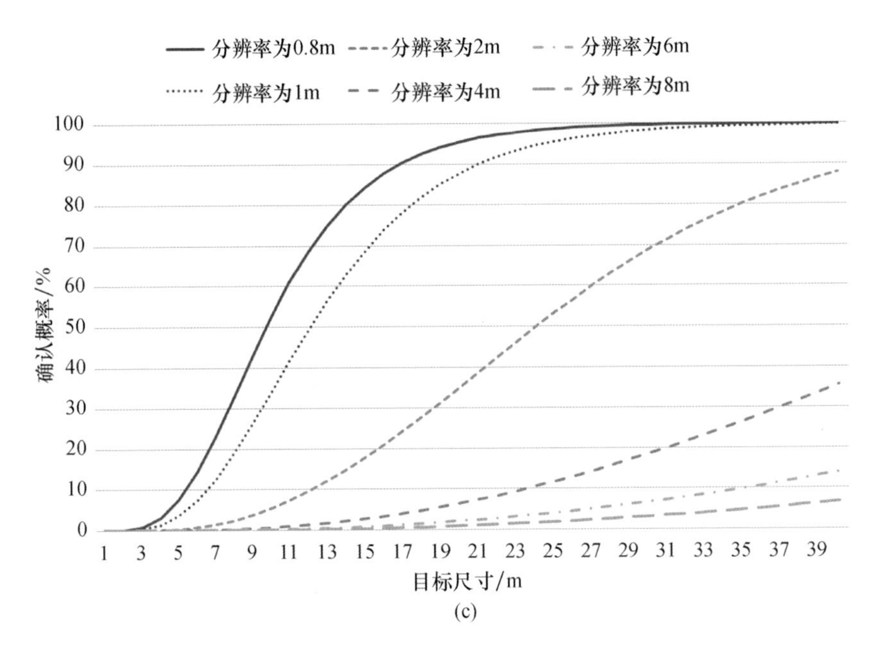

图 15-16　不同分辨率中波红外图像对各分辨率目标的发现、识别和确认概率

(a)发现概率;(b)识别概率;(c)确认概率。

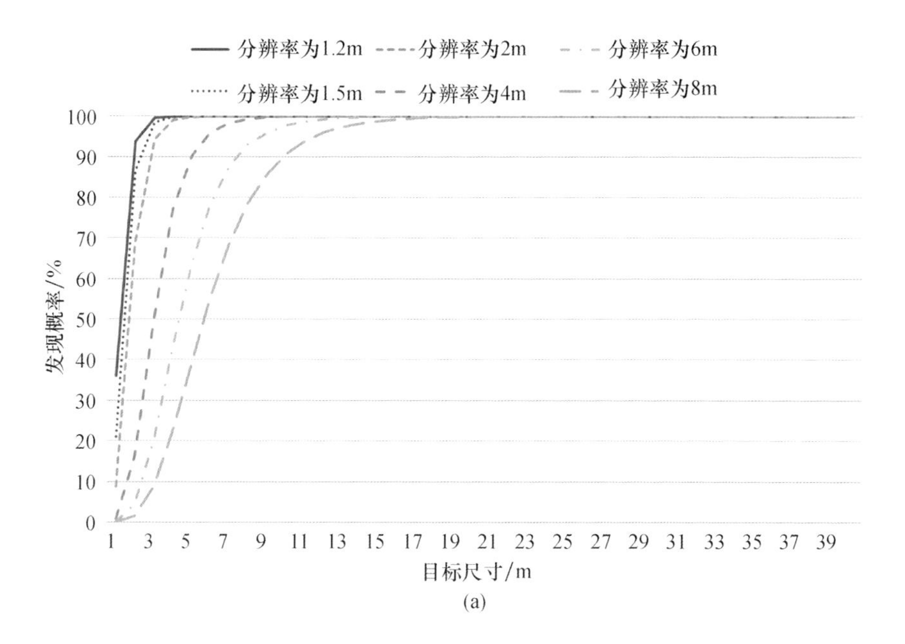
分辨率为1.2m
分辨率为2m
分辨率为6m
分辨率为1.5m
分辨率为4m
分辨率为8m
发现概率/%
目标尺寸/m
0
10
20
30
40
50
60
70
80
90
100
1
3
5
7
9
11
13
15
17
19
21
23
25
27
29
31
33
35
37
39

(a)

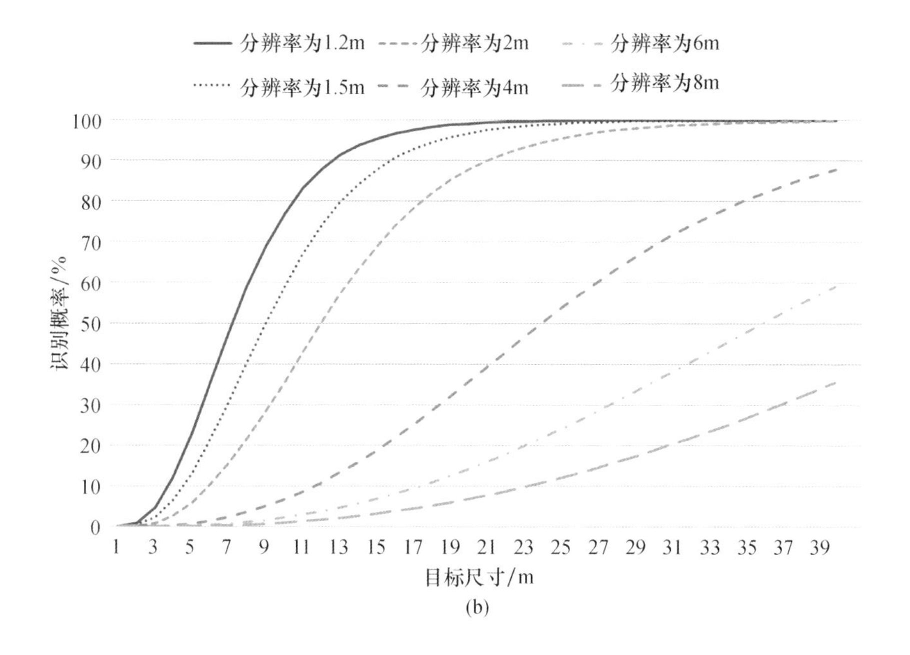
分辨率为1.2m
分辨率为2m
分辨率为6m
分辨率为1.5m
分辨率为4m
分辨率为8m
识别概率/%
目标尺寸/m
0
10
20
30
40
50
60
70
80
90
100
1
3
5
7
9
11
13
15
17
19
21
23
25
27
29
31
33
35
37
39

(b)

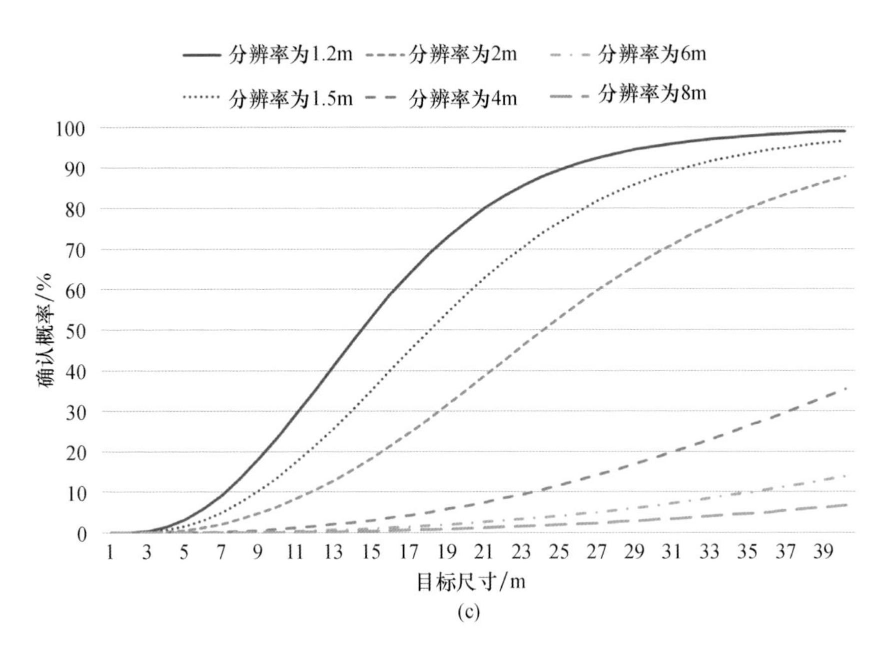

(c)

图 15－17　不同分辨率长波红外图像对各分辨率目标的发现、识别和确认概率

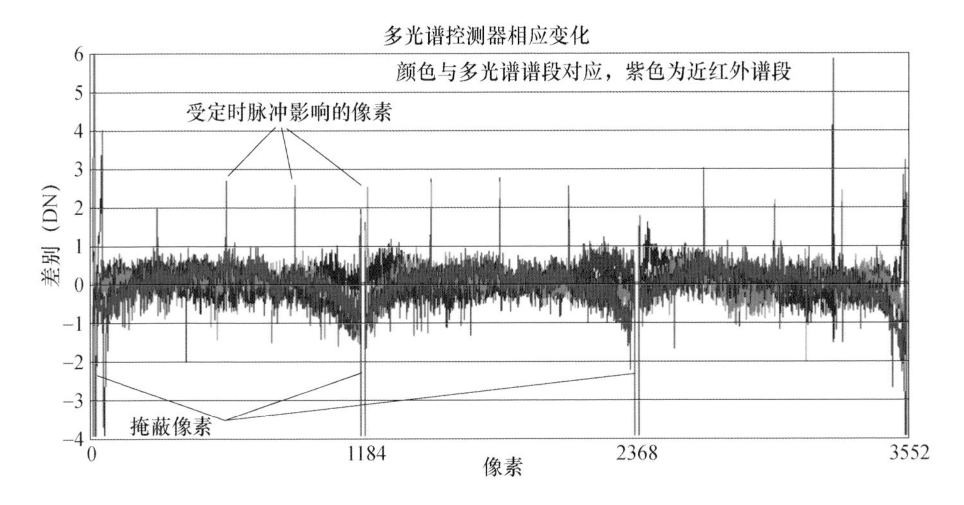

图 16－4　IKONOS 卫星多光谱像元响应曲线

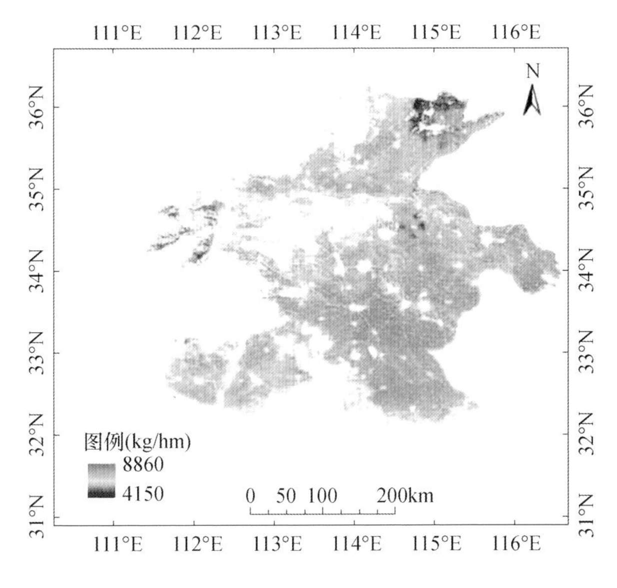

图 16－15　河南省 2014 年冬小麦单产预测含量

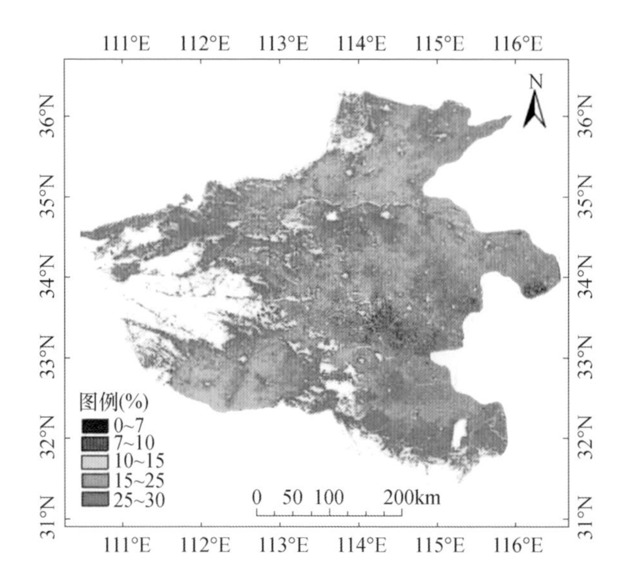

图 16－16　河南省 2014 年 5 月土壤水分含量估算

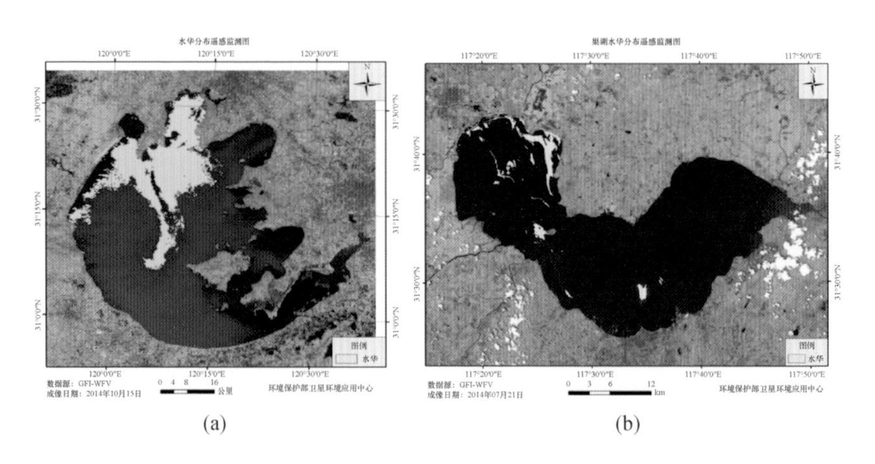

(a)　　(b)

图 16－17　高分一号卫星遥感监测图

(a)2014 年 10 月 15 日太湖水华；(b)2014 年 7 月 21 日巢湖水华。

图 16-18　高分辨率遥感在防灾减灾方面的典型应用

(a)农村居民住房;(b)城镇居民住房;(c)厂房;
(d)完全倒塌;(e)严重损坏;(f)一般损坏。

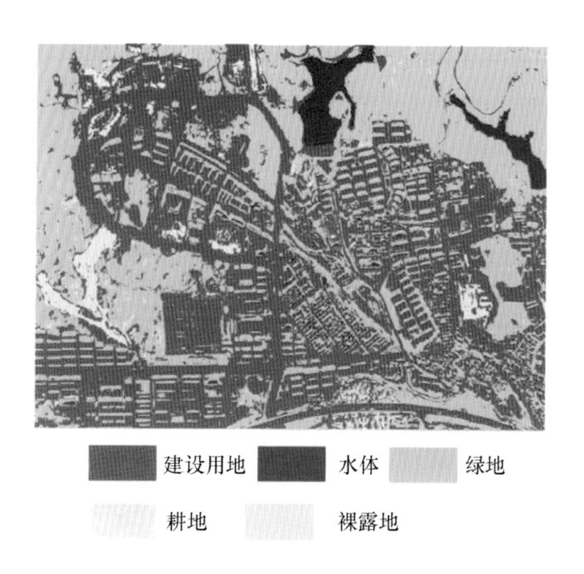

图 16-19　WorldView-2 卫星图像对某城市的地物分类结果

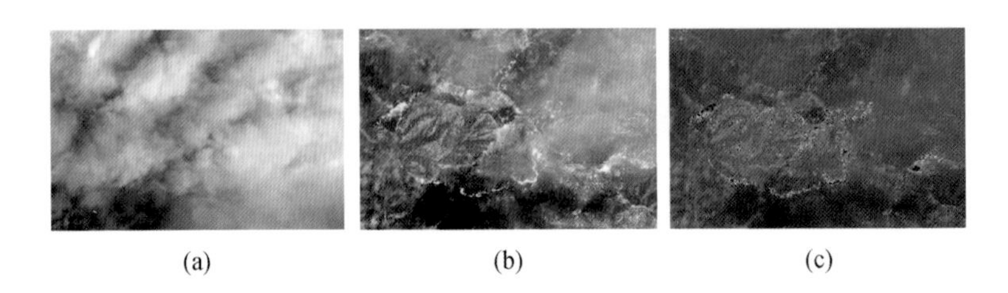

(a) (b) (c)

图 16-20　红外对观测着火点及过火面积的应用效果图

图 16-22　污水排放监测图(空间分辨率 10m)

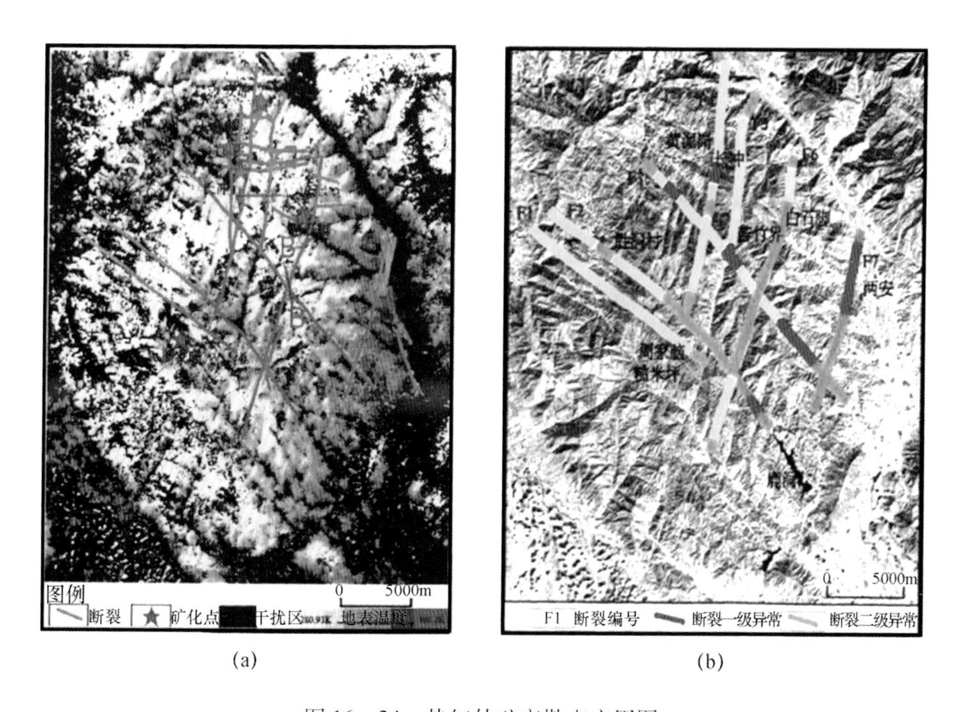

(a)　　　　　　　　(b)

图 16－24　热红外矿产勘查应用图

(a)研究区断裂构造与反演温度异常叠加图;(b)研究区主断裂构造含矿性评价图。

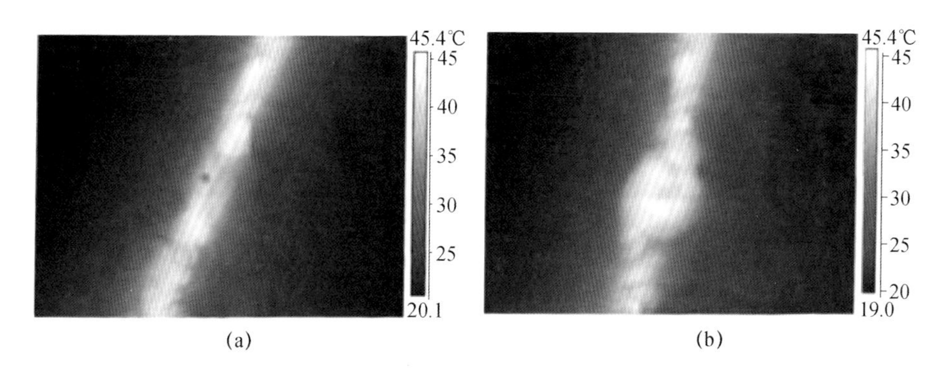

(a)　　　　　　　　(b)

图 16－25　管道地表温度场分布红外成像图

(a)泄漏前;(b)泄漏后。

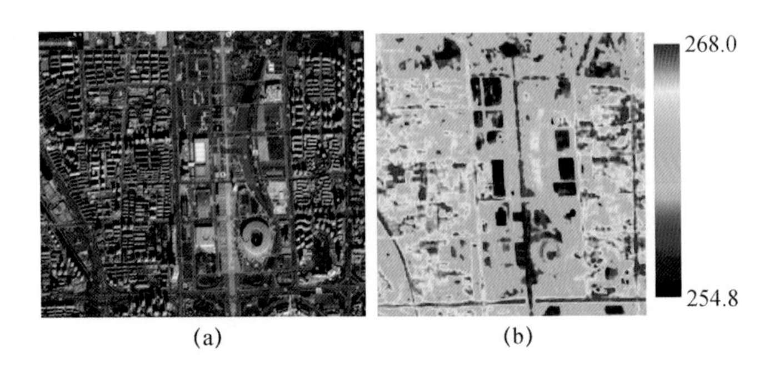

图 16－26　北京城区遥感图像

(a)可见光图像;(b)高分辨率红外图像。

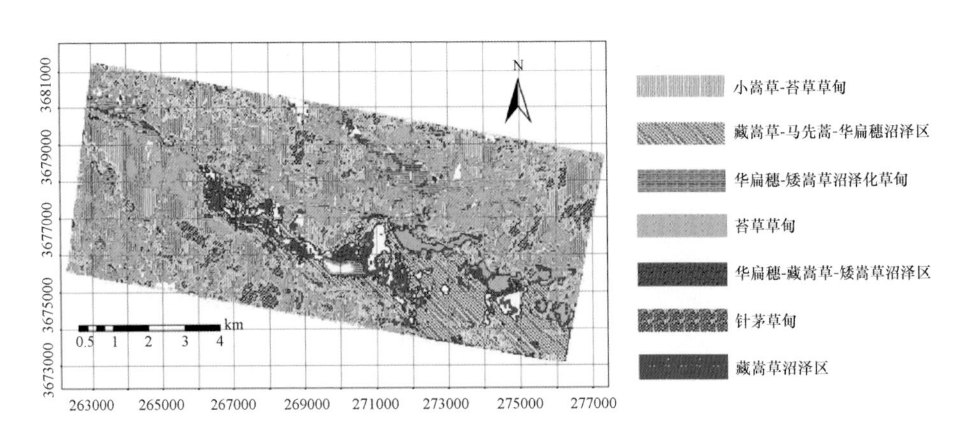

图 16－31　植被指数计算及高光谱影像融合应用